生物技术和生物工程专业规划教材

发酵工程原理与技术

Principles and Technology of Fermentation Engineering

李 艳 主编

李江华　任洪强　阮　南　刘树中　　编著
刘　晔　刘俊果　杨福廷　李树立

高等教育出版社·北京

内容提要

本书按照发酵工业生产过程进行编排,将各类发酵产品生产的共性原理和技术归纳成新的体系,全书共分五篇18章。第1章分别介绍发酵工程和生物工程的基础知识以及两者之间的关系。这些知识包括它们的概念、特点、研究领域和历史渊源及服务领域。第一篇:工业微生物和发酵工业原料。介绍发酵工业微生物菌种的选育和扩大培养,发酵工业原料选择、淀粉水解糖制备、发酵培养基的配制和灭菌,无菌空气的制备三部分。第二篇:发酵工程机理与过程控制。围绕发酵罐内进行的反应过程展开论述,重点介绍了氧的供需与传递、微生物发酵机理、发酵动力学、生物反应器、发酵过程工艺控制和染菌的防治。第三篇:发酵工程产物的获取。介绍了发酵工程下游技术的发展动态、细胞破碎的原理和技术,以及发酵产物获得所涉及的各种分离、纯化和精制的技术原理和方法。第四篇:与发酵工程相关的生物技术。主要论述了动植物细胞大规模培养和固定化酶与固定化细胞的技术原理。第五篇:发酵工厂废物处理和清洁生产技术。本部分针对发酵企业排出的废弃物和废水的治理及资源化和清洁生产工艺展开论述。

本书系统性强,体系完整、实用。可作为生物工程、生物技术专业的专业课教材,也可作为生物制药、食品科学与工程、生物科学等专业的教学参考书,也可供相关专业技术人员参考。

图书在版编目(CIP)数据

发酵工程原理与技术/李艳主编. —北京:高等教育出版社,2007.1 (2024.2 重印)

ISBN 978-7-04-020255-7

Ⅰ.发… Ⅱ.李… Ⅲ.发酵工程-高等学校-教材 Ⅳ.TQ92

中国版本图书馆 CIP 数据核字(2006)第 146171 号

策划编辑	王 莉	责任编辑	田 军	封面设计	张 楠	责任绘图	朱 静
版式设计	张 岚	责任校对	刘 莉	责任印制	存 怡		

出版发行 高等教育出版社	咨询电话 400—810—0598
社 址 北京市西城区德外大街4号	网 址 http://www.hep.edu.cn
邮政编码 100120	http://www.hep.com.cn
印 刷 肥城新华印刷有限公司	网上订购 http://www.landraco.com
开 本 787×1092 1/16	http://www.landraco.com.cn
印 张 32.5	版 次 2007年1月第1版
字 数 800 000	印 次 2024年2月第12次印刷
购书热线 010—58581118	定 价 39.00元

本书如有缺页、倒页、脱页等质量问题,请到所购图书销售部门联系调换
版权所有 侵权必究
物 料 号 20255—00

前　言

发酵工程是现代生物工程的重要组成部分,是基因工程、酶工程、细胞工程技术等生物技术实现产业化的桥梁和关键技术。它由早期的酿造工艺衍化至今,已进入高科技领域,基因工程和细胞工程把生命科学推向一个新的发展阶段,创建了许多具有新功能、新品系的微生物新菌种以及动植物细胞的新细胞株。而要用这些新菌种和新细胞株生产出丰富人类生活的美味佳肴,增进人类健康的良方新药,美化人们生活的奇花异草和提高人们生活档次的各种精细化工产品,等等,惟有发酵工程技术可以担当此重任。发酵工程既是一个广阔的技术领域,又是一个多学科的杂交体系,它记载着古代文明的足迹,又反映出近代生物技术发展的轨迹。现代发酵工程是传统发酵技术与现代 DNA 重组、细胞融合等新技术相结合,而发展起来的现代生物技术,并通过现代化学工程技术生产有用物质或直接用于工业化生产的大工业体系。

本书是教育部全国高等学校生物工程与生物技术专业教学指导委员会规划的生物技术和生物工程系列教材之一,针对学科调整后教育部全国高等学校生物工程与生物技术专业教学指导委员会关于生物工程专业是工科办学专业,侧重工科,以培养应用型、产业化人才为主的学科定位和培养目标而编写,重点介绍现代发酵工程领域各种产品生产的共性原理及实用技术。全书的编排格式按照发酵工业生产过程,将各类发酵产品生产的共性原理和技术归纳成新的体系,共分5篇18章。书中全面系统地介绍了发酵工程的概念、历史渊源、发酵工程和生物工程的关系;发酵生产的原料及处理、工业微生物菌种选育及扩大培养、无菌空气的制备、培养基灭菌;氧的供需与传递、微生物发酵机理、发酵动力学、生物反应器、发酵过程控制和防治杂菌污染;发酵液的预处理、细胞破碎、各种分离纯化和精制产物的方法;动植物细胞的大规模培养技术、酶与细胞的固定化技术、发酵生产所产生的废水和废物的处理和资源化,以及清洁生产工艺。本书注重先进性的同时更强调实用性。可作为生物工程专业本科学生的教科书,也可供从事发酵工业生产和科技人员参考。

本书的编著者均为多年教授本门课程的一线教师,他们总结了多年教学和科研的经验,结合自己的教学体会,参考经典和最新出版的教科书和科技资料编写而成。内容涉及面宽,深度适宜。编写具体分工是第2章第1节,第5章第3、4、5节,第6章,第13章第1、2节由江南大学李江华执笔。第17章由南京大学任洪强执笔。第16章由山东轻工业学院刘晔执笔。第8章由河北经贸大学李树立执笔。第2章第3节,第3章第1、2节,第10章,第15章由河北科技大学阮南执笔。第13章第5节,第14章由河北科技大学刘树中执笔。第13章第3节由河北科技大学杨福庭执笔。河北科技大学李艳执笔其余章节并负责对全书进行了统稿和定稿。河北科技大学刘俊果博士翻译了全书各章后的总结提要。本书由江南大学博士生导师、教育部全国高等学校生物工程与生物技术专业教学指导委员会委员徐岩教授审定。

在本书编写过程中,得到了教育部全国高等学校生物工程与生物技术专业教学指导分委员会、南京大学、江南大学、天津科技大学、山东轻工业学院、河北经贸大学、河北科技大学和高等教育出版社等单位领导的关怀和支持,在此一并谨示谢忱。并特别感谢我的老师,天津科技大学博士生导师杜连祥教授对本书编写大纲提出的合理化修改意见。

由于编著者学识和水平所限,书中难免有不妥甚至错漏之处,恳请读者批评指正。

河北科技大学生物科学与工程学院　李　艳
2006 年 7 月 20 日于石家庄

目 录

第一章 总论 …………………………… 1
 第一节 发酵工程基础知识 ………… 1
  一、发酵工程的概念 ……………… 1
  二、发酵过程的特点和分类 ……… 2
  三、发酵工业生产流程 …………… 2
  四、发酵工业的历史渊源 ………… 5
  五、发酵工程技术的发展趋势和服务领域 ………………………… 8
 第二节 生物工程基础知识 ………… 8
  一、生物工程(技术)的定义和特点 … 9
  二、生物工程研究的领域 ………… 10
  三、生物工程与发酵工程的关系 … 12

第一篇 工业微生物和发酵工业原料

第二章 发酵工业微生物菌种制备原理和技术 ……………………… 17
 第一节 发酵工业微生物菌种的选育 …………………………… 17
  一、工业微生物的特点 …………… 17
  二、发酵工业常用微生物菌种及要求 ………………………… 17
  三、发酵工业微生物菌种的分离和选育 …………………………… 19
  四、发酵工业微生物菌种的退化、复壮与保藏 …………………… 30
 第二节 工业微生物种子的扩大培养 …………………………… 33
  一、菌种扩大培养的任务 ………… 34
  二、种子制备的过程 ……………… 34
  三、发酵工业种子培养 …………… 36
  四、影响种子培养的因素和种子质量的控制 …………………… 38
 第三节 种子培养基及其制备 ……… 42
  一、菌体组成和细胞外代谢产物 … 42
  二、种子培养的培养基选择和配制原则 …………………………… 44

第三章 发酵工业原料及其处理 ……… 50
 第一节 发酵工业原料的种类和成分 …………………………… 50
  一、发酵培养基中各种成分的定量 … 50
  二、工业上常用作碳源的淀粉质原料 ………………………… 51
  三、工业上常用作氮源的蛋白质类原料 ………………………… 52
  四、发酵培养基中的无机盐和生长因子 ………………………… 54
  五、发酵生产的前体物质和促进剂、抑制剂等 …………………… 54
 第二节 淀粉水解糖的制备 ………… 56
  一、淀粉水解糖的制备方法 ……… 56
  二、淀粉酸水解制糖 ……………… 58
  三、淀粉的双酶法制糖 …………… 66
  四、水解糖液的质量要求 ………… 72
 第三节 发酵培养基灭菌 …………… 73
  一、消毒与灭菌的原理和方法 …… 73
  二、培养基和设备的灭菌 ………… 77
  三、发酵培养基灭菌工艺 ………… 82
  四、培养基和设备、管路灭菌的条件 ………………………… 86

第四章 无菌空气的制备 ……………… 90
 第一节 空气中的微生物和除菌方法 …………………………… 90
  一、空气中的微生物种类及分布 … 90

二、空气除菌的方法和要求 ……… 91
第二节　空气的过滤除菌原理和过滤
　　　　介质 ……………………………… 93
　　一、空气过滤除菌的原理 …………… 93
　　二、空气过滤除菌的介质 …………… 95
　　三、介质过滤效率 …………………… 96
　　四、影响过滤除菌效率的因素 ……… 96
　　五、提高过滤除菌效率的措施 ……… 98
第三节　空气过滤除菌的工艺
　　　　技术 ……………………………… 98
　　一、对空气过滤除菌工艺流程的
　　　　要求 ……………………………… 98
　　二、空气的预处理 …………………… 98
　　三、空气过滤除菌工艺流程 ………… 99

第二篇　发酵工程机理与过程控制

第五章　氧的供需与传递 …………… 107
第一节　微生物细胞对氧的需求
　　　　和溶解氧的控制 ……………… 107
　　一、供氧与微生物呼吸及代谢产物的
　　　　关系 …………………………… 107
　　二、微生物的临界氧浓度 …………… 107
　　三、控制发酵液中溶解氧的意义 …… 108
第二节　培养过程中氧的传质
　　　　理论 …………………………… 109
　　一、氧的传递途径与传质阻力 ……… 109
　　二、气体溶解过程的双膜理论 ……… 110
第三节　溶氧传递系数的测定
　　　　方法 …………………………… 112
　　一、亚硫酸盐氧化法 ………………… 112
　　二、取样极谱法 ……………………… 112
　　三、物料衡算法 ……………………… 113
　　四、动态法 …………………………… 113
　　五、排气法 …………………………… 114
　　六、复膜电极测定 $K_L a$ 和氧分析仪
　　　　测定 $K_G a$ ……………………… 115
第四节　影响氧传递速率的主要
　　　　因素 …………………………… 115
　　一、溶液的性质对氧溶解度的影响 … 115
　　二、气-液比表面积对氧溶解度的
　　　　影响 …………………………… 117
　　三、影响氧传递系数的因素 ………… 117
第五节　发酵液中溶解氧的测定和
　　　　控制 …………………………… 120
　　一、溶解氧连续检测的意义 ………… 120
　　二、发酵液中溶解氧的测定方法 …… 120
　　三、控制发酵液中溶解氧的工艺
　　　　手段 …………………………… 121

第六章　微生物发酵机理 …………… 125
第一节　微生物基础物质代谢 ………… 125
　　一、微生物对培养基中碳源的代谢 … 125
　　二、微生物对培养基中氮源的
　　　　代谢 …………………………… 126
　　三、微生物的能量代谢 ……………… 126
第二节　厌氧发酵产物的合成
　　　　机制 …………………………… 128
　　一、酒精、甘油发酵机制 …………… 129
　　二、乳酸发酵机制 …………………… 132
　　三、丙酮丁醇发酵机制 ……………… 133
　　四、由乙醇、乙酸生成己酸机制 …… 134
　　五、甲烷（沼气）发酵机制 ………… 135
第三节　好氧发酵产物合成机制 ……… 136
　　一、有机酸发酵机制 ………………… 136
　　二、氨基酸发酵机制 ………………… 141
　　三、核苷酸发酵机制 ………………… 150
　　四、抗生素发酵机制 ………………… 154

第七章　发酵动力学 ………………… 163
第一节　发酵过程动力学描述和
　　　　分类 …………………………… 163
　　一、菌体生长速率 …………………… 163
　　二、基质消耗速率 …………………… 164
　　三、代谢产物的生成速率 …………… 164
　　四、混合生长学 ……………………… 165

五、发酵方法和动力学分类 ……… 165
第二节　微生物反应过程中的质量
　　　　和能量平衡 ………………… 171
　　一、微生物生长代谢过程中的
　　　　质量衡算 …………………… 171
　　二、微生物反应过程的得率系数 … 173
　　三、微生物反应中的能量衡算 …… 177
第三节　微生物发酵的动力学 ……… 180
　　一、分批培养 ……………………… 180
　　二、补料分批发酵动力学 ………… 187
　　三、连续发酵动力学 ……………… 189

第八章　发酵设备与反应器 ……… 196
第一节　反应器分类及设计的原则
　　　　和目标 ……………………… 196
　　一、反应器的分类 ………………… 196
　　二、反应器的设计目标和原则 …… 197
第二节　微生物细胞反应器——
　　　　发酵罐 ……………………… 198
　　一、密闭厌氧式发酵罐 …………… 198
　　二、好氧发酵罐 …………………… 200
　　三、固体培养设备 ………………… 210
　　四、动植物细胞培养反应器 ……… 212
第三节　发酵罐的放大 ……………… 215
　　一、经验放大法 …………………… 215
　　二、其他放大法 …………………… 218

第九章　发酵过程工艺控制 ……… 221
第一节　温度对发酵的影响及
　　　　控制 ………………………… 221
　　一、温度对微生物细胞生长的影响 … 221
　　二、温度对发酵代谢产物的影响 … 222
　　三、发酵热及其计算和测定 ……… 222
　　四、最适温度的控制 ……………… 224
第二节　pH 对发酵过程的影响和
　　　　控制 ………………………… 224
　　一、pH 对发酵过程的影响 ………… 224
　　二、发酵过程中 pH 的变化及影响
　　　　因素 ………………………… 225
　　三、发酵过程中 pH 的调节与控制 … 226
第三节　泡沫对发酵的影响及
　　　　控制 ………………………… 227
　　一、泡沫的性质 …………………… 227
　　二、发酵过程中泡沫的形成及
　　　　变化 ………………………… 227
　　三、泡沫对发酵的影响和消除 …… 228
第四节　CO_2 浓度和呼吸商 ………… 233
　　一、CO_2 对菌体生长和产物形成的
　　　　影响 ………………………… 233
　　二、呼吸商和发酵的关系 ………… 233
　　三、CO_2 浓度的测定与控制 ……… 234
第五节　流加补料的控制 …………… 235
　　一、补料的内容和原则 …………… 236
　　二、补糖的控制 …………………… 237
　　三、补充氮源及无机盐 …………… 238

第十章　发酵染菌及其防治 ……… 241
第一节　染菌对发酵的影响 ………… 241
　　一、染菌对不同发酵过程的影响 … 241
　　二、不同时间发生染菌对发酵的
　　　　影响 ………………………… 242
　　三、染菌程度对发酵的影响 ……… 242
第二节　发酵染菌的分析 …………… 243
　　一、发酵染菌后的异常现象 ……… 243
　　二、染菌的检查和判断 …………… 244
　　三、染菌原因分析 ………………… 245
第三节　杂菌污染的途径和防止
　　　　染菌 ………………………… 247
　　一、种子带菌及防治 ……………… 247
　　二、空气带菌及防治 ……………… 248
　　三、培养基和设备灭菌不彻底导致的
　　　　染菌及防治 ………………… 248
　　四、操作失误和设备渗漏导致的染菌
　　　　及防治 ……………………… 249
　　五、噬菌体的污染及防治 ………… 250
　　六、染菌的挽救与处理 …………… 251

第三篇 发酵工程产物的获取

第十一章 发酵工程下游技术发展及发酵液的预处理 …… 257
第一节 发酵工程下游技术发展 …… 257
一、发酵工程下游技术领域 …… 257
二、发酵工程下游技术过程和发展动态 …… 259
三、发酵工程下游技术原理 …… 263
第二节 发酵液的预处理 …… 268
一、发酵液过滤特性的改变 …… 269
二、发酵液的相对纯化 …… 271
三、固液分离工程及设备 …… 272

第十二章 微生物细胞破碎原理与技术 …… 280
第一节 细胞壁的组成和结构 …… 280
一、细菌细胞壁 …… 281
二、酵母细胞壁 …… 286
三、霉菌细胞壁 …… 287
四、细胞壁结构与细胞破壁 …… 288
第二节 细胞破碎的方法和破碎率的测定 …… 288
一、细胞壁的破碎 …… 288
二、细胞破碎的方法 …… 289
三、破碎率的测定 …… 299
四、破碎技术的研究方向 …… 299

第十三章 发酵产物分离原理与技术 …… 302
第一节 沉淀分离法 …… 302
一、等电点沉淀法 …… 302
二、盐析法 …… 303
三、有机溶剂沉淀法 …… 306
第二节 吸附和树脂分离法 …… 307
一、吸附原理和吸附剂的种类 …… 308
二、活性炭和离子交换树脂吸附脱色 …… 309
三、树脂法原理和树脂分类 …… 310
四、吸附树脂分离维生素 …… 312
第三节 离子交换法和离子交换膜电渗析分离法 …… 312
一、离子交换法原理和离子交换树脂的结构与分类 …… 312
二、离子交换法提取谷氨酸 …… 315
三、离子交换膜电渗析法的基本原理和流程 …… 318
四、离子交换膜电渗析法制备无盐水 …… 319
第四节 萃取与浸取分离法 …… 320
一、溶剂萃取法 …… 321
二、浸取 …… 325
三、超临界流体萃取技术 …… 329
四、双水相萃取技术 …… 336
五、反胶团萃取技术 …… 341
第五节 膜分离技术 …… 343
一、膜和膜分离基本理论 …… 344
二、膜的应用 …… 349
三、液膜分离技术 …… 352

第十四章 发酵产物的纯化原理与技术 …… 362
第一节 蒸发 …… 362
一、蒸发的基本流程和操作方法 …… 362
二、蒸发器和蒸发系统 …… 366
第二节 结晶技术 …… 374
一、结晶的基本概念 …… 375
二、结晶动力学 …… 377
三、影响结晶过程的因素 …… 380
四、结晶操作和结晶设备 …… 381
第三节 干燥 …… 384
一、干燥器和干燥工艺 …… 384
二、干燥的应用和节能 …… 391

第四篇　与发酵工程相关的生物技术

第十五章　动植物细胞大规模培养技术原理 …… 397

第一节　动物细胞大规模培养技术 …… 397
一、动物细胞的形态 …… 398
二、动物细胞培养基组成和制备 …… 399
三、动物细胞培养方法、操作方式和环境要求 …… 400
四、动物细胞大规模培养工艺技术 …… 403

第二节　植物细胞大规模培养技术 …… 404
一、植物细胞培养基的组成 …… 405
二、植物细胞培养流程 …… 409
三、植物细胞培养方法 …… 409
四、植物细胞的大规模培养技术 …… 411
五、影响植物细胞培养的因素 …… 412

第十六章　固定化酶和固定化细胞技术原理 …… 417

第一节　固定化酶和辅酶、辅基的固定化 …… 417
一、固定化酶的性质和制备方法 …… 418
二、影响固定化酶性能的因素 …… 422
三、辅基和辅酶的固定化 …… 423
四、辅酶的再生 …… 424

第二节　细胞固定化技术 …… 424
一、固定化细胞的分类和生理状态 …… 425
二、固定化细胞的制备和性质 …… 426

第三节　评价固定化酶和固定化细胞催化剂的指标 …… 428
一、固定化酶和固定化细胞的活力 …… 428
二、固定化酶（细胞）的半衰期 …… 429
三、偶联率及相对活力的测定 …… 429

第四节　固定化技术的应用 …… 429
一、利用固定化酶（细胞）生产各种产物 …… 429
二、药物控释载体 …… 431
三、酶结构与功能研究 …… 432
四、其他方面的应用 …… 433
五、共固定化技术 …… 434

第五篇　发酵工厂废物处理和清洁生产技术

第十七章　发酵工业废物、废水处理和资源化技术 …… 439

第一节　发酵工业废物资源化工程的现状和特点 …… 439
一、发酵废物排放标准 …… 439
二、发酵废物生产单细胞蛋白 …… 441
三、发酵纤维质废物生产酒精 …… 444
四、其他生物能源开发 …… 451
五、发酵废物资源化与生态农业 …… 456

第二节　发酵工业废水好氧生物处理 …… 459
一、活性污泥法 …… 459
二、生物膜法 …… 462
三、发酵工业废水处理实例 …… 464

第三节　发酵工业废水厌氧生物处理 …… 468
一、厌氧生物处理的基本原理和特征 …… 468
二、普通消化法 …… 469
三、厌氧接触法 …… 469
四、升流式厌氧污泥层反应器 …… 471
五、厌氧膨胀颗粒污泥床反应器 …… 473
六、内循环式反应器 …… 474
七、厌氧附着膜膨胀床反应器和厌氧

流化床反应器 …………… 476
　八、厌氧生物滤池 ………………… 477
　九、两相厌氧消化工艺 …………… 478

第十八章　清洁生产技术 …………… 483
第一节　清洁生产技术的概念和理论基础 …………………………… 483
　一、清洁生产概念的提出 ………… 483
　二、清洁生产的定义 ……………… 484
　三、清洁生产的内容 ……………… 484
　四、清洁生产的内涵和意义 ……… 485
第二节　清洁生产技术的特点和关键 …………………………… 485

　一、清洁生产技术的特点 ………… 485
　二、清洁生产技术的关键 ………… 486
第三节　发酵企业实施清洁生产技术实例 …………………………… 489
　一、企业概况 ……………………… 489
　二、清洁生产进展 ………………… 490
　三、实施清洁生产效果 …………… 491
　四、实施清洁生产效果及经济分析 …… 492
　五、实施清洁生产成功经验 ……… 493
第四节　我国推行清洁生产技术的情况 …………………………… 494

参考文献 …………………………………… 497
索引 ……………………………………… 500

第一章 总 论

第一节 发酵工程基础知识

发酵工程是现代生物工程的重要组成部分,它由早期的酿造工艺衍化至今,已进入高科技领域,是生物工程技术走向产业化的主要关键技术。基因工程和细胞工程把生命科学推向一个新的发展阶段,它创建了许多具有新功能、新品系的微生物新菌种以及动植物细胞的新细胞株。而要用这些新菌种和新细胞株生产出丰富人类生活的美味佳肴,增进人类健康的良方新药,美化人们生活的奇花异草和提高人们生活档次的各种精细化工产品,等等,惟有发酵工程技术可以担当此重任。发酵工程既是一个广阔的技术领域,又是一个多学科的杂交体系,它记载着古代文明的足迹,又反映出近代生物技术发展的轨迹。

▶▶ 一、发酵工程的概念

汉语"发酵"即英语"fermentation",其原始含义来自于拉丁语"ferver"即"发泡",气体翻涌。意指厌氧发酵产生二氧化碳气体的现象。巴斯德在考察酒精发酵的生理意义后指出:所谓发酵是指酵母在无氧状态下的呼吸,是生物获得能量的一种方式。但后来发现,醋酸、柠檬酸等有机酸发酵都需要供给氧气,原来的定义便不适用。从生物化学角度看,厌氧发酵时,供氢体和受氢体均为有机物,而需氧的好气(好氧)发酵介于嫌气(厌氧)发酵和呼吸之间,是有机物通过分子氧受到不完全氧化。此时发酵被统一理解为"微生物细胞为获取生长和生存所需能量而进行的氧化还原反应。"此后,发酵形式多样化,新的发酵产品不断涌现,除有机酸外,出现了氨基酸、抗生素、核苷酸、酶制剂、维生素、多糖、色素、生物农药、植物生长促进剂、免疫促进剂、单细胞蛋白、生物碱等发酵。因此,发酵的定义扩展为:"利用生物细胞(含动物、植物和微生物细胞),在合适的条件下,经特定的代谢途径转变成所需产物或菌体的过程"。20世纪70年代以后,基因工程技术和细胞融合技术的相继建立,使发酵工程迈入了新的历史阶段。此前的发酵工程所操作的对象生物是微生物,而现代发酵工程加工的对象生物,除天然微生物菌种和变异微生物菌株外,还有用基因工程技术形成的基因工程菌、细胞融合菌以及动植物细胞株。发酵工程的无菌概念已由原来的将杂菌排除在发酵系统外的单向概念转变为同时要求发酵系统内的生物体不能逸出系统外的双向概念。发酵的培养技术已不是简单的通气搅拌培养技术，而是要根据生物的类型、目的产物的特征不同而采用更复杂的培养技术，并引入了生化工程放大概念。发酵培养装置已不仅是标准发酵罐，而是形式多样、结构各异的新型生物反应器。现代发酵工程技术的下游工程，即分离提取精制工程，也随着产物的特性和用途不同而采用各种不同的提取设备、分离介质和精制工艺，整个过程几乎是在可控或自控的体系中进行。同时，现代高新技术，如计算机技术、新材料技术等也已应用于发酵工程领域。因此，现代发酵工程是以天然生物体和人工修饰的生物体为加工对象，集现代化高新技术为一体，生产产品或服务于人类社会的一种工程技术。

发酵工程，顾名思义，是发酵原理与工程学的结合，是研究由生物细胞（包括微生物、动植物细胞）参与的工艺过程的原理和科学，是研究利用生物材料生产有用物质，服务于人类的一门综合性科学技术。生物材料包括来自于自然界的微生物、基因重组微生物、各种来源的动植物细胞。因此，发酵工程是生物工程的主要基础和支柱。

二、发酵过程的特点和分类

要通过发酵过程得到发酵产品需具备：① 有某种适宜的微生物；② 保证或控制微生物进行代谢的各种条件（培养基组成、温度、溶解氧浓度、酸碱度等）；③ 有进行微生物发酵的设备；④ 有将菌体或代谢产物提取出来，精制成产品的方法和设备。发酵生产过程是利用生物体的生命活动来获取产品的，与化工生产过程相比，其特点为：

1. 发酵生产过程通常都是在常温常压下进行，一般操作条件比较温和，各种设备不必考虑防爆问题，对设备要求相对较低，还可使一种设备具有多种用途。

2. 发酵生产所用的原料主要以农副产品及其加工产品，如玉米、淀粉、豆饼、玉米浆、酵母膏、牛肉膏等为主，基本属于可再生的生物资源范畴。

3. 发酵过程中的反应以生命体的自动调节方式进行，数十个反应过程能够像单一的反应一样在单一的生物反应器中进行。能够很容易地生产化学合成过程难以合成的结构复杂的有用物质，其中酶、光学活性体、蛋白质多肽药物等的生产是发酵生产过程中最有特色的领域。可以利用生命体特有的反应机制，能够高选择性地进行复杂化合物在特定部位上的氧化、还原、官能团导入等反应。

4. 发酵工业与其他工业相比，相对投资较少，见效较快，具有经济和效能的统一性。

发酵的种类多种多样。按获取能量的方式可分为好氧发酵和厌氧发酵。按发酵原料可分为糖质原料发酵和烃类原料（石油和天然气）发酵。按产物类型可分为初级代谢产物发酵，次级代谢产物发酵；或分为食品发酵、有机酸发酵、氨基酸发酵、维生素发酵、抗生素发酵、酵母培养……按发酵状态分有固态发酵、液态发酵、液体表面发酵、液体深层发酵。按发酵工艺类型分有批式发酵（分批发酵）、半连续发酵、连续发酵等。

三、发酵工业生产流程

发酵工业中，从原料到产品的生产过程非常复杂，包含了一系列相对独立的工序。一般来说，发酵工业的生产过程主要包括以下环节：① 原料预处理；② 培养基配制；③ 发酵设备和培养基灭菌;④ 无菌空气的制备;⑤ 微生物菌种制备和扩大培养;⑥ 发酵;⑦ 发酵产品的分离和纯化。这些环节又分别涉及一系列相关的设备和操作程序,它们共同组成了工业发酵过程,见图1-1。

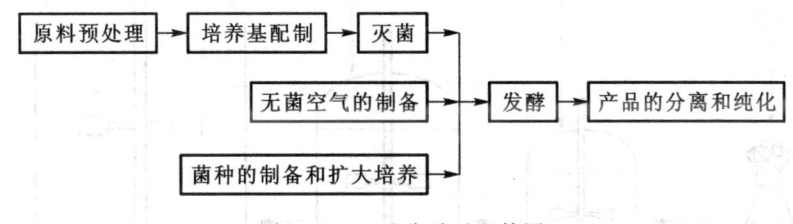

图1-1 工业发酵过程简图

1. 原料预处理

发酵工业常选用玉米、薯干、谷物等相对廉价的农产品作为微生物的"粗粮",为了提高这些原料的利用率,并方便对这些原料进一步加工,通常需要将这些原料粉碎。常用的粉碎设备有锤式粉碎机和辊式粉碎机。

有很多微生物不能直接利用淀粉或利用率不高,发酵前还需将淀粉质原料水解为葡萄糖。水解方法可采用酸法或酶法。

除碳源外,微生物的生长还需要氮源、磷、硫及金属元素。这些原料有些也需经过适当的预处理。

2. 发酵培养基的配制和灭菌

工业上应用的发酵培养基大多数是液体培养基,间歇发酵过程。液体培养基的配制需根据不同微生物的营养要求,将适量的各种原料溶解在水中,或混合成悬浮液。培养基配制常在发酵罐中进行,配制完成后就地灭菌,冷却后接种预先培养的种子即可进行微生物培养。

培养基配制时要用酸或碱调整合适的pH。培养基灭菌的方法采用高压水蒸气直接对培养基进行加热灭菌,一般是121 ℃保温20~30 min,以杀死其中的微生物,然后冷却,这样的灭菌方式称为实罐灭菌。也可采用连续灭菌。

3. 无菌空气制备

好氧微生物的生长和产物生产过程都需要氧气。一般采用无菌空气作为氧气来源。空气通入发酵罐之前必须经过除菌以保证发酵过程不受污染。空气除菌过程较复杂,需要高空采风,经空气压缩机加压后采用加热灭菌或过滤除菌。

4. 微生物种子的制备

每次发酵前,都需要准备一定数量的优质纯种微生物,即制备种子。种子必须是生命力旺盛、无杂菌的纯种培养物。种子数量要适当,接种体积要达到发酵罐体积的1%~10%。许多发酵罐规模庞大,单个发酵罐体积达到几十到几百立方米,为保证合适的接种量,种子培养需要一个逐级扩大的过程,见图1-2。

5. 发酵过程的操作方式

发酵工业根据操作方式不同可分三种模式,即间歇发酵、连续发酵和流加发酵。常见的是间歇发酵,也称分批发酵。将发酵罐和培养基灭菌后,向发酵液中接入种子,开始发酵过程。在发酵过程中除气体进出外,一般不与外界发生物质交换。发酵过程中需对pH、温度等进行控制。发酵结束后,整批放罐。间歇发酵中,微生物细胞的生长曲线如图1-3所示。

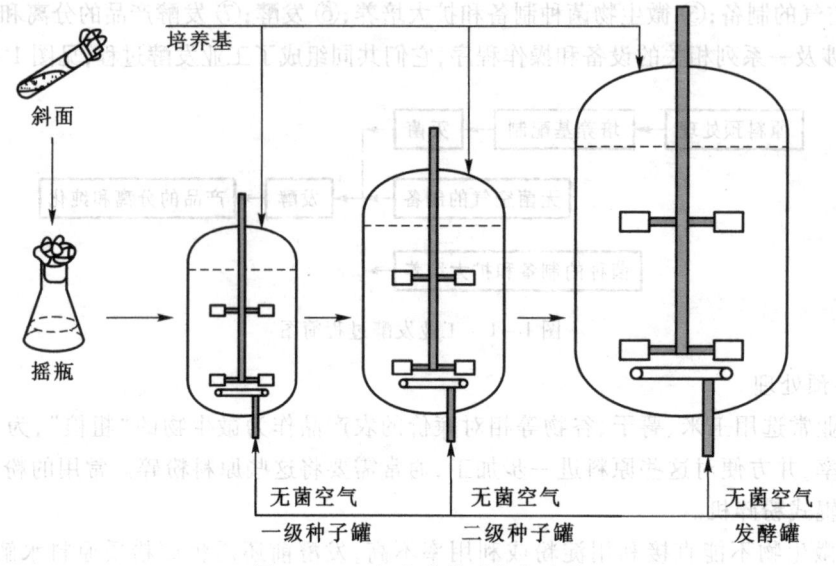

图 1-2 三级发酵种子培养过程

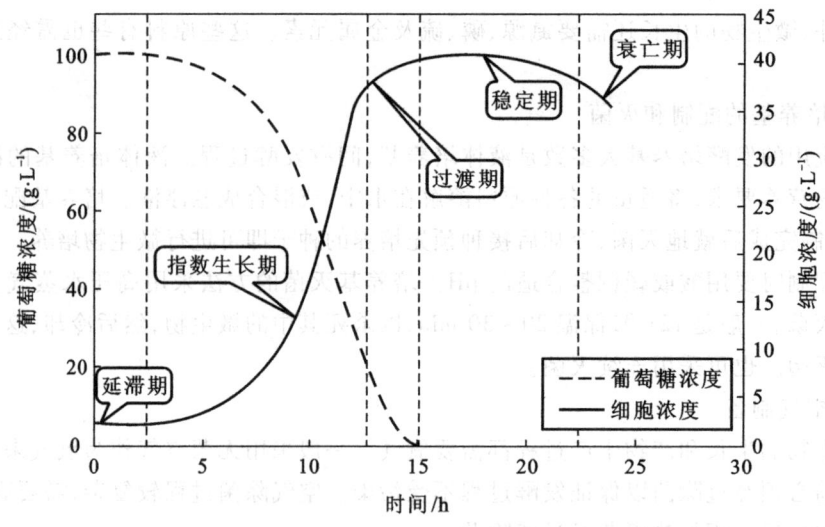

图 1-3 间歇发酵中微生物细胞的生长曲线

连续发酵是在发酵过程中向生物反应器连续地提供新鲜培养基（进料）并排出发酵液（出料）。通常在稳定操作时，进料和出料流量基本相等，反应器内发酵液体积和组成（菌体、糖、代谢产物等）保持恒定。连续发酵时溶解氧和 pH 受到严格控制。

流加发酵是介于间歇发酵和连续发酵之间的操作方式，同时具备两者的部分优点，是目前工业上较常采用的一种操作方式。

6. 发酵产品及分离提纯工艺

发酵工业的产品十分丰富，包括完整的细胞、酶制剂和各种代谢产物（包括有机酸、氨基酸、溶剂、抗生素、药用蛋白质、维生素等）。

一般地说，从自然界得到的微生物菌种或动植物细胞株，其目的产物的产量都比较低，这是生物本身的生存规律所决定的。这种生物体不能直接用于工业化大生产，必须进行改造，这就是育种。育种技术概括起来有常规育种(包括通过物理和化学的手段来改变生物体所固有的代谢性能),细胞融合育种和基因重组育种三种育种技术。有了优良的菌株或动植物细胞株是实现产业化的第一步,还必须有整套科学的培养和管理技术。培养技术共同的问题是工程放大、过程控制和优化以及生物反应器的设计和选择。在实现了"种瓜得瓜"后,要实现"丰产又丰收"还必须有一套高效率的产物分离精制技术,它与物料的理化状态密切相关,也与分离介质的性能有千丝万缕的联系。就技术范围而言,下游加工技术包括:固液分离技术(离心和过滤等),细胞破碎技术(机械或非机械破碎),浓缩分离技术(吸附法、离子交换法、沉淀法、萃取法、超滤膜法、反渗透法、真空浓缩法等),精制技术(凝胶层析、离子交换层析、聚焦层析、憎水层析、亲和层析等),结晶技术。以上种种下游加工技术需根据产物性质、产品质量要求、产品的剂型要求而选用。

▶▶ 四、发酵工业的历史渊源

1. 天然发酵阶段

从史前到19世纪,人们不了解发酵的本质,仅利用自然发酵现象制作各种饮料酒和发酵食品。

远在4 000多年以前,我国古代人民在自己的实践中发现了发酵现象,并利用它来生产酒饮料和酿造食品,形成了发酵工程技术最早的产业——酿造业。据我国龙山文化遗址的考证表明,当时民间已经掌握了酿酒技术,夏禹时代,酒的酿造已普遍流行于各地。《战国策》上有"仪狄作酒,禹饮而甘之,曰'后世必有以酒亡国者',遂疏仪狄而绝旨酒"。在欧洲,有葡萄酒是神酿造的传说。在古希腊、古埃及都有酿造麦酒和葡萄酒的历史记载。

此时期主要产品有各种饮料酒、酒精、酱、酱油、食醋、干酪、酸乳和酵母等。生产特点是手工作坊或家庭式生产,非纯种培养,凭经验传授技术,产品质量不稳定,产品为嫌气发酵产品。

1680年,荷兰博物学家安东·列文虎克(Anthry van Leeuwenhock,1632—1723)发明了显微镜(放大倍数170倍),人类历史上第一次看到大量活的微生物,见图1-4。

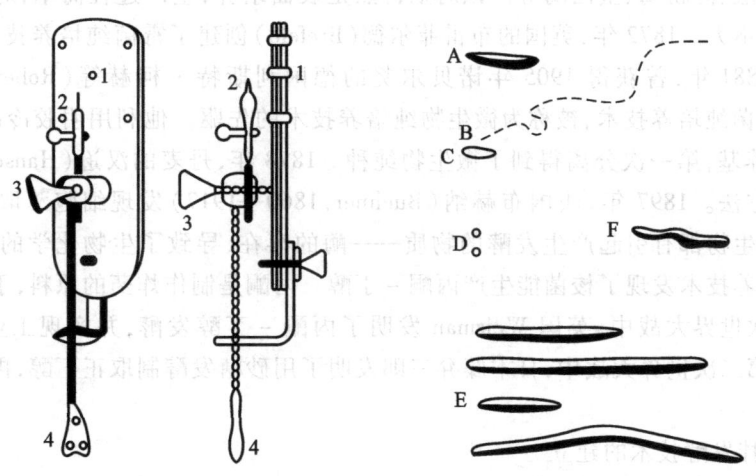

图1-4 列文虎克的显微镜及其观察到的微生物世界

左图:列文虎克的显微镜　　　　　右图:列文虎克的细菌图

1-透镜夹于两金属片之间;　　　　A、B、C、E、F-杆菌;

2-固定标本的金属针;　　　　　　D-球状菌;

3,4-调螺旋装置

19世纪中叶(1859年),法国科学家路易·巴斯德(Louis Pasteur,1822—1895)用著名的Pasteur实验证明发酵原理,找到了葡萄酒和啤酒酸败的本质,发明了著名的低温杀菌法(Pasteurization)。见图1-5。

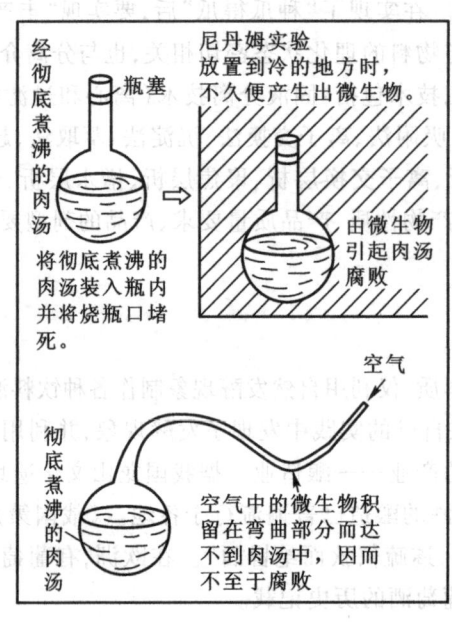

图1-5 巴斯德及巴斯德试验

2. 纯培养技术的建立

19世纪末到20世纪30年代,出现的发酵产品有嫌气的乳酸、酒精、面包酵母、丙酮-丁醇等;好气的柠檬酸、淀粉酶、蛋白酶等。该时期特点是表面培养,生产过程简单,对生产设备要求不高,生产规模不大。1872年,英国的布雷菲尔德(Brefeld)创建了霉菌纯培养技术,被称为近代细菌学之父。1881年,曾获得1905年诺贝尔奖的德国利斯特·柯赫等(Robert Koch,1843—1910)完成了细菌纯培养技术,被称为微生物纯培养技术的先驱。他利用明胶冷凝热熔的特性,制成了固体培养基,第一次分离得到了微生物纯种。1878年,丹麦的汉逊(Hansen)建立了啤酒酵母的纯培养方法。1897年,法国布赫纳(Buchner,1860—1917)发现细胞萃取液仍有发酵现象,证明了任何生物都有引起产生发酵的物质——酶的存在,导致了生物化学的出现。20世纪初,人们用纯培养技术发现了梭菌能生产丙酮-丁醇。丙酮是制作炸药的原料,丁醇是重要的化工原料。第一次世界大战中,英国Weizman发明了丙酮-丁醇发酵,并实现工业化,服务于战争。第一次和第二次世界大战中,日本藤弁三郎发明了用砂糖发酵制取正丁醇,再通过化学反应生成异辛烷。

3. 通气搅拌发酵技术的建立

也称为发酵工程的第一次飞跃。1929年,英国科学家弗莱明(A Fleming)在污染了霉菌的细菌培养基平板上观察到霉菌菌落的周围有一个细菌生长抑制圈。该抑制霉菌生长的菌是青霉菌,所以称此分泌物为青霉素。1940年,英国弗洛里(Haward Florey)和钱恩(E B Chain)两位博士精制分离出青霉素,并确认对伤口的感染症比当时的磺胺药剂更具疗效。1941年,英美两国合作对青霉素进行进一步开发研究。1942年青霉素工业化生产。青霉素发酵生产的成功,为人类医疗保健事业作出巨大贡献。给发酵技术带来两大贡献：① 开拓了以青霉素为先锋的庞大的抗生素发酵工业；② 建立了深层培养法(submerged cultivation)，把通气搅拌技术引入发酵工业。1944年，世界上第二个抗生素——链霉素诞生。

4. 代谢控制发酵和现代发酵工程技术的发展

1956年，日本木下祝郎发明了代谢控制发酵技术，使谷氨酸发酵生产实现产业化。代谢控制发酵技术是应用动态生物化学的知识和遗传学的理论选育微生物突变株，从DNA分子水平上，控制微生物的代谢途径，进行最合理的代谢，积累大量有用发酵产物的技术。1950—1960年，发酵工业两个显著进步：一是采用微生物进行甾体化合物的转化技术；二是以谷氨酸和赖氨酸发酵生产成功为契机的代谢控制发酵技术的出现。工业上微生物转化用于甾体化合物的脱氢（见图1-6）、11α羟化、11β羟化、16α羟化、19羟化等，反肉桂酸氨化生成苯丙氨酸（见图1-7），山梨醇氧化为山梨糖、山梨糖再转化为古龙酸（合成维生素C的中间体，见图1-8）等。

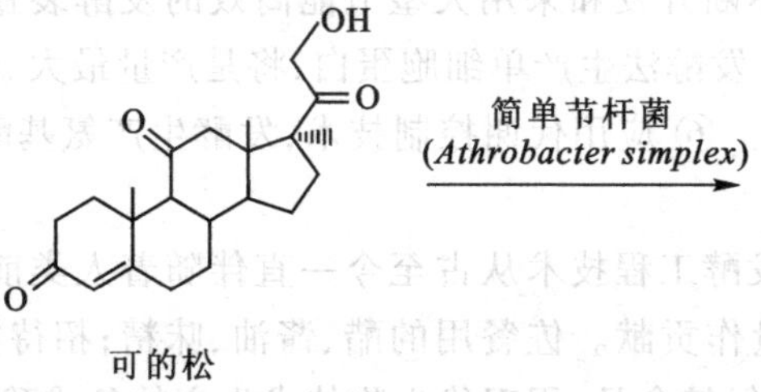

图1-6　可的松脱氢生成脱氢可的松

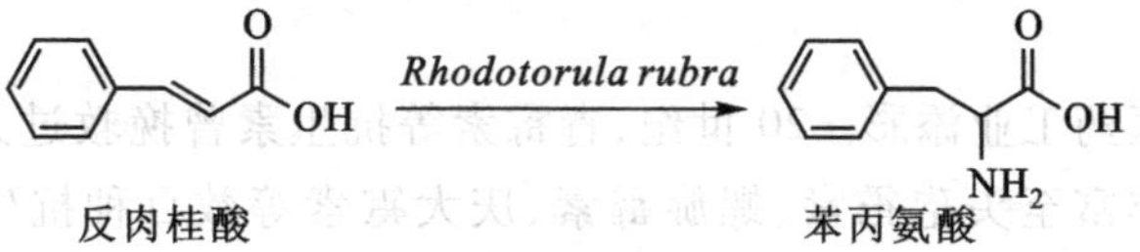

图1-7　反肉桂酸氨化生成苯丙氨酸

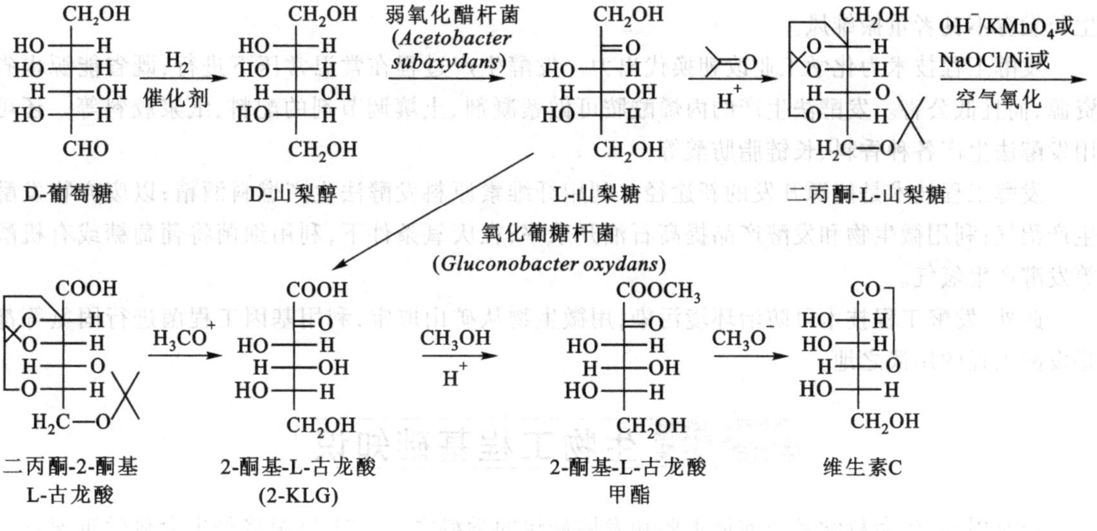

图1-8　维生素C的合成路线

1960—1970年，许多氨基酸和核苷酸物质均可采用发酵法生产。同期，发现了石油微生物，开展发酵原料多样化的开发研究，出现发酵蛋白（单细胞蛋白）的研究和生产。发酵法生产单细胞蛋白是粮食工业化生产的最好捷径。1970年以来，特别是进入20世纪80年代以后，随着世界生物技术的发展，发酵技术有了突飞猛进的进步。如：基因工程菌发酵、固定化（酶和细胞）技术应用、新型生物反应器的研究与设计、特殊环境微生物的研究、动物和植物细胞培养技术、传统发酵工业向综合生物技术工业发展和发酵工业清洁生产技术等。

▶▶ 五、发酵工程技术的发展趋势和服务领域

现代发酵工程技术是基因工程、酶工程、细胞工程技术等实现产业化的桥梁，具有巨大的发展空间，体现在：① 利用基因工程等先进技术，人工选育和改良菌种，实现发酵产品产量和质量的提升；② 采用发酵技术进行高等动植物细胞培养，具有诱人的前景；③ 随着酶工程的发展，固定化（酶和细胞）技术被广泛应用；④ 不断开发和采用大型节能高效的发酵装置，计算机自动控制将成为发酵生产控制的主要手段；⑤ 发酵法生产单细胞蛋白，将是产量最大、最具广阔前景的产业，寄希望于解决人类未来粮食问题。⑥ 应用代谢控制技术，发酵生产氨基酸、核苷酸；⑦ 将生物技术更广泛地用于环境工程。

发酵工程技术为食品工业增辉。发酵工程技术从古至今一直伴随着人类前进的步伐，为丰富人类的饮食文化，提高人们生活质量作贡献。佐餐用的醋、酱油、味精；招待宾客用的各种酒类；昂立一号、脑白金、双歧杆菌制剂等保健食品；用现代生物技术生产的各式酸奶、奶酪、新型甜味剂、天然色素、具有生理功能的糖浆、各种食品添加剂等产品源源不断地从发酵工厂进入人们的日常生活中。

发酵工程技术为医药工业添彩。20世纪，青霉素等抗生素曾挽救过无数伤患者的生命。今天该工业生产产品已丰富至头孢霉素、螺旋霉素、庆大霉素等数百种抗生素，为人类减灾消难。发酵法生产的维生素作为药物和食品或饲料添加剂为增进人类健康提供高质量的食品服务。氨基酸和葡萄糖注射液是危重病人的宝贵食粮。胰岛素给糖尿病患者带来福音。生长激素使许多生长发育不良者重振雄风。

发酵工程技术为化学工业改朝换代出力。发酵生产过程在常温常压下进行，既省能源也省资源，而且低公害。发酵法生产的丙烯酰胺可做絮凝剂、土壤调节剂的配料、纸浆胶料等。还可用发酵法生产各种香料、长链脂肪酸等。

发酵工程技术是能源开发的新途径。利用纤维素原料发酵法生产燃料酒精；以废弃物发酵生产沼气；利用微生物和发酵产品提高石油开采率；在厌氧条件下，利用细菌将葡萄糖或有机酸等发酵产生氢气。

此外，发酵工程技术可防治环境污染，用微生物从矿山取宝，利用基因工程菌进行固氮等都是发酵工程的用武之地。

第二节 生物工程基础知识

众所周知，生命科学是当前最重要和发展最快的学科之一。21世纪将是生命科学迅速发展的世纪，生物技术产业将成为21世纪的支柱产业之一。要实现这一目标，生物工程起到至关重

要的作用。生物工程是生命科学和工程学的交叉科学。生物工程的任务是促进和实现生命科学的实验室研究成果向应用领域的转化。生物工程的学科基础、所包含的研究领域和服务对象见图1-9。

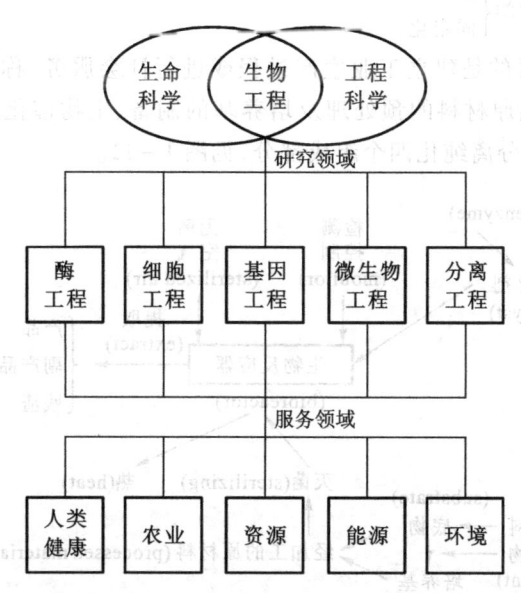

图1-9 生物工程的学科基础、所包含的研究领域及生物工程的服务对象

一、生物工程(技术)的定义和特点

生物工程(bioengineering/biotechnology)以生物科学和生物技术为基础,结合化学工程、机械工程、控制工程、环境工程等工程科学,研究和发展利用生物体系或其中的一部分生产有益于社会的产品或达到一定社会目标的过程工程科学。狭义地讲,指以基因工程技术为核心的现代生物技术的总称。广义的生物工程指运用生物科学知识及工程学的原理,开发利用生物材料为人类社会提供产品和服务的工程技术。

国际经济合作及发展组织1982年提出生物技术的定义是:生物技术是应用自然科学和工程学的原理,依靠生物催化剂(biocatalyst)的作用将物料进行加工以提供产品或为社会服务的技术。生物催化剂指传统发酵所利用的微生物外,还包括现在生物技术所利用的动植物细胞或细胞中的酶。

1. 生物技术的三个特点

① 它是一门多学科、综合性的科学技术。生物技术与相关学科的关系见图1-10。

② 反应中需要生物催化剂的参与,它是游离或固定化细胞或酶的总称。生物催化剂的分类如下:

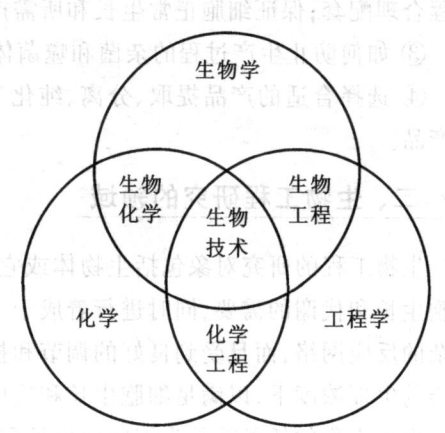

图1-10 生物技术的多学科性示意图

③ 生物技术最后的目的是建立工业生产过程或进行社会服务,称为生物反应过程(bioprocess)。生物反应过程包括原材料的预处理及培养基的制备、生物催化剂的制备、生物反应器及反应条件的选择和产物的分离纯化四个组成部分,见图 1-11。

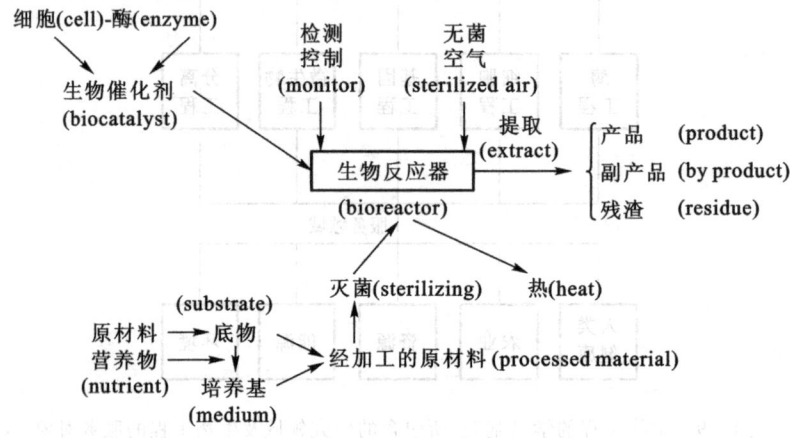

图 1-11 生物反应一般过程示意图

2. 生物工艺过程具有如下共性

① 选择作为培养基成分的碳源、氮源、微量元素及生长因子等,并确定培养基中各成分的含量及比例。

② 合理确定发酵或培养级数以及各级的培养条件、过程控制的参数和种子培养系统与生产过程合理配套;保证细胞正常生长和所需产物的形成,以最低的消耗获得最大的得率。

③ 如何防止生产过程的杂菌和噬菌体污染,保证生产过程正常进行。

④ 选择合适的产品提取、分离、纯化工艺,使之高效率、低成本地从细胞或培养液中得到所需产品。

二、生物工程研究的领域

生物工程的研究对象包括生物体或它们的一部分。在活的生物体(细胞或组织)中为满足细胞生长和代谢的需要,同时进行着成千上万个由酶催化的化学反应,这些反应构成了一个极其复杂的反应网络,而且受到良好的调节和控制,使组织或细胞中代谢中间产物或终产物都维持在适当的生理浓度下,以满足细胞生长和适应外界环境变化的需要。

生物工程的任务就是为细胞的生长和目标产物的积累创造最好的条件,研究开发最合适的工艺路线和设备,实现工业化生产以满足社会需要。

生物工程的研究领域包括:基因工程、酶工程、细胞工程和发酵工程。

1. 基因工程

1953年,美国的生物学家沃森(Watson)和英国物理学家克里克(Crick)发现了DNA双螺旋结构,为人类揭开生命的奥秘,实现DNA重组奠定了基础。基因工程是生物工程的核心。

基因工程也叫基因克隆或遗传工程(gene cloning):它是将所需要的基因从DNA或染色体上切割下来或人工合成,在细胞体外将该基因连接到载体上,通过转化或转导将重组的基因组导入受体细胞,使后者获得复制该基因的能力,从而达到定向地改变菌种遗传特性或创造新菌种的目的。简单地说,基因工程是利用基因体外重组技术,构建出新型的微生物菌株、培育出新的动植物品种或是使其具有优良性状。1983年,利用基因工程技术生产的人胰岛素产品投放市场。

2. 酶工程

酶工程是对酶进行开发和应用的产业。酶工程是研究酶的分离、提纯,以及利用酶作为生物催化剂,实现化学转化,合成各种产物或达到人类所需社会目标的工程科学。酶的来源包括动物、植物及微生物,来源不同的酶有不同的用途。动物来源的酶一般用于医药或诊断试剂,植物和部分微生物来源的酶可以用于食品工业,而工业用酶一般都来自于微生物。不是所有的酶都必须很纯才能应用,根据酶的应用对象可以采用不同纯度的酶。医药或诊断试剂用酶需要高纯度。食品工业用酶需要安全性。工业生产和环境保护用酶需高的活性和选择性,可以用含酶细胞代替,不必纯化。

酶工程的技术范围包括自然酶的开发和生产,酶的分离纯化技术,酶的修饰改造技术,酶的固定化技术,酶反应器的开发。

3. 细胞工程

细胞是构成包括人类、动物、植物和微生物在内的几乎所有生物的基本单元,细胞的重要生理功能已经得到充分认识。细胞最显著的特点是:吸收环境中的营养物质,通过细胞内无数个由酶催化并得到良好组织和调节的化学反应,在复制细胞本身的同时,向环境释放代谢产物。各类细胞在自然界的元素循环及生态系统平衡中发挥着独特的作用,为人类提供了丰富的生活必需品和良好的生存环境。

细胞工程以细胞为基本单位,在离体条件下进行培养、繁殖,或人为地使细胞某些生物学特性按照人们的意愿发生改变,从而来改造生物品种和创造新品种,或加速繁育动植物个体,或获得有用物质的过程。因此,细胞工程是在细胞水平上改造细胞遗传结构,从而培育具有新性状的生物个体或细胞群体。

细胞工程的研究内容包括:① 组织培养技术:植物组织培养、动物组织培养和干细胞的培养;② 细胞融合技术;③ 细胞重构技术。

4. 发酵工程

发酵工程是利用微生物、动植物细胞和基因工程菌在人工生物反应器(发酵罐)中培养而获得产物的工业过程。也就是给微生物一个最适合的生长条件,利用微生物的代谢功能,通过现代化工程技术手段生产出人类所需要的产品。微生物本身能生产的产品有蛋白质(单细胞蛋白或酶),初级代谢产物(如氨基酸、有机酸、核苷酸等),次级代谢产物(如抗生素、维生素、生物碱、细菌毒素等)。利用微生物还能浸提矿物,对某些化学物质进行改造,对有毒物质进行分解来达到环境保护的目的。现在发酵工程不仅利用微生物,也利用动植物细胞发酵生产有用物质。

发酵工程是典型的多相、多尺度问题。细胞本身是固相，有时细胞利用的营养物质也以固相的形式存在；所有细胞都必须在有水的环境中才能生存，绝大部分工业发酵过程都采用液体深层发酵的方法，有些细胞的营养物质是难溶于水的有机溶剂，还可能形成双液相；动植物和大多数微生物细胞都必须生活在有氧的环境中，发酵过程必须通入空气以满足细胞生长对氧的需求，即使是厌氧微生物，它们在代谢过程中也会释放出二氧化碳、氢气及甲烷等气相产物。细胞内外的生物化学反应属于微观尺度，它们的反应速率属于本征动力学的研究范畴；细胞本身的生长—繁殖—死亡规律则属于介观动力学范畴，而且即使在纯培养时也存在着细胞个体的差异；生物反应器（发酵罐）属于宏观尺度，反应器中的剪应力、传质、传热及混合都会影响细胞的生长及生物学反应。对这种复杂的多相、多尺度的发酵工程问题目前仍处于半理论、半经验的水平上，要从理论上预测发酵工程还需继续努力。

发酵过程一般都采用纯种培养，防止其他细胞或噬菌体的污染是发酵成功的关键。因此，在发酵开始前，需要对设备、管道等进行灭菌，发酵过程中也需要对补料和空气灭菌，以保证纯种培养的顺利进行。但是要长期保持无污染是很困难的任务。

细胞有易变异的特点，在每次细胞分裂时都有可能产生遗传突变，而发酵过程所用的细胞往往是通过遗传改造的，很容易产生回复突变，降低甚至丧失其高水平合成目标产物的能力。菌种优选工作是发酵工厂的日常工作。

5. 生物反应器

生物反应器是生物化学反应得以进行的场所，提供微生物能够最优生长、最优形成产物的可控系统和环境。生物工程从实验室的成果到转变成产生巨大的社会和经济效益，是通过各种类型、规模巨大的生物反应器来实现的，发酵工业中绝大多数反应器属于非均相反应器，基本分为机械搅拌式、鼓泡式和环流式三大类。

在生物反应器中进行的生物反应，受到分子水平上的基因特性、细胞水平上的代谢特性和反应器水平上的传递特性的共同作用。生物反应器工程研究生物反应动力学特征，反应器特性、生物反应器中的动量传递、热量传递、质量传递，反应器设计和放大等内容。

6. 生物分离工程

任何产品投放市场前都必须达到一定的纯度并符合其他质量指标，生物产品也不例外。生物分离工程将生化反应与化学工程手段相结合，采用适当的产物分离提纯工艺，使生化产物得以产业化生产。研究内容主要是生物产品的分离纯化各单元操作和产品的后处理技术。

▶▶ 三、生物工程与发酵工程的关系

构成生物工程的各组成部分之间都不是孤立存在的，而是彼此相互渗透、互相结合的，如图1-12。

用基因重组技术和细胞融合技术可以创造出许多具有特殊功能和多功能的工程菌和超级菌，再通过微生物发酵来产生有用物质。酶工程和发酵工程相结合可以改革发酵工艺，这样不但能提高产量，同时也能提高产品的质量，增加经济效益。

任何需要经过细胞培养获得的生物技术产品都离不开发酵工程的支持，发酵工程的技术进步将促进生物技术和生物工程的发展。目前建立在半理论、半经验基础上的发酵工程本身还需要不断的发展和提高。

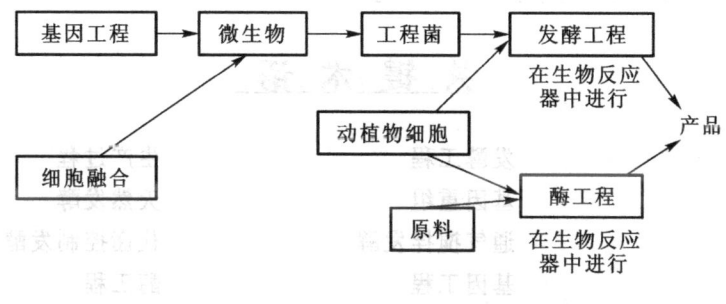

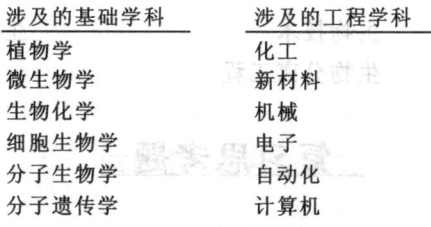

图 1-12 基因工程、细胞工程、酶工程和发酵工程之间的关系

本 章 提 要

1. 发酵工程是生物工程的重要组成部分，本章从两个角度介绍它们之间的关系。
2. 从传统发酵技术到现代发酵工程为生物技术奠定了坚实的基础，并成为其实现产业化的桥梁。阐释了相关概念，如发酵、发酵工程、生物技术、基因工程、酶工程、细胞工程、代谢控制发酵、细胞融合、基因重组等。
3. 对发酵工业发展的历史渊源、发展前景、所涉及的领域、工业生产过程等进行了讲解。
4. 简单介绍了生物工程各个组成部分的研究领域。

Chapter Summary

Chapter 1 Overview

1. Fermentation engineering provides an important part of bioengineering, and the relationship between them is introduced in two aspects.

2. Traditional and modern fermentation technology constitute a strong base for biotechnology development and becomes a bridge for its industrialization. The concepts, such as fermentation, fermentation technology, biotechnology, gene technology, enzyme technology, cell engineering, fermentation with metabolic control, cell fusion, and gene recombination are introduced.

3. The history and future of fermentation engineering are introduced, and the industrial fields as it concerned and the inidustrial production process are stated.

4. The research fields of every part of bioengineering are introduced briefly.

关 键 术 语

发酵	发酵工程	生产过程
细胞融合	基因重组	天然发酵
纯培养技术	通气搅拌发酵	代谢控制发酵
甾体化合物	基因工程	酶工程
细胞工程	基因工程菌	生物反应器
生物工程	生物技术	生物催化剂
生物反应过程	生物分离工程	

复习思考题

1. 何为发酵及发酵工程？简介发酵工业发展的历史进程、重要历史阶段和人物。
2. 发酵工业有何特点？简述发酵生产过程和主要环节。
3. 说明生物技术、生物工程、酶工程、基因工程、细胞工程的概念及相关研究领域和内容。
4. 生物技术有什么特点？什么是生物催化剂？
5. 解释代谢控制发酵及其产品的获得。

第一篇

工业微生物和发酵工业原料

第一篇

第二章 发酵工业微生物菌种制备原理和技术

工业微生物是指在发酵工业上已经应用的或具有潜在应用价值的微生物,其范围随科学技术的发展而不断扩展。工业微生物包括细菌、放线菌、酵母菌和霉菌,在某种意义上还包括病毒。对于现代发酵工业来说还包括工程菌。发酵工业以微生物的生命活动为基础,在决定发酵工业生产水平的三个要素——生产菌种的性能、发酵及提纯工艺条件和生产设备中优良的菌种是最重要的。发酵工业中使用的微生物菌种最初都来自于自然界,经过分离、纯化和基因改造等行之有效的筛选和育种方法,改善和提高其生产能力而用于大规模生产。

第一节 发酵工业微生物菌种的选育

一、工业微生物的特点

发酵工业是利用微生物的生长和代谢活动生产各种有用物质的现代工业。一个现代化的发酵工业必须具有优良的菌种、合适的工艺和先进的设备、严格的检测与控制,其中菌种是主体,其他则是为了充分发挥菌种的优良性能而考虑和设计的。能用于发酵生产的微生物即为工业微生物,它们具有个体小、种类多、繁殖快、分布广、代谢能力强、易变异改造等特点。

二、发酵工业常用微生物菌种及要求

1. 发酵工业对菌种的要求

发酵工程是以微生物的生命活动为中心的,各种发酵生产都必须有相应的微生物参与。因此一个微生物菌种能否满足工业生产的实际需要,是否有工业生产价值是极为重要的。尽管发酵工业用的菌种多种多样,但能够用于大规模工业生产的微生物菌种则必须满足以下基本要求:

(1) 能在廉价原料制备的培养基上迅速生长并生成所需的代谢产物,且产量高;

(2) 培养条件易于控制；

(3) 生长迅速，发酵周期短；

(4) 满足代谢控制的要求；

(5) 抗噬菌体和杂菌的能力强；

(6) 遗传性状稳定，菌种不易变异退化；

(7) 在发酵过程中产生的泡沫要少，这对提高装料系数、提高单罐产量、降低成本有重要意义；

(8) 对需要添加的前体物质有耐受能力，并且不能将这些前体物质作为一般碳源利用；

(9) 不是病原菌，同时在系统发育上与病原菌无关，不产生任何有害的生物活性物质（包括抗生素、激素和毒素），以保证安全。

具备以上条件的菌株，才能保证发酵产品的产量和质量，这是发酵工业的最大目的和最低要求。

2. 工业生产常用的微生物菌种

地球上的微生物资源非常丰富，目前已发现的只占其总数的1%～5%，而在工业生产中被利用的仅有数百种。它们具有不同的形态结构和生理特征，可以分成不同的类群。细菌、放线菌、酵母和霉菌等已广泛应用于发酵工业，有的直接利用其菌体细胞，有的则利用其代谢产物或转化机能。由于发酵工程本身的发展以及基因工程等生物技术快速渗入发酵过程，病毒、藻类等其他微生物和基因工程菌也正在逐步变为工业生产菌。以下介绍具有工业价值的几种主要微生物。

（1）细菌

细菌（bacteria）是自然界分布最广、数量最多的一类微生物，属单细胞原核生物，以典型的二分分裂方式繁殖。细胞生长时，环状DNA染色体复制，细胞内的蛋白质等组分同时增加一倍，然后在细胞中部产生一横段间隔，染色体分开，继而间隔分裂形成两个相同的子细胞。如间隔不完全分裂就形成链状细胞。

工业生产常用的细菌有：枯草芽孢杆菌、醋酸杆菌、乳酸杆菌、棒状杆菌、短杆菌等。用于生产淀粉酶制剂、乳酸、醋酸、氨基酸和肌苷酸等。

（2）酵母菌

酵母菌（yeast）为单细胞真核生物，在自然界中普遍存在，主要分布于含糖较多的酸性环境中，如水果、蔬菜、花蜜和植物叶子上，以及果园土壤中。石油酵母较多地分布在油田周围的土壤中。酵母菌多为腐生，常以单个细胞存在，以发芽形式进行繁殖，母细胞体积长到一定程度时就开始发芽。芽长大的同时母细胞缩小，在母子细胞间形成隔膜，最后形成同样大小的母细胞，如果子芽不与母细胞脱离就形成链状细胞，称为假菌丝。在发酵生产旺盛期，常出现假菌丝。

工业生产常用的酵母菌有：啤酒酵母、假丝酵母、类酵母等。分别用于酿酒、制造面包、生产酒精、酶制剂以及生产可食用、药用和饲料用酵母菌体蛋白等。

（3）霉菌

霉菌（mould）不是一个分类学上的名词。凡生长在营养基质上形成绒毛状、网状或絮状菌丝的真菌统称为霉菌。霉菌在自然界分布很广，大量存在于土壤、空气、水和生物体内外等处。它喜欢偏酸性环境，大多数为好氧性，多腐生，少数寄生。霉菌的繁殖能力很强，它以无性孢子和有性孢子进行繁殖，多以无性孢子繁殖为主。其生长方式是菌丝末端的伸长和顶端分支，彼此交错呈网状。菌丝的长度既受遗传性的控制,又受环境的影响,其分支数量取决于环境条件。菌丝或呈分散生长,或呈菌丝团状生长。

工业生产常用的霉菌有:藻状菌纲的根霉、毛霉、犁头霉,子囊菌纲的红曲霉,半知菌类的曲霉、青霉等。它们可用于生产多种酶制剂、抗生素、有机酸及甾体激素等。

(4) 放线菌

放线菌(actinomycetes)因菌落呈放线状而得名。它是一个原核生物类群,在自然界中分布很广,尤其在含有机质丰富的微碱性土壤中较广。大多腐生,少数寄生。放线菌主要以无性孢子进行繁殖,也可借菌丝片段进行繁殖。后一种繁殖方式见于液体沉没培养中。其生长方式是菌丝末端伸长和分支,彼此交错成网状结构,成为菌丝体。菌丝长度既受遗传性的控制,又与环境相关。在液体深层通风发酵中由于搅拌器的剪应力作用,常常形成短的分支旺盛的菌丝体,或呈分散生长,或呈菌丝团状生长。最大经济价值在于能产生多种抗生素。从微生物中发现的抗生素,有60%以上是放线菌产生的,如链霉素、红霉素、金霉素、庆大霉素等。

工业生产常用的放线菌主要来自以下几个属:链霉菌属、小单孢菌属和诺卡菌属等。

(5) 担子菌

所谓担子菌(basidiomycetes)就是人们通常所说的菇类(mushroom)微生物。担子菌资源的利用正引起人们的重视,如多糖、橡胶物质和抗癌药物的开发。近年来,日本、美国的一些科学家对香菇的抗癌作用进行了深入的研究,发现香菇中 $1,2-\beta-$ 葡萄糖苷酶及两种糖类物质具有抗癌作用。

(6) 藻类

藻类(alga)是自然界分布极广的一类自养微生物资源,许多国家已把它用作人类保健食品和饲料。培养螺旋藻,按干重计算每公顷($1\ ha = 10^4\ m^2$)可收获 60 t,而种植大豆每公顷才可收获 4 t;从蛋白质产率来看,螺旋藻是大豆的 28 倍。培养珊列藻,从蛋白质产率计算,每公顷珊列藻所得蛋白质是小麦的 20~35 倍。此外,还可通过藻类将 CO_2 转变为石油,培养单胞藻或其他藻类而获得的石油,可占细胞干重的 5%~50%,合成的油与重油相同,加工后可转变为汽油、煤油和其他产品。有的国家已建立培植单胞藻的农场,每年每公顷地,培植的单胞藻按 5% 干物质为碳水化合物计算,可得 60 t 石油燃料。此项技术的应用,还可减轻因工业生产而大量排放 CO_2 造成的温室效应。国外还有从"藻类农场"获取氢能的报道,大量培养藻类,利用其光合放氢来获取氢能。

▶▶ 三、发酵工业微生物菌种的分离和选育

从自然界中得到的微生物菌种往往产量不高,达不到生产要求。因此,人们在认识和了解微生物特性的基础上,应用微生物遗传变异及代谢调控理论,通过控制微生物的生长代谢条件,特别是以物理或化学因素诱发微生物突变而产生优良性状,进一步筛选出高产菌株。分子生物学的发展、基因工程技术的应用,为发酵工业提供了更为先进的育种手段。由此不仅可以定向地提高发酵产率,而且还可得到新的工程菌株,生产过去微生物不能产生的各种蛋白质和肽类,如胰岛素、干扰素等。

(一) 微生物菌种的分离

发酵工业使用的微生物菌种,最初都是从自然界中分离筛选出来的。要从自然界找到我们所需要的优良菌种,首先必须把它们从众多的杂菌中分离出来,然后根据生产要求和菌种特性,

采用各种不同的筛选方法,选出性能良好的纯种。分离与筛选菌种的具体做法一般分为4个步骤,即样品采集、增殖培养、纯种分离和生产性能测定。

1. 施加选择性压力分离法

在自然界获得的样品,是很多种类微生物的混杂物,一般采用平板划线或平板稀释法进行纯种分离。为了增加分离成功率,可通过富集培养增加待分离菌的数量。就是利用不同种类的微生物其生长繁殖对环境和营养要求的不同,如温度、pH、渗透压、氧气、碳源、氮源等,人为控制这些条件,使之利于某类或某种微生物生长,而不利于其他种类微生物的生存,以达到使目的菌种占优势,而得以快速分离纯化的目的。这种方法又被称为施加选择性压力分离法。

例如,控制培养时的氧气,可将好氧和厌氧微生物分开;在高温下培养,可将嗜热微生物和非嗜热微生物分开;控制不同的pH条件,可分离出嗜酸或嗜碱微生物;使用高糖或高盐的培养基进行培养,可获得耐高渗透压的微生物;控制培养基的各种营养成分(如使某种碳源、氮源成为惟一的碳源、氮源),均可使能利用此种营养的微生物被富集,从而大量获得。表2-1列举了分离放线菌的几种培养基。

表2-1 用于选择性分离放线菌的几种培养基

培养基	占优势的分离菌株
几丁质琼脂培养基(含有胶态几丁质、矿物盐)	链霉菌属,微单孢菌属
淀粉酪素培养基(含有淀粉、酪素、矿物盐)	链霉菌属,微单孢菌属
基质减半的营养琼脂培养基	嗜热放线菌
葡萄糖-天冬酰胺培养基(含有葡萄糖、天冬酰胺、矿物盐土壤浸液、维生素)	马杜拉放线菌、小双孢菌、链孢囊菌
M_3培养基(含有矿物盐、丙酸盐、硫胺素)	小单孢菌属、红球菌
琼脂培养基	诺卡氏菌属

在分离培养基中也广泛采用加入不同的抗生素或试剂来增加选择性。如在分离放线菌和细菌时,可加入抗真菌抗生素;分离真菌时,可加入抗细菌抗生素。

培养方法可采用分批式富集培养(摇瓶培养)和恒化式富集培养(连续培养)两种方式。分批式富集培养是指将富集培养物转接到新的同一种培养基中,重新建立选择性压力,如此重复转种几次后,再取此富集培养物接种到固体培养基上,以获得单菌落。这种分批式富集培养中,转种的时间是关键,应在所需菌种占优势情况下转种。

恒化式富集培养技术是通过改变限制性基质的浓度,来控制两类不同菌株的比生长速率μ,如图2-1所示。当基质浓度低于γ时,菌株B将维持比菌株A高的比生长速率;而高于γ时,菌株A的比生长速率较高。因

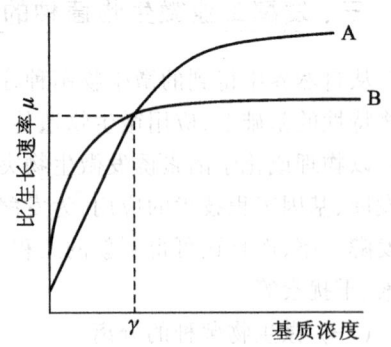

图2-1 基质浓度对A、B两种不同的菌种比生长速率的影响

此可通过改变稀释速率进行连续富集培养，获得所需要的菌种。用连续富集培养技术分离出的菌种，特别适合用于连续发酵生产，而分批式富集培养和固体培养基纯化方法分离得到的菌株，在连续发酵生产中的表现很差。连续富集培养方法还可用于分离适应某种工业生产需要特性的菌株，如能适应简单培养基的菌种，这样不仅可降低生产成本，且不易染菌。还可提高分离温度，有可能分离出耐高温菌株，在生产中节约冷却水。用连续富集培养方法也可筛选出能共生的稳定混合菌群，例如用甲烷为惟一碳源进行连续富集培养，曾筛选出含有一株甲烷营养型和一些非甲烷营养型的共生菌。此混合菌群生产性能（如生长速率、生产率和稳定性）均比甲烷营养型的纯种培养要好。

固体培养基常用于分离各种酶产生菌，在固体选择性培养基中加入酶作用的底物培养微生物，能够利用此底物的酶产生菌得以生长，并且往往会在其菌落周围形成一透明圈。透明圈的大小虽不能与酶活力的高低完全成正比，但完全可以作为菌种初筛的判断标准。像蛋白酶、脂肪酶、果胶酶、甘露聚糖酶、淀粉酶、纤维素酶等酶产生菌，都可用这个方法进行筛选。

2. 随机分离方法

有些微生物的产物对产生菌的筛选没有直接的选择性指示作用，因此常采用随机分离法进行分离。某些重要的生物活性物质产生菌的分离方法如下：

（1）抗生素产生菌的分离

尽管目前已发现了大量的抗生素，并且也开展了多种抗生素的半合成生产，但新的抗生素的发现仍然极具吸引力。筛选抗生素产生菌的方法包括抑菌圈法、稀释法、扩散法、生物自显影法等。在这些方法中，试验菌的选择是成功的关键，它直接与检出的灵敏性、抗生素的活性和抗菌谱有关。

除使用高灵敏度的试验菌外，采用专一性很强的筛选技术也可检出新的抗生素。主要是利用与抗生素作用机制相关的酶、酶抑制剂、激活剂、抗体等建立起来的高灵敏度、专一的筛选技术。

（2）抗肿瘤药物产生菌的分离

目前抗肿瘤药物放线菌素、阿德里亚（阿）霉素、博来霉素、光神霉素、丝裂霉素、内瘤霉素、满霉素、长春霉素、5-尿嘧啶等已在临床上广泛使用，但其疗效并不明显，寻找新的高效、低毒的抗肿瘤药物仍是人们追求的目标。

在临床上有效的抗肿瘤药物，大部分是直接作用于核酸或抑制核酸生物合成的物质。由于从微生物到人类的核酸结构和生物合成方式有许多共同之处，因此大部分抗肿瘤药物也会具有抗菌或抗真菌活性。目前发展出利用微生物筛选作用于 DNA 的抗肿瘤药物的方法，具有高灵敏度和简便快速的特点。生化诱导分析法和 SOS 生色检测法均是利用这一原理来筛选抗肿瘤药物。

生化诱导分析法（BIA）是采用测定溶原性 λ 噬菌体阻遏物支配下的启动子控制的转录和表达的酶活性的方法，即将大肠杆菌的 lacZ 基因连接在 λ 噬菌体的 P_L 启动子下，当 DNA 损伤时，诱发 λ 阻遏蛋白 CI 分解，P_L 启动子启动 lacZ 基因转录，测定表达的 β-半乳糖苷酶活性，来检测能损伤 DNA 的抗肿瘤药物的存在。此法又称为 λ 诱导检测法。

SOS 生色检测法是利用 DNA 损伤时，可活化 yecA 蛋白，进而分解噬菌体的阻遏蛋白，再引起 sifA(sulA) 基因启动子启动 lacZ 基因的表达，从而达到检测能损伤 DNA 的抗肿瘤药物的目的。

此外也可以利用DNA修复能力突变株进行抗肿瘤药物的筛选。因为在生物体中都存在两个以上的DNA修复基因,如果有一个DNA修复基因损伤或变异,通常仍能存活,但对能引起DNA损伤的化合物十分敏感,易发生死亡。例如,使用大肠杆菌或枯草芽孢杆菌的重组缺失DNA修复基因突变株和亲株作为测试菌来筛选抗肿瘤药物。

(3) 酶抑制剂产生菌的分离

酶抑制剂在酶催化机制、生化代谢中至关重要,直接与生理机能和病理有关,因此是重要的临床药物。从微生物的代谢产物中筛选酶抑制剂的原理是,如果某种化合物能在体外抑制某种关键的人体酶,它就可能在体内有药理作用。酶抑制剂产生菌的筛选,主要选择与生理和病理关系明确的酶为靶酶进行筛选。表2-2给出了一些基于酶靶的药理活性物质筛选的例子。

表2-2 基于酶靶筛选具生理活性的酶抑制剂

靶 区	靶 酶
邻苯二酚胺合成	酪氨酸羟化酶,多巴胺-β-羟化酶,单胺氧化酶,儿茶碱-O-甲基转移酶
抗组胺	组氨酸脱羧酶,组胺-N-甲基转移酶
抗血脂症	3-HMG-CoA还原酶,缩合酶
5-羟色胺合成	色氨酸羟化酶,胰酶,血纤维蛋白溶酶,木瓜蛋白酶,糜蛋白酶,组织蛋白酶A、B和D,弹性蛋白酶,胃蛋白酶
抗高血压	血管紧张素转移酶
前列腺素合成	前列腺素合成酶
糖水解酶(抗糖尿病)	α-淀粉酶,蔗糖酶,β-半乳糖苷酶,神经氨酸苷酶

(4) 抗病毒药物产生菌的分离

病毒增殖是在细胞内进行的,药剂难以达到。利用作用于核酸的方法筛选得到的药物毒性高。如利用鸡胚腺为芽细胞的噬菌斑形成法,发现了抗病毒的壳二孢氯素和衣霉素。用小平板测定由病毒引起的细胞变性效果(CPE),也是一种有用的筛选方法。检测病毒复制中特有的DNA复制酶和核酸合成酶的酶抑制剂,是另一种选择性更高的筛选方法。

(5) 生长因子产生菌的分离

生长因子如氨基酸和核苷酸的产生不能作为分离中的选择压力,也可以用随机分离法进行初筛,然后通过进一步的检测得到产生菌。其方法主要是通过观察分离菌能否促进营养缺陷型菌株的生长,来检出生长因子产生菌。

以氨基酸产生菌的筛选为例,介绍其筛选方法。大多数氨基酸产生菌属于节杆菌、微细菌、短杆菌、微球菌和棒杆菌属,因此首先将待试菌接入加了抗真菌的化合物(如亚胺环己酮)的分离培养基中生长,然后采用影印法,将菌落复印到能支持氨基酸产生菌生长的培养基中,培养2~3 d后,用紫外线杀死长好的菌落,再往此平板上面铺上一层含相应氨基酸营养缺陷的营养缺陷型菌株菌液,培养16 h后,被杀死的氨基酸产生菌的菌落周围应有一检测菌的生长圈。这样在另一个复印的平板相应的位置上便可找出产生菌。进一步可测定产生菌产生氨基酸的能力。

(6) 免疫激活剂产生菌的分离

一般认为能作用于细胞表面酶的物质,可能具有免疫修饰作用。因此以存在于细胞表面的氨基肽酶 B,氨基肽酶 A,碱性磷酸酯酶为靶性物质,筛选这些酶的抑制剂,发现抑制这些酶,会增强细胞性免疫或抗体产生能力。这说明可以用细胞表面酶的抑制法,筛选免疫激活剂产生菌。

如以接种肿瘤细胞后的老鼠血,进行免疫抑制处理后得到的因子作对照,在老鼠肝脏细胞培养时,加入微生物培养液和大豆球蛋白 A,与 ^{3}H 标记的胸腺嘧啶脱氧核苷存在下培养,用液体闪烁计数的方法筛选能影响 DNA 合成的物质,它能消除肿瘤细胞血清的抑制作用,使产生抗体的活性恢复。

(7) 多糖产生菌的分离

曾从各种环境中分离到多糖产生菌,但一般认为制糖工业、食品加工厂等产生的污水中,可能含有较多的多糖产生菌,并且这类菌的菌落外观一般比较黏稠,可以通过菌落外观的观察来识别。

经自然界分离筛选获得的有价值的菌种,还须进行人工选育,使其具有优良的生产性能,才能用于工业生产。特别是用于医药卫生上的产品,还须通过安全试验和临床试验,获得国家的药品生产许可证,方能使用。

(二) 微生物菌种的选育

优良菌种的选育为生产提供了各种类型的突变株,大幅度提高了菌种产生有价值代谢产物的水平,还可以改进产品质量,去除不需要的代谢产物或产生新的代谢产物。

自然选育、诱变选育、抗噬菌体菌种的选育、杂交育种、原生质体融合技术、基因工程技术等都被用于优良生产菌种的选育。

1. 自然选育

不经人工处理,利用微生物的自然突变进行菌种选育的过程称为自然选育。自然突变由两种原因引起,即多因素低剂量的诱变效应和互变异构效应。所谓多因素低剂量的诱变效应,是指在自然环境中存在着低剂量的宇宙射线、各种短波辐射、低剂量的诱变物质和微生物自身代谢产生的诱变物质等的作用引起的突变。互变异构效应是指四种碱基第六位上的酮基或氨基的瞬间变构,会引起碱基的错配。

自然突变可能会产生两种截然不同的结果,一种是菌种退化而导致目标产物产量或质量下降;另一种是对生产有益的突变。为了保证生产水平的稳定和提高,应经常地进行生产菌种自然选育,以淘汰退化的,选出优良的菌种。

自然选育是一种简单易行的选育方法,可以达到纯化菌种,防止菌种退化,稳定生产,提高产量的目的。但是自然选育的效率低,因此经常与诱变选育交替使用,以提高育种效率。自然选育的一般程序是将菌种制成菌悬液,用稀释法在固体平板上分离单菌落,再分别测定单菌落的生产能力,从中选出高水平菌种。

2. 诱变选育

诱变育种是利用各种被称为诱变剂的物理因素和化学试剂处理微生物细胞,提高基因突变频率,再通过适当的筛选方法获得所需要的高产优质菌种的育种方法。

(1) 诱变育种的原理

诱变育种的理论基础是基因突变,突变主要包括染色体畸变和基因突变两大类。染色体畸变指的是染色体或DNA片段发生缺失、易位、逆位、重复等。基因突变指的是DNA中的碱基发生变化即点突变。常用的诱变剂包括物理、化学和生物的三大类,见表2-3。

表2-3 常用的各类诱变剂

物理诱变剂		紫外线、快中子、X射线、β射线、γ射线、激光
化学诱变剂	碱基类似物	2-氨基嘌呤、5-溴尿嘧啶、8-氮鸟嘌呤
	与碱基反应的物质	硫酸二乙酯(DES)、甲基硫酸乙酯(EMS)、亚硝基胍(NTG)、亚硝基甲基脲(NMU)、亚硝基乙基脲(NEU)、亚硝酸(NA)、氮芥(NM)、4-硝基喹啉(4-NQO)、乙烯亚胺(EI)、羟胺
	DNA分子中插入或缺失一个或几个碱基	吖啶类物质、吖啶氮芥衍生物
生物诱变剂		噬菌体、转座子

(2)诱变育种的基本方法

诱变育种一般包括诱变和筛选两个部分,诱变部分成功的关键包括出发菌株的选择、诱变剂种类和剂量的选择,以及合理的使用。筛选部分包括初筛和复筛来测定菌种的生产能力。诱变育种是诱变和筛选过程的不断重复,直到获得高产菌株。

① 出发菌株的选择:诱变出发菌株要有一定的目标产物的生产能力。其他生产性能如生长繁殖快、营养要求低、产孢子多且早,对诱变剂敏感,变异幅度大等。必须了解用作诱变的出发菌株的产量、形态、生理等方面的情况。可选择已经过诱变处理的菌株,因为这样的菌株对诱变剂的敏感性会有所提高。

② 诱变剂的使用方法:诱变的方法有单一诱变剂处理和用两种以上的诱变剂处理菌种的复合诱变剂处理。

③ 诱变剂的剂量选择:对不同的微生物使用的剂量不同,诱变剂的剂量与致死率有关,而致死率又与突变率有一定的关系。因此可用致死率作为诱变剂剂量选择的依据。一般突变率随诱变剂剂量的增加而提高,但达到一定程度以后,再提高剂量反使突变率下降。

(3)突变菌株的筛选

诱变处理后,菌种的性能有可能发生各种各样的变异,如营养变异、抗性变异、代谢变异、形态变异、生长繁殖变异和发酵温度变异等。正向突变的菌株通常为少数,须通过初筛和复筛后,再经过发酵条件的优化研究,确定最佳的发酵条件,才能使高产菌株的生产能力充分发挥出来。经诱变后,这些变异的菌种可用各种方法筛选出来。

① 营养缺陷型突变菌株的筛选:营养缺陷型突变菌株的诱变育种已广泛地在氨基酸、核苷酸生产中获得应用。在营养缺陷型突变菌株中,生物合成途径中的某一步发生了酶缺陷,合成反应不能完成,末端产物不能积累,因此末端产物的反馈调节作用被解除。只要在培养基中限量加入所要求的末端产物,克服生长障碍,就能使中间产物积累。

营养缺陷型突变菌株具有明显的遗传标记,在杂交育种中作为出发菌株,有利于杂交重组的分析,也可以作为基因工程中的受体菌,检出克隆基因的表达。

② 抗反馈阻遏和抗反馈抑制突变菌株的筛选：末端产物的反馈调节在生物合成途径中是普遍存在的，除了采用筛选营养缺陷型突变菌株来降低末端产物的浓度外，更加有效的办法是筛选抗反馈阻遏和抗反馈抑制突变株。这两种突变均是由于代谢失调，它们有共同的表型，即在细胞中已经有了大量的末端产物时，仍不断合成这一产物。但其代谢失调的原因不同。其原因或是因为调节基因或操纵基因发生突变，使产生的阻遏蛋白不再能和终产物结合或结合后不能作用于已突变的操纵基因，因此不再起反馈阻遏作用；或是由于编码酶的结构基因发生突变，使变构酶不再具有结合终产物的能力但仍具有催化活性，从而解除了反馈抑制。

通常抗反馈阻遏和抗反馈抑制突变菌株是通过抗结构类似物突变的方法筛选出来的。结构类似物与末端产物有相似的结构，能与阻遏蛋白或变构酶结合，阻止产物的合成，引起反馈调节作用，但它们不能代替末端产物参与生物合成，它们的浓度不会降低，因此它们与阻遏蛋白或变构酶结合也是不可逆的。未突变的细胞因代谢受阻，不能合成某种产物而死亡。抗反馈调节突变菌株则即使在结构类似物存在下，仍可合成末端产物形成菌落。为了稳定抗结构类似物突变株，可在培养基中加入适量的结构类似物或抗生素，防止回复突变。

另外也可从营养缺陷型的回复突变菌株获得抗反馈突变株。营养缺陷型突变株是因为对反馈调节作用敏感的酶钝化或缺失等原因所致，发生回复突变后，虽然酶的催化活性恢复了，但酶的结构发生了改变，对反馈调节作用不敏感，因此可过量积累末端代谢产物。

③ 组成型突变株的筛选：在酶制剂的发酵生产中，常采用在发酵过程中分批限量加入诱导物的方法，提高诱导酶的活性。为解除对诱导物的依赖，可通过诱变改变菌种的遗传特性，筛选组成型突变株。突变发生在调节基因或操纵基因，都可获得组成型突变株。筛选的方法是设计某种有利于组成型菌株生长，并限制诱导型菌株生长的培养条件，造成组成型菌株生长的优势或能以适当的分辨两类菌落的方法，选出组成型突变菌株。

以 β-半乳糖苷酶为例，将诱变处理后的菌种培养在含有抑制物邻硝基-β-D-岩藻糖苷和乳糖的培养液中。在这种培养液中，β-半乳糖苷酶的合成被抑制，因此诱导型菌株不能利用乳糖，则不能生长。而组成型菌株能够合成 β-半乳糖苷酶，利用乳糖生长，使组成型菌株被富集。

交替培养法是将诱导型菌株经诱变处理后，先在含诱导剂如乳糖的培养液中培养，由于组成型菌株不需诱导物就能合成 β-半乳糖苷酶，利用乳糖，因此它们会先于诱导型开始生长，在一段时间内，它们的菌数会增加很快。当诱导型在诱导物的诱导下合成 β-半乳糖苷酶，开始利用乳糖生长时，就将细菌全部转入葡萄糖培养基中；在葡萄糖培养基中两类细菌同样生长繁殖，但是组成型菌株仍能够合成 β-半乳糖苷酶，而诱导型菌株的 β-半乳糖苷酶合成停止，并且酶活力则逐渐丧失。这时再将全部细菌转入乳糖培养基，组成型菌株又获得一次优势生长。如此反复多次后，组成型菌株的数量大大超过诱导型，然后再用平板培养基分离出组成型菌株的单菌落。

通过显色反应也可在平板上识别组成型菌株。其方法是在不含诱导物的平板上进行培养，由于组成型菌株能产生酶，培养后加入适当的底物反应。常采用经酶解后有颜色变化的底物，以便快速检出组成型菌落。如用邻硝基苯半乳糖苷（ONPG）来筛选 β-半乳糖苷酶组成型突变株，刚果红可使纤维素酶水解纤维素露出的还原基团被染上色，而用于筛选纤维素酶组成型突变株等。

④ 抗性突变株的筛选：这包括对抗生素、金属离子、温度、噬菌体等的抗性(或敏感)突变株的筛选，这些突变型常用来提高某些代谢产物的产量。

A) 抗生素抗性突变：各种抗生素对微生物代谢的抑制机制各不相同，利用这些不同的机制改变微生物的代谢，可使某些产物过量积累。如解烃棒杆菌(C. hydrocarbolastus)，产生的棒杆菌素是氯霉素的类似物，抗氯霉素的解烃棒杆菌突变株比亲株产生的棒杆菌素要高出3倍。

衣霉素可改变细胞的分泌能力，有助于胞内物质分泌到胞外，原因为它可以抑制细胞膜糖蛋白的合成。筛选枯草芽孢杆菌的衣霉素抗性突变株，使 α-淀粉酶的产量比亲株提高了5倍。蜡状芽孢杆菌的抗利福平无芽孢突变株的 β-淀粉酶产量提高了7倍，这主要是因为利福平可抑制芽孢的形成，使芽孢形成的时间延迟，有利于 β-淀粉酶的分泌。

B) 抗噬菌体菌株的选育：有研究表明，细菌对噬菌体的抗性是基因突变的结果，这种抗性可以发生在接触噬菌体以前，与噬菌体的存在与否无关。抗噬菌体菌株的筛选可采用自然选育和诱变选育两种方法。自发突变是以噬菌体为筛子，在不经任何诱变的敏感菌株中筛选抗性菌株，但抗性突变的频率很低。为了提高效率，可先进行诱变处理，再用高浓度的噬菌体平板筛选抗性菌株。噬菌体感染的筛选过程也可以反复多次，使敏感菌株裂解，从中筛选出抗性菌株。

C) 条件抗性突变：条件抗性突变也称为条件致死突变，其中温度敏感突变常可提高产物的产量。如适于在中温条件下(如37 ℃)生长的细菌，经诱变后获得的温度敏感突变只能在低于37 ℃的温度下生长。这主要是因某一酶蛋白结构改变后，在高温条件下丧失了活力。若此酶是某蛋白质、核苷酸合成途径中所需的酶，该突变株在高温下的表型就是营养缺陷型。谷氨酸产生菌——乳糖发酵短杆菌2256经诱变后获得的温度敏感突变，在30 ℃条件下培养能正常生长，40 ℃温度下死亡，能在富含生物素的培养基中积累谷氨酸，而野生型菌的谷氨酸合成却受生物素的反馈抑制。

D) 敏感突变：柠檬酸经顺乌头酸酶催化，转化为异柠檬酸。生产上为了提高柠檬酸的产量，必须抑制顺乌头酸酶活性，防止异柠檬酸的产生。氟乙酸可抑制顺乌头酸酶活性，通过诱变处理造成顺乌头酸酶结构基因的突变，有可能造成酶活力下降，那么此菌株必然对氟乙酸更加敏感，即不足以抑制野生菌顺乌头酸酶活力的某一氟乙酸浓度，会对突变型产生抑制作用。如解脂假丝酵母 IFO143 用亚硝基胍诱变处理，获得的突变株 S22 对氟乙酸表现出极大的敏感性，其顺乌头酸酶酶活力仅为野生菌株的 1/100，产柠檬酸与异柠檬酸的比例为 97∶3，大大提高了柠檬酸的产量。

3. 杂交育种

生产上，长期使用诱变剂处理，会使菌种的生活能力逐渐下降，如生长周期延长，孢子量减少，代谢减慢，产量增加缓慢，因此有必要利用杂交育种的方法，提高菌种的生产能力。杂交育种的目的是将不同菌株的遗传物质进行交换、重组，使不同菌株的优良性状集中在重组体中，克服长期诱变引起的生活力下降等缺陷。通过杂交还可以扩大变异范围，改变产品的产量和质量，甚至创造出新品种。由于多数微生物尚未发现有性世代，因此直接亲本菌株应具有适当的遗传标记，如颜色、营养要求(即营养缺陷标记)或抗药性等。

(1) 杂交育种的优点

① 通过具有不同遗传性状菌株的杂交，使遗传物质进行交换和重新组合，改变亲株的遗传物质基础，扩大变异范围，使两亲株的优良性状集中于重组体内，获得新品种。

② 通过杂交后获得具有新遗传特性的重组体,不仅可克服因长期诱变造成的生活力下降、代谢缓慢等缺陷,也可以提高对诱变剂的敏感性,降低对诱变剂的"疲劳"效应。

③ 通过杂交可以总结遗传物质的转移和传递规律,丰富并促进遗传学理论的发展。

(2) 杂交育种的基本程序

杂交育种的一般程序(图2-2):选择原始亲本→诱变筛选直接亲本→直接亲本之间亲和力鉴定→杂交→分离到基本培养基或选择性培养基→筛选重组体→重组体分析鉴定。

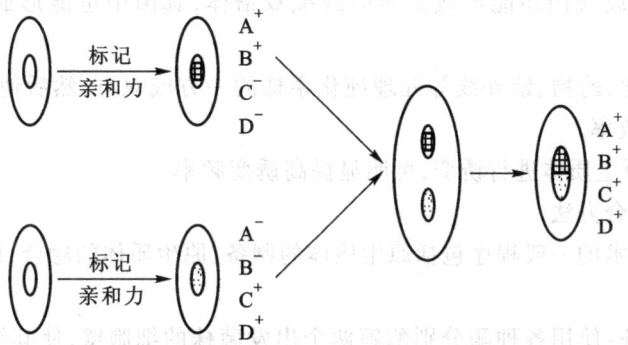

图2-2 微生物杂交程序

(3) 杂交育种的方法

大部分发酵工业中具有重要经济价值的微生物是准性生殖方式杂交重组。原核微生物杂交仅转移部分基因,然后形成部分结合子,最终实现染色体交换和基因重组。丝状真核微生物通过接合、染色体交换,然后分离形成重组体。常规杂交主要包括接合、转化、转导、溶原转换和转染等技术,它们的特点见表2-4。

表2-4 微生物常规杂交形式

微生物类别	杂交方式	供体与受体细胞关系	参与交换的遗传物质
原核微生物	接合	体细胞间暂时沟通	部分染色体杂合
	转化	细胞不接触,吸收游离DNA片段	个别或少数基因杂合
	转导	细胞间不接触,质粒、噬菌体介导	个别或少数基因杂合
真核微生物	有性生殖	生殖细胞融合或接合	整套染色体高频率重组
	准性生殖	体细胞接合	整套染色体高频率重组

4. 原生质体融合

原生质体融合技术提供了充分利用遗传重组杂交的方法。首先是在动植物细胞融合研究的基础上发展起来的,然后才应用于真菌、细菌和放线菌。由于这一技术可以打破种属间的界限,提高重组频率,扩大重组幅度,而备受关注。

(1) 原生质体融合的优越性

原生质体融合的方法是首先用酶分别酶解两个出发菌株的细胞壁,在高渗环境中释放出原生质,将它们混合,在助融剂或电场作用下,使它们互相凝集,发生细胞融合,实现遗传重组。原生质体融合技术优点如下：

① 受接合型或致育型的限制小，两亲株没有供体和受体之分，有利于不同种属微生物的杂交。

② 重组频率高于其他杂交方法。有报道，放线菌原生质体融合频率达 $10^{-2} \sim 10^{-1}$，丝状真菌达 $10^{-3} \sim 10^{-2}$，细菌和酵母也可达 $10^{-6} \sim 10^{-5}$。

③ 遗传物质的传递更加充分、完善，既有核配又有质配。原核微生物可以有两个以上完整基因组融合的机会。放线菌还能形成短暂的或拟双倍体，真菌中也能形成暂时的或稳定的双倍体。

④ 可以采用温度、药物、紫外线等处理纯化亲株的一方或双方，然后使其融合，筛选再生重组子菌落，提高筛选效率。

⑤ 用微生物的原生质体进行诱变，可明显提高诱变频率。

(2) 原生质体融合方法

原生质体融合技术的一般程序包括原生质体的制备，原生质体的融合，原生质体的再生和融合子的筛选等步骤。

① 原生质体制备：使用各种酶分别酶解两个出发菌株的细胞壁，使其细胞壁全部消化或部分破裂，释放出原生质体，为防止原生质体内部渗透压过高而破裂，必须将原生质体释放到高渗溶液中。由于各种微生物细胞壁的组成不同，须采用不同的原生质体制备方法。

② 原生质体融合和再生：由两个出发菌株制备好的原生质体可以通过化学因子或电场诱导的方法进行融合。化学因子诱导多采用聚乙二醇（PEG）4000 和 6000 作为融合剂，并加入 Ca^{2+} 和 Mg^{2+} 等阳离子。电融合过程是原生质体在电场中极化成偶极子，并沿电力线方向排列成串；再加直流脉冲击穿原生质体膜，导致原生质体发生融合。

融合后的原生质体具有生物活性，但由于缺少细胞壁，不是正常的细胞，不能在普通培养基上生长。所以要涂布在高渗培养基上令其再生，可以增加高渗培养基的渗透压或添加蔗糖来提高再生率。

③ 融合子的检出：融合子是在选择性培养基上检出的，即通过两个遗传标记互补确定的。如利用营养缺陷型互补，在基本培养基上识别融合子。当亲株没有或很少标记的情况下，可利用灭活的原生质体（单亲株或双亲株灭活均可）融合，筛选有生物活性的重组子。此外可以利用荧光染色，将两个亲株用不同的荧光色素染色并融合后，在落射荧光装置的立体显微镜下观察融合子；如在一个个体上观察到双亲的两种荧光色素，即为融合子。

通过上述方法产生的融合子如果产生了杂合双倍体或单倍重组子，其遗传性状比较稳定。但也可能产生的融合子是一种短暂的融合，会再次分离成亲本类型。所以还要再进行多次筛选，找到稳定的融合子。

5. 基因工程育种

基因工程或称体外重组 DNA 技术、遗传工程，是以分子遗传学的理论为基础，综合分子生物学和微生物遗传学的最新技术而发展起来的一门新兴技术。它是现代生物技术的一个重要组成方面，是 20 世纪 70 年代以来生命科学发展的最前沿。利用基因工程能够使任何生物的 DNA 插入到某一细胞质复制因子中，进而引入寄主细胞进行成功表达。因而，在遗传学上开辟了一条崭新的研究 DNA 序列和功能的关系及基因表达调控机制的渠道，在发酵工业提供了巨大的创造具有工业应用价值的生产菌株的潜力。本部分仅对体外重组 DNA 技术作一简要的基础性介绍,具体内容可参考相关专著。

基因工程是用人为的方法将所需的某一供体生物的遗传物质 DNA 分子提取出来,在离体条件下进行"切割",获得代表某一性状的目的基因,把该目的基因与作为载体的 DNA 分子连接起来,然后导入某一受体细胞中,让外来的目的基因在受体细胞中进行正常的复制和表达,从而获得目的产物。由于该受体细胞即包含了原有的一整套遗传信息,同时也含有外来基因的遗传信息,是一个"杂交体",因此它是一个自然演化中根本不存在的全新物种。

重组 DNA 技术一般包括四步,即目标 DNA 片段的获得、与载体 DNA 分子的连接、重组 DNA 分子引入宿主细胞及从中选出含有所需重组 DNA 分子的宿主细胞。作为发酵工业的工程菌在此四步之后还需加上外源基因的表达及稳定性的考虑。

① 基因的分离:DNA 的提取通常包括去垢剂(如 SDS)溶解细胞,用酚和蛋白酶去除蛋白质,核糖核酸酶去除 RNA,以及乙醇沉淀等步骤。但从总体 DNA 中分离特异的目的基因,则是相当困难的,主要有物理分离法、互补 DNA 分离法和"鸟枪"法等。

② DNA 分子的切割与连接:DNA 分子的切割是由限制性核酸内切酶来实现的。限制性核酸内切酶主要是从原核生物中分离的,可分为三类。在分子克隆中应用的主要是 II 类限制性核酸内切酶,其相对分子质量较小,在 DNA 上有各种不同的识别顺序,被称为分子手术刀。它不仅对切点邻近的两个核苷酸有严格要求,而且对较远的核苷酸顺序也有严格要求。限制酶的识别顺序通常为 4~6 个核苷酸,这些位点的核苷酸都作旋转对称排列。DNA 片段的连接主要通过限制酶产生的黏性末端、末端转移酶合成的同聚物接尾以及合成的人工接头等,利用 DNA 连接酶来实现。大肠杆菌的 DNA 连接酶和 T4 噬菌体感染大肠杆菌产生的 T4 DNA 连接酶,都能修复互补黏性末端之间的单链缺口。T4 DNA 连接酶还能连接平末端的双链 DNA 分子或连接上合成的人工接头等。

③ 载体:能够克隆外源 DNA 片段并能在大肠杆菌中繁殖的载体有四种类型:质粒(plasmids)、噬菌体 λ、黏粒(cosmids)和单链噬菌体 M13 等。这四类载体大小、结构以及生物特性各不相同,但具有以下的共同点:a) 能在大肠杆菌中自主复制,在共价连接了外源 DNA 片段后仍能自主复制,即载体本身就是一个单独的复制子;b) 对某些限制酶来说只有一个切口,并在酶作用后不影响其自主繁殖能力;c) 从细菌核酸中分离和纯化很容易;d) 在宿主中能以多拷贝形式存在,有利于插入的外援基因的表达,能在宿主中稳定地遗传。

④ 引入宿主:细胞外源 DNA 片段与载体连接形成的重组体必须进入宿主细胞才能进一步增殖和表达。以质粒为载体的重组 DNA 以转化的方式进入宿主细胞;以噬菌体为载体的重组 DNA 则以转染的方式进入宿主细胞;经体外包裹进噬菌体外壳的噬菌体载体重组子或柯斯质粒,则以转导的方式进入宿主细胞。

⑤ 重组体的选择和鉴定:从转化、转染或转导的受体细胞群体中选择被研究的重组体,一般分两步:a) 根据载体的遗传标记等选择出含有重组分子的转化细胞;b) 进一步根据外源 DNA (目标基因)的遗传特性进行鉴定。鉴定转化细胞的方法主要有:遗传学方法、免疫化学方法和核酸杂交方法等。

⑥ 外源基因的表达:外源基因引入受体后,能否很好地表达,表达所形成的外源蛋白能否分泌或到达催化反应的场所等,是关系到能否工业化应用的问题。影响外源基因表达的因素

主要表现在以下几个方面：转录水平上，启动子和受体细胞中 RNA 聚合酶的统一；翻译水平上，mRNA 的核糖体结合部位与受体细胞核糖体的统一；外源基因插入方向对表达的影响；转录后修饰和翻译后修饰等。其中主要集中在转录、翻译及修饰三方面，任一步的失效均造成表达失败。

随着重组 DNA 技术的发展，将高等生物的基因克隆到大肠杆菌中，由大肠杆菌发酵生产人胰岛素、人生长激素和干扰素等高附加值药物产品已工业化生产。同时，在微生物发酵生产的其他产品中，重组 DNA 技术对产量的提高及性状的改良等也得到了广泛的研究和应用。

四、发酵工业微生物菌种的退化、复壮与保藏

微生物具有生命活动能力，其世代时间一般是很短的，在传代过程中易发生变异甚至死亡，因此常常造成工业生产菌种的退化，并有可能使优良菌种丢失，所以，如何保持菌种优良性状的稳定是研究菌种保藏的重要课题。

（一）微生物菌种的退化及原因

1. 菌种退化

菌种退化通常是指在较长时期传代保藏后，菌株的一个或多个生理性状和形态特征逐渐减退或消失的现象。常见的菌种衰退在形态上表现为分生孢子的减少或菌落颜色的改变。在生理上常指菌种发酵能力的降低，有些菌的抗噬菌体能力下降。对诱变育种而获得的高产变异株则常表现出恢复野生型性状等。但菌种的真正退化必须与由于环境原因变化而引起菌种形态和生理上的变异区别开来。如培养基中微量元素缺乏会导致孢子数量减少，也会引起孢子颜色的改变。此外，温度、pH、不同碳氮源都会导致菌种变化。但只要一旦恢复正常条件，这些现象就会消失。此外，杂菌污染也会造成菌种退化的假象。因此，必须正确判断是否退化，才能找出正确的解决办法。一般菌种退化是从量变到质变逐渐发生的，同时也是整个群体中产量降低及其相联系的种种特性的变化，而不是指单个细胞的改变。

2. 引起菌种退化的原因

（1）基因突变

菌种退化的主要原因是有关基因的负突变。如果控制产量的基因发生负突变则会引起产量下降，如果控制孢子生成的基因发生负突变则孢子性能就会下降。当然，这些负突变都是自发形成的。经常处于旺盛生长状态的细胞比休眠状态细胞发生突变的概率大得多。在发酵生产中常用营养缺陷型突变株，如缺陷型发生回复突变就会使产量水平下降。如黏质赛氏杆菌（*Serratia marcescens*）H-2892 菌株生产力为 18 g/L 组氨酸，经 5 次传代后因回复突变型增多，产量下降至 4 g/L。很多抗生素生物合成、产生气生菌丝和色素等性状都部分或全部受质粒基因控制。当菌株连续传代、菌体发生质粒脱落而出现大量光秃型菌落，则生产能力也显著下降。

（2）变异菌株性状分离

在菌种筛选工作中经常遇到初筛摇瓶产量很高，复筛产量逐渐下降而被淘汰的现象，在霉菌中更为常见。这是一种广义的退化现象。当诱变的单菌落是由一个以上孢子或细胞形成，而其中只有一个孢子或细胞是高产时，在移接传代过程中，这个高产菌株数量减少，当然产量也就下降。即使菌落是由一个孢子或单个细胞形成，只要它是多核细胞，在诱发突变中核的变化不会都一样，随着菌种传代和核的分离也会使性状表现多样化，产量也会随之变化，即使是单核孢子发

生突变时,如果双链 DNA 上仅一条链上某个位点发生变化,经移植后也会出现性状分离。因此一个较稳定的变异株的获得必须经过多次分离纯化。为了得到较多纯种,有人考虑提高诱变剂量,使单核细胞 DNA 双链中一条链的某一点发生突变,另一条链完全失活不再复制来提高纯菌产生率。通过实验得到表 2-5 所示数据。

表 2-5　不同剂量紫外线处理裂殖酵母时不纯菌落百分数

剂量 (以存活率计/%)	菌落总数	突变菌落数		突变频率 (突变菌落/10^3)	不纯菌落/%
		纯	不纯		
100(对照)	12 165	1	—	0.08	—
80~100	12 060	13	12	2	43
60~80	8 553	46	20	27	30
20~60	4 922	65	17	16.7	21
1~20	9 884	195	28	22.6	13

诱变突变株的稳定性和诱变剂作用机制有关,一般认为诱发 DNA 碱基转换或颠换时不稳定菌株出现较多,而诱发缺失交界时不稳定菌株出现较少,因为缺失是不能回复的。

(3) 连续传代

个别细胞性状改变不足以引起菌种退化,经多次传代,退化细胞在数量上占优势,于是退化性状表现逐步明朗化,最终成为一株退化菌株。以芽孢杆菌的黄嘌呤缺陷型在斜面上移植代数对回复突变率和产量的关系为例,如表 2-6 所示。

表 2-6　产腺苷的黄嘌呤缺陷型菌株在接种传代过程中产量和回复子数量间的关系

实验	移植代数	每代斜面保存时间/天	回复子比数	腺苷产量/(g/L)
1	0	147	1/4.5×10^6	13.5
2	2	133,14	1/2.4×10^6	14.9
3	6	47,3,9,3,71,14	1/2.2×10^5	10.7
4	7	47,3,9,3,13,58,14	1/3.5×10^5	13.1
5	9	47,3,9,3,13,8,3,47,4	1/5.3×10^3	8.1
6	12	47,3,9,3,13,8,3,4,14,6,6,31	1/1.0×10^3	7.4

由上表可见,虽菌种总的保存时间都是 147 天,但随着移植代数的增加,回复突变率也增加,腺苷产量下降。这也说明,退化并不突然明显,而是当退化细胞在繁殖速率上大于正常细胞时,每移植一代,使退化细胞的优势更为显著,从而导致退化。

(4) 其他因素

其他如温度、湿度、培养基成分及各种培养条件都会引起菌种的基因突变。例如在保藏菌种过程中基因突变率就随温度降低而减少,又如在产腺苷的黄嘌呤缺陷型中,若在培养基中加入黄嘌呤、鸟嘌呤及组氨酸和苏氨酸可降低回复突变的数量。

(二) 防止菌种退化和退化菌种的复壮

1. 防止菌种退化

防止菌种退化的方法有：

(1) 控制传代次数

基因的变化往往发生在复制和繁殖过程中，繁殖越频繁，复制的次数越多，基因发生变化的机会也就越多。因此应该尽量避免不必要的接种和传代，把传代次数控制在最低水平，以降低突变概率。一般情况下，斜面每移植一代，霉菌、放线菌、芽孢杆菌在低温下可保藏半年左右，酵母可保藏3个月左右，无芽孢细菌可保藏1个月左右。为此，生产菌种每移植一代，最好同时移植较多的斜面，以供一段时间生产之需，这样移植次数就可减少。

(2) 选择合适的培养条件

培养条件对菌种衰退有一定的影响，选择一个适合原种生长的条件可以防止菌种衰退。另外，生产上应避免使用陈旧的斜面菌种。

(3) 利用不同类型的细胞进行传代

在放线菌和霉菌中，由于它们的菌丝细胞常含有许多核，甚至是异核体，因此用菌丝接种时就会出现衰退和不纯的子代。而孢子一般是单核的，利用孢子来接种，可以达到防止衰退的目的。但是这也必须注意到微生物细胞本身的特点。对构巢曲霉来说，利用它的分生孢子传代易发生衰退而用它的子囊孢子移种则不易退化。

(4) 选择合适的保藏方法

采用有效的菌种保藏方法也可以防止菌种的衰退。

由于菌种衰退的情况不同，对有些衰退原因还不甚了解，因此要切实解决具体问题，需根据实际情况，通过实验正确地加以运用。

2. 退化菌种的复壮

使衰退的菌种重新恢复原来的优良特性，称为复壮。常用的方法是对已退化菌株用一定培养条件进行单细胞分离纯化。从而限制退化菌株在数量上占优势，最后淘汰已退化菌落而使原菌株得以复壮。例如用高剂量紫外线(UV)或再配以低剂量亚硝基胍(NTG)对退化菌株进行处理，可得到较多的纯菌落，又如选择一种对退化型菌株细胞核具有更大杀伤力的诱变剂亦可使原菌株得到复壮。但这工作量不亚于新突变株的诱变育种，另外，用遗传方法选育不易退化的稳定菌株或采用双缺、三缺菌株及减少传代次数等方法，都可防止菌种退化，保存稳定菌株。

(三) 菌种的保藏

1. 菌种保藏的意义

菌种是从事微生物学以及生命科学研究的基本材料，特别是利用微生物进行有关生产如抗生素、氨基酸、酿造等工业，更离不开菌种。所以菌种保藏是进行微生物学研究和微生物育种工作的重要组成部分。其任务首先是使菌种不致死亡，同时还要尽可能设法把菌种的优良特性保持下来而不致向坏的方面转化。

2. 菌种保藏的原理

菌种保藏主要是根据菌种的生理生化特点，人为创造条件使孢子或菌体的生长代谢活动尽量降低，以减少其变异。一般可通过保持培养基营养成分在最低水平缺氧状态，干燥和低温，使菌种处于"休眠"状态,抑制其繁殖能力。

一种好的保藏方法首先应能长期保持菌种原有的优良性状不变,同时还需考虑到方法本身的简便和经济,以便生产上能推广使用。

3. 菌种保藏的方法

(1) 斜面低温保藏法

将菌株接种于合适的斜面培养基上,待生长好后置于4 ℃冰箱保藏,每隔一定时间进行移接培养后再将新斜面继续保藏。

这种保藏方法简单,存活率高,易于推广,经常使用的菌种可采用这种方法。其缺点是菌种仍有一定强度的代谢活动条件,保存时间不长,而且传代多,因此菌种容易产生变异。

(2) 石蜡油封保藏法

将生长好的新鲜斜面在无菌条件下倒入已灭菌的液体石蜡,油层要高出斜面上端1 cm,使之与空气隔绝,然后垂直放于室温或冰箱内保藏即可。

这种方法也比较简便,且保藏时间一般可长达1年以上。适于保存部分霉菌、酵母菌、放线菌,但对细菌效果较差,对某些能同化烃类的微生物则不适用。

(3) 砂土管保藏法

将孢子悬浮液转移至灭过菌的砂土管中,于真空干燥器内用真空泵抽干,再转至有干燥剂的容器中,密封低温保藏。本方法是用人工方法模拟自然环境使菌种得以栖息。适用于细菌的芽孢、霉菌和放线菌孢子的保藏,不适于对干燥敏感的无芽孢的细菌和酵母菌。主要包括砂土制备和真空抽干两步。

(4) 冷冻干燥法

此法的原理是在低温下迅速将细胞冻结以保持细胞结构的完整,然后在真空下使水分升华。这样菌种的生长和代谢活动处于极低水平,不易发生变异和死亡,因而能长期保存,一般为5~10年。微生物在此条件下易死亡,所以需加入一些物质作保护剂,一般常用的是脱脂牛奶、血清等。该法存活率高,变异率低,并能广泛适用于细菌(有芽孢和无芽孢的)、酵母、霉菌孢子、放线菌孢子和病毒等,因此是目前广泛采用的好方法。其缺点是手续烦琐,操作复杂,要求严格,并需有一定设备条件。

(5) 超低温保藏法

由于现在超低温冰箱的使用已较普及,所以菌种的超低温保藏法在生产企业和研究机构已得到广泛应用。该方法的要点是:将要保藏的菌种置于10%甘油或二甲基亚砜保护剂中,密封于试管或安瓿管中,然后将其放入超低温冰箱中于－70 ℃下保藏。该法简便易行,而且保藏效果较好。

第二节 工业微生物种子的扩大培养

菌种的扩大培养是发酵生产的关键步骤,种子扩大培养是指将保存在砂土管、冷冻干燥管中处于休眠状态的生产菌种接入固体试管斜面活化后,再经过摇瓶或静置培养,以及种子罐逐级扩大培养而获得发酵产量高、生产性能稳定、数量充足、不被杂菌和噬菌体污染的生产菌种的纯种制备过程。该纯种培养物称为种子。

现代发酵工业生产规模愈来愈大,发酵罐的容积从几十立方米到几百立方米,根据菌种类型以及发酵生产方法和条件的不同,所需种子的数量和培养方法有所不同。因此,种子扩大培养应根据菌种的生理特性,选择合适的培养方法和条件。

作为种子应满足的条件是:① 菌体的纯种培养物总量适宜,以保证在发酵罐中有适当的接种量;② 微生物菌种的生命力旺盛,移接到发酵罐中后能够迅速生长,利于缩短延滞期,提高发酵设备的利用率;③ 菌种能保持稳定的生产性能,生理状态稳定;④ 无杂菌和噬菌体的污染。

一、菌种扩大培养的任务

当每只发酵罐的容积和发酵液数量增大,要保持发酵时间一定,则罐内所需微生物菌种的数量也必须增加。菌种扩大培养的任务就是要为每只发酵罐的投料提供相当数量的代谢旺盛的种子。因为发酵时间的长短和接种量的大小有直接关系,接种量大,发酵时间则短。将较多数量的成熟菌体接入发酵罐中,就有利于缩短发酵时间,提高发酵罐利用率,并且也有利于减少染菌的机会。因此,种子的扩大培养过程,不但要得到纯而壮的培养菌,而且要获得活力旺盛的接种量足够的培养物。对于不同产品的发酵过程来说,必须根据菌种生长繁殖速度快慢决定种子扩大培养的级数。抗生素类产品的生产采用放线菌,由于放线菌的细胞生长繁殖缓慢,一般采用三级或四级种子扩大培养。谷氨酸等氨基酸类产品,以及部分酶制剂类产品生产,采用细菌,因为细菌的生长繁殖速度快,所以采用二级种子扩大培养。

二、种子制备的过程

1. 种子扩大培养的工艺流程

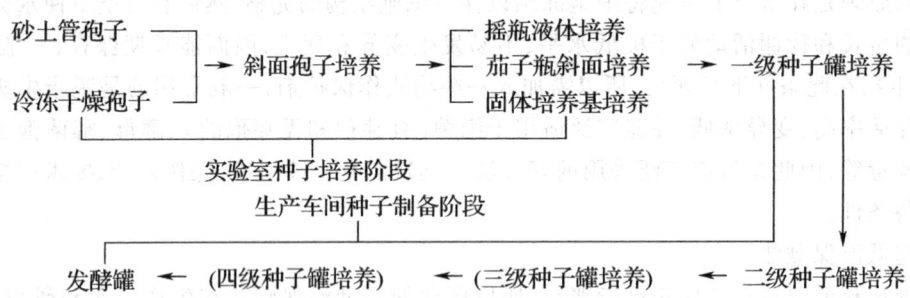

2. 实验室种子制备

实验室种子制备包括琼脂斜面培养、固体培养基扩大培养和摇瓶液体培养等,目的是为种子罐提供种子。

保藏在砂土管或冷冻干燥管中的菌体在无菌条件下接入适合于孢子萌发或菌丝生长的斜面培养基中培养,成熟后可挑选正常的孢子再一次接入试管斜面。根据菌种的生理生长特性不同,提供给种子罐的菌种状态也不同,分为:① 对于产孢子能力强或孢子发芽、生长繁殖快的菌种,可采用固体培养基培养孢子,孢子可直接作为种子罐的种子。如青霉素产生菌产黄青霉菌(*P. chrysogonum*)。② 对于产孢子能力不强或孢子发芽慢的菌种,可以用摇瓶液体培养法。将孢子接入液体培养基的摇瓶中,振荡培养,获得菌丝体作为种子。如产链霉素的灰色链霉菌(*S. griseus*)。③ 对于不产孢子的细菌,如生产谷氨酸的产生菌,谷氨酸棒杆菌(*Corynebacterium*),

一般采用斜面营养细胞保藏法,4 ℃冰箱保藏的斜面菌种用固体斜面活化培养后,即可接入茄子瓶斜面或三角瓶液体培养,此培养物即可作为种子罐的种子。④ 酵母菌一般保藏在麦芽汁琼脂斜面培养基上,于 4 ℃冰箱保藏,扩大培养可逐级扩大到 10 ml 液体试管、250 ml 三角瓶、1 000 ml 三角瓶,即可作为 100 L 麦芽汁种子罐的种子。

(1) 固体斜面菌种培养

固体斜面试管培养在无菌室内进行,菌种室需经常清扫和消毒灭菌,以防止杂菌和噬菌体的污染。

生产上使用的斜面菌种一般只移接三次,每次可移接数支,分别扩大培养后使用,不宜多次移种,避免菌种的自然变异引起的菌种不纯。因此,菌种的分离纯化工作是企业经常性的工作。

斜面培养的培养基和培养条件根据所用生产菌种的不同而异。

(2) 固体培养基扩大培养

固体培养基扩大培养包括茄子瓶、克氏瓶、培养皿、蘑菇瓶、三角瓶、瓷盘等培养方式。可以进行摇瓶培养或静置培养。

(3) 摇瓶液体培养

三角瓶放到摇瓶机或摇床上,振荡或回旋培养,摇瓶通气量的大小取决于摇瓶机型式、转数、振程(或偏心距)、三角瓶容量、装料量。摇瓶培养是为了在振荡过程中溶入较多的氧,以供微生物在生长繁殖过程中氧的消耗。

实验室阶段的培养过程中,因为菌种和培养物的量较少,可以在无菌状态下直接接入。

3. 生产车间种子制备

实验室提供的种子接入一级种子罐即进入车间培养阶段。

(1) 种子罐培养基

实验室制备的孢子或摇瓶菌丝体种子移种至种子罐扩大培养,种子罐的培养基因菌种不同而异,但以采用容易被菌体利用的成分为原则,如葡萄糖、玉米浆、磷酸盐等,同时还需供给足够的无菌空气,并不断搅拌,使菌丝体在培养液中均匀分布,获得相同的培养条件。最后一级种子罐的培养基应该与发酵罐的培养基基本一致。

(2) 种子罐接种

车间各级种子培养的接种方法为:孢子悬浮液采用微孔接种法,摇瓶菌丝体种子可在火焰保护下接入种子罐或采用压差法接入。种子罐之间或发酵罐间的移种方式,主要采用压差法,由接种管道进行接种。

(3) 种子罐级数

种子罐的作用是使实验室培养的有限数量的孢子发芽、生长、繁殖成大量菌丝体,接入发酵罐的培养基后能够迅速生长,达到一定菌体量,以利于代谢产物的合成。

种子罐的级数是指制备种子需要逐级扩大培养的次数,它决定于生产所用菌种的生长特性、孢子发芽及菌体繁殖的速度、所用发酵罐的容积。生长速度快的细菌,种子用量比例少,故种子罐相应也少。生长速度慢的菌种就必须增加种子扩大培养的级数。种子罐的级数越少越有利于简化工艺和便于控制,并可减少多次移种带来的染菌机会。

谷氨酸二级发酵:谷氨酸产生菌采用茄子瓶斜面或摇瓶种子,接入种子罐于 32 ℃培养 7~10 h,菌浓度达 $10^8 \sim 10^9$ 个/ml,即可接入发酵罐作为种子,这称为一级种子罐扩大培养,也称二级发酵。

青霉素三级发酵：孢子悬浮液接入一级种子罐于27 ℃培养40 h，孢子发芽长出短菌丝，也称发芽罐。再移入含有新鲜培养基的第二级种子罐，于27 ℃培养18～24 h，菌丝迅速繁殖长为粗壮的菌丝体，故又称繁殖罐。将该菌丝移入发酵罐作为种子，这称为二级种子罐扩大培养，也称三级发酵。

（4）菌种的菌龄

种子扩大培养时菌种的菌龄是指种子罐中培养的菌丝体移入下一级种子罐或发酵罐时的培养时间。一般以菌丝处于生命力极为旺盛的对数生长期，且培养液中菌体量还未达到高峰时较为合适。

年轻的种子接入发酵罐后，会出现前期生长缓慢、整个发酵周期延长、产物开始形成的时间推迟，甚至出现菌丝量少而在发酵罐内结球，造成异常发酵。

过老的种子会引起生产能力下降而菌丝过早自溶。

接种种龄的确定需经过试验确定。

（5）种子罐和发酵罐的接种量

接种量是指移入的种子液体积和接种后培养液体积的比例。接种量的大小决定于生产菌种在发酵罐中生长繁殖的速度。接种量大，可以缩短发酵罐中菌丝繁殖到达高峰的时间，使产物的形成提前来到，同时可减少染菌的机会。但是，接种量过多，会使菌丝生长过快、培养液黏度增加，造成溶解氧不足，而影响产物的合成。在生产中，有的产品采用两只种子罐接一只发酵罐称双种法。也有的产品采用以适宜的发酵液倒出适量给另一发酵罐作种子，称为倒种法。

▶▶ 三、发酵工业种子培养

发酵工业微生物菌种的培养法可分为静置培养和通气培养两大类型。静置培养法即将培养基盛于菌种培养容器或发酵容器中，在接种后，不通空气进行发酵，又称为嫌气性发酵或称厌氧发酵。利用通气培养法生产的菌种以好氧菌和兼性好氧菌居多，它们生长的环境必须供给空气，以维持一定的溶解氧水平，菌体才能迅速生长和发酵，又称为好气性发酵。在静置和通气培养两类方法中又可分为液体培养和固体培养两大类型，其中每一类型又有表面培养与深层培养之分。

1. 种子扩大培养的方法

（1）表面培养法

表面培养是一种好氧静置培养方法，针对容器内培养基物理状态又分为液态表面培养和固态表面培养。相对于容器内培养基体积而言，表面积越大，越利于促进氧气由气液（气固）界面向培养基内传递，包括茄子瓶、克氏瓶或瓷盘培养。使用这种培养方法，菌的生长速度与培养基深度有关，单位体积的表面积越大，生长速度也越快。氧的供给常成为发酵的限速因素，所以发酵周期长，占地面积大。优点是不需要深层培养时的搅拌和通气，节省动力。如茄子瓶、培养皿、曲盘制曲等培养和醋酸、柠檬酸发酵等。

（2）固体培养法

固体培养又分为浅盘固体培养和深层固体培养，统称曲法培养。它起源于我国酿造生产特有的传统制曲技术，其最大特点是固体曲的酶活力高。固体培养的优点是：① 原料：以谷物和农业废物为主要原料，只需外加适量水分，若干无机盐等。培养基组成简单。② 防止污染：利用霉菌能在水分较低的基质表面进行增殖的特性,在这种条件下,细菌生长不好,由此不易引起细菌污染。③ 通气:无论浅盘或深层固体通风制曲,都可以在曲房周围使用循环的冷却增湿的无菌空气来控制温度、湿度,并且能适应菌种在不同生理时期的需要灵活加以调节。在固体培养中氧气由基质粒子间空隙的空气中直接供给微生物,比液体培养时的用通气搅拌供给氧气节能。

(3) 液体深层培养法

用液体深层发酵罐从罐底部通气,送入的空气由搅拌桨叶分散成微小气泡以促进氧的溶解,这种由罐底部通气搅拌的培养方法,相对于由气液界面靠自然扩散使氧溶解的表面培养法,称为深层培养法。液体曲、柠檬酸、谷氨酸、肌苷酸及其他发酵产品先后采用此法进行生产。特点是容易按照生产菌种对于代谢的营养要求以及不同生理时期的通气、搅拌、温度与培养基中氢离子浓度等影响,选择最佳培养条件。现在发酵罐的容积最大为 500~1 000 t,溶解氧、温度、pH 等均有自控仪器或采用计算机控制,推动着整个发酵工业的发展。

(4) 载体培养法

载体培养来源于曲法培养,同时又吸收了液体培养的优点,是近年来新发展的一种培养方法。特征是以天然或人工合成的多孔材料代替麸皮之类的固态基质作为微生物的载体,营养成分可以严格控制,发酵结束,只需将菌体和培养液挤压出来进行抽提,载体又可以重新使用。载体的取材必须经得起蒸汽加热或药物灭菌,多孔结构既有足够的表面积,又能允许空气流通。

2. 深层培养法的基本操作控制点

工业生产多采用深层培养法,包括固体深层培养和液体深层培养,在深层培养中氧成为制约因素。此外,由于物料量的增加,环境的清洁和热量的排除也成为必须解决的问题。

(1) 灭菌

发酵工业要求纯培养,因此在种子罐扩大培养和发酵开始前必须对培养基进行加热灭菌,所以种子罐和发酵罐需具有可送入蒸汽的装置,如夹套、蛇管等,以便将培养基和培养容器进行加热灭菌,或者将培养基由连续加热灭菌器灭菌,并连续地输送到种子罐或发酵罐内。

(2) 温度控制

培养基灭菌后,冷却至培养温度时进行培养或发酵,由于随着微生物的增殖和营养物质的被利用,培养过程中会产生发酵热、机械搅拌也会产热等,所以为了维持培养温度恒定,必须在夹套或蛇管中通以冷却水循环流过进行控制温度。

(3) 通气、搅拌

空气进入种子罐和发酵罐前先经空气过滤器除去杂菌,制成无菌空气,而后由罐底部进入,再通过搅拌将空气分散成微小气泡,为了延长气泡滞留时间,可在罐内装挡板产生涡流。搅拌的目的除了溶解氧之外,可使培养液中微生物均匀地分散在发酵罐内,促进热传递,以及为调节 pH 而使加入的酸或碱均匀分散等。

3. 常用的液体深层培养法

(1) 放大法

将微生物在摇瓶基础上逐级放大实现大量生产。在厌氧培养时问题归结为如何从大型种子罐或发酵罐中除去发酵热。为此应利用发酵时生成的二氧化碳所引起的液体流动和辅助搅拌,以提高冷却效率。此时仅进行种子罐或发酵罐传热面积的设计计算即可。但是,在好氧培养中,大多以氧的供给为基准进行放大。一般从实验室规模到工厂生产要经过 3~5 级放大步骤。放大过程中应考虑:① 氧传递速度相等。② 比较搅拌桨叶顶端速度。③ 比较单位液体量所需的搅拌动力。④ 混合时间相同。⑤ 雷诺准数相同。⑥ 通过反馈控制尽量能使重要环境因子一致。

(2) 两步法

在酶制剂和氨基酸生产方面应用较多。酶制剂的两步法液体深层培养每一步菌体相同而培养条件不同,因为微生物生长与产酶的最适条件有很大差异。例如往培养基中添加葡萄糖能大大增加菌体或菌丝的生长,然而却严重阻碍许多种酶的合成。加强培养液的通气虽然能促进微生物生长,可是在多数场合下反而抑制酶的合成。为了取得最大的活性酶,必须研究出一种调节方法,既要求细胞的单位酶活性高,又要求细胞的数量多,也就是说,给予菌体在各种生理时期创造不同的条件。两步法液体深层培养就是实现这种调节方法的具体措施之一。酶制剂生产两步法的特点是将菌体生长条件(营养期)与产酶条件(自我繁殖期)区分开来。菌种先在丰富的培养基上大量繁殖,然后收集菌体浓缩物,洗涤后再转入添加诱导物的产酶培养基。在此期间,菌体积累大量的酶,一般不再繁殖,营养成分或诱导物得到充分利用。

(3) 控制培养法

了解发酵罐内部的变化情况,掌握短暂时间内状态变量的变化以及可能测定的环境因子对微生物代谢活动的影响,并以此为基础进行控制培养,以达到产物生成的最优培养条件。为此,用测定状态变量的传感器取得数据,经电子计算机进行综合分析,再将其结果作为反馈调节的信号,将环境(培养条件)控制于给定的基准内。这就叫做电子计算机控制发酵。目前已大量用于露天大罐发酵啤酒。

(4) 分批培养法(间歇发酵法)

分批培养法,也叫间歇发酵法。先将空罐杀菌,培养基装入发酵罐,接种之后进行培养,在培养过程中,培养基成分减少,微生物增殖。微生物周围的环境随时间而变化是一种非稳态操作法。此法不易染菌,但很难采用控制基质等浓度的方法来增大发酵生产能力。目前多在酒精、氨基酸、抗生素生产中应用。

(5) 连续培养法(连续发酵法)

连续培养法,也叫连续发酵法。在往发酵罐中连续供给新鲜培养基的同时,将含有微生物和产物的培养液,从发酵罐中连续放出,这叫连续培养法。其特点是能使微生物处于恒定不变的环境中进行长期持续的培养,该系统的稳态被叫做恒化器。同时包含了流入和流出,属开放系统,故变异菌株和杂菌污染随时间的延长而增大。从技术上也很难保证流入和流出速度一致。连续培养用于废水处理,葡萄糖酸发酵,酒精发酵等工业中。

(6) 补料分批培养法(流加法)

补料分批培养法,也叫流加发酵法。在分批培养时,不断地供给培养基,但所需产物不到某一定时刻不放出的方法,称为补料分批培养法。它用于面包酵母、氨基酸、抗生素等工业生产。

▶▶ 四、影响种子培养的因素和种子质量的控制

1. 种子质量的判断

因为菌种在种子罐中的培养时间较短,可供分析的参数较少,使种子的内在质量难以控制,为了保证各级种子移种前的质量,除了保证规定的培养条件外,在过程中还要定期取样测定一些

参数以观察基质的代谢变化以及菌丝的形态是否正常。在生产中通常测定的参数有：① pH；② 培养基灭菌后糖、氨基酸、磷等的含量；③ 显微镜下观察菌丝形态、菌丝浓度和培养液的外观色泽和颗粒等；④ 其他参数，如酶活力、产品含量等。

2. 种子质量标准

种子质量的最终指标是考察其在发酵罐中所表现出来的生产能力。因此，首先是保证生产菌种的稳定性，其次是提供种子培养的适宜环境，保证无杂菌侵入，以获得优良种子。不同产品、不同菌种以及不同工艺条件的种子质量有所不同。发酵工业常用的判断种子质量的标准大致有以下几方面：

（1）细胞或菌体

种子培养的目的是获得健壮和足够数量的菌体。因此，菌体形态、菌体浓度和培养液的外观，是种子质量的重要指标。菌体形态可以用显微镜观察来确定，以单个细胞为种子的质量要求是菌体健壮、形态一致、均匀整齐。霉菌和放线菌等要求菌丝粗壮，对某些染料的着色力强、生产旺盛、菌丝分枝情况和内含物情况良好。

菌体的生长量也是种子质量的重要指标，生产上采用离心沉淀法、光密度法和细胞记数法等进行测定。

种子的外观如黏度、颜色等也可作为种子质量的粗略指标。

（2）生化指标

种子液的糖、氮、磷含量的变化和pH变化是菌体生长繁殖、物质代谢的反映，不少产品的种子质量是以这些物质的利用情况及变化为指标的。

（3）产物生成

种子液中产物的生成量是多种发酵产品发酵中考察种子质量的重要指标，因为种子液中产物的生成量是种子生产能力和成熟程度的反映。

（4）酶活力

测定种子液中某种酶的活力作为种子的质量标准，是一种较新的方法。种子液中某种酶的活力可能与产物的合成能力有一定关系，因此可作为判断种子质量的依据。

3. 影响种子质量的因素

种子质量是影响发酵生产水平的重要因素，种子质量的优劣除取决于菌种本身的遗传特性外，也受培养条件的影响。菌种扩大培养的关键就是搞好种子罐的扩大培养，影响种子罐培养的主要因素包括营养条件、培养条件、染菌的控制、种子罐的级数和接种量控制等。

（1）培养基

培养基是微生物获得生存的营养来源，对于微生物生长繁殖、酶的活性与产量都有直接的影响，不同类型的微生物所需要的培养基成分与浓度配比并不完全相同，但它们所需的基本营养大体上是一致的，其中尤以碳源、氮源、无机盐、生长素和金属离子等最为重要。一般来说，种子罐是培养菌体的，培养基的糖分要少而对微生物生长起主导作用的氮源要多，但是种子罐和发酵罐的培养基成分相同，也有益处。这样可以缩短其生长过程的延滞期。只有培养基各成分的关系选得比较恰当，才能最大程度地发挥菌种的特性，提高产量。

生产过程中出现的种子质量不稳定，主要原因是原材料质量波动。原材料因产地、品种、加工方法的不同，会导致培养基中微量元素和其他营养成分含量的变化。水质的波动也对孢子的质量有影响。

(2) 种龄与接种量

种子培养期应取菌种的对数生长期为宜,菌龄过嫩或过老,不但延长发酵周期,而且会降低产量。接种量的大小直接影响发酵周期。大量地接入培养成熟的菌种,可以缩短生长过程的延滞期,因而缩短了发酵周期,节约了发酵培养的动力消耗,提高设备利用率,并有利于减少染菌机会,所以一般都将菌种扩大培养,进行两级发酵或三级发酵。一般来说,接种量和培养物的生长过程的延滞期长短呈反比。接种量过多也无必要。因培养种子费时,而且过多地移入代谢废物,反而会影响正常发酵。

(3) 培养温度和湿度

微生物在一个较宽的温度范围内生长。但是,要获得高质量的孢子,其最适温度区间很窄。一般提高培养温度,可使菌体代谢活动加快,缩短培养时间,但是,菌体进行糖代谢和氮代谢的各种酶类,对温度的敏感性不同。因此,培养温度不同,菌种的生理状态也不同,如果不是在最适温度培养的孢子,其生产能力就会下降。温度对微生物的影响,不仅表现对菌体表面的作用,而且因热平衡的关系,热传递至菌体内,对菌体内部所有的结构物质都有作用。由于生物体的生命活动可以看作是相互连续进行的酶反应,任何化学反应又都和温度有关,通常在生物学范围内每升高10 ℃,生长速度就加快一倍,所以温度直接影响酶反应,因而影响着生物体的生命活动,对于微生物来说,温度直接影响其生长和合成酶。

任何微生物的生长都需要有最适的生长温度,在此温度范围内微生物生长繁殖最快。如果所培养的微生物能承受稍高一些的温度进行生长和繁殖,这对生产有很大的好处,即可减少污染杂菌的机会和夏季培养所需降温的辅助设备,因此对培养高温的菌种有一定的生产意义。温度和微生物生长的关系,一方面在其最适温度范围内,生长速度随温度增高而增加。另一方面不同生长阶段的微生物对温度的反映不同。但不管微生物处于哪种生长阶段,如果培养的温度超过其最高生长温度,则都要死亡。如果培养的温度低于其最低生长温度,则生长都要受到抑制。为了使种子罐培养温度控制在一定的范围,生产上常在种子罐设备上装有热交换设备。

制备斜面孢子培养基的湿度对孢子的数量、质量和形成速度有很大影响。空气中相对湿度高时,培养基内的水分蒸发少;反之亦然。在北方气候干燥地区孢子斜面长得快,在含有少量水分的试管斜面培养基下部孢子长得较好,而斜面上部由于水分蒸发呈干瘪状,孢子稀少。在气温高、湿度大的地区,斜面孢子长得慢,是因为试管下部冷凝水多而不利于孢子的形成。一般相对湿度在40%~45%时孢子数量最多。

(4) pH

培养基的氢离子浓度,对微生物的生命活动有显著影响。各种微生物都有自己生长与合成酶的最适pH。同一菌种合成酶的类型与酶系组成可以随pH的变化而产生不同程度的变化。培养基pH在培养和发酵过程中能被菌体代谢所改变,阴离子(如醋酸根、磷酸根)被吸收或氮源被利用后NH_3的产生,则pH上升;阳离子(如NH_4^+、K^+)被吸收或有机酸的积累,则pH下降。一般来说,高碳源培养基倾向于向酸性pH转移,高氮源培养基倾向于向碱性pH转移,这都跟碳氮比直接有关。为了达到微生物充分繁殖和合成酶的目的,培养基必须保持适当的pH。调节方法有三种,即使用酸碱溶液、缓冲液以及各种生理缓冲剂(如生理酸性与生理碱性的盐类)。

（5）通风和搅拌

在控制通气条件时，必须考虑到既能满足菌种生长与合成酶的不同要求，又要节省电耗，注重经济效果。通气可以供给大量的氧，而搅拌则使新鲜氧气更好地与培养液混合，保证氧的最大限度地溶解，并且搅拌有利于热交换，使培养液的温度一致，还有利于营养物质和代谢物的分散。此外，挡板则有助于搅拌，使其效果更好。通气量与菌种、培养基性质、培养阶段有关。

通气量的多少，最好按氧溶解的多少来决定。只有氧溶解的速度大于菌体的吸氧量时，菌体才能正常地生长和合成酶。因此随着菌体繁殖，呼吸增强，必须按菌体的吸氧量加大通气量，以增加溶解氧的量。一般来说，培养罐深，搅拌转速大，通气管开孔小或多，气泡在培养液内停留时间就长，氧的溶解速度也就大，而且在这些因素确定下，培养基的黏度越小，氧的溶解速度也越大。搅拌可以提高通气效果，但是过度地剧烈搅拌会导致培养液大量涌泡，容易增加污染杂菌的机会。液膜表层的酶容易氧化变性。微生物细胞也不宜剧烈搅拌。

（6）泡沫

培养过程中产生的泡沫与微生物的生长和合成酶有关，泡沫的持久存在影响着微生物对氧的吸收，妨碍二氧化碳的排除，因而破坏其生理代谢的正常进行，不利于发酵。此外，由于泡沫大量地产生，致使培养液的容量一般只能等于种子罐容量的一半左右，大大影响了设备的利用率，甚至发生跑料，招致染菌，则损失更大。

培养过程中，产生泡沫的原因是很多的，通气和机械搅拌使液体分散和空气窜入形成气泡；培养基中某些成分的变化或微生物的代谢活动产生气泡；培养基中某些成分（如蛋白质及其他胶体物质）的分子，在气泡表面排列形成坚固的薄膜。因此，气泡不易破裂，聚成泡沫层。

关于培养过程的消泡措施，主要偏重于化学方法和机械消泡，培养过程中有效地控制泡沫形成，不仅可以增加装料量，提高设备利用率，同时也由于代谢过程的发酵气体及时排除，有利于生物合成。发酵工业常用的消泡剂，有各种天然的动植物油及来自石油化工生产的矿物油、改性油、表面活性剂等。而新型的有机硅聚合物如硅油、硅铜树脂等，则具有效率高、用量省、无毒性、无代谢性，同时兼有提高微生物合成酶等多种优良特性，是一类有发展前途的消泡剂。泡沫的控制除了添加消泡剂外，改进培养基成分也是相辅相成的一个重要方面。

（7）染菌的控制

染菌是发酵生产的大敌，一旦发现染菌，应该及时进行处理，以免造成更大的损失。染菌的原因，归结起来是：设备、管道、阀门不洁或漏损，灭菌不彻底，空气净化不好，无菌操作不严或菌种不纯等。因此，要控制染菌继续发展，必须及时找出染菌的原因，采取措施，杜绝染菌事故再现。种子发生染菌将会使各个发酵罐都染菌。因此，必须加强培菌室的消毒管理工作，定期检查消毒效果，严格无菌操作技术。如果新菌种不纯，则需反复分离，直至完全纯粹为止。对于已出现杂菌菌落或噬菌体噬菌斑的试管斜面菌种，应予废弃。在平时应经常分离试管菌种，以防菌种衰退、变异和污染杂菌。对于菌种扩大培养的工艺条件要严格控制，对种子质量更要严格掌握，必要时可将种子罐冷却，取样作纯种试验，确证种子无杂菌存在，才能向发酵培养基中接种。

（8）种子罐级数的决定

种子罐的级数愈少，愈有利于简化工艺及控制。可减少种子罐污染杂菌的机会，减少消毒及值班工作量以及减少因种子罐生长异常而造成发酵的波动。所以种子罐级数的确定取决于菌种的性质（如菌种传代后的稳定性），孢子瓶中的孢子数，孢子发芽及菌丝繁殖速度，以及发酵罐中种子培养液的最低接种量和种子罐与发酵罐的容积比;还随产物的品种及生产规模而定,也随着工艺条件的改变作适当的调整。

4. 种子异常的分析

生产过程中,种子质量受各种因素的影响。种子异常的情况时有发生,给发酵生产造成极大影响。种子异常往往表现为:

(1) 菌种生长发育缓慢或过快

菌种在种子罐生长发育缓慢或过快,和孢子质量以及种子罐的培养条件有关。生产中,通入种子罐的无菌空气温度较低或培养基的灭菌质量较差是种子生长、代谢缓慢的主要原因。

(2) 菌丝结团

在液体培养条件下,繁殖的菌丝并不分散舒展而聚成团状称为菌丝团。此时,从培养液的外观能看见白色的小颗粒,菌丝聚集成团会影响菌的呼吸和对营养物质的吸收。如果种子液中的菌丝团较少,进入发酵罐后,在良好的培养条件下,可以逐渐消失,不会对发酵生产产生明显影响。但如果菌丝团较多,种子液移入发酵罐后往往形成更多的菌丝团,影响发酵的正常进行。菌丝结团与搅拌效果差、接种量小有关。一个菌丝团可由一个孢子生长发育而来,也可由多个菌丝体聚集一起逐渐形成。

(3) 菌丝粘壁

菌丝粘壁是指在种子培养过程中,由于搅拌效果不好,泡沫过多以及种子罐装料系数过小等原因,使菌丝逐步粘在罐壁上。其结果使培养液中菌丝浓度减少,最后就可能形成菌丝团。在真菌进行的发酵生产中,发生菌丝粘壁的机会较多。

第三节 种子培养基及其制备

一、菌体组成和细胞外代谢产物

1. 菌体组成

应用于发酵工业生产的微生物具有复杂的化学成分,在各个层次上构成极为精密的细胞结构体系。虽然菌体细胞种类繁多,形态结构与功能各异,其多样性无法计算,但各种微生物细胞的结构与组成之间仍存在着共同点。首先,菌体一般都具有细胞壁、细胞膜、细胞质、细胞核等结构,组成基本元素都是C、H、O、N、P、S、Ca、K、Fe、Na、Cl、Mg等元素,这些化学元素构成了菌体结构与功能所需要的许多无机化合物和有机化合物。其次,最基础的生物小分子都是核苷酸、氨基酸、脂肪酸与单糖,它们又构成核酸、蛋白质、脂质与多糖类等重要的生物大分子。这些生物大分子一般以复合分子的形式,如核蛋白、脂蛋白、糖蛋白与糖脂等组成微生物细胞的基本结构体系。如脂蛋白构成的生物膜体系与核酸和蛋白质分子构成遗传信息的复制与表达体系,是构建任何类型微生物细胞所必需的两大基本结构体系。第三,所有菌体的细胞膜都是由磷脂双分子层与镶嵌蛋白质构成的。细胞膜使细胞与周围环境保持相对的独立性,造成相对稳定的细胞内环境并通过细胞膜与周围环境进行物质交换和信号转导。第四,所有的菌体细胞都有两种核酸:即DNA与RNA,作为遗传信息复制与转录的载体。而非细胞形态生命病毒只有一种核酸,即DNA或RNA作为遗传信息的载体。最后,核糖体作为蛋白质合成的机器存在于一切菌体细胞内,是任何细胞(除个别非常特殊的细胞)不可缺少的基本结构。

2. 细胞外代谢产物

微生物具有种类多、分布广、多变异和生理生化多样性等特性,容易形成各种各样的代谢产物,已知的发酵产物多达 37 大类,见表 2-7,从而形成了规模庞大的发酵工业。

表 2-7 微生物产物的类型

序号	名称	序号	名称	序号	名称
1	致酸剂	14	酶	27	灭害剂
2	生物碱	15	酶抑制剂	28	药理活性物质
3	氨基酸	16	脂肪酸	29	色素
4	动物生长促进剂	17	鲜味增强剂	30	植物生长促进剂
5	抗生素	18	除草剂	31	多糖类
6	驱虫剂	19	杀虫剂	32	蛋白质
7	抗氧剂	20	离子载体	33	溶媒
8	抗肿瘤剂	21	铁运载因子	34	发酵剂
9	抑制球虫剂	22	脂质	35	糖
10	辅酶	23	核酸类	36	表面活性剂
11	甾体激素	24	核苷类	37	维生素
12	抗代谢剂	25	核苷酸类		
13	乳化剂	26	有机酸		

根据微生物代谢产物与生长繁殖的关系不同,可将其分为两大类。一类是微生物自身生长繁殖所必需的代谢产物,称为初级代谢产物,如氨基酸、核苷酸、多糖、维生素、有机酸、蛋白质、核酸等。它们的生物合成过程在各种微生物体内基本相同。有些产物是菌体在正常生长情况下就可以分泌到细胞外并积累起来的,如乙醇、醋酸、乳酸等。而还有一些产物是在菌体正常生长情况下不能积累的,如氨基酸、核酸、有机酸等,因为这些产物的产量在达到满足菌体自身需要的量之后,就受到许多调节机制的控制而使其合成停止。对于此类产物必须采用代谢失调的突变菌株,如营养缺陷型菌株、抗性菌株等。此类产物的生产菌种主要是细菌、酵母、霉菌等。

另一类代谢产物与微生物生长繁殖无明确关系,称为次级代谢产物,如抗生素、生物碱、色素等。它们的生物合成有特异性:能够产生次级代谢产物的产生菌,在分类学上的位置与产生的次级代谢产物的结构之间没有明确的内在联系,分类学上相同的菌种能产生不同结构的次级代谢产物,如灰色链霉菌,既能合成氨基环醇类抗生素中的链霉素,又能合成多烯大环内酯类抗生素中的杀假丝菌素。而分类学上不同的微生物也能产生相同的抗生素,如能产生头孢菌素 C 的菌有霉菌和链霉菌。次级代谢产物的合成还受到许多调节机制的控制,因此要提高产量,就必须解除其控制。发酵工业用来生产次级代谢产物的微生物仅有少数几个类群,主要是丝状放线菌、丝状真菌等。

随着基因工程、细胞工程、蛋白质工程等现代生物技术的发展,大量基因工程菌被构建出来,产生了许多微生物本身不能产生的物质,如胰岛素、生长激素、细胞因子、疫苗、单克隆抗体等,大大扩展了发酵工程技术的应用范围。可以预见,随着生物技术的发展将会有更多有用的产物被合成出来。

3. 微生物的营养类型

由于微生物种类多,其营养类型(nutritional types)比较复杂,可以从几个方面对其进行划分。如从碳源利用方面划分,可分为自养型(autotrophs)和异养型(heterotrophs),其中自养微生物是以 CO_2 为唯一或主要碳源的,是不依赖任何有机营养物即可生长的微生物。而异养微生物是至少需要提供一种大量有机物才能满足正常营养要求的微生物,即碳源必须是有机物,氢供体是有机物,能源则可由利用氧化有机物或吸收日光能获得。按照能量来源不同,可分为光能营养型(phototrophs)和化能营养型(chemotrophs),分别以利用光和有机物释放的化学能为能源。按照电子供体性质不同,可分为无机营养型(lithotrophs)和有机营养型(organotrophs),分别以还原性无机物和有机物为电子供体。综合起来,可将绝大部分微生物分为光能无机自养型(photolithoautotrophy)、光能有机异养型(photoorganoheterotrophy)、化能无机自养型(chemolithoautotrophy)、化能有机异养型(chemoorganoheterotrophy)四种类型。其中化能有机异养型微生物占绝大多数,也是发酵工业生产的主力军。

某些菌株发生突变(自然突变或人工诱变)后,失去合成某种(或某些)对该菌株生长必不可少的物质(通常是生长因子如氨基酸、维生素)的能力,必须从外界环境获得该物质才能生长繁殖。这种突变型菌株称为营养缺陷型(auxotroph),相应的野生型菌株称为原养型(prototroph)。在工业生产中应用营养缺陷型菌株进行生产的典型例子是氨基酸发酵。

无论哪种分类方式,不同营养类型之间的界限并非绝对。异养型微生物并非绝对不能利用 CO_2,只是不能以 CO_2 为唯一或主要碳源进行生长,而且在有机物存在的情况下也可将 CO_2 同化为细胞物质。同样,自养型微生物也并非不能利用有机物进行生长。另外,有些微生物在不同的生长条件下生长时,其营养类型也会发生改变。例如紫色非硫细菌(purple nonsulphur bacteria)在无有机物时可以同化 CO_2,为自养型微生物,而当有机物存在时,又可以利用有机物进行生长,此时为异养型微生物;在光照和厌氧条件下可利用光能生长,为光能营养型微生物,而在黑暗与好氧条件下,依靠有机物氧化产生的化学能生长,则为化能营养型微生物。

▶▶ 二、种子培养的培养基选择和配制原则

1. 培养基的营养成分及来源

培养基(medium)是人们提供微生物生长繁殖和生物合成各种代谢产物所需要的按一定比例配制的多种营养物质的混合物。而种子培养基是供孢子发芽、生长和菌体繁殖用的培养基。微生物需要从培养基中不断吸收营养成分,加以利用,从中获得能量,合成新细胞。这些营养成分主要包括:碳源(source of carbon)、氮源(source of nitrogen)、无机盐(inorganic salt)、生长因子(growth factor)及水等五大类物质。

碳源物质在微生物细胞内经过一系列复杂的化学变化后成为微生物自身的细胞物质,如蛋白质、脂质、核酸等,碳可占到细胞干重的50%左右。此外,绝大多数碳源又为微生物维持生命活动提供能源。所以,碳源物质是组成种子培养基的主要成分之一。可作为种子培养基碳源的物质主要有葡萄糖、糊精等。

氮源为微生物生长提供氮素来源。氮素是构成菌体细胞结构,如蛋白质、核酸等物质的重要元素之一。同时,在碳源不足的情况下,氮源可以作为某些厌氧微生物在厌氧条件下的能量来源。所以,氮源物质也是组成培养基的主要成分之一。可作为种子培养基氮源的物质有尿素、玉米浆(corn steep liquor)、蛋白胨等,通常无机氮源和有机氮源联合使用,既保证了营养丰富也保证了可被菌体迅速吸收利用。

无机盐类是微生物生命活动所不可缺少的物质,主要功能是:构成菌体的成分,作为酶的组成部分或维持酶的活性,调节渗透压、pH、氧化还原电位等。这些物质一般在较低浓度时对细胞的生长和产物合成有促进作用,而在高浓度时常表现出明显的抑制作用。这其中微生物的生长所需浓度在 $10^{-3} \sim 10^{-4}$ mol/L 范围内的元素,被称为大量元素,例如 P、S、K、Mg、Ca 等;而所需浓度在 $10^{-6} \sim 10^{-8}$ mol/L 范围内的元素,被称为微量元素,如 Cu、Zn、Mn、Mo、Co 等。一般它们在各种培养基原料中已有足够含量,无须再加,但是不同的菌种及同一菌种的不同生长阶段对各种无机盐类的需求也不同,必须根据具体情况予以控制。

生长因子是一类对微生物正常代谢必不可少的微量的有机物。其主要功能是构成辅酶的组成部分,促进生命活动进行,如生物素、硫胺素、对氨基苯甲酸、肌醇等。各种微生物与生长因子的关系可以分为:生长因子自养型、生长因子异养型、生长因子过量合成型。对于生长因子异养型微生物,其种子培养基中必须添加生长因子,它才能正常生长和繁殖。能提供生长因子的物质多是些天然产物,如酵母膏(yeast extract)、玉米浆、麦芽汁(malt extract)等。

水占了细胞重量的绝大部分,是微生物生长所必需的。同时水也是良好的溶剂,微生物所需的营养物及代谢产物必须溶解于水中,才能通过细胞膜而被吸收或排出。体内各种生化反应,也必须在水溶液中方能进行。所以水的质量对微生物的生长繁殖极为重要,要注意水质对种子培养及发酵的影响。

2. 培养基的类型和用途

(1) 根据来源,可分为天然、合成和半合成培养基

天然培养基(complex medium;undefined medium)是利用动、植物或微生物体或其提取物制成的培养基,其化学成分还不清楚,比较复杂。例如培养各种细菌所用的牛肉膏蛋白胨培养基,培养酵母菌的麦芽汁培养基等。天然培养基的优点是取材方便、营养丰富、种类多样、配制方便、成本低廉;缺点是成分不稳定。因此,天然培养基十分适合配制大生产中的种子培养基之用。常用的天然有机营养物质包括牛肉浸膏、蛋白胨、酵母浸膏、豆芽汁、玉米浆、麸皮水解液、牛奶、血清、胡萝卜汁、椰子汁等。

合成培养基(synthetic medium;defined medium)是用化学成分明确的物质配制而成的培养基。例如培养细菌的葡萄糖铵盐培养基,培养放线菌的高氏一号培养基,培养真菌的察氏培养基等。合成培养基的优点是成分精确、重演性高;缺点是价格较贵、配制烦琐。因此,一般仅用于实验室进行生物量测定、菌种选育及遗传分析等方面的工作。

半合成培养基(semidefined medium)为既含有天然成分又含有纯化学试剂的培养基。例如,培养真菌用的马铃薯蔗糖培养基等。严格地讲,凡含有未经特殊处理的琼脂的任何合成培养基,实质上都只能看作是一种半合成培养基。

(2) 根据培养基外观的物理状态可分为固体、液体和半固体培养基

固体培养基(solid medium)是在液体培养基中加入一定量的凝固剂,使其成为固体状态。除

此之外，一些由天然固体基质制成的培养基也属于固体培养基。例如，由小米、麸皮、米糠等制成的固体状态的培养基。固体培养基在科学研究和生产实践上具有广阔的用途，可用于菌种的分离和鉴定、检验杂菌、选种育种、菌种扩大培养、菌种保藏以及抗生素等生物活性物质的生物测定等。

液体培养基(liquid medium)是未加任何凝固剂呈液体状态的培养基。在用液体培养基培养微生物时，通过振荡或搅拌可增加培养基的通气量，同时使营养物质分布均匀。它在发酵工业中应用极其广泛，如在摇瓶种子扩大培养、种子罐种子扩大培养时一般都采用液体培养基。

半固体培养基(semisolid medium)是凝固剂含量较少的一种培养基，常用来观察微生物的运动特征、噬菌体效价滴定等。

(3) 按培养基的功能来分可分为孢子和种子培养基

孢子培养基(spore medium)配制的目的是供菌种繁殖孢子的，常采用的是固体培养基。对这类培养基的要求是能使菌体生长迅速，产生数量多而且优质的孢子，并且不会引起菌种变异。为达到这一目的，必须创造有利于孢子形成的环境条件。生产上常用的培养基包括麸皮培养基、小米培养基、大米培养基、玉米培养基及用葡萄糖、蛋白胨、牛肉膏和氯化钠配制的琼脂斜面培养基。麸皮、小米等一类物质含的碳、氮源量并不丰富，但含有生长素和微量元素，有利于孢子的大量形成。

种子培养基是供孢子发芽、菌体繁殖的。要求营养相对丰富、完全，并要考虑能够维持稳定的pH。最后一级种子培养基组成成分应该较接近发酵培养基，以使种子进入发酵培养基后，能迅速适应发酵环境，快速生长。

3. 培养基的配制原则

(1) 选择适宜的营养物质

虽然所有微生物生长繁殖均需要培养基含有碳源、氮源、无机盐、生长因子、水等，但由于微生物营养类型的复杂性，不同的微生物所需要的培养基成分不尽相同。要确定一个合适的培养基，就需要了解生产用菌种的来源、生理生化特性和一般的营养要求，根据不同生产菌种的培养条件、生物合成的代谢途径、代谢产物的化学性质等确定培养基。自养型微生物的培养基完全可以由简单的无机物组成，不需要专门加入其他碳源物质，例如培养化能自养型的氧化硫硫杆菌(*Thiobacillus thiooxidans*)的培养基。因为自养型微生物能从简单的无机物合成自身需要的糖类、脂质、蛋白质、核酸、维生素等复杂的有机物。对光能自养型微生物而言，除需要各类营养物质外，还需光照提供能源。培养异养型微生物需要在培养基中添加有机物，而且不同类型异养型微生物的营养要求差别很大，因此其培养基组成也相差很远。例如培养大肠杆菌的培养基组成比较简单，而培养肠膜明串珠菌需要在培养基中添加多达33种的生长因子。

(2) 营养物质浓度及配比合适

培养基中营养物质浓度合适时菌体才能生长良好。营养物质浓度过低时不能满足菌体正常生长所需，例如氮源不足，则菌体生长过于缓慢，而培养基中的碳源供应不足时，容易引起菌体的衰老和自溶。浓度过高时则可能对菌体生长起抑制作用，例如高浓度糖类物质、无机盐等不仅不能维持和促进菌体的生长，反而起到抑菌或杀菌作用。总体来讲，碳源物质浓度应以略稀薄为宜。另外，培养基中各营养物间的浓度配比也直接影响微生物的生长繁殖，其中碳氮比(C/N)在发酵工业中尤其重要。不同菌种、不同类型的培养基的碳氮比是不同的。

（3）选择合适的pH

各种微生物的正常生长均需要有合适的pH，一般霉菌和酵母菌比较适于微酸性环境，放线菌和细菌适于中性或微碱性环境。为此，当培养基配制好后，若pH不合适，必须加以调节。另外一个须注意的问题是：高碳氮比的培养基在菌体生长过程中易使pH变低，低碳氮比的培养基在菌体生长过程中易使pH变高。这时可用加酸碱溶液、加缓冲剂、加生理酸碱性盐进行调节，同时以菌体对各种营养成分的利用速度来考虑培养基的组成。

（4）氧化还原电位的影响

对大多数微生物来说，培养基的氧化还原电位一般对其生长的影响不大，即适合它们生长的氧化还原电位范围较广。但对于厌氧菌，由于氧的存在对其有毒害作用，因而往往在培养基中加入还原剂以降低氧化还原电位。

在配制培养基时，除应注意以上几条原则外，还要考虑到营养成分的加入顺序，为了避免生成沉淀而造成营养成分的损失，加入的顺序一般为先加入缓冲化合物，溶解后加入主要物质，然后加入维生素、氨基酸等生长素类的物质。

4. 培养基成分配比的选择

种子和孢子培养的目的是获得大量质量良好的菌体或孢子，因此产量提高是选择培养基的一个重要标准。生产上的种子培养基一般要求营养成分适当丰富和完全些，尤其氮源的含量应较高（即C/N比值低）。对于营养缺陷型菌株应添加能够满足菌体生长需要的生长因子。培养基的成分也必须是一些容易被菌体直接吸收利用的物质，保证微生物旺盛生长。而孢子培养基则要求营养不能太丰富，碳、氮源不宜过多，特别是有机氮源要低，否则不易形成孢子。例如，灰色链霉菌在含葡萄糖、硝酸盐等盐类的培养基上能够很好地生长，并形成丰富的孢子，如果在这种培养基中加入0.5%酵母膏或酪蛋白，则不形成孢子，但菌丝生长非常丰富。无机盐的浓度要适当，否则会影响孢子的颜色和孢子的数量。

如果是培养种子罐种子，在配制培养基时还要考虑和发酵罐的培养基成分尽量接近。这样可使处于对数生长期的菌种移植在适宜的环境中发酵，大大缩短其生长过程的延滞期。缩短的原因是由于执行代谢活动的酶系已经形成，可立即实施代谢功能，不需花费时间另建适宜新环境的酶系。因此，种子罐和发酵罐的培养基成分趋于一致较好，但各成分的数量配比还需根据不同的培养目的各自确定。

培养基来源丰富、价格便宜、取材方便也应是在工业生产中大规模培养菌体时应考虑的问题。

由于培养基的组分（包括这些组分的来源和加入方法）、配比、缓冲能力、黏度、灭菌程度、灭菌后营养破坏的程度及原料中杂质的含量等方面都对菌体生长有影响。因此，要确定一个适合于工业生产的孢子培养基和种子培养基是一项复杂而细致的工作。目前可以在生物化学、细胞生物学等的基本理论指导下，参照前人所使用的较适合于某一类菌种的培养基的经验配方，再结合所用菌种和产品的特性，进行单因子试验、正交试验、均匀试验，最终找到既适合工业化生产又能满足菌体生长繁殖需要的培养基配方。单因子试验是传统的有效方法，适用于培养基组成和单一营养成分的选择。在确认培养基基本组成之后，逐个改变某一种营养成分的品种或浓度进行试验，分析比较实验所得的菌种生长情况、碳氮代谢规律、pH变化等结果，从中确定应采用的原材料品种或配比浓度。单因子试验在考察少数因素影响时常常采用。此法消耗大量的人力、物力和时间，其试验结果准确性不高。采用正交试验设计和均匀试验设计等数学方法，大大加速了试验的进程。均匀试验具有试验点均匀分散特点，试验结果采用计算机进行多元回归系统处理，通过求得的回归方程式来定量预测最优的条件和结果，是很有实用价值的试验方法。

本章提要

1. 介绍发酵工业生产中常用的微生物菌种以及对这些微生物菌种的要求。
2. 分离和选育发酵工业微生物菌种的方法。
3. 防止工业微生物性能衰退和对于退化菌株复壮的方法。
4. 介绍工业微生物菌种保藏原理与技术。
5. 重点讲解发酵工业微生物种子的扩大培养技术和液体深层培养法。
6. 菌体细胞、生化指标、产物生成量、酶活力等是衡量种子质量的重要标准。
7. 培养基、种龄与接种量、培养时的温湿度、pH、通风和搅拌等营养和培养条件是影响种子质量的重要因素。
8. 介绍微生物菌体组成、营养类型和种子培养基的选配原则。

Chapter Summary

Chapter 2　Theory and Practice for Inoculum Preparation of Industrial Microorganisms

1. An introduction to the common microorganisms and the corresponding requirements in fermentation industry is given.
2. Methods for the isolation and selection of industrial microorganisms are introduced.
3. Methods for preventing industrial microorganisms from degeneration and for rejuvenation of degenerated microorganisms are stated.
4. Theory and practice for the preservation of industrial microorganisms are decribed.
5. Inoculum development and submerged cultivation of industrial microorganisms are discussed in detail.
6. Cell number, biochemical specifications, productivity, and enzyme activity are parameters used to assess culture.
7. Nutritional and cultivation conditions, such as culture formular, inoculum, temperature, humidity, pH, aeration, agitation, have significant effects on inoculum quality.
8. An introduction to the components, nutrition type, and the principles for seed media preparation is provided.

关键术语

工业微生物的特点	细菌	酵母菌
霉菌	放线菌	担子菌
菇类	藻类	纯种分离
施加选择性压力	随机分离	生化诱导分析法(BIA)
酶抑制剂	免疫激活剂	自然选育
诱变选育	诱变剂	抗噬菌体菌种
营养缺陷型	杂交育种	原生质体融合
基因工程	瞬间变构	碱基错配
接合	转化	转导
杂交体	质粒	黏粒
菌种退化	基因突变	扩大培养
分批培养	连续培养	补料分批培养法
培养基	营养类型	

复习思考题

1. 工业用微生物的要求有哪些？试举例说明微生物在工业中的应用。
2. 常用工业微生物的种类有哪些？每种列举出三个典型代表，并说明其主要的发酵产品。
3. 工业生产中使用的微生物为什么会发生衰退？菌种衰退表现在哪些方面？防止菌种衰退的措施有哪些？
4. 简要说明诱变育种的操作步骤。诱变育种应注意哪些问题？
5. 试比较诱变育种技术、原生质体融合技术、DNA重组技术三种育种方法的优缺点。
6. 在菌种的扩大培养中，应注意哪些事项？
7. 影响种子质量的因素有哪些？如何控制种子质量？
8. 简述培养基的配制原则和应注意的问题。

第三章 发酵工业原料及其处理

发酵工业用原料通常以糖质或淀粉质等碳水化合物(即糖类)为主,加入少量有机氮源和无机氮源,只要不含毒物,一般无精制的必要,微生物本身能有选择地摄取所需要的物质。微生物还可以利用非碳水化合物作基质,可利用天然气、正烷烃、石油提炼中的二次产品(醋酸、甲醇、乙醇等)和氢气。原料不同处理方法也不同。糖蜜原料用于酵母和酒精发酵,需进行加热杀菌和稀释,补充无机盐等预处理。淀粉质原料广泛用于生产酒精、柠檬酸、谷氨酸等发酵,需先将淀粉转化为葡萄糖等可发酵性糖或低分子糊精。碳氢化合物原料是指一定馏分的石油经冷却脱脂而获得的凝固点在 $-10\ ℃$ 的油,加入适量无机盐进行接种发酵。甲烷、甲醇等碳源无需预先处理可用于生产酵母等单细胞蛋白。

第一节 发酵工业原料的种类和成分

▶▶ 一、发酵培养基中各种成分的定量

发酵培养基是供微生物生长繁殖和合成大量产物的培养基。所以要求发酵培养基既要有利于微生物的生长繁殖,防止菌体过早衰老,又要有利于产物的合成。因此,培养基中营养成分除碳源、氮源、无机盐、生长因子及水等五类物质外,还要有前体(precursor)、促进剂和抑制剂(inhibitor)等物质。

发酵培养基中的碳源物质除了提供合成细胞结构物质所需碳素外,更重要的是提供目的产物中的碳及合成产物的能源。所以,碳源物质在发酵培养基中的含量要远远大于其在种子培养基中的含量。例如,在谷氨酸发酵中,种子培养基中的糖量为 $1\% \sim 2.5\%$,而在发酵培养基中总糖量(初糖+流加糖)可以达到 $16\% \sim 18\%$,远高于在种子培养基中的含量。发酵培养基的碳源多为淀粉(starch)、淀粉水解糖(starch sugar)、糖蜜(molasses)、有机酸(organic acid)、低碳醇、脂质、烃类等。

氮源物质在发酵培养基中的含量因发酵目的产物不同而不同。如果目的产物无氮素的存在(如酒精发酵),培养基中的氮仅够菌体繁殖之用就可以了。但如果目的产物中有氮素存在(如氨基酸发酵),发酵对氮源

的需求就要大大增加。通常所用的氮源可分为有机氮源和无机氮源。有机氮源如黄豆饼粉、花生饼粉、棉子饼粉、玉米浆、蛋白胨、酵母粉、鱼粉、蚕蛹粉、发酵菌丝体和酒糟等;无机氮源如氨水、液氨、尿素、硝酸盐和铵盐等。

无机盐也是发酵培养基中必需的成分之一,在发酵当中对菌体生长和产物合成都有十分重要的影响。磷是所有微生物生长所必需的,对微生物的生长有明显的促进作用。但在有的发酵中,磷过量常会抑制产物的合成。例如,在谷氨酸生产中,若磷的浓度过高,会抑制 6-磷酸葡萄糖脱氢酶的活性,导致代谢转向缬氨酸方向。许多其他次级代谢产物的产生也都受磷浓度的影响。但也有些产物的生产需要较高浓度的磷,如用黑曲霉(Aspergillus niger)和地衣芽孢杆菌(Bacillus Licheniformis)生产 α-淀粉酶时,高浓度的磷能显著提高 α-淀粉酶的产量。硫是青霉素、头孢菌素等分子中的组成元素。在这些产物的发酵培养基中,需要加入硫源。铁也是微生物有氧氧化必不可少的元素。但不同发酵对铁的需求不同。如,在柠檬酸发酵中,铁离子激活顺乌头酸酶,使柠檬酸转化为异柠檬酸,降低了柠檬酸的产量,所以柠檬酸发酵培养基中要少含铁。Mg、Zn、Co、Cu、Mn 等微量元素是某些酶的辅酶或激活剂。它们对微生物大量合成某些产物如氨基酸、抗生素、维生素等起到重要的作用。如,$4 \sim 8~\mu g/ml$ 的钴能大大提高庆大霉素的产量。K^+、Na^+、Ca^{2+} 等离子与维持细胞一定的渗透压和细胞透性有关,并且还是许多酶的激活剂。

生长因子在发酵培养基中也必不可少,但要注意在某些发酵中生长因子的量需要控制适当,否则对产物合成造成极为不利的影响。最为明显的例子是用生物素亚适量法的谷氨酸发酵,生物素作为生长因子在培养基中的量应控制在 $5 \sim 10~\mu g/L$,如果超过此量谷氨酸的产量将大大降低。这是因为只有在生物素不足时,菌体细胞膜合成才不完整,细胞膜渗透性加大,菌体才能把生成的谷氨酸及时排除体外,解除谷氨酸对谷氨酸脱氢酶的反馈抑制作用。

有些化合物被加入培养基后,能够直接在生物合成过程中结合到产物分子中去,而自身的结构并未发生太大变化,却能提高产物的产量,这类小分子物质被称为前体。这些前体物质有的是菌体本身能够合成的,如合成青霉素分子所需的缬氨酸和半胱氨酸,合成链霉素的肌醇等;有的是菌体不能合成或合成的很少,需从外界加入的,如合成青霉素 V 的苯氧乙酸等。因此,这些物质也作为发酵培养基的成分之一。前体使用的浓度要适当。因为虽然前体能促进产物合成,但许多前体对菌体有毒害作用,一般采取流加方式,减少一次加入量。

促进剂是一类刺激因子,它们并不是前体或营养,这类物质的加入或可以影响微生物的正常代谢,或促进中间代谢产物的积累,或提高次级代谢产物的产量。而发酵过程中加入抑制剂会抑制某些代谢途径的进行,同时刺激另一代谢途径,以致可以改变微生物的代谢途径。促进剂和抑制剂的专一性很强,用量极微,使用得当,效果显著,但必须通过试验选择品种和确定用量,以防止产生不利影响。

▶▶ 二、工业上常用作碳源的淀粉质原料

1. 淀粉的性质

淀粉呈白色无定形结晶粉末,存在于各种植物组织中。在显微镜下观察淀粉的颗粒是透明的,大致可分为圆形、椭圆形、多角形三种。淀粉没有还原性,也没有甜味,不溶于冷水和酒精,淀粉在热水中膨胀,粒度增大,呈胶体状。淀粉可分为直链淀粉(amylose)和支链淀粉(amylopectin)两种。直链淀粉是葡萄糖经 α-1,4 糖苷键脱水缩聚而成螺旋形不分支长链,聚合度在 $100 \sim 6~000$ 之间,

相对分子质量达100 000。用热水溶解时形成黏度较低的不稳定胶体溶液,在50~60 ℃下静置较长时间后会析出晶形沉淀。支链淀粉是支叉分子,直链部分的葡萄糖以 $\alpha-1,4$ 糖苷键连接,分支点上葡萄糖以 $\alpha-1,6$ 糖苷键连接,聚合度1 000~30 000,相对分子质量可达 6×10^6。用热水溶解时形成糊状物。

淀粉遇碘液时,碘从螺旋形中间通过,与直链淀粉之间构成吸附化合物而呈蓝色反应。支链淀粉遇碘液时,碘不能通过 $\alpha-1,6$ 糖苷键结合的分支点,只能和支点外部的二十几个葡萄糖基结合,故呈红到紫红色反应。

2. 淀粉质原料

淀粉质原料(starchy material)中含淀粉量较高,而且来源广泛、价格便宜。淀粉质原料及其水解液是发酵工业常用的碳源。使用最广的淀粉质原料是工业淀粉、谷类、薯类等。

工业淀粉是以谷类、薯类等农产品为原料加工而成,是白色或微带浅黄色阴影的粉末。按照原料的不同可分为谷类淀粉和薯类淀粉。谷类淀粉结构致密、颗粒较小,如大米淀粉颗粒直径在3~8 μm;薯类淀粉结构疏松、颗粒较大,如木薯淀粉颗粒直径在5~35 μm。所以谷类淀粉较薯类淀粉更难水解。普通的谷类和薯类淀粉含直链淀粉17%~27%,其余为支链淀粉;而黏玉米、黏高粱和糯米等淀粉不含直链淀粉,全部为支链淀粉。一般精制淀粉的淀粉含量在84%左右,而粗制淀粉的淀粉含量在78%左右。常用的工业淀粉有玉米淀粉、小麦淀粉、甘薯淀粉、马铃薯淀粉等。玉米淀粉及其水解糖液是抗生素、核苷酸、氨基酸、酶制剂等发酵常用的碳源,小麦淀粉、甘薯淀粉等常用在有机酸、乙醇等发酵中。

谷类包括大米、高粱、大麦、小麦等。其种植面积广泛,产量大,淀粉含量也比较高。其中大米常用在氨基酸、啤酒、黄酒等发酵中,高粱、大麦、小麦常用在白酒发酵中。

薯类是适应性很强的高产作物,我国以甘薯、马铃薯和木薯等为主。甘薯晾晒成干后成为甘薯干,其淀粉含量可达76%,并且纤维素含量少,蛋白质含量适度,是生产酒精、柠檬酸的好原料。马铃薯又叫土豆、山药蛋、洋山芋,在我国东北、西北、内蒙古等地产量很大。马铃薯一般可分为工业用、饲用、食用、种用四类,作为发酵工业碳源的是淀粉含量高、蛋白质含量较低的工业用马铃薯。木薯是很强健的多年生植物,盛产于我国南方的两广、福建、海南岛等地区。木薯干不仅淀粉含量可高达到73%左右,而且淀粉品质较纯、淀粉颗粒大,加工方便。因此,木薯是我国生产工业淀粉的第二位原料,同时也是南方地区酒精生产的主要原料。

▶▶ 三、工业上常用作氮源的蛋白质类原料

发酵工业常用的蛋白质原料主要有黄豆饼粉、花生饼粉、棉子饼粉、玉米浆、蛋白胨、酵母粉、鱼粉等。它们都含有丰富的蛋白质、多肽和游离氨基酸,是微生物生长良好的营养物质。在含有这些物质的培养基中,微生物一般都表现出生长旺盛的特点。

黄豆饼粉被广泛用于抗生素发酵中的有机氮源。根据油脂的含量可将黄豆饼粉分为全脂黄豆粉(油脂含量在18%以上)、低脂黄豆粉(油脂含量在9%以下)和脱脂黄豆粉(油脂含量在2%以下)三类,见表3-1。

玉米浆是玉米淀粉生产的副产品,是用亚硫酸浸泡玉米所得的浸泡液的浓缩物。固体物质含量在50%以上,是一种非常容易被微生物利用的氮源,含有丰富的氨基酸、还原糖、磷、微量元素、生物素等,成分见表3-2。

表 3-1 各种黄豆粉的成分/%

组分	脱脂黄豆粉	低脂黄豆粉	全脂黄豆粉
蛋白质	48.60~52.80	40.63~46.31	33.75~38.00
油脂	0.43~1.59	3.99~14.40	19.54~20.46
灰分	5.88~7.20	5.10~7.34	4.52~4.81
水分	6.17~9.48	4.70~11.00	8.84~9.29

表 3-2 玉米浆的成分

总固形物/%		灰分/%		维生素/($\mu g/g$)	
乳酸	15	K	20	硫胺素	41~49
还原糖	5.6	P	1~5	生物素	0.34~0.38
水解后的自由还原糖	6.8	Na	0.3~1	叶酸	0.26~0.6
总氮	4	Mg	0.003~0.3	烟酰胺	30~40
其中氨基氮占总氮含量		Fe	0.01~0.3	核黄素	3.9~4.7
Ala	25.0	Cu	0.01~0.3		
Arg	8.0	Ca	0.01~0.3		
Glu	8.0	Zn	0.003~0.8		
Leu	6.0	Pb	0.003~0.01		
Pro	5.0	Si	0.003~0.01		
Thr	3.5	Cl	0.003~0.01		
Ile	3.5				
Val	3.5				
Phe	2.0				
Met	1.0				
Cys	1.0				

玉米浆的用量应根据淀粉原料的不同、糖浓度及发酵条件不同而异。一般用量为 0.4%~0.8%。

蛋白胨、酵母粉、鱼粉、蚕蛹粉等也是很好的有机氮源。蛋白胨由各种动物组织和植物水解制备。工业上使用的蛋白胨有血胨、肉胨、鱼胨、骨胨等。不同蛋白胨之间磷含量差异较大，对于需控制磷浓度的发酵来说，要注意品种的选择和使用效果。酵母粉由水解啤酒酵母和面包酵母制得，其质量和含量与酵母品种有关。蚕蛹粉主要用在制霉菌素的发酵中。

需要注意的是：以上各种蛋白质原料均是由天然原料加工制作而成的，成分复杂，且因原料产地、加工方法、原料品种等不同，营养物质的含量也随之变化，对发酵有较大影响。因此必须对这些蛋白质原料的来源、品种、质量加以适当的选择。最好在原料变动时进行小型发酵试验。

四、发酵培养基中的无机盐和生长因子

1. 磷酸盐

磷是某些蛋白质和核酸的组成成分,腺苷二磷酸(ADP)、腺苷三磷酸(ATP)是重要的能量传递物质,参与一系列的代谢反应。磷酸盐在培养基中还有缓冲作用。微生物对磷的需要量一般为 0.005~0.01 mol/L。工业生产上常用 $K_3PO_4 \cdot 3H_2O$、K_3PO_4 和 $Na_2HPO_4 \cdot 12H_2O$、$NaH_2PO_4 \cdot 2H_2O$ 等磷酸盐,也可用磷酸。

2. 硫酸镁

镁是许多重要的酶(如己糖磷酸化酶、异柠檬酸脱氢酶、羧化酶等)的激活剂,而硫为菌体合成含硫蛋白质提供硫源。所以 $MgSO_4 \cdot 7H_2O$ 是发酵工业中常用的无机盐类。$MgSO_4 \cdot 7H_2O$ 中含镁 9.87%,发酵培养基配用 0.25~1 g/L 时,镁浓度为 25~90 mg/L。

3. 钾盐

微生物生长需钾量一般约为 0.1 g/L(以 K_2SO_4 计,以下同)。当培养基磷酸盐配用 1 g/L $K_3PO_4 \cdot 3H_2O$ 时,同时供给了钾,其钾浓度约为 0.38 g/L。如果磷盐采用 $Na_2HPO_4 \cdot 12H_2O$ 时,应另外配用 0.3~0.6 g/L 的 KCl,钾浓度为 0.35~0.7 g/L。

4. 微量元素

一般作为碳源、氮源的农副产品天然原料中本身就含有某些微量元素,不必另加。但某些发酵可能对某些微量元素有特殊要求,例如以醋酸或石蜡为碳源发酵谷氨酸时对铜离子含量要求较高。因此,这些发酵需在培养基中补加一些含有微量元素的无机盐。工业上常用的含微量元素的无机盐有 $MnSO_4 \cdot 4H_2O$ 等。

5. 生长因子

工业上提供生长因子的主要是一些农副产品原料,常用的有玉米浆、麸皮水解液、糖蜜、酵母水解液等。玉米浆不仅含有丰富的蛋白质、多肽和游离氨基酸,而且含有丰富的维生素、生物素,既可作为有机氮源使用,又可提供生长因子。糖蜜是甘蔗或甜菜制糖后剩余的母液,其中含有大量的生物素,是作为提供生长因子的最常用原料。麸皮水解液是干麸皮与水按一定比例配合加压酸解而得,可以代替玉米浆。有些谷氨酸生产菌以硫胺素(VB_1)为生长因子,可在其培养基中添加硫胺素盐酸盐水溶液。有些生产氨基酸的缺陷型菌种还以油酸、甘油、苏氨酸等为生长因子。

五、发酵生产的前体物质和促进剂、抑制剂等

1. 前体

在有些氨基酸、抗生素和核苷酸的发酵中必须添加前体才能获得较高的产率。工业上常用的前体见表 3-3。

2. 促进剂

在某些氨基酸、抗生素和酶制剂发酵生产过程中,可以在发酵培养基中加入促进剂。尤其是在酶制剂发酵过程中,加入促进剂,可以改进细胞的渗透性,同时增强氧的传递速度,改善了菌体对氧的有效利用,大大增加了产酶量。常用促进剂有各种表面活性剂(洗净剂、吐温80、植酸

表 3-3　几种常用的前体

产物	前体	产物	前体
青霉素 G	苯乙酸等	维生素 B_{12}	钴化物
青霉素 O	烯丙基-巯基乙酸	丝氨酸	甘氨酸
青霉素 V	苯氧乙酸	色氨酸	吲哚、氨茴酸
链霉素	肌醇、精氨酸等	蛋氨酸	2-羟基-4-甲基硫代丁酸
金霉素	氯化物	异亮氨酸	D-苏氨酸
红霉素	丙酸、丙醇等	苏氨酸	高丝氨酸
灰黄霉素	氯化物		

等)、二乙胺四乙酸、大豆油抽提物、黄血盐、甲醇等。如栖土曲霉 3942 生产蛋白酶时,在发酵 2~8 h 添加 0.1% LS 洗净剂(即脂肪酰胺磺酸钠),就可使蛋白酶产量提高 50% 以上。添加培养基 0.02%~1% 的植酸盐可显著地提高枯草杆菌(*Bacillus Subtilis*)、假单胞菌(*Pseudomonas*)、酵母(*Saccharomyces*)、曲霉(*Aspergillus*)等的产酶量。在 3536 葡萄糖氧化酶发酵时,加入金属螯合剂二乙胺四乙酸(EDTA)对酶的形成有显著影响,酶活力随二乙胺四乙酸用量而递增。又如添加大豆油抽提物,米曲霉蛋白酶可提高 187% 的产量,脂肪酶可提高 150% 的产量。抗生素发酵中促进剂也有应用:在四环素发酵中加入硫氰化卞或 2-巯基苯并噻唑可控制 TCA 循环中某些酶的活力,能增强戊糖循环,促进四环素的合成;巴必妥药物能增加链霉素产生菌菌丝的抗自溶能力,对链霉素生物合成有促进作用。

3. 抑制剂

有些抑制剂可抑制某些合成产物的途径而使代谢向所需产物的途径转化,常常被用在抗生素和有机溶剂发酵中。氯霉素、植酸、草酸等能抑制噬菌体的繁殖,可用于氨基酸发酵。常用的抑制剂见表 3-4。

表 3-4　发酵工业上常用的抑制剂

产物	被抑制产物	抑制剂
链霉素	甘露糖链霉素	甘露聚糖
去甲基链霉素	链霉素	乙硫氨酸
四环素	金霉素	溴化物、硫脲
去甲基金霉素	金霉素	硫磺化合物、乙硫氨酸
头孢菌素 C	头孢菌素 N	L-蛋氨酸
利福霉素 B	其他利福霉素	巴必妥药物
甘油	乙醇	亚硫酸盐

第二节 淀粉水解糖的制备

一、淀粉水解糖的制备方法

淀粉质原料是微生物工业常用的原料之一,但由于大多数生产菌都不能直接利用或仅微弱利用淀粉,所以必须将淀粉质原料水解为葡萄糖(glucose)等可发酵性糖类,才能被生产菌利用。

在工业生产上将淀粉水解为葡萄糖的过程称为淀粉的糖化,所制得的糖液称为淀粉水解糖。淀粉水解糖中所含成分主要是葡萄糖,还有数量不等的少量麦芽糖(maltose)等复合二糖、低聚糖(oligosaccharide)。此外,原料中的杂质(如蛋白质、脂肪等)及其分解产物即氨基酸、脂肪酸也存在于糖液中。在发酵中,菌体可以利用糖液中的葡萄糖、麦芽糖、氨基酸、脂肪酸等营养物质,而不能利用某些低聚糖及复合糖类。由于葡萄糖是碳源中最容易利用的单糖,几乎所有微生物都能够利用葡萄糖,因此,由淀粉经水解制备的葡萄糖(或葡萄糖液)被广泛应用于发酵工业中的氨基酸、抗生素、有机酸、多糖、甾体转化等发酵产品的生产中。

可以用来制备淀粉水解糖的原料很多,主要有薯类(木薯、甘薯、马铃薯等)、玉米淀粉、小麦淀粉、大米淀粉等。根据采用的水解催化剂不同,水解方法可分为以下三种方法。

1. 酸水解法

酸水解法(acid hydrolysis method)又称酸糖化法,是一种传统的水解方法。以酸(无机酸或有机酸)为催化剂,在高温高压下将淀粉水解为葡萄糖的方法。

该法具有生产工艺简单、设备简易、生产周期短、设备生产能力大等优点。但是,由于水解反应是在高温、高压及较高酸浓度条件下进行的,因此,该法要求有耐腐蚀、耐高温、耐高压的设备。此外,淀粉在酸水解过程中所发生的副反应较多,造成葡萄糖量减少以及不可发酵性糖类、色素等物质增多。这不仅降低淀粉转化率,而且由于生产的糖液质量差,对而后的发酵、提取都带来不利影响。并且酸水解法对淀粉原料要求严格,必须是精制淀粉,淀粉颗粒大小要均匀,不宜过大,否则易造成水解不透彻。淀粉乳浓度也不宜过高,过高则淀粉转化率低。因此目前酸解法已逐步被酶解法所取代。

2. 酶水解法

酶水解法(enzyme hydrolysis method)制葡萄糖可分为两步:第一步是利用液化酶使糊化淀粉水解成糊精和低聚糖等,使黏度大为降低,流动性增高,所以工业上称为液化(liquification)。第二步是利用糖化酶将糊精或低聚糖进一步水解为葡萄糖,在生产上称为糖化(saccharification)。由于采用了酶液化和酶糖化工艺,故也称为双酶水解法(double-enzyme hydrolysis method)。

酶水解法(双酶水解法)的优点:

(1)淀粉水解是在酶的作用下进行的,酶解反应条件较温和,因此不需耐高温、耐高压、耐酸的设备。同时,酶在反应过程中也不产生腐蚀性物质,对设备要求低,也改善了劳动卫生条件。

(2)微生物酶作用的专一性强,效率高,淀粉水解的副反应少,因而水解糖液的纯度高,淀粉转化率高,糖液颜色浅,较纯净,无异味,质量高,有利于糖液的充分利用。

(3)可在较高淀粉乳浓度下水解,水解糖液的还原糖含量可达到30%以上。

(4)可采用粗原料,省去粗原料加工成精制淀粉的生产过程,避免淀粉加工中的原料流失,减少粮食消耗。

（5）由于微生物酶制剂中菌体细胞的自溶，使得糖液的营养物质较丰富，简化了发酵培养基。

酶水解法（双酶水解法）的缺点是：生产周期较长（一般48 h）；要求的设备较多，设备投资大；由于酶本身是蛋白质，易造成糖液过滤困难。但是，随着酶制剂生产及应用技术的提高和酶制剂的大量生产，酶水解法制糖逐渐代替酸法制糖，已成为淀粉水解制糖的一个发展趋势。

3. 酸酶结合水解法

酸酶结合水解法（acid-enzyme hydrolysis method）是集酸法和酶法制糖的优点而成的生产工艺。此法又可分为酸酶（水解）法或酶酸（水解）法。

（1）酸酶水解法

酸酶水解法即先以酸为催化剂将淀粉水解成糊精和低聚糖，然后再用糖化酶将其水解为葡萄糖的工艺。玉米、小麦等谷类淀粉，淀粉颗粒坚实，如果用淀粉酶液化在短时间内往往不彻底。因此，针对这种情况，采用酸将淀粉水解到一定程度，然后将水解液降温、中和，再加入糖化酶进行糖化。由于糖化是在糖化酶作用下完成的，因此对液化液要求不高。

用酸酶水解淀粉制糖，液化速度快，可采用较高的淀粉乳浓度，提高了生产效率；用酸量较少，产品颜色浅，糖液质量高。

（2）酶酸水解法

酶酸水解法是将淀粉乳先用淀粉酶液化到一定程度，然后用酸水解成葡萄糖的工艺方法。对于颗粒大小不一的淀粉（如碎米淀粉等），如果用酸法水解，则常导致水解不均匀，淀粉糖转化率低。针对此种情况可先用淀粉酶液化，过滤除杂后，再用酸法水解成葡萄糖。

用酶酸法制糖，能采用粗原料淀粉，减少原料损失，一般可提高原料利用率15%左右；生产较易控制，可采用较高的淀粉浓度；生产周期短，提高了生产效率；酸水解pH可控制稍高，减少了淀粉水解副反应的发生，糖液色泽较浅，质量较好。

总之，采用不同的水解制糖工艺，各有其优缺点。从淀粉水解操作周期来看，酸水解法最短，双酶法最长。但从水解糖液的质量及降低糖耗，提高原料利用率方面来考虑，则是以双酶水解法最好，其次是酸酶结合水解法，酸水解法最差，见表3-5。

表3-5 各种糖化方法比较

序号	项目	糖化方法		
		双酶水解法	酸酶结合水解法	酸水解法
1	糖液质量：			
	葡萄糖值（DE）	98	95	90
	葡萄糖含量/%（干基）	97	93	86
	灰分/%	0.1	0.4	1.6
	蛋白质/%	0.1	0.08	0.08
	5-羟甲基糠醛/%	0.03	0.08	0.3
	颜色（2°Bé下测定）	0.2	0.3	10.0

续表

序号	项目	糖化方法		
		双酶水解法	酸酶结合水解法	酸水解法
2	淀粉糖转化率/%	98	95	90
3	工艺条件/耗能	温和/少	加压温高/多	加压温高/多
4	副产物	少	中	多
5	生产周期	长	中	短
6	设备规模/防腐要求	大/一般	中/中	小/较高
7	原料适应情况	各种淀粉、大米	大米	淀粉
8	是否有利于发酵和提取	有利	中	差

▶▶ 二、淀粉酸水解制糖

（一）淀粉酸水解的理论基础

1. 淀粉的水解反应

淀粉在高温加酸作用下，首先其颗粒结晶结构被破坏，然后酸作用于 $\alpha-1,4$ 糖苷键及 $\alpha-1,6$ 糖苷键，使之断裂，并且水解前者的速度要快于后者。其催化机理如下：酸催化剂的 H^+ 先与 H_2O 结合生成 H_3O^+，H_3O^+ 能与糖苷键的氧原子结合生成不稳定化合物（称共轭酸），随后 C_1—O 键断裂生成 C_1 正碳离子，水分子与具有正电荷的 C_1 结合，再使 C_1 失去 H^+，完成糖苷键的水解过程。

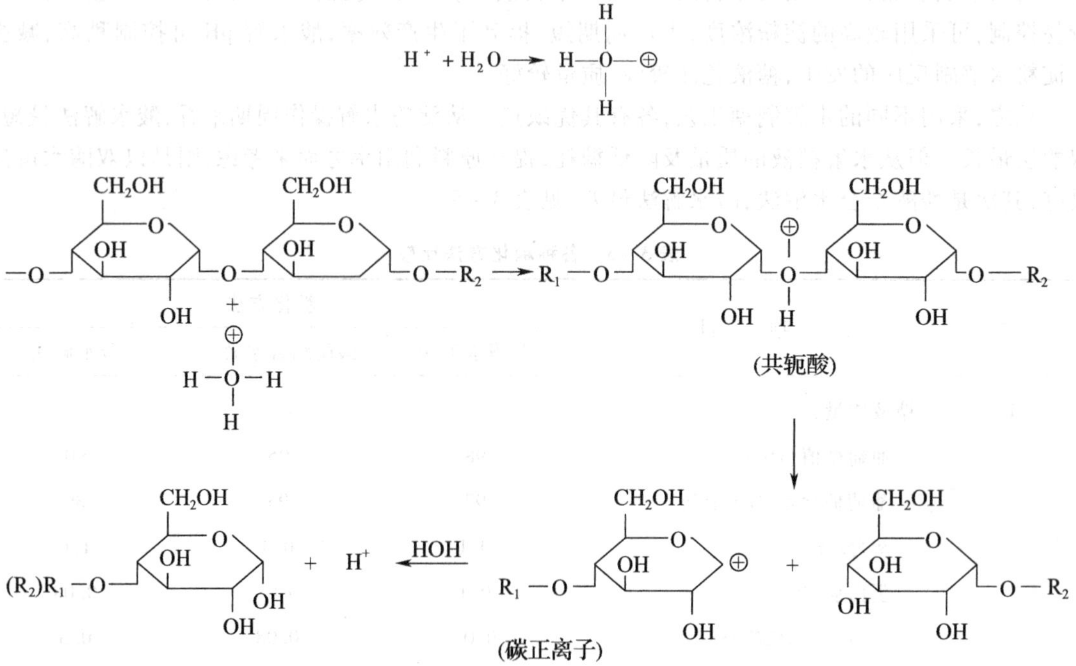

随着糖苷键的断裂,其相对分子质量逐渐变小,发生的主要反应如下:

$$(C_6H_{10}O_5)_n \xrightarrow[\text{加热}]{HCl \cdot H_2O} (C_6H_{10}O_5)_x \xrightarrow{H_2O} C_{12}H_{22}O_{11} \longrightarrow C_6H_{11}O_6$$
$$\quad \text{淀粉} \qquad\qquad\qquad \text{各种糊精} \qquad \text{麦芽糖} \qquad \text{葡萄糖}$$

淀粉水解产生葡萄糖的总化学反应可用下式表示:

$$(C_6H_{10}O_5)_n + nH_2O \longrightarrow nC_6H_{12}O_6$$
$$\quad\; 162 \qquad\qquad\qquad\qquad 180$$

从反应式可以计算淀粉水解产生葡萄糖的理论得率:

$$\frac{180}{162} \times 100\% = 111\%$$

由于H^+对淀粉的糖苷键的作用是不固定的,没有一定的秩序,糖苷键的断裂也不是有规则的。因此,在水解过程中,同时有糊精、低聚糖、麦芽糖和葡萄糖的生成。葡萄糖、麦芽糖等在开始时生成量很少,而糊精很多。随着水解反应的进行,葡萄糖、麦芽糖等还原性糖类不断增加,糖液的甜味也越来越浓,当葡萄糖值超过60以上,由于葡萄糖的复合分解反应,产生其他有味物质(如龙胆二糖有苦味)及色泽加深。

淀粉水解中间产物——糊精,是若干种分子大于低聚糖的含有不同数量的脱水葡萄糖单位的碳水化合物总称。糊精具有还原性、旋光性、能溶于水,不溶于乙醇。若将糊精滴入无水乙醇中,会有白色沉淀析出。糊精也与碘有显色反应,但糊精分子大小不同,与碘反应所显颜色是不同的。因此,可以把糊精分为蓝色、紫色、红褐色、红色、浅红色和无色糊精等。在工业化生产中,根据糊精的这些性质,用无水乙醇或碘溶液检验淀粉糖化过程中糊精的存在和水解情况。

2. 淀粉酸水解反应动力学

淀粉水解实际上是淀粉分子和水分子间的双分子反应,反应进行的速度决定于淀粉浓度和水的浓度。由于在水解的情况下,淀粉乳浓度一般较低,水存在量较大。虽有一部分水参与反应而有所减少,减少的量与总量相比,却仅是很少的一部分,浓度可以说没有变化,不影响反应速率。于是,水解的速度只决定于淀粉的浓度。其水解反应属于单分子反应的一级化学反应类型。无机酸虽然参加了反应,但它是催化剂,在反应过程中并不消耗,酸的浓度不变化。

一级化学反应的反应速率与反应物质的浓度成正比例关系。用c表示淀粉浓度,则浓度的降低$\left(-\dfrac{dc}{dt}\right)$与$c$呈下列关系:

$$\frac{dc}{dt} \propto c \quad \text{或} \quad -\frac{dc}{dt} = kc \qquad (3-1)$$

式中,k为反应速率常数,其值因反应条件(如温度、酸度等)而定。k值愈高,表示反应速率愈快。

若将水解开始时的浓度定为a,经过t时间后起反应的量为x,则所剩下的未起反应的淀粉浓度为$(a-x)$,代入式(3-1):

$$-\frac{d(a-x)}{dt} = k(a-x) \quad \text{或} \quad \frac{dx}{dt} = k(a-x) \qquad (3-2)$$

$\dfrac{\mathrm{d}x}{\mathrm{d}t}$ 是淀粉水解反应速率,式(3-2)表示任何时间水解速度等于反应速率常数 k 与浓度 $(a-x)$ 的乘积。将式(3-2)积分:

$$\int_0^x \frac{\mathrm{d}x}{a-x} = \int_0^t k\mathrm{d}t$$

即:
$$k = \frac{1}{t}\ln\frac{a}{a-x} = \frac{2.303}{t}\lg\frac{a}{a-x} \tag{3-3}$$

经实验测定 a,$(a-x)$ 和 t 的数值代入式(3-3),即可求得反应速率常数 k 值。

水解反应速率常数 k 与下列几个因素有关,并成关系式:

$$k = \alpha \cdot c_A \cdot \delta \cdot \lambda \tag{3-4}$$

式中,α 为催化剂的活性常数,因不同的酸类其 H^+ 游离程度也不相同,由实验测定,HCl 的 H^+ 能够 100% 的解离,以它的 α 值定为 1,各种酸类的 α 值见表 3-6 所示。

表 3-6 各种酸类的 α 值

催化剂	HCl	H_2SO_4	H_3PO_4	HAc	HBr	HI
α 值	1	0.5~0.52	0.3	0.025	1.7	2.5

由表可知,HCl 是一种良好的催化剂,其催化动力比 H_2SO_4 大一倍(因为 HCl 的 H^+ 可全部游离,而 H_2SO_4 的 H^+ 只游离一半)。HBr 和 HI 的 H^+ 也是全部游离,而且游离后其 Br^-,I^- 也能发生催化作用,故比 HCl 高 1~2 倍,但其价格昂贵。

c 为酸的体积摩尔浓度,例如水解时采用 0.5% 的 HCl,则其体积摩尔浓度 c_A 为 0.14 mol/L。由式(3-4)可知,催化剂体积摩尔浓度愈大,k 值随之增大,但实际上酸的浓度也不可能采用过大的数值,一是酸的耗用量太大,中和消耗碱过多;二是当酸的浓度过高时,起着阻碍淀粉水解时还原性基团的形成。因此,水解工艺常采用稀酸水解。

δ 是多糖的水解性常数,可以衡量多种多糖之间水解的难易程度。如果以棉花为 1,则其他多糖与之比较,经实验得出结果见表 3-7。

表 3-7 多种多糖的水解性常数

多糖的原料种类	棉花	淀粉	木材稻草	半纤维素	蔗糖
δ	1	400	20~25	10~400	100 000

λ 为温度对水解速度影响的常数,即在水解过程中,温度可加速水解淀粉的完成,该数值可由实验测定。有人曾以 0.1% HCl 于不同温度水解淀粉,计算反应速率常数 k 值,结果见表 3-8,发现温度每升高 10℃,反应速率(也即反应速率常数)增加 3 倍。

表 3-8 不同温度的淀粉水解反应速率常数

温度/℃	k 值	温度/℃	k 值
119	0.125	138	0.770
133	0.470	143	1.200

综上所述，淀粉水解所用的催化剂种类、浓度、反应温度均对水解反应速率有很大影响，是水解中必须注意的因素。此外，淀粉水解时，葡萄糖的复合分解反应也需加以考虑。下面是几种多糖的反应速率常数（$k \times 10^3$）：麦芽糖 1.04；糖原 0.92；直链淀粉 1.05；糖原极限糊精 0.89；支链淀粉 1.08；支链淀粉极限糊精 0.96；右旋糖酐 0.154。

3. 葡萄糖的复合反应

在淀粉的糖化水解过程中，生成的一部分葡萄糖受酸和热的催化作用，能通过糖苷键相聚合，失掉水分子，生成二糖、三糖和其他低聚糖等，这种反应称为复合反应。

$$2C_6H_{12}O_6 \rightleftharpoons C_{12}H_{22}O_{11} + H_2O$$

两个葡萄糖分子通过复合反应聚合时，不再经过 $\alpha-1,4$ 键聚合成麦芽糖，而是通过 $\alpha-1,6$ 键聚合成异麦芽糖，通过 $\beta-1,6$ 键聚合成龙胆二糖，还有海藻糖、纤维二糖、潘糖等。对发酵来说，多数复合糖不能被生产菌利用，造成发酵糖酸转化率低。而且含复合糖高的糖液经发酵后往往残糖（residual sugar）高，对后提取带来困难。

复合反应是可逆的，复合糖类经酸水解还可转变为葡萄糖。工业生产常利用这种性质，将分离后的头道母液再用酸水解一次，将复合糖水解成葡萄糖，以提高产率。因此，在利用葡萄糖母液作为发酵原料时，最好将葡萄糖母液加酸水解一次，然后配料使用。

复合反应的发生和以下条件有关：

① 葡萄糖浓度（葡萄糖值）：复合糖的生成量随葡萄糖浓度的增加而增加。见表 3-9。

表 3-9 不同葡萄糖浓度的复合糖生成量/%

葡萄糖值	15	28	33	68	82	90	15
异麦芽糖	0.00	0.00	0.02	0.26	1.64	2.00	0.00
龙胆二糖	0.00	0.00	0.02	0.26	1.64	2.00	0.00
海藻糖	0.00	0.00	0.00	0.08	0.18	0.46	0.00
曲二糖	0.00	0.00	0.00	0.10	0.62	0.76	0.00
槐糖、纤维二糖	0.00	0.00	0.00	0.15	0.59	0.79	0.00
皂角糖	0.00	0.04	0.15	0.70	1.09	1.00	0.00
昆布二糖	0.00	0.00	0.00	0.10	0.24	0.36	0.00
合计	0.00	0.04	0.19	1.65	6.00	7.37	0.00

由表可看出，葡萄糖值 28 以下，复合糖的生成几乎没有，而随着葡萄糖值的增加，复合糖的生成量也增加。因为淀粉的糖化程度越高，葡萄糖浓度也相应提高，所以在时间上，复合糖生成量是随着糖化程度的增加而增加的。

葡萄糖值，即 DE 值，公式为：

$$DE = \frac{还原糖}{干物质} \times 100\% \tag{3-5}$$

DE值是生产中衡量葡萄糖液质量的重要指标。定义中的还原糖是采用斐林试剂法,干物质用阿贝折光仪测定。值得注意的是阿贝折光仪测定的浓度是指每100 g糖液中所含的干物质克数;而还原糖含量是指每100 ml糖液中所含的还原糖克数,因此,DE值的实际计算公式为:

$$DE = \frac{还原糖}{干物质 \times 糖液的相对密度} \times 100\% \tag{3-6}$$

但为了计算方便,生产上常用(3-5)式。

② 淀粉乳浓度:淀粉乳浓度高,水解所得的葡萄糖浓度也高,致使复合反应进行强烈,糖化液的葡萄糖纯度相应下降。见图3-1。

利用公式:

$$n = \frac{100(\sqrt{1+0.15444A}-1)}{0.007722A} \tag{3-7}$$

可以计算糖液的最终纯度。

式中,n—糖液纯度,即糖液中干物质含葡萄糖的百分率;A—淀粉乳的浓度。

淀粉乳浓度过低,生成葡萄糖也低,设备利用率低。因此在工业生产中,淀粉乳浓度一般都采用10~12°Bé(相当于18%~21%),糖化液纯度为90%~92%,复合糖7%左右。

③ 酸度和酸的种类　不同种类的酸对于葡萄糖复合反应催化作用不相同。采用不同浓度的盐酸、硫酸、草酸混于50%浓度的葡萄糖溶液,于98 ℃加热10 h,测定复合糖量,如图3-2所示。对葡萄糖复合反应的催化作用,盐酸最强,其次是硫酸、草酸;而且随着酸浓度的增加,复合糖的量不断增加。

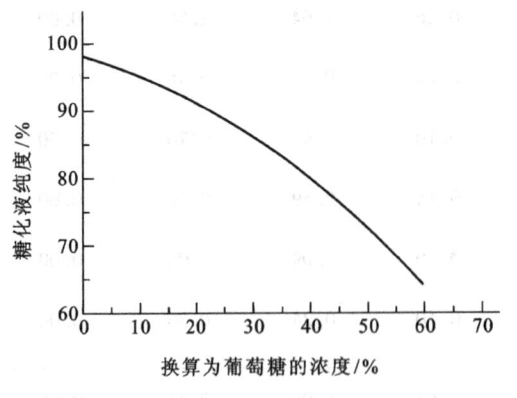

图3-1　淀粉浓度与糖化液纯度的关系

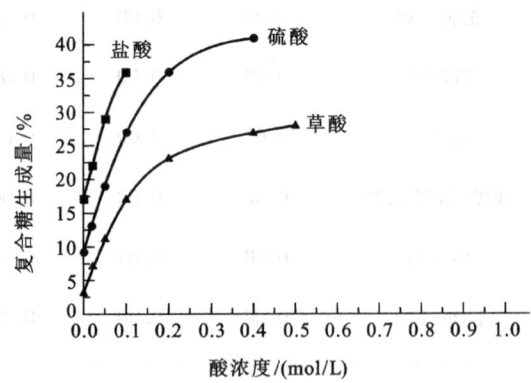

图3-2　不同酸对葡萄糖复合反应的影响

4. 分解反应

在淀粉水解过程中,一部分葡萄糖容易脱水分解成5-羟甲基糠醛,后者因性质不稳定而分解成乙酰丙酸和甲酸等物质。这些物质有的自身相互聚合,有的与淀粉中所含的有机物质相结合,产生色素(coloring matter)。用化学方程式表示:

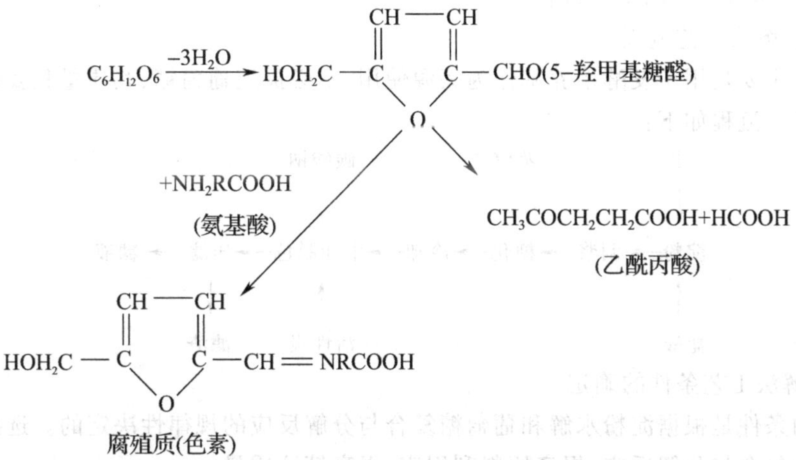

$$C_6H_{12}O_6 \xrightarrow{-3H_2O} HOH_2C-C\underset{O}{\overset{CH=CH}{\diagdown\diagup}}C-CHO(5\text{-羟甲基糖醛})$$

+NH₂RCOOH
(氨基酸)

CH₃COCH₂CH₂COOH+HCOOH
(乙酰丙酸)

$$HOH_2C-C\underset{O}{\overset{CH=CH}{\diagdown\diagup}}C-CH=NRCOOH$$

腐殖质(色素)

淀粉酸水解中因分解反应而损失的葡萄糖并不多,但所生成的5-羟甲基糠醛是产生色素的根源,色素的存在影响糖液质量。分解反应主要与糖化加热时间、酸度、葡萄糖浓度有关。

① 加热时间长,分解反应增加。见表3-10。

表3-10 反应时间与分解反应关系

时间/min	5-羟甲基糠醛/%(g/100 g溶液)	色值
2	0	无色
8	0.004 4	0.3
14	0.018 7	1.5
20	0.033 2	3.2
30	0.063 5	5.6

上表说明,pH一定时,加热时间越长,生成的5-羟甲基糠醛越多,溶液颜色越深。

② pH 3.0时,分解反应最少。一定浓度的葡萄糖在不同浓度的盐酸中加热,其降解速率随酸的浓度增高而增大,但并不是全呈线性关系。葡萄糖在pH 3.0时,降解速率最低,也就是最稳定,5-羟甲基糠醛生成量只有在pH 1.6时的1/5。

③ 葡萄糖浓度增加,分解反应增加。在pH和湿度一定的条件下,随葡萄糖浓度的增高,分解反应也增加,因为葡萄糖浓度增加,增加了溶液中氢离子活动能力,导致脱水反应的发生。见表3-11。

表3-11 葡萄糖浓度与分解反应的关系

葡萄糖溶液浓度/%	5-羟甲基糠醛/%(g/100 g溶液)	色值
1	0.003 9	0.32
5	0.017 0	2.17
10	0.036 0	3.91
16	0.065 0	5.59

（二）淀粉酸水解制糖的工艺过程

1. 淀粉酸水解法工艺流程

淀粉水解糖主要是用于发酵培养基作为碳源使用，不必提纯葡萄糖，其质量只要能满足发酵的要求就可以了。流程如下：

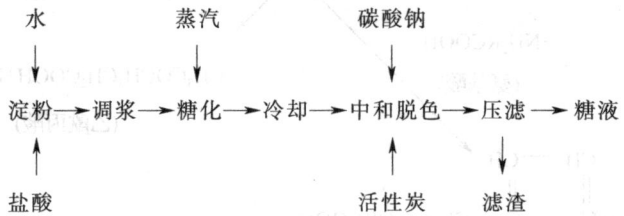

2. 淀粉酸解法工艺条件的确定

糖化工艺的条件是根据淀粉水解和葡萄糖复合与分解反应的规律性决定的。选择工艺条件应确保尽量减少复合与分解反应，提高原料利用率，提高糖液质量。

（1）淀粉原料的选择

由于酸解法水解淀粉的主要特点是非专一性，因此为了获得较高质量的糖液，应尽量减少成品糖液中杂质的含量。所以，酸解法对淀粉的质量要求较高。生产上应选择质量高的淀粉为原料，所含杂质越少越好。杂质的危害主要有：杂质中蛋白质、磷酸盐的缓冲作用很大，能降低氢离子的有效浓度；蛋白质通过水解生成氨基酸，氨基酸与葡萄糖能生成氨基葡萄糖，氨基葡萄糖能引起细菌的细胞收缩，对以细菌为菌种的发酵有不利影响；大部分未被水解的蛋白质在中和过滤时如不加以除净，发酵时易产生泡沫，对发酵影响很大；脂肪、灰分等杂质都能降低酸的效能。

由于不同原料的淀粉，内在质量不同；同种原料、不同等级的淀粉，其内在质量也有区别，所以在糖化工艺条件上要有所不同。例如，如果淀粉质量差、难水解，就应降低调浆浓度，适当延长糖化时间，力求达到糖液质量要求。

（2）无机酸的选择和用量

目前国内普遍采用催化效能最高的盐酸进行淀粉水解。但盐酸催化复合反应的能力也大，而且对设备腐蚀较大。中和后产生氯化物，增加糖液盐分。一般用量为干淀粉的 0.6% ~ 0.7%。也有用硫酸为催化剂的。硫酸的催化效能仅次于盐酸，且运输、储存方便，价格低。但需用碳酸钙中和，中和时生成硫酸钙。虽然大部分能在脱色过滤时除去，但仍有少部分存在于糖液中，易沉积在加热管表面，影响传热。而且糖液储存时硫酸钙也会慢慢沉淀造成糖液浑浊。日本多采用草酸作催化剂，草酸催化能力虽低，但糖化后的糖液可用石灰中和，生成的草酸钙为水不溶性盐，可在脱色过滤时除去，同时草酸不是强酸，可以减少葡萄糖的复合分解反应。缺点是催化效能低，不够经济。

（3）水解的温度与压力

淀粉水解是用蒸汽直接加热完成的，蒸汽的温度随压力升高而升高，所以生产上常以压力为控制条件。温度与淀粉水解速度成正比，温度越高，淀粉水解速度越快，水解的时间越短，生产效率越高。但温度高，葡萄糖复合和分解反应也加快，副产物增加，对设备的腐蚀加强，对设备的耐压性能要求高。根据经验，水解压力宜控制在蒸汽压力 0.28 ~ 0.32 MPa（表压）为好。

（4）淀粉乳浓度

淀粉乳浓度通常可根据发酵配料用糖的实际需要浓度而定。但同时要有利于提高糖液的

DE 值及提高设备利用率和生产效率。淀粉乳浓度高,可保证发酵配料需要及提高生产效率。但也会使葡萄糖复合和分解的副反应增多,使糖液的纯度降低,色泽加深。高淀粉浓度适用于采用薯类淀粉等易水解的淀粉原料进行的生产。淀粉乳浓度低,水解越容易,水解液中葡萄糖纯度也就越高,糖液色泽也就越浅。但浓度太低则难以保证发酵需求,降低了生产效率。低淀粉乳浓度适用于采用谷类淀粉等不易水解的淀粉原料进行的生产。

(5) 糖化终点

糖化时间过短或过长时,前者将导致水解不完全,糊精含量高,葡萄糖含量低,糖液质量差,后者将导致复合分解反应加强,复合糖类增多,色素增加。

3. 糖化设备结构对糖液质量的影响

淀粉水解反应在糖化锅内进行,其结构对糖液质量有影响。为了保证糖化均匀,使糖液达到最高葡萄糖纯度后,能迅速从锅内放出,糖化锅的容量一般不宜过大。容积过大,会延长进出料的时间,淀粉水解时间差别大,部分先水解葡萄糖将易发生复合、分解反应。并且一旦出现蒸汽量不足和不稳定的情况,会使水解时间加长,带来不良后果。锅体太高,会造成锅内上下部的水解速率相差较大,放料时很难保证下部的料先放出;锅体太矮,必须增大锅体直径而形成锅内死角区,使糖化不均匀造成局部淀粉结块,影响糖化进行。

一般糖化锅的径高比1:1.5左右。另外,糖化锅的附属管道应保证进出料迅速,物料受热均匀,有利于升压,有利于消灭死角,尽量缩短加料、放料、升温、升压等辅助时间。

4. 水解糖液的中和、脱色除杂

各种淀粉质原料都不是纯淀粉,或多或少含有蛋白质、脂肪、纤维素、无机盐等杂质。加上淀粉本身在水解中也产生了杂质,所以酸法淀粉糖化液的成分十分复杂。除可发酵性糖外,还有含氮物质、有机酸、无机酸、色素、无机盐等。这些杂质严重地影响了糖液的质量和使用效果。因此,必须采取有效的方法对糖液进行精制。精制一般采用碱中和、活性炭脱色等方法。

(1) 中和

酸水解糖液的 pH 一般为 1.7~1.9,必须中和除酸后才能使用。同时糖液中的蛋白质等杂质呈胶体状态,可调节糖液的 pH 达到蛋白质的等电点,使蛋白质凝聚析出。如 pH 偏低,糖液中的杂质不能最大量地凝聚析出;pH 偏高,葡萄糖易分解成色素,增加糖液色泽,部分凝聚物又会重新溶解,使糖液过滤困难,泡沫增加。采用薯类淀粉原料时,其所含蛋白质等电点较高,中和 pH 应控制稍高些,而采用玉米淀粉时中和 pH 应稍低些。精制和粗制的淀粉、水解完全和不完全的淀粉,中和时 pH 也不尽相同。

中和操作时温度不宜过高,否则易生成焦糖,会抑制某些生产菌如谷氨酸菌的生长。一般控制在 60~70 ℃ 之间为宜。

中和用碱可选纯碱 Na_2CO_3 和烧碱 NaOH。纯碱反应温和,不宜造成局部温度过高形成焦糖,糖液质量好,但产生泡沫过多,降低设备利用率,生产中难控制。烧碱反应不产生泡沫,但易造成局部过碱,放热量大,易形成焦糖(burnt sugar)。无论使用纯碱还是烧碱都应配成一定浓度的碱水缓慢进行中和,否则都会因为局部过碱,色素物质增多,降低糖液质量。

(2) 脱色除杂

脱色除杂的方法有活性炭吸附法、离子交换法、新型磺化煤脱色法。

活性炭(acticarbon)由于表面积大,有无数微小孔隙,能将杂质、色素吸附掉。活性炭可分为颗粒炭和粉炭。颗粒炭可以重复使用,但因其设备复杂、操作要求高,一般仅在大型工厂使用。而粉炭虽然使用成本高些,但设备简单、操作方便,被大多数中小型工厂普遍采用。活性炭脱色操作时,温度一般在65℃左右。因为活性炭的表面吸附力与温度成反比,温度过高,吸附效果差;温度过低,糖液黏度大,难过滤。活性炭在酸性条件下脱色能力较强,葡萄糖也稳定,通常pH控制在5.0以下。为了使糖液与活性炭充分混合均匀,脱色时间以25~30 min为好。活性炭用量一般控制在淀粉量的0.6%~0.8%。炭量少利用率高,但最终脱色效果差。炭量大可缩短脱色时间,但活性炭脱色效率降低。一般采取用废炭先脱色,用好炭后脱色,分次脱色的办法,可以充分提高脱色效率。

离子交换法具有选择性强,脱色效果较好,便于管道化、连续化及自动化操作,减轻劳动强度的优点。但国产树脂选择性较差,脱色能力较低,且价格高,故尚未大量应用于糖液脱色。

新型磺化煤(sulfonated coal)不同于一般的磺化煤,它具有粒度细(40~120目)、脱色力强的特点。这种磺化煤可直接用于淀粉糖化。在淀粉加酸糖化时,加入淀粉量1.8%的磺化煤粉一起糖化。当糖化完成时,糖液即可直接过滤,滤液透光率达97%~98%。但使用磺化煤直接糖化会造成阀门磨损及堵塞管道,故此法尚未被普遍采用。

(3)压滤

压滤操作温度不宜过高。温度高,糖液黏度小,容易过滤,但蛋白质等胶体物质容易溶解。到滤液降温后,胶体物质又会沉淀出来。而采用低温过滤,由于糖液黏度增大,又会发生过滤困难。所以,一般采用60~70℃温度压滤为适宜。

▶▶ 三、淀粉的双酶法制糖

双酶法采用作用专一的酶制剂为催化剂,反应条件温和,复合分解反应较少,可提高原料的转化率及糖液浓度,改善糖液质量,是目前最理想的淀粉水解糖制备方法。

(一)淀粉酶及其水解作用

1. α-淀粉酶

α-淀粉酶(α-amylase)的国际酶学分类编号为 E. C. 3.2.1.1。能使水溶液中的淀粉分子迅速液化,产生较小分子的糊精,故又称液化酶或糊精化酶。α-淀粉酶是内切型淀粉酶,是从淀粉分子的内部任意切开α-1,4糖苷键,使淀粉分子迅速降解,失去黏性和碘的呈色反应。由于水解产物的还原性末端葡萄糖第一位碳原子的光学性质呈α-构型,故称为α-淀粉酶。α-淀粉酶不能水解淀粉分子中的α-1,6糖苷键,但可以越过此键继续水解α-1,4键。

α-淀粉酶对淀粉的水解速度受到底物分子大小和结构的影响。相对分子质量越小的底物越难被水解,也就是说底物分子的葡萄糖聚合度越低越难水解。事实上,α-淀粉酶对麦芽糖中的α-1,4键没有作用,对麦芽三糖的水解也很困难。这是因为α-淀粉酶与底物结合时对底物的大小有一定要求,底物分子越大越容易结合,反应速率也越快。对于分支越多的淀粉分子,α-淀粉酶越难对其进行水解,对越靠近α-1,6键的α-1,4键也越难水解。这是因为α-淀粉酶对底物结构有一定要求,带有分支点的淀粉分子底物比较不容易同α-淀粉酶结合。因此,α-淀粉酶对淀粉的水解在最初阶段速率很快,庞大的淀粉分子很快断裂成较小的分子,随着淀粉分子的变小,水解速率也越来越慢。

α-淀粉酶作用于直链淀粉时,首先任意切开α-1,4键,使之迅速分解为糊精和低聚糖。

糊精和低聚糖可进一步缓慢水解,理论上可最终分解为87%的麦芽糖和13%的葡萄糖。如果作用于支链淀粉,由于α-1,6键的存在,水解产物中除麦芽糖、葡萄糖外,还含有异麦芽糖和一系列α-极限糊精(由4个或更多的葡萄糖残基所构成的带有α-1,6键的寡糖)。

不同来源的α-淀粉酶具有不同的热稳定性和最适作用温度。根据此性质可将α-淀粉酶分成耐热型和非耐热型两类。由解淀粉芽孢杆菌(Bac. amyloliquefaciens)和地衣芽孢杆菌产生的α-淀粉酶属耐热型α-淀粉酶,最适温度92℃。霉菌产生的α-淀粉酶是非耐热型α-淀粉酶,最适温度只有50~55℃。

需要指出的是:高浓度底物及Ca^{2+}对α-淀粉酶的耐热性有很大帮助。底物浓度越高,α-淀粉酶在高温下的稳定性越高,活力增加。如图3-3所示:在淀粉浓度为10%的情况下,加热80℃,1h后活力残余约94%,在没有淀粉存在情况下,活力残余为24%,稳定性提高4倍。Ca^{2+}也可以提高α-淀粉酶的耐热性。如图3-4所示:加入不同量的氯化钙于70℃加热1h,用残余活力百分率表示稳定性。从图中曲线可看出,在0~0.5g/ml氯化钙浓度的变化范围内,酶的残余活力迅速提高,也就说明了酶的耐热性有大大的提高。这是因为α-淀粉酶是金属酶,Ca^{2+}与酶结合后能保持酶分子有最适构象,维持酶的最大活性与稳定性。

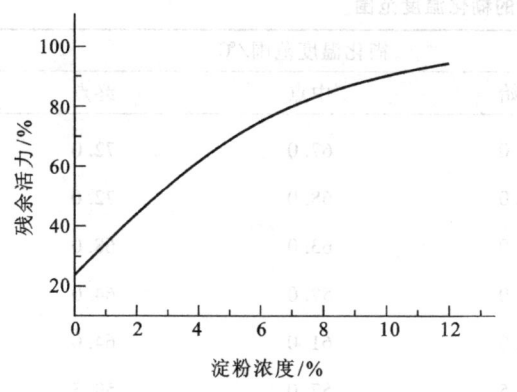

图3-3 α-淀粉酶活力稳定性与淀粉浓度关系   图3-4 α-淀粉酶活力稳定性与钙浓度关系

除由黑曲霉产生的耐酸性α-淀粉酶外,一般微生物产生的α-淀粉酶都是不耐酸的,当pH低于4.5时迅速失活。一般无论是什么来源的酶在pH 5.5~8.0都比较稳定,最适pH 5~6。此外,在不同的温度条件下,α-淀粉酶的最适pH也有所不同。当温度升高,酶的最适pH会向7.0移动。见表3-12。

表3-12 麦芽α-淀粉酶在不同温度下的最适pH

温度/℃	40	50	55	60	65	70
麦芽α-淀粉酶最适pH	4.6~4.8	4.7~4.9	4.9~5.1	5.1~5.4	5.4~5.8	5.8~6.0

2. 淀粉葡萄糖苷酶

淀粉葡萄糖苷酶(amyloglucosidase)的国际酶学分类编号为E.C.3.2.1.3,又名糖化型淀粉酶(saccharified amylase)、糖化酶(diastase)。它是外切型淀粉酶,从底物的非还原性末端依次水解α-1,4糖苷键,切下葡萄糖单位,产生β-葡萄糖。糖化酶也能水解麦芽糖和支链淀粉分支点的α-1,6糖苷键,其中水解α-1,4键比水解α-1,6键快,水解前者的速率10倍于后者。糖化酶对淀粉的水解速率也同样受到底物分子大小的影响。当水解聚合度10~20的糊精时速率最快,而水解淀粉、低聚糖时速率较慢。

从理论上讲,可将淀粉100%水解为葡萄糖,但事实上对淀粉的水解能力随不同来源的微生物酶而不同。根霉(Rhizopus)的糖化酶可将极限糊精完全水解,而黑曲霉只能水解40%。

(二) 淀粉的液化及液化终点的控制

1. 液化理论

(1) 淀粉的糊化

如前所述,淀粉颗粒是具有结晶结构的,这种结晶结构对酶的催化作用抵抗力非常强。α-淀粉酶几乎不能水解淀粉颗粒。所以必须先使淀粉糊化(gelatinization),晶体结构被破坏,变成错综复杂的网状结构,α-淀粉酶才能进入淀粉内部进行作用。事实证明,细菌α-淀粉酶水解淀粉颗粒和水解糊化淀粉的速度比为1:20 000。

淀粉颗粒由于受热吸水膨胀,晶体结构消失,变成糊状液体,这种现象称为"糊化"。发生糊化现象的温度称为糊化温度。表3-13是各种淀粉的糊化温度范围。

表3-13 各种淀粉的糊化温度范围

淀粉来源	淀粉颗粒/μm	糊化温度范围/℃		
		开始	中点	终点
玉米	5~25	62.0	67.0	72.0
蜡质玉米	10~25	63.0	68.0	72.0
马铃薯	15~100	50.0	63.0	68.0
木薯	5~25	52.0	59.0	64.0
小麦	2~45	58.0	61.0	64.0
大麦	5~40	51.5	57.0	59.5
黑麦	5~50	57.0	61.0	70.0
大米	3~8	68.0	74.5	78.0
高粱	5~25	68.0	73.0	78.0
蜡质高粱	6~30	67.5	70.5	74.0

糊化过程可以分成三个阶段:预糊化——淀粉颗粒吸收少量水分,体积膨胀很少,淀粉乳的黏度增加也少,若冷却,干燥,所得淀粉颗粒的性质与原来无区别;糊化——淀粉颗粒突然膨胀很多,体积膨胀几倍到几十倍,吸收大量水分,淀粉乳的黏度大为增加,并且有一小部分淀粉溶于水中,淀粉乳变成淀粉糊;溶解——若继续加热,糊化的淀粉溶解于水中。

(2) 淀粉的老化

在淀粉液化中特别要注意淀粉老化(retrogradation)问题。淀粉老化就是分子间氢键已断裂的糊化淀粉又重新排列形成新氢键的过程,也就是一个复结晶的过程。淀粉酶很难进入老化淀粉的结晶区,淀粉很难液化,更谈不上进一步糖化。为此应采取一定的措施控制淀粉的老化。以下几个因素对淀粉的老化有影响：

① 直链淀粉易老化，支链淀粉不易老化。小麦、玉米淀粉等含直链淀粉多的淀粉容易发生老化现象。

② 一般情况下 DE 值越小，越易老化。因此在液化时，DE 值不宜太小。

③ 碱性条件会抑制淀粉老化。

④ 在高温条件下，淀粉不宜老化。一般温度大于 60 ℃，淀粉不宜老化，在 2 ~ 4 ℃，极易老化。

⑤ 快速升温或快速降温，淀粉不宜老化。

⑥ 淀粉糊浓度过高，易发生老化。

（3）液化温度

在进行液化时应该尽量采取相对高一些的温度。因为：

① 淀粉的彻底糊化必须在高温下才能完成。淀粉只有受热达到其糊化温度后才能使淀粉颗粒的结晶结构遭到彻底破坏，使淀粉酶易与底物结合。

② 高温可以提高酶的活力，加快水解速度。

③ 减少不溶性微粒的产生。不溶性微粒是直链淀粉与脂肪酸形成的络合物，呈螺旋结构，组织紧密，不能水解。它的存在不仅降低了糖化产率，而且造成过滤困难，滤液浑浊。

④ 克服淀粉老化。

⑤ 蛋白质絮凝好。

⑥ 可以阻止小分子（如麦芽二糖、麦芽三糖等）前体物质的生成，有利于提高葡萄糖收率。

但是当温度提高时，α - 淀粉酶的活力损失也加快了。为解决这一问题，在工业中一般加入 Ca^{2+} 和提高底物浓度来提高酶在高温下的稳定性。由于不同来源的 α - 淀粉酶对热的稳定性不同，且对 Ca^{2+} 的需求也不同。在液化中应根据酶的不同性质，控制温度条件和添加 Ca^{2+}，保证酶活力最高、最稳定。

（4）液化方法与选择

酶液化的方法可分为间歇液化法、半连续液化法、喷射液化法。各方法又可按加酶方式不同、酶制剂耐温性不同再进行细分。各种酶液化方法的比较见表 3 - 14。

表 3 - 14 各种酶液化方法的比较

液化方法	基本条件	优点	缺点
间歇液化法	淀粉乳含量 30%，Ca^{2+} 0.01 mol/L，液化温度 85 ~ 90 ℃，时间 30 ~ 60 min，液化 DE 值 15% ~ 18%	设备要求低，操作简单	液化不均匀，液化效果一般，经糖化后糖液过滤性差，糖浓度低
半连续液化法	淀粉乳含量 30%，Ca^{2+} 0.01 mol/L，液化温度 90 ℃，时间 30 ~ 60 min，液化 DE 值 15% ~ 18%	设备要求低，操作简单，效果较间歇法好	蒸汽用量大，能耗高；液化效果较喷射法差，料液易溅出，操作安全性不好
喷射液化法	淀粉乳含量 30%，液化温度 95 ~ 140 ℃，时间 10 ~ 120 min，液化 DE 值 15% ~ 17%	液化效果好，设备小，便于连续化、管道化、自动化操作	操作相对复杂，要求高

淀粉水解糖是作为发酵工业的碳源来使用的,应尽量使用先进的液化工艺以保证获得最佳的液化效果。国内通常选用喷射液化法。根据液化原料的特点,又可以采用一次加酶喷射液化法、二次加酶喷射液化法和三次加酶喷射液化法。薯类淀粉,如木薯、马铃薯等,由于其淀粉颗粒大且疏松,蛋白质含量少,采用一次加酶喷射液化法就可以获得满意的液化效果。而对于谷物淀粉,如玉米、大米等,由于其淀粉颗粒小且坚硬,蛋白质含量多,就应采用二次加酶喷射液化法。当然,如果淀粉是精制淀粉,蛋白质含量小于0.3%,即使是谷类淀粉也可采用一次加酶喷射液化法。三次加酶喷射液化法主要应用于处理高蛋白质的次级小麦淀粉。

2. 液化程度的控制

液化的目的是为糖化酶的作用提供条件。因为糖化酶对底物分子的大小有一定要求,聚合度偏大或偏小的底物分子都不易与酶结合,而聚合度 10~20 的糊精最易与酶结合。液化程度应该是:在碘试本色的前提下,液化液 DE 值越低越好。此时糊精和低聚糖的量较多而葡萄糖较少。

如果液化程度太低,底物分子很少,酶与底物结合的机会小,影响糖化速度。同时也会造成糖液黏度大,难于操作。液化程度低,淀粉易老化,不利于糖化,特别是糖化液过滤性相对较差。

如果液化程度太高,虽然液化液葡萄糖含量提高,但不利于糖化酶与底物结合,影响催化效率,最终糖液 DE 值低。而且由于液化在高温下进行,超过一定液化程度,一些已液化的淀粉又会结合成硬状束体,使糖化酶难于作用。

检测液化终点的方法是将碘溶液滴入液化液中,如显棕红色或橙黄色则达到液化终点。液化达到终点后,可以采取加温灭酶的方法控制液化程度。一般加热到 100 ℃ 保温 10 min 即可。也有的工厂采取调节 pH 方法,直接把 pH 调节到 4.0,为糖化做准备。但这对黑曲霉产 α-淀粉酶不适用。

3. 液化工艺

这里只讨论一次加酶和二次加酶工艺。丹麦 DDS 公司提供的一次加酶工艺见图 3-5。

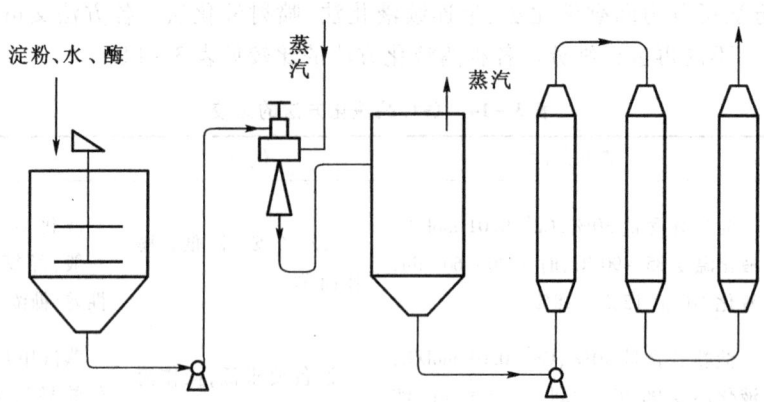

图 3-5 丹麦 DDS 公司提供的一次加酶工艺

其工艺如下:
① 浓度 30%(17°Bé);
② pH 6.5;

③ 酶用量0.1%(固形物);
④ 喷射温度110 ℃,真空闪冷到95 ℃;
⑤ 层流罐维持1~2 h,层流罐可以保证液化液先进先出,液化均匀。

淮海工学院生物技术研究所提供的二次加酶工艺见图3-6。

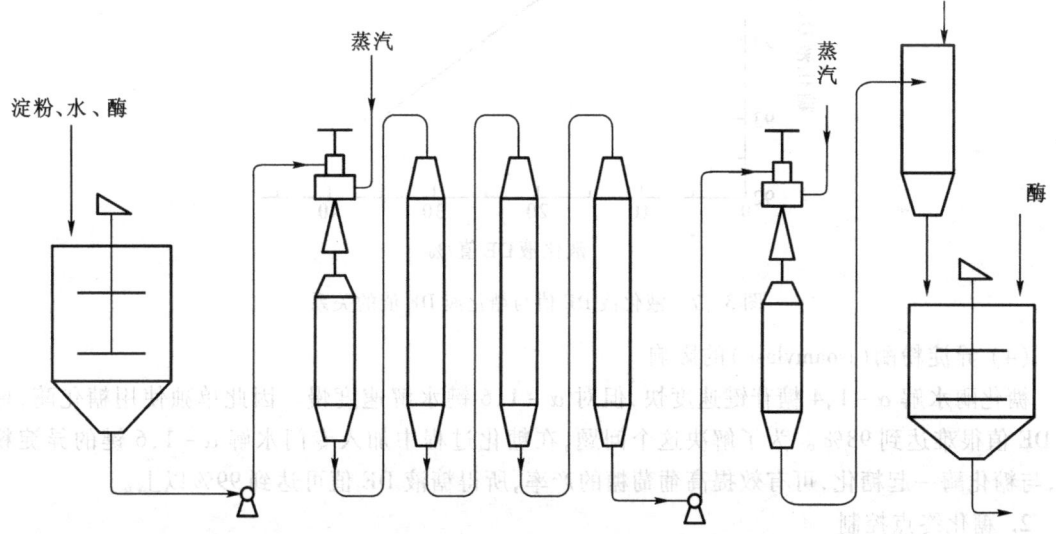

图3-6 淮海工学院生物技术研究所提供的二次加酶工艺

其工艺如下:
① 浓度30%(17°Bé);
② pH 6.5;
③ 一次酶用量0.03%(固形物),二次酶用量0.02%(固形物);
④ 一次喷射温度95 ℃,层流罐保温60 min,二次喷射温度145 ℃,保温3~5 min;
⑤ 二次液化温度95~97 ℃,保温30 min。

(三)淀粉糖化及糖化终点的控制

1. 糖化理论

(1) 糖化温度和pH

糖化的温度和pH决定于所用糖化酶的性质。曲霉糖化酶为55~60 ℃,pH 3.5~5.0;根霉糖化酶为50~55 ℃,pH 4.5~5.5;拟内孢霉(Endomyces)糖化酶为50 ℃,pH 4.8~5.0。生产中,根据酶的特性,尽量选用较高的温度和较低的pH糖化。这样可以保证较快的糖化速率,减少杂菌污染,生产出的糖化液颜色浅,便于脱色。

(2) 加酶量

糖化时,为了加快糖化速率,可以提高糖化酶用量,缩短糖化周期。但要注意:糖化酶用量过大将导致复合反应严重,糖液DE值下降,且由于酶本身是蛋白质,量大将增加糖液过滤困难。确定加酶量时也应考虑原料特点、液化液质量、酶活力等因素。生产上采用30%淀粉时,用酶量按80~100 u/g干淀粉计。

(3) 液化液DE值的影响

由图3-7可看出:在碘试本色的前提下,液化液DE值越低,则糖化液DE值越高。

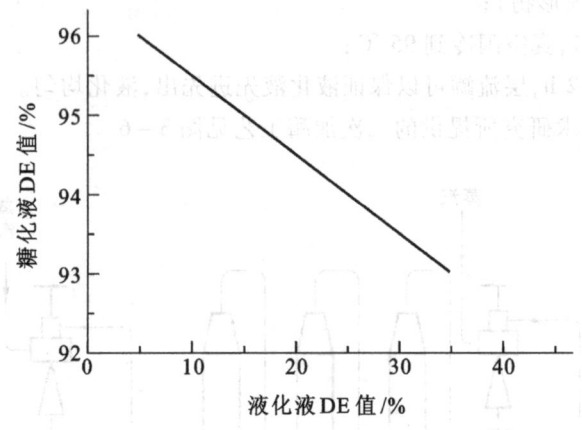

图 3-7 液化液 DE 值与糖化液 DE 值的关系

(4) 异淀粉酶(isoamylase)的影响

糖化酶水解 α-1,4 糖苷键速度快,但对 α-1,6 键水解速度慢。因此单独使用糖化酶,糖液 DE 值很难达到 98%。为了解决这个问题,在糖化过程中加入专门水解 α-1,6 键的异淀粉酶,与糖化酶一起糖化,可有效提高葡萄糖的产率,所得糖液 DE 值可达到 99% 以上。

2. 糖化终点控制

糖化应尽量完全,糖化不完全则糖液 DE 值低,可发酵性糖少,对发酵和产物提取都不利。但糖化达到终点后,也应当立即停止反应。否则,葡萄糖复合分解反应增多,DE 值也会下降。检测糖化终点的方法是把无水乙醇滴入糖化液中,无白色沉淀则达到糖化终点。糖化达到终点后,一般加热到 80 ℃ 保温 20 min 进行灭酶,阻止糖化酶进一步作用,达到控制反应终点的目的。

3. 糖化工艺

糖化的工艺流程如下:液化→糖化→灭酶→过滤→成品糖液

糖化设备及操作十分简单,一般在敞口的装有搅拌和保温装置的糖化锅内进行。液化结束时,迅速用酸把料液 pH 调至 4.2~4.5,同时迅速降温至 60 ℃,然后加入糖化酶进行糖化。60 ℃ 保温数小时后,检测糖化终点。如达到终点,则将料液 pH 调至 4.8~5.0,同时加热到 80 ℃,保温 20 min 灭酶。最后将料液温度降低到 60~70 ℃ 过滤,滤液进贮罐备用。

▶▶ 四、水解糖液的质量要求

淀粉水解糖液的质量关系到生产菌的生长速度和发酵产物的积累。其质量的好坏直接影响发酵转化率和产物提取收率。一般情况下应做到现用现制备,以保证水解糖液的新鲜、纯净。如果必须暂时贮存备用,糖液贮桶一定要保持清洁,防止酵母等微生物侵染滋生。对淀粉水解糖液的质量要求如下:

色泽:淡黄色透明。

糊精反应:无。

还原糖含量:18%(酸水解法);25%~38%(双酶水解法)。

DE 值:>90%(酸水解法);>95%(双酶水解法)。

透光率:>40%(酸水解法);>60%(双酶水解法)(581-G 光电比色计,420 nm)。

pH:4.6~4.8。

淀粉转化率:>92%(酸水解法,玉米淀粉糖);>95%(双酶水解法,玉米淀粉糖);>87%(酸水解法,大米糖)。

注：$$淀粉转化率 = \frac{糖液量(L) \times 糖液葡萄糖含量(\%)}{投入淀粉量(kg) \times 原料淀粉中纯淀粉含量(\%)} \times 100\%$$

第三节 发酵培养基灭菌

一、消毒与灭菌的原理和方法

(一)消毒与灭菌在发酵工业中的应用

自从发酵技术采用纯种培养后,就要求发酵生产的全过程只能有生产菌的生长,不允许有任何其他微生物存在,目前各种培养过程都要求在没有杂菌污染的条件下进行,由于培养过程中通常含有比较丰富的营养物质,而且培养基中常带有各种微生物,因此很容易受到杂菌的污染,进而会产生各种不良的后果：

1. 由于杂菌污染,使生物反应中的基质或产物被杂菌消耗而损失,造成生产能力下降；
2. 由于杂菌产生的某些代谢产物,或在染菌后改变了培养液的某些理化性质,使产物的提取和分离变得困难,造成产物收率降低或产品质量下降；
3. 杂菌大量繁殖,会改变反应介质的pH,使生物反应发生异常变化；
4. 杂菌可能会分解产物,使生产过程失败；
5. 发生噬菌体污染,微生物细胞被裂解,使生产失败,等等。

由此可见,培养基和设备灭菌是否彻底直接关系到生产过程的成败,轻则导致所需产品产量锐减、质量下降、后处理困难,重则使全部培养液变质,导致培养基报废,造成经济上的严重损失。所以,为了保证培养过程正常进行,无论是在实验室还是在工业生产中,在接种要培养的菌株之前,都要对培养基、空气系统、消泡剂、流加的原料、设备、管道等进行灭菌,杀死所有非生产用微生物。同时,要对生产环境,即车间、厂区等进行消毒,防止发生染菌。在生产实践中,掌握消毒与灭菌的技术原理和方法具有非常重要的意义。

(二)消毒与灭菌的区别

消毒是采用物理或化学方法杀死容器、器具内外、车间、厂区等环境中的病原微生物,但一般只能杀死营养细胞而不能杀死细菌的芽孢。例如巴氏灭菌法(60 ℃,30 min)。

灭菌是采用物理或化学方法杀死或除去物料、空气、容器、器具等环境中所有微生物,包括营养细胞、细菌芽孢和孢子。

消毒不一定能达到灭菌的要求,而灭菌则可以达到消毒的目的。

(三)灭菌的原理和方法

发酵工业所采用的灭菌方法主要有：干热灭菌法、湿热灭菌法、射线灭菌法、化学药品灭菌法、过滤除菌法等,需要根据灭菌的对象的要求进行选用。

1. 干热灭菌法

干热灭菌法的原理是利用高温产生的干热对微生物有氧化、蛋白质变性和电解质浓缩引起中毒等作用而杀灭微生物。氧化作用导致微生物死亡是干热灭菌的主要依据。微生物对干热的耐受力比对湿热强得多,因此,干热灭菌所需要的温度较高、时间较长。干热灭菌的温度和时间关系见表3-15。

表3-15 干热灭菌需要的温度和时间关系

灭菌温度/℃	170	160	150	140	121
灭菌时间/min	60	120	150	180	过夜

最简单和常用的干热灭菌是将金属或其他耐热材料制成的器物在火焰上灼烧,称为灼烧灭菌法。在实验室的接种操作中,就是采用这种方法。大多数的干热灭菌是利用电热或红外线在某设备内加热到一定温度将微生物杀死,例如,实验室内常用的干燥箱对玻璃器具等的灭菌,常采用160 ℃,120 min。

干热灭菌用于灭菌后要求保持干燥的物料和器具等。

2. 湿热灭菌法

湿热灭菌法的原理是借助蒸汽释放的热能使微生物细胞中的蛋白质、酶和核酸分子内部的化学键,特别是氢键受到破坏,引起不可逆的变性,使微生物死亡。在有水分存在的情况下,蛋白质更易受热而凝固变性。湿热灭菌的温度和时间需根据灭菌对象和要求来决定。一般,水分含量增加,蛋白质凝固变性的温度显著降低。表3-16是卵蛋白水分含量与凝固温度的关系。

表3-16 卵蛋白水分含量与凝固温度的关系

卵蛋白含水量/%	50	25	15	5	0
凝固温度/℃	56	76	96	149	165

常采用的湿热灭菌法为:水煮常压灭菌,100 ℃,40~60 min;饱和蒸汽灭菌,121 ℃,30 min。例如,实验室内使用的高压蒸汽灭菌锅、发酵车间采用的设备空消和培养基实消高压蒸汽。

湿热灭菌法一般用于培养基和发酵设备的灭菌。

湿热灭菌法的优、缺点如下:

(1)优点

① 蒸汽来源容易,操作费用低廉,本身无毒;

② 蒸汽具有很强的穿透力,灭菌易于彻底;

③ 蒸汽具有很大潜能,蒸汽冷凝放出2 093 kJ/kg的热量,蒸汽冷凝后的水分又有利于湿热灭菌;

④ 蒸汽输送可借助本身的压强,调节方便,技术管理容易。

(2)缺点

① 设备费用贵;

② 不能用于怕受潮的物料灭菌;

3. 辐射灭菌法

辐射灭菌法的原理是利用高能量的电磁辐射与菌体核酸的光化学反应造成菌体死亡。常用的射线有紫外线、X射线和γ射线、高速电子流的阴极射线。以紫外线最常用,波长260 nm左右灭菌效率为最高。一般用 30 W 紫外灯照射 30 min。紫外线对芽孢和营养细胞都能起作用,但是细菌的芽孢和霉菌的孢子对紫外线的抵抗力较强。紫外线的穿透力低,只能用于表面灭菌,对固体物料灭菌不彻底,也不能用于液体物料灭菌。一般用于无菌室、接种台和培养间等空间灭菌。空气中悬浮杂质多,灭菌效率低;温度高,灭菌效率高;湿度大,紫外灯的使用寿命长。

4. 化学药剂灭菌法

化学药剂灭菌法的原理是利用药物与微生物细胞中的成分发生反应,使蛋白质变性、酶失活。化学药剂灭菌法可用于器皿、生产小器具、双手、实验室和无菌室的环境灭菌,但不能用于培养基灭菌。可采用浸泡、添加、擦拭、喷洒、气态熏蒸等方法。常用的化学灭菌剂有:

(1) 高锰酸钾溶液

高锰酸钾溶液可使蛋白质、氨基酸氧化,导致微生物死亡。常用浓度为 0.1% ~ 0.25%。

(2) 漂白粉(次氯酸钠 NaClO)

次氯酸钠是强氧化剂,杀菌作用是次氯酸钠分解为次亚氯酸,后者不稳定,在水溶液中分解为新生态氧和氯,使细菌受强氧化作用而导致死亡,对杀死细菌和噬菌体均有效。使用时配成 5% 溶液,用于喷洒生产场地。

(3) 75% 酒精溶液

75% 酒精溶液可使细胞脱水,引起蛋白质凝固变性。对营养细胞、病毒、霉菌孢子均有杀灭作用,但对细菌芽孢的杀灭能力较差。常用于皮肤和器具表面杀菌。

(4) 过氧乙酸

过氧乙酸是强氧化剂,它是广谱、高效、速效的化学杀菌剂,对营养细胞、细菌芽孢、真菌孢子和病毒都有杀灭作用。一般使用 0.02% ~ 0.2% 的溶液。喷洒或喷雾进行空间灭菌。

(5) 新洁尔灭(12 - 烷基 - 2 - 甲基苯甲基溴化铵)和杜灭芬(12 - 烷基 - 2 - 甲基乙苯氧乙基溴化铵)

新洁尔灭和杜灭芬是表面活性剂类洁净消毒剂。在水溶液中以阳离子形式与菌体表面结合,引起菌体外膜损伤和蛋白质变性。对营养细胞 10 min 能杀灭,但对细菌芽孢几乎没有杀灭作用,常用于器具和生产环境消毒,不能与合成洗涤剂合用,不能接触铝制品,常用浓度为 0.25%。

(6) 甲醛(HCHO)

甲醛是强还原剂,能与蛋白质的氨基结合,使蛋白质变性。使用时可以 2 份 37% 甲醛溶液与 1 份高锰酸钾混合,或者将 37% 甲醛溶液直接加热,产生气态甲醛用于灭菌。缺点是穿透力差。

(7) 戊二醛 $[CHO(CH_2)_3CHO]$

戊二醛是广谱、高效、速效的化学杀菌剂,使用范围逐渐扩大,在酸性条件下,不具有杀死芽孢的能力,只有在碱性条件下(加入碳酸氢钠或碳酸钠),才具有杀死芽孢的能力,常用 2% 的溶液,用于器具、仪器、工具等灭菌。

(8) 酚类

苯酚(二元酚或多元酚)作为消毒和杀菌剂已有多年,但毒性大,易污染环境,水溶性差,应用受到限制,使用浓度 0.1% ~ 0.15%,10 ~ 15 min 杀死大肠杆菌。

(9) 焦炭酸二乙酯($C_6H_{10}O_5$)

焦炭酸二乙酯在 pH 8 的水溶液中,杀死细菌和真菌的浓度是 0.01%~0.1%,pH 4.5 或以下时,杀菌能力更强,是比较理想的培养基灭菌剂。它还能杀灭噬菌体,切断噬菌体单链 DNA,抑制噬菌体 DNA 和蛋白质合成,并抑制寄生细胞自溶,是杀灭噬菌体有效的化学药剂。但由于它在水中的溶解度小,灭菌时应均匀添加到培养基中,而且它有腐蚀性,应注意勿接触皮肤。

(10) 抗生素

抗生素是很好的抑菌或灭菌剂,但各种抗生素对细菌的抑制或杀灭作用均有选择性,一种抗生素不能抑制或杀灭所有细菌。

表 3-17 列出了常用化学药剂及使用方法。

表 3-17 常用化学消毒剂及使用方法

化学消毒剂	用途	常用浓度	备注
1. 氧化剂			
高锰酸钾	皮肤消毒	0.1%~0.25%	
漂白粉	发酵工厂环境消毒	2%~5%	环境消毒可直接使用粉体
2. 醇类			
乙醇	皮肤及器物消毒	70%~75%	器物消毒浸泡 30 min
3. 酚类			
石炭酸	浸泡衣物、擦拭房间和桌面、喷雾消毒	1%~5%	
来苏水	皮肤、桌面、器械消毒	3%~5%	
4. 甲醛	空气消毒	1%~2%(10~15 ml/m^3)	加热熏蒸
5. 胺盐			
新洁尔灭	皮肤器械消毒	0.1%~0.25%	浸泡 30 min

5. 过滤除菌

过滤除菌的原理是利用微生物不能透过滤膜而达到除菌目的。方法是用 0.01~0.45 μm 孔径滤膜对压缩空气、酶溶液、啤酒及其他不耐热化合物溶液除菌。

表 3-18 列出了各种灭菌方法的特点及适用范围。

表 3-18 各种灭菌方法的特点及适用范围

灭菌方法	原理及条件	特点	适用范围
火焰灭菌法	利用火焰直接把微生物杀死	方法简单、灭菌彻底,但适用范围有限	适用于接种针、玻璃棒、试管口、三角瓶口、接种管口等的灭菌
干热灭菌法	利用热空气将微生物体内的蛋白质氧化进行灭菌	灭菌后物料可保持干燥,方法简单,但灭菌效果不如湿热灭菌	适用与金属或玻璃器皿的灭菌

续表

灭菌方法	原理及条件	特点	适用范围
湿热灭菌法	利用高温蒸汽将物料的温度升高使微生物体内的蛋白质变性进行灭菌	蒸汽来源容易、潜力大、穿透力强、灭菌效果好、操作费用低、具有经济和快速的特点	广泛应用于生产设备及培养基的灭菌
射线灭菌法	用射线穿透微生物细胞进行灭菌	使用方便,但穿透力较差,适用范围有限	一般只用于无菌室、无菌箱、摇瓶间和器具表面的消毒
化学试剂灭菌法	利用化学试剂对微生物的氧化作用或损伤细胞等进行灭菌	使用方法较广,可用于无法用加热方法进行灭菌的物品	常用于环境空气的灭菌及一些表面的灭菌
过滤除菌法	利用过滤介质将微生物菌体细胞过滤进行除菌	不改变物性而达到灭菌目的,设备要求高	常用于生产中空气的净化除菌,少数用于容易被热破坏的培养基的灭菌

▶▶ 二、培养基和设备的灭菌

尽管灭菌的方法很多,但发酵生产中对培养基和设备的灭菌,以湿热灭菌法应用最为普遍,灭菌效果最好。培养基灭菌最基本的要求是杀死培养基中混杂的微生物,再接入纯菌以达到纯种培养的目的。

在利用蒸汽对培养基灭菌的过程中,由于蒸汽冷凝时会释放出大量的潜热,并具有强大的穿透能力,在高温及存在水分的条件下,微生物细胞内的蛋白质极易变性或凝固而引起微生物的死亡,故湿热灭菌法在培养基灭菌中具有经济和快速的特点。但高温虽然能杀死培养基中的杂菌,同时也会破坏培养基中的营养成分,甚至会产生不利于菌体生长的物质。因此,在生产上除了尽可能杀死培养基中的杂菌外,还要求尽可能减少培养基中营养成分的损失。合理选择灭菌条件是关键,这就要求必须了解在灭菌过程中温度、时间对微生物死亡和培养基营养成分破坏的关系。一般最常用的灭菌条件是 121 ℃,20~30 min。

(一) 培养基湿热灭菌原理

1. 微生物的热阻

每种微生物都有一定的生长温度范围,当微生物处于最低温度以下时,代谢作用几乎停止而处于休眠状态。当温度超过最高限度时,微生物细胞中的原生质体和酶的基本成分——蛋白质发生不可逆的凝固变性,使微生物在很短时间内死亡。这就是湿热灭菌的依据。

杀死微生物的极限温度称为致死温度。在致死温度下,杀死全部微生物所需要的时间称为致死时间。在致死温度以上,温度愈高,致死时间愈短。致死温度和致死时间是衡量热灭菌的指标。由于一般细菌、芽孢细菌、微生物细胞和微生物孢子,对热的抵抗力不同,因此,它们的致死温度和致死时间也不同。

微生物对热的抵抗力常用"热阻"表示。热阻是指微生物在某一特定条件(主要是温度和加热方式)下的致死时间。相对热阻是指微生物在某一特定条件下的致死时间与另一微生物在相同条件下的致死时间的比值。表 3-19 是微生物对湿热的相对抵抗力。

表 3-19 微生物对湿热的相对抵抗力

微生物名称	大肠杆菌	细菌芽孢	霉菌孢子	病毒
相对抵抗力	1	3 000 000	2~10	1~5

2. 微生物的热死定律——对数残留定律

微生物受热死亡的原因,主要是因高温使微生物体内的一些重要蛋白质,如酶等,发生凝固、变性,从而导致微生物无法生存而死亡。微生物受热而丧失活力,但其物理性质不变。在一定温度下,微生物的受热死亡遵循分子反应速率理论。因此,微生物热死速率可以用分子反应速率表示,即微生物个数减少的速度与任一瞬间残存的菌数成正比。

$$dN/dt = -kN \tag{3-8}$$

式中,N——培养基中残留活菌数,个;t——灭菌时间,min;k——反应速率常数,也称比死亡速率常数,min^{-1}。

反应速率常数 k 随微生物的种类和加热温度而变化。

积分上式:

$$\int_{N_0}^{N_t} \frac{dN}{N} = -k \int_0^t dt \tag{3-9}$$

$$N = N_0 e^{-kt} \tag{3-10}$$

两边取对数:

$$t = \frac{1}{k} \ln \frac{N_0}{N_t} \quad \text{或} \quad t = \frac{2.303}{k} \lg \frac{N_0}{N_t} \tag{3-11}$$

式中,N_0——开始灭菌时原有活菌数,个;N_t——经过时间 t 后残留菌数,个。

上式是计算灭菌的基本公式,即对数残留定律,可以根据残留菌数 N 的要求计算灭菌时间 t。由此式可见,灭菌时间取决于污染程度(N_0)、灭菌程度(残留菌数 N_t)和 k 值。在灭菌过程中需考虑两个问题:一是在培养基中有各种各样的微生物,不可能逐一考虑,如果将所有微生物均作为耐热的细菌芽孢来计算灭菌的温度和时间,就得延长时间并提高温度。因此,一般只考虑芽孢细菌和细菌的芽孢数之和作为计算依据较合理。二是灭菌程度,即残留菌数,如果要求彻底灭菌,则时间趋于无穷,式 3-11 无意义,事实上也不可能。一般采用 $N_t = 0.001$,即 1 000 次灭菌中有一次失败。

以菌的残留数 $\ln N_t/N_0$ 的对数与时间 t 作图,得出一条直线,其斜率为 $-k$。图 3-8 为某些微生物的残留曲线。

在实际过程中某些微生物受热死亡的速率不符合对数残留定律,如图 3-9 为嗜热脂肪芽孢杆菌的芽孢在不同温度下的死亡曲线。呈现热死亡非对数动力学的主要是一些微生物芽孢。描述这一动力学行为以 Prokop 和 Humphey 所提出的"菌体循序死亡模型"最有代表性。该模型假设耐热性微生物芽孢的死亡不是突然的,而是渐变的,需经历一热敏感性的中间过程后才会死亡。

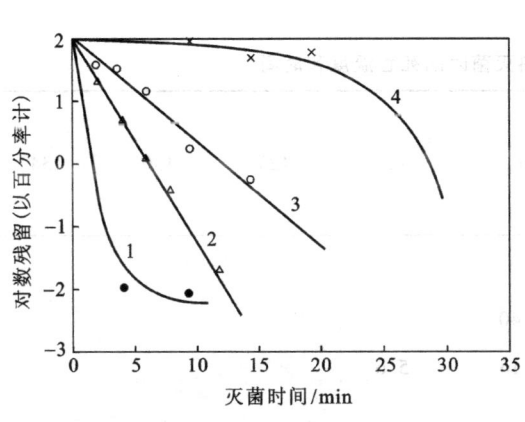

图 3-8 某些微生物的残留曲线
1. 子囊青霉(Ascospores of *Penicillium*),81 ℃;
2. 腐化厌氧菌(Putrefactive anaerobe),115 ℃;
3. 大肠杆菌(*E. Coli*),51.7 ℃;
4. 菌核青霉(Sclerotia of *Penicillium*),90.5 ℃

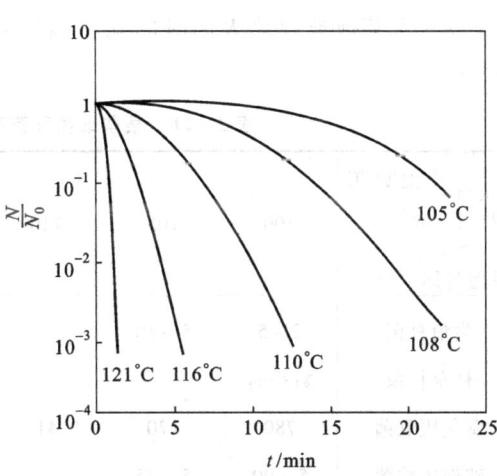

图 3-9 嗜热脂肪芽孢杆菌芽孢在
不同温度下的死亡曲线

3. 反应速率常数

反应速率常数 k 是微生物耐热性的一种特征,它随微生物种类和灭菌温度而异。相同温度下,k 值愈小,则此微生物愈耐热。同一种微生物在不同灭菌温度下,k 值不同,灭菌温度愈低,k 值愈小;温度愈高,k 值愈大。因此,提高灭菌温度,k 值增大,灭菌时间显著缩短。121 ℃某些细菌芽孢的 k 值见表 3-20。

表 3-20　121 ℃某些细菌芽孢的 k 值

细菌芽孢名称	k 值/min^{-1}
枯草芽孢杆菌 FS5230	3.8~2.6
硬脂嗜热芽孢杆菌 FS1518	0.77
硬脂嗜热芽孢杆菌 FS617	2.9
产气梭状芽孢杆菌 PA3679	1.8

反应速率常数与温度的关系可用阿累尼乌斯方程式表示:

$$k = Ae - E/RT \text{(阿累尼乌斯方程)} \quad (3-12)$$

式中,A—比例常数;E—杀死细菌所需的活化能,×4.18 J/mol;T—绝对温度,K;R—气体常数,1.987×4.18 J/mol·K。

(二) 灭菌温度与时间的计算和选择

1. 杀灭细菌芽孢的温度和时间

在相同温度下杀灭细菌芽孢所需的时间不同是因为各种细菌芽孢对热的耐受力不同,同时,培养条件不同,耐热性也有差别。所以,杀灭细菌芽孢的温度和时间需根据试验决定。表 3-21

是某些细菌芽孢被湿热灭菌时的死亡温度和时间。表3-22是大多数细菌芽孢的杀灭温度和时间。

表3-21 某些细菌芽孢在湿热灭菌时的死亡温度和时间

芽孢名称＼温度/℃（灭菌时间/min）	100	105	110	115	120	125	130	134
炭疽杆菌	2~5	5~10						
枯草杆菌	数小时			40				
腐化厌氧菌	780	170	41	15	5.6			
破伤风梭菌	5~90	5~25						
韦氏梭菌	5~45	5~27	10~15	4	1			
肉毒梭菌	300~530	40~120	32~90	10~40	4~20			
土壤细菌	数小时	420	120	15	6~30	4		1.5~10
嗜热细菌		400	100~300	4~110	11~35	3.9~8.0	3.5	1
生孢梭菌	150	45	12					

表3-22 大多数细菌芽孢的杀灭温度和时间

温度/℃	100	110	115	121	125	130
时间/min	1 200	150	51	15	6.4	2.4

2. 培养基灭菌温度的选择

培养基灭菌过程中,除微生物被杀死外,还伴随着培养基成分被破坏,在加热下氨基酸及维生素等受破坏,如在121 ℃,20 min,有59%的赖氨酸和精氨酸及其他碱性氨基酸被破坏,蛋氨酸和色氨酸也有相当数量被破坏。在生产中必须选择既能达到灭菌目的,又能使培养基成分破坏减至最少的条件。

培养基营养成分分解的动力学方程也符合一级分解反应动力学。即:

$$-dC/dt = k'C \tag{3-13}$$

$$\ln(C/C_0) = -k't \tag{3-14}$$

式中, $-dC/dt$ ——营养物降解速率, mol/L·h; C ——营养物浓度, mol/L; k' ——营养物降解反应速率常数, 1/s; t ——时间, s。

在化学反应中,其他条件不变,则反应速率常数的关系同样可用阿累尼乌斯方程式表示。即:

$$k' = A'e^{-E'/RT} \tag{3-15}$$

式中, A' ——比例常数; R ——气体常数, J/mol·K; T ——绝对温度, K; E' ——营养物破坏所需的活化能, J/mol。

随着温度上升,微生物的死亡速率常数增加倍数要大于培养基成分的破坏速率的增加倍数,即,杀死微生物速率的提高超过培养基成分破坏速率的增加。因此,可选择合适的灭菌温度和时间来调和二者之间的矛盾。

达到相同灭菌效果时,温度 T 越高,k 越大,所需的灭菌时间 t 越短,因此,采用高温短时(HTST)灭菌效果好。

(三)影响培养基灭菌效果的因素

影响培养基灭菌效果的因素除灭菌温度和时间外还有:培养基的成分和物理状态、pH、微生物数量、微生物细胞含水量、微生物细胞菌龄和耐热性、蒸汽中空气的排除情况、搅拌和泡沫等,分述如下。

1. 培养基成分

培养基中脂肪、糖分和蛋白质的含量越高,微生物的热死亡速率就越慢。这是因为在热死温度下,脂肪、糖分和蛋白质等有机物质在微生物细胞外面形成一层薄膜,该薄膜能有效保护微生物细胞抵抗不良环境,所以灭菌温度相应要高些。相反,高浓度的盐类、色素等的存在会削弱微生物细胞的耐热性,故一般较易灭菌。

2. 培养基的物理状态

固体培养基比液体培养基灭菌时间长,原因在于液体培养基灭菌时,热的传递除了传导外,还有对流作用,固体培养基则只有传导作用而没有对流作用,况且液体培养基中水的传热系数要比有机固体物质大得多。在实际工作中,对于含有小于 1 mm 的颗粒培养基,可不必考虑颗粒对灭菌的影响,但对于含有少量大颗粒及粗纤维的培养基的灭菌,则要适当提高温度,且在不影响培养基质量的条件下,采用粗过滤的方法预先处理,以防止培养基结块而造成灭菌的不彻底。

3. 培养基的 pH

培养基的 pH 愈低,灭菌所需的时间就愈短。其关系见表 3-23。pH 6~8 时,微生物最耐热;pH 小于 6,氢离子易渗入微生物细胞内,从而改变细胞的生理反应促使其死亡。

表 3-23 pH 对灭菌时间的影响

温度/℃	孢子数/(个/ml)	灭菌时间/min				
		pH 6.1	pH 5.3	pH 5.0	pH 4.7	pH 4.5
120	10 000	8	7	5	3	3
115	10 000	25	25	12	13	13
110	10 000	70	65	35	30	24
100	10 000	740	720	180	150	150

4. 培养基中的微生物数量

培养基中微生物数量越多,达到要求灭菌效果所需的灭菌时间也越长,表 3-24 所示为培养基中不同数量的微生物孢子在 105 ℃下灭菌所需的时间。在生产实际中,不宜采用严重霉变的原料和腐败的水质,因为这类原料中不但有效成分少,而且微生物数量多,彻底灭菌比较困难。培养基中微生物孢子数目对灭菌时间的影响。

表3-24 培养基中微生物孢子在105℃下灭菌所需的时间

培养基中微生物孢子数/(个/ml)	9	9×10^2	9×10^4	9×10^6	9×10^8
105℃灭菌所需时间/min	2	14	20	36	48

5. 微生物细胞中水含量

在一定范围内，微生物细胞含水越多，则蛋白质的凝固温度越低，也就越容易受热凝固而丧失生命活力。

6. 微生物细胞的菌龄

微生物菌龄不同对高温的抵抗能力也不同，年老细胞对不良环境的抵抗力要比年轻细胞强，这与细胞中蛋白质的含水量有关，年老细胞中水分含量低，年轻细胞含水量高，因此年轻细胞容易被杀死。

7. 微生物的耐热性

各种微生物对热的抵抗力是不同的，细菌的营养体、酵母、霉菌的菌丝体对热较为敏感，而放线菌、酵母、霉菌孢子比营养细胞的抗热性要强，细菌芽孢的抗热性就更强。一般讲，无芽孢的细菌或霉菌孢子在100℃加热3~5 min都可被杀死，但是有些细菌芽孢的热阻较大，100℃ 30 min仍未被杀死，所以灭菌的彻底与否应以杀死细菌芽孢为标准。

8. 空气排除情况

蒸汽灭菌过程中，温度的控制是通过控制罐内的蒸汽压力来实现。压力表所显示的压力应与罐内蒸汽压力相对应，即压力表的压力所对应的温度应是罐内的实际温度。但是如果罐内空气排除不完全，压力表所显示的压力就不单是罐内蒸汽压力，还包括了空气分压，因此，此时罐内的实际温度就低于压力表显示压力所对应的温度，以致造成灭菌温度不够而灭菌不彻底。

9. 搅拌

在整个灭菌过程中，必须保持培养基在罐内始终均匀地充分翻动，使培养基不致因翻动不均匀造成局部过热，从而过多破坏营养物质或造成局部（亦称死角）温度过低而杀菌不透等，要保持培养基翻动良好，除了搅拌外，还必须正确控制进、排汽阀门，在保持一定温度和罐压的情况下，使培养基得到充分的翻动，是灭菌的要点之一。

10. 泡沫

在培养基灭菌过程中，培养基产生的泡沫对灭菌极为不利，要注意防止培养基出现泡沫，因为泡沫中的空气形成隔层，使热量难以传递，使热量难以渗透进去，不易达到微生物的致死温度，从而导致灭菌不彻底。泡沫的形成主要是由于进汽排汽不均衡所致。如果在灭菌过程中突然减少进汽或加大排汽，则立即会出现大量泡沫，对极易发泡的培养基应加消泡剂以减少泡沫量。

三、发酵培养基灭菌工艺

（一）间歇灭菌

1. 间歇灭菌的温度变化

间歇灭菌也叫分批灭菌或实罐灭菌。培养基的间歇灭菌就是将配制好的培养基放在发酵罐或其他装置中，通入蒸汽将培养基和所用设备一起进行加热灭菌的过程。

间歇灭菌过程包括升温、保温和冷却三个阶段,图3-10为培养基间歇灭菌过程中的温度变化情况。

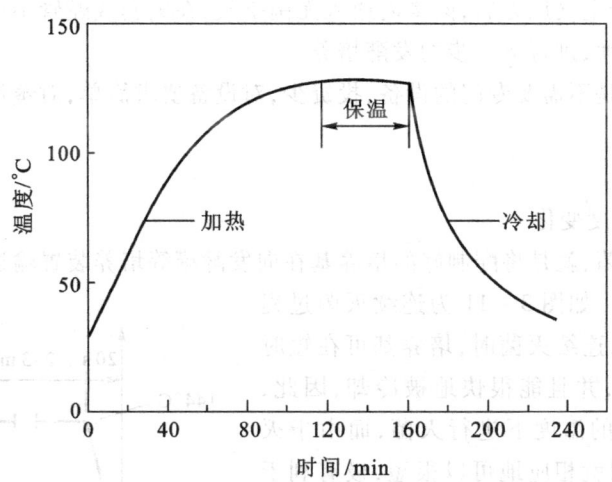

图3-10 培养基间歇灭菌过程中的温度变化

2. 间歇灭菌的计算

如果不计升温阶段所杀灭的菌数,把培养基中所有的菌均看作是在保温阶段(灭菌温度)被杀灭,这样可以粗略地求得灭菌所需的时间。

[例3-1] 有一发酵罐内装 40 m³ 培养基,在温度 121 ℃ 下进行实罐灭菌。原污染程度为每毫升有 2×10^5 个耐热细菌芽孢,121 ℃ 时灭菌速率常数为 1.8 min^{-1}。求灭菌失败概率为 0.001 时所需要的灭菌时间。

解:$N_0 = 40 \times 10^6 \times 2 \times 10^5 = 8 \times 10^{12}$(个)

$N_t = 0.001$(个)

$k = 1.8(\text{min}^{-1})$

灭菌时间:$t = \frac{1}{k} \ln \frac{N_0}{N_t}$ 或 $t = \frac{2.303}{1.8} \lg(8 \times 10^{12}) = 20.34(\text{min})$

但是实际上,培养基在加热升温时(即升温阶段)就有部分菌被杀灭,特别是当培养基加热至 100 ℃ 以上时,灭菌作用很明显。因此,保温灭菌时间实际上比上述计算的时间要短。严格地说,在降温阶段也有杀菌作用,但降温时间较短,计算时一般不考虑。

3. 间歇灭菌的工艺操作

间歇灭菌在所用发酵罐或其他装置中进行,就是将在配制罐中配制好的培养基,通过专用管道输入发酵罐等培养设备中,然后开始灭菌。在进行培养基的间歇灭菌之前,通常先将发酵罐等培养装置的空气分过滤器进行灭菌,并且用空气将分过滤器吹干。开始灭菌时,应先放去夹套或蛇管中的冷水,开启排气管阀,通过空气管向发酵罐内的培养基通入蒸汽进行加热,同时,也可在夹套内通蒸汽进行间接加热。当培养基温度升到 70 ℃ 左右时,从取样管和放料管向罐内通入蒸汽进一步加热,当温度升到 120 ℃,罐压为 1×10^5 Pa(表压)时,打开接种、补料、消泡剂、酸、碱等管道阀门进行排气,并调节好各进汽、排汽阀门的排气量,使罐压和温度保持在一定水平上进行保温。

在保温过程中,应注意凡在培养基液面下的各种进口管道都应通入蒸汽,而在液面以上的其余各管道则应排放蒸汽,这样才能不留死角,从而保证灭菌彻底。保温结束后,依次关闭各排汽、进汽阀门,待罐压低于空气压力后,向罐内通入无菌空气,在夹套或蛇管中通冷水降温,使培养基的温度降到所需的温度,进行下一步的发酵培养。

间歇灭菌的优点是不需要专门的设备,投资少,对设备要求简单,对蒸汽的要求也比较低,而且灭菌效果可靠。

(二) 连续灭菌

1. 连续灭菌的温度变化

培养基的连续灭菌,就是将配制好的培养基在向发酵罐等培养装置输送的同时进行加热、保温和冷却而进行灭菌。如图3－11为连续灭菌过程中温度变化。可看出,连续灭菌时,培养基可在短时间内加热到保温温度,并且能很快地被冷却,因此,可在比间歇灭菌更高的温度下进行灭菌,而由于灭菌温度很高,保温时间就相应地可以很短,极有利于减少培养基中营养物质的破坏。

2. 连续灭菌的计算

连续灭菌的时间,仍可用式3－11计算,但培养基中的含菌数,应改为每毫升培养基的含菌数。

[例3－2] 若将[例3－1]中的培养基采用连续灭菌,灭菌温度为131℃,此温度下灭菌速度常数为 15 min^{-1}。求灭菌所需要的维持时间。

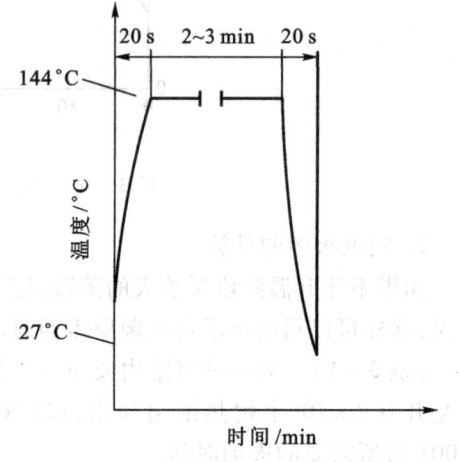

图3－11 培养基连续灭菌过程中温度的变化

解: $c_0 = 2 \times 10^5$(个/ml)

$c_t = 1/40 \times 10^6 \times 10^3 = 2.5 \times 10^{-11}$(个/ml)

灭菌时间:

$$t = \frac{1}{k}\ln\frac{c_0}{c_t} \text{ 或 } t = \frac{2.303}{15}\lg\left(\frac{2 \times 10^5}{2.5 \times 10^{-11}}\right) = 0.15 \times 15.8 = 2.37(\text{min})$$

3. 连续灭菌的工艺流程

培养基连续灭菌的基本工艺流程见图3－12。

基本流程说明如下:

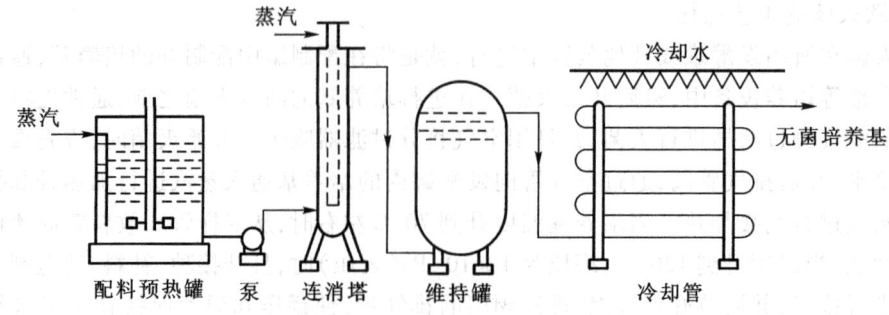

图3－12 培养基连续灭菌流程图

① 配料预热罐,将配制好的料液预热到 60~70 ℃,以避免连续灭菌时由于料液与蒸汽温度相差过大而产生水汽撞击声。

② 连消塔,其作用是使高温蒸汽与料液迅速接触混合,并使料液的温度很快升高到灭菌温度(126~132 ℃)。

③ 维持罐,连消塔加热的时间很短,光靠这段时间的灭菌是不够的,维持罐的作用是使料液在灭菌温度下保持 5~7 min,以达到灭菌目的。

④ 冷却管,从维持罐出来的料液要经过冷却管进行冷却,生产上一般采用冷水喷淋冷却到 40~50 ℃ 后,输送到预先已经灭菌过的罐内。

生产上还常采用喷射加热连续灭菌和薄板换热器连续灭菌两种流程,分别见图 3-13 和图 3-14。

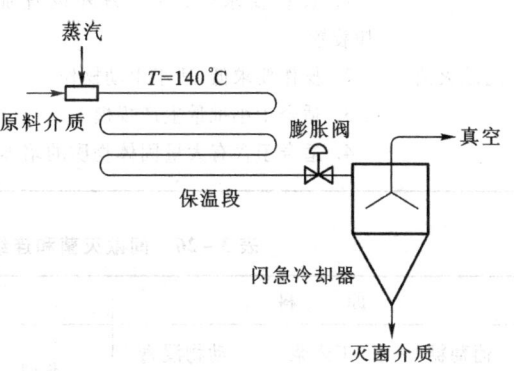

图 3-13 喷射加热连续灭菌流程

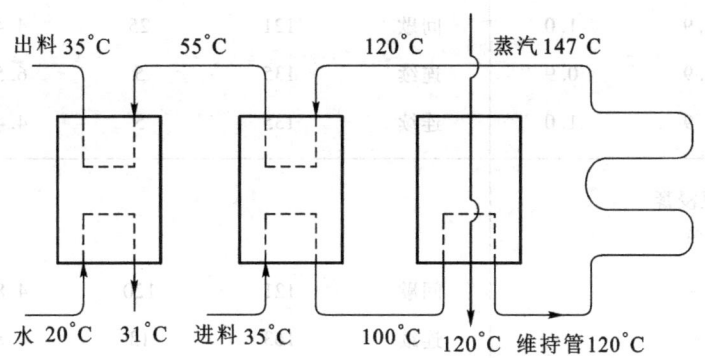

图 3-14 薄板换热器连续灭菌流程

(三) 间歇灭菌与连续灭菌的比较

间歇灭菌和连续灭菌都有各自的优缺点,见表 3-25。两种灭菌方式对同种发酵产品收率的影响见表 3-26。

表 3-25 间歇灭菌和连续灭菌优缺点比较

灭菌方式	优 点	缺 点
连续灭菌	1. 灭菌温度高,可减少培养基中营养物质的损失 2. 操作条件恒定,灭菌质量稳定 3. 易于实现管道化和自控操作 4. 避免了反复的加热和冷却,提高了热的利用率 5. 发酵设备利用率高	1. 对设备要求高,需设置加热和冷却装置 2. 操作较麻烦 3. 染菌的机会较多 4. 不适合于含大量固体物料的灭菌 5. 对蒸汽的要求高

续表

灭菌方式	优点	缺点
间歇灭菌	1. 设备要求低,不需另外设置加热和冷却装置 2. 操作要求低,适于手动操作 3. 适合于小批量生产规模 4. 适合于含有大量固体物质的培养基灭菌	1. 培养基的营养物质损失较多,灭菌后培养基的质量下降 2. 需进行反复的加热和冷却,能耗较大 3. 不适合于大规模生产过程的灭菌 4. 发酵罐的利用率较低

表 3-26 间歇灭菌和连续灭菌对维生素 B_{12} 收率的影响

原料			灭菌过程的类型和条件				产物收率
葡萄糖 /%	玉米浆 /%	动物浸膏 /%	类型	灭菌温度 /℃	灭菌时间 /min	pH	维生素 B_{12} /(u/ml)
2.0	1.9	0.8	间歇	121	45	6.5	5.0
2.1	1.9	1.0	间歇	121	25	4.4	88
2.0	1.9	0.9	连续	135	5	6.5	360
2.0	1.9	1.0	连续	135	5	4.4	656
酒糟水 /%	大豆浸膏 /%						维生素 B_{12} /(u/ml)
4	—		间歇	121	120	4.8	0.1
4	—		连续	163	13	4.8	1.2
2	2		间歇	121	90	5.7	1.3
2	2		连续	163	13	5.7	2.0

▶▶ 四、培养基和设备、管路灭菌的条件

1. 杀菌锅内培养基灭菌

固体培养基灭菌蒸汽压力 0.098 MPa,维持 20~30 min;

液体培养基灭菌蒸汽压力 0.098 MPa,维持 15~20 min;

玻璃器皿及用具灭菌压力 0.098 MPa,维持 30~60 min。

2. 种子罐、发酵罐、计量罐、补料罐等的空罐及管道灭菌

从有关管道通入蒸汽,使罐内蒸汽压力达 0.147 MPa,维持 45 min,灭菌过程从有关阀门、边阀排出空气,并使蒸汽通过达到死角灭菌。灭菌完毕,关闭蒸汽后,待罐内压力低于空气过滤器压力时,通入无菌空气保压 0.098 MPa。

3. 空气总过滤器和分过滤器灭菌

排出过滤器中的空气,从过滤器上部通入蒸汽,并从上、下排汽口排汽,维持压力 0.147 MPa 灭菌 2 h。灭菌完毕,通入压缩空气吹干。

4. 种子培养基实罐灭菌

从夹层通入蒸汽间接加热至 80 ℃,再从取样管、进风管、接种管进蒸汽,进行直接加热,同时关闭夹层蒸汽进口阀门,升温 121 ℃,维持 30 min,谷氨酸发酵的种子培养基实罐灭菌为 110 ℃,维持 10 min。

5. 发酵培养基实罐灭菌

从夹层或盘管进入蒸汽,间接加热至 90 ℃,关闭夹层蒸汽,从取样管、进风管、放料管三路进蒸汽,直接加热至 121 ℃,维持 30 min,谷氨酸发酵的种子培养基实罐灭菌为 105 ℃,维持 5 min。

6. 发酵培养基连续灭菌

一般培养基为 130 ℃,维持 5 min,谷氨酸发酵培养基为 115 ℃,6~8 min。

7. 消泡剂灭菌

直接加热至 121 ℃,维持 30 min。

8. 补料实罐灭菌

根据料液不同而异,淀粉料液为 121 ℃,维持 5 min。

9. 尿素溶液灭菌

105 ℃,维持 5 min。

本章提要

1. 发酵培养基及各种营养成分的定量。
2. 发酵工业生产中常用做碳源和氮源的原料,以及发酵培养基中的无机盐、生长因子、微量元素、前体、促进剂和抑制剂。
3. 淀粉原料制糖的理论基础和方法,各种制糖方法的优缺点。
4. 酸法淀粉制糖的原理和工艺技术。
5. 双酶法淀粉制糖的原理和工艺技术。
6. 培养基消毒和灭菌的原理与方法。
7. 微生物的热阻和培养基湿热灭菌的对数残留定律。
8. 发酵培养基灭菌温度的选择和影响培养基灭菌的因素。
9. 间歇和连续式灭菌的工艺技术。
10. 发酵培养的设备、管道和辅助设施等的灭菌条件。

Chapter Summary

Chapter 3 Materials and their Pretreatments for Fermentation Industry

1. Types of Fermentation media and the reasonable content of nutrients are introduced.
2. Common materials for carbon and nitrogen sources, inorganic salts, growth factors, minor el-

ements, precursors, activators and inhibitors in fermentation technology are introduced.

3. Theory and methods for manucfacturing glucose by starch hydrolysis are provided, as well as the advantages and disadvantages of each method.

4. Theory and technology for manufacturing glucose by acid hydrolysis of starch are given.

5. Theory and technology for manufacturing glucose by enzymatic starch hydrolysis.

6. Theory and methods for media disinfection and sterilization is stated.

7. Heat resistance and the logarithmic law of cell destruction for wet–heat sterilization of fermentation media are discussed.

8. Temperature choice of fermentation media sterilization and the factors affecting media sterilization are discussed.

9. Technology of batch and continuous sterilization is stated.

10. Aseptic conditions for the fermentation equiptments, tubes and auxiliary equiptments are introduced.

关键术语

发酵培养基	碳源	氮源
无机盐	生长因子	前体
促进剂	玉米浆	抑制剂
淀粉	淀粉水解糖	糖蜜
有机酸	低碳醇	脂质
直链淀粉	支链淀粉	葡萄糖
低聚糖	淀粉质原料	酸水解法
液化	酶水解法	糖化
焦糖	双酶水解法	酸酶结合法
活性炭	磺化煤	α - 淀粉酶
淀粉葡萄糖苷酶	糖化型淀粉酶	糖化酶
淀粉糊化	淀粉老化	异淀粉酶
消毒与灭菌	湿热灭菌法	对数残留定律
间歇灭菌	连续灭菌	

复习思考题

1. 配制发酵培养基时应注意哪些问题？本着什么原则进行配制。
2. 发酵培养基的碳氮比对菌体的生长和产物生成的影响。
3. 分析淀粉水解制糖的意义，并说明发酵工业制备糖液的方法及各自优缺点。
4. 酸水解淀粉制糖的原理和工艺，请分析其影响因素。
5. 说明双酶法水解淀粉制糖的工艺及特点。

6. 根据对数残留定律,如何确定培养基的灭菌时间?发酵工业生产中采用高温瞬时灭菌的依据是什么?

7. 请列出适用于发酵培养基灭菌的方法,并比较其各自的优缺点。

8. 分析培养基间歇灭菌和连续灭菌过程的温度变化,并写出两种灭菌过程中各阶段对灭菌的贡献。

9. 某制药厂现有一发酵罐,内装 80 t 发酵培养基,在 121 ℃ 温度下进行实罐灭菌。如果每毫升培养基中含有耐热菌的芽孢数为 2×10^7 个,121 ℃ 时灭菌速度常数为 $0.0287\ s^{-1}$。请问灭菌失败概率为 0.001 时所需的灭菌时间是多少?

10. 发酵生产用的淀粉经糊化和糖化后制成糖化液,现有 25 000 kg 的糖化液需要用薄板换热器进行冷却,要求在 1.5 h 内将糖化液温度从 70 ℃ 冷却到 25 ℃,所用冷却水的初温为 20 ℃。请计算所需的换热器换热面积;如果所用的薄板换热器每片板的有效换热面积为 $0.25\ m^2$,请计算冷却过程需要多少薄板?

第四章 无菌空气的制备

氧气是好氧微生物生长、繁殖以及合成代谢产物所必需的重要原料，工业生产中通常采用空气作为氧气的来源，而空气中含有多种微生物，如果这些微生物随空气进入发酵培养系统，会在适宜的条件下大量繁殖，与生产用微生物竞争性消耗培养基中的营养物质，同时产生各种副产物，干扰或破坏纯培养过程的正常进行，甚至使培养过程彻底失败导致倒罐，造成严重的经济损失。所以，必须将空气中的微生物除去或杀死。空气净化的方法常采用介质过滤法。经冷却的压缩空气带有大量水分或油，在过滤前将空气中的水油除去，才能保持过滤介质的干燥状态，以保证过滤除菌效率。同时，供给发酵罐的无菌空气需具有一定的压力，以维持发酵过程中的罐压力。由此就构成了一个无菌空气的制备系统，这是发酵工程中非常重要的一环。

第一节 空气中的微生物和除菌方法

一、空气中的微生物种类及分布

空气(即大气)是一种气态物质的混合物，由氮气、氧气、二氧化碳、惰性气体、水蒸气以及悬浮在空气中的尘埃所组成。尘埃中主要有构成地壳的无机物质微粒、烟灰、植物花粉和各种微生物。空气中常见的微生物种类见表4-1。

空气中微生物数量与环境有关，随地区、季节、气候等因素变化。一般潮湿、温暖的地区和季节，空气中微生物的数量较多。接近地球大气层比高空微生物含量高。人口密集的地方比人口稀少的地方微生物含量高。一般城市空气中含菌量为 $10^3 \sim 10^4$ 个/m^3。

空气中微生物是依附在尘埃上的，空气中的尘埃数与细菌数的关系见式4-1和图4-1。

$$y = 0.003x - 2.6 \qquad (4-1)$$

式中，y—空气中的微生物数量，个/m^3；x—空气中的尘埃颗粒数量，个/m^3。

表 4-1 空气中常见的微生物种类及大小

微生物(菌种)	宽/μm	长/μm
产气杆菌	1.0~1.5	1.0~2.5
蜡状芽孢杆菌	1.3~2.0	8.1~25.8
普通变形杆菌	0.5~1.0	1.0~3.0
地衣芽孢杆菌	0.5~0.6	1.8~3.3
巨大芽孢杆菌	0.9~2.1	2.0~10.0
罩状芽孢杆菌	0.6~1.6	1.6~13.6
枯草芽孢杆菌	0.5~1.1	1.6~4.8
普通变性杆菌	0.5~1.0	1.0~3.0
金黄小球菌	3.0~5.0	0.5~1.0
酵母菌	0.0015~0.225	5.0~19.0
病毒	0.6~1.6	0.0015~0.28
霉状分枝杆菌	—	1.6~13.6

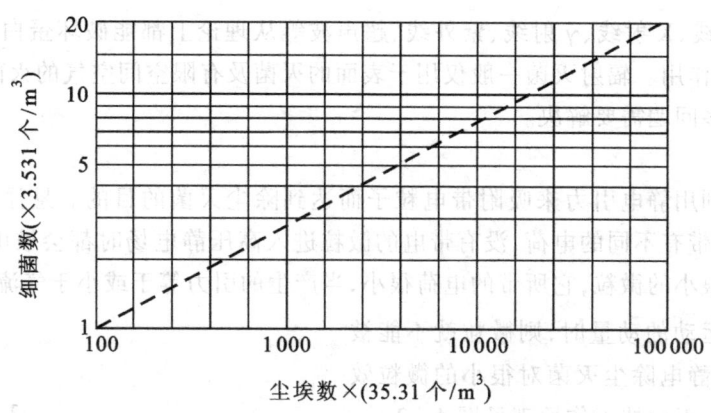

图 4-1 空气中的尘埃浓度与微生物数量的关系

▶▶ 二、空气除菌的方法和要求

由于发酵生产所用微生物种类不同,则其生长能力强弱、生长速度快慢、培养周期长短和培养条件不同,对空气灭菌的要求和程度也不同,但一般按 10^{-3} 的染菌概率,即在 1 000 次培养过程中,只允许一次是由于空气灭菌不彻底而造成的染菌,致使培养过程失败。

无菌空气的标准一般为 99.99%。美国联邦宇航局等级标准:100 级(直径小于 0.5 微米粒子数少于 3.5 个/L),温度 25~40 ℃,湿度 30%~45%。

空气灭菌的方法分述如下。

1. 热灭菌法

空气热灭菌是基于加热后微生物体内的蛋白质(酶)氧化变性得以实现。但空气灭菌所需的温度提高,不必用蒸汽或载热体加热,可直接利用空气压缩时的温度升高来实现。杀死空气中的杂菌,不同温度下所需的时间见表4-2。若空气经压缩后温度能够升高到200℃以上,保持一定时间后,便可实现干热灭菌。

表4-2 不同温度下杀死空气中微生物所需时间

温度/℃	所需时间/s
200	15.1
250	5.1
300	2.1
350	1.05

多变压缩公式为:

$$T_2 = T_1 (P_2/P_1)^{m-1/m} \quad (4-2)$$

式中,T_1—压缩前的空气温度,K;T_2—经压缩后的空气温度,K;P_1—压缩前的空气压力,Pa;P_2—经压缩后的空气压力,Pa;m—多变指数,一般为$m = 1.25$。

2. 辐射灭菌

α射线、β射线、X射线、γ射线、紫外线、超声波等从理论上都能破坏蛋白质等生物活性物质,从而起到杀菌作用。辐射灭菌一般仅用于表面的灭菌及有限空间空气的灭菌,在大生产中的空气灭菌尚有许多问题需要解决。

3. 静电除菌

静电杀菌是利用静电引力来吸附带电粒子而达到除尘灭菌的目的。悬浮于空气中的微生物,其孢子大多数带有不同的电荷,没有带电的微粒进入高压静电场时都会被电离成带电微粒,但对于一些直径很小的微粒,它所带的电荷很小,当产生的引力等于或小于气流对微粒的挟带力或微粒布朗扩散运动的动量时,则微粒就不能被吸附而沉降,所以静电除尘灭菌对很小的微粒效率较低。静电除尘灭菌器工作原理见图4-2。

4. 介质过滤除菌法

介质过滤除菌法是让含菌空气通过过滤介质,以阻截空气中所含微生物,而取得无菌空气的方法。通过过滤除菌处理的空气可达到无菌,并有足够的压力和适宜的温度以供好氧微生物培养过程之用。

介质除菌原理:将过滤介质填充到过滤器中,空气流过时借助惯性碰撞、阻截、扩散、静电

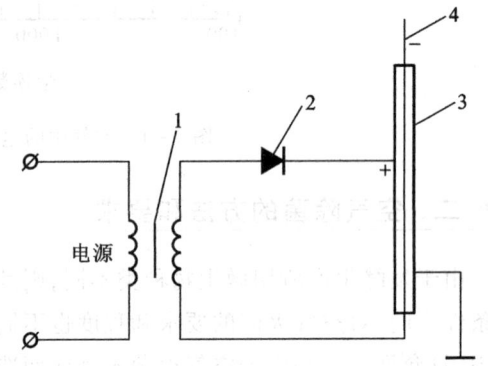

图4-2 静电除尘灭菌器示意图
1—升压变压器;2—整流器;3—沉淀电极;4—电晕电极

吸附、沉降等作用将尘埃微生物截留在介质中,达到除菌的目的。

填充床过滤器有:

(1) 纤维或颗粒介质填充床过滤器:过滤介质包括棉花、玻璃纤维、腈纶、涤纶、维尼纶或活性炭等。

(2) 折叠式硼硅酸超细纤维过滤器:过滤介质有超细玻璃纤维。

(3) 烧结金属、陶瓷过滤器。

膜过滤(绝对过滤)器:膜过滤的原理是利用微孔滤膜(microporous membrane)对空气进行过滤,膜的孔径为 0.2~0.45 μm,大于这一孔径的微生物能绝对截留。膜过滤器的过滤介质有聚四氟乙烯、偏聚二氟乙烯、聚丙烯和纤维素脂膜等。

第二节 空气的过滤除菌原理和过滤介质

▶▶ 一、空气过滤除菌的原理

空气过滤所用的过滤介质,其间隙一般大于细胞颗粒,空气中的微生物菌体是依靠气流通过滤层时,基于滤层纤维的层层阻碍,迫使空气在流动过程中出现无数次改变气流速度大小和方向的绕行运动,从而导致微生物微粒与滤层纤维间产生撞击、拦截、布朗运动、重力及静电引力等运动,从而把微生物微粒截留、捕集在纤维表面上,实现了过滤的目的。

1. 布朗扩散截留作用

直径很小的微粒在很慢的气流中能产生一种不规则的直线运动称为布朗扩散。布朗扩散的运动距离很短,在较大的气流、较大的纤维间隙中是不起作用的,但在很慢的气流速度和较小的纤维间隙中布朗扩散作用大大增加微粒与纤维的接触滞留机会。假设微粒扩散运动的距离为 x,则离纤维小于或等于 x 的气流微粒都会因为扩散运动而与纤维接触,截留在纤维上。由于布朗扩散截留作用的存在,大大增加了纤维的截留效率。

2. 拦截截留作用

在一定条件下,空气速度是影响截留效率的重要参数,改变气流的流速是改变微粒的运动惯性力。通过降低气流速度,可以使惯性截留作用接近于零,此时的气流流速称为临界气流速度。气流速度在临界速度以下,微粒不能因惯性截留于纤维上,截留效率显著下降,但实践证明,随着气流速度的继续下降,纤维对微粒的截留效率又回升,说明有另一种机理在起作用,这就是拦截截留作用。

因为微生物微粒直径很小,质量很轻,它随气流流动慢慢靠近纤维时,微粒所在主导气流流线受纤维所阻改变流动方向,绕过纤维前进,并在纤维的周边形成一层边界滞留区。滞留区的气流流速更慢,进到滞留区的微粒慢慢靠近和接触纤维而被黏附截留。拦截截留的截留效率与气流的雷诺数和微粒同纤维的直径比有关。

3. 惯性撞击截留作用

过滤器中的滤层交织着无数的纤维,并形成层层网格,随着纤维直径的减小和填充密度的增大,所形成的网格也就越细致、紧密,网格的层数也就越多,纤维间的间隙也就越小。当含有微生物颗粒的空气通过滤层时纤维纵横交错,层层叠叠,迫使空气流不断地改变它的运动方向和速度大小。鉴于微生物颗粒的惯性大小,因而当空气流遇阻而绕道前进时,微生物颗粒未能及时改变它的运动方向,其结果便将撞击纤维并被截留于纤维的表面。

惯性撞击截留作用的大小取决于颗粒的动能和纤维的阻力,其中尤以气流的速度显得更为重要。惯性力与气流流速成正比,当空气流速过低时惯性撞击截留作用很小,甚至接近于零;当空气的流速增大时,惯性撞击截留作用起主导作用。

4. 重力沉降作用

重力沉降起到一个稳定的分离作用,当微粒所受的重力大于气流对它的拖带力时微粒就沉降。就单一的重力沉降情况来看,大颗粒比小颗粒作用显著,对于小颗粒只有气流速度很慢才起作用。一般它是配合拦截截留作用而显著出来的,即在纤维的边界滞留区内微粒的沉降作用提高了拦截截留的效率。

5. 静电吸引作用

当具有一定速度的气流通过介质滤层时,由于摩擦会产生诱导电荷。当菌体所带的电荷与介质所带的电荷相反时,就会发生静电吸引作用。带电的微粒会受带异性电荷的物体吸引而沉降,此外,表面吸附也属于这个范畴,如活性炭的大部分过滤效能是表面吸附的作用。

利用过滤除菌时,上述各种除菌的机理示意图见图4-3。在过滤除菌过程中,很难分辨上述各种机理所作贡献的大小。一般认为惯性撞击截留、拦截截留和布朗运动截留的作用较大,重力和静电引力的作用较小。

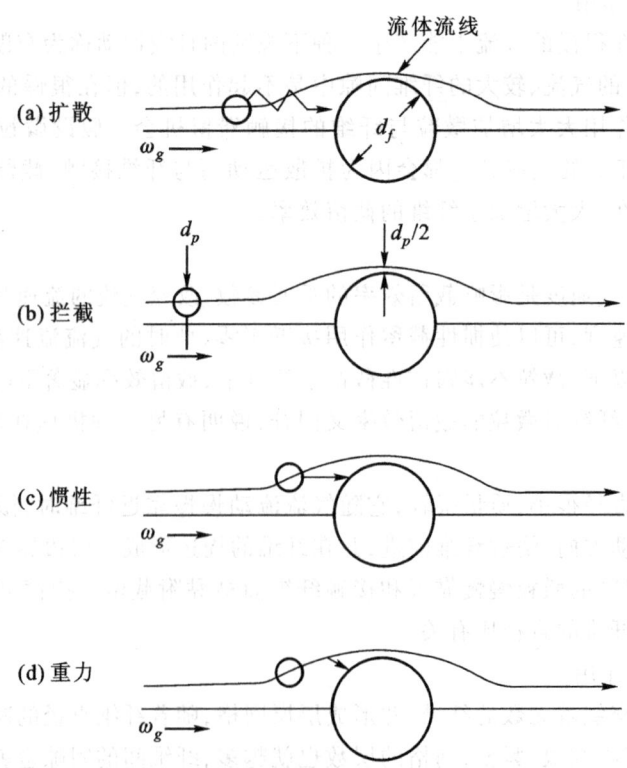

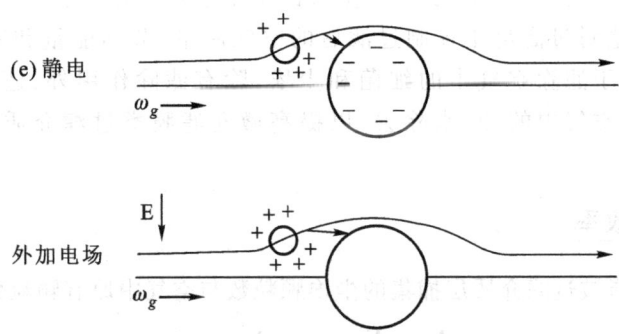

图 4-3 过滤除菌时各种除菌机理示意图

二、空气过滤除菌的介质

可用于空气过滤除菌用的介质有纤维状物、颗粒状物、过滤纸、微孔过滤膜等多种类型的物质。

1. 纤维状或颗粒状过滤介质

棉花：重度约为 1 520 kg/m³，使用时填充密度 130～150 kg/m³，填充率 8.5%～10%。特点是有弹性，纤维长度适中。通常使用脱脂棉。

玻璃纤维：重度约为 2 600 kg/m³，使用时填充密度 130～280 kg/m³，填充率 5%～11%，纤维直径 5～19 μm。优点是纤维直径小，不易折断，过滤效果好。

活性炭：小圆柱体颗粒活性炭，Φ(3 nm×10 nm)～(3 nm×15 nm)，实重度 1 140 kg/m³，填充密度 470～530 kg/m³，填充率 44%，要求质地坚硬不易压碎，颗粒均匀。

2. 纸类过滤介质

纸类过滤介质是指玻璃纤维纸，属于深层过滤技术。玻璃纤维纸很薄，纤维间孔隙率为 1～1.5 μm，厚度 0.25～0.4 mm，密度 2 600 kg/m³，填充率为 14.8%。一般应用时将 3～6 张滤纸叠在一起使用，其过滤效率相当高，对于大于 0.3 μm 的颗粒去除率为 99.99% 以上。而且阻力较小，因此压力降也小。缺点是强度不大。玻璃纤维纸的过滤效能见表 4-3。

表 4-3 玻璃纤维纸的过滤效能

残存粒子数 /(个/500 ml) 介质	流量 /(L/min) 6	12	18	24	30	36	42	48	54	60
红光滤纸三层	1.8	0	0.8	0	1.0	1.2	3.0	3.3	12.4	150.6
Ju 滤纸三层	1.2	2.3	0.2	1.2	3.2	10.2	30.2	47.8	81.4	746.9
02 滤纸三层	0.7	1.3	2.5	0.5	1.3	1.0	2.0	2.0	16.3	167

3. 微孔滤膜类过滤介质

微孔滤膜类过滤介质的空隙小于 0.5 μm,甚至小于 0.1 μm,能将空气中的细菌真正滤去,也即绝对过滤。绝对过滤易于控制过滤后的空气质量,节约能量和时间,操作简便。微孔滤膜类过滤介质用于滤除空气中的细菌和尘埃,除有滤除作用外,还有静电作用。通常在空气过滤之前应将空气中的油、水除去,以提高微孔滤膜类过滤介质的过滤效率和使用寿命。

▶▶ 三、介质过滤效率

介质过滤效率是指被过滤介质层捕集的尘埃颗粒数与空气中原有颗粒数之比,即:

$$\eta = \frac{N_1 - N_2}{N_1} = 1 - \frac{N_2}{N_1} = 1 - P \tag{4-3}$$

式中,N_1—过滤前空气中的尘埃颗粒数;N_2—过滤后空气中的尘埃颗粒数;P—穿透率,即过滤后空气中残留颗粒数与原有颗粒数之比;η—过滤效率,%。

根据介质过滤除菌机理,它不是面积过滤,而是依靠很多层细小的纤维将空气中颗粒拦截在介质中,因此过滤效率是随滤层厚度的增加而提高的。在一定条件下,可以通过计算方法确定滤层厚度。取过滤床厚度中一段微小长度 dL,经过此厚度过滤介质过滤后,空气中颗粒数的减少数 $-dN$ 可以用下式表示:

$$-dN = KNdL \tag{4-4}$$

式中,N—空气中尘埃颗粒数,个;L—滤床厚度,cm;K—常数,cm。

将上式移项后积分得:

$$-\int_{N_0}^{N_S} \frac{dN}{N} = K\int_0^L dL \tag{4-5}$$

$$\ln \frac{N_S}{N_0} = -KL \tag{4-6}$$

$$L = +\frac{1}{K}\ln \frac{N_0}{N_S} \tag{4-7}$$

式中,N_0,N_S—分别为进口空气和过滤后出口空气中尘埃颗粒数,N_0 为连续使用时间内通入的总空气的尘埃颗粒数,N_S 为过滤后空气含尘埃颗粒数。式 4-7 称为"对数穿透定律"。常数 K 值与气流速度、纤维直径、介质填充密度以及空气中颗粒大小等有关。

▶▶ 四、影响过滤除菌效率的因素

介质过滤除菌与介质纤维直径关系很大,在其他条件相同时,介质纤维直径越小,过滤效率越高。对于相同的介质,过滤效率与介质过滤层厚度、介质填充密度和空气流速有关。

1. 介质填充厚度与过滤效率的关系

表 4-4 和表 4-5 分别为棉花和维尼龙过滤介质,在装填密度不变时(180~185 kg/m³),随空气流量的变化,过滤层厚度对过滤效率的影响。

第四章 无菌空气的制备

表 4-4 棉花填充厚度对过滤效率的影响　　（dp≥0.3 μm 粒子数,个/500 ml）[①]

残存粒子数[②]＼流量/(L/min)＼填充厚度	6	12	18	24	30	36	42	48	54	60
195 mm,70 g	1.0	0.7	1.9	14.5	29.5	83.5	242.1	268.7	429.7	597.0
122.5 mm,46.7 g	1.9	16.0	12.4	7.4	379.3	325.1	563.3	936.8	561.3	8 237.1
85.5 mm,31.1 g	12.0	12.3	13.7	20.8	10.0	11.4	21.3	58.8	135.5	592.8

① 以 dp≥0.3 μm 粒子数作为空气洁净程度的指标,作为各种介质性能比较(dp 为粒子直径)。
② 残存粒子数,单位为个/500 ml 样品。

表 4-5 维尼龙填充厚度对过滤效率的影响　　（dp≥0.3 μm 粒子数,个/500 ml）[①]

残存粒子数[②]＼流量/(L/min)＼填充厚度	6	12	18	24	30	36	42	48	54	60
195 mm,70 g	0.5	0.7	0.5	4.6	8.4	18	48	401	1 345	15 867
122.5 mm,46.7 g	0.5	1.0	10.67	22.8	32.5	53	75	87.5	111.75	145
85.5 mm,31.1 g	23.0	180.2	1 206.2	1 864.2	4 053.2	3 307.4	7 744.3	8 394.5	13 055	11 528

① 以 dp≥0.3 μm 粒子数作为空气洁净程度的指标,作为各种介质性能比较(dp 为粒子直径)。
② 残存粒子数,单位为个/500 ml 样品。

2. 介质填充密度与过滤效率的关系

在不同空气流量时,增加维尼龙和棉花的填充密度,可以提高过滤效率。

3. 空气流速与过滤效率的关系

在空气流速很低时,过滤效率随气流速度增加而降低,当气流速度增加到临界值后,过滤效率随气流速度增加而提高。原因是空气流过过滤层时所产生的压力降,直接影响操作费用和通气发酵效率。因此,在选择过滤介质时,要考虑过滤效率,同时又要使压力降小。

总之,要提高过滤效率需综合考虑过滤介质的直径、介质滤层厚度、介质填充密度和空气流速的关系。表 4-6 为当空气流速为 0.4 m/s 时,不同纤维直径、不同填充密度和厚度的玻璃纤维过滤效率。表 4-7 为过滤器内径、过滤介质厚度、过滤介质填充密度均相同条件下,棉花、腈纶、涤纶、维尼龙、丙纶、玻璃棉和涤-腈无纺布等纤维过滤介质,在不同空气流量时的过滤效率。

表 4-6　玻璃纤维的过滤效率

纤维直径/μm	填充密度/(kg/m³)	填充密度/cm	过滤效率/%
20	72	5.08	22
18.5	224	5.08	97
18.5	224	10.16	99.3
18.5	224	15.24	99.7

表4-7 各种纤维过滤介质的过滤效率 （dp≥0.3 μm 粒子数,个/500 ml）

材料\残存离子数\流量/(L/min)	10×0.6	20×0.6	30×0.6	40×0.6	50×0.6	60×0.6	70×0.6	80×0.6	90×0.6	100×0.6
棉花	1.0	0.7	1.9	14.5	29.5	83.4	242.1	268.7	429.7	597
腈纶	4.4	6.2	13.5	21.8	66.6	106.3	202.2	320.4	241.2	372.8
涤纶	5.3	34.6	198.8	874.5	1 961.3	2 908.7	5 738	4 063	3 510	5 757.5
维尼龙	0.5	0.7	0.5	4.6	8.4	18	48	401	1 345	15 867
丙纶	6.5	10.7	21.7							
玻璃棉	3.2	1.2	3.1	15.8	135	42				
涤-腈无纺布	18.8	91.5	181.2	80.7	147.3	155.5	143	185	119.2	140

五、提高过滤除菌效率的措施

1. 减少进口空气的含菌量；
2. 设计和安装合理的空气过滤器,选用除菌效率高的过滤介质；
3. 设计合理的空气预处理设备,以达到除油、水和杂质的目的。
4. 降低进入空气过滤器的空气的相对湿度,保证过滤介质在干燥状态下工作。

第三节 空气过滤除菌的工艺技术

一、对空气过滤除菌工艺流程的要求

要制备较高无菌程度、具有一定压力的无菌空气,以克服空气在预处理、过滤除菌及有关设备、管道、阀门、过滤介质等的压力损失,以及在培养过程中维持一定的罐压,过滤除菌的工艺流程必须有供气设备——空气压缩机,对空气供给足够的能量,同时还要具有高效的过滤除菌设备,以除去空气中的微生物颗粒。

对于其他附属设备则要求尽量采用新技术以提高效率,精简设备流程,降低设备投资、运转费用和动力消耗,并简便操作。

工艺流程的制定需根据厂区所在地理位置、气候环境和设备条件。原则上需选择好吸风条件,加强除水设施,以尽量降低过滤器的负荷并保持干燥,提高空气的无菌程度。

二、空气的预处理

空气预处理的目的有两个:一是提高压缩前空气的洁净度;二是去除压缩后空气中所带的油和水。

空气过滤除菌的工艺过程为:

吸入空气→前过滤→空气压缩机→压缩空气冷却至适当温度→分离除去油和水→加

热至适当温度,相对湿度为50%~60%→空气过滤器→无菌空气

1. 提高压缩前空气的洁净度

提高压缩前空气洁净度的主要措施是提高空气吸入口的位置和加强吸入空气的前过滤。一般认为,高度每升高10 m,空气中微生物含量下降一个数量级。

为了保护空气压缩机,常在空气吸入口处设置粗过滤器或前置高效过滤器,滤去空气中颗粒较大的尘埃,减少进入空气压缩机的灰尘和微生物含量及压缩机的磨损,并减轻主过滤器的负荷,提高除菌空气的质量。

要求前置过滤器过滤效率高,阻力小。通常采用布袋过滤器、填料过滤器、油浴洗涤和水雾除尘装置等。

2. 空气压缩和压缩空气的冷却

为了克服输送过程中过滤介质等阻力,吸入的空气需经空气压缩机压缩,目前常用的空气压缩机有涡轮式和往复式两种。

空气被压缩后,温度会显著上升,压缩比愈高,温度也愈高。若将高温压缩空气直接通入空气过滤器,会引起过滤介质的炭化或燃烧,而且会增加培养装置的降温负荷和培养液水分的蒸发,对微生物生长和生物合成都不利,因此要将压缩空气降温。

空气冷却设备一般有列管式换热器和翅板式换热器。

3. 压缩空气的除水除油

经冷却降温后的空气相对湿度增大,会析出水分,使过滤介质受潮失效。同时由于空气经压缩机后不可避免地会夹带润滑油。因此压缩后的湿空气要除水除油。

湿空气的析水随温度、压力等物理因素而变化。分离空气中的油水有两类设备可供选用。一类是利用离心力进行沉降的旋风分离器,另一类是利用惯性进行拦截的介质过滤器,即丝网分离器。

▶▶ 三、空气过滤除菌工艺流程

1. 两级冷却、加热除菌流程

两级冷却、加热除菌流程示意图见图4-4。空气从采气口进入过滤系统前,先经粗过滤器过滤,再进入压缩机,经压缩升温后的压缩空气经过两次冷却后,再被加热和过滤。这是一个比较完善的空气除菌流程,可以适应各种气候条件,能充分分离油水,让空气在较低的相对湿度下进入过滤器,以提高过滤效率。该流程的特点是两次冷却、两次分离、适当加热。能提高传热系数、节约冷却用水、油水分离比较完全。

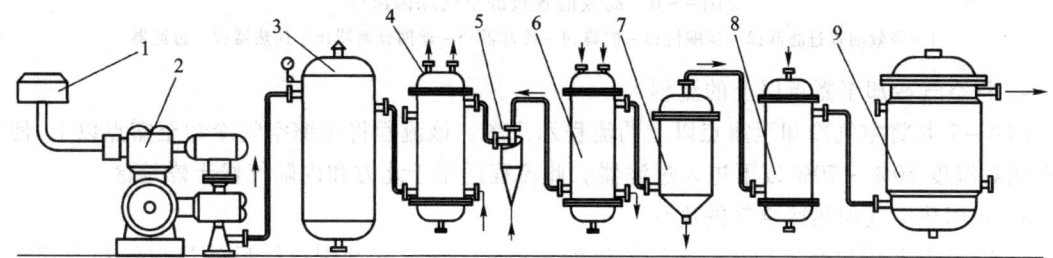

图4-4 两极冷却、加热除菌流程

1-粗过滤器;2-压缩机;3-贮罐;4,6-冷却器;5-旋风分离器;7-丝网分离器;8-加热器;9-过滤器

2. 冷热空气直接混合式空气除菌流程

冷热空气直接混合式空气除菌流程示意图见图4-5。经粗过滤和压缩后的空气,从贮罐出来后分成两部分,一部分进入冷却器,冷却到较低温度,经分离器分离油、水后与另一部分未处理过的高温压缩空气混合,混合空气的温度可达30~35℃,相对湿度50%~60%,再进入过滤器。

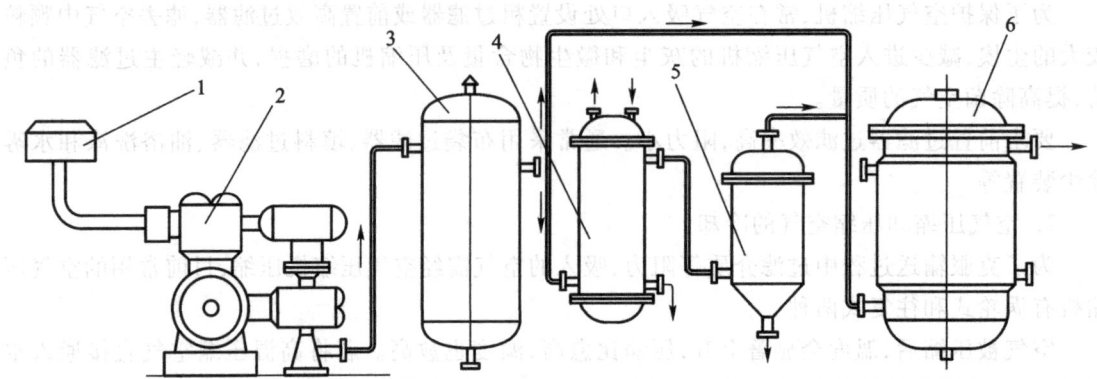

图4-5 冷却空气直接混合式空气除菌流程
1-粗过滤器;2-压缩机;3-贮罐;4-冷却器;5-丝网分离器;6-过滤器

该流程的特点是可以省去第二冷却后的分离设备和空气再加热设备,流程简单,利用压缩空气来加热析水后的空气,冷却水用量少等。该流程适用于中等湿含量地区。

3. 高效前置过滤空气除菌流程

图4-6为高效前置过滤空气除菌的流程示意图。该流程采用高效率的前置过滤设备,利用压缩机的抽吸作用,使空气先经过中、高效过滤器后,再进入空气压缩机,这样可降低主过滤器的负荷。经高效前置过滤后,空气的无菌程度已经相当高,再经冷却、分离,入主过滤器过滤,就可获得无菌程度很高的空气。采用前置过滤器正是该流程的特点。

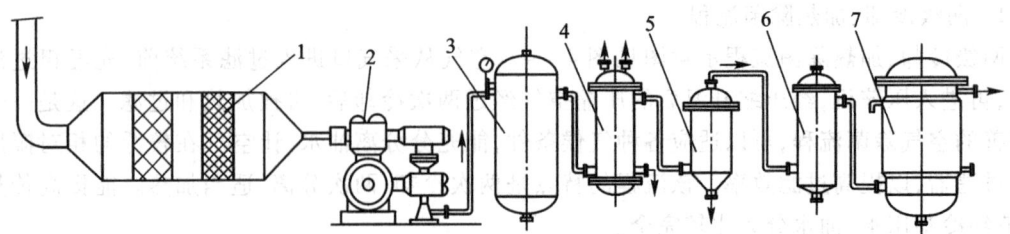

图4-6 高效前置过滤空气除菌流程
1-高效前置过滤器;2-压缩机;3-贮罐;4-冷却器;5-丝网分离器;6-加热器;7-过滤器

4. 将空气冷却至露点以上的流程

图4-7是将空气冷却至露点以上的流程示意图。该流程将压缩空气冷却至露点以上,使空气在相对湿度60%~70%以下进入过滤器。此流程适用于北方和内陆气候干燥地区。

5. 利用热空气加热冷空气的流程

图4-8是利用热空气加热冷空气的流程示意图。该流程利用压缩后的热空气和冷却后的冷空气进行热交换,使冷空气的温度升高,降低相对湿度。该流程对热能的利用合理,热交换器可同时兼做贮气罐。

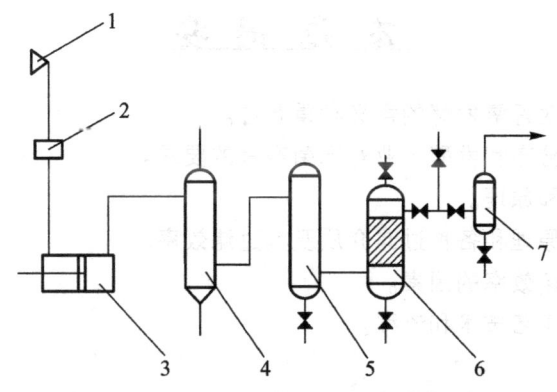

图 4-7 将空气冷却至露点以上的流程

1-高空采风;2-粗过滤器;3-压缩机;4-冷却器;5-贮气罐;6-空气总过滤器;7-空气分过滤器

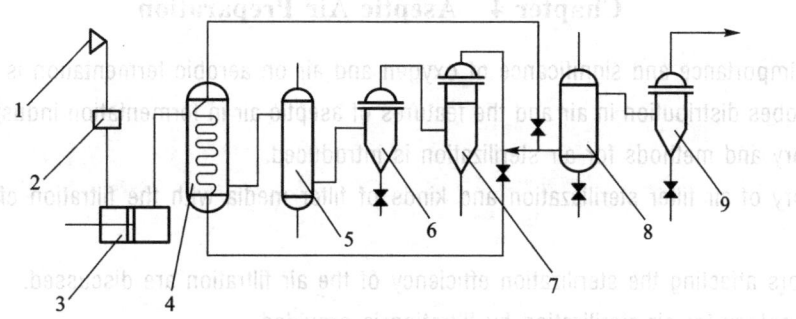

图 4-8 利用热空气加热冷空气的流程示意图

1-高空采风;2-粗过滤器;3-压缩机;4-热交换器;5-冷却器;
6,7-析水器;8-空气总过滤器;9-空气分过滤器

6. 一次冷却和析水的空气过滤流程

图 4-9 为一次冷却和析水的空气过滤流程示意图。该流程将压缩空气冷却至露点以下,析出部分水分,然后升温使相对湿度60%左右,再进入空气过滤器,采用一次冷却一次析水。

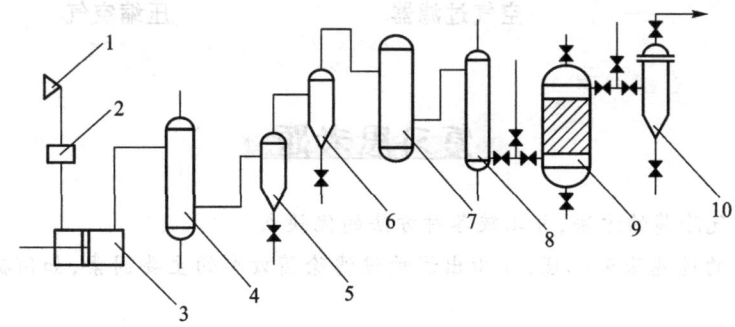

图 4-9 一次冷却和析水的空气过滤流程示意图

1-高空采风;2-粗过滤器;3-压缩机;4-冷却器;5,6-析水器;
7-贮气罐;8-加热器;9-空气总过滤器;10-空气分过滤器

本章提要

1. 氧气或无菌空气对好氧发酵的意义和重要性。
2. 空气中的微生物分布和发酵工业对无菌空气的要求。
3. 空气除菌的方法和原理。
4. 空气过滤除菌的原理和各种过滤介质及其过滤效率。
5. 影响空气过滤除菌效率的因素。
6. 空气过滤除菌的工艺技术和流程。

Chapter Summary

Chapter 4　Aseptic Air Preparation

1. The importance and significance of oxygen and air on aerobic fermentation is discussed.
2. Microbes distribution in air and the features of aseptic air in fermentation industry is described.
3. Theory and methods for air sterilization is introduced.
4. Theory of air filter steriliazation and kinds of filter media with the filtration efficiency are discussed.
5. Factors affecting the sterilization efficiency of the air filtration are discussed.
6. Technology for air sterilization by filtration is provided.

关键术语

静电除菌	辐射灭菌	介质过滤
微孔滤膜	布朗扩散截留	拦截截留
惯性撞击截留	穿透率	对数穿透定律
过滤效率	空气过滤器	压缩空气
两级冷却		

复习思考题

1. 请列出空气除菌的方法，并比较各种方法的优缺点。
2. 分析空气的过滤除菌机理，并指出影响过滤除菌效率的主要因素，如何提高过滤除菌的效率。
3. 设计一空气净化流程，并对其进行分析。
4. 比较两级冷却加热除菌流程、冷热空气直接混合式除菌流程、高效前置过滤除菌流程等的优缺点和适用场合，并分析原因。

5. 设计一台通风量为 30 m³/min 的纤维空气过滤器,要求空气的压力为 0.4 MPa(绝对压力),工作温度为 30 ℃,假定环境空气的含菌量为 3 000~8 000 个/m³,进入过滤器的空气含菌量为 5 000 个/m³,发酵周期为 150 h,倒罐率不得高于 0.1%。

6. 在某厂的空气除菌流程中,空气的流量为 20 m³/min,压缩机进口空气的温度为 35 ℃,进口空气的相对湿度是 80%,压缩机出口空气压力为 0.4 MPa,压缩空气用进口温度是 30 ℃、出口温度是 35 ℃ 的冷却水进行冷却,冷却后空气温度为 30 ℃,请设计一台合适的传热设备。

第二篇

发酵工程机理与过程控制

第二篇

第五章 氧的供需与传递

好氧微生物的生长发育、繁殖和形成代谢产物都需要消耗氧气,因为好氧微生物只有在氧分子存在情况下才能完成生物氧化、菌体生长和代谢产物生成的作用。同时,氧是构成细胞本身和代谢产物的组分之一,即氧也是一种特殊的发酵原料,许多微生物细胞必须利用分子态的氧作为呼吸链电子系统末端的电子受体,最后与氢离子结合成水。在呼吸链的电子传递过程中可释放出大量能量,供细胞的维持、生长和代谢使用。此外,氧还可以直接参与一些生物反应。因此,发酵过程中必须供给适量无菌空气,才能使菌体生长、繁殖并积累所需要的代谢产物。

第一节 微生物细胞对氧的需求和溶解氧的控制

一、供氧与微生物呼吸及代谢产物的关系

好氧微生物的氧化酶系存在于细胞内原生质中,因此,微生物只能利用溶解于液体中的氧。发酵液中溶解氧的多少,一般以溶解氧系数 K_d 值表示。由于各种好氧微生物所含的氧化酶体系(如过氧化氢酶、细胞色素氧化酶、黄素脱氢酶、多酚氧化酶等)的种类和数量不同,在不同环境条件下,各种需氧微生物的吸氧量或呼吸程度不同。

微生物的吸氧量常用呼吸强度和耗氧速率来表示。

呼吸强度:指单位重量干菌体在单位时间内所吸取的氧量,以 Q_{O_2} 表示,单位为 $[mmolO_2/(g 干菌体 \cdot h)]$

耗氧速率:指单位体积培养液在单位时间内的吸氧量,以 r 表示,单位为 $[mmolO_2/(L \cdot h)]$。

呼吸强度可以表示微生物的相对需氧量,但是,当培养液中有固体成分存在,对测定有困难,这时可用耗氧速率来表示。微生物在发酵过程中的耗氧速率取决于微生物的呼吸强度和单位体积液体的菌体浓度。

二、微生物的临界氧浓度

微生物的耗氧速率受发酵液中氧浓度的影响,各种微生物对发酵液

中溶解氧浓度有一个最低要求,这一溶解氧浓度叫做"临界氧浓度",以 $c_{临界}$ 表示。在临界氧浓度以下微生物的临界氧浓度一般为 0.003~0.05(mmol/L)。某些微生物的临界氧浓度见表5-1。

表5-1 某些微生物的临界氧浓度

微生物名称	温度/℃	$c_{临界}$/(mol/L)
固氮菌	30	0.018~0.049
大肠杆菌	37.8	0.008 2
大肠杆菌	15	0.003 1
黏性赛氏杆菌	31	0.015
黏性赛氏杆菌	30	0.009
酵母	34.8	0.004 6
酵母	20	0.003 7
橄榄型青霉菌	24	0.022
橄榄型青霉菌	30	0.009
米曲霉	30	0.02

不同种类的微生物需氧量不同,一般为 25~100 mmolO$_2$/(L·h),但也有个别菌很高。

同一种微生物的需氧量,随菌龄和培养条件不同而异。菌体生长和形成代谢产物时的耗氧量也不同。一般幼龄菌生长旺盛,其呼吸强度大,但是种子培养阶段由于菌体浓度低,总的耗氧量也较低;晚龄菌的呼吸强度弱,但是,在发酵阶段,由于菌体浓度高,耗氧量大。培养基丰富的耗氧量也大。

▶▶ 三、控制发酵液中溶解氧的意义

氧是一种难溶气体,在 25 ℃、1.01×10^5 Pa 下,氧在纯水中的溶解度为 1.26 mmol/L。表5-2为氧在水、盐或酸溶液中的溶解度。空气中的氧在水中的溶解度为 0.25 mmol/L 左右。在相同条件下,培养基中含有大量的有机物和无机盐,由于盐析等作用造成氧在培养基中的溶解度更低,约为 0.21 mmol/L。在好氧深层培养中,氧气的供应往往是发酵过程能否成功的重要限制因素之一。如果外界不能及时地供给氧,这些溶解氧只能维持微生物菌体 15~20 s 的正常呼吸,随之就会被耗尽,微生物的呼吸就会受到抑制。在发酵过程中,微生物只能利用溶解状态下的氧。因此,就必须采取强化供氧。在实验室和小规模发酵培养过程中,氧的供给可以通过摇瓶机的往复运动或偏心旋转运动对摇瓶中的微生物供氧。对大规模生产的深层发酵罐供氧采用通风方式通入无菌空气,为了提高供氧效率,还必须控制搅拌速率。通风和搅拌的目的就是提供微生物生长和代谢所需要的氧,并使微生物在培养液中处于悬浮状态以及提高代谢产物的传递速度。

表 5-2 氧在水、盐或酸溶液中的溶解度

温度/℃	在水中的溶解度/(mmol/L)	在 25 ℃溶液中的溶解度/(mmol/L)			
		溶液 浓度	盐酸	硫酸	氯化钠
0	2.18	0	1.26	1.26	1.26
10	1.70				
15	1.54	0.5	1.21	1.21	1.07
20	1.38				
25	1.26	1.0	1.16	1.12	0.89
30	1.16				
35	1.09	2.0	1.12	1.02	0.71
40	1.03				

第二节 培养过程中氧的传质理论

一、氧的传递途径与传质阻力

在大规模发酵生产中,通常采用深层培养方式,氧的提供是给培养中的微生物通入无菌空气来进行。微生物细胞分散在培养液中,只能利用溶解氧。氧从空气的气泡传递到微生物细胞内要克服一系列传递阻力。氧的传递途径是气相中的氧溶解在发酵液中,再传递到细胞内的呼吸酶位置上而被利用。这一系列传递过程分为供氧和耗氧两方面。

供氧:指空气中氧气从空气泡里通过气膜、气液界面和液膜扩散到液体主流中。

耗氧:指氧分子自液体主流通过液膜、菌丝丛、细胞膜扩散到细胞内。

这种传氧对那些细胞浓度很高、细胞的生长受到液体中氧限制的体系尤为重要。

氧传递过程中要克服的阻力有:

① 从气相主体到气液界面的气膜传递阻力 $1/k_G$,与空气情况有关;

② 气液界面的传递阻力 $1/k_I$,与空气情况有关,只有具备高能量的氧分子才能透到液相中去,而其余的则返回气相;

③ 从气液界面通过液膜的传递阻力 $1/k_L$,与发酵液的成分和浓度有关;

④ 液相主体的传递阻力 $1/k_{LB}$,与发酵液的成分和浓度有关,通常不作为重要阻力,因在液体主流中氧的浓度是假定不变的,但只有在适当搅拌的情况下才这样;

⑤ 细胞或细胞团表面的传递阻力 $1/k_{IC}$,与微生物的种类、生理特性状态有关,但细菌和酵母的细胞不存在这种阻力,对于菌丝这种阻力是最为突出的;

⑥ 固液界面的传递阻力 $1/k_{IS}$,与微生物的生理特性有关;

⑦ 细胞团内的传递阻力 $1/k_A$;

⑧ 细胞壁的阻力 $1/k_W$;

⑨ 反应阻力 $1/k_R$，是指氧分子与细胞内呼吸酶系反应时的阻力，与微生物的种类、生理特性有关。

由于氧是难溶气体，所以在供氧方面液膜是一个控制过程，即 $1/k_L$ 是较为显著的，使气泡和液体充分混合而产生湍流可以减少这方面的阻力。

在耗氧方面阻力主要是 $1/k_A$ 与 $1/k_W$，即菌丝丛内与细胞壁阻力所引起的，但搅拌可以减少逆向扩散的梯度，因此也可以降低这方面的阻力。

细胞内反应阻力 $1/k_R$ 可随下列因素中任一种而产生：

① 培养基成分与其相应的酶的作用失活。
② 一些生理条件如温度、pH 等不适于酶的反应。
③ 一些代谢物的积累或其不能及时从反应处移去。

图 5-1 是氧从气泡到细胞的传递过程示意图。

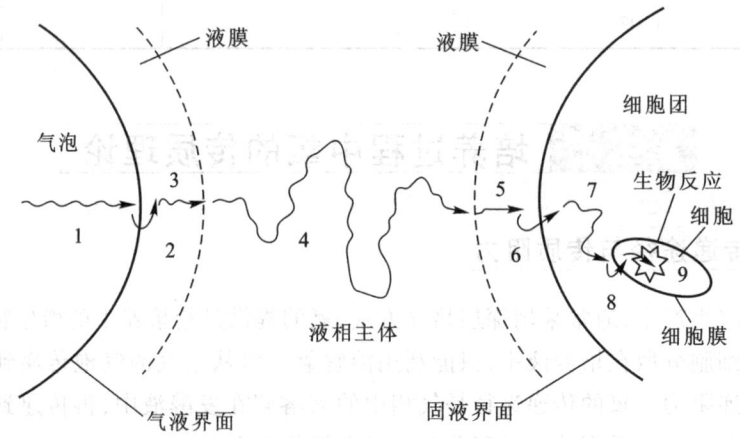

图 5-1 氧从气泡到细菌的传递过程示意图
1~4-供氧方面的氧传递阻力；5~9-耗氧方面的阻力

这些阻力的相对大小取决于流体力学特性、温度、细胞的活性和浓度、液体的组成、界面特性以及其他因素。由图可以看出这些阻力中①~④项是供氧方面的氧传递阻力，⑤~⑨项是耗氧方面的阻力。而氧从空气泡到细胞的总传递阻力是以上各项的总和：

$$\frac{1}{k_t} = \frac{1}{k_G} + \frac{1}{k_I} + \frac{1}{k_L} + \frac{1}{k_{LB}} + \frac{1}{k_{LC}} + \frac{1}{k_{IS}} + \frac{1}{k_A} + \frac{1}{k_W} + \frac{1}{k_R}$$

这九项阻力不是等量齐观的，而是有主次之分。当细胞以游离状态存在于液体中时，阻力⑦消失，而当细胞吸附在气液界面上时，则阻力④⑤⑥⑦消失。

▶▶ 二、气体溶解过程的双膜理论

氧首先由气相扩散到气液两相接触界面，再进入液相，界面的一侧是气膜，另一侧是液膜，氧从气相扩散到液相必须穿过这两层膜。

氧从空气主流扩散到气液界面的推动力是空气中氧的分压力与界面处氧分压之差，即 $p - p_i$，氧穿过界面溶于液体，继续扩散到液体中的推动力是界面处氧的浓度与液体中氧浓度之差，即 $c_i - c_L$。

与两个推动力相对应的阻力是气膜阻力 $1/k_G$ 和液膜阻力 $1/k_L$。单位接触界面氧的传递速率为：

$$N_A = \frac{推动力}{阻力} = \frac{p-p_i}{1/k_G} = \frac{c_i-c_L}{1/k_L} \tag{5-1}$$

式中，N_A——单位接触界面的氧传递速率，$kmolO_2/(m^3 \cdot h)$；p，p_i——气相中与气液界面处氧分压，MPa；c_L，c_i——液相中与气液界面处氧的浓度，$kmol/m^3$；k_G——气膜传质系数，$kmol/(m^2 \cdot h \cdot MPa)$；$k_L$——液膜传质系数。$kmol/(m^2 \cdot h \cdot kmol/m^3)$ 或 m/h。

双膜理论的气液接触界面附近氧分压与浓度的变化见图 5-2。

通常情况下，不可能测定界面处的氧分压和氧浓度。为了计算方便，并不单独使用 k_G 或 k_L，而改用总传质系数和总推动力，在稳定状态时：

$$N_A = K_G(p-p^*) = K_L(c^*-c_L) \tag{5-2}$$

式中，K_G——以氧分压差为总推动力的总传质系数，$kmol/(m^2 \cdot h \cdot MPa)$；$K_L$——以氧浓度差为总推动力的总传质系数，$m/h$；$p^*$——与液相中氧浓度 c 相平衡的氧的分压，MPa；c^*——与气相中氧分压 p 达平衡氧的溶解度，$kmol/m^3$。

根据 Henry（亨利）定律：与溶解浓度达到平衡的气体分压与该气体被溶解的分子分数成正比，即：

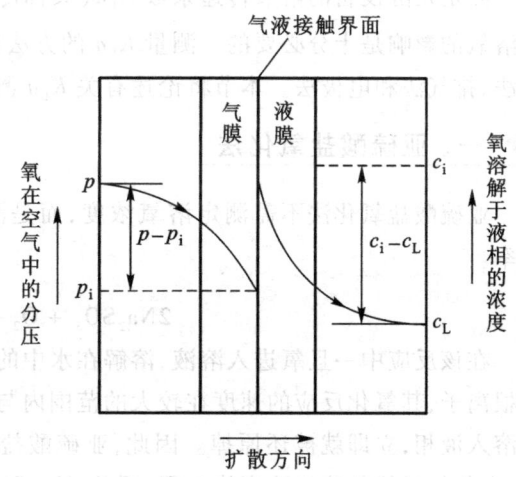

图 5-2 双膜的理论气液接触

$$\left. \begin{array}{l} p = Hc^* \\ p^* = Hc_L \\ p_i = Hc_i \end{array} \right\} \tag{5-3}$$

式中，H——亨利常数，它表示气体溶解于液体的难易程度。

根据式（5-2）：

$$K_G = \frac{N_A}{p-p^*}$$

$$\frac{1}{K_G} = \frac{p-p^*}{N_A} = \frac{p-p_i}{N_A} + \frac{p_i-p^*}{N_A} = \frac{p-p_i}{N_A} + \frac{H(c_i-c_L)}{N_A}$$

又根据式（5-1）：

$$\frac{1}{k_G} = \frac{p-p_i}{N_A}, \quad \frac{1}{k_L} = \frac{c_i-c_L}{N_A}$$

所以，

$$\frac{1}{K_G} = \frac{1}{k_G} + \frac{H}{k_L} \tag{5-4}$$

$$\frac{1}{K_L} = \frac{1}{Hk_G} + \frac{1}{k_L} \qquad (5-5)$$

对于易溶气体,如氨溶于水,H 值甚小,式(5-4)右边第二项可略,则 $K_G = k_G$,说明这一溶解过程的主要阻力是气膜阻力。对于难溶气体,如氧溶于水,H 值甚大,式(5-5)右边第一项 $1/Hk_G$ 可以略去,则 $K_L = k_L$,说明这一过程液膜阻力是主要因素。

第三节　溶氧传递系数的测定方法

测定发酵设备的溶氧传递系数 $K_L a$(又称传氧系数)值对于确定其通气效率和确定操作变数对溶氧的影响是十分必要的。测量 $K_L a$ 的方法有亚硫酸盐氧化法、取样极谱法、物料衡算法、动态法、排气法和电极法。本节将论述有关 $K_L a$ 测定方法以及各自的优点和局限性。

一、亚硫酸盐氧化法

亚硫酸盐氧化法不需测定溶氧浓度,而是测定在铜催化下亚硫酸钠转化为硫酸钠的反应速率。

$$2Na_2SO_3 + O_2 \xrightarrow{CuSO_4} 2Na_2SO_4 \qquad (5-6)$$

在该反应中一旦氧进入溶液,溶解在水中的氧能立即氧化其中的亚硫酸根离子,使之成为硫酸根离子,其氧化反应的速度在较大的范围内与亚硫酸根离子的浓度无关。实际上是氧分子一旦溶入液相,立即就被还原掉。因此,亚硫酸盐的氧化反应速率与氧传递速率是等价的。实际上,在任何时候的溶氧浓度均为零,因此,$K_L a$ 可由下式计算获得:

$$OTR = K_L a \times C^* \qquad (5-7)$$

式中,OTR 为氧传递速率;C^* 为溶液中氧的饱和浓度。

其测定过程为:在发酵罐中加入含 0.5 mol/L 的亚硫酸钠,10^{-3} mol/L 的硫酸铜溶液,并以固定的速率进行通气和搅拌,然后在一定的时间间隔内取样(间隔时间根据通气和搅拌速率而决定),在样品中,加入过量的碘溶液与已被氧化的亚硫酸钠反应,再用标定的硫代硫酸钠反滴定,以测定残余的碘量。从中推算出未被空气氧化的亚硫酸钠。以滴定消耗的硫代硫酸钠体积与取样时间作图,则其斜率即为氧传递速率。

亚硫酸盐氧化法具有操作简便之优点,且在相当清洁的条件下能得到非常精确的结果;另外,由于取样时包括了整个发酵罐内的液体而避免了取样不匀的问题。但是,这种方法非常耗时(一次测定就需 2 h,这主要决定于通气和搅拌速率),且发酵罐内只要有极少量的表面活性剂污染时,则其测定值就不精确。此外,亚硫酸钠溶液的流变学特性与实际发酵液有较大差别,对实际的发酵过程,用此测定方法测得的 $K_L a$ 与实际值有较大差异,而使工业规模的应用受到限制。而且大型发酵罐中使用此法,将消耗大量亚硫酸钠,废水中高浓度的 SO_3^{2-} 将大量消耗水体中的溶氧。

二、取样极谱法

取样极谱法测定传氧系数的原理是当在发酵液中加入电解电压为 0.6~1.0 V 时,扩散电流的大小与发酵液中溶解氧的浓度成正比,通过测定扩散电流的大小就可测定传氧系数。由于氧的分解电压最低,发酵液中的其他物质对测定的影响甚微,所以此法可直接用于发酵状态的传氧系数的测定。

将从发酵设备中取出的发酵液放入极谱仪中的电解池中,记下随时间而下降的发酵液中氧的浓度 c_L 的数值,以时间为横坐标,溶解氧浓度为纵坐标进行作图,见图 5-3。

图中曲线的斜率的负数即为微生物的摄氧率 r,同时用外推的方法求出发酵液中氧的饱和浓度 c^*,就可按下式计算传氧系数 $K_L a$:

$$K_L a = \frac{r}{c^* - c_L} = -\frac{斜率}{c^* - c_L} \quad (5-8)$$

极谱法可以通过测定真实培养状态下培养液中的溶解氧浓度,进而可计算出传氧系数,但是当从培养设备中取出样品后,样品所受的压力从罐压降至大气压,此时测定得到的氧浓度已不准确,且在静止条件下所测得的摄氧率与在培养设备中的实际情况不完全一致,因而误差较大。

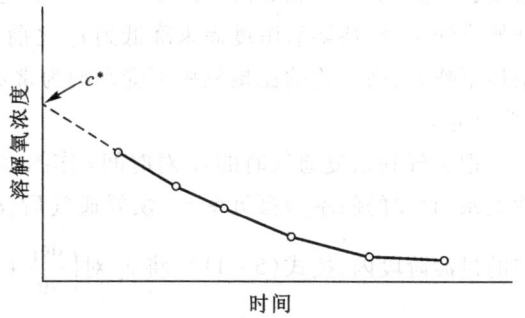

图 5-3 极谱法工作曲线

▶▶ 三、物料衡算法

对培养液中的氧进行物料衡算,当培养液中的溶氧供需不平衡时,溶氧浓度的变化速率为:

$$\frac{dc_L}{dt} = K_L a(c^* - c_L) - r \quad (5-9)$$

处于稳态时,$\frac{dc_L}{dt} = 0$,于是

$$K_L a = \frac{r}{(c^* - c_L)} \quad (5-10)$$

摄氧率 r 可由进气和排气氧分压变化求出。对于理想混合的反应器,c^* 为与排气中氧分压平衡的氧浓度。如果已知发酵液中氧的溶解特性,测定了排气氧分压和液相氧浓度,即可求出 $K_L a$。

在大型发酵罐中一般不能获得理想混合,这时可用平均推动力 $(c^* - c_L)_m$ 代替 $c^* - c_L$:

$$(c^* - c_L)_m = \frac{(c_i^* - c_L) - (c_0^* - c_L)}{\ln \frac{c_i^* - c_L}{c_0^* - c_L}} \quad (5-11)$$

式中,c_i^* 和 c_0^* 分别代表与进气及排气氧分压平衡的液相氧浓度。

▶▶ 四、动态法

将式(5-11)重新排列,可得

$$c_L = -\frac{1}{K_L a}\left(\frac{dc_L}{dt} + r\right) + c^* \quad (5-12)$$

由式(5-12)可见,将非稳态时溶氧浓度 c_L 对 $\left(\frac{dc_L}{dt} + r\right)$ 作图可得一直线,此直线的斜率即为

$-\dfrac{1}{K_L a}$。

在发酵过程中,此种非稳态可以人为造成而又不影响正常的发酵。先提高发酵液中的溶氧浓度,使之在远高于临界溶氧浓度 c_c 的 c_0 处达到平衡,然后停止通气而继续搅拌,此时溶氧浓度开始直线下降;待溶氧浓度尚未降低到 c_c 之前,恢复供气,发酵液中溶氧浓度随即上升。在这种条件下作业,微生物的比摄氧率不受影响为常量,由于时间较短,微生物的增量不计,所以摄氧率 r 为常量。

把关气到恢复通气时的 c_L 对时间 t 作图,可得图5-4。在停止供气阶段,c_L 的降低与 t 呈线性关系,直线的斜率为摄氧率 r。恢复通气后,c_L 逐渐回升,直至建立供需平衡。在恢复平衡之前的过渡阶段内,按式(5-11),将 c_L 对 $\left(\dfrac{dc_L}{dt}+r\right)$ 作图,即求出 $K_L a$。如图5-5所示。

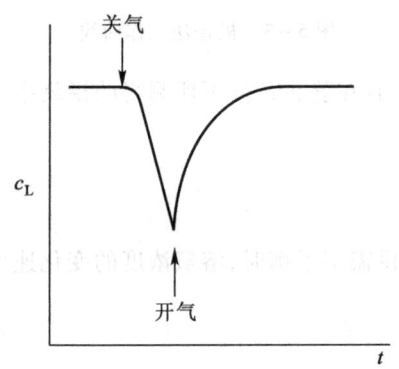
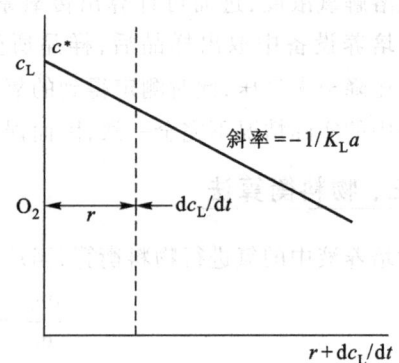

图5-4 溶氧浓度与通气变化的关系　　　　图5-5 $K_L a$ 的求值

本方法的主要优点是只需要单一的溶氧电极,可以测得实际发酵系统中 $K_L a$ 值。溶氧电极的响应时间应尽可能短。对于高黏度发酵液,停止供气后,发酵液中气泡的释放速度缓慢,或由于高搅拌速度所产生的表面曝气作用,会影响 c_L-t 线的正确性。

▶▶ 五、排气法

排气法是一种在非发酵状态下进行的测定传氧系数方法。对于非发酵系统,在被测定的发酵设备中先用氮气赶去液体中的溶解氧或装入已除去溶解氧的 0.1 mol/L 的 KCl 溶液,然后再通入空气并进行搅拌,定时取样用极谱仪或其他溶氧测定仪测出溶氧浓度,同时通过将 c_L 作纵坐标,t 作横坐标,标绘所得的曲线可求出溶液中饱和的溶氧浓度 c^*,即将此曲线的最高点用虚线随横坐标平行推移与纵坐标的交点便是溶液中饱和溶液浓度 c^*,见图5-6a。

在不稳定情况下,发酵液中没有微生物细胞时,氧分子从气体主流扩散至液体主流的传递速率可由下式表示:

$$\dfrac{dc_L}{dt} = K_L a(c^* - c_L) \tag{5-13}$$

当 $t=0$ 时,$c_L=0$,对上式积分后可得:

$$\ln(c^* - c_L) = -K_L at - 常数 \tag{5-14}$$

以 $\ln(c^* - c_L)$ 对时间 t 标绘时即可得直线（图 5-6b），根据该直线斜率就便可计算出 $K_L a$，即 $K_L a = -2.303 \times$ 斜率。

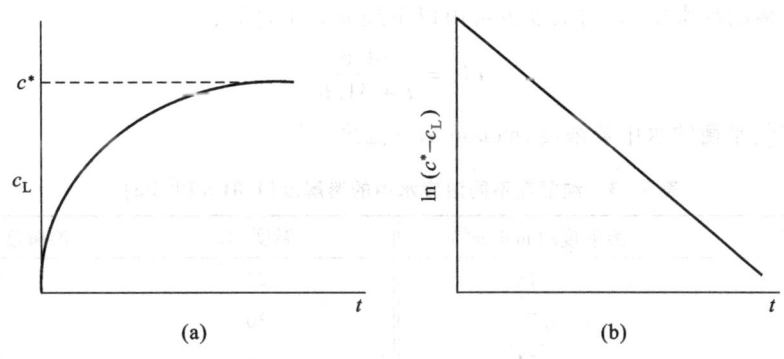

图 5-6　排气法测定氧传递系数的曲线

排气法的缺点不能代表发酵过程中的实际情况，也不能反映当时发酵液的特性，同时也没有考虑到氧浓度差 Δc 对 $K_L a$ 的影响。可见取样法和排气法测定溶氧系数都不能反映发酵过程中的实际情况，因此最好能应用复膜电极的溶氧测定仪直接测定发酵过程的溶氧系数。

六、复膜电极测定 $K_L a$ 和氧分析仪测定 $K_G a$

将阴极、阳极和电解质溶液装入壳体，用能透过氧分子的高分子薄膜封闭起来，并使阴极紧贴薄膜，就成了极谱型复膜电极。利用复膜电极可在培养过程中测定培养液的溶氧浓度、微生物菌体的耗氧率及传氧系数，这样测出的溶氧浓度、微生物菌体的耗氧率及传氧系数可代表培养过程中的实际情况，是比较理想的测定方法。

如以压力作为氧的推动力，则式(5-10)可转化为：

$$K_G a = \frac{r}{(p - p^*)} \tag{5-15}$$

式中，p—罐压，Pa；p^*—溶液中氧的分压，Pa。

摄氧率 r 可由进气和排气氧分压变化求出，进气和排气氧分压可以用氧分析仪测定。p^* 是发酵液中与溶氧平衡的氧分压。如果已知发酵液中氧的溶解特性，测定了进气、排气氧分压和液相氧浓度，即可求出 $K_G a$。

第四节　影响氧传递速率的主要因素

根据氧传递速率方程：

$$\text{OTR} = K_L a (c^* - c_L) \tag{5-16}$$

凡是影响氧传递推动力（$c^* - c_L$）、气液比表面积 a 和氧传递常数的因素都会影响氧传递速率。

一、溶液的性质对氧溶解度的影响

氧是一种难溶气体，在 25 ℃ 和 1.01×10^5 Pa 时，纯水中氧的溶解度是 1.26 mol/m³，由于空气中氧的体积分数是 0.21,因此与空气平衡的水相中氧浓度为 0.265 mol/m³。

氧在水中的溶解度随温度的升高而降低(表 5 – 3),在 $1.01×10^5$ Pa 和温度在 4~33 ℃ 的范围内,与空气平衡的纯水中,氧的浓度也可由以下经验式来计算:

$$c_W^* = \frac{14.6}{t + 31.6} \quad (5-17)$$

式中,c_W^*——与空气平衡的水中氧浓度,mol/m³;t——温度,℃。

表 5 – 3 纯氧在不同温度水中的溶解度($1.01×10^5$ Pa)

温度/℃	溶解度/(mol/m³)	温度/℃	溶解度/(mol/m³)
0	2.18	25	1.26
10	1.70	30	1.16
15	1.54	35	1.09
20	1.38	40	1.03

氧在酸溶液中的溶解度与酸的种类及浓度有关,见表 5 – 4 所示。

表 5 – 4 25 ℃ 和 $1.01×10^5$ Pa 下纯氧在不同酸溶液中的溶解度

| 溶液浓度/(kmol/m³) | 溶解度/(mol/m³) | |
	盐酸	硫酸
0.0	1.26	1.26
0.50	1.21	1.21
1.0	1.16	1.12
1.5	1.12	1.02

在电解质溶液中,由于发生盐析作用,使氧的溶解度降低。氧在电解质溶液中可由 Sechenov 公式计算:

$$\lg \frac{c_W^*}{c_e^*} = Kc_E \quad (5-18)$$

式中,c_e^*——氧在电解质溶液中的溶解度,mol/m³;c_E——电解质溶液的浓度,kmol/m³;K——Sechenov 常数。该常数随气体种类、电解质种类和温度的变化而变化。

图 5 – 7 示出了氧在几种盐溶液中的溶解度与盐浓度的关系。

如果是几种电解质的混合溶液,此时氧的溶解度则可根据溶液的离子强度计算:

$$\lg \frac{c_W^*}{c_e^*} = \sum_i h_i I_i \quad (5-19)$$

式中,h_i——第 i 种离子的常数,m³/kmol;I_i——第 i 种

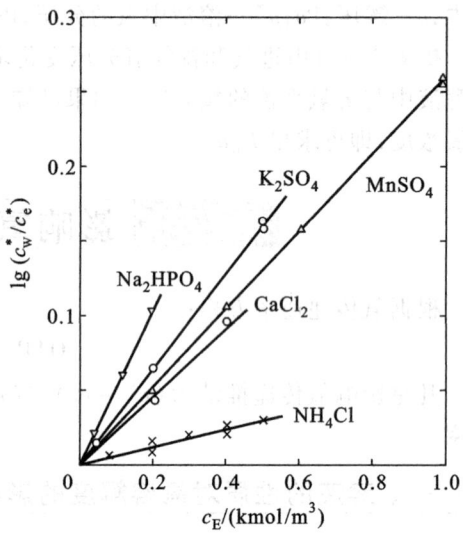

图 5 – 7 氧的溶解度与盐浓度的关系

离子的离子强度，$kmol/m^3$。

在非电解质溶液中，氧的溶解度一般随溶质浓度的增加而下降，其规律和电解质溶液相似：

$$\lg \frac{c_W^*}{c_n^*} = K c_N \tag{5-20}$$

式中，c_n^*——氧在非电解质溶液中的溶解度，mol/m^3；c_N——非电解质或有机物浓度，kg/m^3。

若培养基中同时含有电解质和非电解质，氧的溶解度则可用下式计算：

$$\lg \frac{c_W^*}{c_m^*} = \sum_i h_i I_i + \sum_j \lg \frac{c_W^*}{c_{nj}^*} \tag{5-21}$$

式中，c_m^*——氧在混合溶液中的溶解度，mol/m^3。

要提高氧在溶液中的溶解度的方法有多种，其中最简单的方法是增加罐压。但是要注意的是增加罐压虽然提高了氧的分压，从而增加了氧的溶解度，但其他气体成分（如CO_2）的分压也相应增加，且由于CO_2的溶解度比氧大得多，因此不利于液相中CO_2的排出，而影响了细胞的生长和产物的代谢，所以增加罐压是有一定限度的。

另一种方法是增加空气中氧的含量，进行富氧通气操作。即通过深冷分离法、吸附分离法及膜分离法制得富氧空气，然后通入发酵液。目前由于这三种分离方法的成本都较高，富氧通气还处于研究阶段。

▶▶ 二、气-液比表面积对氧溶解度的影响

根据氧传递速率方程（式5-16），氧的传递速率与气-液比表面积成正比。因此凡是能影响气-液比表面积的因素均能影响氧在溶液中的溶解度。

气-液比表面积的大小取决于截留在发酵液中的气体体积及气泡的大小。截留在发酵液中的气体越多，气泡的直径越小，那么气泡的比表面积就越大，即气-液比表面积与气体的截留率成正比，而与气泡平均直径成反比。对于带有机械搅拌的发酵罐，气泡的平均直径与单位体积液体消耗的通气搅拌功率、流体的物理性质有关。

搅拌对比表面积的影响较大，因为搅拌一方面可使气泡在液体中产生复杂的运动，延长停留时间，增大气体的截留率；另一方面搅拌的剪切作用又使气泡粉碎，减少气泡的直径。而表面张力的作用则阻止气泡的变化和粉碎，具有使比表面积下降的作用。增大通气量可增加空气的截留率，使比表面积增大。但通气量增大到一定程度，如不改变搅拌速度，则会降低搅拌功率，甚至发生空气"过载"现象，导致气泡的凝聚形成大气泡。

▶▶ 三、影响氧传递系数的因素

1. 搅拌

搅拌转速对$K_L a$值具有很大的影响，对于带有机械搅拌的通风发酵罐，搅拌是以下述方式促进氧的传递：

① 搅拌能把大的空气泡分散成细小的气泡，防止小气泡的凝聚，增加了氧与液体的接触面积；
② 搅拌使发酵液作涡流运动，延长了气泡在发酵液中的停留时间；
③ 搅拌使菌体分散，避免结团，有利于固液传递中的接触面积的增加，使推动力均一，同时也减少了菌体表面液膜的厚度，有利于氧的传递；

④ 搅拌使发酵液产生湍流而降低气/液接触界面的液膜厚度,减小氧传递过程的阻力,因而增大了 K_La 值。

带有机械搅拌的通风发酵罐其搅拌器与氧传递速率常数 K_La 的关系可用式 5-22 来表示:

$$K_La = k\left(\frac{P_g}{V}\right)^{0.95} V_s^{0.65} \quad (5-22)$$

式中,P_g—通气时搅拌器的轴功率,W;V—发酵罐中发酵液的体积,m^3;V_s—空气的线速度,m/s;k—常数。

从式 5-22 可知,K_La 几乎与单位体积中的搅拌轴功率成正比。但这种关系取决于发酵罐的大小,P_g/V 的指数随发酵设备大小而变化(表 5-5)。

表 5-5 P_g/V 指数发酵设备规模的关系

规模	P_g/V 的指数
实验室规模	0.95
中试规模	0.67
生产规模	0.50

2. 空气线速度

空气线速度较小时,氧传递系数 K_La 是随通风量的增加而增大的,当增加通风量时,空气的线速度也就相应地增大,从而增加了溶氧,氧传递系数 K_La 相应地也增大。空气线速度增大到一定程度,如不改变搅拌速度,则会降低搅拌功率,甚至发生"过载"现象,会使搅拌桨叶不能打散空气,气流形成大气泡在轴的周围逸出,使搅拌效率和溶氧速率都大大降低,使 K_La 降低。图 5-8 是表观空气速度与氧传递系数 K_La 的关系。

3. 空气分布管

在通风发酵中,除了用搅拌将空气分散成小气泡外,还可用空气分布管来分散空气。空气分布管的型式、喷口直径及管口与罐底距离的相对位置对氧溶解速率有较大的影响。当通风量较小时,喷口的直径越小,气泡的直径也就越小,相应地溶氧系数也就越大。而当通风量超过一定值后,气泡的直径与通风量有关,与喷口的直径无关。

4. 发酵液性质

在发酵过程中,由于微生物的生命活动,分解并利用培养液中的基质,大量繁殖菌体,积累代谢产物等都引起

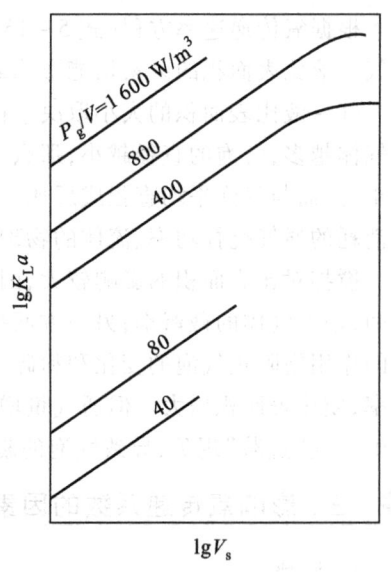

图 5-8 表观空气速度与氧传递系数 K_La 的关系

培养液的性质的改变,特别是黏度、表面张力、离子浓度、密度、扩散系数等,从而影响到气泡的大小、气泡的稳定性,进而对传氧系数 K_La 带来很大的影响。此外,发酵液黏度的改变还会影响到液体的湍流性以及界面或液膜阻力,从而影响到传氧系数 K_La。当发酵液浓度增大时,黏度也增大,传氧系数 K_La 就降低。发酵液中泡沫的大量形成会使菌体与泡沫形成稳定的乳浊液,影响

到传氧系数。

5. 表面活性剂

培养液中消泡用的油脂等具有亲水端和疏水端的表面活性物质分布在气液界面,增大了传递的阻力,使传氧系数 $K_L a$ 等发生变化,图 5-9 为表面活性剂月桂基磺酸钠浓度对传氧系数 $K_L a$、K_L 和 d_B 的影响。

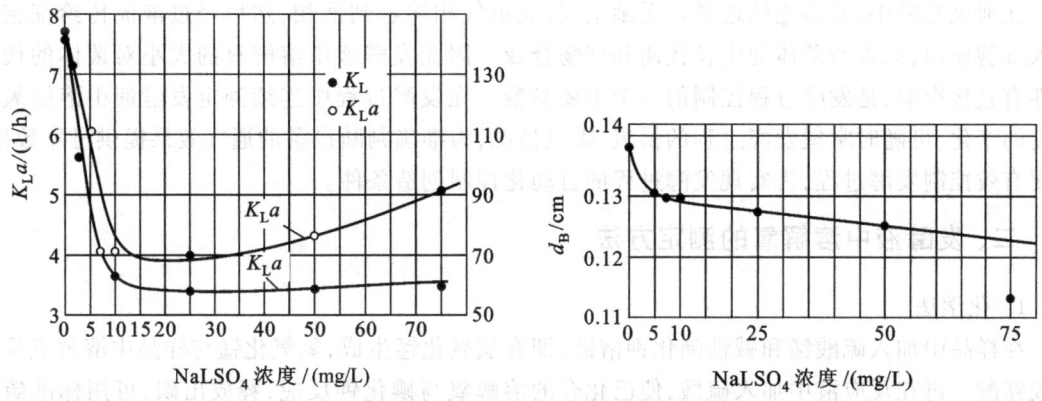

图 5-9 表面活性剂浓度对传氧系数 $K_L a$、K_L 和 d_B 的影响

6. 离子强度

发酵液中含有多种盐类,离子强度约为 0.2~0.5 mol/L。$K_L a$ 随着离子强度的增大而增大。搅拌和通气消耗的功率越大,则 $K_L a$ 随离子强度增大的幅度越大,有时 $K_L a$ 可高达纯水中的 5~6 倍。在盐溶液中,气泡细小且难以聚合成大气泡。而且气体滞留量有增大的趋势。图 5-10 表示电解质溶液的浓度对 $K_L a$ 的影响。

7. 菌体浓度

许多研究表明,菌体的存在对氧传递是不利的。图 5-11 描绘了 Deindoerfer 和 Gaden 研究的产黄青霉菌对 $K_L a$ 的影响。发酵液中菌体浓度的增加,会使 $K_L a$ 变小。

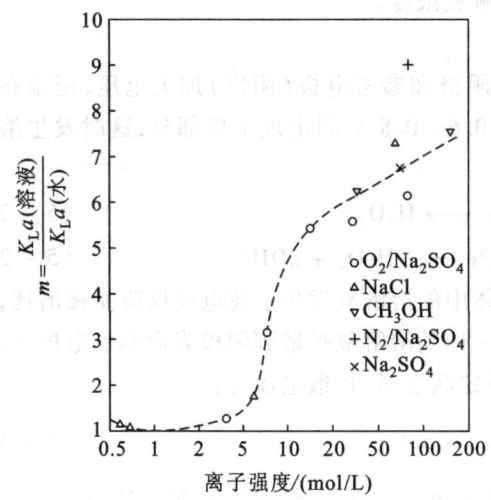

图 5-10 溶液中电解质浓度对 $K_L a$ 的影响

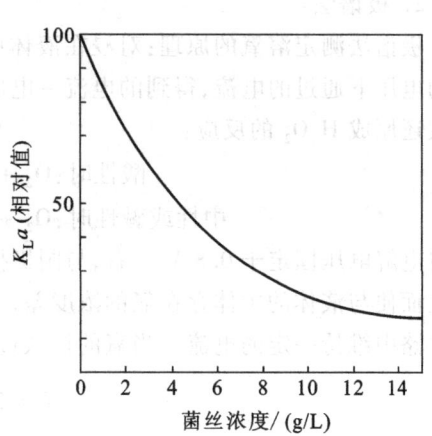

图 5-11 菌体浓度对 $K_L a$ 的影响

第五节 发酵液中溶解氧的测定和控制

一、溶解氧连续检测的意义

在通风发酵中,必须连续地通入无菌空气,氧由气相溶解到液相,然后经过液流传给细胞壁进入细胞体内,以维持菌体的生长代谢和产物合成。因此发酵液中溶解氧的大小对菌体的代谢特性有直接影响,是发酵过程控制的一个重要参数。在发酵过程中连续测定发酵液中溶解氧的浓度的变化,可随时掌握发酵过程的供氧、需氧情况,为准确判断设备的通气效果提供可靠数据,以便有效控制发酵过程,为实现发酵过程的自动化控制创造条件。

二、发酵液中溶解氧的测定方法

1. 化学法

在样品中加入硫酸锰和碱性碘化钾溶液,即有氢氧化锰生成,氢氧化锰与样品中溶解氧反应生成锰酸。再在反应液中加入硫酸,使已化合的溶解氧与碘化钾反应,释放出碘,可用标准硫代硫酸钠溶液滴定。其反应式如下:

$$MnSO_4 + 2NaOH \longrightarrow Mn(OH)_2 + Na_2SO_4 \qquad (5-23)$$

$$2Mn(OH)_2 + O_2 \longrightarrow 2MnO(OH)_2 \downarrow \qquad (5-24)$$

$$MnO(OH)_2 + Mn(OH)_2 \longrightarrow MnMnO_3 + 2H_2O \qquad (5-25)$$

$$MnMnO_3 + 3H_2SO_4 + 2KI \longrightarrow 2MnSO_4 + I_2 + 3H_2O + H_2SO_4 \qquad (5-26)$$

$$I_2 + NaS_2O_3 \longrightarrow 2NaI + Na_2S_4O_6 \qquad (5-27)$$

前四步反应要与空气隔绝,这些反应需在具塞磨口瓶中进行,并使反应液充满磨口瓶,不能混有气泡。化学法测定溶解氧比较准确,而且能得到氧的浓度值,所以往往是其他测定方法的基础。但是,如果样品中存在氧化还原性物质,测定结果会有偏差,当样品带有颜色时,也会影响测定终点的判断,因此化学法不适于测定发酵液的溶解氧浓度。

2. 极谱法

极谱法测定溶氧的原理:对浸在液体中的金属阴极和参考电极(阳极)加上电压,记录在不同的电压下通过的电流,得到的电流-电压曲线在 $0.6 \sim 0.8$ V 间出现平坦部分,这时发生溶解氧被还原成 H_2O_2 的反应:

$$酸性时: O_2 + 2H^+ + 2e \longrightarrow H_2O_2 \qquad (5-28)$$

$$中性或碱性时: O_2 + 2H_2O + 2e \longrightarrow H_2O_2 + 2OH^- \qquad (5-29)$$

若将电解电压固定于 0.8 V 左右,与阴极接触的液体中的溶解氧发生上述电极反应而被消耗,阴极表面便与液体的主体存在氧的浓度差,于是液体主体的溶解氧扩散到阴极表面参加电极反应,使电路中维持一定的电流。当氧的扩散过程达到稳定状态时,扩散电流为:

$$I = 2FD_L \frac{A}{L}(c_L - c_C) \qquad (5-30)$$

式中,I—扩散电流,A;F—Faraday 常数;A—阴极表面积,m^2;c_L—溶液中的溶氧浓度,mol/m^3;c_C—阴极表面的氧浓度(mol/m^3);L—液膜厚度,m。

由于电极反应很快，c_C 实际上可视为零，因此：

$$i = KD_L c_L \tag{5-31}$$

也就是扩散电流和溶解氧浓度成正比。当溶解氧浓度为零时，电路中仍会有一定电流通过（残余电流），所以式（5-30）和式（5-31）中的电流 i 应为测定值与残余电流之差。通过测定扩散电流的大小就可测定发酵液中的溶解氧浓度。

3. 压力法

测定装置为一恒温的密闭容器，见图 5-12。容器中装入体积为 V_L 的样品液，液面恰位于容器中的玻璃板处，抽真空除去液体中溶解的气体，然后补充经脱气的溶剂使液体体积恢复到 V_L。从贮气袋向容器通入氧气，系统的氧压为 p_1，开动搅拌，使液体不断从玻璃板上翻动，进行气体的吸收，直到气液平衡，这时压强降为 p_2。如果容器中气相体积为 V_G，可以求出氧在样品中的溶解度。

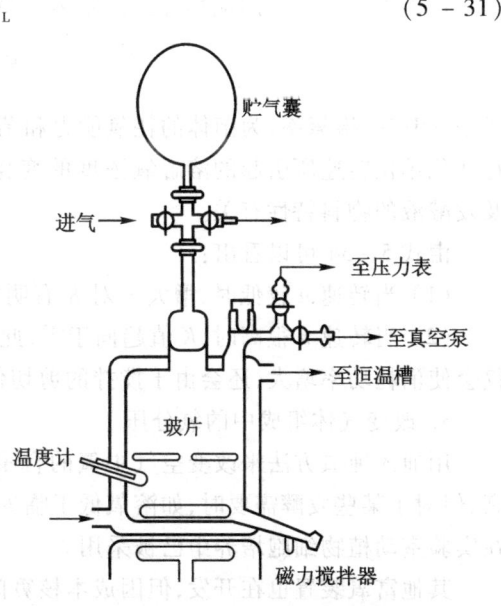

图 5-12 压力法测定气体溶解度装置

▶▶ 三、控制发酵液中溶解氧的工艺手段

发酵液中溶解氧浓度的任何变化都是供需平衡的结果。调节发酵液中溶解氧含量不外从供、需两个方面去考虑。

供氧：
$$\text{OTR} = \frac{dc}{dt} = k_L a(c^* - c_L) \tag{5-32}$$

需氧：
$$r = Q_{O_2} X \tag{5-33}$$

根据式 5-32，在供氧方面，主要是设法提高氧的传递推动力和氧传递速率常数，因此影响供氧效果的主要因素有：① 空气流量（通风量）；② 搅拌转速；③ 气体组分中的氧分压；④ 罐压；⑤ 温度；⑥ 培养基的物理性质等。而从式 5-33 可知，影响需氧的则是菌体的生理特性、培养基的丰富程度、温度等。因此控制发酵液中溶解氧的工艺手段有以下几种。

1. 改变通气速率（增大通风量）

改变通气速率主要是通过变化 $K_L a$ 来改变供氧能力。有两种情况：

（1）在低通气量的情况下，增大通气量对提高溶氧浓度有十分显著的效果。

（2）在空气流速已经十分大的情况下，在不改变搅拌转速的情况下，由于搅拌功率的下降，反而会导致溶解氧浓度的下降，同时会产生某些副作用。比如：泡沫的形成、水分的蒸发、罐温的增加以及染菌概率增加等。

2. 改变搅拌速度

一般说来，改变搅拌速度的效果要比改变通气速率大，这是因为：

（1）通气泡沫被充分破碎，增加有效气液接触面积；

（2）液流滞流增加，气泡周围液膜厚度和菌丝表面液膜厚度减小，并延长了气泡在液体中的停留时间,因而就较明显地增加 $K_L a$,提高了供氧能力。

可用下式来表示用搅拌方式控制溶氧系统的特性:

$$K = A\frac{OUR}{n^\alpha} \qquad (5-34)$$

式中,OUR—摄氧率,为菌体的耗氧能力和菌体浓度的综合结果;K—调节对象放大倍数,定义为每变化单位转速所引起的溶解氧浓度的变化;n—搅拌器转速;A、α—设备系数,与通风量、设备及发酵液的物料特性有关。

由式 5-34 可以看出:

(1) 当转速 n 较低时,增大 n 对 K 有明显作用;

(2) 当转速 n 很高时,K 值趋向于零,此时,增大 n 就起不到调节的作用。同时增大转速,不仅会使消耗功率增大,还会由于搅拌的剪切作用,打碎菌丝体,促使菌体自溶并减少产量。

3. 改变气体组成中的氧分压

用通入纯氧方法来改变空气中氧的含量,提高了 c^* 值,因而提高了供氧能力。纯氧成本较高,但对于某些发酵需要时,如溶氧低于临界值时,短时间内加入纯氧是有效而可行的,这种方法在实验室动植物细胞培养中已被采用。

其他富氧装置也在开发,但因成本核算问题,离实际工业生产使用还有距离。

4. 改变罐压

增加罐压实际上就是改变氧的分压 $p(O_2)$ 来提高 c^*,从而提高供氧能力,但此法不是十分有效,主要原因是:

(1) 提高罐压就要相应地增加空压机的出口压力,也就是增加了动力消耗。

(2) 发酵罐的强度也要相应增加。

(3) 提高罐压后,产生的 CO_2 溶解量也要增加,会使培养液的 pH 发生变化,这些对菌体生产都极为不利。

5. 改变发酵液的理化性质

在发酵过程中,菌体本身的繁殖及代谢可引起发酵液性质不断改变,例如改变培养液的表面张力、黏度及离子强度等就影响培养液中气泡的大小、气泡的溶解性、气泡稳定性以及合并为大气泡的速率。

同时发酵液的性质还影响到液体的流动及界面或液膜的阻力,因而显著地影响到氧的溶解速度,而且由于发酵液中菌丝浓度所引起的表观黏度的增加,可使通气速率下降。

如果培养基性质为限制氧传递因素时,就根据具体情况对培养液的某一物理性质进行改造,例如加消沫剂,补加无菌水,改变培养基的成分等都可以改善通气效果,以适应菌的正常生长。

6. 加入氧载体

近年来通过氧载体的加入来提高发酵系统的传氧系数已引起了注意。这些氧载体一般是不溶于发酵液的液体,呈乳化状态来提高气液相之间的传递,也就是说在气液之间起到了氧传递的促进作用。

常用的氧载体有:① 血红蛋白;② 烃类碳氢化合物(煤油、石蜡、甲苯与水等);③ 含氟碳化物。

表 5-6 中列出了各种控制溶氧水平的可供选择的工艺手段。

表 5-6 溶氧控制方法的比较

方法	作用机理	投资	运转成本	效果	对生产作用	备注
气体成分	c^* 变化	中到低	高	高	好	气相中高氧可能会爆炸,适用于小规模
搅拌速度	$K_L a$ 变化	高	低	高	好	在一定限度内,要避免过分剪切
挡板	$K_L a$ 变化	中	低	高	好	设备上须改装
通气速率	c^*、$K_L a$ 变化	低	低	低		可能引起泡沫
罐压	c^* 变化	中到高	低	中	好	罐强度要求高,对密封,探头有影响
基质浓度	氧需求变化	中	低	高	不一定	响应较慢须及早行动
温度	c^*、氧需求变化	低	低	变化	不一定	不是常应用
表面活性剂	K_L 变化	低	低	变化	不一定	需试验确定

本 章 提 要

1. 氧是好氧微生物生长和生成代谢产物、完成生物氧化所必需的特殊原料。

2. 发酵过程中,微生物只能利用溶解状态下的氧。

3. 在液体深层发酵罐中,外界提供的氧要克服一系列阻力才能传递到细胞内部被微生物吸收。气体溶解过程的双膜理论是本章叙述的重要内容。

4. 介绍了测定发酵设备溶氧传递系数的6种方法。

5. 发酵液性质、气液比表面积影响氧的溶解度。搅拌、空气线速度、表面活性剂、离子强度、菌体浓度等影响传氧系数。

6. 可用化学法、极谱法、压力法等测得发酵液中的溶解氧。

Chapter Summary

Chapter 5   Oxygen Requirements and Supplies as well as Mass Transfer of Oxygen

1. Oxygen is a special necessity for microbes to grow and metabolize as well as to fulfil biological oxidation.

2. Only dissolved oxygen could be utilized by microbes during fermentation.

3. In submerged fermentation, the oxygen in the air bubble couldn't be absorbed by a microorganism until it overcomes a series of resistance to transfer into the cell.

4. Six methods for determination of oxygen transfer coefficient in fermentation vessel are introduced.

5. Factors such as features of fermentation broth, specific surface area between air and liquid, agitation, air line velocity, surfactant, ionic strength, cells concentration affect oxygen transfer coeffi-

cient.

6. Assay of dissolved oxygen with methods of sulphite oxidation, polarograph, pressure, et al., is described.

关键术语

生物氧化	呼吸链	氧传递
电子传递	过氧化氢酶	细胞色素氧化酶
黄素脱氢酶	多酚氧化酶	溶解氧系数 K_d
呼吸强度	耗氧速率	临界氧浓度
供氧	耗氧	呼吸酶
气膜阻力	液膜阻力	菌丝丛
细胞团	传递阻力	双膜理论
气液接触界面	固液界面	氧分压
Henry(亨利)定律	逆向扩散	传递速率
气膜传质系数	液膜传质系数	总推动力
溶氧传递系数 $K_L a$	亚硫酸盐氧化法	取样极谱法
物料衡算法	动态法	排气法和电极法
溶氧浓度	饱和浓度	摄氧率 r
溶氧测定仪	过载现象	搅拌功率
搅拌	涡流运动	搅拌轴功率
空气线速度	氧载体	表观黏度
表面张力		

复习思考题

1. 供氧与微生物呼吸和代谢有什么关系？
2. 解释临界氧浓度的概念及意义。
3. 怎样测定和控制发酵液中的溶解氧浓度。有什么意义？
4. 解释氧在发酵液中的传质阻力和气体溶解过程的双膜理论。
5. 说明测定发酵设备溶氧传递系数 $K_L a$ 值的方法,如何测定。
6. 说明影响氧传递速率的主要因素和效果。

第六章 微生物发酵机理

微生物发酵机理是指微生物通过其代谢活动,利用基质合成人们所需要的产物的内在规律。由于微生物的种类、遗传性状和环境条件不同,微生物所能积累的产物不同,主要有微生物菌体、微生物酶和代谢产物,微生物的代谢产物很多,如酒精、丙酮丁醇、有机酸、氨基酸、核苷酸、蛋白质、抗生素、维生素、脂肪、多糖等。这些产物中有些是某种微生物在一定的环境条件下所生成的,如酒精和乳酸。也有许多产物是生理正常的微生物不能过量积累的,必须是具有特异的生理特征的微生物才能积累。人为地改变微生物的代谢调控机制,使有用中间代谢产物过量积累,这种发酵称为代谢控制发酵。微生物积累某种产物,取决于微生物遗传性状和环境条件,要控制微生物发酵的方向和质量,首先要研究微生物的生理代谢规律,就是生物合成各种代谢产物的途径和代谢调节机制,环境因素对代谢方向的影响以及改变微生物代谢方向的措施,这就是发酵机理的研究内容。

第一节 微生物基础物质代谢

▶▶ 一、微生物对培养基中碳源的代谢

微生物的碳素营养物质主要包括淀粉、纤维素、半纤维素、几丁质和果胶多糖类及其水解产物,其中最重要的是淀粉及其水解产物——葡萄糖。淀粉之所以是微生物重要的碳素营养物质,一是来源广泛而且十分丰富,农副产品和野生植物都含有大量的淀粉,二是能被大多数微生物分解利用。因此,在发酵生产中常以淀粉作碳源,经微生物转化,而生成一系列的发酵产品。

微生物分解淀粉是在淀粉酶类催化作用下进行的。根据微生物淀粉酶类作用机制不同,可分为 α-淀粉酶、β-淀粉酶、葡萄糖淀粉酶和异淀粉酶等类型。这些酶类共同对淀粉分解的结果,形成葡萄糖和果糖等己糖类物质。绝大多数异养菌都能利用葡萄糖等作碳源和能源,其他己糖均需转化为葡萄糖后再进一步被分解利用。

不同类型的微生物对葡萄糖分解方式和途径也不一样:

1. 碳源的厌氧分解

兼性和专性厌氧菌均能在无氧的条件下,对葡萄糖进行分解,并可生成多种多样的代谢产物。人们正是利用微生物的这些转化特性,形成了许多工业发酵产品。例如酒精、乳酸、丙酮与丁醇等。

2. 碳源的有氧分解

有氧分解葡萄糖时,出现异常代谢,就有可能导致代谢途径中某一中间产物的积累,而成为人类所需的发酵产品。在发酵工业中,如柠檬酸发酵,谷氨酸发酵以及很多的抗生素发酵生产,就是人为干扰微生物菌体内葡萄糖分解代谢,而造成一些中间代谢产物或次级代谢产物的积累。

▶▶ 二、微生物对培养基中氮源的代谢

蛋白质及其分解产物和一些无机含氮物都可以作为微生物氮素营养物质,甚至分子态氮也可用作某些微生物的氮源。微生物对蛋白质及其水解产物的分解过程如下:

蛋白质被肽酶分解生成氨基酸,脱氨作用生成有机酸,脱羧作用生成胺类。

微生物种类不同,所具有的蛋白酶系以及脱氨、脱羧酶差异很大。所以对蛋白质及其分解产物的代谢方式也是多种多样。在发酵工业中,传统的酱制品、酱油、豆豉和豆腐乳等,就是利用一些霉菌分泌产生的蛋白酶类,使豆类原料中蛋白质被水解为有鲜味和营养的食品;近代工业还利用微生物发酵所得到的蛋白酶制剂,作为消化剂和洗涤添加剂等。

▶▶ 三、微生物的能量代谢

一切生命活动都是耗能反应,因此,在微生物生理活动中能量代谢是至关重要的。微生物能量代谢的中心任务,是微生物如何把外界环境中多种形式的最初能源转换成生命活动能使用的通用能源——ATP。研究微生物能量代谢的机制实质上就是追踪多种形式的最初能源如何转化并释放出 ATP 的过程。微生物可以直接从外界获得能量,还可以通过异化,将吸收进体内的物质降解或氧化,从而获得能量。以下讨论微生物获得能量的几种形式。

1. 微生物的厌氧发酵

厌氧和兼性厌氧微生物,除了某些光能自养型菌以外,绝大多数为异养型菌。对于异养型厌氧微生物而言,大多数种类获得能量的唯一方式就是厌氧发酵,即 ATP 的生成靠底物水平的磷酸化。有些异养型厌氧微生物,能进行无氧呼吸,即这类微生物体内有一套电子传递系统,但最终电子受体不是 O_2,这类异养型厌氧微生物,还可通过电子传递磷酸化来生成 ATP。

微生物几乎可以利用一切有机物作为能源和碳源,但就异养微生物而言,最主要的能源和碳源是糖类,尤其是葡萄糖。葡萄糖的发酵包括两个方面:一方面是葡萄糖的分解,另一方面是氧化态氢载体的再生。前者涉及葡萄糖的分解途径,后者则涉及发酵类型。

葡萄糖的分解途径有:己糖二磷酸途径(EMP 途径),己糖单磷酸途径(HMP 途径),Entner-Doudoroff 途径(ED 途径),磷酸酮解途径(PK 途径)等四种。

除专性化能自养微生物外,几乎所有微生物都有 EMP 途径。对于绝对厌氧又无无氧呼吸的微生物而言,这是获得能量的唯一途径;对于好氧微生物来说,EMP 途径则是有氧呼吸的前奏。通过 EMP 途径 1 分子葡萄糖转变成 2 分子丙酮酸;产生 2 分子 ATP 和 2 分子 NADH。

HMP 途径几乎存在于一切生物体内。该途径除了可以为微生物生长提供能量外,还可以提

供不同长度的碳原子骨架的磷酸糖用于微生物生长。HMP途径一个循环的最终结果是1分子6-磷酸葡萄糖转变为1分子3-磷酸甘油醛，3分子CO_2和6分子NADPH。其特点是只有NADP参与反应，产生的NADPH在有氧条件下，通过电子传递磷酸化。另一个特点是3-磷酸甘油醛可以进入EMP，与EMP途径发生密切关系，因此，该途径又称磷酸戊糖支路。但一般认为HMP途径主要不是产能途径，而是为细胞的生物合成提供大量NADPH及中间代谢物。

ED途径中，6-磷酸葡萄糖首先脱氢产生6-磷酸葡萄糖酸，接着在脱水酶和醛缩酶的作用下，产生1分子3-磷酸甘油醛和1分子丙酮酸。3-磷酸甘油醛进入EMP途径转变成丙酮酸。1分子葡萄糖经ED途径最后生成2分子丙酮酸，1分子ATP，1分子NADPH和1分子NADH。

PK途径中，6-磷酸葡萄糖首先氧化成6-磷酸葡萄糖酸，接着进一步氧化脱羧成磷酸戊糖，磷酸戊糖经磷酸酮解反应生成乙酰磷酸和3-磷酸甘油醛，故称磷酸酮解途径。经PK途径发酵的终产物是乳酸、CO_2、乙醇或乙酸。

2. 微生物的呼吸

葡萄糖在降解过程中，将放出的电子交给$NAD(P)^+$或FAD(或FMN)等电子载体，然后经电子传递传给外源电子受体氧或其他氧化型化合物，从而生成水或其他还原型产物并放出能量，这一生物学过程称呼吸作用。其中，以分子氧为最终电子受体的称有氧呼吸，以氧化型化合物（如NO_3^-、NO_2^-、SO_4^{2-}、$S_2O_3^{2-}$、CO_2、Fe^{3+}以及延胡索酸等外源受体）为最终电子受体的称无氧呼吸。好氧微生物通过有氧呼吸获得能量，兼性厌氧微生物有时也能从有氧呼吸中获得能量，而有些厌氧微生物则可通过无氧呼吸获得能量。呼吸作用与发酵作用的不同之处在于：电子载体不是将电子直接交给葡萄糖降解的中间产物，而是交给电子传递链，经逐步释放出能量后再交给最终电子受体，因此呼吸作用的产能效率高。

3. 光能微生物的能量代谢

光合细菌利用太阳释放的光能驱动化学反应，固定二氧化碳，合成有机物。将光能转化为化学能的关键物质是一些光合色素，最早是在绿色植物的叶中发现的，故称叶绿素(chl)。后来，在光合细菌中发现了一些类似的光合色素，称（细）菌（叶）绿素(Bchl)。光合细菌主要通过环式光合磷酸化作用产生ATP。光捕获复合体上的Bchl和类胡萝卜素吸收一个光子后，引起吸收最长波长的构成体(B870)激活，从而传给反应中心，激发态的$P870^*$释放出一个高能电子，经Bchl传给初级受体Bph(细菌脱镁叶绿素)。Bph随即将电子传给次级受体CoQ，CoQ将电子传给细胞色素c的过程中造成了质子的跨膜移动，这就为ATP的生成提供了能量。反应中心复合体放出一个电子后，成为一个较强的氧化剂($Bchl^+$)，它能从细胞色素c处接受一个电子而复原，于是，高能电子从Bchl释放，经Bph、CoQ、细胞色素c然后又回到Bchl，构成了一个环式回路，并在电子循环传递过程中使光能变为化学能，故称环式光合磷酸化。环式光合磷酸化可以在厌氧条件下进行，产物只有ATP，没有NAD(P)H，也不产生O_2。

4. 化能自养微生物的能量代谢

化能自养细菌是从无机物的氧化中得到能量(ATP)和还原力(NADH或NADPH)，然后通过卡尔文循环反应同化CO_2。专性化能自养菌不能吸收和利用有机物，所以它不能像异养微生物那样通过糖酵解及三羧酸循环来产能。

专性化能自养菌氧化无机物时，将产生的电子通过呼吸链传给氧，其产能过程需要大量氧，所以所有专性化能自养菌都是好氧的。

真正属于专性化能自养型的种类并不多,不少种类是属于兼性自养型的,甚至还有混合营养型的。非专性的化能自养菌大多数也是好氧的,但也有厌氧的和兼性厌氧的。现在知道,专性化能自养菌并非绝对不吸收有机物,而是能不同程度地同化有机物进而将其组成为细胞物质。但专性化能自养菌吸收的有机物不是作为能源,且吸收量有限、不能代替CO_2作为主要碳源。

第二节 厌氧发酵产物的合成机制

绝大多数微生物都能利用葡萄糖作为能源和碳源。因此,葡萄糖的分解代谢、能量转化规律,具有生物学意义。葡萄糖经过1,6-二磷酸果糖生成3-磷酸甘油醛,3-磷酸甘油醛再降解生成丙酮酸并产生 ATP 的代谢过程称为糖酵解。糖酵解的特点可概括如下:

① 糖酵解(EMP)途径是单糖分解的一条重要途径,它存在于各种细胞中,它是葡萄糖有氧、无氧分解的共同途径。

② 糖酵解(EMP)途径的每一步都是由酶催化的,其关键酶有己糖激酶、磷酸果糖激酶、丙酮酸激酶。

③ 当以其他糖类作为碳源和能源时,先通过少数几步反应转化为糖酵解途径的中间产物,这时从葡萄糖合成细胞组成成分的标准反应序列同样有效。

在缺氧条件下,细胞进行无氧酵解(即无氧呼吸),仅获得有限的能量以维持生命活动,丙酮酸继续进行代谢可产生酒精、乳酸等厌氧代谢产品。

在有氧条件下,细胞进行有氧代谢生成丙酮酸后,进入 TCA 循环,其发酵产品有柠檬酸、氨基酸及其他有机酸和氨基酸等。

糖代谢的调节主要是能荷的控制,就是受细胞内能量水平的控制。在生物体内 ATP 和 ADP 是有一定比例的。由于细胞内维持一定的能荷,对糖酵解进行有效调节。当体系中 ATP 含量高时,ATP 抑制磷酸果糖激酶和丙酮酸激酶的活性,使糖酵解减少。当需能反应加强时,ATP 分解为 ADP 和 AMP,ATP 减少,ADP、AMP 增加,ATP 的抑制作用被解除,同时 ADP、AMP 激活己糖激酶和磷酸果糖激酶,使6-磷酸葡萄糖、1,6-二磷酸果糖、3-磷酸甘油醛浓度增加,它们都是丙酮酸激酶的激活剂,使糖酵解加快。无机磷也是糖酵解的调节者,它解除6-磷酸葡萄糖对己糖激酶的抑制,使更多的葡萄糖酵解。柠檬酸、脂肪酸和乙酰-CoA 对糖酵解系统也有调节作用。

糖酵解途径(也叫 EMP 途径)从葡萄糖到丙酮酸共有十步反应,分别由十种酶催化。这些酶均在细胞内组成了可溶性的多酶体系。糖酵解(glycolysis)分为三个阶段:

① 由葡萄糖到1,6-二磷酸果糖(F-1,6-2P),该过程包括三步反应,是需能过程,消耗2个分子 ATP。

② 1,6-二磷酸果糖降解为3-磷酸甘油醛,包括两步反应。

③ 3-磷酸甘油醛经五步反应生成丙酮酸,这是氧化产能步骤。

从葡萄糖经糖酵解到丙酮酸总反应式如下。

$$\begin{matrix} CHO \\ (CHOH)_4 \\ CH_2OH \end{matrix} + 2H_3PO_4 + 2ADP + 2NAD^+ \longrightarrow 2\begin{matrix} COOH \\ C=O \\ CH_3 \end{matrix} + 2ATP + 2NADH + H^+ + 2H_2O$$

糖酵解产生的丙酮酸和还原型辅酶都不是代谢终产物,它们的去路因不同生物体和不同培养条件而异。

▶▶ 一、酒精、甘油发酵机制

(一) 酵母菌的酒精发酵

1. 乙醇生成机制

在酵母体内,葡萄糖经酵解途径生成丙酮酸,在无氧条件下,由丙酮酸脱羧酶催化,丙酮酸脱羧生成乙醛,反应如下。

$$CH_3COCOOH \xrightleftharpoons{\text{丙酮酸脱羧酶}} CH_3CHO + CO_2$$

丙酮酸脱羧酶需要焦磷酸硫胺素为辅酶,并需要 Mg^{2+},所生成的乙醛在乙醇脱氢酶作用下成为受氢体,被还原成乙醇,反应如下。

$$CH_3CHO + NADH + H^+ \xrightleftharpoons{\text{乙醇脱氢酶}} CH_3CH_2OH + NAD^+$$

由葡萄糖生成乙醇的总反应式为

$$C_6H_{12}O_6 + 2ADP + 2H_3PO_4 \longrightarrow 2CH_3CH_2OH + 2CO_2 + 2ATP$$

则 1 mol 葡萄糖生成 2 mol 乙醇,理论转化率为

$$\frac{2 \times 46.05}{180.1} \times 100\% = 51.1\%$$

式中,46.05 为乙醇相对分子质量,180.1 为葡萄糖相对分子质量。但是在生产中约有 5% 葡萄糖用于合成酵母细胞组成成分和副产物,实际上乙醇生成量约为理论值的 95%,则乙醇对糖转化率约为 48.5%。

酵母菌在无氧的条件下,通过十几步反应,1 分子葡萄糖可以转化成 2 分子乙醇、2 分子 CO_2 和 2 分子 ATP。

在好氧条件下,酵母发酵能力降低,这个事实很早就被巴斯德发现,称为巴斯德效应。巴斯德效应,与其说是乙醇的积累在好氧条件下减少,不如说是细胞内糖代谢降低。

关于巴斯德效应的机制,很早就提出了许多学说,已经证实第一个调节点是磷酸果糖激酶,此酶是变构酶,它受 ATP、柠檬酸及其他高能化合物所抑制,受 AMP、ADP 激活。在好氧条件下,糖代谢进入三羧酸循环,产生柠檬酸等,并通过氧化磷酸化生成大量 ATP,细胞内柠檬酸生成量增加,反馈阻遏磷酸果糖激酶的合成,这种阻遏作用由于 ATP 存在而加强,同时 ATP 反馈抑制该酶的活性。由于磷酸果糖激酶受抑制,导致 6 - 磷酸果糖积累,由于 6 - 磷酸葡萄糖到 6 - 磷酸果糖反应达平衡时,醛糖:酮糖 = 7:3,因此导致 6 - 磷酸葡萄糖积累,6 - 磷酸葡萄糖反馈抑制己糖激酶,抑制葡萄糖进入细胞内,最终导致葡萄糖利用率降低。

2. 酵母菌酒精发酵中副产物的生成

在酒精发酵中,主要产物是乙醇和 CO_2,但也伴随着生成达 40 多种的副产物,主要是醇、醛、酸和酯等。副产物生成一方面耗用了糖分,同时影响产品的质量。为了使糖分最大限度地用于合成乙醇和提高产品质量,应尽量减少副产物的生成。

(1) 杂醇油的生成

杂醇油是碳原子数大于2的脂肪族醇类的统称，主要由正丙醇、异丁醇（2-甲基-1-丙醇）、异戊醇（3-甲基-1-丁醇）和活性戊醇（d-戊醇、2-甲基-1-丁醇）组成。这些高级醇是构成酒类风味的重要组成物质之一，当其过量时会影响产品质量，是酒类产品中质量指标之一，应予以控制。酒精发酵中高级醇的形成途径有两种。

① 氨基酸氧化脱氨作用：早在1907年 Ehrlish 提出了高级醇的形成来自氨基酸的氧化脱氨作用。后来 Sentheshani Nuganthan（1960）根据以啤酒酵母无细胞抽出液研究从氨基酸形成高级醇的机理，提出以下途径。

试验证明转氨基是在 α-酮戊二酸间进行。同时证明了在天冬氨酸、亮氨酸、异亮氨酸、缬氨酸、蛋氨酸、苯丙氨酸、色氨酸、酪氨酸等均有此转氨作用。根据此机制，由缬氨酸产生异丁醇、异亮氨酸产生活性戊醇、酪氨酸产生酪醇、苯丙氨酸产生苯乙醇等。

② 由葡萄糖直接生成：酵母通过糖代谢生成的中间产物 α-酮酸（C原子较低），与活性乙醛缩合，再经过还原、异构、脱水作用形成相应的 α-酮酸（C原子较高），此 α-酮酸脱羧、加氢形成少一个碳原子的高级醇，或者此 α-酮酸经加氨形成缬氨酸、亮氨酸和异亮氨酸等，再进一步生成相应的醇。

正丙醇的形成是由苏氨酸在苏氨酸脱水酶作用下生成 α-氨基-2-丁烯酸，经脱氨生成 α-丁酮酸，经脱羧生成醛再还原而生成正丙醇。

（2）琥珀酸的生成

琥珀酸的生成与谷氨酸存在有关系，当在发酵醪中加入谷氨酸时，可增加琥珀酸的产量。其总反应式如下：

$$C_6H_{12}O_6 + HOOC(CH_2)_2COOH(NH_2) + H_2O \longrightarrow HOOC(CH_2)_2COOH + 2CH_2OHCHCH_2OH(OH) + CO_2 + NH_3$$

在此反应中由于受氢体是磷酸甘油醛，所以反应产物除琥珀酸外，还有甘油。

(3) 酯类的生成

由于发酵过程中产生的醇类和酸类,经酯化反应生成各种酯类,这种酯类叫生化酯类。

(4) 糠醛、甲醇等的生成

糠醛是采用淀粉原料在高压高温蒸煮时,由糖脱水生成的。甲醇是原料中的果胶质受果胶酯酶的水解生成的。

(二) 细菌的酒精发酵

少数假单胞杆菌(*Pseudomonas*),如林氏假单胞菌(*P. lindneri*)能利用葡萄糖经 ED 途径进行酒精发酵,总反应式为:

$$C_6H_{12}O_6 + ADP + H_3PO_4 \longrightarrow 2CH_3CH_2OH + 2CO_2 + ATP$$

在 ED 途径中生成的 2 分子的丙酮酸脱羧生成乙醛,乙醛还原生成乙醇。

ED 途径由部分 EMP、部分 HMP 和两个特有的酶组成的。两个特征性酶分别为 6 - 磷酸葡萄糖酸脱水酶和脱氧酮糖酸醛缩酶。

在末端假单胞菌中能使 2 分子丙酮酸脱羧,然后还原乙醛生成 2 分子乙醇和 2 分子 CO_2;而在其他假单胞菌中氢载体氧化后,生成 1 分子的乙醇、1 分子乳酸和 1 分子 CO_2。

细菌酒精发酵是 20 世纪 70 年代出现的。其特点是代谢速率快,发酵周期短,比酵母菌的酒精产率高,此类菌具有厌氧和耐高温的特点,且能利用各种糖类。目前处于实验阶段。

(三) 甘油发酵机制

1. 亚硫酸盐法甘油发酵

酵母菌在无氧条件下所生成的乙醇是由乙醛获得了氢。如果改变条件,使乙醛这个中间产物不存在,那么酵母菌就不会产生乙醇。如在发酵液中加入亚硫酸氢钠($NaHSO_3$),乙醛就与

$NaHSO_3$ 起加成作用,生成难溶的结晶状亚硫酸钠加成物($CH_3\overset{OH}{\underset{}{C}}HOSO_2Na$),这样就使乙醛不能作为受氢体,而迫使磷酸二羟丙酮作为受氢体,在 α - 磷酸甘油脱氢酶(NAD^+ 为辅酶)催化下生成 α - 磷酸甘油,α - 磷酸甘油水解便生成 α - 甘油,这就是工业上用酵母菌发酵法制备甘油的理论依据。在不加亚硫酸氢钠时,磷酸二羟丙酮也可作为还原辅酶 I 的受氢体,形成磷酸甘油,因此正常的酵母菌也有极少量的甘油生成。

$$C_6H_{12}O_6 + NaHSO_3 \longrightarrow \begin{array}{c} CH_2OH \\ | \\ CHOH \\ | \\ CH_2OH \end{array} + CH_3\overset{OH}{\underset{|}{C}}HOSO_2Na + CO_2$$

$$\begin{array}{c} CH_2O\text{(P)} \\ | \\ C=O \\ | \\ CH_2OH \end{array} + NADH + H^+ \longrightarrow \begin{array}{c} CH_2O\text{(P)} \\ | \\ CHOH \\ | \\ CH_2OH \end{array} \longrightarrow \begin{array}{c} CH_2OH \\ | \\ CHOH \\ | \\ CH_2OH \end{array}$$

1 mol 葡萄糖只产生 1 mol 甘油,不产生 ATP,整个过程无 ATP 积累,可见在甘油发酵过程中亚硫酸氢钠不能加得太多,否则会使酵母菌因得不到能量而终止发酵,必须留一部分酒精发酵,以使获得一些能量,供生命活动所需。

在果酒的发酵中,由于使用亚硫酸作为抑菌剂,故副产物甘油量较大,甘油具有调味功能,使酒的口感圆润。

2. 碱法甘油发酵

酒精酵母的发酵液在保持碱性(pH 7.6 以上)的条件下,发酵产生的乙醛不能作为正常的氢受体,而是 2 分子乙醛之间发生歧化反应,相互氧化还原,生成等量的乙醇和乙酸。此时,由 3-磷酸甘油醛脱氢生成的 NADH 用来还原磷酸二羟丙酮,并进而生成甘油。

$$2C_6H_{12}O_6 + H_2O \longrightarrow 2\underset{\underset{CH_2OH}{|}}{\overset{\overset{CH_2OH}{|}}{CHOH}} + C_2H_5OH + CH_3COOH + 2CO_2$$

碱法甘油发酵的产品有甘油、乙醇、乙酸,也不产生 ATP,所以此法只能在酵母的非生长情况下进行发酵。此过程也称为酵母菌的Ⅲ型发酵。

二、乳酸发酵机制

乳酸发酵有同型乳酸发酵和异型乳酸发酵两种类型。前者在发酵产物中只有乳酸,后者的产物中除乳酸外,还有乙醇和 CO_2。两者的发酵菌种不同,发酵机制也不同。

1. 同型乳酸发酵

同型乳酸发酵是乳酸菌利用葡萄糖经酵解途径生成丙酮酸。由于大多数乳酸菌不具有脱羧酶,因此,丙酮酸不能脱羧生成乙醛,而在乳酸脱氢酶催化下(需要还原型辅酶Ⅰ),丙酮酸为受氢体被还原为乳酸。见图 6-1。

根据这一途径,由葡萄糖合成乳酸的总反应式为

$$C_6H_{12}O_6 + 2ADP + 2H_3PO_4 \longrightarrow 2CH_3CHOHCOOH + 2ATP$$

则 1 mol 葡萄糖生成 2 mol 乳酸,理论转化率为:

$$\frac{90 \times 2}{180} \times 100\% = 100\%$$

进行同型乳酸发酵的细菌主要有乳酸链球菌(*Streptococcus lactis*)、乳酪杆菌(*Lactobacillus casei*)、保加利亚乳杆菌(*L. bulgaricus*)、德氏乳杆菌(*L. delbriickii*)等。工业生产上多用后者为菌种。

2. 异型乳酸发酵

以磷酸酮解途径进行糖代谢的微生物,葡萄糖发酵产物,除生成乳酸之外还有比例较高的乙醇和 CO_2,其生物合成途径有两种。

(1) 6-磷酸葡萄糖酸途径

葡萄糖经 6-磷酸葡萄糖生成 5-磷酸核酮糖,再经差向异构作用生成 5-磷酸木酮糖。后者经磷酸解酮酶催化,分解为 3-磷酸甘油醛和乙酰磷酸。乙酰磷酸经磷酸转乙酰酶作用变为乙酰 CoA,再经乙醛脱氢酶和醇

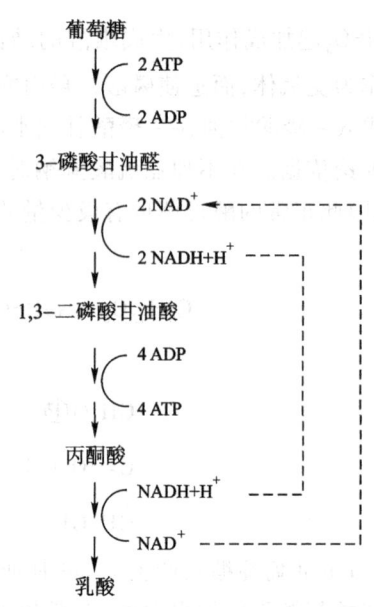

图 6-1 葡萄糖的同型乳酸发酵

脱氢酶作用生成乙醇。而3-磷酸甘油醛经EMP途径生成丙酮酸。后者经乳酸脱氢酶催化还原为乳酸。如图6-2所示。

这是一条磷酸酮解途径，1 mol 葡萄糖生成1 mol 乳酸和1 mol 乙醇。乳酸对糖的理论转化率是50%。

肠膜明串珠菌(*Leuconotoc mesenteroides*)和葡聚糖明串珠菌(*L. dextranicum*)等微生物通过该途径进行异型乳酸发酵。

（2）双歧(bifidus)途径

双歧途径为两歧双歧杆菌(*Bifidobacterium bifidum*)分解葡萄糖生成乳酸的途径，这也是一条磷酸酮解途径。该途径的特点是：① 有两个磷酸解酮酶(PK)参与；② 在没有氧化作用和脱氢反应参与下，2分子葡萄糖分解为3分子3-磷酸甘油醛，接着，在3-磷酸甘油醛脱氢酶和乳酸脱氢酶的参与下，3-磷酸甘油醛转变为乳酸。

微生物的代谢途径一般都不是单一的，因此，不论同型发酵还是异型发酵，实际代谢产物都不像代谢途径中那样单纯，所以，两类乳酸发酵的产物并没有不可逾越的界限。在微生物的分类研究中，通常把发酵1 mol 葡萄糖产生的乳酸少于1.8 mol，同时还产生较多的乙醇、CO_2 或乙酸、甘油、甘露醇等产品的乳酸菌称为异型乳酸菌。同型乳酸发酵的微生物已经用来发酵产生乳酸。异型乳酸发酵的微生物，例如双歧杆菌，已经用于发酵生产活菌饮料，并越来越受重视。

三、丙酮丁醇发酵机制

丙酮丁醇菌在广义上介于丁酸菌族(*Clostridium*)。丁酸菌是嫌气性的，有鞭毛，能运动的杆菌，在产生孢子时成为纺锤状或鼓槌状。细胞内含有淀粉粒，能被碘液染成深蓝色。丙酮丁酸菌除具有丁酸菌的通性外，还具有能发酵产生丙酮、丁醇等中性产品的能力。在中性培养基中发酵时，一般丁酸菌和丙酮菌均能产生丁酸和醋酸，当培养基的酸度增加到一定数值后，一般丁酸菌即停止发酵，并且菌体的繁殖也停止，但是丙酮丁醇菌则不然，当培养基的强度达到最高点后，由于有脱羧能力，酸度反而下降，并且产生中性的产品——丙酮、丁醇、乙醇等。其合成代谢途径见图6-3。

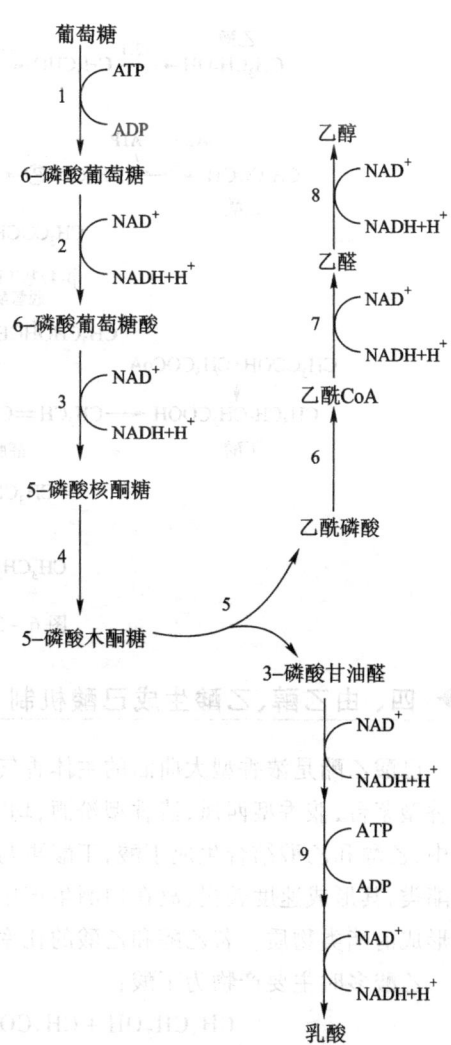

图6-2 6-磷酸葡萄糖酸生产乳酸和乙醇

1-己糖激酶；2-6-磷酸葡萄糖脱氢酶；3-6-磷酸葡萄糖酸脱氢酶；4-5-磷酸核酮糖-3-差向异构酶；5-磷酸解酮酶；6-磷酸转乙酰酶；7-乙醛脱氢酶；8-醇脱氢酶；9-与同型乳酸发酵机制上的酶一致

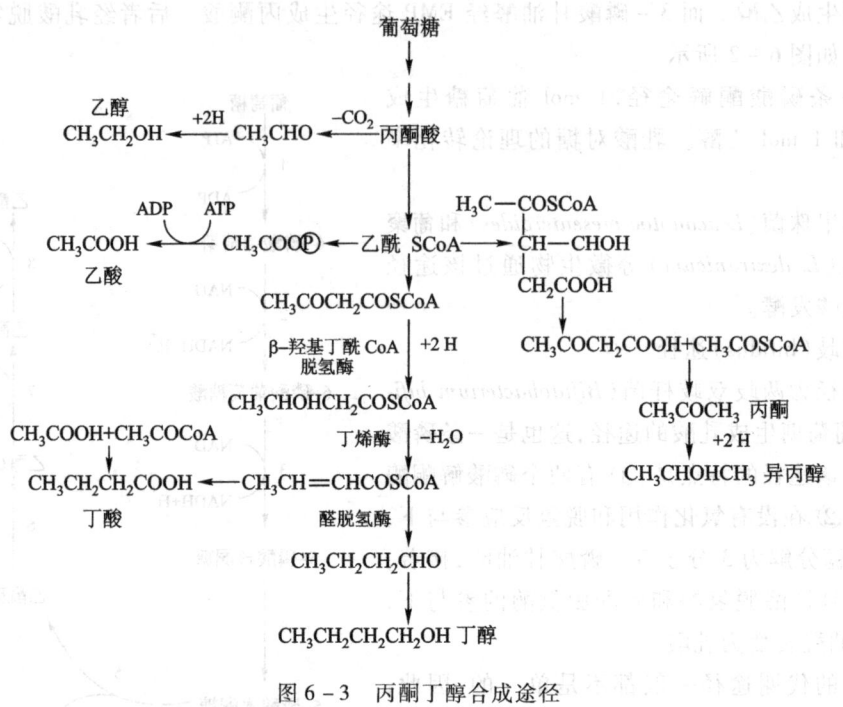

图 6-3 丙酮丁醇合成途径

四、由乙醇、乙酸生成己酸机制

己酸乙酯是浓香型大曲酒的主体香气成分，是由己酸和乙醇酯化形成的。浓香型的五粮液，酱香型茅台，兼香型西凤，清香型汾酒，均有其典型的特征。己酸的形成属于合成发酵，在发酵过程中，乙醇和乙酸结合生成丁酸，丁酸再与乙醇结合生成己酸。由于乙醇与己酸发生反应形成化学酯类，其形成速度较慢，故在白酒生产中，需长期贮存。白酒中的酯还有生化酯类，即在发酵过程形成的酯类物质。若乙醇和乙酸的比率不同，则丁酸和己酸形成的比率也不同。

乙酸多时主要产物为丁酸：

$$CH_3CH_2OH + CH_3COOH \longrightarrow CH_3CH_2CH_2COOH + H_2O$$

乙醇多时主要产物为己酸：

$$CH_3CH_2OH + CH_3COOH \longrightarrow CH_3(CH_2)_4COOH + H_2O$$

在乙醇含量远高于乙酸的酒醅（fermenting grains）中，这个过程实际上是极其复杂的代谢过程。

在大曲酒发酵过程中，淀粉质原料首先被糖化，然后由己酸菌将糖转化成己酸、乙酸、CO_2 和 H_2。

己酸与乙醇酯化主要通过酰基辅酶A的形式进行，反应式如下。

$$CH_3(CH_2)_4COOH + ATP + CoASH \longrightarrow CH_3(CH_2)_4COSCoA + AMP + Pi + H_2O$$

$$CH_3(CH_2)_4COSCoA + CH_3CH_2OH \longrightarrow CH_3(CH_2)_4COOC_2H_5 + CoASH$$

但在大曲发酵中，通过上述途径生成的己酸乙酯只是一部分，另一部分则是通过芽孢杆菌利用乙酸乙酯为承受体，加入乙醇生成丁酸乙酯，然后再与乙醇反应生成己酸乙酯。

$$CH_3COOC_2H_5 + CH_3CH_2OH \longrightarrow CH_3(CH_2)_2COOC_2H_5 + H_2O$$
$$CH_3(CH_2)_2COOC_2H_5 + CH_3CH_2OH \longrightarrow CH_3(CH_2)_4COOC_2H_5 + H_2O$$

可以看出,乙醇、乙酸和乙酸乙酯是成香的前体物质,其含量变化会导致酒质量的波动。

五、甲烷(沼气)发酵机制

甲烷发酵的机理是厌氧菌将糖类、脂肪、蛋白质等复杂的有机物最终分解成甲烷和CO_2。有机物的甲烷发酵不是由单一的甲烷产生菌所能完成的,甲烷发酵至少由三个阶段组成,第一个阶段是有机聚合物水解生成单体化合物,进而分解成各种脂肪酸、CO_2和H_2;第二阶段是各类脂肪酸进行分解,生成乙酸、CO_2和H_2;第三阶段是由乙酸和CO_2及H_2反应生成甲烷。

甲烷发酵的前两个阶段统称为产酸阶段,产酸阶段也叫液化阶段,参与这一阶段发酵的产酸细菌大部分是兼性厌氧细菌,如梭菌属(*Clostridium*),芽孢杆菌属(*Bacillus*),葡萄球菌属(*Staphlococus*),变形菌属(*Frotcis*),杆菌属(*Bacterium*)等。只有少量的原生动物、霉菌和酵母参与这一反应。发酵液中这一类非甲烷产生菌的数量大体上与甲烷产生菌相等,达$10^6 \sim 10^8$个/mL。

第三阶段的产气过程称为甲烷发酵,与这一过程有关的细菌总称为甲烷菌。甲烷菌是严格厌养菌,不产孢子。采用新的厌氧培养技术,可以分离得到20种以上的甲烷产生菌。1979年Balch将甲烷菌分成三类:第一类包括甲烷杆菌属(*Methanobacterium*)和甲烷短杆菌属(*Methanobrevibacter*)在内的甲烷杆菌目(*Methanobacteriales*);第二类包括甲烷球菌属(*Methanococcus*)在内的甲烷球菌目(*Methanococcales*);第三类为甲烷微菌目(*Methanomicrobiales*),分为两科,第一科包括甲烷微菌属(*Methanomicrobium*)、产甲烷菌属(*Methanogenium*),甲烷螺菌属(*Methanospirillum*),第二科包括巴氏甲烷八叠球菌(*Methanosarcina barkeri*)等细菌。各种甲烷菌之间在RNA排列顺序上都很相似,它们都具有嗜盐性,而且比典型的细菌耐温和耐酸。所以有人将甲烷菌和嗜盐菌、嗜热菌、嗜酸菌等一起分类属于古细菌。甲烷菌与真细菌的一个主要区别在于它能抵抗破坏真细菌细胞壁的抗生素的作用。甲烷发酵可用图6-4表示。可见,甲烷发酵是由许多厌氧细菌同时进行的产酸和产气的复合发酵。

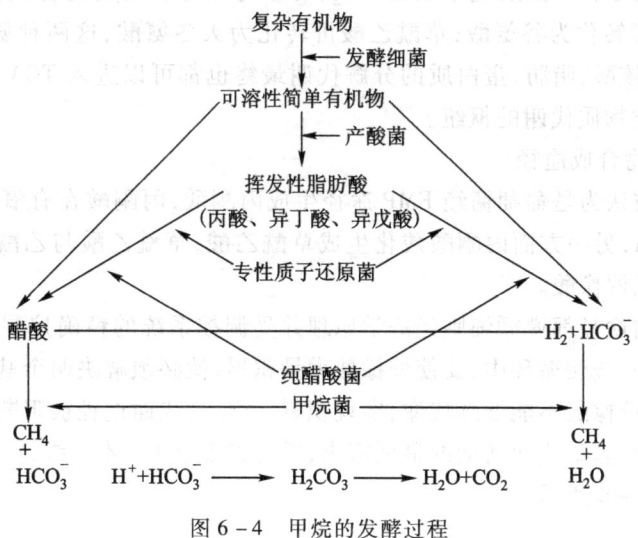

图6-4 甲烷的发酵过程

复杂的有机物受到各类微生物的作用,生成简单的可溶性有机物,可溶性有机物经产酸菌的代谢生成 H_2、乙酸和其他脂肪酸(3~5碳)。丙酸等3~5个碳的脂肪酸不能直接被甲烷菌转化生成甲烷,而先要有一种专性质子还原菌或醋酸菌将它们转化为醋酸和氢,甲烷菌再将 H_2、HCO_3^-(生成碳酸盐)或醋酸转化为甲烷(CH_4),并产生 ATP。生成碳酸盐在溶液中和碳酸相平衡,后者与溶解态的 CO_2 相平衡,液相 CO_2 又与气相 CO_2 相平衡。最终的产物是生物气体($CH_4 + CO_2$)。两者比例与基质、细菌分解途径、pH 和发酵液的缓冲能力有关,CH_4 占的比例为50%~90%。

甲烷发酵也叫沼气发酵。甲烷发酵过程的甲烷菌和非甲烷菌均叫沼气菌(biogas producing bacteria)。甲烷发酵的三个阶段是相互依赖和连续进行的,并保持动态平衡。如果平衡遭到破坏,沼气发酵就受到影响,甚至停止。

第三节　好氧发酵产物合成机制

一、有机酸发酵机制

(一)柠檬酸发酵机制

黑曲霉可以由糖类、乙醇和醋酸发酵生产柠檬酸,这是一个非常复杂的生理生化过程。对柠檬酸的发酵机理长期以来基于假设,直到酵母菌酒精发酵机制被揭示以后,Krebs 等许多科学家发现了黑曲霉中存在 TCA 循环所有的酶,柠檬酸发酵机制才被认识。

1. TCA 循环

TCA 循环是大多数动、植物和微生物在有氧条件下经 EMP 途径产生的丙酮酸脱羧生成乙酰 CoA,再经一系列的氧化、脱羧,最终生成 CO_2 和 H_2O 并产生能量的过程,该途径是由 Krebs 提出的,又称 Krebs 循环。图6-5是 TCA 循环与乙醛酸循环途径。

每分子葡萄糖经 EMP 途径与 TCA 循环彻底氧化时,共产生38分子 ATP,可提供生物体利用的能量,是生物体生命活动能量的主要来源。EMP 途径和 TCA 循环中的一系列中间产物提供了合成其他生物物质的原料。如反应中放出 CO_2,可参与嘌呤和嘧啶的合成;乙酰 CoA 可合成脂肪酸;α-酮戊二酸可转化为谷氨酸;草酰乙酸可转化为天冬氨酸,这两种氨基酸都可能参与蛋白质的合成。反之,核酸、脂肪、蛋白质的分解代谢最终也都可以进入 TCA 循环而被彻底氧化。TCA 循环是联系各类物质代谢的枢纽。

2. 柠檬酸的生物合成途径

柠檬酸的合成被认为是葡萄糖经 EMP 途径生成丙酮酸,丙酮酸在有氧的条件下,一方面氧化脱羧生成乙酰 CoA,另一方面丙酮酸羧化生成草酰乙酸,草酰乙酸与乙酰 CoA 在柠檬酸合成酶的作用下缩合生成柠檬酸。

细胞的正常代谢途径都遵循细胞经济学原理并受调控系统的精确控制,中间产物一般不会超常积累。因此,在三羧酸循环中,要使柠檬酸大量积累,就必须解决两个基本问题。第一,设法阻断代谢途径,即使柠檬酸不能继续代谢,实现积累。第二,代谢途径被阻断部位之后的产物,必须有适当的补充机制,满足代谢活动的最低需求,维持细胞生长,才能维持发酵持续进行。柠檬酸的合成途径如图6-6所示。

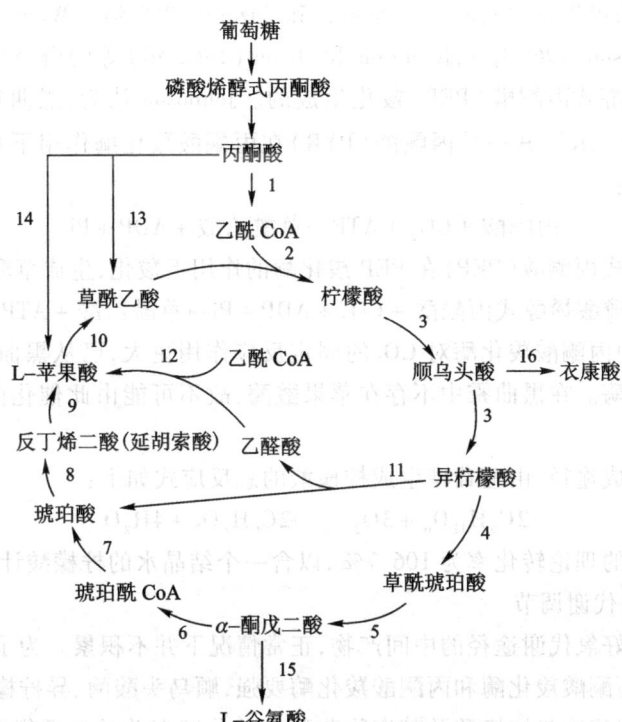

图 6-5 TCA 循环与乙醛酸循环

1-丙酮酸脱氢酶;2-柠檬酸合酶;3-顺乌头酸酶;4,5-异柠檬酸脱氢酶;6-α-酮戊二酸脱氢酶;7-琥珀酰 CoA 合成酶;
8-琥珀酸脱氢酶;9-延胡索酸酶;10-L-苹果酸脱氢酶;11-异柠檬酸裂解酶;12-苹果酸合成酶;
13-丙酮酸羧化酶;14-苹果酸酶;15-谷氨酸脱氢酶;16-乌头酸脱羧酶

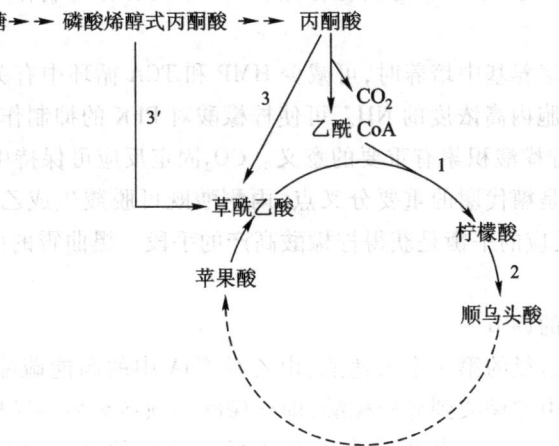

图 6-6 柠檬酸合成途径

1-柠檬酸合酶;2-顺乌头酸酶;3-丙酮酸羧化酶;3′-磷酸烯醇式丙酮酸羧化酶

在柠檬酸积累的条件下,三羧酸循环已被阻断,不能由此来提供合成柠檬酸所需要的草酰乙酸,必须由另外途径来提供草酰乙酸。根据 Feri 和 Suzuki(1969 年)、Wongchai 和 Jeflernon(1974年)、Woronick 和 Johnson(1960 年)、Johnoson 和 Bloom(1962 年)等的研究证实草酰乙酸是由丙酮酸(PYR)或磷酸烯醇式丙酮酸(PEP)羧化生成的。Johnoson 认为,黑曲霉有两种 CO_2 固定酶系,两种系统均需 Mg^{2+}、K^+,其一是丙酮酸(PYR)在丙酮酸羧化酶作用下羧化,生成草酰乙酸,此酶催化的反应如下:

$$丙酮酸 + CO_2 + ATP \rightarrow 草酰乙酸 + ADP + Pi$$

其二是磷酸烯醇式丙酮酸(PEP)在 PEP 羧化酶的作用下羧化,生成草酰乙酸,其反应如下:

$$磷酸烯醇式丙酮酸 + CO_2 + ADP + Pi \rightarrow 草酰乙酸 + ATP$$

这两种酶中,其中丙酮酸羧化酶对 CO_2 的固定反应作用更大,已从黑曲霉中提纯获得此酶,并证实该酶是组成型酶。在黑曲霉中不存在苹果酸酶,故不可能由此催化丙酮酸还原羧化生成苹果酸。

根据柠檬酸的合成途径,由葡萄糖生成柠檬酸的总反应式如下:

$$2C_6H_{12}O_6 + 3O_2 \longrightarrow 2C_6H_8O_7 + 4H_2O$$

柠檬酸发酵对糖的理论转化率为 106.7%,以含一个结晶水的柠檬酸计为 116.7%。

3. 柠檬酸积累的代谢调节

柠檬酸是微生物好氧代谢途径的中间产物,正常情况下并不积累。为了积累柠檬酸,柠檬酸合成酶、磷酸烯醇式丙酮酸羧化酶和丙酮酸羧化酶要强,顺乌头酸酶、异柠檬酸脱氢酶、异柠檬酸裂解酶、草酰乙酸水解酶等与柠檬酸及其底物草酰乙酸分解有关的酶要微弱。顺乌头酸酶失活是阻断 TCA 循环积累柠檬酸的必要条件之一。

(1) 糖酵解及丙酮酸代谢的调节

黑曲霉生长时 EMP 与 HMP 途径比率为 2∶1,生产柠檬酸时为 4∶1。因此,EMP 的调节对柠檬酸发酵非常重要。

在 EMP 途径中,第一个调节酶是磷酸果糖激酶(PFK),它的存在,就意味着该生物有 EMP 途径。AMP、无机磷、NH_4^+ 对 PFK 有活化作用,ATP 对该酶有抑制作用,NH_4^+ 能有效解除 ATP、柠檬酸对 PFK 的抑制。

黑曲霉在缺锰的培养基中培养时,可减少 HMP 和 TCA 循环中有关酶的活性;更重要的是可提高 NH_4^+ 浓度,这种胞内高浓度的 NH_4^+ 可使柠檬酸对 PFK 的抑制作用解除,使之增产。

CO_2 固定反应对柠檬酸积累有重要的意义。CO_2 固定反应可保持中间物的及时补充,保证柠檬酸的积累。丙酮酸是糖代谢的重要分叉点,丙酮酸既可脱羧生成乙酰 CoA,又可以固定 CO_2,生成草酰乙酸,保持反应的平衡是获得柠檬酸高产的手段。黑曲霉的丙酮酸羧化酶已被提纯,它是组成型酶。

(2) 三羧酸循环的调节

柠檬酸合酶是该途径的第一个限速酶,由乙酰 CoA 中的高能硫酯键水解释放大量能量,推动合成柠檬酸。另外由柠檬酸到异柠檬酸,即柠檬酸→顺乌头酸→异柠檬酸,两步反应均由顺乌头酸酶催化。该酶需要 Fe^{2+},若用络合剂除去反应液中的铁,则酶活性被抑制,造成柠檬酸积累。

在柠檬酸的发酵过程中,阻断柠檬酸向下的代谢是柠檬酸的积累关键,即阻断顺乌头酸酶的催化反应。可使用抑制剂,该酶是个含铁的非血红素蛋白,以 Fe_4S_4 作为辅基,催化底物脱水、加水反应,因此,在菌体生长到足够菌数时,适量加入亚铁氰化钾(黄血盐),使铁硫中心的 Fe^{2+} 生成络合物,则该酶失活或活性减少,而积累柠檬酸。也通过诱变或其他方法,造成生产菌种顺乌头酸酶缺损或活力很低,同样可积累柠檬酸。

(3)及时补加草酰乙酸

给培养液中添加草酰乙酸,这种方式常不经济,另外就是使用回补途径旺盛的菌种,保证草酰乙酸的及时补充。

综上所述,柠檬酸积累机理可概括如下。

① 由锰缺乏抑制了蛋白质的合成,而导致细胞内的 NH_4^+ 浓度升高和一条呼吸活性强的侧系呼吸链不产生 ATP,这两方面的因素分别解除了对磷酸果糖激酶的代谢调节,促进了 EMP 途径畅通。

② 由组成型的丙酮酸羧化酶源源不断提供草酰乙酸。

③ 在控制 Fe^{2+} 含量的情况下,顺乌头酸酶活性低,从而使柠檬酸积累,顺乌头酸酶在催化时建立如下平衡,柠檬酸:顺乌头酸:异柠檬酸 = 90:3:7。

④ 丙酮酸氧化脱羧生成乙酰 CoA 和 CO_2 固定两个反应平衡,以及柠檬酸合成酶不被调节,增强了合成柠檬酸能力。

⑤ 柠檬酸积累增多,pH 低,在低 pH 时,顺乌头酸酶和异柠檬脱氢酶失活,从而进一步促进了柠檬酸自身的积累。

(二)醋酸发酵机制

食醋是一种酸性调味料,历史悠久,食醋酿造分为固态发酵和液态发酵两大类。传统食醋多为固态发酵。近年来,采用液体深层发酵新工艺,提高了原料利用率。醋酸的发酵经历三个阶段:① 原料的液化与糖化;② 酒精发酵;③ 醋酸发酵。

1. 醋杆菌发酵酒精成醋酸

醋杆菌为革兰阴性好氧菌,理论上可以将 1 mol 乙醇转化成 1 mol 醋酸,转化率为130%。乙醇转化是分两步进行的,中间产物是乙醛。其反应式如下。

$$CH_3CH_2OH \xrightarrow{E_1} CH_3CHO \xrightarrow{E_2} CH_3COOH$$

E_1 是乙醇脱氢酶或乙醇氧化酶,它依赖于 NAD^+,对乙醛不起作用。E_2 是乙醛脱氢酶。

2. 热醋酸梭菌生产醋酸

热醋酸梭菌在发酵糖类时,可以将 CO_2 还原成醋酸,该菌没有氢化酶活性,不能利用氢气。CO_2 是通过甲酰四氢叶酸(THF)和类咕啉蛋白形成醋酸的。其途径如下。

$$C_6H_{12}O_6 + 2H_2O \longrightarrow 2CH_3COOH + 2CO_2 + 8H^+ + 8e^-$$
$$2CO_2 + 8H^+ + 8e^- \longrightarrow CH_3COOH + 2H_2O$$

净反应 $$C_6H_{12}O_6 \longrightarrow 3CH_3COOH$$

若以戊糖为原料,则反应式为 $2C_5H_{10}O_5 \longrightarrow 5CH_3COOH$

热醋酸梭菌产芽孢,为革兰阳性菌(G^+),严格厌氧,周生鞭毛,最佳生长温度为 55~60 ℃。具有转化率高,由糖到醋酸一步完成,发酵过程不需通氧,可以利用戊糖等优点。但这种方法发酵时需要加中和剂,因此,只适于生产醋酸盐。

(三) 衣康酸发酵机制

微生物发酵生产衣康酸首先是由日本人发现的。利用土曲霉（*A. terreus*）表面培养生产衣康酸。20 世纪 70 年代后用酵母菌发酵生产衣康酸（itaconic acid）。衣康酸及其酯类是制造合成树脂、合成纤维、塑料、柠檬酸、离子交换树脂、表面活性剂和高分子螯合剂等的良好添加剂和单体原料。

衣康酸的生物合成机理至今尚无统一的看法，现将两种主要学说介绍如下。

1. Bentley 学说

Bentley（1957 年）认为，葡萄糖经 EMP 途径和 TCA 循环合成柠檬酸之后，再脱水脱羧生成衣康酸。衣康酸对糖的转化率为 72%。

$$葡萄糖 \rightarrow 丙酮酸 \rightarrow 柠檬酸 \rightarrow 顺乌头酸 \rightarrow 衣康酸$$

Larsen（1955 年）发现土曲霉 Nkkl 1960 在葡萄糖培养基中，pH 2.1 以下摇瓶发酵，能将柠檬酸转化为衣康酸。Jezzen（1956 年）从无细胞抽提物中检出了乌头酸酶，因此，抽提物可转化柠檬酸为衣康酸。Bentley 等（1956 年）也发现乌头酸酶和顺乌头酸脱羧酶，因此抽提物可转化柠檬酸为衣康酸。Winskil（1983 年）的研究也证实柠檬酸是衣康酸发酵的中间产物。

2. Shimi 学说

Shimi 等认为，葡萄糖经 EMP 途径后由乙醇转化为乙酸和琥珀酸，缩合后脱氢脱羧生成衣康酸，简式如下。

$$1.5\ 葡萄糖 \xrightarrow{EMP} 3\ 乙醇 \begin{matrix} \nearrow 乙酸 \searrow \\ \searrow 琥珀酸 \nearrow \end{matrix} 衣康酸$$

衣康酸对糖的理论转化率为 48%。

(四) 葡萄糖酸发酵机制

1. 真菌葡萄糖酸发酵机制

黑曲霉（*A. niger*）和青霉（*Penicillium*）均可以发酵葡萄糖为葡萄糖酸。首先由葡萄糖氧化酶催化将葡萄糖（环式）氧化成葡萄糖酸 – δ – 内酯，后者可自发水解成葡萄糖酸，生成的过氧化氢被真菌的过氧化氢酶分解。

$$葡萄糖（环式）\xrightarrow{葡萄糖氧化酶} 葡萄糖酸 – δ – 内酯 + H_2O_2$$
$$\downarrow 自发水解$$
$$葡萄糖酸$$

2. 细菌葡萄糖酸发酵

产葡萄糖酸的细菌主要有葡萄糖酸杆菌，此外，还有数种假单胞菌（*Pseudomonas*）、芽生菌（*Pullularia*）、微球菌（*Micrococcus*）等均可产生葡萄糖酸。将葡萄糖转化为葡萄糖酸使糖的醛基直接氧化为羧基，反应过程如下。

$$葡萄糖（环式）\xrightleftharpoons{自发} 葡萄糖（醛式）\xrightarrow{葡萄糖氧化酶} 葡萄糖酸$$

由于理论上 1 mol 葡萄糖可以生成 1 mol 葡萄糖酸或它的内酯，所以包括内酯在内，理论产率为 108.8%。

（五）曲酸发酵机制

一般认为曲霉菌中曲酸的主要合成途径是由葡萄糖直接氧化而产生的,而玫瑰色葡萄杆菌（*Gluconobacter roseus*）、蜡状葡萄杆菌（*G. cerinus*）、假单胞菌（*Pseudomonas*）等氧化性细菌,能将果糖、L-山梨糖、蔗糖等氧化变成曲酸或 5-oxymatal 等化合物蓄积于培养基中。

可用于曲酸发酵的碳源非常广泛,工业化生产常用的原料淀粉或糖蜜,可以经好氧发酵来生产曲酸,但是用葡萄糖为原料发酵生产曲酸则更有利于曲酸的生产与精制。曲酸可以从葡萄糖直接氧化脱水形成,中间未经碳架断裂,这已由同位素实验证实,但曲酸合成的具体途径尚无定论。1987 年印度的 Bajpai 对曲酸合成途径中可能起作用的酶进行了研究并对曲酸合成途径作了如图 6-7 所示的推测。

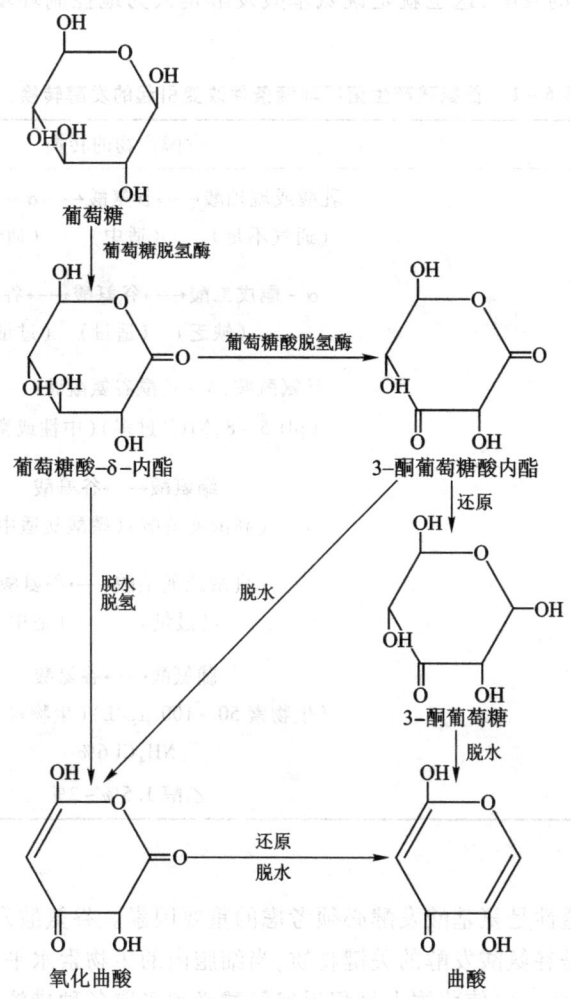

图 6-7 曲酸可能的合成途径

▶▶ 二、氨基酸发酵机制

氨基酸发酵工业是利用微生物的生长和代谢活动生产各种氨基酸的现代工业。氨基酸发酵是典型的代谢控制发酵。由于发酵所生成的产物——氨基酸,都是微生物的中间代谢产物,它的积累是建立于对微生物正常代谢的抑制。也就是说,氨基酸发酵的关键是取决于其控制机制是否能够被解除,是否能打破微生物的正常代谢调节,人为地控制微生物的代谢。

(一) 氨基酸发酵的代谢控制

氨基酸发酵的代谢控制,一般采取下列措施。

1. 控制发酵的环境条件

氨基酸发酵受菌种的生理特征和环境条件的影响,对专性好氧菌来说后者的影响更大。例如谷氨酸发酵必须严格控制菌体生长的环境条件,否则就几乎不积累谷氨酸。表6-1表示谷氨酸生产菌因环境条件改变而引起的发酵转换,即琥珀酸、α-酮戊二酸、谷氨酰胺、N-乙酰谷氨酰胺、缬氨酸和脯氨酸等的发酵,这也就是说氨基酸发酵是人为地控制环境条件而使发酵发生转换的一个典型例子。

表6-1 谷氨酸产生菌因环境条件改变引起的发酵转换

环境因子	发酵产物的转换
溶氧	乳酸或琥珀酸←→谷氨酸←→α-酮戊二酸 (通气不足) (适中) (通气过量)
NH_4^+	α-酮戊二酸←→谷氨酸←→谷氨酰胺 (缺乏) (适量) (过量)
pH	谷氨酰胺,N-乙酰谷氨酰胺←→谷氨酸 (pH 5~8,NH_4^+过多) (中性或微碱性)
磷酸	缬氨酸←→谷氨酸 (高浓度磷酸) (磷酸盐适中)
生物素	乳酸或琥珀酸←→谷氨酸 (过量) (适中)
生物素、醇类、NH_4Cl	脯氨酸←→谷氨酸 (生物素 50~100 μg/L) (生物素亚适量) NH_4Cl 6% 乙醇 1.5%~2%

2. 控制细胞渗透性

代谢产物的细胞渗透性是氨基酸发酵必须考虑的重要因素。谷氨酸发酵是引起人们注意的一个典型例子。生物素是谷氨酸发酵的关键物质,当细胞内的生物素水平高时,谷氨酸不能透过细胞膜,因而得不到谷氨酸。要使菌体大量积累谷氨酸必须采取各种措施,如通过加表面活性剂或青霉素来增进细胞膜通透性,使细胞内的谷氨酸渗透到细胞外,以利于大量积累谷氨酸。生物素是油酸生物合成所必需的物质,它使细胞膜通透性变化是在合成油酸以后才起作用的。对于生物素缺陷型的菌种来说,必须通过限量控制生物素,增加细胞分泌,提高谷氨酸产量。图6-8是细菌细胞谷氨酸排出的控制机制。

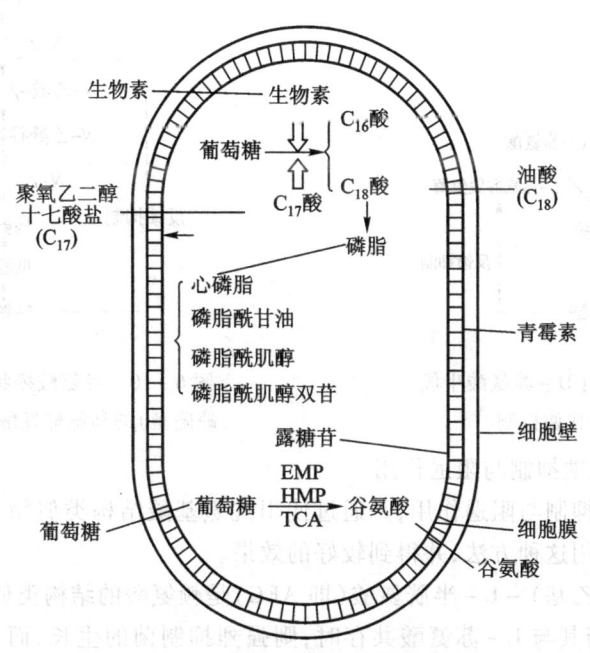

图 6-8 细菌细胞谷氨酸排出的控制机制

影响谷氨酸产生菌细胞膜通透性的物质可分两大类：一类是生物素、油酸和表面活性剂，其作用是引起细胞膜的脂肪酸成分的改变，尤其是改变油酸含量，从而改变细胞膜通透性；另一类是青霉素，其作用是抑制细胞壁的合成，由于细胞膜失去细胞壁的保护，细胞膜受到物理损伤，从而使渗透性增强。生产中可通过控制培养基中生物素的亚适量（biotin optimal concentration）来达到。

3. 控制旁路代谢

有些氨基酸发酵依赖于控制旁路代谢来进行。例如 L-异亮氨酸的生物合成是通过 L-苏氨酸，但是 L-苏氨酸脱氢酶受异亮氨酸的抑制，当异亮氨酸积累到某种程度时反应即停止。为了打破此调节机制，使之积累异亮氨酸，可采用黏质赛杆菌以 D-苏氨酸为底物进行发酵，如图 6-9 所示，D-苏氨酸脱氢酶不受异亮氨酸的抑制，故反应能顺利进行，并可大量积累异亮氨酸。

4. 降低反馈作用物的浓度

控制反馈作用物浓度是克服反馈抑制和阻遏，使氨基酸的生物合成反应能顺利进行的一种手段。大部分营养缺陷型突变株的氨基酸发酵就是通过这种方法来进行的。利用营养缺陷型突变株进行氨基酸发酵必须限制所要求的氨基酸量，这样就将反馈作用物浓度控制在反馈机制的浓度之下。

例如利用谷氨酸棒状杆菌（Corynebacterium glutamicum）（瓜氨酸缺陷型）进行的鸟氨酸发酵，由于此菌缺乏将鸟氨酸变为瓜氨酸的酶，限制培养液中的精氨酸浓度可解除精氨酸的反馈抑制，实现鸟氨酸的生物合成。如图 6-10 所示。

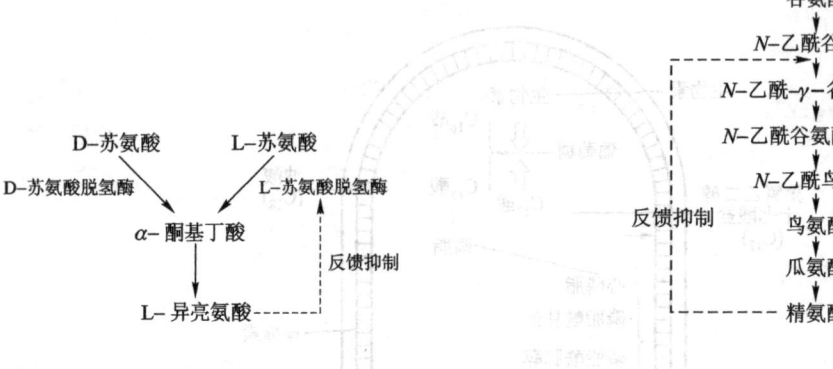

图 6-9　黏质赛杆菌由 D-苏氨酸生成 L-异亮氨酸的代谢机制

图 6-10　谷氨酸棒状杆菌（瓜氨酸缺陷型）的鸟氨酸发酵代谢控制机制

5. 消除终产物的反馈抑制与阻遏作用

消除终产物的反馈抑制与阻遏作用，是通过使用抗氨基酸结构类似物突变株的方法来进行的。许多氨基酸发酵采用这种方法，并得到较好的效果。

例如 S-（β-氨基乙基）-L-半胱氨酸（即 AEC）是赖氨酸的结构类似物，当它单独存在时不抑制菌的生长，但是当其与 L-苏氨酸共存时，则强烈抑制菌的生长，而 L-赖氨酸可解除其抑制作用。根据图 6-11 L-赖氨酸发酵代谢控制机制，可以设想 AEC 抗性株可大量积累 L-赖氨酸。实际上通过亚硝基胍处理，用含 AEC 和 L-苏氨酸各 1~5 mg/mL 的平板分离抗性株，具有较强的赖氨酸生产能力。当从突变株中分离天冬氨酸激酶，并研究 L-赖氨酸和 L-苏氨酸的协同抑制效果时，发现突变株的酶不如原菌株敏感。因此采用抗氨基酸结构类似物突变株的方法，也是改变酶或酶的生物合成的方法。

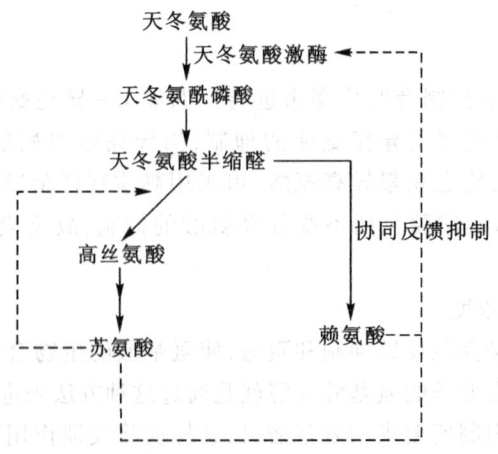

图 6-11　谷氨酸棒状杆菌（高丝氨酸缺陷）的 L-赖氨酸发酵代谢控制机制

6. 促进 ATP 的积累，以利于氨基酸的生物合成

氨基酸的生物合成需要能量，ATP 的积累可促进氨基酸的生物合成。例如黄色短杆菌 2247 的异亮氨酸缺陷型变异株 NO14-15 的 L-脯氨酸发酵就是这方面的一个例子，如图 6-12。

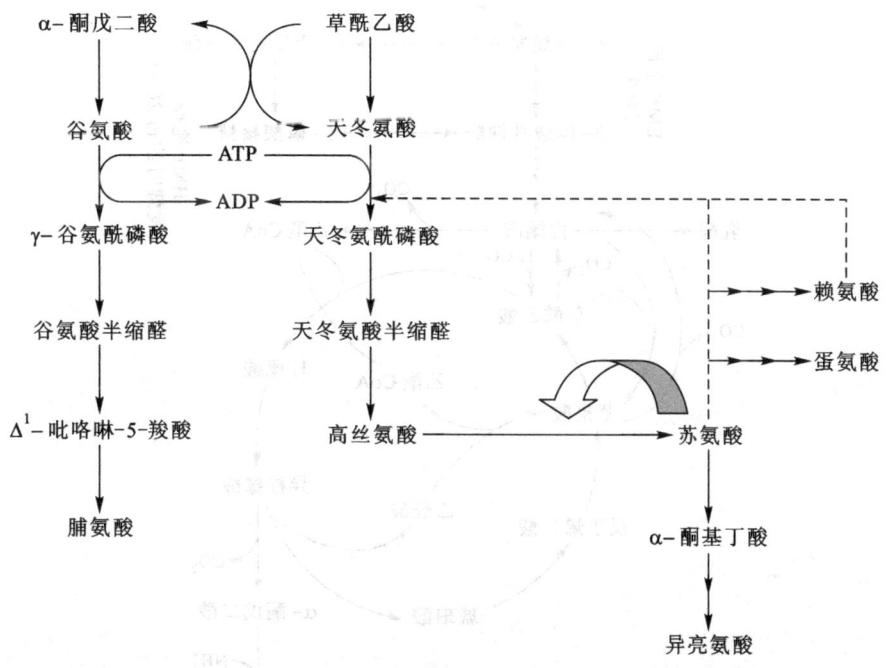

图 6-12 黄色短杆菌(*B. flavam*)(异亮氨酸缺陷型)的脯氨酸发酵机制

该菌株用 10% 葡萄糖、5.5% $(NH_4)_2SO_4$ 和 450 μg/L 生物素等组成的培养基,培养 72 h,可积累脯氨酸 1.2% ~1.5%。该菌株的突变位置是缺失苏氨酸脱水酶的基因,故菌体内的苏氨酸浓度增加,且蛋氨酸、天冬氨酸的浓度也比原株为高。蛋氨酸的增加是由于苏氨酸抑制高丝氨酸激酶,天冬氨酸的增加是由于受苏氨酸和赖氨酸的抑制。另一方面,脯氨酸的生物合成是借助谷氨酸激酶由谷氨酸生成 γ-谷氨酰磷酸的途径来进行的,由于存在高浓度的生物素,所以生成的谷氨酸并不排出细胞外。又由于上述天冬氨酸激酶、高丝氨酸激酶的抑制,过剩 ATP 和高浓度谷氨酸的存在,促进谷氨酸激酶所催化的反应,合成易于向细胞外分泌的脯氨酸。这个推测可通过将不进行脯氨酸发酵的原株细胞破碎后加入 ATP,并进行保温,从而生成大量脯氨酸的实验来证实。

上述氨基酸发酵的代谢控制方法,是氨基酸发酵工艺控制和选育氨基酸高产菌株的依据。

(二) 谷氨酸发酵机制

谷氨酸族氨基酸的生物合成途径有 EMP 途径、HMP 途径、TCA 循环、乙醛酸循环和 CO_2 固定反应。葡萄糖先生成谷氨酸,再从谷氨酸依次经鸟氨酸,谷氨酸生物合成精氨酸。谷氨酸的生物合成途径如图 6-13。

在微生物的代谢中,谷氨酸比天冬氨酸优先合成。谷氨酸合成过量时,谷氨酸抑制谷氨酸脱氢酶的合成,使代谢转向合成天冬氨酸;天冬氨酸合成过量后,反馈抑制磷酸烯醇式丙酮酸羧化酶的活力,停止草酰乙酸的合成。所以,在正常情况下,谷氨酸并不积累。如图 6-14 所示。

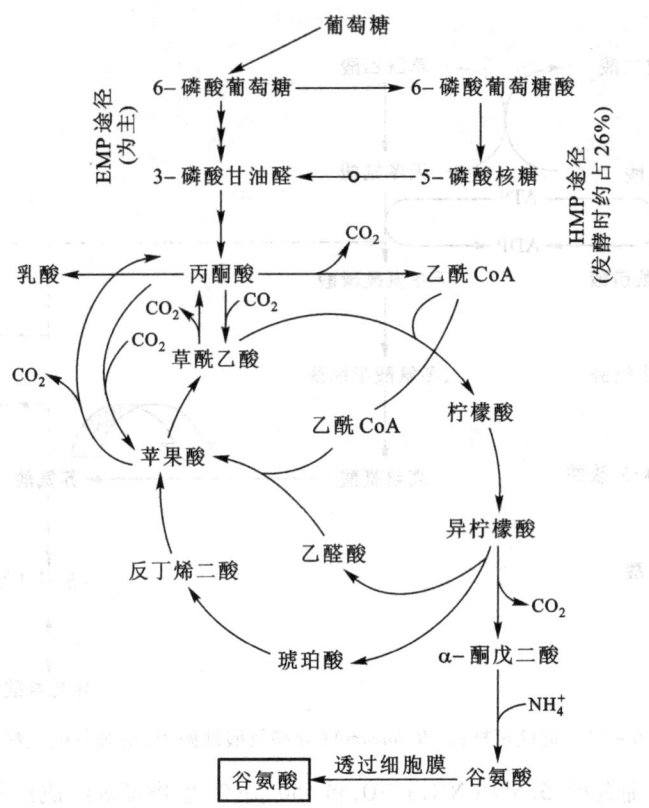

图 6-13　由葡萄糖生物合成谷氨酸的代谢途径

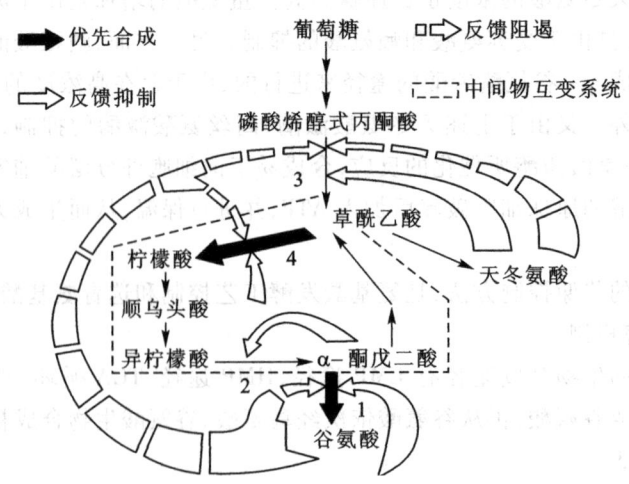

图 6-14　黄色短杆菌谷氨酸、天冬氨酸生物合成的调节

谷氨酸产生菌大多为生物素缺陷型,谷氨酸发酵时通过控制生物素亚适量,使最后一代细菌细胞变形、拉长,改变了细胞膜的通透性,引起代谢失调,使谷氨酸得以积累。谷氨酸高产菌应丧失或仅有微弱的 α-酮戊二酸脱氢酶活力,使 α-酮戊二酸不能继续氧化。而 CO_2 固定反应的酶

系强,使四碳二羧酸全部是由 CO_2 固定反应提供,而不走乙醛酸循环,以提高对糖的利用率。谷氨酸脱氢酶的活力很强,并丧失谷氨酸对谷氨酸脱氢酶的反馈抑制和反馈阻遏,同时 $NADPH_2$ 再氧化能力弱,这样就使 α-酮戊二酸到琥珀酸的过程受阻,在有过量铵离子存在的条件下,α-酮戊二酸经氧化还原共轭的氨基化反应而生成谷氨酸,生成的谷氨酸不形成蛋白质,而分泌泄漏于菌体外。谷氨酸产生菌不利用体外的谷氨酸,谷氨酸成为最终产物。

(三)鸟氨酸、瓜氨酸、精氨酸发酵机制

鸟氨酸作为生物体内尿素及精氨酸生物合成途径上的中间体而具有重要的意义。鸟氨酸发酵,是 1957 年由木下祝郎等使用谷氨酸棒杆菌的瓜氨酸缺陷型变异株而开始的。由 1 mol 葡萄糖能产生 0.36 mol(26 g/L)的鸟氨酸。如果再选育精氨酸结构类似物抗性突变株,遗传性地解除精氨酸的反馈抑制,鸟氨酸产量还会提高。鸟氨酸是由尿素环合成的,它除了作为碱性氨基酸成为蛋白质的重要构成材料外,还是合成肌苷酸所不可缺少的氨基酸,是人体中一种重要的氨基酸。

由于精氨酸是生物合成途径的终点氨基酸,故不能像鸟氨酸、瓜氨酸那样用营养缺陷型变异株进行生产,而只能选育精氨酸结构类似物抗性突变株,以解除精氨酸对其关键酶的反馈调节。久保田等用黄色短杆菌的 2-噻唑丙酸抗性突变株,在 10% 葡萄糖培养基中,添加 10 mg/mL 的氯霉素,精氨酸产量高达 32 g/L。

瓜氨酸和鸟氨酸一样,是精氨酸生物合成的中间体,所以可由各种菌的精氨酸缺陷型变异株进行瓜氨酸发酵。近年来,从提高生产率和便于发酵管理出发,也有用精氨酸缺陷型、抗精氨酸结构类似物及抗嘧啶结构类似物相组合的突变株发酵瓜氨酸的报道。奥树等选育的枯草芽孢杆菌 K 的精氨酸缺陷菌株,在含有葡萄糖 13% 的培养基中,限量添加精氨酸,发酵 3 天,生成 16.5 g/L 的瓜氨酸。

在谷氨酸棒杆菌、黄色短杆菌、枯草芽孢杆菌中,由谷氨酸生物合成鸟氨酸、瓜氨酸、精氨酸的代谢途径上,终产物精氨酸对催化 N-乙酰谷氨酸生成 N-乙酰谷氨酰磷酸的关键酶 N-乙酰谷氨酸激酶有反馈抑制作用。如图 6-15 所示,切断鸟氨酸向下反应的途径,选育瓜氨酸缺陷型(Cit^-)菌株,这就解除了精氨酸的反馈抑制。在发酵培养基中,必须供应瓜氨酸或精氨酸,该缺陷型菌株才能生长。只要控制供给菌体生长的亚适量精氨酸(或瓜氨酸),使菌体生长,但又不使精氨酸浓度高到引起反馈抑制的程度,即能大量生成、积累鸟氨酸。在瓜氨酸缺陷型(Cit^-)的基础上,再选育精氨酸结构类似物抗性突变株,如选育抗精氨酸氧肟酸(ArgHx)和抗 D-精氨酸(D-Arg)等,就能遗传性地解除精氨酸的反馈调节,使发酵控制更容易。

如图 6-15 所示,瓜氨酸和鸟氨酸一样,也是精氨酸生物合成的中间产物,根据前述道理,切断瓜氨酸向下的反应,选育精氨酸缺陷型(Arg^-)的菌株,丧失精氨琥珀酸合成酶,即丧失瓜氨酸合成精氨琥珀酸的能力。在发酵过程中,控制精氨酸亚适量,就会积累瓜氨酸。如再选育精氨酸结构类似物的抗性突变株,也就会遗传性地解除精氨酸的反馈调节,使发酵控制更便利。

通过遗传学的研究知道,精氨酸生物合成酶系的控制,在一些细菌中,几种具有密切关系的酶的结构基因往往集中在 DNA 的某一范围内,且被同一个调节基因所控制。但分散的情况也有,大肠杆菌 K_{12} 的精氨酸生物合成酶系,结构基因就分散于染色体的各种位置。即使这样,仍同时地为精氨酸所阻遏,属协调阻遏。

精氨酸是精氨酸生物合成途径的最终产物。精氨酸自身是其合成代谢的调节因子,并且精氨酸生物合成途径中没有分支,所以精氨酸发酵不能用阻断代谢流、营养缺陷型来进行。主要应

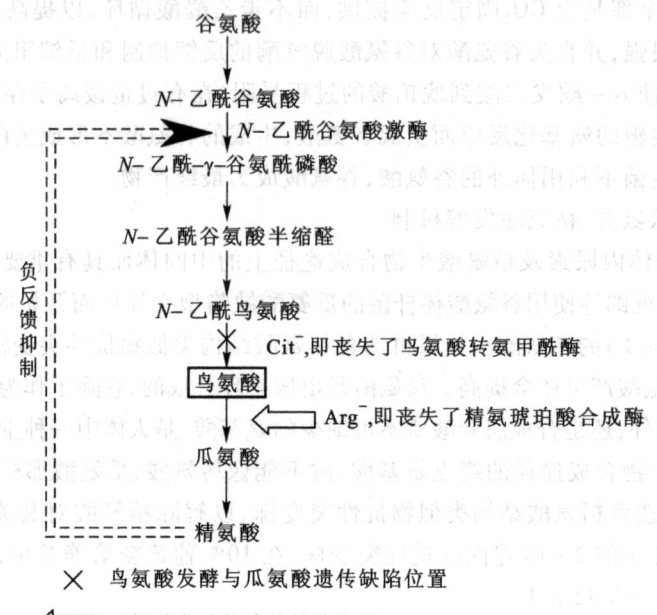

图6-15 鸟氨酸发酵与精氨酸遗传缺陷位置(生成菌为谷氨酸棒杆菌)

用抗反馈调节突变株,选育L-精氨酸结构类似物突变株(如 D-Arg^R、ArgHx 等),以解除精氨酸的自身调节,使精氨酸得以积累。

(四)天冬氨酸族氨基酸的生物合成途径

天冬氨酸族氨基酸的生物合成途径见图6-16。

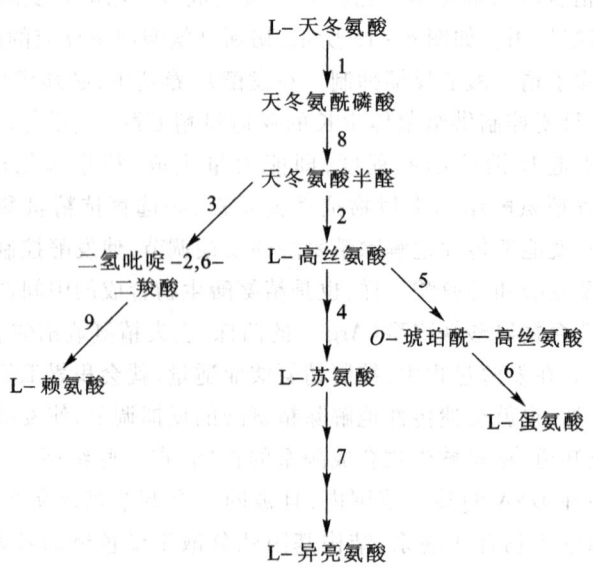

图6-16 天冬氨酸族氨基酸生物合成途径

1-天冬氨酸激酶;2-高丝氨酸脱氢酶;3-二氢吡啶-2,6-二羧酸还原酶;4-高丝氨酸激酶;5-O-琥珀酰-高丝氨酸转琥珀酰酶;6-半胱氨酸脱硫化氢酶;7-苏氨酸脱氢酶;8-天冬氨酸半醛脱氢酶;9-二氢吡啶-2,6-二羧酸合成酶

葡萄糖经 EMP 途径生成丙酮酸，丙酮酸经 CO_2 固定反应生成四碳二羧酸，后经氨基化反应生成天冬氨酸；天冬氨酸在天冬氨酸激酶等酶的作用下，经几步反应生成天冬氨酸半醛。天冬氨酸半醛一方面可在二氢吡啶-2,6-二羧酸合成酶等酶的催化下经几步反应生成赖氨酸，另一方面可在高丝氨酸脱氢酶的催化作用下生成高丝氨酸。高丝氨酸一部分经 O-琥珀酰-高丝氨酸转琥珀酰酶等酶的催化下经几步反应生成蛋氨酸，另一部分经高丝氨酸激酶的催化生成苏氨酸。苏氨酸在苏氨酸脱氢酶的催化下经几步反应生成异亮氨酸。

1. 苏氨酸发酵机制

苏氨酸是必需氨基酸之一，化学结构有 4 种立体异构体，化学分离天然的 L-苏氨酸很容易。由微生物发酵生成的苏氨酸全部是 L 型的。苏氨酸的代谢控制比赖氨酸略为复杂，不仅要解除终产物对关键酶天冬氨酸激酶的反馈调节，还必须解除终产物对关键酶高丝氨酸脱氢酶的反馈调节。大肠杆菌 W(DAP^- + Met^- + Ile^-)的多重缺陷型，在含有 7.5% 果糖的培养基中，能生成 14 g/L 的苏氨酸。但在谷氨酸棒杆菌中，由于苏氨酸对高丝氨酸脱氢酶的反馈抑制，上述同样缺陷型突变株不能产生大量苏氨酸。在苏氨酸的生产中，应选育抗苏氨酸、赖氨酸结构类似物突变株，遗传性地解除对苏氨酸生物合成途径关键酶（天冬氨酸激酶、高丝氨酸脱氢酶）的反馈抑制。同时，多重缺陷型和结构类似物抗性相结合的突变株，能增加 L-苏氨酸的生产能力。根据天冬氨酸族氨基酸的生物合成途径及代谢调节机制，首先要切断支路代谢，选育蛋氨酸缺陷型（Met^-）、赖氨酸缺陷型（Lys^-）、异亮氨酸缺陷型（Ile^-）的突变株，使天冬氨酸族氨基酸专一性地转向苏氨酸；再选育抗苏氨酸结构类似物（如 AHV、ThrHx）、抗赖氨酸结构类似物（AEC）等突变株，遗传性地解除苏氨酸对关键酶高丝氨酸脱氢酶的反馈调节及苏氨酸和赖氨酸对天冬氨酸激酶的协同反馈抑制，使苏氨酸得以大量生成和积累。如图 6-17。

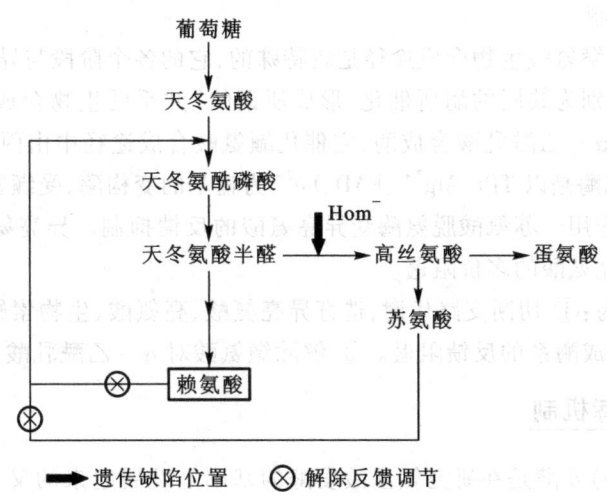

图 6-17 高产赖氨酸菌的遗传标记位置

2. 赖氨酸发酵机制

切断支路代谢，选育高丝氨酸缺陷型（Hom^-）突变株，使代谢流转向合成赖氨酸；再遗传性解除赖氨酸和苏氨酸对天冬氨酸激酶的协同反馈抑制，选育抗赖氨酸结构类似物［如 LysHx、AEC(S-(β-氨基乙基)-L-半胱氨酸)］等突变株和抗苏氨酸结构类似物［如 ThrHx、AHV(α-氨基-β-羟基戊酸)］等突变株，就会使赖氨酸大量积累。如图 6-16。

如再选育丙氨酸缺陷型,抗天冬氨酸结构类似物突变株,谷氨酸敏感等突变株,增加前体物的生物合成,选育亮氨酸缺陷型,抗亮氨酸结构类似物突变株,解除代谢互锁,赖氨酸的产量还会增加。

同赖氨酸发酵机制一样,增强天冬氨酸的生物合成,也会使苏氨酸的产量增加。

3. 蛋氨酸发酵机制

蛋氨酸生物合成途径中,不仅关键酶天冬氨酸激酶受赖氨酸和苏氨酸的协同反馈抑制,高丝氨酸脱氢酶受苏氨酸的反馈抑制,为蛋氨酸所阻遏;而且从高丝氨酸合成蛋氨酸的途径中的高丝氨酸-O-转乙酰酶强烈地受S-腺苷蛋氨酸(SAM)的反馈抑制。同时在往培养基中添加过剩SAM时,该酶的合成完全被阻遏,只有在SAM限量下不受阻遏。反之,在SAM限量下,即使添加过量的蛋氨酸也仅引起对该酶的部分阻遏。即蛋氨酸生物合成酶系不仅受蛋氨酸的阻遏,更重要的是受SAM的反馈抑制与反馈阻遏。这就给蛋氨酸产生菌的选育带来困难。

4. 异亮氨酸发酵机制

L-异亮氨酸是必需氨基酸之一。异亮氨酸发酵是添加前体物,以绕过反馈调节,进行氨基酸发酵的典型例子。20世纪60年代前期,日本采用枯草芽孢杆菌、黏质赛杆菌,通过添加前体物氨基丁酸、D-苏氨酸发酵生产异亮氨酸。20世纪70年代,日本的椎尾等,由黄色短杆菌选育抗α-氨基-β-羟基戊酸及抗O-甲基-L-苏氨酸的突变株,由10%葡萄糖直接发酵积累14 g/L的异亮氨酸;又由同一菌种的苏氨酸生产菌株选育抗异亮氨酸菌株,以10%的收率由乙酸积累34 g/L异亮氨酸。

中国科学院微生物研究所用北京棒杆菌AS1.299,通过添加溴丁酸以绕过反馈调节,在适宜条件下,产L-异亮氨酸23.0 g/L,转化率为24%。

5. 缬氨酸发酵机制

在氨基酸发酵中,缬氨酸生物合成途径是较特殊的,它的各个阶段与异亮氨酸合成酶系的最后4个阶段的反应,分别为共同的酶所催化,形成所谓的"共系的生物合成途径"。缬氨酸生物合成酶系的关键酶是α-乙酰乳酸合成酶,它催化缬氨酸合成途径中由丙酮酸生成α-乙酰乳酸。α-乙酰乳酸合成酶是以TPP、Mg^{2+}、FAD、Fe^{2+}为辅基的变构酶,受缬氨酸的反馈抑制,对缬氨酸生物合成起限速作用。苏氨酸脱氨酶受异亮氨酸的反馈抑制。异亮氨酸、缬氨酸合成酶系受异亮氨酸、缬氨酸、亮氨酸的多价阻遏。

缬氨酸发酵机制为:① 切断支路代谢,选育异亮氨酸、亮氨酸、生物素缺陷型突变株。② 解除异亮氨酸、缬氨酸合成酶系的反馈阻遏。③ 解除缬氨酸对α-乙酰乳酸合成酶的反馈抑制。

▶▶ 三、核苷酸发酵机制

核苷酸(nucleotide)发酵是在研究氨基酸发酵的基础上发展起来的又一个典型的代谢控制发酵。在利用微生物直接发酵生产核酸类物质的研究中,参照了氨基酸发酵的成功经验,研究了核苷酸的生物合成途径及代谢调节机制,设法获得从遗传角度解除了正常代谢控制机制的突变菌株,从而大量生成和积累核苷酸。

(一) 嘌呤核苷酸的生物合成途径

核苷酸的生物合成途径有利用葡萄糖等碳源和氮源,以5-磷酸核糖为出发物质的全合成途径,也称"从无到有"途径;还有由嘌呤碱基伴随核糖基化及磷酸化而合成的补救合成途径。

在发酵生产中,补救合成途径同样具有重要的功能。

1. 嘌呤核苷酸的全合成途径

图 6-18(a)、(b)表示,从磷酸核糖开始,和谷氨酰胺、甘氨酸、CO_2、天冬氨酸等代谢物质逐步结合,最后将环闭合起来形成肌苷酸(IMP)。IMP 继续向下代谢,转化为腺嘌呤核苷酸(AMP)及鸟嘌呤核苷酸(GMP)。从 IMP 转化为 AMP 及 GMP 的途径,在枯草芽孢杆菌中,分出两条环形路线:一条是经过 XMP(黄嘌呤核苷一磷酸)合成 GMP,再经过 GMP 还原酶的作用生成 IMP;另一条经过 SAMP(腺苷琥珀酸)合成 AMP,再经过 AMP 脱氨酶的作用生成 IMP。这表明 GMP 和 AMP 可以互相转变。SAMP 裂解酶是双功能酶,也催化从 SAICAR 生成 AICAR 的反应。在产氨短杆菌中,从 IMP 开始分出的两条路线不是环形的,而是单向分支路线。GMP 和 AMP 不能相互转变。

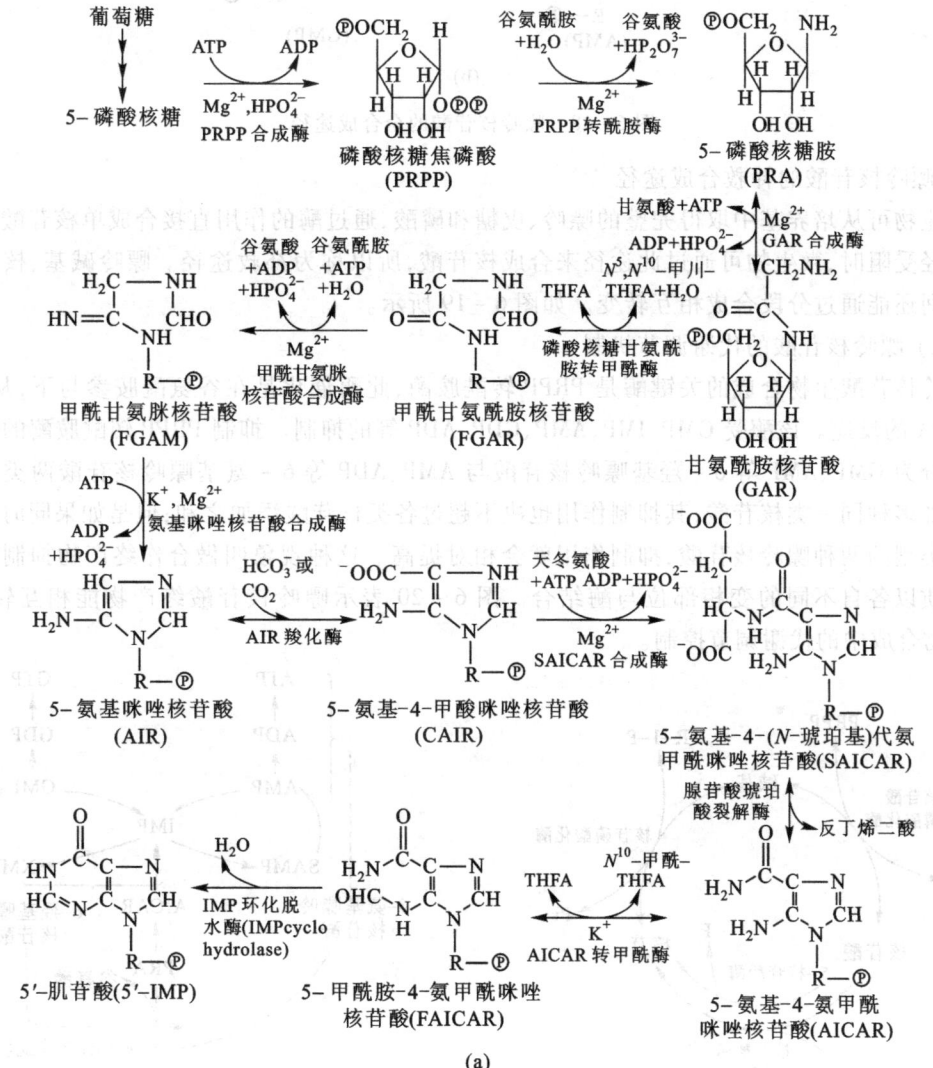

(a)

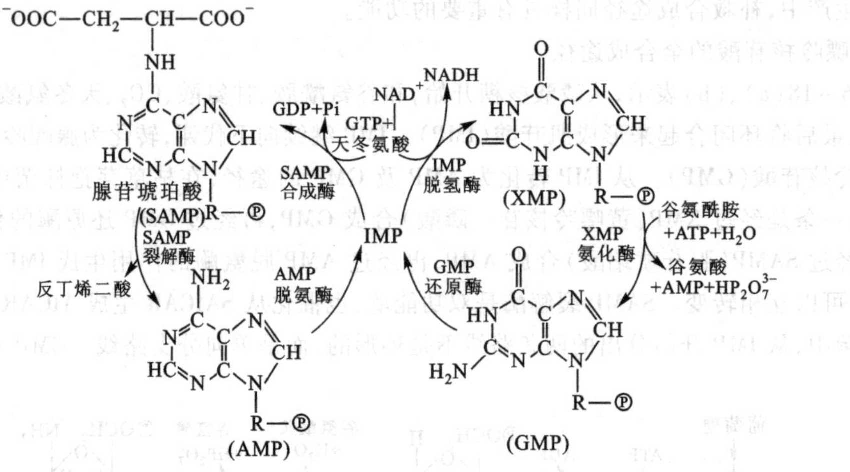

图 6-18 嘌呤核苷酸的全合成途径

2. 嘌呤核苷酸的补救合成途径

微生物可从培养基中取得完整的嘌呤、戊糖和磷酸,通过酶的作用直接合成单核苷酸。当全合成途径受阻时,微生物可通过此途径来合成核苷酸,所以称为补救途径。嘌呤碱基、核苷和核苷酸之间还能通过分段合成相互转变。如图 6-19 所示。

(二) 嘌呤核苷酸的代谢调节机制

嘌呤核苷酸生物合成的关键酶是 PRPP 转酰胺酶,此酶催化是在谷氨酰胺参与下,从 PRPP 生成 PRA 的反应。该酶受 GMP、IMP、AMP、GDP、ADP 等的抑制。抑制 PRPP 转酰胺酶的嘌呤核苷酸可分为 GMP、AMP 等 6-羟基嘌呤核苷酸与 AMP、ADP 等 6-氨基嘌呤核苷酸两类。即使同时添加多种同一类核苷酸,其抑制作用也决不超过各类核苷酸添加之和;但是如果同时添加属于不同类型的两种嘌呤核苷酸,抑制作用就会相对提高。这种现象叫做合作终产物抑制。两类抑制物质以各自不同的变相部位与酶结合。图 6-20 表示嘌呤核苷酸终产物能相互转换时,IMP 生物合成中的代谢调节控制。

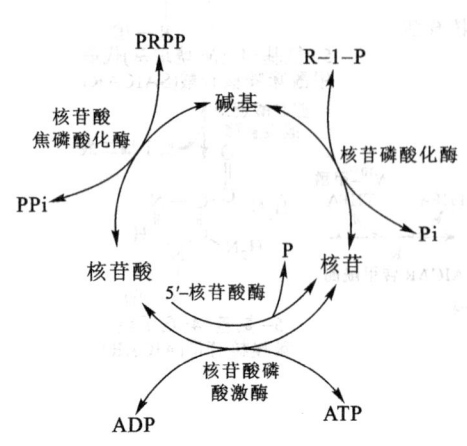

图 6-19 嘌呤碱基、核苷和核苷酸的相互转换

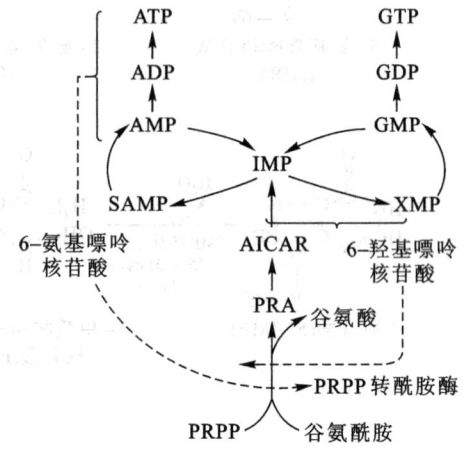

图 6-20 IMP 合成系的代谢控制

以 IMP 为中心形成的两个循环,各反应实际上是不可逆的。假使没有严密的调节机制,IMP-XMP-GMP-IMP 的反应,除伴随 XMP 氨基化发生的 ATP 损失以外,不造成什么结果。即使在 IMP-SAMP-AMP-IMP 的反应中也只是因为 AMP 的脱氨产生能量损失。这种现象对于生物来说是经济的。在 IMP 合成系中(图 6-21),IMP 脱氢酶受 GMP 的反馈抑制,也被 GMP 阻遏;GMP 还原酶受 ATP 的反馈抑制。同样,AMP 抑制 SAMP 合成酶;GTP 抑制 AMP 脱氨酶。并且,GTP 作为 SAMP-AMP 反应的供能体,ATP 作为 XMP-GMP 反应的供能体。根据上述机制,若细胞中的 GMP 水平提高,从 IMP 的代谢流就会自动地转向 AMP 方向。反之,若细胞的 AMP 水平提高,从 IMP 的代谢流就会自动转向 GMP 方向。此外,核苷酸的代谢不定期与组氨酸的生物合成有关。AICAR-IMP-AMP-ATP-PRATP-AICAR 形成一个循环,由 PRATP 经咪唑甘油磷酸生成组氨酸。组氨酸抑制 ATP-PRATP 的反应。

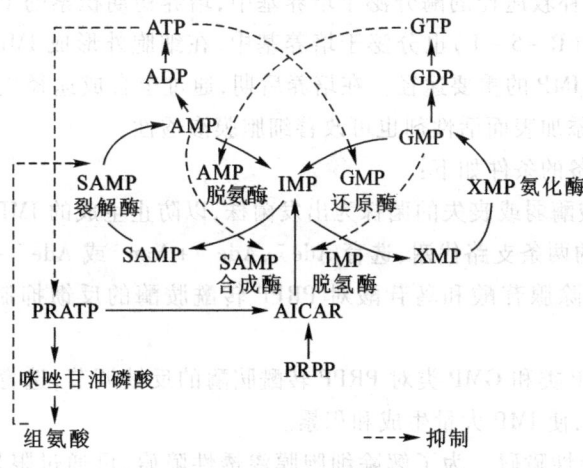

图 6-21 嘌呤核苷酸互变的代谢控制

在培养基中添加腺嘌呤、鸟嘌呤碱基时,由于腺嘌呤、鸟嘌呤对 PRPP 转酰胺酶的阻遏作用,使嘌呤核苷酸的全合成途径受阻,而通过补救途径生成核苷酸,但是即使在补救途径中也有代谢控制。在有些细菌中,腺嘌呤比鸟嘌呤利用得快些。如果同时供给这两种嘌呤碱基,就各自仅合成专门对应的核苷酸。在由嘌呤碱基合成嘌呤核苷酸的所需酶中,最主要的是嘌呤核苷酸焦磷酸化酶。

在枯草芽孢杆菌中,IMP 脱氢酶不受腺嘌呤、次黄嘌呤、黄嘌呤衍生物阻遏,仅受鸟嘌呤衍生物阻遏。SAMP 合成酶仅特异性地受腺嘌呤衍生物阻遏。PRPP 转酰胺酶、IMP 转甲酰酶、腺苷琥珀酸酶强烈地受 AMP 和 GMP 的阻遏,略微受次黄嘌呤衍生物的阻遏,却完全不为黄嘌呤衍生物所阻遏。

(三) 肌苷发酵机制

根据上述嘌呤核苷酸生物合成途径及代谢调节,首先要切断支路代谢,即切断肌苷酸向黄苷酸和腺苷酸的支路代谢,选育腺嘌呤缺陷型和黄嘌呤缺陷型的双重缺陷型突变株(Ade⁻ + Xan⁻)。但在切断 IMP 向 GMP 和 AMP 的代谢中要注意:① 选育 Xan⁻ 而不选 G⁻,否则要大量积累 XMP;② 选育 Ade⁻ 时,要丧失 SAMP 合成酶,而不丧失 SAMP 裂解酶,因为 SAMP 裂解酶是双功能酶,否则将同时切断由 SAICAR 到 AICAR 的反应,而不能积累肌苷。通过限量控制腺嘌呤和鸟嘌呤来解除腺嘌呤与鸟嘌呤的化合物对IMP生物合成的反馈调节。并通过进一步选育抗腺嘌呤、鸟嘌呤结构类似物突变株，选育从遗传上解除正常代谢控制的理想菌体。这样即可以枯草芽孢杆菌、产氨短杆菌等为出发菌株，由葡萄糖经5-磷酸核糖、PRPP等生物合成肌苷酸，而在肌苷酸酶的催化作用下，分解为肌苷，从而使肌苷大量生成和积累。但要注意出发菌株肌苷酸酶活性要强，肌苷酸酶越弱越好或缺陷，以便生成的肌苷不再分解。

（四）肌苷酸发酵机制

根据肌苷发酵机制，IMP很难透过正常细菌的细胞膜。即使细菌能够大量生成肌苷酸，由于透不过细胞膜，而不能排出体外。日本的奈良等发现，锰离子对于产氨短杆菌核苷酸的膜透性起着关键性作用。锰离子可引起细胞形态变化，造成细胞伸长和膨胀的异常状态。Mn^{2+}过高时，菌体呈小球状或卵圆形，补救途径的酶向胞外的分泌受抑制，肌苷酸的积累急剧减少。Mn^{2+}限量时，细胞伸长和膨胀，补救途径的酶分泌于培养基中，培养初期积累的IMP合成的前体次黄嘌呤（Hx）和5-磷酸核糖（R-5-P）也分泌于培养基中，在细胞外形成IMP。通过补救途径合成IMP是产氨短杆菌合成IMP的重要途径。在培养后期，通过全合成途径生成的IMP也是分泌于细胞外。Mn^{2+}过量时，添加表面活性剂也可改善细胞膜渗透性。

5'-IMP发酵应具备的条件如下：

① 首先选择肌苷酸酶弱或丧失的菌株为出发菌株，以防止生成的IMP进一步分解。

② 切断IMP向下的两条支路代谢，选育Ade^-、$Ade^- + Xan^-$或$Ade^- + G^-$等，发酵时限量添加腺嘌呤、鸟嘌呤，以解除腺苷酸和鸟苷酸对PRPP转酰胺酶的反馈抑制，使IMP大量生成和积累。

③ 遗传性解除AMP类和GMP类对PRPP转酰胺酶的反馈调节，选育Ade结构类似物和G结构类似物的反馈抑制，使IMP大量生成和积累。

④ 解除细胞膜渗透性障碍。为了解除细胞膜渗透性障碍，可通过限量添加Mn^{2+}或选育核苷酸膜透性强的菌株或添加表面活性剂。

根据嘌呤核苷酸生物合成途径及代谢调节机制，并参照肌苷酸的发酵机制，5'-GMP发酵应具备的条件如下：

① 选择5'-核苷酸酶活性弱或丧失的菌株为出发菌株，以防止生成的GMP再被分解。

② 切断支路代谢，选育Ade^-突变株，但要和上两个核苷酸类发酵机制一样，切断IMP-SAMP的反应，而保留SAMP裂解酶的合成及活性。发酵时限量添加Ade。

③ 解除GMP自身对PRPP转酰胺酶的反馈抑制以及GMP类和AMP类核苷酸对PRPP转酰胺酶的合作终产物的反馈抑制。

④ 解除细胞膜对核苷酸渗透性障碍。发酵时限量添加Mn^{2+}或Mn^{2+}过量时添加三聚磷酸钠、水杨醛、硬脂酰胺等或抗生素，或者选育核苷酸膜透性强的菌株。

另外，也有依据核苷酸的相互转化由5'-XMP制造5'-GMP和将5'-XMP产生菌与5'-XMP→5'-GMP转化菌混合发酵生产GMP的报道。

▶▶ 四、抗生素发酵机制

（一）次级代谢与初级代谢的关系

微生物合成代谢的产物可根据它们与菌体生长、繁殖的关系分为初级代谢产物和次级代谢产物。初级代谢产物是指微生物产生的,生长和繁殖所必需的物质,如蛋白质、核酸等;次级代谢产物是指由微生物产生的,与微生物生长和繁殖无关的一类物质。其生物合成至少有一部分是和与初级代谢产物无关的遗传物质(包括核内和核外的遗传物质)有关,同时也与这类遗传信息产生的酶所控制的代谢途径有关。抗生素是从糖代谢或氨基酸合成代谢途径中分支出来形成的。

许多抗生素的基本结构是由少数几种初级代谢产物构成的,所以次级代谢产物是以初级代谢产物为母体衍生出来的,次级代谢途径并不是独立的,而与初级代谢途径有密切关系的,如图6-22所示。

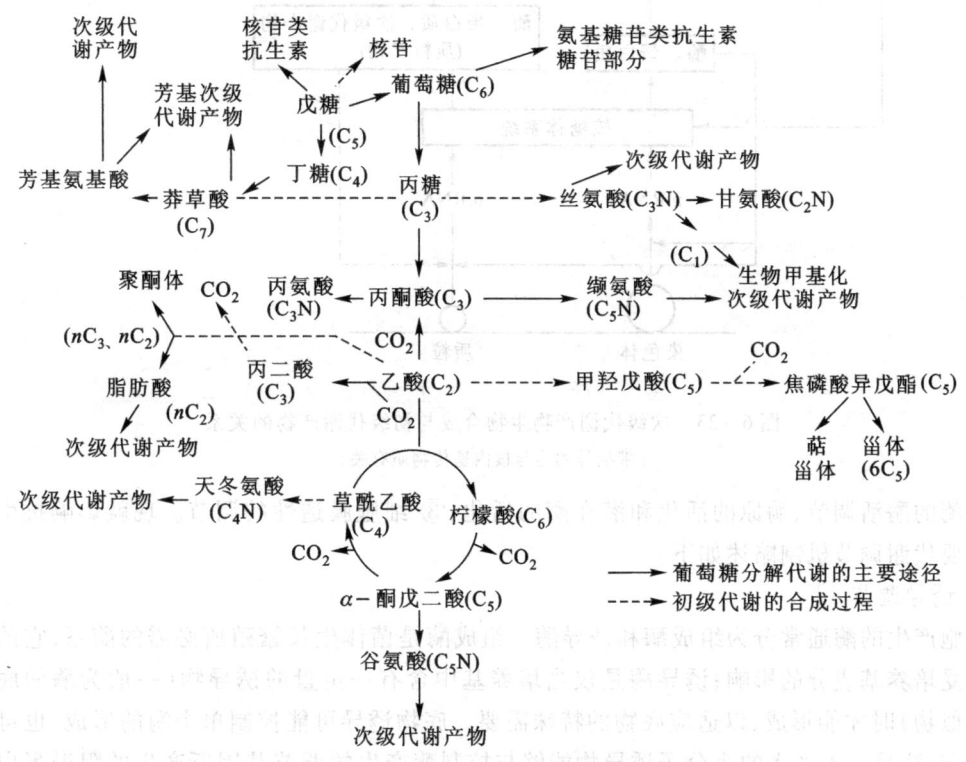

图6-22　次级代谢与初级代谢的关系

初级代谢与次级代谢同样都受到核内 DNA 的调节控制,而次级代谢产物还受到与初级代谢产物合成无关的遗传物质的控制,即受核内遗传物质(染色体遗传物质)和核外遗传物质(质粒)的控制。图6-23表示有一部分代谢产物的形成,取决于由质粒信息产生的酶所控制的代谢途径,这类物质称为质粒产物。由于这类物质的形成直接或间接受质粒遗传物质的控制,因而产生了质粒遗传的观点。当然也有只由染色体 DNA 控制的抗生素产物。

(二) 抗生素生产菌的主要代谢调节机制

研究微生物的代谢调节机制,可从 DNA 水平研究酶合成的调节机制和从酶化学观点研究酶活性的调节机制两方面着手。对微生物来说,细胞的通透性与代谢调节的关系也是很密切的。因此,微生物的代谢调节机制可分为:① 受 DNA 控制的酶合成调节机制,包括酶的诱导和酶的阻遏(有终产物的阻遏和分解产物的阻遏);② 酶活性的调节机制,包括终产物的抑制或活化,

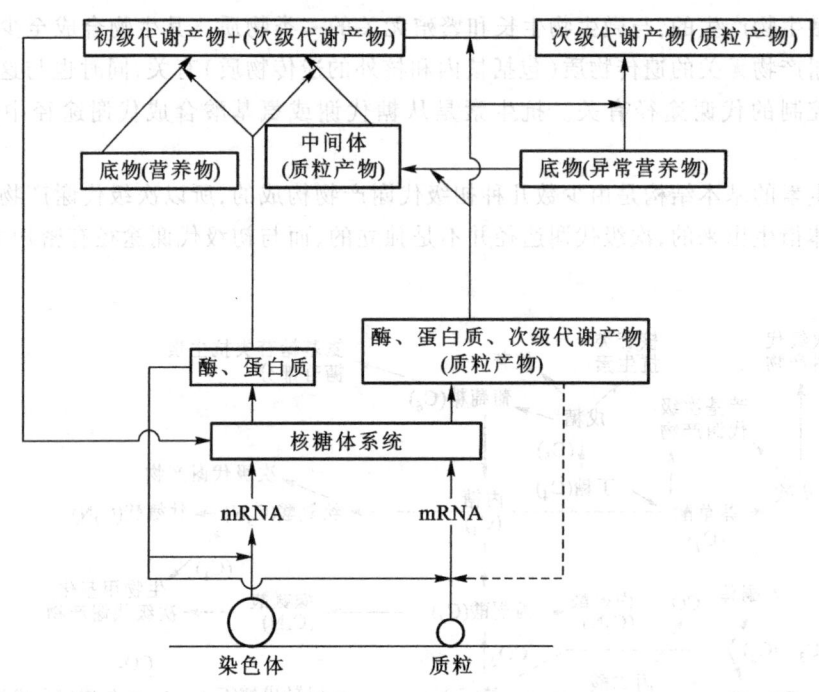

图 6-23 次级代谢产物生物合成与初级代谢产物的关系
(带括号的为与核内遗传物质有关)

利用辅酶的酶活调节、酶原的活化和潜在酶的活化;③ 细胞膜透性的调节。现就影响抗生素形成的主要代谢调节机制略述如下。

1. 诱导调节

细胞产生的酶通常分为组成酶和诱导酶。组成酶是菌体生长繁殖所必需的酶系,它的产生一般不受培养基成分的影响;诱导酶是仅当培养基中含有一定量的诱导物(一般为酶的底物或底物类似物)时才能形成,以适应底物的特殊需要。底物诱导可能控制单个酶的形成,也可能控制一组酶,这是由于加入的小分子诱导物能够与控制酶产生的调节基因所产生的阻遏蛋白发生特异性结合,使阻遏蛋白失去原有的构型,因而失去了原有的调节功能,使诱导酶的结构基因得以解除阻遏,开始转录而产生酶。在抗生素生物合成过程中,参与次级代谢的酶,有些是诱导酶,需要有诱导物存在才能形成。如把甘露糖链霉素变为链霉素和甘露糖的甘露糖链霉素酶,需要有 α-甲基甘露糖苷、甘露聚糖等诱导物的作用。在顶芽孢菌的头孢菌素 C 生物合成中,甲硫氨酸具有促进抗生素生产的作用。

2. 反馈调节

反馈调节包括反馈阻遏和反馈抑制,前者是作用于基因水平,控制酶的合成量,是终产物抑制生物合成途径中的一种或多种酶形成的调节过程;后者是作用于分子水平,控制酶的活性,是合成途径的终产物抑制该过程中第一步酶的活性作用。两者作用方式各异,功能也有所不同,目的都是防止产生过量的物质,保证快速有效地适应变换了的外界环境,对生长有利。在抗生素的生物合成途径中,一方面抗生素本身的积累就能起反馈调节作用;另一方面初级代谢产物的形成受到反馈调节,也必然影响抗生素的合成。如缬氨酸是合成青霉素的前体,其生物合成受到反馈调节,必然对青霉素合成的次级代谢产生影响。

3. 碳、氮及其分解代谢产物的调节

碳分解代谢产物调节指能迅速被利用的碳源(葡萄糖)或其分解代谢产物,对其他代谢中的酶(包括分解酶和合成酶)的调节。分为分解产物阻遏和抑制两种。葡萄糖是菌体生长良好的碳源和能源,但对青霉素、头孢菌素、卡那霉素、新霉素、丝裂霉素等都有明显降低产量的作用。

在初级代谢中,氮分解代谢产物调节是指迅速利用的氮源(氨)抑制作用于含底物酶(蛋白酶、硝酸盐还原酶、酰胺酶、脲酶、组氨酸酶)的合成。在次级代谢中,其阻遏作用也确实存在。在抗生素生产中使用黄豆饼粉就是由于它缓慢分解成有阻遏作用的氨基酸和氨,防止或减弱氮分解代谢产物阻遏作用。

4. 磷酸盐的调节

磷酸盐不仅是菌体生长的主要限制性营养成分,还是调节抗生素生物合成的重要因素。其机制按效应剂来说有直接作用,即磷酸盐自身影响抗生素合成,间接作用即磷酸盐调节胞内其他效应剂(如ATP、腺苷酸能量负荷和cAMP),进而影响抗生素合成。已发现过量磷酸盐对四环素、氨基糖苷类和多烯大环内酯类等32种抗生素的合成产生阻抑作用。

5. 细胞膜透性的调节

外界物质的吸收或代谢产物的分泌都需经细胞膜的运输,如发生障碍,则胞内合成代谢物不能分泌出来,影响发酵产物收获,或胞外营养物不能进入胞内,也影响产物合成,使产量下降。如在青霉素发酵中,生产菌细胞膜输入硫化物能力的大小影响青霉素发酵单位的高低。如果输入硫化物能力增大,硫供应充足,合成青霉素的量就增多。

6. 营养期(生长期)和分化期(生产期)的关系

次级代谢的一个特征是次级代谢产物通常是在生长阶段(营养期)之后的生产阶段(分化期)合成。次级代谢产物的形成出现较迟,这或许是抗生素产生菌避免自杀的主要机制之一。产物的形成是在某些养分从培养基中耗竭时开始的。易利用的糖、氨(NH_3)或磷酸盐的消失导致次级代谢产物阻遏作用的解除。

(三) 常见抗生素的生物合成机制

1. 青霉素、头孢菌素的生物合成机制

青霉素的化学结构由两部分组成,即带酰基的侧链和6-氨基青霉烷酸(6-APA)即青霉素的母核。头孢菌素C也是由两部分组成,即α-氨基己二酸侧链和7-氨基头孢霉烷酸(α-7-ACA)母核。它们都有相同的β-内酰胺环,并且在生物合成过程中具有同一的中间体,α-氨基己二酰半胱氨酰缬氨酸;所不同的是组成青霉素母核的另一个环是噻唑环,头孢菌素的另一个环是双氢噻唑环。青霉素G(苄青霉素)、青霉素N和头孢菌素生物合成的推测途径如图6-24所示。青霉素G生物合成的化学计量式如下:

$$1.5\ 葡萄糖 + 2NH_3 + H_2SO_4 + 2NADH_2 + PAA + 5ATP \rightarrow 青霉素 G$$

头孢菌素C在异青霉素N以前的阶段和青霉素的生物合成完全一样。此后,经头孢菌素霉产生的异构酶的作用,将异青霉素N转化为青霉素N,再由扩环酶(脱乙酰氧头孢菌素C合成酶)催化扩环生成脱乙酰氧头孢菌素C,最后通过羟化和转乙酰基反应得到头孢菌素C。扩环和羟化是头孢菌素C生物合成中的关键反应和限速反应阶段。

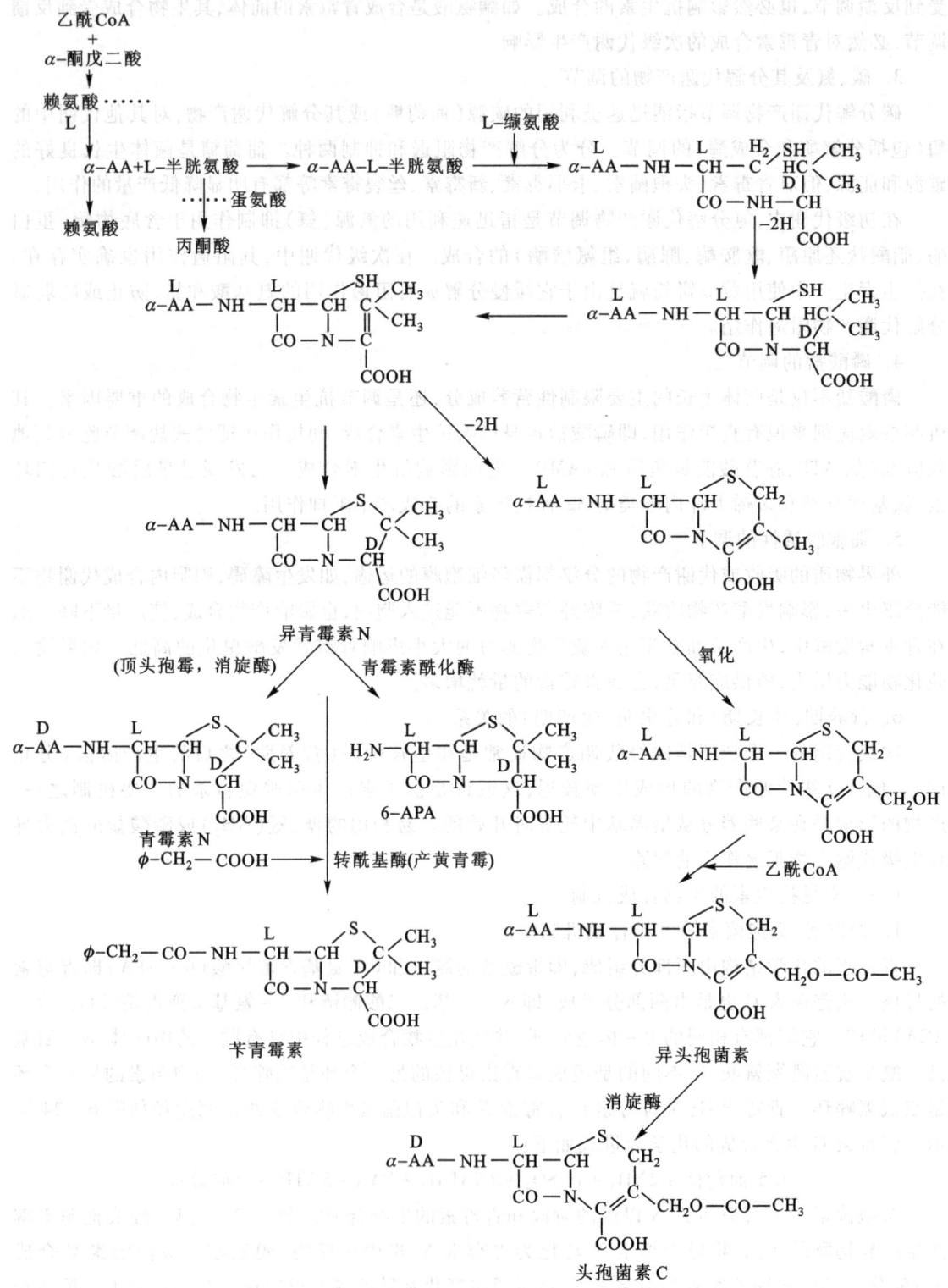

图 6-24 苄青霉素、青霉素 N 和头孢菌素生物合成的推测途径

2. 大环内酯类抗生素的生物合成

大环内酯类抗生素是以一个大环内酯(也称糖苷配基)为母核,通过糖苷键与糖分子连接的一类有机化合物。依据结构分为大环内酯抗生素和多烯大环内酯抗生素。

红霉素是由红霉内酯环、红霉糖和红霉糖胺3个亚单位构成的十四元大环内酯抗生素。红霉内酯是通过与脂肪酸合成过程类似的聚酮体途径合成的。1个丙酰CoA与6个甲基丙二酰CoA通过丙酸盐头部(—COOH)至中部(C_2)的共价键相连接缩合而形成。

3. 链霉素的生物合成

链霉素是由链霉胍、链霉糖和 N – 甲基 – L – 氨基葡萄糖组成的三糖。链霉素属于氨基糖苷类抗生素,分子中的3个亚单位的碳架直接来源于D – 葡萄糖,胍基碳原子来自D – 葡萄糖的降解产物。

(1) 链霉胍的生物合成

从链霉素的分子结构可知,链霉胍部分是由2个胍基和环己六醇组成的。利用同位素试验证明环己六醇是由D – 葡萄糖经过6 – 磷酸酯环化成环己六醇 – 1 – 磷酸酯,再经脱磷酸生成肌环己六醇,肌环己六醇经过氧化作用、氨基化作用、磷酸化作用、胍化作用和去磷酸化作用生成链霉胍。链霉胍的胍基来自精氨酸,精氨酸来自鸟氨酸循环。图6 – 25是由肌环己六醇转变成链霉胍的途径。

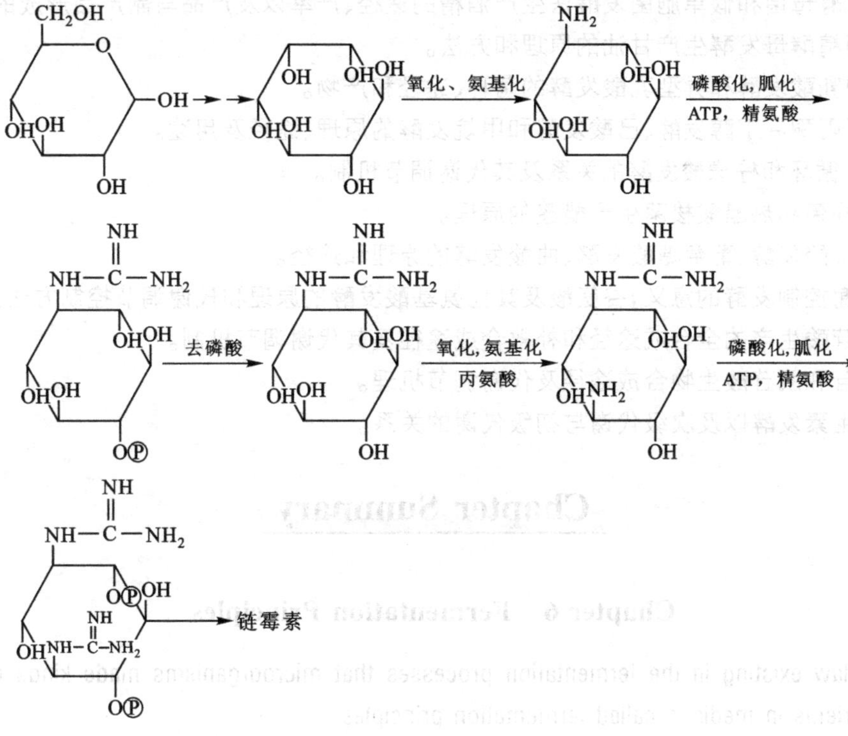

图6 – 25 肌环己六醇转变成链霉胍的途径

(2) 链霉糖的生物合成

链霉糖是由葡萄糖生物合成,葡萄糖1,2,3和6位碳提供了链霉糖1,2,3和5位碳。由葡萄糖转变成链霉糖是经过分子中碳 – 碳重排,并涉及脱氧胸腺核苷 5′ – 2P – G(dTDP – 葡萄糖),它被转化为 4-酮-4,6-二脱氧-D-葡萄糖,最后转化为二氢链霉糖和鼠李糖。

(3) N-甲基-L-氨基葡萄糖的生物合成

利用不同位置的带有^{14}C标记的 D-G 试验证明了 N-甲基氨基葡萄糖的各个碳来自 D-葡萄糖相对的碳原子,并且 D-氨基葡萄糖-1-^{14}C 也可以进入 N-甲基-L-氨基葡萄糖的相应部分,用同位素证明了其甲基来自蛋氨酸。

所生成的 L-链霉糖和 N-甲基-L-氨基葡萄糖分别从它们的核苷二磷酸衍生物输送至链霉胍的 6-磷酸,接着输送到 O-2-L-链霉糖(1-4)-链霉胍-6-磷酸,形成链霉素-6-磷酸,经过脱磷酸作用生成链霉素。

本 章 提 要

1. 微生物通过自身的代谢活动,利用培养基中各种物质合成人们所需要的产物的内在规律称微生物发酵机理。
2. 微生物对碳素和氮素物质的代谢方式和作用因菌种不同而异。
3. 各类营养型微生物的能量代谢的形式。
4. 糖酵解(EMP)途径的进程与特点。
5. 利用酵母菌和假单胞菌发酵法生产酒精的途径、产率以及产品与副产品形成的机理。
6. 用酒精酵母发酵生产甘油的原理和方法。
7. 同型乳酸发酵和异型乳酸发酵的菌种、途径和产物。
8. 说明丙酮-丁醇发酵、己酸发酵和甲烷发酵的原理、途径及用途。
9. TCA 循环和柠檬酸发酵的关系及其代谢调节机制。
10. 醋杆菌和热醋酸梭菌生产醋酸的原理。
11. 衣康酸发酵、葡萄糖酸发酵、曲酸发酵的原理和途径。
12. 代谢控制发酵的意义,谷氨酸及其他氨基酸发酵的原理和代谢调节控制方法。
13. 核苷酸生产的全合成途径和补救合成途径及其代谢调节机制。
14. 肌苷和肌苷酸生物合成途径及代谢调节机理。
15. 抗生素发酵以及次级代谢与初级代谢的关系。

Chapter Summary

Chapter 6 Fermentation Principles

1. The law existing in the fermentation processes that microorganisms made kinds of products from the nutrients in media is called fermentation principles.
2. Different microorganisms metabolize carbon and nitrogen substances in different ways.
3. The categories of energy metabolism for microorganisms are introduced.
4. The procedures and characteristics of EMP metabolic pathway are introduced.
5. The metabolic pathway and specific output of alcohol production by yeasts and *Pseudomonas*

are introduced, as well as the secretion principles of products and byproducts.

6. The principles and methods for glycerol production by alcohol yeast fermentation are provided.

7. The microorganism, the metabolic way and products of both homolactic fermentation and heterolactic fermentation are introduced.

8. The fermentation principles of acetone - butanol, caproic acid and methane production, as well as their applications are stated.

9. The relationship between TCA cycle and citric acid fermentation and the strategy of metabolic control are introduced.

10. The principles of actic acid production by *Acetobacteria* and *Clostriodium Themoacidophilus* are discussed.

11. The principles and metabolic pathways of fermentations for itaconic acid, gluconic acid, kojic acid are introduced.

12. Metabolically controlled fermentation play an important role in amino acid fermentation. The principles of glutamic acid fementation, as well as other amino acids, and the strategy for metabolic control are stated.

13. The complete systhesis of nucleotide is introduced, and the salvage pathway and its metabolic control are discussed.

14. The biosysthesis and metabolic control of inosine and inosinic acid are stated.

15. Antibiotic fermentation and the relationship between primary and secondary metabolism is stated.

关 键 术 语

发酵机理	分解途径	能量代谢
自养型微生物	异养型微生物	电子传递
磷酸化	厌氧微生物	好氧微生物
无氧呼吸	电子传递系统	光能微生物
叶绿素	细胞色素	分解代谢
能量转化	糖酵解	巴斯德效应
变构酶	歧化反应	同型乳酸发酵
异型乳酸发酵	双歧杆菌	丙酮-丁醇
己酸合成	甲烷发酵	TCA 循环
柠檬酸发酵	醋杆菌	热醋酸梭菌
细胞渗透性	生物素缺陷型	反馈抑制和阻遏
生物素的亚适量	协同抑制	结构类似物
关键酶	核苷酸(nucleotide)	嘌呤核苷酸
次级代谢	初级代谢	细胞膜透性调节
诱导酶		

复习思考题

1. 请叙述各种微生物对碳素和氮素物质的代谢途径与方式。
2. 微生物的营养类型与能量代谢的关系怎样?
3. 糖酵解(EMP)途径有何意义和特点?
4. 比较酵母菌的酒精发酵和细菌的酒精发酵之异同。
5. 酒精发酵过程中为什么会产生甘油?
6. 比较同型乳酸发酵与异型乳酸发酵的异同。
7. 说明丙酮-丁醇发酵、己酸发酵和甲烷发酵的机理及应用。
8. 在柠檬酸发酵过程中应该如何控制,使之大量积累。
9. 请说明醋酸发酵的原理。
10. 为什么说谷氨酸及其他氨基酸发酵是代谢控制发酵,生产中该怎样控制。
11. 5′-IMP发酵应具备什么条件?
12. 说明初级代谢和次级代谢的关系及次级代谢产物的特征。
13. 抗生素产生菌的主要代谢调节有哪几种方式?说明各类抗生素的生物合成机制。

第七章 发酵动力学

生物反应分为两类:一类是使底物在酶(包括游离酶和固定化酶)的作用下进行反应,如淀粉的液化、异构糖的生产、无侧链青霉素(6-APA)的制造等。另一类是通过细胞的培养,利用细胞产生的酶系统,把培养基中的物质通过复杂的生物化学反应转化成新的细胞及其代谢产物。

生物反应动力研究生物反应的规律。本章重点研究细胞反应动力学,即微生物发酵过程中菌体生长、基质消耗、产物生成的动态平衡及其内在规律。通过此研究进行最佳发酵生产工艺条件的控制。另外,设计合理的发酵过程,也必须以发酵动力学模型作为依据,发酵动力学研究还为工厂的试验比拟放大,为分批发酵过渡到连续发酵提供理论依据。

第一节 发酵过程动力学描述和分类

一、菌体生长速率

发酵过程动力学描述采用群体生物量的变化来表示。在液体培养基中的群体生长,其生长速率即单位体积(或面积)、单位时间里微生物群体生长的菌体量。在表面上的群体生长,其生长速率以单位表面积来表示。菌体量一般指其干重。

生长微生物群体存在细胞大小的分布,单细胞的生长速率与细胞的大小直接相关,因此也存在生长速率分布。以下讨论的微生物生长速率指具有这种分布的群体平均值。群体的繁殖速率是群体的各个新单体的生长速率。

比生长速率是菌体浓度除菌体的生长速率和菌体浓度除菌体的繁殖速率。在平衡条件下,比生长速率 μ 的定义式为:

$$\mu = \frac{1}{c(X)} \frac{dc(X)}{dt} \quad \text{或} \quad v_X = \frac{dc(X)}{dt} = \mu c(X) \tag{7-1}$$

式中,t—时间,h;v_X—菌体生长速率,g/(L·h)。

菌体的生长速率 v_X 与微生物的浓度 $c(X)$ 成正比。比生长速率 μ 除受细胞自身遗传信息支配外,还受环境因素的影响。

▶▶ 二、基质消耗速率

以菌体得率系数为媒介,可确定基质消耗速率与菌体生长速率的关系。基质的消耗速率 v_S 可表示为:

$$-v_S = \frac{v_X}{Y_{X/S}} \tag{7-2}$$

式中,$Y_{X/S}$——菌体得率系数又称细胞得率系数,g/mol。

基质的消耗速率常以单位菌体表示,称为基质的比消耗速率,以 v 表示。

$$v = \frac{v_S}{c(X)} \tag{7-3}$$

当以氮源、无机盐、维生素等为基质时,由于这些成分只能构成菌体的组成成分,不能成为能源,$Y_{X/S}$ 近似一定,所以上式能够成立。但当基质既是能源又是碳源时,就应考虑维持能量。

$$-v_S = \frac{1}{Y_G} v_X + m \cdot c(X) \tag{7-4}$$

碳源总消耗速率 = 用于生长的消耗速率 + 用于维持代谢的消耗速率

式中,m——基质维持代谢系数,mol/(g·h);$-v_S$——碳源总消耗速率,mol/(L·h);v_X——菌体生长速率,g/(L·h);Y_G——菌体得率系数(对细胞生长所消耗的基质而言),g/mol。

两边同除以 $c(X)$,则

$$-v = \frac{1}{Y_G} \mu + m \tag{7-5}$$

式(7-5)作为连接 v 和 μ 的关联式,可看做是含有两个参数的线性模型。v 对 μ 的依赖关系可一般简化为:

$$-v = g(\mu) \tag{7-6}$$

式(7-6)也间接表明了 v 对环境的依赖关系。

▶▶ 三、代谢产物的生成速率

代谢产物有分泌于培养液中的,也有保留在细胞内的,因此讨论生成速率的数学模式有必要区分这两种情况。

与生长速率和基质消耗速率相同,当以体积为基准时,称为代谢产物的生成速率,记为 v_P;当以单位质量为基准时,称为产物的比生成速率,记为 Q,相关式为:

$$Q = \frac{v_P}{c(X)} \tag{7-7}$$

CO_2 不是目的代谢产物,但是,在微生物反应中是一定会产生的。CO_2 的 Q 值,常表示为 Q_{CO_2}。好氧微生物反应中 Q_{CO_2} 相对于氧的消耗,又称为呼吸商(RQ)。

$$RQ = \frac{\Delta c(CO_2)}{-\Delta c(O_2)} = \frac{v_{CO_2}}{-v_{O_2}} = \frac{Q_{CO_2}}{-Q_{O_2}} \tag{7-8}$$

一般 Q 是 μ 的函数,考虑到生长偶联与非生长偶联两种情况,Q 与 μ 的关系可写成:

$$\beta Q = A + B\mu$$

另外,作为一般形式,可认为是二次方程,即:

$$Q = A + B\mu + C\mu^2 \tag{7-9}$$

式中,A、B、C 为常数。某些酶的生产和氨基酸的合成属于这种类型。

四、混合生长学

当两种或更多微生物生活在同一环境时,随之产生群体之间的相互作用,这些作用分为直接和间接两类。

间接相互作用是指两种可以单独生活的微生物共同生活在一起时,可以互相有利或彼此依赖,创造相互有利的营养和生活条件,微生物间的互生和共生关系属于此类型。

直接相互作用是指微生物间的互不相容性,即一种微生物的生长繁殖,致使另一类微生物趋于死亡的过程,微生物学中的捕食、寄生及竞争等属于此类。嗜杀性酵母的生长也属于此类。

五、发酵方法和动力学分类

为了获得发酵过程变化的第一手资料,首先,要尽可能寻找能反映过程变化的理论参数;其次,将各种参数变化和现象与发酵代谢规律联系起来,找出它们之间的相互关系和变化;第三,建立各种数学模型以描述各参数随时间变化的关系;第四,通过计算机的在线控制,反复验证各种模型的可行性与适用范围。

1. 生物反应动力学分类

表 7-1 为各种发酵动力学分类表。

表 7-1 发酵动力学

分类依据及类型		判断因素	举例
根据产物生成与基质消耗的关系	Ⅰ	产物生成直接与基质(糖类)消耗有关	酒精发酵、葡萄糖酸发酵、乳酸发酵、酵母培养等
	Ⅱ	产物生成与基质(糖类)消耗间接有关	柠檬酸、衣康酸、谷氨酸、赖氨酸、丙酮、丁醇等的发酵
	Ⅲ	产物生成与基质(糖类)消耗无关	青霉素、链霉素、糖化酶、核黄素等的发酵
根据生长有否偶联	偶联型	产物生成速率与菌体生长速率有紧密联系	酒精发酵
	混合型	产物生成速率与菌体生长速率只有部分联系	乳酸发酵
	非偶联型	产物生成速率与菌体生长速率无紧密联系	抗生素发酵

续表

分类依据及类型		判断因素	举例
根据反应进程	简单型	营养成分以固定的化学量转化为产物,无中间物积累	黑曲霉葡萄糖酸发酵、阴沟产气杆菌的生长
	并联型	营养成分以不定的化学量转化为一种以上的产物,且产物生成速率随营养成分含量而异,也无中间物积累	黏红酵母的生长
	串联型	形成产物前积累一定程度的中间物的反应	极毛杆菌的葡萄糖酸发酵
	分段型	营养成分在转化为产物前全转变为中间物或以优先顺序选择性地转化为产物,反应过程由两个简单反应段组成	大肠杆菌的两段生长,弱氧化醋酸杆菌的5-酮基葡萄糖酸发酵
	复合型	大多数的发酵过程是一个复杂的联合反应	青霉素发酵

发酵动力学可根据菌体生长与产物形成的关联关系,产物形成与基质消耗的关系,以及反应的进程等三种分类方式进行分类。

(1) 根据菌体生长与产物形成是否偶联进行分类

① 偶联型:产物生成速率与菌体生长速率有紧密关系,发酵产物通常是分解代谢的直接产物。

$$\frac{dc(P)}{dt} = Y_{P/X}\frac{dc(X)}{dt} = Y_{P/X}\mu c(X) \quad 或 \quad Q_P = Y_{P/X}\mu \quad (7-10)$$

式中,$Y_{P/X}$—是以菌体细胞为基准的产物得率系数,g/g 细胞;$c(P)$—产物浓度,g/L;$c(X)$—菌体浓度,g/L;μ—比生长速率,h^{-1};Q_P—产物比生成速率,h^{-1};$\frac{dc(P)}{dt}$—产物生成速率,g/(L·h);$\frac{dc(X)}{dt}$—菌体生长速率,g/(L·h)。

② 非偶联型:在菌体生长和发酵产物无关联的发酵模式中,菌体生长时,无产物形成,但菌体停止生长后,则有大量产物积累,发酵产物的生成速率只与菌体积累量有关。产物合成发生在菌体停止生长之后(即产生于次级生长),故习惯上把这类与生长无关联的产物称为次级代谢产物,但不是所有次级代谢产物一定是与生长无关联的。非偶联型发酵的生成速率只与已有的菌体量有关,而产物比生成速率为一常数,与比生长速率没有直接关系。因此,其产率和浓度高低取决于菌体生长期结束时的生物量。产物形成与菌体浓度的关系如下:

$$\frac{dc(P)}{dt} = \beta c(X) \quad (7-11)$$

式中,β—非生长偶联的比生成系数,g/(g 细胞·h)。

③ 混合型:菌体生长与产物生成相关(如乳酸、柠檬酸、谷氨酸等的发酵),发酵产物生成速率可由下式描述:

$$\frac{dc(P)}{dt} = \alpha \frac{dc(X)}{dt} + \beta c(X) = \alpha\mu c(X) + \beta c(X) \qquad (7-12)$$

或 $\qquad Q_P = \alpha\mu + \beta$

式中，α—与生长偶联的产物生成系数，g/g；β—非生长偶联的产物比生成系数，g/(g·h)。

该复合模型的形成是将常数 α、β 作为变数，它们在分批生长的四个时期分别具有特定的数值。

(2) 根据产物形成与基质消耗的关系分类

① 类型Ⅰ：产物的形成直接与基质(糖类)的消耗有关，这是一种产物合成与利用糖类有化学计量关系的发酵，糖类提供了生长所需的能量。糖耗速率与产物合成速率的变化是平行的，如利用酵母菌的酒精发酵和酵母菌的好氧生长。这种形式也叫做有生长联系的培养。

② 类型Ⅱ：产物的形成间接与基质(糖类)的消耗有关，即微生物生长和产物合成是分开的，糖既满足菌体生长所需的能量，又作为产物合成的碳源。但在发酵过程中有两个时期对糖的利用最为迅速，一个是最高生长时期，另一个是产物合成的最高时期。

③ 类型Ⅲ：产物的形成显然与基质(糖类)的消耗无关，如抗生素发酵。即产物是微生物的次级代谢产物，其特征是产物合成与利用碳源无准量关系，产物合成在菌体生长停止才开始。此种培养也叫做无生长联系的培养。

图 7-1 示意一个典型的分批发酵过程，其产物不是菌体本身。图的纵坐标分别为菌体浓度 $c(X)$，产物浓度 $c(P)$ 及底物浓度 $c(S)$；横坐标是发酵时间 t。在时间 $t=t_1$ 时的生长速率，产物比生成速率和底物比消耗速率都明确地表示在图上。

由图可知，各比速率是分批发酵过程时间 t 的函数，与对数生长期相一致，即：

$$\mu = \frac{1}{c(X)}\frac{dc(X)}{dt} = \frac{d\ln c(X)}{dt}$$

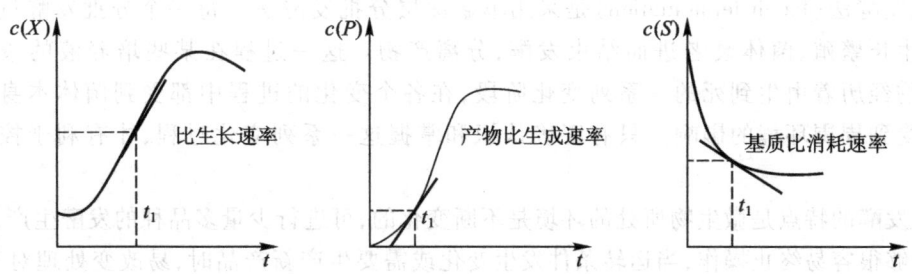

图 7-1 比生长速率、产物比生成速率及基质比消耗速率的定义

(3) 根据反应形式分类

亭道孚(Deinderfer)根据反应形式提出五种发酵动力学的类型。

① 简单反应型：营养成分以固定的化学量转化为产物，没有中间物积聚。又可分为有生长偶联和无生长偶联两类。

② 并行反应型：营养成分以不定的化学量转化为产物，在反应过程中产生一种以上的产物，而且这些产物的生成速率随营养成分的浓度而异，同时没有中间物积聚。

③ 串联反应型：是指在形成产物之前积累一定程度的中间物的反应。

④ 分段反应型：其营养成分在转化为产物之前全部转变为中间物。或营养成分以优先顺序

选择性地转化为产物。反应过程是由两个简单反应段组成,这两段反应是由酶诱导调节。

⑤ 复合型:大多数发酵过程是一个联合反应,它们的联合可能相当复杂。青霉素发酵过程就是这种反应。菌种的生长曲线是一个特殊的两段型。青霉素的生产曲线也呈现一个两段型的特征并滞后于生长曲线。一个中间产物的积聚是在糖分消失和青霉素出现之间的某处。这也是青霉素发酵过程中添加糖的一个理由。

2. 发酵方法

发酵过程根据生产菌种和发酵条件的要求分为好氧发酵和厌氧发酵。好氧发酵有液体表面培养发酵、在多孔或颗粒状固体培养基表面发酵和通氧式液体深层发酵。厌氧发酵采用不通氧的深层发酵。液体深层培养是在有一定径高比的圆柱形发酵罐内完成的,根据其操作方法可分为以下几种:

分批式操作:基质一次性装入罐内,在适宜条件下接种进行反应,经过一定时间后,将全部反应物取出。

半分批式操作(也称流加操作):先将一定量基质装入罐内,在适宜条件下接种使反应开始。反应过程中,将限制性基质送入反应器,以将罐内限制性基质浓度控制在一定范围。反应终止将全部反应物取出。

反复分批式操作:分批操作完成后取出部分反应系,剩余部分再加入基质,按分批式操作进行。

反复半分批式操作:流加操作完成后,取出部分反应系,剩余部分重新加入一定量基质,再按流加式操作进行。

连续式操作:反应开始后,一方面把基质连续地供给到反应器中,同时又把反应液连续不断地取出,使反应过程处于动态稳定状态,反应条件不随时间变化。

(1) 分批发酵法

分批发酵法(batch fermentation)是采用单罐深层分批发酵法。每一个分批发酵过程都经历接种、生长繁殖、菌体衰老进而结束发酵,分离产物。这一过程在某些培养液的条件支配下,微生物经历着由生到死的一系列变化阶段,在各个变化的进程中都受到菌体本身特性的制约,也受到周围环境的影响。只有正确认识和掌握这一系列变化过程,才有利于控制发酵生产。

分批发酵的特点是微生物所处的环境是不断变化的,可进行少量多品种的发酵生产,如果发生染菌能够很容易终止操作,当运转条件发生变化或需要生产新产品时,易改变处理对策,对原料组成要求较粗放等。

(2) 补料分批发酵法

补料分批发酵法(fed-batch fermentation)又称半连续发酵或半连续培养,是指在分批培养过程中,间歇或连续地补加新鲜培养基。与传统分批发酵相比,其优点是:① 使发酵系统中维持很低的基质浓度,可以除去快速利用碳源的阻遏效应,并维持适当的菌体浓度,使不致加剧供氧的矛盾;② 避免培养基积累有毒代谢物。

补料分批发酵法广泛应用于抗生素、氨基酸、酶制剂、核苷酸、有机酸及高聚物等的生产。

(3) 连续发酵法

连续发酵(continuous fermentation)过程是当微生物培养到对数生长期时,在发酵罐中一方面以一定速度连续不断地流加新鲜液体培养基,另一方面又以同样的速度连续不断地将发酵液排出,使发酵罐中微生物的生长和代谢活动始终保持旺盛的稳定状态,而 pH、温度、营养成分的浓度、溶解氧等都保持一定,并从系统外部予以调整,使菌体维持在恒定生长速率下进行连续生长和发酵,这样就大大提高了发酵的生长效率和设备利用率。连续发酵的优缺点见表 7-2。连续发酵的类型见表 7-3。

表 7-2 连续发酵的优缺点

连续发酵的优点	连续发酵的缺点
1. 提供了微生物在恒定状态下高速生长的环境,便于进行微生物的代谢、生理、生长和遗传特性的研究	1. 在长时间的培养过程中,微生物菌种容易发生变异,发酵过程容易染菌
2. 在工业生产上可减少分批发酵中的清洗、装料、消毒、接种、放罐等的操作时间,提高生产效率	2. 新加入的培养基与原有的培养基不易完全混合,影响培养基及营养物质的利用
3. 中间及最终产物的生产稳定;由于系统化而产生综合效果	3. 必须和整个作业的其他工序连续一致
4. 产物质量比较稳定	4. 收率及产物浓度比分批法稍低
5. 可以作为分析微生物的生理、生态及反应机制的有效手段	5. 有可能被杂菌污染及变异;各因素对生物反应的影响和动力学关系不能充分解释
6. 所需的设备和投资较少,便于实现自动化	

表 7-3 连续发酵类型

类型		开放式(菌体取出)		封闭式(菌体不取出)	
		单罐	双罐	单罐	双罐
均匀混合	非循环	搅拌发酵罐	搅拌罐(串联)	透析膜培养	
	循环	搅拌发酵罐(菌体部分重复使用)	搅拌罐串联(菌体部分重复使用)	搅拌发酵罐(菌体100%重复使用)	搅拌罐串联(菌体100%重复使用)
非均匀混合	非循环	管道发酵罐 塔式发酵罐	塔式发酵罐装有隔板的管道发酵器(卧式、立式)	塔式发酵罐(菌体100%重复使用)	塔式发酵罐(菌体100%重复使用)
	循环	管道发酵器塔式发酵罐(菌体部分重复使用)	塔式发酵罐装有隔板的管道发酵器(菌体部分重复使用)	管道发酵罐(菌体100%重复使用)	塔式发酵罐装有隔板的管道发酵器(菌体100%重复使用)

① 开放式连续发酵:在开放式连续发酵系统中,菌体随着发酵液而一起流出,菌体流出的速度等于新菌体生成速度。因此在这种情况下,可使菌体浓度处于某种稳定状态。另外,最后流出的发酵液如部分返回(反馈)发酵罐进行重复使用,则该装置叫做循环系统,发酵液不重复使用的装置叫做不循环系统。

A) 单罐均匀混合连续发酵：培养液以一定的流速不断地流加到带有机械搅拌装置的发酵罐中，与罐内发酵液充分混合，同时带有菌体和产物的发酵液又以同样流速连续流出。如果用一个装置将流出的发酵液中部分细胞返回发酵罐，就构成循环系统。图7-2为单罐连续发酵系统示意图。

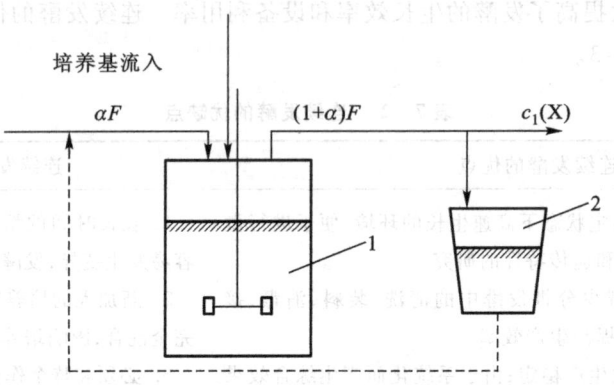

图7-2　单罐连续发酵
1-发酵罐；2-分离器

B) 多罐均匀混合连续发酵：将若干搅拌发酵罐串联起来，就构成多罐均匀混合发酵装置。新鲜培养液不断流入第一只发酵罐，发酵液以同样流速依次流入下一只发酵罐，在最后一只发酵罐中流出。多级连续发酵可以在每个罐中控制不同的环境条件以满足微生物生长各阶段的不同需要，并能使培养液中的营养成分得到较充分的利用，最后流出的发酵液中菌体和产物的浓度较高，所以是最经济的连续发酵法。

C) 管道非均匀混合连续发酵：管道的形式有多种，如直线形、S形、蛇形管等。培养液和来自于种子罐的种子不断流入管道发酵器内，使微生物在其中生长、繁殖和积累代谢产物。这种连续发酵的方法主要用于厌氧发酵。如在管道中用隔板加以分隔，每一个分隔等于一台发酵罐，就相当于多罐串联的连续发酵。图7-3为该系统示意图。

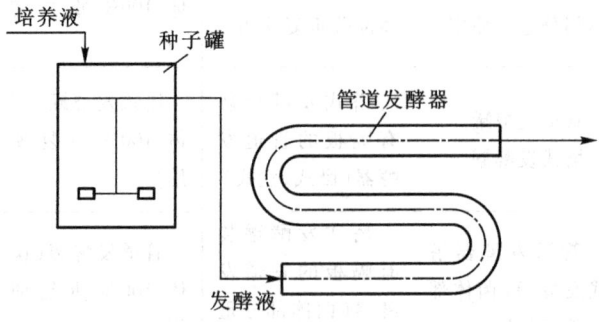

图7-3　管道连续发酵

D) 塔式非均匀混合连续发酵：塔式发酵罐有两种：一种是用多孔板将其分隔成若干室，每个室等于一台发酵罐，这样一台多孔板塔式发酵罐就相当于一组多级串联的连续发酵装置；另一种是在罐内装设填充物，使菌体在上面生长，这种形式仍然属于单罐式。图7-4是一种气液并流型连续发酵装置，培养液和空气从塔底部并流进入，在用多孔板分隔的多段发酵室中培养后由塔顶流出。

② 封闭式连续发酵:在封闭式连续发酵系统中,运用某种方法使菌体一直保持在培养器内,并使其数量不断增加。这种条件下,某些限制因素在培养器中发生变化,最后大部分菌体死亡。因此在这种系统中,不可能维持稳定状态。封闭式连续发酵装置可以用开放式连续发酵设备加以改装,只要使部分菌体重新循环。另一种方法是采用间隔物或填充物置于设备内,使菌体在上面生长,发酵液流出时不携带细胞或所携带细胞极少。

③ 透析膜连续发酵法:这是一种新方法,它是采用一种具有微孔的有机膜将发酵设备分隔,这种膜只能通过发酵产物,而不能通过菌体细胞。这样,将培养液连续流加到发酵设备的具有菌体的间隔中,微生物的代谢产物就通过透析膜连续不断地从另一间隔流出。在一些发酵过程中,当发酵液中代谢产物积累到一定程度时就会抑制它的继续积累,而采用透析膜发酵的方法可使代谢产物不断透析出去,发酵液中留下不多,因而可以提高产品得率。

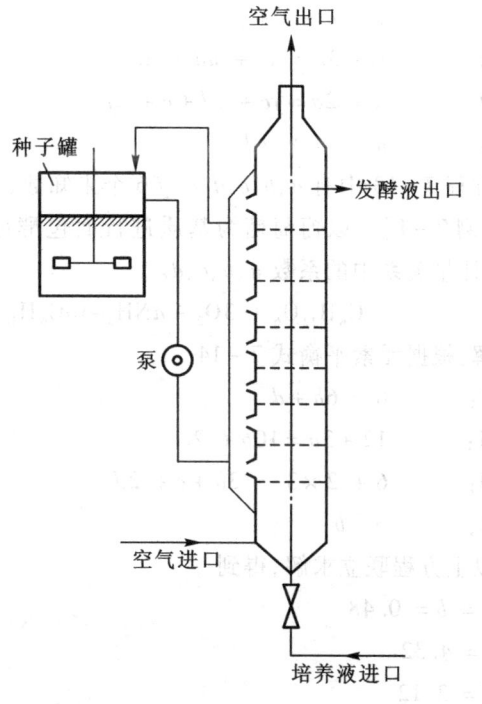

图 7-4　气液并流型塔式连续发酵装置

第二节　微生物反应过程中的质量和能量平衡

▶▶ 一、微生物生长代谢过程中的质量衡算

微生物反应过程与一般化学反应过程的主要区别是:微生物反应中参与反应的培养基成分多,反应途径复杂。伴随微生物的生长、产生代谢产物的过程中,用有正确系数的反应方程式来表达基质到产物的反应过程是非常困难的,但是,如果将微生物反应看成是生成多种产物的复合反应,那么,从概念上讲可以写成如下形式:

$$碳源 + 氮源 + 氧 = 菌体 + 有机产物 + CO_2 + H_2O$$

当然,此式不是计量关系式。发酵工业中有些行业,如酵母生产,只要求菌体,不希望产生其他产物;又如乙醇工业,由于是厌氧发酵,因此,氧和水项等于零。另一些行业,如氨基酸、酶制剂、抗生素和有机酸等生产,上式各项均不可少。

为了表示出微生物反应过程中各物质和各组分之间的数量关系,最常用的方法是对各元素进行原子衡算。如果碳源由 C、H、O 组成,氮源为 NH_3,菌体的分子式定义为 $CH_xO_yN_z$,忽略其他微量元素 P、S 和灰分等,此时用碳的定量关系式表示微生物反应的计量关系是可行的。

$$CH_mO_n + aO_2 + bNH_3 \rightarrow cCH_xO_yN_z + dCH_uO_vN_w + eH_2O + fCO_2 \qquad (7-13)$$

式中,CH_mO_n—碳源的元素组成;$CH_xO_yN_z$—菌体的元素组成;$CH_uO_vN_w$—产物的元素组成;下标 m、n、u、v、w、x、y、z—与一个碳原子相对应的氢、氧、氮的原子数。

对各元素做元素平衡,得到如下方程:

C: $1 = c + d + f$

H: $m + 3b = xc + ud + 2e$

O: $n + 2a = yc + vd + e + 2f$

N: $b = zc + wd$

方程 7-13 中有 a、b、c、d、e、f 6 个未知数,需 6 个方程才能解。

[**例 7-1**] 以葡萄糖为基质进行面包酵母($S.\ cerevisiae$)培养,培养的反应式可用下式表达,求计量关系中的系数 a、b、c、d。

$$C_6H_{12}O_6 + 3O_2 + aNH_3 \rightarrow bC_6H_{10}NO_3(面包酵母) + cH_2O + dCO_2 \quad (7-14)$$

解:根据元素平衡式 7-14

C: $6 = 6b + d$

H: $12 + 3a = 10b + 2c$

O: $6 + 2 \times 3 = 3b + c + 2d$

N: $a = b$

以上方程联立求解,得到

$a = b = 0.48$

$c = 4.32$

$d = 3.12$

所以上述反应的计算关系为

$$C_6H_{12}O_6 + 3O_2 + 0.48NH_3 \rightarrow 0.48C_6H_{10}NO_3(面包酵母) + 4.32H_2O + 3.12CO_2$$

配平微生物反应方程式时,一部分系数是由实验测得的,另一部分系数需计算获得。一般基质和产物的分子式是已知的。菌体的元素组成可通过元素分析方法测定。表 7-4 列出了几种菌体的元素组成和经验分子式。

表 7-4 几种菌体的元素组成和经验分子式

微生物	限定性基质	比生长速率 μ/(1/h)	组成(质量分数)/%							经验分子式	分子式"分子"质量
			C	H	N	O	P	S	灰分		
细菌			53.0	7.3	12.0	19.0	1.08	0.6	8	$CH_{1.666}N_{0.20}O_{0.27}$	20.7
			47.1	4.9	13.7	31.3				$CH_2N_{0.25}O_{0.5}$	25.5
产气气杆菌			48.7	7.3	13.9	21.1			8.9	$CH_{1.78}N_{0.24}O_{0.33}$	22.5
产气克雷伯氏菌	甘油	0.1	50.6	7.3	13.0	29.0				$CH_{1.74}N_{0.22}O_{0.43}$	23.7
		0.85	50.1	7.3	14.0	28.7				$CH_{1.73}N_{0.24}O_{0.43}$	24.0
酵母			47.0	6.5	7.5	31.0			8	$CH_{1.66}N_{0.13}O_{0.49}$	23.5
			50.3	7.4	8.8	33.5				$CH_{1.75}N_{0.15}O_5$	23.9
			44.7	6.2	8.5	31.2				$CH_{1.64}N_{0.16}O_{0.52}P_{0.01}S_{0.005}$	26.9
产朊假丝酵母	葡萄糖	0.08	50.0	7.6	11.1	31.3				$CH_{1.82}N_{0.19}O_{0.47}$	24.0
		0.45	46.9	7.2	10.9	35.0				$CH_{1.84}N_{0.2}O_{0.56}$	25.6
产朊假丝酵母	乙醇	0.06	50.3	7.7	11.0	30.8				$CH_{1.82}N_{0.19}O_{0.46}$	23.9
		0.43	47.2	7.3	11.0	34.6				$CH_{1.84}N_{0.2}O_{0.55}$	25.5

另外,通过测定 O_2 的消耗速率与 CO_2 的生成速率来确定的呼吸商(respiratory quotient,RQ)是好氧培养中评价菌体代谢机能的重要指标之一,其定义式为

$$RQ = \frac{CO_2\ 生成速率}{O_2\ 消耗速率} \tag{7-15}$$

[例 7-2] 乙醇为基质,好氧培养酵母,反应方程为

$$C_2H_5OH + aO_2 + bNH_3 \rightarrow c(CH_{1.75}N_{0.15}O_{0.5}) + dCO_2 + eH_2O$$

呼吸商 $RQ = 0.6$。求各系数 a、b、c、d、e。

解: 根据元素平衡式 7-14,有:

C: $\quad 2 = c + d$

H: $\quad 6 + 3b = 1.75c + 2e$

O: $\quad 1 + 2a = 0.5c + 2d + e$

N: $\quad b = 0.15c$

已知 $RQ = 0.6$,即:$d = 0.6a$

所以解得 $a = 2.394$

$\quad\quad\quad\quad b = 0.085$

$\quad\quad\quad\quad c = 0.564$

$\quad\quad\quad\quad d = 1.436$

$\quad\quad\quad\quad e = 2.634$

反应式为:

$C_2H_5OH + 2.394O_2 + 0.085NH_3 \rightarrow 0.564(CH_{1.75}N_{0.15}O_{0.5}) + 1.436CO_2 + 2.634H_2O$

[例 7-3] 葡萄糖为碳源,NH_3 为氮源进行酵母厌氧培养。培养中分析结果表明,消耗100 mol 葡萄糖和12 mol NH_3 生成了 57 mol 菌体、43 mol 甘油、13 mol 乙醇、154 mol CO_2 和 3.6 mol H_2O,求酵母的经验分子式。

解: 由题意写出相应的反应方程式为:

$100C_6H_{12}O_6 + 12NH_3 \rightarrow 57C_wH_xN_yO_z + 43C_3H_5(OH)_3 + 154CO_2 + 130C_2H_5OH + 3.6H_2O$

各元素平衡式为

C: $\quad 600 = 57w + 43 \times 3 + 154 + 130 \times 2$,则 $w = 1$

H: $\quad 1\,200 + 12 \times 3 = 57x + 43 \times 8 + 130 \times 6 + 3.6 \times 2$,则 $x = 1.84$

O: $\quad 600 = 57z + 43 \times 3 + 154 \times 2 + 130 + 3.6$,则 $z = 0.52$

N: $\quad 12 = 57y$,则 $y = 0.21$

由以上结果可知,酵母细胞的化学结构为 $CH_{1.84}N_{0.21}O_{0.52}$。

▶▶ 二、微生物反应过程的得率系数

得率系数是对碳源等物质生成菌体或其他产物的潜力进行定量评价的重要参数。消耗 1 g 基质生成菌体的克数称为菌体得率系数或细胞得率系数 $Y_{X/S}$(cell yield 或 growth yield)。其定义式为:

$$Y_{X/S} = \frac{生成菌体的质量}{消耗基质的质量} = \frac{\Delta X}{-\Delta S} \tag{7-16}$$

菌体得率系数的单位是(以菌体/基质计)g/g 或 g/mol。这里的菌体是只指干菌体(除特殊说明外,以下菌体的质量均指干菌体质量)。实际生产中,菌体得率系数是一个比较重要的概念,例如,在单细胞蛋白(single cell protein,SCP)生产中,选用相对于基质的菌体得率高的菌株是非常必要的。

某一瞬间的菌体得率称为微分菌体得率(或瞬间菌体得率),其定义式为:

$$Y_{X/S} = \frac{dX}{d[S]} = \frac{v_x}{v_s}\left(= \frac{dX/dt}{d[S]/dt}\right) \tag{7-17}$$

式中,v_x—菌体生长速率;v_s—基质的消耗速率。

同一菌种,同一培养基,好氧培养的 $Y_{X/S}$ 比厌氧培养的大得多。表 7-5 列出了几种微生物的菌体得率。另外,同一菌株在基本、合成和复合培养基中培养所得 $Y_{X/S}$ 的大小顺序为复合培养基、合成培养基、基本培养基。

表 7-5 几种微生物的菌体得率

微生物	培养基	培养条件	碳源	产物	$Y_{X/S}$(以细胞/基质计)/(g/mol)
干酪乳杆菌(*Lactobacillus casei*)	复合	厌氧	葡萄糖	乳酸、乙酸、乙醇、甲酸	62.8
无乳链球菌 (*Streptococcus agalactiae*)	复合	厌氧	葡萄糖	乳酸、乙酸、乙醇	21.4
	复合	需氧	葡萄糖	乳酸、甲酸、3-羟基丁酮	51.6
运动发酵单胞菌 (*Zymomonas mabilis*)	复合	厌氧	葡萄糖	乙醇、乳糖	7.95
	合成	厌氧	葡萄糖	乙醇、乳糖	4.98
	复合	厌氧	葡萄糖	乙醇、乳糖	4.09
产气气杆菌 (*Aerbacter aerogene*)	基本	需氧	葡萄糖	乙醇、乳糖	72.7
	基本	需氧	果糖	乙醇、乳糖	76.1
	基本	需氧	核糖	乙醇、乳糖	53.2
	基本	需氧	琥珀酸	乙醇、乳糖	29.7
	基本	需氧	乳糖	乙醇、乳糖	16.6

当基质为碳源,无论是好氧培养还是厌氧培养,碳源的一部分被同化(assimilate or anabolism)为菌体的组成成分,其余部分被异化(dissimilate or catabolism)分解为 CO_2 和代谢产物。如果从碳源到菌体的同化作用看,与碳元素相关的菌体得率 Y_C 可由下式表示:

$$Y_C = \frac{菌体生产量 \times 菌体含碳量}{基质消耗量 \times 基质含碳量} = Y_{X/S}\frac{X_C}{S_C} \tag{7-18}$$

式中,X_C 和 S_C—单位质量菌体和单位质量基质中所含碳源数量;

Y_C 值一般小于 1,为 0.4~0.9。

式 7-13 中的系数 c 实际就是 Y_C。

[例 7-4] 求例题 7-2 中酵母细胞($CH_{1.75}N_{0.15}O_{0.5}$)的 $Y_{X/S}$ 和 $Y_{X/O}$。

解:由 7-17 式与例题 7-2 中数据,有:

$$Y_{X/S} = \frac{0.564(1 \times 12 + 1.75 \times 1 + 0.15 \times 14 + 0.5 \times 16)}{2 \times 12 + 6 \times 1 + 1 \times 16} = \frac{0.564 \times 23.85}{46}$$
$$= 0.292 \ (\text{kg/kg})(\text{以细胞／乙醇计})$$

$$Y_{X/O} = \frac{0.564 \times \text{菌体的分子质量}}{2.394 \times \text{氧的分子质量}} = \frac{0.564 \times 23.85}{2.394 \times 32}$$
$$= 0.176 \ (\text{kg/kg})(\text{以细胞／氧计})$$

微生物反应的特点之一是通过呼吸链（电子传递）氧化磷酸化生成 ATP。在氧化过程中，可通过有效电子数来推算碳源的能量。当 1 mol 碳源完全氧化时，所需要氧的摩尔数的 4 倍称为该基质的有效电子数。若碳源为葡萄糖，其完全氧化时每摩尔葡萄糖需要 6 mol 氧，所以有效电子数 = 6×4 = 24。

基于有效电子数的细胞得率的定义式为：

$$Y_{\text{ave}^-} = \frac{\Delta X}{\text{基质完全氧化所需氧的摩尔数} \times 4 \ \text{ave}^-/\text{mol 氧}} \quad (7-19)$$

Y_{ave^-} 的计算方法是：由表 7-5 可知，以葡萄糖为碳源，产气气杆菌的 $Y_{X/S}$ = 72.7 g/mol，葡萄糖的有效电子数为 24 ave$^-$/mol，所以产气气杆菌的 Y_{ave^-} = 72.7/24 ≈ 3 g/ave$^-$。

微生物进行细胞合成、物质代谢、能量输送等活动中，所需能量是由基质的氧化而获得的，但这些能量并不能全部被利用，在基质氧化所产生的自由能中仅以 ATP 形式回收的能量才可作为生命活动的能量，其余作为反应热（代谢热）排出反应系统。因此，以基质异化代谢产生 ATP 为基准生成的菌体量的菌体得率 Y_{ATP} 的定义式为：

$$Y_{\text{ATP}} = \frac{\Delta X}{\Delta \text{ATP}} = \frac{Y_{X/S}/M_S}{Y_{\text{ATP}/S}} \quad (7-20)$$

式中，Y_{ATP}—相对于基质的 ATP 生成得率（以 ATP/基质计），mol/mol；M_S—基质的分子质量。

好氧反应中，除底物水平磷酸化生成 ATP（厌氧反应）外，还通过氧化磷酸化生成大量 ATP，因此，好氧的 $Y_{X/S}$ 值大于厌氧时的。氧化磷酸化反应的效率常采用其被酯化的无机磷酸分子数和此时消耗的氧原子数之比（简称 P/O）来表示，即用每消耗 1 原子氧生成 ATP 分子的数量来表示。一般酵母菌的 P/O 约等于 1.0，细菌的 P/O 等于 0.5～1.0。

微生物反应中可以用 Y_{kJ} 表示微生物对能量的利用情况，即

$$Y_{\text{kJ}} = \frac{\Delta X}{\Delta E} = \frac{\Delta X(\text{菌体生产量})}{E_a(\text{菌体储存的自由能}) + E_b(\text{分解代谢所释放的自由能})} \quad (7-21)$$

式中，E—消耗的总能量，包括同化过程，即菌体所保持的能量 E_a 和分解代谢的能量 E_b；X—菌体生产量。

E_a 可采用干菌体的燃烧热计算 ΔH_a = −22.15 kJ/g，E_b 可采用所消耗的碳源和代谢产物各自的燃烧热之差来计算。多数微生物在好氧培养时的 Y_{kJ} 值为 0.028 g/kJ，在厌氧培养时 Y_{kJ} 的平均值为 0.031 g/kJ。对于光能自养型微生物，如藻类的 Y_{kJ} 约等于 0.002 g/kJ。

表 7-6 汇集了部分菌体得率系数。其中 $Y_{X/S}$ 与 COD（化学需氧量，chemical oxygen demand）关系如下：

$$Y_{X/S} = K \cdot \text{COD} \quad (7-22)$$

式中，K 为比例系数（以菌体/氧计，单位为 g/g），当基质为活性污泥或糖类或三羧酸循环中的代谢物之一时，K = 0.38；当基质为芳香酸或脂肪酸类物质时，K = 0.34。

$$Y_{kJ} = \frac{Y_{ave^-}}{109.0} \tag{7-23}$$

式中,109.0 为氧化一个有效电子所伴随的焓变。

表 7-6 部分菌体得率系数与产物得率

得率	定义及单位
$Y_{X/S}$	消耗 1 g 或 1 mol 基质所得的干菌体克数,g/g 或 g/mol
Y_{ATP}	消耗 1 mol ATP 所得的干菌体克数,g/mol
Y_{kJ}	消耗 1 kJ 热量所获得的干菌体克数,g/kJ
$Y_{X/O}$	消耗 1 g 氧所获得的干菌体克数,g/g
Y_{ave^-}	消耗一个有效电子所得的干菌体克数,g/ave
Y_{X/NO_3^-}	消耗 1 mol NO_3^- 所获得的干菌体克数,g/mol
$Y_{X/H}$	1 mol 氢受体所产生的干菌体克数,g/mol
$Y_{X/N}$	消耗 1 g 氮所产生的干菌体克数,g/g
$Y_{CO_2/S}$	消耗 1 mol 基质所产生二氧化碳的摩尔数,mol/mol
$Y_{CO_2/O}$	消耗 1 mol 氧所产生二氧化碳的摩尔数,mol/mol
$Y_{ATP/S}$	消耗 1 mol 基质所产生 ATP 的摩尔数,mol/mol

[例 7-5] 葡萄糖为碳源,NH_3 为氮源,进行某种细菌好氧培养,消耗的葡萄糖中有 2/3 的碳源转化为细菌中的碳。反应式为:

$$C_6H_{12}O_6 + aO_2 + bNH_3 \rightarrow c(C_{4.4}OH_{7.3}N_{0.86}O_{1.2}) + dH_2O + eCO_2$$

计算上述反应中的得率系数 $Y_{X/S}$ 和 $Y_{X/O}$。

解:1 mol 葡萄糖中含有碳为 72 g,转化为菌体内的碳为

$$72 \times 2/3 = 48(g)$$

所以:
$$c = \frac{48}{4.4 \times 12} = 0.91$$

转化为 CO_2 的碳量为: $72 - 48 = 24(g)$

所以:
$$e = \frac{24}{12} = 2$$

N 平衡: $14b = 0.86c \times 14$

得 $b = 0.78$

H 平衡 $12 + 3b = 7.3c + 2d$

得 $d = 3.85$

O 平衡 $6 \times 16 + 2 \times 16a = 1.2 \times 16c + 2 \times 16e + 16d$

得 $a = 1.47$

消耗 1 mol 葡萄糖生成的菌体量

$$0.91 \times (4.4 \times 12 + 7.3 \times 1 + 0.86 \times 14 + 1.2 \times 16) = 83.1(g)$$

所以:$Y_{X/S} = \dfrac{83.1}{180} = 0.46(g/g)$(以菌体/葡萄糖计)

$Y_{X/O} = \dfrac{83.1}{1.47 \times 32} = 1.77(g/g)$(以菌体/氧计)

三、微生物反应中的能量衡算

微生物反应是放热反应。储存于碳源中的能量,在好氧反应中有40%~50%的能量转化为ATP,供微生物的生长、代谢之需,其余的能量作为热量被排放。进行微生物优化培养时,必须进行适宜的温度控制,为此,有必要从反应热的角度考虑反应过程中能量代谢,并进行微生物反应过程的能量衡算。

微生物反应中的反应热,也称代谢热,图7-5给出了合成代谢和分解代谢与产生热量之间的关系。

采用复合培养基时,营养组分通过分解代谢,在生成能量(ADP→ATP)的同时,生成产物。另一方面,培养基中的组分通过同化代谢在合成菌体的同时利用了能量(ATP→ADP)。这就是说能量可以从呼吸(如糖在氧存在下氧化、分解为CO_2和H_2O)和发酵(厌氧进程中糖分解为中间代谢物和CO_2)获得。

葡萄糖作为营养源,其完全燃烧时

$$C_6H_{12}O_6 + 6O_2 \rightarrow 6CO_2 + 6H_2O + 2\ 871\ kJ \tag{7-24}$$

如果代谢产物分别为乙醇和乳酸,它们的燃烧热分别为

$$C_2H_5OH + 3O_2 \rightarrow 2CO_2 + 3H_2O + 1\ 368\ kJ \tag{7-25}$$

$$CH_3CHOHCOOH + 3O_2 \rightarrow 3CO_2 + 3H_2O + 1\ 337\ kJ \tag{7-26}$$

1 mol 葡萄糖在乙醇或乳酸发酵中产生的反应热分别为136 kJ和197 kJ。葡萄糖燃烧中有 2 871 kJ - 136 kJ = 2 735 kJ[= 1 368(乙醇燃烧热)×2]转移到乙醇中保留。乙醇发酵中酵母将所产生能量的一部分转化为ATP。在标准状态下1 mol ATP加水分解为ADP和磷酸的同时,放出3 kJ的热量。已知在乙醇发酵或乳酸菌发酵中相对于1 mol葡萄糖产生2 mol ATP,基于此,在乙醇发酵中有45%(2×31/136 = 0.46)的能量以ATP的形式储存起来。

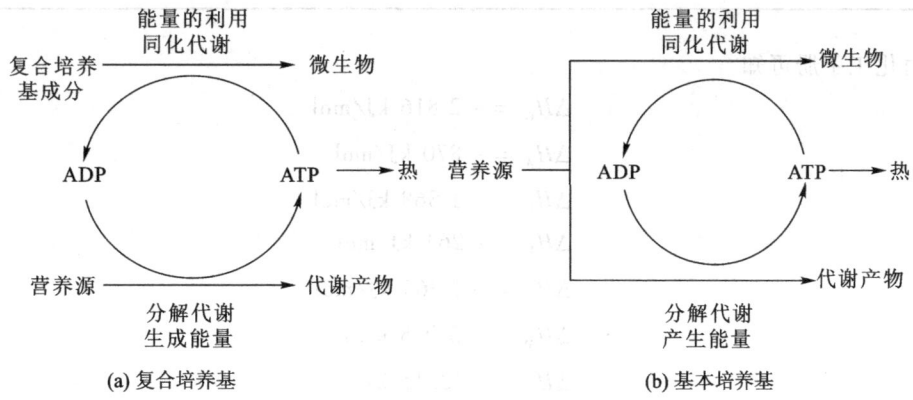

图7-5 同化与分解代谢过程的能量变化

好氧反应中，1 mol 葡萄糖完全氧化生成 38 mol 的 ATP，31×38/2 871 = 0.41，也就是说，41% 的能量以 ATP 的形式储存起来。乳酸发酵（厌氧时）的能量效率为 (31×2)/2 871 = 0.022，即 2.2%。一般厌氧培养中（以细胞/ATP 计）Y_{ATP} 约为 10.5 g/mol，好氧培养中 Y_{ATP} 为 6~29 g/mol。

由 (7-21) 式，利用 Y_{kJ} 表示微生物反应过程对能量利用，有：

$$Y_{kJ} = \frac{\Delta X}{(-\Delta H_a)(\Delta X) + (-\Delta H_c)} \tag{7-27}$$

式中，ΔH_a——以菌体 X 的燃烧热为基准的焓变，其因菌体的不同有所不同，一般取值 $\Delta H_a = -22.15$ kJ/g；ΔH_c——所消耗基质的焓变与代谢产物的焓变之差，其由下式给出：

$$-\Delta H_c = (-\Delta H_S)(-\Delta[S]) - \sum(-\Delta H_P)(\Delta[P]) \tag{7-28}$$

式中，ΔH_S——碳源氧化的焓变，kJ/mol；ΔH_P——产物氧化的焓变，kJ/mol；

这样，(7-27) 式可写为：

$$Y_{kJ} = \frac{\Delta X}{(-\Delta H_a)(\Delta X) + (-\Delta H_S)(-\Delta[S]) - \sum(-\Delta H_P)(\Delta[P])}$$

$$= \frac{Y_{X/S}}{(-\Delta H_a)Y_{X/S} + (-\Delta H_S) - \sum(-\Delta H_P)Y_{P/S}} \tag{7-29}$$

(7-28) 式中 ΔH_c 采用呼吸反应焓变来表示，则

$$-\Delta H_c = (-\Delta H_S)(-\Delta[S]) - \sum(-\Delta H_P)(\Delta[P]) = (-\Delta H_0^*)(\Delta[O_2]) \tag{7-30}$$

式中，ΔH_0^*——呼吸反应焓变 $[= -(111 \text{ kJ/ave}^-) \times (4 \text{ ave}^-/\text{mol} - [O_2]) = -444 \text{ kJ/mol} - [O_2]]$。

由 (7-27) 式，得到

$$Y_{kJ} = \frac{\Delta X}{(-\Delta H_a)(\Delta X) + (-\Delta H_0^*)(\Delta[O_2])} = \frac{1}{(-\Delta H_a) + (-\Delta H_0^*)Y_{X/O}} \tag{7-31}$$

[例 7-6] 干酪乳杆菌在蛋白胨、牛肉膏为主要成分的复合培养基中，分别以葡萄糖和甘露醇为能源厌氧培养，结果如下表。试计算 Y_{kJ}。

能源	$Y_{P/S}$/(mol/mol)（以产物/基质计）				$Y_{X/S}$/(g/mol)（以细胞/基质计）
	乳酸	乙酸	乙醇	甲醇	
葡萄糖	0.05	1.05	0.94	1.76	62.0
甘露糖	0.4	0.22	1.29	1.6	40.5

解：由化工手册可知

$$\Delta H_G = -2\,816 \text{ kJ/mol}$$
$$\Delta H_A = -870 \text{ kJ/mol}$$
$$\Delta H_E = -1\,368 \text{ kJ/mol}$$
$$\Delta H_F = -264 \text{ kJ/mol}$$
$$\Delta H_L = -1\,363 \text{ kJ/mol}$$
$$\Delta H_M = -3\,038 \text{ kJ/mol}$$
$$\Delta H_a = -22.15 \text{ kJ/g}$$

以葡萄糖为能源时，由 7-29 式

$$\sum(-\Delta H_P)Y_{P/S} = (-1\,363) \times 0.05 + (-870) \times 1.05 + (-1\,368) \times 0.94$$
$$+ (-264) \times 1.76$$
$$= -2\,732\,(\text{kJ/mol})$$

所以
$$Y_{kJ} = \frac{62}{22.15 \times 62 + 2\,816 - 2\,732} = 0.043\,(\text{g/kJ})$$

以甘露醇为能源时,由 7-29 式

$$\sum(-\Delta H_P)Y_{P/S} = (-1\,363) \times 0.4 + (-870) \times 0.22 + (-1\,368) \times 1.29 + (-264) \times 1.6$$
$$= -2\,925\,(\text{kJ/mol})$$

$$Y_{kJ} = \frac{40.5}{22.15 \times 40.5 + 3\,038 - 2\,925} = 0.041\,(\text{g/kJ})$$

当采用葡萄糖为惟一碳源的基本培养基进行微生物的好氧培养时,葡萄糖既作为能源,又作为构成细胞的材料。反应过程碳源的衡算式可表示为:

$$-\Delta[S] + \Delta[O_2] \rightarrow \Delta X + \sum\Delta[P] + \Delta[CO_2] \quad (7-32)$$

与(7-30)式相似,下式应成立:

$$-\Delta H_c = (-\Delta H_S)(-\Delta[S]) - \sum(-\Delta H_P)(\Delta[P]) - (-\Delta H_a)(\Delta X)$$
$$= (-\Delta H_0^*)(\Delta[O_2]) \quad (7-33)$$

所以 Y_{kJ} 可利用(7-31)式求得。

厌氧培养中,
$$-\Delta[S] \rightarrow \Delta X + \sum\Delta[P] + \Delta[CO_2] \quad (7-34)$$

式中, $-\Delta[S]$ —消耗的能量,如葡萄糖; $\Delta[P]$ —代谢产物。

假设生成菌体 ΔX 所消耗的碳源为 $-\Delta[S]_c$,则:

$$-\Delta[S]_c = \frac{\alpha_1}{\alpha_2}\Delta X\,(\text{mol/ml}) \quad (7-35)$$

式中, α_1 —菌体内所含碳元素的量; α_2 —碳源中所含碳元素的量;

这样构成细胞以外的碳源消耗为

$$-\Delta[S] - (-\Delta[S]_c) = -\Delta[S]\frac{\alpha_1}{\alpha_2}\Delta X \quad (7-36)$$

基于(7-30)式,

$$-\Delta H_c = (-\Delta H_S)\left(-\Delta[S] - \frac{\alpha_1}{\alpha_2}\Delta X\right) - \sum(-\Delta H_P)(\Delta[P]) \quad (7-37)$$

这样(7-27)式可写成:

$$Y_{kJ} = \frac{\Delta X}{(-\Delta H_a)(\Delta X) + (-\Delta H_S)\left(-\Delta[S] - \frac{\alpha_1}{\alpha_2}\Delta X\right)\sum(-\Delta H_P)(\Delta[P])}$$
$$= \frac{Y_{X/S}}{-\Delta H_a Y_{X/S} - \Delta H_S\left(1 - \frac{\alpha_1}{\alpha_2}Y_{X/S}\right) - \sum(-\Delta H_P)Y_{P/S}} \quad (7-38)$$

一般能量偶联型生长(即生成 ATP 的分解代谢途径是菌体生长的限制因素), Y_{kJ} 值较大;能量非偶联型生长 Y_{kJ} 值较小,能量利用效率比较差。

微生物反应中不可避免地要产生热,这种热称为反应热或代谢热、发酵热。由于反应热 ΔH_h 是由培养基生成菌体 ΔX 和代谢产物 $\Delta[P]$ 的反应过程中形成,因此可由下式计算:

$$\Delta H_h = \Delta H_S \Delta [S] - \Delta H_X \Delta X - \sum \Delta H_P \Delta [P] \quad (7-39)$$

基质和产物的燃烧热可从物化手册中查到，菌体的燃烧热可由热量计算测得，CO_2、O_2和H_2O的燃烧热为零。由于在基质、产物和菌体的燃烧热的测量过程中，假定氮源为NH_3，那么，燃烧时，基质、产物和菌体中的氮源仍看成是氨态，因此，微生物反应中NH_3的燃烧热计为零。

当培养基为最低培养基时，构成菌体碳架的物质来源于同时作为能源的基质S，即基质部分用于合成代谢，则可由下式表示：

$$\begin{aligned}\Delta H_h &= (-\Delta H_S)\left[(-\Delta [S]) - \frac{\alpha_1}{\alpha_2}(\Delta X)\right] - \sum \Delta H_P \Delta [P] \\ &= (-\Delta H_S)[(\Delta [S]) - (\Delta [S])_a] - \sum(-\Delta H_P)(-\Delta [P]) \end{aligned} \quad (7-40)$$

当使用复合培养基，由于其含有丰富的构成菌体的物质，如蛋白胨等，所以碳源不再是构成细胞碳组分的来源，而只是用于合成产物。此时，反应热为：

$$\begin{aligned}\Delta H_h &= (-\Delta H_S)(-\Delta [S]) - [\beta(-\Delta H_X)(\Delta X) - \sum(-\Delta H_P)(\Delta [P])] \\ &= (-\Delta H_S)[(-\Delta [S]) - \beta(-\Delta [S])_a] - \sum(-\Delta H_P)(\Delta [P])\end{aligned} \quad (7-41)$$

已知 $(-\Delta H_{SN})(-\Delta [S]_{SN}) = (-\Delta H_X)(\Delta X)$ (7-42)

式中，$-\Delta H_{SN}$——用于合成菌体的基质（如某些氮源）的焓变；$-\Delta [S]_{SN}$——与$-\Delta H_{SN}$相对应的物质浓度。

由(7-40)式和(7-41)式

$$\begin{aligned}\Delta H_h &= (-\Delta H_S)(-\Delta [S]) - [\beta(-\Delta H_X)(\Delta X) + \sum(-\Delta H_P)(\Delta [P])] \\ &= (-\Delta H_S)[(-\Delta [S]) - \beta(-\Delta [S])_a] - \sum(-\Delta H_P)(\Delta [P])\end{aligned} \quad (7-43)$$

β的取值范围为$0 \sim 1$，当采用最低培养基时$\beta = 1$，采用复合培养基时$\beta = 0$。

[例7-7] 葡萄糖为惟一碳源进行酵母培养，反应式为

$$1.11C_6H_{12}O_6 + 2.10O_2 \rightarrow C_{3.92}H_{6.5}O_{1.94} + 2.75CO_2 + 3.42H_2O$$

求(1) $Y_{X/S}$；(2) 生成1 kg菌体量时的ΔH_h。已知酵母细胞和葡萄糖的燃烧热分别为1.50×10^4 kJ/kg 和 1.59×10^4 kJ/kg。

解：$Y_{X/S} = \dfrac{\text{酵母细胞分子质量}}{1.11 \times \text{葡萄糖分子质量}} = \dfrac{3.92 \times 12 + 6.5 \times 1 + 1.94 \times 16}{1.11 \times 180}$

$= \dfrac{84.58}{199.8} = 0.42 \text{(kg/kg)}$

每生成1 kg($1/84.58 = 0.011\ 8$ kg/mol)酵母细胞，要消耗葡萄糖$1.11 \times 0.011\ 8 = 0.031\ 1$ (kg/mol)，$0.013\ 1 \times 180 = 2.36$(kg)，所以，

$\Delta H_h = \Delta H_S \Delta [S] - \Delta H_X \Delta X = 1.59 \times 10^4 \times 2.36 - 1.50 \times 10^4 = 2.25 \times 10^4$ (kJ)

第三节 微生物发酵的动力学

▶▶ 一、分批培养

1. 分批培养的不同阶段

分批培养是指在一个密闭系统内投入有限数量的营养物质后，接入少量的微生物菌种进

行培养,使微生物生长繁殖,在特定的条件下只完成一个生长周期的微生物培养方法。该方法在发酵开始时,将微生物菌种接入已灭菌的新鲜培养基中,在微生物最适宜的培养条件下进行培养,在整个培养过程中,除氧气的供给、发酵尾气的排出、消泡剂的添加和控制pH需要加入酸或碱外,整个培养系统与外界没有其他物质的交换。分批培养过程中随着培养基中营养物质的不断减少,微生物生长的环境条件也随之不断变化,因此,微生物分批培养是一种非稳态的培养方法。

在分批培养过程中,随着微生物生长和繁殖,细胞量、底物、代谢产物的浓度等均不断发生变化。微生物的生长可分为四个阶段:延滞期(a)、对数生长期(b)、稳定期(c)和衰亡期(d),见图7-6。各时期细胞成分的变化见图7-7。分批培养过程中各个生长阶段的细菌细胞特征见表7-7。

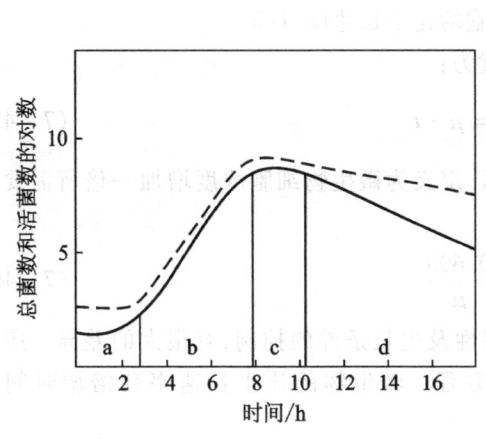

图7-6 分批培养过程中典型的细菌生长曲线

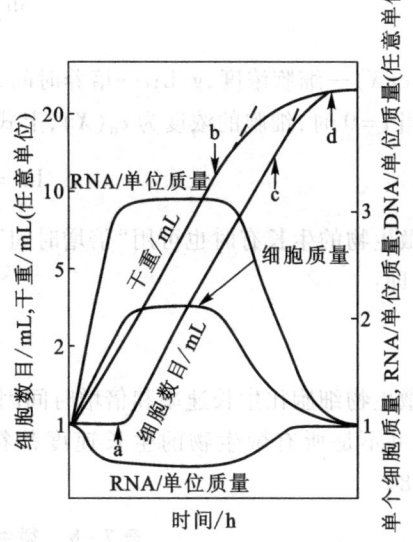

图7-7 不同生长阶段细胞成分的变化曲线

表7-7 细胞在分批培养过程中各个生长阶段的细胞特征

生长阶段	细胞特征
停滞期	适应新环境的过程,细胞个体增大,合成新的酶及细胞物质,细胞数量很少增加,微生物对不良环境的抵抗力降低。当接种的是饥饿或老龄的微生物细胞,或新鲜培养基营养不丰富时,停滞期将延长
对数生长期	细胞活力很强,生长速率达到最大值且保持稳定,生长速率大小取决于培养基的营养和环境
稳定期	随着营养物质的消耗和产物的积累,微生物的生长速率下降,并等于死亡速率,系统中活菌的数量基本稳定
衰亡期	在稳定期开始以后的不同时期内出现,由于自溶酶的作用或有害物质的影响,使细胞破裂死亡

(1) 停滞期

停滞期是微生物细胞适应新环境的过程。在该过程中,系统的微生物细胞数量并没有增加,处于一个相对的停止生长状态。但细胞内却在诱导产生新的营养物质运输系统,可能有一些基本的辅助因子会扩散到细胞外,同时参加初级代谢的酶类再调节状态以适应新的环境。

(2) 对数生长期

处于对数生长期的微生物细胞的生长速度大大加快,单位时间内细胞的数量或质量的增加维持恒定,并达到最大值。如在半对数纸上用细胞数目或细胞质量的对数值对培养时间作图,将可得到一条直线,该直线的斜率就等于 μ。

在对数生长期,随着时间的推移,培养基中的成分不断发生变化,但此期间,细胞的生长速率基本维持恒定,其生长速率可用数学方程式表示:

$$\frac{\mathrm{d}c(X)}{\mathrm{d}t} = \mu c(X) \qquad (7-44)$$

式中,$c(X)$—细胞浓度,g/L;t—培养时间,h;μ—细胞的比生长速度,1/h。

如果当 $t = 0$ 时,细胞的浓度为 $c_0(X)$,上式积分后就为:

$$\ln \frac{c(X)}{c_0(X)} = \mu \cdot t \qquad (7-45)$$

微生物的生长有时也可用"倍增时间"(t_d)表示,定义为微生物细胞浓度增加一倍所需要的时间,即:

$$t_d = \frac{\ln 2}{\mu} = \frac{0.693}{\mu} \qquad (7-46)$$

微生物细胞比生长速率和倍增时间因受遗传特性及生长条件的控制,有很大的差异。应当指出,并不是所有微生物的生长速度都符合上述方程。微生物的比生长速率和倍增时间见表7-8。

表7-8 微生物的比生长速率和倍增时间

微生物	碳源	比生长速率/(1/h)	倍增时间/min
大肠杆菌	复合物	1.2	35
	葡萄糖+无机盐	2.28	15
	醋酸+无机盐	3.52	12
	琥珀酸+无机盐	0.14	300
中型假丝酵母	葡萄糖+维生素+无机盐	0.35	120
	葡萄糖+无机盐	1.23	34
	C_6H_{14}+维生素+无机盐	0.13	320
地衣芽孢杆菌	葡萄糖+水解酪蛋白	1.2	35
	葡萄糖+无机盐	0.69	60
	谷氨酸+无机盐	0.35	120

(3) 稳定期

在微生物的培养过程中,随着培养基中营养物质的消耗和代谢产物的积累或释放,微生物的生长速率也就随之下降,直至停滞生长。当所有微生物细胞分裂或细胞增加的速率与死亡的速率相当时,微生物的数量就达到平衡,微生物的生长也就进入了稳定期。在微生物生长的稳定期,细胞的质量基本维持稳定,但活细胞的数量可能下降。

由于细胞的自溶作用,一些新的营养物质,诸如细胞内的一些糖类、蛋白质等被释放出来,又作为细胞的营养物质,从而使存活的细胞继续缓慢地生长,出现通常所称的二次或隐性生长。

(4) 衰亡期

当发酵过程处于衰亡期时,微生物细胞内所储存的能量已经基本耗尽,细胞开始在自身所含的酶的作用下死亡。

需要注意的是,微生物细胞生长的停滞期、对数生长期、稳定期和衰亡期的时间长短取决于微生物的种类和所用的培养基。

2. 微生物分批培养的生长动力学方程

分批培养过程中,虽然培养基中的营养物质随时间的变化而变化,但通常在特定条件下,其比生长速率往往是恒定的。从20世纪40年代以来,人们提出了许多描述微生物生长过程中比生长速率和营养物质浓度之间关系的方程,其中,1942年,Monod提出了在特定温度、pH、营养物类型、营养物浓度等条件下,微生物细胞的比生长速率与限制性营养物的浓度之间存在如下的关系式:

$$\mu = \frac{\mu_m c(S)}{K_S + c(S)} \tag{7-47}$$

式中,μ_m—微生物的最大比生长速率,1/h;$c(S)$—限制性营养物质的浓度,g/L;K_S—饱和常数,mg/L。

K_S的物理意义为当比生长速率为最大比生长速率的一半时,限制性营养物质的浓度,它的大小表示了微生物对营养物质的吸收亲和力大小。K_S越大,表示微生物对营养物质的吸收亲和力越小;反之就越大。

对于微生物来说,K_S值是很小的,一般为 0.1~120 mg/L 或 0.01~3.0 mmol/L,这表示微生物对营养物质有较高的吸收亲和力。

一些微生物的 K_S 值见表 7-9。

表 7-9 某些微生物的 K_S 值

微生物	基质	K_S 值/(mg/L)
产气肠道细菌	葡萄糖	1.0
大肠杆菌	葡萄糖	2.0~4.0
啤酒酵母	葡萄糖	25.0
多形汉逊酵母	核糖	3.0
多形汉逊酵母	甲醇	120
产气肠道细菌	氮	0.1
产气肠道细菌	镁	0.6
产气肠道细菌	硫酸盐	3.0

微生物生长的最大比生长速率μ_m在工业生产上有很大的意义，μ_m随微生物的种类和培养条件的不同而不同，通常为0.09~0.64/h。一般来说，细菌的μ_m大于真菌。就同一细菌而言，培养温度升高，μ_m增大；营养物质的改变，μ_m也要发生变化。

通常容易被微生物利用的营养物质，其μ_m较大；随着营养物质碳链的逐渐加长，μ_m则逐渐变小。习惯上(7-46)式称为莫诺德(Monod)方程。

微生物的比生长速率与基质消耗之间关系见图7-8。

图中线段a表示营养物质浓度很低，即$c(S) \ll K_S$时，微生物的比生长速率与营养物质的关系为线性关系，此时，Monod方程可写为：

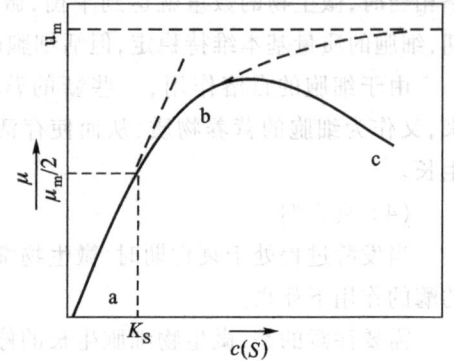

图7-8　比生长速率与基质之间关系

$$\mu = \frac{\mu_m}{K_S} c(S) \tag{7-48}$$

线段b为适合Monod方程段；线段c表示营养物质浓度很高，即$c(S) \gg K_S$时，微生物的比生长速率与营养物质的关系。正常情况下，$\mu \approx \mu_m$，但这也正是由于营养物质或代谢产物导致抑制作用的区域，目前尚没有相应的理论方程描述此区域的情况，但有时可按下式表达：

$$\mu = \frac{\mu_m K_I}{K_I + c(S)} \tag{7-49}$$

式中，K_I——抑制常数。

因此，实践上，为了避免发生营养物质的抑制作用，分批培养应在高营养物质浓度下开始进行。

Monod方程纯粹是基于经验得出的。在纯培养情况下，只有当微生物细胞生长受一种限制性营养物质制约时，Monod方程才与实验数据相一致。而当培养基中存在多种营养物质时，Monod方程必须加以修改，写成(7-49)式才能与实验数据相符合。如果所有营养物质都过量时，$\mu = \mu_m$，此时细胞处于对数生长期，生长速率达到最大值。微生物生长的动力学方程见表7-10。

$$\mu = \mu_m \left[\frac{K_1 c_1(S)}{K_1 + c_1(S)} + \frac{K_2 c_2(S)}{K_2 + c_2(S)} + \cdots + \frac{K_i c_i(S)}{K_i + c_i(S)} \right] \cdot \left[\frac{1}{\sum_{i=1}^{i} K_i} \right] \tag{7-50}$$

表7-10　微生物生长的动力学方程

提出者	动力学方程	时间
Monod	$\mu = \mu_m \dfrac{S}{K_S + S}$	1942年
Teissier	$\mu = \mu_m \left(1 - e^{-S/K_S}\right)$	1936年
Moser	$\mu = \mu_m \dfrac{S^n}{K_S + S^n}$	1958年
Contois		1959年
藤本	$\mu = \mu_m \dfrac{S}{K_S \cdot X + S}$	1963年

3. 分批培养时基质的消耗速率

在发酵培养过程中,培养基中的营养物质被细胞利用,生成细胞和代谢产物,我们常用得率系数描述微生物生长过程的特征,即生成的细胞或产物与消耗的营养物质之间的关系。在实际生产中,最常用的是细胞得率系数($Y_{X/S}$)和产物得率系数($Y_{P/S}$),其含义为:

细胞得率系数($Y_{X/S}$):消耗 1 g 营养物质生成的细胞的质量,单位为克。

产物得率系数($Y_{P/S}$):消耗 1 g 营养物质生成的产物的质量,单位为克。

可通过测定一定时间内细胞和产物的生成量以及营养物质的消耗量来进行计算,获得表观得率系数。

$$Y_{X/S} = \frac{c(X) - c_0(X)}{c_0(S) - c(S)} = \frac{\Delta c(X)}{\Delta c(S)}$$

$$Y_{P/S} = \frac{c(P) - P_0}{c_0(S) - c(S)} = \frac{\Delta c(P)}{\Delta c(S)}$$

$$Y_{X/O} = \frac{c(X) - c_0(X)}{c_0(O) - c(O)} = \frac{\Delta c(X)}{\Delta c(O)}$$

发酵培养基中基质的减少是由于细胞和产物的形成。即:

$$-\frac{dc(S)}{dt} = \frac{\mu c(X)}{Y_{X/S}} \tag{7-51}$$

$$\frac{dc(P)}{dt} = Y_{P/X} \cdot \frac{dc(X)}{dt} \tag{7-52}$$

如果限制性的基质是碳源,消耗掉的碳源中一部分形成细胞物质,一部分形成产物,一部分产物维持生命活动,即有:

$$-\frac{dc(S)}{dt} = \frac{\mu c(X)}{Y_G} + mc(X) + \frac{1}{Y_P} + \cdots \tag{7-53}$$

式中,Y_G——菌体得率系数,g/g;m——维持常数;Y_P——产物得率系数,g/g。

$Y_{X/S}$、$Y_{P/S}$ 分别是对基质总消耗而言的。Y_G 和 Y_P 是分别对用于生长和产物形成所消耗的基质而言的,如果用比速率来表示基质的消耗和产物的形成,则有:

$$v = -\frac{1}{c(X)} \cdot \frac{dc(S)}{dt} \tag{7-54}$$

$$Q_P = \frac{1}{c(X)} \cdot \frac{dc(P)}{dt} \tag{7-55}$$

式中,v——基质比消耗速率,mol/(g 菌体·h);Q_P——产物比生成速率,mol/(g 菌体·h)。

根据比生长速率的关系式和基质消耗速率的关系式可得到下列关系:

$$v = \frac{\mu}{Y_{X/S}} \tag{7-56}$$

根据式(7-52)和式(7-55)可得到下式:

$$v = \frac{\mu}{Y_G} + m + \frac{1}{Y_P} \tag{7-57}$$

若产物可忽略,则式(7-56)可写成下式:

$$\frac{1}{Y_{X/S}} = \frac{1}{Y_G} + \frac{m}{\mu} \tag{7-58}$$

由于 Y_G、m 很难直接测定,只要得出细胞在不同比生长速率下的 $Y_{X/S}$,可根据式(7-57)用图解法求 Y_G、m 的值,从而可得到基质消耗的速率。

4. 分批培养中产物的生成速率

在微生物的分批培养中,产物的生成与微生物细胞生长关系的动力学模式有三种,图7-9表示营养物质以化学计量关系转化为单一产物(P)、产物生成速率与细胞生长速率的关系。

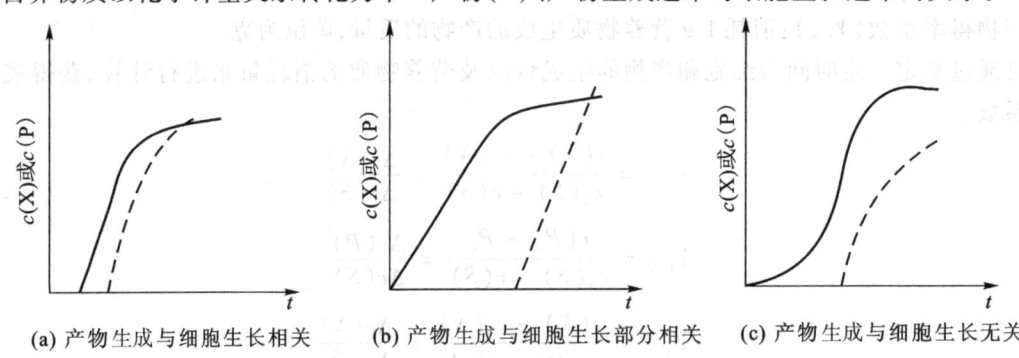

(a) 产物生成与细胞生长相关　　(b) 产物生成与细胞生长部分相关　　(c) 产物生成与细胞生长无关

图 7-9　微生物细胞的分批培养中细胞生长与产物生成的动力学模式

(1) 产物形成与细胞生长相关

在该模式中,产物的生成速率与生长速率的关系可表示为:

$$\frac{dc(P)}{dt} = \mu Y_{P/S} \tag{7-59}$$

(2) 产物生成与细胞生长无关联

$$\frac{dc(P)}{dt} = \beta c(X) \tag{7-60}$$

(3) 产物生成与细胞生长有关联和无关联的复合模式

这时,产物生成与细胞生长的关系可表示为:

$$\frac{dc(P)}{dt} = \alpha \frac{dc(X)}{dt} + \beta c(X) \tag{7-61}$$

5. 分批培养过程的生产率

在评价发酵过程的成本、效率时,应利用生产率(P)这个概念。发酵过程中的生产率可定义为:

$$生产率(P) = \frac{产物浓度(g/L)}{发酵时间(h)} (g/h \cdot L)$$

生产率是个综合指标,在讨论分批培养时,必须考虑所有的因素。在计算时间时,不仅包括发酵时间,还应包括放罐、清洗、装料和消毒时间以及停滞期所消耗时间。图 7-10 表示整个发酵过程中所经历的时间的典型分析,并显示出了平均生产率和最大生产率。

发酵总时间为:

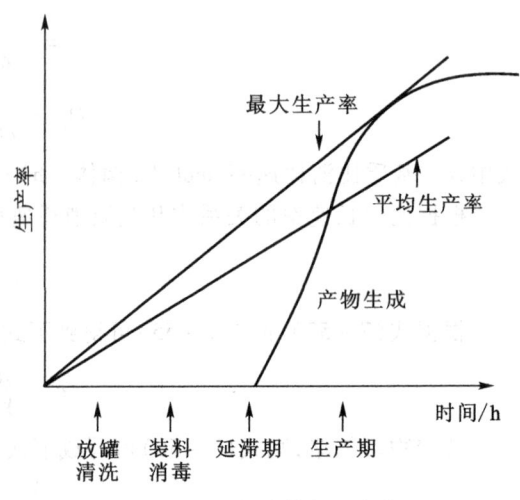

图 7-10　分批培养的生产率

$$t = \frac{1}{\mu_m}\ln\frac{c_t(X)}{c_0(X)} + t_c + t_f + t_1 \tag{7-62}$$

式中，t_c—放罐清洗时间；t_f—装料消毒时间；t_1—停滞时间；$c_0(X)$—细胞初始浓度；$c_t(X)$—细胞最终浓度。

如令 $t_L = t_c + t_f + t_1$，平均生产率 P 可表示为：

$$P = \frac{c_t(X) - c_0(X)}{\frac{1}{\mu_m}\ln\frac{c_t(X)}{c_0(X)} + t_L} \tag{7-63}$$

▶▶ 二、补料分批发酵动力学

补料分批发酵指在分批培养过程中，间歇或连续地补加新鲜培养基的培养方法，又称半连续培养或半连续发酵，是介于分批培养过程与连续培养过程之间的一种过渡培养方式。目前，该方法在发酵工业上普遍用于氨基酸、抗生素、维生素、酶制剂、单细胞蛋白、有机酸及有机溶剂等的生产过程中。

1. 补料分批发酵的类型

补料分批发酵类型很多，没有统一的分类方法，比较混乱。

（1）按补料方式可分为连续补料、不连续补料、多周期补料；
（2）按每次补料的流速可分为快速补料、恒速补料、指数速度补料、变速补料；
（3）按反应器中发酵液的体积可分为变体积、恒体积；
（4）按反应器的数目分为单级、多级；
（5）按补料培养基组成分为单一组分补料、多组分补料。

发酵过程中不同的补料方法对细胞密度、生长速率及生产率均有影响。图 7-11 为微生物补料分批发酵类型及操作过程。表 7-11 为补料方法对细胞密度、生长速率及生产率的影响。

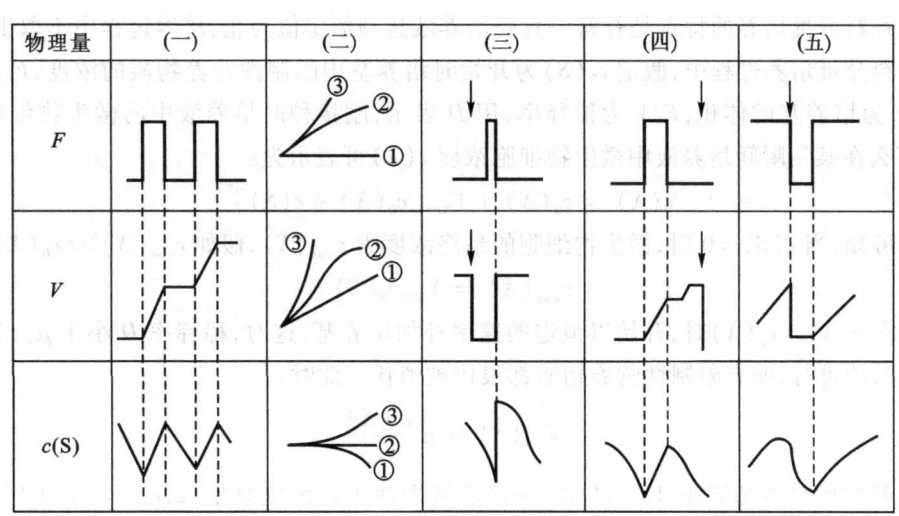

图 7-11　微生物补料分批发酵类型及其操作过程
F-流速；V-发酵液体积；$c(S)$-限制性营养物质浓度
①-指数速率补料培养；②-恒速补料培养；③-变速补料培养

表7-11 补料方法对细胞密度、生长速率及生产率的影响

微生物	培养基	搅拌通气	补料方式	细胞浓度/(g/L)	比生长速率/(1/h)	生产率/[g/(L·h)]
大肠杆菌	完全培养基	O_2	补加葡萄糖,提高最低溶氧浓度	26	0.46	2.3
大肠杆菌	完全培养基	O_2	改变加入蔗糖的量,控制最低溶氧浓度	42	0.36	4.7
大肠杆菌	完全培养基	O_2	按比例加入葡萄糖和铵盐,控制pH	35	0.23	3.9
大肠杆菌	完全培养基	O_2	按比例加入葡萄糖和铵盐,控制pH,低温维持最低溶氧浓度大于10%	47	0.58	3.6
大肠杆菌	完全培养基	O_2	补加碳源,维持恒定的浓度;以适当比例加入盐和铵盐,控制pH	138	0.55	5.8
大肠杆菌	完全培养基	空气	以恒定的速度(不导致O_2的供应受到限制)补加碳源	43	0.38	0.8
大肠杆菌	完全培养基	空气	补加碳源,限制细胞生长,避免乙酸产生	65	0.10~0.14	1.3
大肠杆菌	完全培养基	空气	补加碳源,控制细胞生长	80	0.2~1.3	6.2

2. 补料分批培养的动力学

(1) 单一补料分批培养

单一补料分批培养的特点是补料一直到培养液达到额定值为止,培养过程中不取出培养液。在单一补料分批培养过程中,假定 $c_0(S)$ 为开始时培养基中限制性营养物质的浓度,F 为培养基的流速,V 为培养基的体积,F/V 为稀释率,用 D 表示,刚接种时培养液中的微生物细胞浓度为 $c_0(X)$,那么在某一瞬间培养液中微生物细胞浓度 $c(X)$ 可表示为:

$$c(X) = c_0(X) + Y_{X/S}[c_0(S) - c(S)] \tag{7-64}$$

由式可知,当 $c(S)=0$ 时,微生物细胞的最终浓度为 $c_{max}(X)$,假如 $c_{max}(X) \gg c_0(X)$,则:

$$c_{max}(X) = Y_{X/S} c_0(S) \tag{7-65}$$

如果在 $c(X) = c_0(X)$ 时,开始以恒定的速率补加培养基,这时,稀释率 D 小于 μ_m,发酵过程中随着补料的进行,所有限制性营养物质都很快被消耗。此时:

$$Fc_0(S) \approx \mu \frac{c'(X)}{Y_{X/S}} \tag{7-66}$$

式中,F—补料的培养基流速,1/h;$c'(X)$—培养液中微生物细胞总量,g,$c'(X) = c(X)V$;V—时间 t 时培养基的体积,L。

方程(7-66)可以看出补加的营养物质与细胞消耗掉的营养物质相等,因此 $\dfrac{dc(S)}{dt} = 0$。随

着时间的延长,培养液中微生物细胞的量 $c'(X)$ 增加,但细胞的浓度却保持不变,即 $\frac{dc(X)}{dt}=0$,因而 $\mu \cong D$。这种 $\frac{dc(S)}{dt}=0$、$\frac{dc(X)}{dt}=0$、$\mu \cong D$ 时微生物细胞的培养状态,就称为"准恒定状态",同样有: $c(S) \approx \frac{DK_S}{\mu_m - D} c'(X) = c'_0(X) + F \cdot Y_{X/S} \cdot c_0(S) \cdot t$

式中,$c'_0(X)$——开始补料时的总微生物细胞量,g。

(2) 重复补料分批培养

重复补料分批培养是在培养过程中,每间隔一定的时间,取出一定体积的培养液,同时又在同一时间间隔内加入相等体积的培养基,如此反复进行的培养方式。采用这种培养方式,培养液体积、稀释率、比生长速率以及其他与代谢有关的参数都将发生周期性变化。表7-12是连续补料和分批补料发酵的比较。

表7-12 连续补料和分批补料发酵的比较

项目	连续流加法	分批流加法	项目	连续流加法	分批流加法
批数	4	4	发酵时间/h	23.0	27
加糖总量/g	190±3	189±4	最终谷氨酸的浓度	95.2	90.8
残糖(以最终体积计)/(g/L)	23.3	24.6	糖转化率/(g/g)	0.504	0.479

3. 补料分批培养的优点

补料分批培养是介于分批培养和连续培养之间的一种微生物细胞的培养方式,它兼有两种培养方式的优点,并在某种程度上克服了它们所存在的缺点。表7-13为补料分批培养的优点。

表7-13 补料分批培养的优点

与分批培养方式比较	与连续培养方式比较
1. 可以解除培养过程中的底物抑制、产物反馈抑制和葡萄糖分解阻遏效应 2. 对于耗氧过程,可以避免在分批培养过程中因一次性投糖过多造成的细胞大量生长、耗氧过多以至通风搅拌设备不能匹配的状况;在某种程度上可减少微生物细胞的生成量、提高目的产物的转化率 3. 微生物细胞可以被控制在一系列连续的过滤态阶段,可用来控制细胞的质量;并可重复某个时期细胞培养的过渡态,可用于理论研究	1. 不需要严格的无菌条件 2. 不会产生微生物菌种的老化和变异 3. 最终产物浓度较高,有利于产物的分离 4. 使用范围广

▶▶ 三、连续发酵动力学

连续培养是以一定的速度向培养系统内添加新鲜的培养基,同时以相同的速度流出培养液,从而使培养系统内培养液的量维持恒定,使微生物细胞能在近似恒定状态下生长。连续培养也称连续发酵。

在连续培养过程中,微生物细胞所处的环境条件,如营养物质的浓度、产物的浓度、pH 以及微生物细胞浓度、比生长速率等可以自始至终基本保持不变,甚至还可以根据需要来调节微生物细胞的生长速率,因此连续培养的最大特点是微生物细胞的生长速率、产物的代谢均处于恒定状态,可达到稳定、高速培养微生物细胞或产生大量的代谢产物的目的。

1. 单罐连续培养的动力学

(1) 细胞的物料平衡

为了描述恒定状态下恒化器的特性,必须求出细胞和限制性营养物质的浓度与培养基流速之间的关系方程。对发酵反应器来说,细胞的物料平衡可表示为:

流入的细胞 − 流出的细胞 + 生长的细胞 − 死去的细胞 = 积累的细胞

$$\frac{Fc_0(X)}{V} - \frac{F}{V}c(X) + \mu c(X) - kc(X) = \frac{dc(X)}{dt} \tag{7-67}$$

式中,$c_0(X)$—流入发酵罐的细胞浓度,g/L;$c(X)$—流出发酵罐的细胞浓度,g/L;F—培养基的流速,1/h;V—发酵罐内液体的体积,L;μ—比生长速率,1/h;k—比死亡速率,1/h;t—时间,h。

对普通单级恒化器而言,$c_0(X)=0$,在多数连续培养中,$\mu \gg k$,所以方程可简化为:

$$-\frac{F}{V}c(X) + \mu c(X) = \frac{dc(X)}{dt} \tag{7-68}$$

定义稀释率 $D = F/V$,单位为 h^{-1}。在恒定状态时,$\frac{dc(X)}{dt}=0$,所以:

$$\mu = \frac{F}{V} \tag{7-69}$$

即在恒定状态时,比生长速率等于稀释率:

$$\mu = D \tag{7-70}$$

这就表明,在一定范围内,认为调节培养基的流加速率,可以使细胞按所希望的比生长速率来生长。

(2) 限制性营养物质的物料平衡

对生物反应器(发酵罐)而言,营养物的物料平衡可表示为:

流入的营养物质 − 流出的营养物质 − 生长消耗的营养物质 − 维持生命需要的营养物质 − 形成产物消耗的营养物 = 积累的营养物

即:

$$\frac{F}{V}c_0(S) - \frac{F}{V}c(S) - \frac{\mu c(X)}{Y_{X/S}} - mc(X) - \frac{Q_P c(X)}{Y_{P/S}} = \frac{dc(S)}{dt} \tag{7-71}$$

式中,$c_0(S)$—流入发酵罐的营养物浓度,g/L;$c(S)$—流出发酵罐的营养物浓度,g/L;$Y_{X/S}$—细胞得率系数;Q_P—产物的比生成速率,g 产物/(g 细胞·h);$Y_{P/S}$—产物得率系数。

在一般情况下,$mc(X) \ll \mu c(X)/Y_{X/S}$ 而形成产物很少,可忽略不计。在恒定状态下,$\frac{dc(S)}{dt}=0$,式 (7-71) 为:

$$D[c_0(S) - c(S)] = \frac{\mu c(X)}{Y_{X/S}} \tag{7-72}$$

因为 $\mu = D$,所以:

$$c(X) = Y_{X/S}[c(S) - c_0(S)] \qquad (7-73)$$

(3) 细胞浓度与稀释率的关系

为了使细胞浓度、营养物的浓度与稀释率发生关系,需要利用 Monod 方程。当 Monod 方程应用于连续培养时,则变为:

$$D = \frac{D_c c(S)}{K_S + c(S)} = \frac{\mu_m c(S)}{K_S + c(S)} \qquad (7-74)$$

式中,D_c——临界稀释率,即在恒化器中可能达到的最大稀释率。

除极少数外,D_c 相当于分批培养中的 μ_m,由式(7-74)可得到:

$$X = Y_{X/S}\left[c_0(S) - \frac{DK_S}{\mu_m - D}\right] \qquad (7-75)$$

式(7-74)和式(7-75)分别表示了 $c(S)$ 和 $c(X)$ 对培养基流速(也就是 D)的依赖关系。当流速低时,即 D 小时,营养物全部被细胞利用,$c(S) \to 0$,细胞浓度 $c(X) = c_0(S)Y_{X/S}$。如果 D 增加,开始 $c(X)$ 呈线性慢慢下降,然后,当 $D = D_c = \mu_m$ 时,$c(X)$ 下降到 0。开始时,$c(S)$ 随 D 的增加而缓慢增加。当 $D = \mu_m$ 时,$c(S) \to c_0(S)$。在方程(7-75)中,当 $c(X) = 0$ 时,达到"清洗点",即有:

$$D = \frac{\mu_m c_0(S)}{K_S + c_0(S)} \qquad (7-76)$$

因为:$\frac{c_0(S)}{K_S + c_0(S)} = 1$,所以 $D = \mu_m$。

当 D 在 μ_m 以上时,不可能达到恒定状态。如果 D 只稍稍低于 μ_m,那么整个系统对外界环境变化是非常敏感的。随着 D 的微小变化,$c(X)$ 将发生巨大的变化。图 7-12 表示稀释率对 $c(S)$、$c(X)$、t_d(倍增时间)和细胞产率的影响。

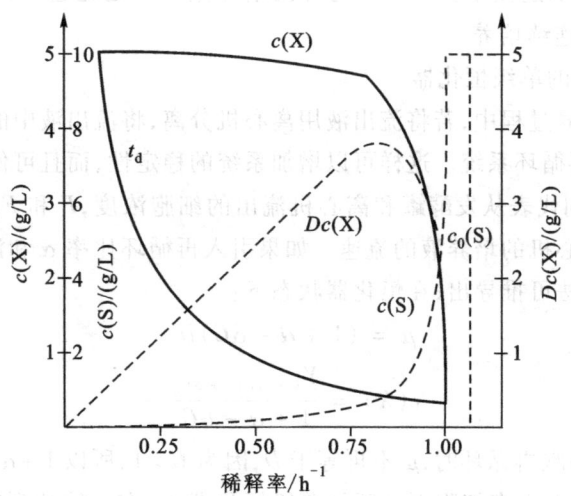

图 7-12 稀释率对营养物浓度[$c(S)$]、细胞浓度[$c(X)$]、
倍增时间(t_d)和细胞生成速率[$D_c(X)$]的影响

2. 连续培养生产率与分批培养生产率的比较

在工业生产中,连续培养主要用于生产微生物菌体。连续培养的生产率可表示为:

$$P = D_c(X) \tag{7-77}$$

将方程(7-75)代入方程(7-77)得到:

$$P = DY_{X/S}\left[c_0(S) - \frac{DK_S}{\mu_m - D}\right] \tag{7-78}$$

为求出最大生产率所需要的稀释率,可求方程(7-78)的一阶导数并使其为零来计算。由此得到:

$$D_m = \mu_m\left[1 - \sqrt{\frac{K_S}{K_S + c_0(S)}}\right] \tag{7-79}$$

将方程(7-79)代入方程(7-75)得到:

$$c_m(X) = Y_{X/S}\left[[c_0(S) + K_S] - \sqrt{K_S[c_0(S) + K_S]}\right] \tag{7-80}$$

由此得到连续培养生产率和分批培养生产率之比为:

$$\frac{P_c}{P_b} = \frac{D_m c_m(X)}{P_b} = \frac{\mu_m Y_{X/S}\left[\sqrt{\frac{K_S + c_0(S)}{c_0(S)}} - \sqrt{\frac{K_S}{c_0(S)}}\right]^2}{\frac{c_m(X) - c_0(X)}{\frac{1}{\mu_m}\ln\frac{c_m(X)}{c_0(X)} + t_L}} \tag{7-81}$$

因为 $c_0(S) \gg K_S$,所以 $\frac{K_S + c_0(S)}{c_0(S)} \approx 1$,$\frac{K_S}{c_0(S)} \approx 0$,方程(7-80)可以简化为:

$$\frac{P_c}{P_b} = \frac{\ln\frac{c_m(X)}{c_0(X)} + \mu_m t_1}{c_m(X) - c_0(X)} Y_{X/S} \tag{7-82}$$

由式中可见:μ_m 越大,连续培养生产率与分批培养生产率之比越大,采用连续培养越有利;如 μ_m 过小,则不宜采用连续培养。

3. 带有细胞再循环的单级恒化器

在单级恒化器的培养过程中,若将流出液用离心机分离,将流出液中的微生物细胞再部分地回加到发酵罐内,形成再循环系统。这样可以增加系统的稳定性,而且可使恒化器内细胞的浓度增加。$c_1(X)$、$c_2(X)$ 分别代表从发酵罐和离心机流出的细胞浓度,F 和 F_1 分别代表充入发酵罐的培养基流速和流出离心机的培养液的流速。如果引入再循环比率 α 和浓缩因子 C 两个参数,再采取与前述类似的方法可推导出,在恒化器状态下:

$$\begin{aligned}\mu &= (1 + \alpha - \alpha C)D \\ c(X) &= \frac{Y_{X/S[c_0(S)-c(S)]}}{1 + \alpha - \alpha C}\end{aligned} \tag{7-83}$$

由此可见,当存在细胞再循环时,μ 不再等于 D,因为 $C > 1$,所以 $1 + \alpha - \alpha C$ 永远小于1,则 μ 永远大于 D。这就表明,在带有细胞再循环的单级恒化器中,有可能达到很高的稀释率,而细胞没有被"清洗"的危险。同样,在恒定状态下细胞浓度比不带再循环的恒化器大一个因子 $\frac{1}{1 + \alpha - \alpha C}$。

将式(7-83)代入 Monod 方程,则:

$$c(S) = \frac{K_S\mu}{\mu_m - \mu} = K_S \frac{D(1+\alpha-\alpha C)}{\mu_m - D(1+\alpha-\alpha C)} \qquad (7-84)$$

$$c_1(X) = \frac{Y_{X/S}}{1+\alpha-\alpha C}c_0(S) - \frac{K_S D(1+\alpha-\alpha C)}{\mu_m D(1+\alpha-\alpha C)} \qquad (7-85)$$

式(7-84)和(7-85)是在带有循环的单级恒化器中基质浓度与细胞浓度的表达式,说明该系统有利于增加细胞浓度。

4. 多级连续培养

图 7-13 显示一种简单的多级连续培养。图中 F 为由第一个发酵罐流出的培养液的流速(单位为 L/h), V_1 和 V_2 分别为第一和第二个发酵罐的体积(单位为 L), F' 是补加到第二个发酵罐的新鲜培养基的流速(单位为 L/h), $F_2 = F + F'$, $c_0(S)$ 和 $c_0'(S)$ 分别为加到第一和第二个发酵罐内限制性营养物浓度, $c_1(S)$ 和 $c_2(S)$ 分别为剩余限制性营养物的浓度, $c_1(X)$ 和 $c_2(X)$ 分别为第一和第二个发酵罐内细胞浓度。采用与前述类似的方法,可以推导出在恒定状态下,两级串联恒化器中每个发酵罐内物料平衡的结果。

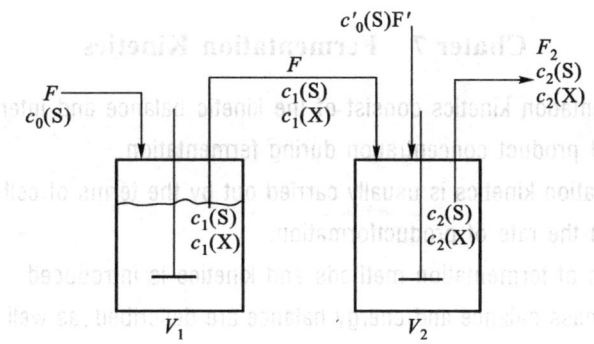

图 7-13 多级连续培养示意图

表 7-14 为恒定状态下两级串联恒化器中每个发酵罐内的物料平衡。

表 7-14 恒定状态下两级串联恒化器中每个发酵罐内的物料平衡

发酵罐	细胞物料平衡	限制性营养物料平衡
第一个发酵罐	$\mu_1 = D_1$	$c_1(X) = Y_{X/S}[c_0(S) - c_1(S)]$
第二个发酵罐 (不补加新鲜培养基)	$\mu_2 = D_2\left[1 - \dfrac{c_1(X)}{c_2(X)}\right]$	$c_2(X) = \dfrac{D_2}{\mu_2} Y_{X/S}[c_1(S) - c_2(S)]$
第二个发酵罐 (补加新鲜培养基)	$\mu_2 = D_2 - \dfrac{F_1 c_1(X)}{V_2 c_2(X)}$	$c_2(X) = \dfrac{Y_{X/S}}{\mu_2}\left[\dfrac{F_1}{V_2}c_1(S) + \dfrac{F'}{V_2}S' - D_2 c_2(S)\right]$

由上表可见,在第二个发酵罐内 $\mu_2 \neq D_2$,如果不向第二个发酵罐补加新鲜培养基,则第二个发酵罐的净生长速率就会很小;如果向第二个发酵罐内补加新鲜培养基,不仅可以促进细胞的生长,而且可以使 D 选定在比 μ_m 更大的数值。

本 章 提 要

1. 发酵动力学研究微生物发酵过程中菌体生长、基质消耗、产物生成的动态平衡及其内在规律。
2. 用菌体生长速率、基质消耗速率和产物生成速率来描述发酵过程动力学。
3. 按照不同的分类方式,介绍发酵方法和动力学分类。
4. 发酵过程中各组分的质量平衡和能量平衡计算,以及发酵过程的得率系数及含义。
5. Monod 方程和分批发酵动力学及其规律。
6. 补料分批发酵动力学和连续发酵动力学方程及规律。

Chapter Summary

Chater 7   Fermentation Kinetics

1. Studies of fermentation kinetics consist of the kinetic balance and internal law of cell growth, substrate consuming and product concentration during fermentation.
2. Defining fermentation kinetics is usually carried out by the terms of cell growth rate, the rate of substrate consuming and the rate of productformation.
3. The classification of fermentation methods and kinetics is introduced.
4. Calculations of mass balance and energy balance are described, as well as the meaning of yield coefficient.
5. Monod equation and batch fermentation kinetics are discussed.
6. Fed – batch fermentation kinetics and continuous fermentation kinetics are introduced.

关 键 术 语

生物反应动力学	菌体生长速率	基质消耗速率
产物生成速率	动力学模型	比生长速率
比消耗速率	呼吸商	嗜杀性酵母
混合生长	循环系统	分批发酵
半连续发酵	连续发酵	同化
异化	偶联型	非偶联型
混合型	均匀混合	透析膜连续发酵
得率系数	有效电子数	能量偶联型生长
发酵热	停滞期	对数生长期
倍增时间	稳定期	衰亡期
莫诺得(Monod)方程	菌体得率系数($Y_{X/S}$)	产物得率系数($Y_{P/S}$)

表观得率系数　　　　　　维持常数　　　　　　生产率(P)
稀释率($D = F/V$)　　　　恒化器　　　　　　　清洗点

复习思考题

1. 阐述菌体生长速率、基质消耗速率、产物生成速率及意义。
2. 发酵动力学如何分类？各自优缺点怎样？
3. 比较不同发酵方法的优缺点。
4. 简述微生物生长代谢过程中的质量平衡和能量平衡的意义及计算。
5. 简述发酵反应过程中的各种得率系数及意义。
6. 简述比生长速率、基质比消耗速率、产物比生成速率的区别。
7. 分析分批培养中产物比生成速率的表达式，说明在生产过程中如何提高产品的产率。
8. 简述生物反应动力学研究的意义。
9. 简述分批发酵动力学(Monod)方程及意义。

第八章　发酵设备与反应器

利用生物催化剂进行反应的生物技术过程，其生物反应器在整个过程中，具有中心纽带的作用，是实现生物技术产品产业化的关键设备，是连接原料和产物的桥梁。在反应器内，生物催化剂（酶或细胞）作用于底物或基质合成细胞或产物，将廉价的原料升值为生化产品。

在生物反应过程中，若采用活细胞（包括微生物、动物或植物细胞）为生物催化剂，称为发酵过程或细胞培养过程。采用游离或固定化酶，称为酶反应过程。相应的反应器也分为发酵罐、动植物细胞反应器和酶反应器。细胞反应器中的生物反应通过细胞中精确调控的酶系进行催化，所以比较复杂，经过一系列的生物反应将培养基的成分转化为新细胞或各种代谢产物。生物反应器的设计和操作，是生物工程中非常重要的工程问题，对产品的成本和质量有很大影响。微生物细胞反应过程，即发酵过程，以微生物的生命活动来获取各种产品，因此，发酵罐也围绕微生物的生命代谢活动展开。这就要求细胞生物反应器必须能保证生物体的生长特性和要求，满足生物体的不同生长阶段对温度、溶解氧、pH、渗透压等的不同要求，同时考虑生物体可能受到的剪应力影响，还要求在运行中达到无菌的要求。

第一节　反应器分类及设计的原则和目标

生物反应器应提供适宜生物体生长和产物形成的各种条件（如维持适当的温度、溶解氧、pH等），促进微生物的代谢，达到低能耗、高产量的目的。同时还应满足无菌的要求。另外反应器的结构应尽量简单，便于清洗和灭菌。

▶▶ 一、反应器的分类

1. 根据生物作用剂的不同，生物反应器分为：

① 酶催化反应器：在酶催化反应器内进行的生化反应比较简单，酶与化学催化剂相似，在反应过程中本身不变化，与一般的化学反应器无大的区别。

② 细胞反应器：细胞反应器中进行的反应十分复杂，在反应的同时，

细胞本身也增殖,同时为了使细胞能有效地维持催化活性,在反应过程中还必须避免受到外界各种杂菌的污染。细胞生物反应器中的生物反应通过细胞精确调控的酶系进行催化,经过一系列的生物反应将培养基的成分转化为新的细胞个体和各种代谢产物。

2. 根据细胞或组织的代谢要求等可分为:

① 厌氧生物反应器:发酵过程中不需要通入空气或氧气,根据菌体的厌氧程度,甚至要通入二氧化碳或氮气等惰性气体,维持发酵罐内的罐压,防止染菌,满足生物体的厌氧水平。厌氧发酵罐常用于酒精、啤酒、丙酮丁醇的发酵生产。

② 好氧生物反应器:此类反应器根据搅拌方式的不同,又可分为机械搅拌式、气升式、自吸式等。前两者是在发酵过程中通入空气或氧气。后者则可自行吸入空气满足生物体的需求。机械搅拌式反应器靠搅拌器提供能量使发酵液循环、混合;气升式反应器靠通入的空气上升产生动力,带动发酵液循环、混合;而自吸式反应器是靠特殊的搅拌叶轮在搅拌过程中产生真空将空气吸入发酵罐内,不需另外供气。好氧反应器用于氨基酸、抗生素、酶制剂等的发酵生产。

③ 光照生物反应器:反应器的壳体部分全部采用透明材料,保证光能照射到反应器内物料,以利于光合作用的进行。一般配有照射光源,白天可利用日光。多用于植物细胞和组织及光合菌的生产。

④ 膜生物反应器:反应器内安装适当的部件作为生物体的附着体,或采用超滤膜将细胞控制在某一区域内进行反应。多用于基因工程菌或细胞的代谢生产。

3. 根据反应器的结构特征,生物反应器可以分成罐式、管式、塔式、膜式等反应器。

▶▶ 二、反应器的设计目标和原则

生物反应器是进行生物反应的核心设备,无论是使用微生物、酶或动植物细胞(或组织)作为生物催化剂,所需要的反应器都应具备:① 严密的结构;② 良好的液体混合性能;③ 较高的传质、传热性能;④ 结构简单,能耗低;⑤ 配套而又可靠的检测和控制仪表。判断生物反应器好坏的唯一标准是该装置能否适合工艺要求以取得最大的生产效率。

生物反应器设计的主要目标是获取高质量、低成本的产品。而做到低成本的一个重要因素是增效节能。

生物反应器设计应遵循以下一些原则:

① 生物反应器应具有适宜的径高比。满足不同生物体生长代谢的溶氧和厌氧需求。

② 应承受一定的压力。满足正常工作和灭菌时的压力、温度要求,因此罐体各部件要有一定的强度,能承受一定的压力。

③ 有搅拌通风装置的反应器应能使气液固三相充分混合,满足物料必须的溶氧需求。

④ 反应器应有恰当的冷却装置和冷却面积,满足生物体生长代谢过程中的温度要求。生物体的生长代谢会产生大量的热量,必须经过冷却将其移走。

⑤ 反应器应尽量减少死角,消除藏垢积污场所,保证灭菌彻底。

⑥ 尽量减少法兰连接,防止因设备震动和热膨胀,引起法兰连接处移位,造成污染。

⑦ 保证灭菌工作的顺利进行,培养系统中已灭菌部分与未灭菌部分之间不能直接连通;某些部分应能单独灭菌。

生物反应器设计和操作的限制因素主要是传质和传热。传质问题在基质不溶的反应过程中显而易见,在高耗氧的生物反应过程中则尤为突出。传热问题在放热的生物反应过程中尤为重要,为了保证生物反应器能在要求的温度下进行,热交换是大型的生物反应器设计的一个重要环节。

第二节 微生物细胞反应器——发酵罐

微生物细胞反应器即发酵罐,是发酵工厂的核心设备,必须具有适宜微生物生长和产物形成的各种条件,促进微生物的代谢,达到低能耗、高产量。因此微生物细胞反应器必须具备微生物生长的基本条件,如维持适当的温度、不同程度的无菌条件的要求等;反应器结构应尽量简单,便于清洗和灭菌。

按微生物对氧的需求,发酵罐可分为厌氧发酵罐和好氧发酵罐,厌氧发酵罐主要用于酒精、啤酒、丙酮、丁醇和乳酸等产品的生产。好氧发酵罐多用于氨基酸、抗生素、酶制剂等的生产。

一、密闭厌氧式发酵罐

密闭厌氧式发酵罐在工业生产中主要用于啤酒和酒精的生产。由于没有溶解氧的要求,其结构相对比较简单。

1. 啤酒发酵罐

① 露天式锥底发酵罐:啤酒行业目前广泛采用的发酵设备是圆筒体锥底发酵罐(简称锥形罐),发酵罐最大容量达1 500 t。是20世纪初期瑞士的Nathan发明,所以又称奈坦罐,见图8-1。

发酵罐罐体为圆柱形,罐顶为椭圆封头,罐底圆锥形。锥底角度一般为60°~130°,以70°角较好。罐高与直径比例一般为(1.5~6):1,常采用3:1或4:1。

罐顶装有压力表、二氧化碳排出口、安全阀、真空阀和入孔,罐内顶部装有清洗器,便于罐内洗涤,罐体装有温度计插孔、取样口、二氧化碳洗涤口。罐底有放料口。

发酵罐的冷却装置一般分2~4段,根据罐体高度而定。罐锥底部分最好也能冷却。锥型罐的冷却形式多种多样,如扣槽钢、扣角钢、扣半管、冷却层内带导向板、罐外加氨管及长方形薄夹层螺旋环形冷却带或米勒板式夹套内流动换热等。

常用隔热层材料有:聚酰胺树脂、自熄式聚苯乙烯塑料、膨胀珍珠岩和矿渣棉等。外保护层一般采用0.7~1.5 mm厚的合金铝板或0.5~0.7 mm的不锈钢。

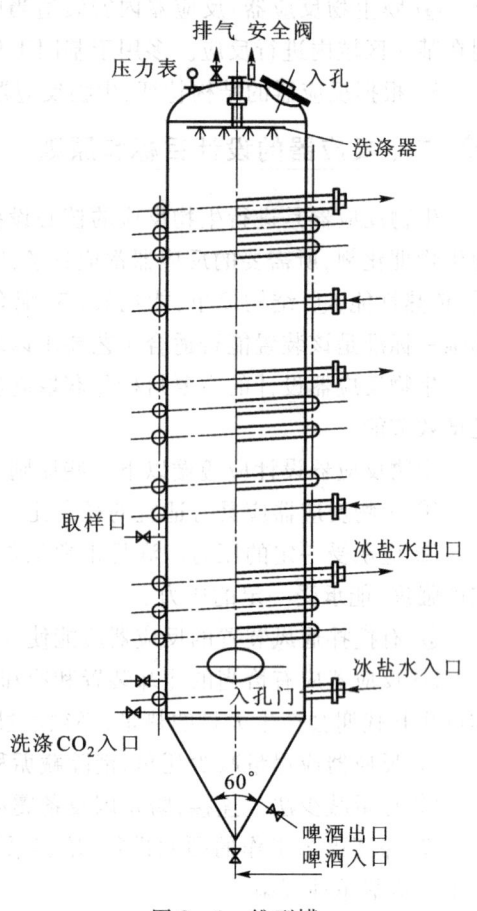

图8-1 锥型罐

由于锥型罐体积大,设备清洗均采用 CIP(cleaning in place)清洗系统。

锥型罐的优点是发酵速度快,易于沉淀收集酵母(下面酵母),减少啤酒及其苦味物质的损失,泡沫稳定性得到改善,对啤酒工业的发展极为有利。

② 联合罐:联合罐是一种在美国出现的称为 Universal 的发酵罐,是由带人孔的薄壳圆柱体、拱形顶及有足够斜度以排除酵母的锥底组成,如图 8-2 所示。

一般圆柱部分高度和直径比为(1~1.3):1,罐壁设有冷却板,罐体基础采用钢筋混凝土圆柱体。圆柱体的形状按照罐底的斜度确定。圆柱体与罐体之间填入坚固的水泥沙浆,罐底与沙浆间有一层空心绝缘层。罐体耐压较小,为降低造价一般不设计成耐压罐(二氧化碳的饱和是在完成罐进行,否则应考虑适当的耐压)。罐中心设有二氧化碳注射圈,高度恰好在酵母层之上。二氧化碳在罐中央向上注入时,引起啤酒运动,使酵母浓聚于底部出口处,同时啤酒中的不良挥发成分被注入的二氧化碳带着逸出。

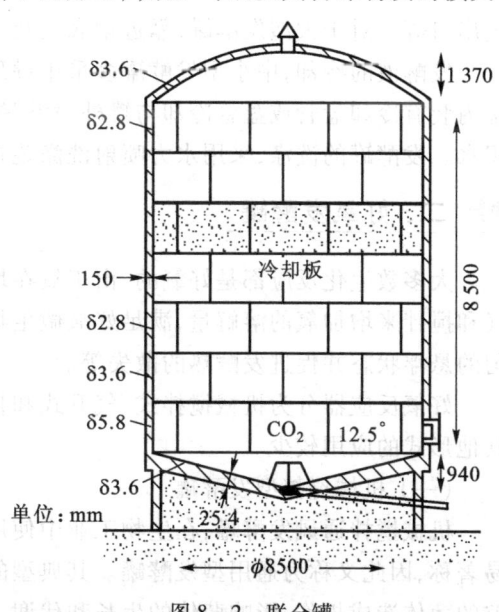

图 8-2 联合罐

联合罐可采用机械搅拌,也可通过对罐体的精心设计达到同样的搅拌作用。

③ 朝日罐:朝日罐又称朝日单一酿槽,是日本朝日公司试制成功的前、后酵合一的室外大型发酵罐,如图 8-3,罐体为斜底圆柱形发酵罐。高度与直径的比值为(1~2):1。外部设有冷却夹套包围罐身与罐底。内部设有带转轴的可动排液管,用来排出酒液。酵母的分离依靠离心机来完成。

2. 酒精发酵罐

酒精发酵罐,结构较为简单,罐体采用圆柱形,底盖和顶盖均为碟形或锥形,如图 8-4 所示。

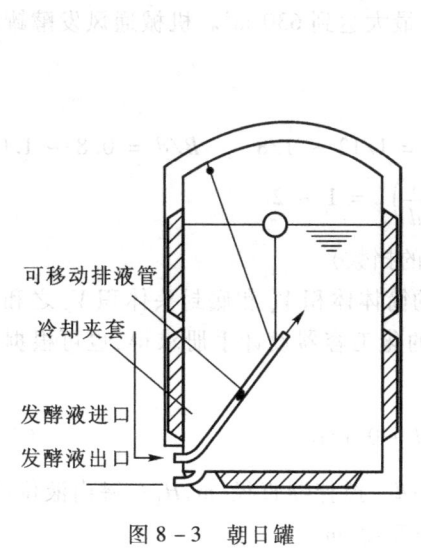

图 8-3 朝日罐

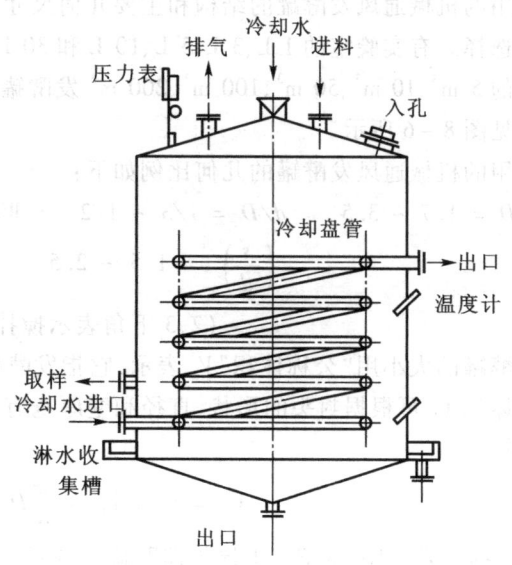

图 8-4 酒精发酵罐

发酵罐宜采用密闭式,便于二氧化碳的回收。罐顶装有人孔、视镜、二氧化碳回收管、进料管、接种管、压力表、测量仪表接口等。罐底有排料口、排污口,罐身上下有取样口、温度计接口、冷却水进出口等。对于大型发酵罐,靠近罐底也装有人孔,便于维修和清洗。

发酵液的冷却,中小型发酵罐多采用罐顶喷水淋于罐外壁进行膜状冷却,对于大型发酵罐,罐内装有冷却盘管或盘管冷却与罐外喷淋联合冷却装置,罐外壁底部四周装有集水槽,避免车间积水。发酵罐的洗涤,采用水力喷射洗涤装置。

▶▶ 二、好氧发酵罐

大多数生化反应都是好氧的,由于氧在培养基中的溶解度很小,细胞生物反应器必须不断通气和搅拌来增加氧的溶解量,满足好氧微生物新陈代谢的需要。同时,搅拌还可使培养液保持均匀的悬浮状态并促进发酵热的散失等。

好氧反应器分为机械搅拌式、气升式和自吸式发酵罐。以机械搅拌通风发酵罐占主导地位,其他形式的应用较少。

(一) 机械搅拌型发酵罐

机械搅拌通风发酵罐,在生物工业中使用最为广泛,以其实用性能好,适用性强,放大相对容易著称,因此又称为通用型发酵罐。其典型的缺点是机械搅拌产生的剪切力容易使耐剪切力较差的菌体造成损伤,影响菌体的生长和代谢。

1. 结构

通用发酵罐的主要组成部分有罐体、搅拌装置、传热装置、通气部分、进出料口、温控测量系统和附属系统等,如图 8-5 所示。

罐体:大型发酵罐由圆柱体和椭圆形或碟形封头焊接而成,罐径在 1 m 以下的小发酵罐封头和罐身可采用法兰连接,为便于清洗,罐顶设有清洗手孔。为满足工艺要求,罐体应承受 130 ℃高温和 0.25 MPa 以上的绝对压力。

常用的机械通风发酵罐的结构和主要几何尺寸已标准化设计,根据发酵种类、规模等在一定范围内选择。有实验室的 1 L、3 L、5 L、10 L 和 30 L 罐,中试车间的 50 L、100 L 及 500 L 罐到生产使用的 5 m³、10 m³、50 m³、100 m³、200 m³ 发酵罐等,最大达到 630 m³。机械通风发酵罐的几何尺寸见图 8-6 所示。

常用的机械通风发酵罐的几何比例如下:

$H/D = 1.7 \sim 3.5$ 　　 $d/D = 1/3 \sim 1/2$ 　　 $W/D = 1/12 \sim 1/8$ 　　 $B/d = 0.8 \sim 1.0$

$$\left(\frac{s}{d}\right)_2 = 1.5 \sim 2.5 \qquad \left(\frac{s}{d}\right)_3 = 1 \sim 2$$

(2,3 下角表示搅拌器的挡数)

发酵罐的大小用"公称体积"V_o 表示,它指发酵罐的筒体体积 V_a 和底封头体积 V_b 之和。底封头的体积 V_b 可根据封头的形状、直径和壁厚查有关的化工容器设计手册求得,也可根据下式近似计算:

$$V_o = V_a + V_b = \frac{\pi}{4}D^2 \cdot H + 0.15D^3 \qquad (8-1)$$

式中,s—搅拌器间距,m;B—下搅拌器距罐底的距离,m;d—搅拌器直径,m;H_L—罐内液位高度,m;W—挡板宽度,m;D—发酵罐内径,m;H—发酵罐筒身高度,m。

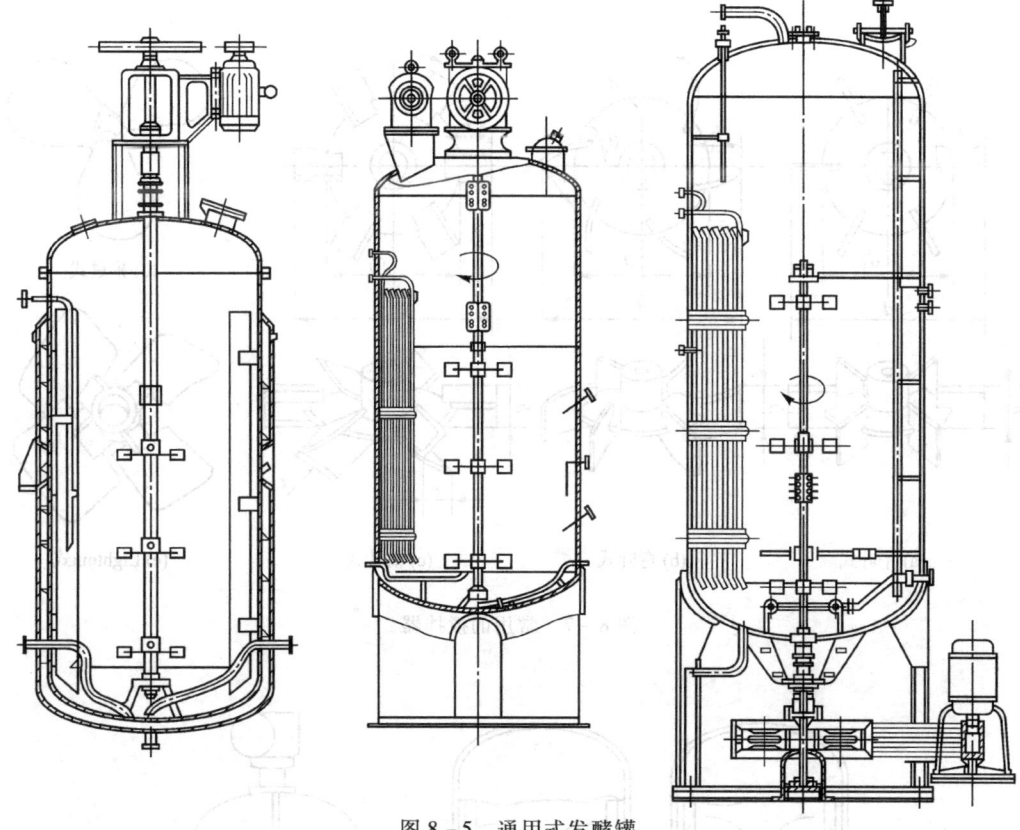

图 8-5 通用式发酵罐

搅拌装置：机械搅拌器的主要功能是使罐内物料混合与传质，使通入的空气分散成气泡并与发酵液混合均匀，增加气液接触界面，提高气液间的传质速率，强化溶氧及消泡；使发酵液中的固形物料保持悬浮状态，从而维持气-液-固三相的混合传质，同时强化热量的传递。

搅拌器叶轮多采用涡轮式，图 8-7 为常用搅拌器。最为常用的有平叶式(a)、弯叶式(b)和箭叶式(c)圆盘涡轮搅拌器，叶片数量一般为 6 个。此外还有推进式(d)和 Lightnin 式(e)搅拌器。图 8-8 为有关的搅拌流型。

挡板的作用是防止液面中心产生旋涡，通常设 4~6 块挡板即可满足"全挡板条件"。所谓全挡板条件是指在发酵罐内再增加挡板或其他附件时，搅拌功率保持不变，而旋涡基本消失。发酵罐内立式冷却列管、排管和蛇管等装置也起一定的挡板作用。

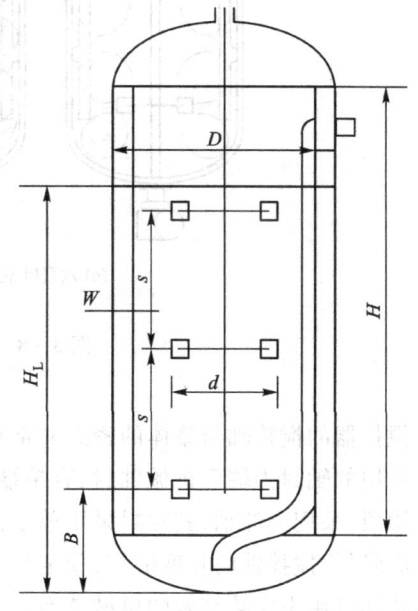

图 8-6 通用型发酵罐的几何尺寸

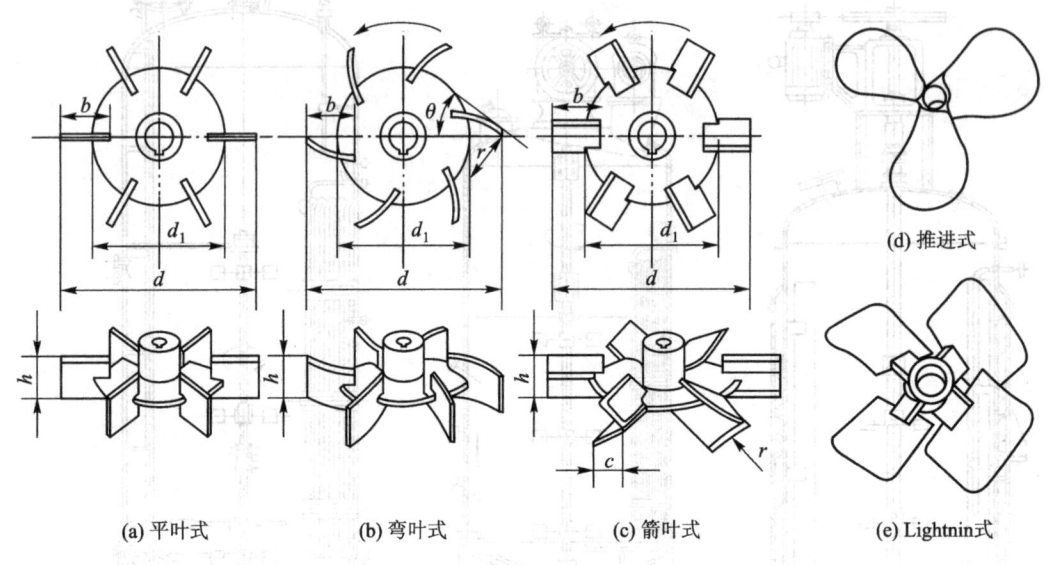

(a) 平叶式　　(b) 弯叶式　　(c) 箭叶式　　(d) 推进式　　(e) Lightnin式

图 8-7　常用的搅拌器

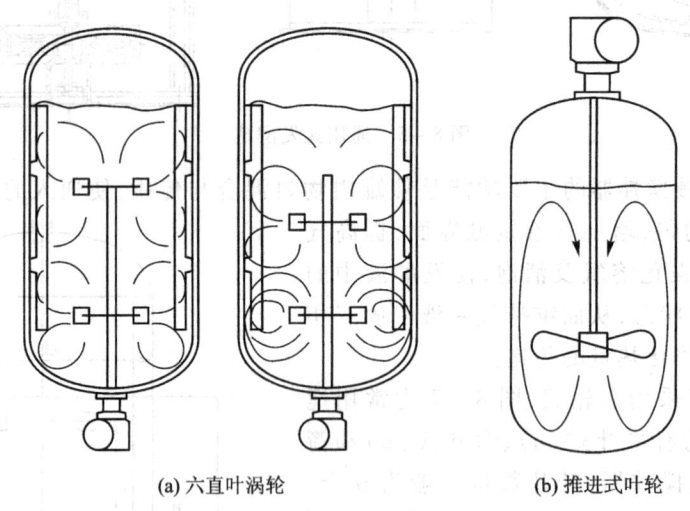

(a) 六直叶涡轮　　(b) 推进式叶轮

图 8-8　全挡板条件下的搅拌流型

搅拌器的搅拌轴与罐体的密封非常重要,若密封不严,极易造成泄漏和杂菌污染,常采用轴封。常用的轴封为端面机械轴封,有单端面机械轴封和双端面机械轴封,一般发酵罐的搅拌电机装在罐顶,采用上伸轴,其轴封采用单端面轴封。对于大型发酵罐,可将电机装在罐底,使发酵罐的重心降低、搅拌轴的长度缩短,稳定性提高,而且还可使发酵罐的操作面机械传动噪音降低,发酵罐顶部可用来安装高效的机械消泡装置和其他自控部件,采用下伸轴,对密封要求更为严格,通常采用双端面轴封。而双端面轴封的使用增加了检修难度。

换热装置：生化反应过程中，由生物反应产生的热量和机械搅拌产生的热量必须及时移去，才能保证发酵过程在恒温条件下进行。我们将发酵过程产生的热量称为"发酵热"。可由下面的热量平衡方程进行计算：

$$Q = Q_1 + Q_2 - Q_3 - Q_4 \tag{8-2}$$

式中，Q—发酵热；Q_1—生物体生命活动产生的热量；Q_2—机械搅拌热，搅拌器搅拌液体的机械能转变成的热能；Q_3—发酵过程的通风带出的水蒸气蒸发和空气温度上升所需的热量；Q_4—发酵罐外壁由于与环境的温差而引起的热量损失。

发酵热的大小与反应的品种、发酵时间等有关。一般在 10 400~33 500 kJ/(m³·h)。

发酵热的计算方法有四种：

① 通过冷却水带出的热量计算：根据经验，每立方米发酵液传给冷却器的最大热量青霉素发酵约为 25 000 kJ/(m³·h)，四环素发酵约为 20 000 kJ/(m³·h)，链霉素发酵约为 19 000 kJ/(m³·h)，谷氨酸发酵约为 31 000 kJ/(m³·h)，肌苷发酵约为 18 000 kJ/(m³·h)。

② 通过发酵液的温度升高进行计算：根据发酵液在单位时间内的温度升高求出单位体积发酵液放出的热量。如某味精厂，50 m³ 发酵罐，夏天不开冷却水时，每小时的最高温升约为 13 ℃。

③ 通过生物合成热进行计算。

④ 通过燃烧热进行计算。

四种均为近似计算，前两种方法比较简单可靠。

发酵罐的传热装置有夹套、盘管或列管。一般容积在 5 m³ 以下的发酵罐采用外夹套；容积大于 5 m³ 的发酵罐一般采用立式蛇管或列管作为传热装置。温度的控制通过测温的传感器和冷却液阀门进行调节。

通气部分：一般空气进口压力为 0.1~0.2 MPa（表压），通过空气分布器将通入的无菌空气均匀分布到发酵液中。分布器的形式有单管式和环形管式等。常采用单管式，管口向下，距罐底距离 4 cm，空气分布效果较好，同时可避免固体物料在管口堆积或罐底沉降堆积。若距离过大，分布效果则较差。环型管式分布器的环管开有向下的小孔，环管的环径应小于搅拌器叶轮直径。由于气泡分布主要是依靠搅拌器的剪切作用来破碎，而通风量在 3 mL/min 以下时，喷出的气泡直径才与空气喷孔直径的 1/3 次方成正比，即空气喷孔直径越小，气泡直径越小，溶氧传质系数越大；实际生产过程中通风量超过此范围，此时气泡直径与风量有关，而与喷孔大小无关，因此单管的分布效果并不低于环形管；另外由于环形管的空气喷孔容易堵塞，已很少采用，只有中、小型发酵罐使用。

消泡装置：用于消除产生的泡沫。发酵液中含有蛋白质等发泡物质，在通气搅拌下将会产生大量的泡沫，发泡严重时会导致发酵液随排风外溢而增加染菌机会。最简单实用的消泡装置为耙式消泡器，直接安装在搅拌轴上，消泡耙齿底部高于发酵液面适当高度。另外还有半封闭式涡轮消泡器、离心式消泡器和碟片式离心消泡器等，但这些消泡装置须装在发酵罐的罐顶，消泡后的发酵液重新流入罐内，增加染菌机会。

进出料口：罐顶设有进料口和补料口，罐底有出料口，有时发酵罐的出料口和进风口采用同一根管子，可减少开口。

测量控制系统：采用传感器系统，用以测量温度、pH、溶氧等，传感器要求能承受灭菌温度及保持长时间稳定。

附属系统:包括视镜、取样管等,用以观察检测发酵液的情况。

2. 发酵液的流变特性

发酵液通常由气相(空气)、液相(培养基水溶液)、固相(生物细胞和基质微粒)构成,不同生物反应所用生物细胞的生物学特性、营养液的物化特性、代谢物的特性及细胞浓度对发酵液的流变特性都有影响。而其流变特性对溶氧传质与热量传递、混合性能等都有重要影响。

流变学通常采用黏度(对流体的抗性)、流动行为(黏度与剪切率的关系)和屈服应力(产生静液流需要的力)等术语描述流体的流变特性。所施的剪应力 τ 与产生的剪切率 γ(即切变率)的关系即幂定律方程如下:

$$\tau = \tau_0 + K(\gamma)^n \tag{8-3}$$

式中,K—幂定律常数或黏度系数;τ_0—屈服应力;n—幂定律指数或流动特性指数。

流体的流变性分为下列几类:

① 牛顿型流体:当 $n = 1$,$\tau_0 = 0$ 时,方程(8-3)变为:

$$\tau = \mu\gamma \tag{8-4}$$

式中,μ 为黏度(动力学黏度),Pa·s。

方程(8-4)称为牛顿黏性定律,凡是流体特性服从牛顿黏性定律的流体称为牛顿性流体,其特性为黏度是温度的函数,温度恒定时,黏度不变,如图8-9中曲线1。一般,酵母和细菌培养液多属牛顿流体。

② 非牛顿型流体:不服从牛顿黏性定律的流体称为非牛顿型流体,其剪应力与剪切率之比不是常数,随剪切率变化。根据非牛顿型流体的剪应力与剪切率的关系,又可分为多种类型,常见的有:

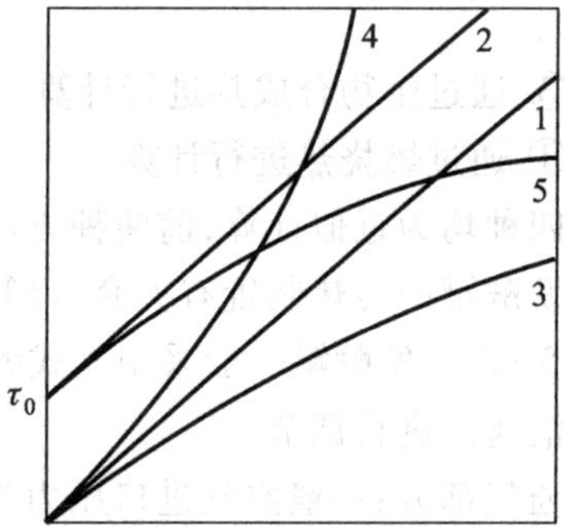

宾汉(Bingham)塑性流体:该流体的流动特性为

$$\tau = \tau_0 + \eta\gamma \tag{8-5}$$

图8-9 流体剪应力与剪切率的关系

式中,τ_0—屈服应力,Pa;η—刚度系数,Pa·s。

宾汉塑性流体的特点是当剪应力小于屈服应力 τ_0 时,流体不发生流动,只有当剪应力超过屈服应力时流体才发生流动,见图8-9中的曲线2。黑曲霉、产黄青霉、灰色链霉菌等丝状菌发酵液为宾汉塑性流体。

拟塑性(Pseudolastic)流体:图8-9中的曲线3,它的流动特性为

$$\tau = K(\gamma)^n \qquad 0 < n < 1 \tag{8-6}$$

式中,K—稠度系数,Pa·s;n—流动特性指数。

K 值越大,流体就越稠厚;n 越小,流体的非牛顿型特性越明显,与牛顿型流体的差别越大。当 $n = 1$ 时即为牛顿型流体,这时稠度系数 K 便等于牛顿型流体的黏度,如图8-9中的曲线3。许多丝状菌如青霉、曲霉、链霉菌的培养液往往表现出拟塑性的流动特性,一些生产多糖的微生物发酵液,因微生物分泌的多糖而呈拟塑性。此外,高浓度的植物细胞、酵母悬浮液也呈拟塑性的流动特性。

涨塑性(Dilatant)流体:与拟塑性流体相比,它的流动特性也具有指数规律

$$\tau = K(\gamma)^n \qquad n > 1 \qquad (8-7)$$

但流动特性指数 n 大于 1。n 的数值越大,流体的非牛顿特性就越显著。与拟塑性流体相反,随着剪切率增大,液体的表观黏度也增大。具有这种流动特性的物料有淀粉等,在发酵液中较少见。朱守一等报告在链霉素、四环素、和卡那霉素的发酵过程中,接种后的一段时间内发酵液呈涨塑性,如图 8-9 中曲线 4。

凯松流体(Casson body):凯松流体的流动模型为

$$\tau^{1/2} = \tau_o^{1/2} + K_c(\gamma)^{1/2} \qquad (8-8)$$

式中,τ_o—屈服应力,Pa;K_c—凯松黏度,$(Pa \cdot s)^{1/2}$。

油墨、融化的巧克力、血液、酸酪等具有凯松流动特性如图 8-9 中曲线 5。与宾汉塑性流体相似,但剪应力小于 $\tau_o^{1/2}$ 时,液体不流动。青霉素发酵液为凯松流体,产黄青霉菌发酵液的屈服应力和凯松黏度与青霉菌的浓度和黏度有关。另有报道对丝状菌悬浮液,凯松方程常常比幂定律方程更为适用。

非牛顿型流体没有确定的黏度值,通常把一定剪切率下剪应力与此剪切率之比称为表观黏度,即:

$$\mu_a = \frac{\tau}{\gamma} \qquad (8-9)$$

式中:μ_a—表观黏度,$Pa \cdot s$。

由图 8-9 可以看出拟塑性流体和凯松流体的表观黏度随剪切率的增大而减小,涨塑性流体的表观黏度则随剪切率的增大而减大。

凯松流体的表观黏度和剪切率的关系,由式 8-8 代入 8-9 得

$$\mu_a = K_c^2 + \frac{\tau_o}{\gamma} + 2K_c\left(\frac{\tau_o}{\gamma}\right)^{1/2} \qquad (8-10)$$

发酵液在发酵过程中,随细胞浓度和形态的变化、营养成分的消耗、代谢产物的积累,发酵液流动特性的类型也可发生变化。

3. 生物反应器的搅拌功率

搅拌功率的大小对流体的混合、气液固三相间的传质、传热有很大的影响。因此,生物反应器搅拌功率的确定对于生物反应器的设计是相当重要的。

(1)牛顿流体中的搅拌功率

不通气的搅拌功率计算:搅拌功率的大小与搅拌转速、搅拌器大小、液体的密度及黏度等有关,通过实验证明存在下列关系

$$\frac{P_o}{n^3 d^5 \rho} = K \left(\frac{nd^2\rho}{\mu}\right)^x \left(\frac{n^2 d}{g}\right)^y \qquad (8-11)$$

式中,$\frac{P_o}{n^3 d^5 \rho} = N_P$,功率准数,外力和惯性力的比值;$\frac{nd^2\rho}{\mu} = Re$,搅拌情况下的雷诺准数,惯性力和与黏性力的比值;$\frac{n^2 d}{g} = Fr$,搅拌情况下弗鲁特准数,惯性力和重力的比值;$K$,与搅拌器形式、搅拌罐几何尺寸有关的常数。

图 8-10 为在全挡板条件下,几种不同搅拌器的功率准数与雷诺准数的关系曲线。

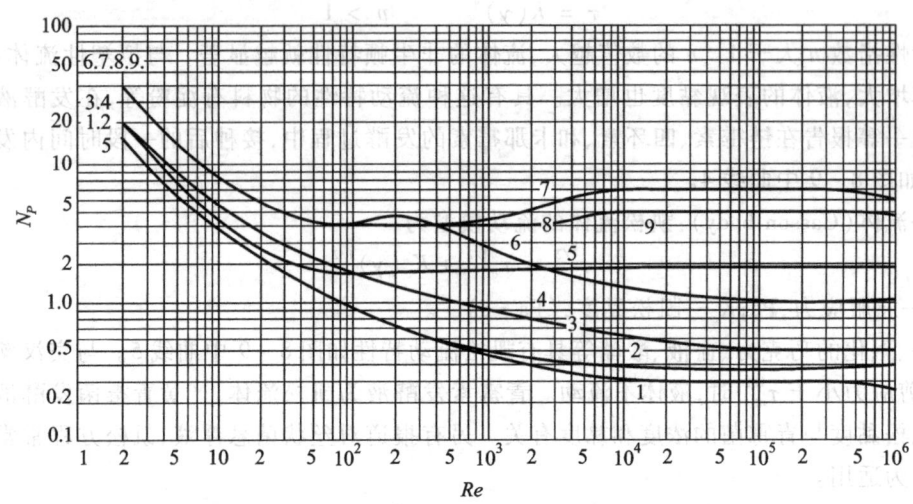

图 8-10 几种搅拌器的功率准数与雷诺准数的关系

当液体处于滞流状态时，$Re < 10$，$x = -1$，此时

$$P_o = K\mu n^2 d^3 \tag{8-12}$$

当液体处于湍流状态时，$Re > 10^4$，$x = 0$，此时

$$P_o = Kn^3 d^5 \rho \tag{8-13}$$

式中，P_o—不通气的搅拌功率，W；n—搅拌器的转速，r/s；d—搅拌器叶轮直径，m；ρ—搅拌液的密度，kg/m^3。

当液体处于过渡区 $10 > Re > 10^4$，搅拌功率的计算比较复杂，目前没有关联式。

对于同一轴上装有 m 层搅拌器，其搅拌功率的计算为

$$P = P_o(0.4 + 0.6m) \tag{8-14}$$

通气条件下的搅拌功率：在通气条件下，搅拌器的轴功率会显著下降，下降的幅度与通气量有一定的关系。可通过通气准数（指发酵罐内空气的表观流速和搅拌器尖叶速度的比值）描述

$$N_a = \frac{Q_g/d}{nd^2} = \frac{Q_g}{nd^3} \tag{8-15}$$

式中，Q_g—工作情况下的通气量，m^3/s；d—搅拌器直径，m；n—搅拌器转速，r/s。

以 P_g 表示通气的搅拌功率，P_o 表示不通气的搅拌功率，则

$$N_a < 0.035 \text{ 时}, P_g/P_o = 1 - 12.6 N_a \tag{8-16a}$$

$$N_a > 0.035 \text{ 时}, P_g/P_o = 0.62 - 1.85 N_a \tag{8-16b}$$

当发酵罐内发酵液的密度为 $800 \sim 1650 \text{ kg/m}^3$，黏度 $0.009 \sim 0.1 \text{ Pa·s}$，表面张力在 $0.027 \sim 0.072 \text{ N/m}$ 时，可用 Michel 公式计算涡轮搅拌器的通气搅拌功率：

$$P_g = K\left(\frac{P_o^2 nd^3}{Q_g^{0.56}}\right)^{0.45} \tag{8-17}$$

式中 K 是与反应器形状有关的常数，具有因次。

福田秀雄等在 $0.1 \sim 42 \text{ m}^3$ 的系列设备进行修正，并经过单位换算后得出修正的 Michel 公式：

$$P_g = 2.25\left(\frac{P_o^2 n d^3}{Q_g^{0.08}}\right)^{0.39} \tag{8-18}$$

式中,P_g、P_o—表示通气、不通气搅拌功率,kW;n—搅拌器的转速,r/min;d—搅拌器叶轮直径,cm;Q_g—通风量,mL/min。

注意:无论是通气搅拌功率和不通气搅拌功率的计算,其计算公式均为经验公式,一定要注意公式的单位,这两个公式单位不同,计算时应变化。

(2)非牛顿流体的搅拌功率的计算

由于非牛顿流体的表观黏度是随搅拌器的转速而变化,没有确定的黏度值,也就不能确定搅拌雷诺准数,所以不能像牛顿流体那样作出功率准数与雷诺准数的关系图。

Metzner 和 Otto 进行了大量的实验,找出了在搅拌罐中搅拌速度与液体平均剪应力之间的关系,解决了这个难题。Metzner 等实验证实,在搅拌情况下,非牛顿流体的平均剪切率与搅拌转速成正比:

$$\gamma = Kn \tag{8-19}$$

式中,γ—平均剪切率,s^{-1};K—常数。

按照非牛顿流体的平均剪切率可以求出其表观黏度,从而求出雷诺准数。Metzner 等在多种拟塑型、涨塑型、宾汉型流体中对不同搅拌器进行试验,得出上式中的常数 K 的范围在 10~13,对于发酵罐常用的单个或两个平叶涡轮搅拌器,K 值为 11.5 和 11.4。他们认为,在拟塑型非牛顿流体中,K 值一般可取 11.5 而不会引起很大的误差。例如流动特性指数 $n = 0.5$ 时,K 值变化 30%,造成的误差仅 12%。将非牛顿流体中的搅拌功率准数与雷诺准数在对数坐标上标绘,得到的曲线与牛顿流体相似,如图 8-11。当 $Re < 10$ 时,液体处于滞流状态,N_P 与 Re 成为斜率为 -1 的直线;当 $Re > 500$ 时,液体处于湍流状态,N_P 保持恒定;而 $10 < Re < 500$ 时,液体为过渡流状态,此时 N_P 与 Re 之间的关系比较复杂。

使用其他类型的搅拌叶轮,都可得出与图 8-11 相似的结果。从而证明非牛顿流体的平均剪切率仅与搅拌转速成正比,而与其他变数无关。

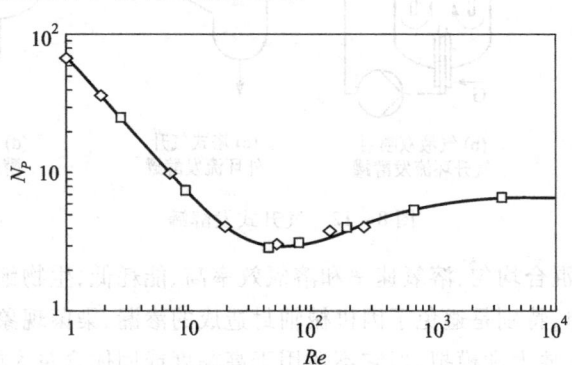

图 8-11 非牛顿流体的功率准数与雷诺准数的关系

非牛顿流体中的通气搅拌功率也可用牛顿流体中的经验式(8-17)计算。

由此我们可以得出:非牛顿流体中的搅拌功率的计算与牛顿流体中的搅拌功率的计算方法是一样的。但是由于非牛顿流体的黏度是随搅拌器的转速而变化的,因而必须先知道黏度与搅拌器转速之间的关系,然后才能计算不同搅拌转速下的 Re,再根据实验绘出 N_P-Re 曲线,即可求出搅拌功率。

按照发酵罐的搅拌功率来选择电动机时,应考虑减速传动装置的机械效率和电机的启动功率。一般发酵罐所配备的电动机功率,根据品种不同而异,一般每立方米发酵液的功率吸收为 1～3.5 kW。

在计算发酵罐搅拌功率时,对于容量在 1 m³ 以下的发酵罐,其轴封、轴承等的摩擦功率损耗在整个电机功率输出中占有较大比例,因此小容量发酵罐的搅拌功率采用上列各式计算意义不大,一般凭经验来选择小容量发酵罐的电动机功率。

(二) 气升式发酵罐

气升式发酵罐有多种类形,常用的有气升环流式、鼓泡式、空气喷射式等,原理是无菌空气从罐的下部通过喷嘴或喷孔喷射进入发酵液中,通过喷嘴和气液混合物的湍流作用使空气泡分割细碎,形成的气液混合物由于密度降低,加上无菌空气喷流的动能,向上运动,而含气率低的发酵液下降,形成反复循环,实现溶氧传质和混合,供给发酵液所需的溶氧,满足微生物的需求,使发酵正常进行。

生物工业大量应用的有气升内环流发酵罐、气液双喷射气升环流发酵罐和塔式气升外环流发酵罐,结构如图 8-12。

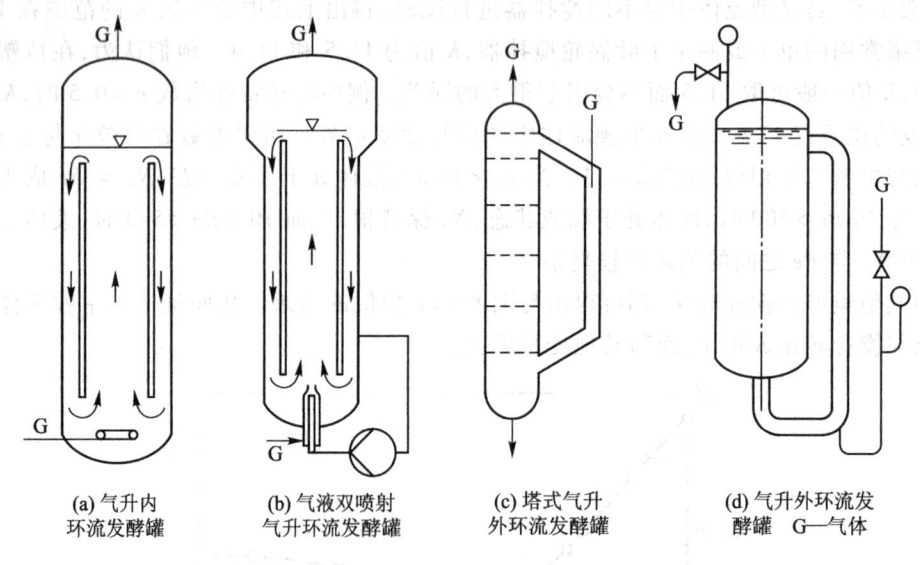

(a) 气升内环流发酵罐　(b) 气液双喷射气升环流发酵罐　(c) 塔式气升外环流发酵罐　(d) 气升外环流发酵罐　G—气体

图 8-12　气升式发酵罐

气升式环流反应器混合均匀,溶氧速率和溶氧效率高、能耗低,生物细胞受到的剪切力小,无机械搅拌,设备结构简单,特别是避免了因机械轴封造成的渗漏、染菌现象。此外,气升式发酵罐的设计技术已成熟,易于放大和模拟,但它不适用于高黏度或固体含量大的发酵液。

1. 主要结构参数

反应器的高径比 H/D:根据实验结果表明发酵罐高度 H 与直径 D 的比值以 5～9 为好,有利于混合溶氧。

导流筒直径 d 与罐径 D 比:对一定的生化反应,确定发酵罐的 H 和 D 后,导流筒的直径和高度对发酵液的循环和溶氧也有较大影响。d/D 在 0.6～0.8 比较合适。具体数值的确定根据发酵液的物化特性和细胞的生物学特性而定。

此外,空气喷嘴直径和导流筒的上下端面到罐顶和罐底的距离对发酵液的混合、溶氧等都有重要的影响。

2. 气升发酵罐的性能指标

循环周期:发酵液的溶氧必须维持一定的水平才能保证微生物的正常生长代谢,因此要求发酵液保持一定的环流速度补充溶氧。发酵液在环流筒内循环一次所需要的时间称为循环周期,由下式确定

$$\tau = \frac{V_L}{V_C} = \frac{V_L}{\frac{\pi}{4}d^2\omega} \qquad (8-20)$$

式中,τ—循环周期,s;V_L—发酵罐内发酵液的体积,m³;V_C—发酵液的循环流量,m³/s;d—导流筒的内径,m;ω—发酵液在导流筒的流速,m/s。

不同的微生物发酵,其菌体的好氧速率不同,所需要的循环周期不同,如果供氧速率跟不上,会使菌体的活力下降,造成代谢产率降低。据报道,采用黑曲霉生产糖化酶时,当菌体浓度达到 7% 时,循环周期要求在 2.5～3.5 min,不得大于 4 min,否则会造成缺氧而使糖化酶活力急剧下降。

气液比、空气喷出的压力差及循环流速:气液比是指培养液的环流量 V_c 与通风量 V_G 之比

$$R = V_c/V_G \qquad (8-21)$$

通气量对气升式发酵罐的混合和溶氧起决定性的作用,而通气压强指空气在空气分布管出口前后的压强差,对发酵液的流动与溶氧也有相当的影响。一般导流管中的环流速度可取 1.2～1.8 m/s,有利于混合与气液传质,又避免环流阻力损失太多能量,若采用多段导流管或管内设塔板,环流速度可适当降低。

溶氧传质:气升式反应器的气液传质速率主要取决于发酵液的湍动和气泡的剪切细碎状态,受反应器输入能量的影响。反应溶液的持气率 h 和空截面速率 v_s 的关系如下

$$h = Kv_s^n \qquad (8-22)$$

式中 K 和 n 为经验常数,由实验确定。在鼓泡式发酵罐中,低通气速率时,$n=0.7～1.2$,高通气速率时,$n=0.4～0.7$。而体积溶氧系数是空截面速率 v_s 的函数

$$k_{La} = bv_s^m \qquad (8-23)$$

式中,对水和电解质,$m=0.8$,b 为常数是空气分布器形式的函数,由实验决定。

3. 典型的气升环流发酵罐

英国伯明翰 ICI 公司的压力循环发酵罐是国际上气升环流发酵罐的杰出代表,其主要结构尺寸如图 8-13,为高位塔式发酵罐。公称体积 3 000 m³,液柱高 55 m,通气压力高,发酵液量 2 100 m³。为强化气液混合与溶氧,沿塔高度设有 19 块带有下降区的筛板,防止气泡合并为大气泡,为使气液顺利分离,塔顶设有气液分离部分,分离部分直径为塔径的 1.5 倍。

根据测定及生产运行结果,发酵罐液体上升速度 0.5 m/s,下降区下降速度达 3～4 m/s;在上升管与下降区的持气率分别高达 0.52 和 0.48。发酵液的循环时间控制在 1～3 min。

气升式环流发酵罐结构简单,溶氧速率高,能耗低,便于放大和加工制造,因此自 20 世纪 70 年代以来广泛应用于单细胞蛋白生产、废水处理等领域,占有绝对优势。

(三) 机械搅拌自吸发酵罐

机械搅拌自吸式发酵罐不需空压机提供压缩空气,利用特殊设计的搅拌吸气装置,吸入无菌空气,同时实现混合搅拌与溶氧传质。结构如图 8-14,搅拌器为空心叶轮,叶轮高速旋转,框内液体被甩出而形成局部负压,从而将罐外的空气吸入罐内,通过导轮并与高速流动的液体密切接触形成细小的气泡分散在液体之中,此类发酵罐省去了空气系统,且气体分布均匀。其缺点是进罐空气处于负压,增加了染菌机会,并且搅拌转速甚高,有可能使菌丝被切断,菌体的生长代谢受到影响。

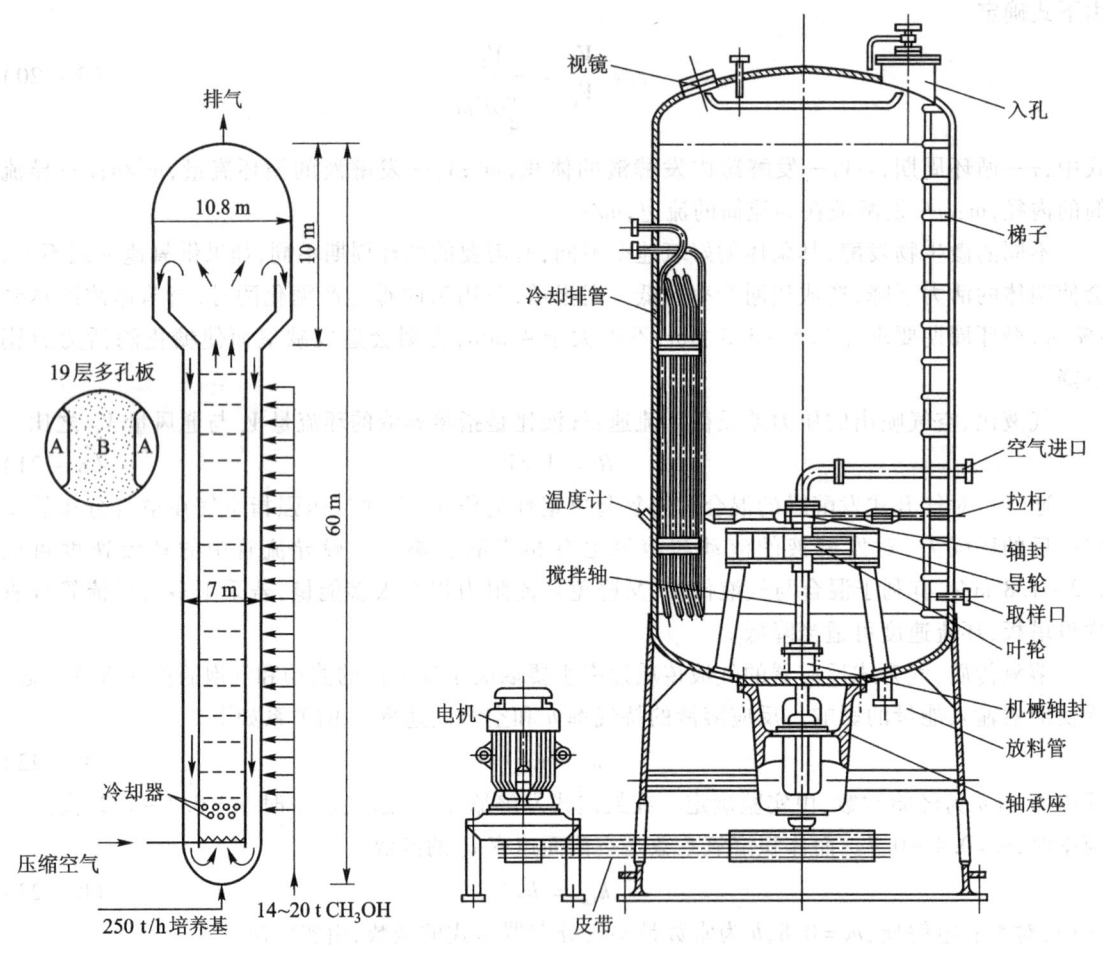

图 8-13　塔式气升环流发酵罐　　　　图 8-14　机械搅拌自吸式发酵罐

为了提高自吸式反应器的吸气能力,空心叶轮与吸气管间用双端面密封装置,液体深度和罐压应有所限制,并采用大面积低阻力的高效空气过滤器对吸入的空气进行无菌过滤。

▶▶ 三、固体培养设备

固体发酵设备多用于酱油生产和酿酒,现在也用于农副产物生产微生物饲料。固体发酵设备分为自然通风发酵设备和机械通风发酵设备。自然通风发酵设备要求空气与固体曲料密切接触,以供给空气和带走生物合成代谢产生的热量。多采用木制浅盘,现多用不锈钢制作,尺寸根据需要确定,常用尺寸 0.37 m×0.54 m×0.06 m 或 1 m×1 m×0.06 m,底部和侧面打孔,放在架子上,架子一般分为数层,每层 0.15~0.25 m,底层距地面约 0.5 m。设备放在易通风、保湿、排潮的曲房中,曲房的大小以一批曲料用一个曲房,便于管理。

机械通风固体发酵设备,采用鼓风机强化发酵系统的通风,曲层厚度大大增加,制曲效率提高,同时便于控制曲层的温度,提高成品质量。

机械通风固体发酵设备如图 8-15 所示,曲室多采用长方形水泥池,宽约 2 m,深 1 m,长度根据生产场地及产量等选取,但不宜过长,以保持通风均匀;曲室底部高出地面,便于排水,池底有 8°~10°的倾角,使通风均匀;池底上有一层筛板,发酵固体曲料放在筛板上,料层厚度 0.3~0.5 m。曲室的较低端与风道相连,其间设一风量调节闸门。曲池通风常采用单向操作,为充分利用冷量和热量,一般把离开曲层的部分空气经循环风道回到空调室,另吸入新鲜空气。空气通道的风速取 10~15 m/s。因通风过程的阻力损失较低,可选用效率较高的离心式风机,通常选用风压 1 000~3 000 Pa 的中压风机较好。

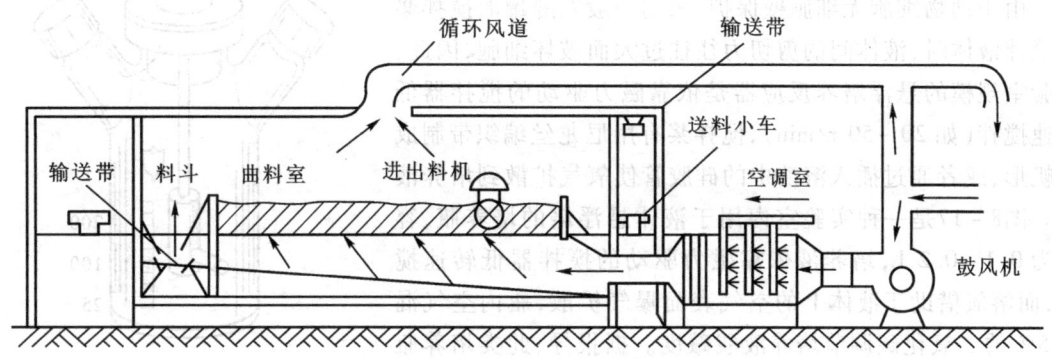

图 8-15 机械通风固体曲发酵设备

更先进的机械通风发酵设备是双层旋转制曲设备,如图 8-16,双层旋转式固体曲发酵设备,可实现自动化控制。我国采用单层旋转制曲设备比较多。另外还有采用卧式固体发酵罐。罐内壁装有冷却装置,罐体可整体旋转,两侧支撑轴为空心,设有空气进出口。根据报道 3 m³ 以下卧式固体发酵罐已有工厂采用。

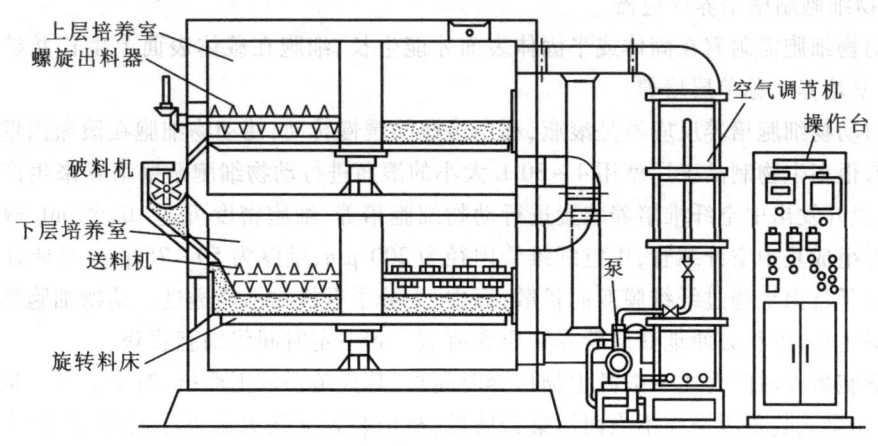

图 8-16 双层旋转式固体曲发酵设备

四、动植物细胞培养反应器

随着生物工程技术的发展,动植物细胞的培养逐渐从实验室规模培养过渡到生产规模的生物反应器中进行。动植物细胞培养是指动物或植物细胞在体外条件下进行培养繁殖,此时细胞虽然生长与增多,但不再形成组织。

动植物细胞与微生物细胞有明显的区别,首先动物细胞无细胞壁,动植物细胞对环境影响十分敏感。培养中动植物细胞对培养基的营养要求相当苛刻,并且生长缓慢,所以动植物细胞培养体系需要严格防止杂菌污染。

(一) 动物细胞培养生物反应器

动物细胞培养反应器有多种型式,这些反应器都是针对动物细胞无细胞壁,不能耐受强烈搅拌与通风的剪切力而设计制造的。

1. 动物细胞悬浮培养反应器

由于动物细胞无细胞壁保护,采用一般发酵罐的搅拌桨叶搅拌液体时,液体间的剪切力往往过大而破坏细胞,因此,实验室规模的悬浮培养反应器是依靠磁力驱动的搅拌器低转速搅拌(如 20~50 r/min),搅拌桨有用尼龙丝编织带制成船帆形,或者通过插入溶液中的硅胶管使氧气扩散到培养液内。图8-17是一种实验室内用于液体悬浮培的培养瓶,容积为 0.1~0.2 L,培养液依靠磁力驱动的搅拌器低转速搅拌,而溶氧借助于液体上的空气表面曝气扩散,瓶内空气混有 5% 的二氧化碳调节培养液酸碱度。据报导,此类培养瓶液体中细胞浓度可达到 5×10^5 个/mL。

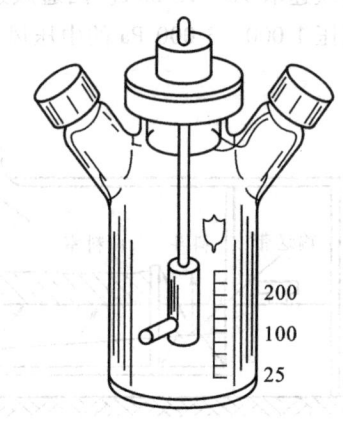

图 8-17 液体悬浮培的培养瓶

目前,工业规模的动物细胞悬浮培养反应器较大规模的有 $10\ m^3$,用来生产杂交瘤单克隆抗体。采用螺旋桨搅拌器,搅拌转速控制在每分钟几十转,K_{La}值达 $10\ h^{-1}$。另外,用扩散渗透通气装置取代传统的通风装置。该装置采用新鲜培养液连续流加,而流出的培养液则通过旋转过滤器分离细胞后被排出,所以这种培养系统也称为灌注系统。

2. 动物细胞贴壁培养反应器

多数动物细胞需附着在固体或半固体表面才能生长,细胞在载体表面上生长并扩展成一单层,所以贴壁培养又称单层培养。

传统的动物细胞培养反应器是滚瓶,利用滚瓶的缓慢转动,使动物细胞在滚瓶内壁贴壁生长繁殖。目前很多生物制品工厂就用 4~30 L 大小的滚瓶进行动物细胞贴壁培养来生产疫苗。20世纪70年代开发出中空纤维培养装置进行动物细胞培养,细胞密度可达 10^9 个/mL 数量级。该装置的主要组成是中空纤维管,中空纤维管内径为 200 μm,壁厚为 50~75 μm,只能让氧与二氧化碳等小分子自由地透过纤维膜双向扩散,而中、大分子有机物不能透过。动物细胞贴附在中空纤维管外壁生长,可很方便地获取营养物质和溶氧。到一定时间将细胞收获。

动物细胞培养时间要比一般微生物培养时间长,其灭菌要求更严格,对中空纤维培养器来讲尤为重要,如果该装置因操作不当而污染杂菌后,整个装置无法灭菌再生而报废,经济损失就较大。这是中空纤维培养器的最大缺点。

3. 动物细胞微载体悬浮培养反应器

动物细胞微载体培养是细胞附着和生长在悬浮于培养液中的微珠表面,借助于温和搅拌使细胞均匀分布的广种培养方法。这种培养方法是将单层培养和悬浮培养结合起来,具有放大容易、细胞所处环境均一等优点。

贴壁培养动物细胞的载体微珠称为微载体。可用交换当量低的葡聚糖凝胶、聚丙烯酰胺、明胶或甲壳质等来制造,要求微载体球径为 40~120 μm,经生理盐水溶胀后为 60~980 μm。球径要均匀,一般要求密度在 1.03~1.05 g/mL,确保反应器内缓慢搅拌条件下微载体能悬浮起来。

微载体悬浮培养的反应器应解决的关键问题,首先是具有合适的搅拌,使微载体在培养液内悬浮循环流动,而又不因过高的剪切力而使动物细胞受到破坏。其次,不能像传统发酵罐那样用空气在培养液内鼓泡充氧,而只能用特殊方式来传递氧,以满足所需要的溶氧浓度。再次,在培养液中要严格控制 pH。

搅拌系统是微载体培养反应器中的重要组成部分。采用的搅拌器有螺旋桨、摆动混合式、带有流动导向口的转筒式等,搅拌转速在 0~80 r/min 之间。空气可以从中空导向桨叶流入反应器,或者利用聚四氟乙烯中空纤维管作为通风供氧装置。

图 8-18 是 Celligen 细胞培养反应器,用于微载体悬液培养。反应器内有一个旋转笼式搅拌器,在圆筒上部有 3~5 个中空的导向搅拌桨叶,在圆筒外壁上用 200 目(75 μm)不锈钢丝网焊成一个环状气腔,气腔下面有一圈气体分布管。搅拌器以 0~50 r/min 的转速旋转,微载体的悬浮液由圆筒下部吸入,从中空导向桨叶流出,形成循环流动。在气腔内气体由分布管鼓泡,气体溶于液体中,依靠气腔丝网外液体的循环流动及扩散作用使培养液的气体均匀分布。使用 200 目丝网的作用是保证微载体不进入通气腔,而气泡不进入培养液中,避免气泡与微载体的直接接触。

该反应器还带有一个进入气腔的混合气体(氧、氮、二氧化碳和空气)调气系统,用来自动控制溶氧和 pH。该反应器操作较方便,转速控制稳定。

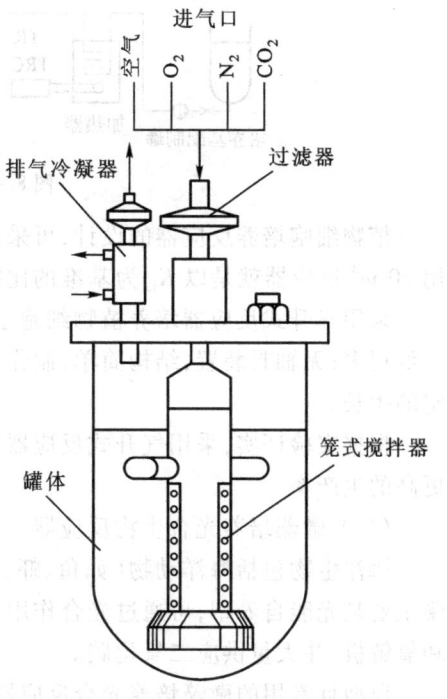

图 8-18 Celligen 细胞培养反应器

(二) 植物细胞培养反应器

用于植物细胞培养的核心设备称为植物细胞培养反应器。此类反应器与微生物发酵用反应器有许多相同之处,也采用通用式发酵罐、鼓泡式发酵罐、气升式反应器、流化床式反应器、固定床式反应器、膜反应器及振动混合反应器等。植物细胞培养反应器已从实验室规模的 1~30 L 放大到工业性试验规模 130~20 000 L。

实际生产中,大规模的植物细胞培养反应器有用于烟草细胞培养的机械搅拌罐。图 8-19 是培养烟草细胞的装置,虽然植物细胞培养所需的 K_{La} 值小于一般好氧微生物培养时所需的 K_{La} 值,但高细胞浓度下培养液的黏度加大,因此,宜采用直径较大(搅拌叶直径为罐径的 1/2)的大角度桨式搅拌器。反应器容积 20 m^3,搅拌转速为 10~40 r/min,连续培养,细胞生产能力为 5.82 kg/(m^3·d)。

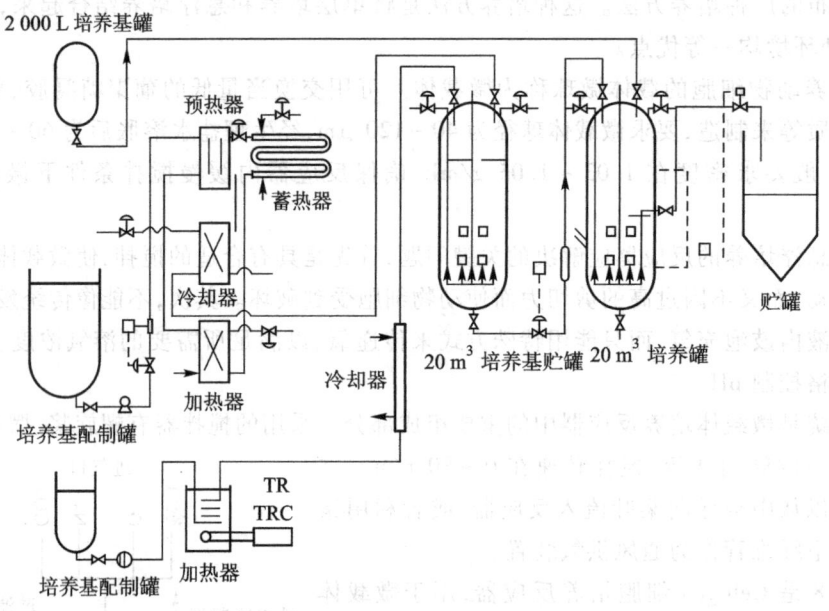

图 8-19 培养烟草细胞的装置

植物细胞培养反应器的设计,可采用通风发酵设备的放大方法来进行。上述烟草细胞培养用 20 m^3 反应器就是以 K_{La} 为基准的比拟放大方法设计制造的。

采用气升式反应器培养植物细胞也有一定的应用前景,与机械搅拌反应器相比,所受的剪切力低得多;无轴封装置,结构简单,制作方便,灭菌容易;操作费用低;可通过控制通气速率控制细胞的生长。

根据实验证实,采用气升式反应器培养柠檬叶鸡眼藤细胞生产蒽醌,与其他反应器相比,有更高的生产率。

(三)微藻培养光合生物反应器

海洋生物包括海洋动物(如鱼、虾、贝等)、海洋植物(如大藻和微藻)和海洋微生物。由于微藻主要是光能自养型,可通过光合作用来生长,因此,除与一般微生物发酵条件相近外,还需光照和氧解析,并大量供应二氧化碳。

典型且常用的微藻培养光合反应器是敞开式跑道池,自 20 世纪 60 年代设计出来,至今基本未变,只对其混合系统进行过改进。这类反应器的优点是成本低、建造容易。其缺点也非常突出,如培养效率低、培养条件无法控制、易污染、雨水会使培养基稀释、反应器中水分蒸发量大和能够进行生产的时间短(如北方冬天不能生产)等。

封闭式光合反应器的研制开发已有几十年历史,但其取得实际研究进展是近几年的事。封闭式光合反应器与敞开式反应器相比,具有培养效率高、培养条件易于控制、无污染、生长周期长和适合于所有微藻的培养等优点。封闭式光合反应器按其接收光的方式可分为两大类:一类是外部光源,另一类是内部光源。

外部光源封闭式光合反应器大部分处于中试规模,体积达 10 m^3,面积达几百平方米,多数为管道式和板式,也有罐式的。内部光源封闭式光合反应器在国外也有产品出售。这种反应器已全部实现计算机自动控制。反应器型式有多种,如罐式、管式等。

第三节 发酵罐的放大

发酵罐是生物技术开发中的关键性设备,发酵罐的放大是发酵工程的一个重要问题,无论从工程角度上还是从学术上都有重要意义。

从理论上,生物发酵过程和生物发酵罐的开发设计由三步构成:① 在较宽的培养条件(如培养基的浓度组成、pH、溶氧速率和溶氧浓度、搅拌剪切强度等)下对所使用的生物菌株进行试验,掌握细胞生长动力学和产物合成动力学的特性;② 根据上述试验结果,确定该生物菌株发酵的最佳培养基配方和培养条件;③ 对有关的质量传递、热量传递、动量传递等微观恒算方程进行求解,导出能表达反应器内的环境条件和主要操作变量(搅拌转速、通风量、搅拌功率、基质流加速率等)之间的关系模型。然后,应用此数学模型,计算优化条件下主要操作变量的取值,确定发酵罐的形式和参数。

遗憾的是,上述理论发酵罐的设计过程至今无法遵循。主要原因是生物发酵过程的复杂性,能充分描述反应过程的动力学方程十分复杂,某些有关中间反应方程和相关的酶至今仍未明了,因此要求求解生物发酵的有关微分方程十分困难或不可能。同时反应要求的最佳条件与操作参变量的取值有矛盾,如单位体积搅拌功率与传质和溶氧有关,但若搅拌剪切作用过高对生物细胞有损伤。实际生产时,通常使用小试小发酵罐来确定恰当的培养基和培养条件,根据以往的经验尝试进行。

发酵罐的放大,就是要使大型发酵罐的性能与小型发酵罐接近,使大型发酵罐的生产效率与小型发酵罐相似。发酵罐的放大方法从目前的情况来看,主要有经验放大法、因次分析法、数学模拟法等。

▶▶ 一、经验放大法

经验放大法是依据对已有发酵罐的操作经验所建立起来的一些规律而进行放大的方法。这也是当今最常用的放大法。据不完全调查结果,目前生物发酵工厂所用的好氧发酵罐全部是采用经验放大法,不同准则所占比例如下表8-1。

表8-1 通气发酵罐放大准则

放大准则	所占比例/%	放大准则	所占比例/%
维持 P_0/V 不变	30	维持搅拌器叶端线速度不变	20
维持 $K_L a$ 不变	30	维持溶氧浓度不变	20

1. 几何相似放大

按发酵罐的各个部件的几何尺寸比例进行放大,即几何相似,放大倍数实际上就是发酵罐体积的增加倍数,且 $\dfrac{H_2}{D_2} = \dfrac{H_1}{D_1}$

$$m = \frac{V_2}{V_1} = \frac{\frac{\pi}{4}D_2^2 H_2}{\frac{\pi}{4}D_1^2 H_1} = \left(\frac{D_2}{D_1}\right)^3 \tag{8-24}$$

则

$$\frac{H_2}{H_1} = \frac{D_2}{D_1} = m^{1/3}$$

式中，H—反应器的高度，m；D—反应器的内径，m；V—反应器的体积，m³；下标"1"—模型发酵罐；下标"2"—放大的发酵罐。以下相同。

2. 以单位体积液体中搅拌功率相同放大

以单位体积液体所分配到的搅拌功率相同这一准则进行反应器的放大，是一般化学反应器的放大准则，即 P/V_L = 常数

$$P_o \propto n^3 d^5, V \propto D^3 \propto d^3$$

对于不通气发酵罐的搅拌器，则 $P_o/V \propto n^3 d^2$

即：

$$n_2 = n_1 \left(\frac{d_1}{d_2}\right)^{2/3} \tag{8-25}$$

$$P_{o2} = P_{o1} \left(\frac{d_2}{d_1}\right)^3 \tag{8-26}$$

式中，P_o—不通气的搅拌功率；W；D—反应器的内径，m；d—搅拌叶轮直径，m；V_L—发酵液的体积，m。

3. 以单位体积培养液的通气搅拌功率相等的原则放大

此时 $(P_g/V_L)_2 = (P_g/V_L)_1$

对于通气发酵罐的搅拌器

$$\frac{P_g}{V_L} \propto \frac{n^{3.15} d^{2.346}}{v_S^{0.252}} \tag{8-27}$$

所以，

$$n_2 = n_1 \left(\frac{d_1}{d_2}\right)^{0.75} \cdot \left(\frac{v_{S2}}{v_{S1}}\right)^{0.08} \tag{8-28}$$

$$P_{g2} = P_{g1} \left(\frac{n_2}{n_1}\right)^3 \cdot \left(\frac{d_2}{d_1}\right)^5 = P_{g1} \left(\frac{d_2}{d_1}\right)^{2.765} \cdot \left(\frac{v_{S2}}{v_{S1}}\right)^{0.24} \tag{8-29}$$

式中，P_g—通气搅拌功率；v_s—空截面气速。

4. 空气量的放大

发酵过程空气量的放大对发酵罐的放大关系重大，空气量一般有两种表示方法，一种是单位体积培养液在单位时间内通入标准状态的空气量表示，即 $Q_g/V_L = VVM$ m³/(m²·min)；另一种以操作状态的空截面气速 v_S(m/h) 来表示。两者换算关系为：

$$v_S = \frac{60 Q_g (273 + t) \times 9.81 \times 10^4}{\frac{\pi}{4} D^2 \times 273 \times P}$$

$$= \frac{17\,465.6\,(VVM)(273 + t) V_L}{p D^2} (\text{m/h}) \tag{8-30}$$

$$Q_{g} = \frac{v_{S}pD^{2}}{27\,465.6(273+t)} \; (m^{3}/min) \tag{8-31a}$$

$$VVM = \frac{v_{S}pD^{2}}{27\,465.6(273+t)V_{L}} \; [m^{3}/(m^{3}\cdot min)] \tag{8-31b}$$

式中，D——发酵罐直径，m；t——发酵罐温度，℃；V_L——发酵液体积，m^3；p——液柱平均绝对压力，Pa。

$$p = (p_{t} + 9.81 \times 10^{4}) + \frac{9.81}{2}H_{L}\cdot\rho \tag{8-32}$$

式中，p——液面上承受的空气压强，即罐顶压力表表压，Pa；H_L——发酵罐液柱高度，m；ρ——发酵培养液密度，kg/m^3。

空气量放大的三种方法：

① 以单位体积培养液中空气流量相等的原则放大。此时，$(VVM)_1 = (VVM)_2$，由式(8-30)和(8-31a)可知

$$v_{S} \propto \frac{(VVM)V_{L}}{pD^{2}} \propto \frac{(VVM)D_{L}}{p}$$

所以
$$\frac{v_{S2}}{v_{S1}} = \frac{D_{2}}{D_{1}} = \frac{p_{1}}{p_{2}} \tag{8-33}$$

② 以空截面气速相等的原则放大。此时 $v_{S1} = v_{S2}$ 由式(8-31b)可得

$$\frac{(VVM)_{2}}{(VVM)_{1}} = \frac{p_{2}}{p_{1}}\left(\frac{D_{2}}{D_{1}}\right)^{2}\left(\frac{V_{L1}}{V_{L2}}\right) = \frac{p_{2}}{p_{1}}\cdot\frac{D_{1}}{D_{2}} \tag{8-34}$$

③ 以 $K_L a$ 相等的准则放大。许多好氧发酵，特别是生物细胞浓度较高时，好氧速率成为满足微生物生长代谢的限制因素。实验证明，高好氧发酵采用 $K_L a$ 相等的原则进行发酵罐的放大通常可取得良好效果。

根据文献报道：

$$K_{L}a \propto \left(\frac{Q_{g}}{V_{L}}\right)\cdot H_{L}^{2/3}$$

式中，Q 为操作状态的通风量，m^3/min；H_L 为液柱高度，m；V_L 为发酵液体积，m^3。采用 $K_L a$ 相等原则，所以

$$\frac{(K_{L}a)_{2}}{(K_{L}a)_{1}} = \frac{(Q_{g}/V_{L})_{2}H_{L2}^{2/3}}{(Q_{g}/V)_{1}H_{L1}^{2/3}} = 1$$

因此 $\dfrac{(Q_{g}/V_{L})_{2}}{(Q_{g}/V)_{1}} = \dfrac{H_{L1}^{2/3}}{H_{L2}^{2/3}}$

因为 $Q_{g} \propto v_{S}D^{2}, V \propto D^{3}$

所以
$$\frac{v_{S2}}{v_{S1}} = \left(\frac{D_{2}}{D_{1}}\right)^{1/3} \tag{8-35}$$

又因为 $v_{S} \propto \dfrac{(VVM)V_{L}}{pD^{2}} \propto \dfrac{(VVM)D}{p}$

所以
$$\frac{(VVM)_{2}}{(VVM)_{1}} = \frac{p_{2}}{p_{1}}\cdot\left(\frac{D_{1}}{D_{2}}\right)^{2/3} \tag{8-36}$$

也可采用 $K_d = (2.36 + 3.3m)(P_g/V_L)^{0.56} v_S^{0.7} n^{0.7} \times 10^{-9}$

即 $K_d \propto (P_g/V_L)^{0.56} v_S^{0.7} n^{0.7}$，根据公式(8-27)可得

$$K_d \propto n^{2.45} d^{1.32} v_S^{0.56} \qquad (8-37)$$

按 K_d 相等的原则放大，可以得到：

$$n_2 = n_1 \left(\frac{v_{S2}}{v_{S1}}\right)^{0.23} \left(\frac{D_2}{D_1}\right)^{0.53} \qquad (8-38)$$

$$P_{o2} = P_{o1} \left(\frac{v_{S2}}{v_{S1}}\right)^{0.681} \left(\frac{D_2}{D_1}\right)^{3.40} \qquad (8-39)$$

$$P_{g2} = P_{g1} \left(\frac{v_{S2}}{v_{S1}}\right)^{0.967} \left(\frac{D_2}{D_1}\right)^{3.667} \qquad (8-40)$$

▶▶ 二、其他放大法

发酵罐的放大方法除了上述的放大方法之外，还在实验中采用因次分析法、数学模拟法等。因次分析法就是在放大过程中，维持生物发酵系统参数构成的无因次准数群恒定不变。当因次数群相同时，则有可能放大前与放大后的某些特性相同。

对于因次分析放大法的关键是准数的合理构成，首先是相关参数的确定，生物反应系统常用的参数有四大类：① 几何参数 D、H、d；② 物理化学参数 ρ、μ、σ；③ 过程变量 n、P_o、V_L；④ 常数 g、R（气体常数）。

准数的构成需要经验和直觉相结合。如果参数选用的太多，组成的准数太多无法进行放大。若选漏重要参数，又妨碍准数的正确构成，系统放大就成问题。因此必须对反应系统分析，确定起主导作用的重要参数、忽略无关参数，才能保证系统用数学模型的正确表达。

因次分析法已成功地应用于各种物理过程。但对有生化反应参与的反应器的放大则存在一定的困难。这是因为涉及微生物的生长、传质、传热和剪切等因素，需要维持相似条件较多，要使其同时满足是不可能的，因此用因次分析法一般难以解决生物反应器的放大问题。

数学模拟法是根据有关的原理和必要的实验结果，对实际的过程用数学方程的形式加以描述，然后用计算机进行模拟研究、设计和放大。该法的数学模型根据建立方法不同可分为由过程机理推导而得的"机理模型"、由经验数据归纳而得的"经验模型"和介于二者之间的"混合模型"。

机理模型是从分析过程的机理出发而建立起来的严谨的、系统的数学方程式。此模型建立的基础是必须对过程要有深刻而透彻的了解。

经验模型是一种以小型实验、中间试验或生产装置上实测的数据为基础而建立的数学模型。

混合模型是通过理论分析，确定各参数之间的函数关系的形式，再通过实验数据来确定此函数式中各参数的数值，也就是把机理模型和经验模型相结合而得到的一种模型。

由于数学模拟放大法是以过程参数间的定量关系式为基础的，因而消除了因次分析法中的盲目性和矛盾性，能比较有把握地进行高倍数的放大，具有明显的优越性，而且模型越精确，可放大的倍数也就越大。但由于模型的精确程度又是建立在大量的基础研究工作之上，所以实际上应用的有效例子还不多见，但它是一种较有前途的放大方法。

第八章 发酵设备与反应器

本章提要

1. 生物反应在反应器内发生,它是连接原料和产物的桥梁,本章介绍了反应器的种类和反应器设计的目标和原则。

2. 介绍了用于酒精、啤酒等发酵产品生产的厌氧式发酵罐的结构。

3. 重点讲解了机械搅拌通风发酵罐的结构(包括几何尺寸、搅拌装置、换热装置)、发酵液的流变特性、搅拌功率及其计算。

4. 简介了气升式发酵罐的结构参数和性能指标。同时介绍了机械搅拌自吸发酵罐、固体发酵设备和动植物细胞的培养装置。

5. 重点讲解了几种从实验规模装置放大至大规模生产设备的方法,包括几何相似放大法、单位体积液体中搅拌功率相同放大法、单位体积培养液通气搅拌功率相等放大法、等溶氧量的放大法、因次分析法、数学模拟法等。

Chapter Summary

Chapter 8　Fermentation Equipments and Bioreactor

1. Bioreaction takes place in bioreactors, which is the bridge between material and products. The categories of bioreactors are staed, as well as the strategy for bioreactor design.

2. The structure of anaerobic fermenter, commonly used in alcohol and beer production, introduced.

3. The structure of mechanical stirring type fermenter (size, agitator, and heat exchanger), the rheological characteristics, agitator power and its calculation are explained.

4. The structural parameter and characteristics of air-lift fermentor are introduced. And self-drawn mechanical agitation fermenter, solid fermentation equipmentns, and animal and plant cell cultivation equipments are also introduced.

5. The scale-up strategies of bentch-top fermantors to large fermentation tank are explained in detail, which contains equal specific mechanical agitation input energy method, equal specific aeration agitation input energy, dimensional analysis, and modelling.

关 键 术 语

生物反应器	发酵罐	动植物细胞反应器
酶反应器	厌氧生物反应器	好氧生物反应器
光照生物反应器	膜生物反应器	密闭厌氧式发酵罐
露天式锥底发酵罐	联合罐(Universal 发酵罐)	朝日罐
机械搅拌通风发酵罐	搅拌器	换热装置
消泡装置	附属系统	发酵液流变特性

剪应力　　　　　　　　　剪切率　　　　　　　　　幂定律方程
牛顿型流体　　　　　　　非牛顿型流体　　　　　　宾汉(Bingham)塑性流体
拟塑性(Pseudolastic)流体　涨塑性(Dilatant)流体　　凯松流体(Casson body)
搅拌功率　　　　　　　　雷诺准数　　　　　　　　气升式发酵罐
机械搅拌自吸发酵罐　　　动物细胞悬浮培养反应器　贴壁培养反应器
微载体悬浮培养反应器　　微藻培养光合生物反应器　发酵罐的放大
经验放大法　　　　　　　因次分析法　　　　　　　数学模拟法
几何相似放大

复习思考题

1. 叙述生物反应器(发酵设备)的功能和分类。
2. 设计反应器时要本着哪些原则,反应器必须具备什么条件?
3. 说明厌氧发酵罐中锥底发酵罐、联合罐、朝日罐和酒精发酵罐的结构特点。
4. 掌握发酵液的流变特性和机械搅拌通风发酵罐的结构特点、发酵罐几何尺寸和搅拌功率的计算。
5. 有一发酵罐,罐直径为 1.6 m,采用一只圆盘六弯叶涡轮搅拌器进行搅拌,涡轮直径为 0.60 m,搅拌器转速为 168 r/min,罐内装有四块标准挡板,通气量为 1.42 m^3/min,罐压为 0.15 MPa(绝压),发酵液黏度为 1.96×10^{-3} Pa·s,密度为 1 020 kg/m^3。请计算通气搅拌功率 P_g。
6. 掌握气升式发酵罐的类型、结构参数和性能指标。
7. 以液体发酵法生产食醋为例说明机械搅拌自吸式发酵罐的操作状况。
8. 说明固体反应器、动植物细胞反应器和微藻培养光合生物反应器的特点。
9. 有几种发酵罐放大的方法,如何计算?
10. 将处理量为 0.921 m^3、罐内经为 0.57 m、液面高度 1.14 m、两只涡轮直径为 0.228 m、搅拌转速 337 r/min 的发酵罐放大 100 倍,请估算放大后的发酵罐的直径、液面高度、搅拌器直径和转速。

第九章 发酵过程工艺控制

微生物发酵的生产水平除取决于生产菌种本身的性能外,还必须予以微生物合适的环境条件才能发挥和表现出它的优良生产能力。研究和了解与生产菌种相关的环境条件,如培养基组成、温度、pH、氧的需求、泡沫、发酵过程中补料等,可以为掌握菌种在发酵过程中的代谢变化规律,进行合理的生产工艺控制提供理论基础。关于培养基组成和氧对发酵的影响在本书相关章节已有论述,本章仅对温度、pH、泡沫、补料、CO_2浓度和呼吸商对生长和代谢的影响及其控制进行讨论。

第一节 温度对发酵的影响及控制

在影响微生物生长繁殖的各种物理因素中,温度的作用最重要。由于微生物的生长繁殖和产物的合成都是在各种酶的催化下进行的,而温度却是保证酶活性的重要条件,因此在发酵过程中必须保证稳定而合适的温度环境。温度对发酵的影响是多方面的,对微生物细胞的生长和代谢、产物生成的影响是各种因素综合表现的结果。

▶▶ 一、温度对微生物细胞生长的影响

大多数微生物适宜在20~40℃的温度范围内生长。嗜冷菌在温度低于20℃下生长速率最大,嗜中温菌在30~35℃左右生长,嗜热菌在50℃以上生长。在最适宜的温度范围内,微生物的生长速率可以达到最大,当温度超过最适生长温度,生长速率随温度增加而迅速下降。

温度对细胞生长的影响不仅表现为对表面的作用,而且因热平衡的关系,热可以传递到细胞内,对微生物细胞内部的所有结构物质都有作用。微生物的生命活动可以看作是相互连续进行酶反应的过程,任何反应又都与温度有关。

高温会使微生物细胞内的蛋白质发生变性或凝固,同时破坏微生物细胞内的酶活性,从而杀死微生物,温度越高,微生物的死亡就越快。

微生物对低温的抵抗力一般比对高温的强。原因是微生物体积小,在其细胞内不能形成冰结晶体,因此不能破坏细胞内的原生质,但低温能抑制微生物的生长。

各种微生物在一定条件下都有一个最适的生长温度范围,在此温度范围内,微生物生长繁殖最快。微生物的种类不同,所具有的酶系及其性质不同,生长所要求的温度也不同。即使同一种微生物,由于培养条件不同,其最适的温度也有所不同。

温度和微生物生长的关系,一方面在细胞最适生长温度范围内,微生物的生长速度随温度的升高而增加,通常在生物学范围内温度每升高10 ℃,微生物的生长速度就加快一倍,因此发酵温度越高,培养的周期就越短。另一方面,处于不同生长阶段的微生物对温度的反应不同,处于四个不同生长时期的微生物对环境的敏感程度不同。处于停滞期的微生物对环境十分敏感,将其置于最适温度范围内,可以缩短该时期,并促使孢子萌发。在最适温度范围内提高对数生长期的培养温度,既有利于菌体的生长,又避免热作用的破坏。处于生长后期的菌体,其生长速度一般来说主要取决于氧,而不是温度。

二、温度对发酵代谢产物的影响

温度对发酵的影响体现在影响发酵动力学特性、改变菌体代谢产物的合成方向、影响微生物的代谢调节机制、影响发酵液的理化性质和产物的生物合成。

在一定的温度范围内,随着温度的升高酶反应速率增加,温度越高酶反应的速度就越大,微生物细胞的生长代谢加快,产物生成提前。但酶本身很容易因热的作用而失去活性,温度升高酶的失活也越快,表现出微生物细胞容易衰老,使发酵周期缩短,从而影响发酵过程的最终产物产量。

温度能够改变菌体代谢产物的合成方向。例如,在四环素的发酵过程中,生产菌株金色链霉菌同时也能产生金霉素,当温度低于30 ℃时,生产菌株金色链霉菌合成金霉素的能力较强,随着温度的升高,合成四环素的能力也逐渐增强,当温度提高到35 ℃时则只合成四环素,而金霉素的合成几乎处于停止状态。

温度对多组分次级代谢产物的组分比例产生影响。如黄曲霉产生的多组分黄曲霉毒素,在20 ℃、25 ℃和30 ℃发酵所产生的黄曲霉毒素(Aflatoxin)G_1与B_1比例分别为3∶1、1∶2、1∶1。

温度还能影响微生物的代谢机制。例如在氨基酸生物合成途径中的终产物对第一个合成酶的反馈抑制作用,在20 ℃时比37 ℃时终产物对第一个合成酶的抑制作用更敏感。

温度可以通过改变培养液的物理性质而间接影响发酵的进程。如发酵液的黏度、基质和氧在发酵液中的溶解和传递速率、某些基质的分解和吸收速率等,都受到温度变化的影响,进而影响发酵动力学特性和产物合成。

有时,同一微生物细胞的细胞生长和代谢产物积累的最适温度不同。例如,青霉素产生菌的生长最适温度为30 ℃,而产生青霉素的最适温度为25 ℃;黑曲霉的最适生长温度为37 ℃,而产生糖化酶和柠檬酸的最适温度都是32~34 ℃;谷氨酸产生菌的最适生长温度为30~32 ℃,而代谢产生谷氨酸的最适温度却在34~37 ℃。对于此种发酵类型,必须根据要求在发酵过程中适时调整培养温度。

三、发酵热及其计算和测定

1. 发酵热

发酵过程中,随着微生物菌种对培养基的利用和机械搅拌作用将产生一定的热量,同时,发酵罐的罐壁散热和水分蒸发也会带走一些热量,总之,发酵过程中产生的热量,叫做发酵热。发酵热包括生物热、搅拌热、蒸发热和辐射热等,是引起发酵过程中温度变化的原因。

① 生物热:生物热($Q_{生物}$)是微生物生长繁殖过程中产生的热量,其来源是培养基中的碳水化合物、脂肪和蛋白质被微生物分解成CO_2、水和其他物质时释放出来的。释放出的能量一部分用来合成高能化合物,供微生物合成和代谢活动的需要,另一部分用来合成代谢产物,其余的以热的形式散发出来,导致发酵液温度的升高。

在发酵过程中,生物热的产生有很强的时间性,即在微生物生长的不同时期菌体的呼吸作用和发酵作用强度不同所产生的热量也不同。在菌体处于对数生长期时,繁殖旺盛,呼吸作用剧烈,细胞数量也多,产生的热量多。

② 搅拌热:机械搅拌通气发酵罐,由于机械搅拌带动发酵液作机械运动,造成液体之间、液体与搅拌器和液体与罐壁之间的摩擦而产生搅拌热($Q_{搅拌}$)。

$$Q_{搅拌} = (P/V)3601 \quad (9-1)$$

式中,P/V—通气条件下单位体积发酵液所消耗的功率,kW/m^3;3601—机械能转变为热能的热功当量,$kJ/(kW \cdot h)$。

③ 蒸发热:空气进入发酵罐后与发酵液广泛接触,引起发酵液水分的蒸发,被空气和蒸发水分带走的热量叫做蒸发热($Q_{蒸发}$)或汽化热。

$$Q_{蒸发} = G(I_{出} - I_{进}) \quad (9-2)$$

式中,G—空气的重量流量,kg干空气/h;$I_{进}$、$I_{出}$—发酵罐排气、进气的热焓,kJ/kg干空气。

④ 辐射热:因发酵罐液体温度与罐外周围环境温度不同,发酵液中有一部分热通过罐体向大气辐射称为辐射热($Q_{辐射}$)。辐射热的大小决定于罐内温度与外界温度的差值大小。

发酵过程中的上述热量,产热的因素是生物热($Q_{生物}$)和搅拌热($Q_{搅拌}$),散热因素有蒸发热($Q_{蒸发}$)和辐射热($Q_{辐射}$)。产生的热能减去散失的热能,所得的净热量就是发酵热($Q_{发酵}$),该发酵热是使得发酵温度变化的主要原因。

$$Q_{发酵} = Q_{生物} + Q_{搅拌} - Q_{蒸发} - Q_{辐射} \quad (9-3)$$

发酵热是随时间变化的,要维持一定的发酵温度,必须采取保温措施,在夹套内通入蒸汽或冷却水控制温度。

2. 发酵热的测定和计算

① 通过测量一定时间内冷却水的流量和冷却水进出口温度,用下式计算发酵热。

$$Q_{发酵} = Gc(t_2 - t_1)/V \quad (9-4)$$

式中,G—冷却水流量,L/h;c—水的比热容,$kJ/(kg \cdot ℃)$;t_1、t_2—发酵罐进出口的冷却水温度,℃;V—发酵液体积,m^3。

② 通过发酵罐的温度自动控制装置,先使罐温达到恒定,再关闭自动装置,测量温度随时间上升的速率,按下式计算发酵热。

$$Q_{发酵} = (M_1c_1 + M_2c_2)S \quad (9-5)$$

式中,M_1—发酵液的质量,kg;M_2—发酵罐的质量,kg;c_1—发酵液的比热,$kJ/(kg \cdot ℃)$;c_2—发酵罐材料的比热,$kJ/(kg \cdot ℃)$;S—温度上升速率,℃/h。

③ 根据化合物的燃烧热值计算发酵过程中生物热的近似值。根据Hess定律,热效应决定于系统的初态和终态,而与变化的途径无关,反应的热效应等于产物的生成热总和减去作用物生

成热总和。也可以用燃烧热来计算热效应,特别是对于有机化合物,燃烧热可直接测定,而采用燃烧热来计算更适合。反应的热效应等于作用物的燃烧热总和减去生成物的燃烧热总和。可用下式计算:

$$\Delta H = \sum (\Delta H)_{作用物} - \sum (\Delta H)_{产物} \tag{9-6}$$

▶▶ 四、最适温度的控制

最适发酵温度是既适合菌体生长,又适合代谢产物合成的温度。但有时最适生长温度不同于最适生产温度。一般来说,接种后应当提高培养温度,以利于孢子的萌发或加快微生物的生长、繁殖,而且此时发酵的温度大多数是下降的;待发酵液的温度表现为上升时,发酵液的温度应控制在微生物的最适生长温度;到主发酵旺盛阶段,温度的控制可比最适生长温度低些,即控制在微生物代谢产物合成的最适温度;到发酵后期,温度出现下降的趋势,直至发酵成熟即可放罐。

在发酵过程中,如果微生物能够承受高一些的温度进行生长繁殖,对生产非常有利,既可减少杂菌污染的机会又可减少夏季培养所需的降温辅助设备。因此培育耐高温的微生物很有意义。

最适发酵温度随着菌种、培养基成分、培养条件和菌体生长阶段不同而改变。因此它是一种相对的概念,是在一定的条件下测得的结果。不同的微生物和不同的培养条件以及不同的酶反应和不同的生长阶段,最适温度也应有所不同。生产上为了使发酵的温度控制在一定范围,常在发酵设备上装有热交换设备,如采用夹套、排管或蛇管等进行降温或加热。

在实际发酵过程中,往往不能在整个发酵周期内仅选择一个最适培养温度,因为最适于微生物细胞生长的温度不一定最适合于发酵产物的生成;反之,最合适于发酵产物生物生成的温度亦往往不是微生物细胞生长的最适温度。此时,究竟选择哪一个温度进行发酵为宜,则要看当时微生物生长和生物合成这一对矛盾中哪一个为主要方面。

发酵温度的选择还与培养基成分和浓度有关。当使用较稀或较容易利用的培养基时,提高温度往往会使营养物质过早耗尽,从而导致微生物细胞过早自溶,使生产的产量降低。

发酵温度的选择还要参考其他的发酵条件灵活掌握。如在通气条件较差的情况下,最合适的发酵温度也可能比正常良好通气条件下要低一些。这时由于在较低温度下,氧的溶解度相应要大些,同时微生物的生长速度也比较小,从而弥补了因通气不足而造成的代谢异常。

第二节　pH 对发酵过程的影响和控制

发酵过程中培养液的 pH 是微生物在一定环境条件下代谢活动的综合指标,是重要的发酵参数。掌握 pH 在发酵过程中的变化规律,及时检测并进行控制,可以使发酵处于最佳状态。

▶▶ 一、pH 对发酵过程的影响

每一类微生物都有最适的和能耐受的 pH 范围,大多数细菌生长的最适 pH 为 6.3~7.5,如谷氨酸产生菌大多为 6.5~8.0,其中黄色短杆菌 7.0~7.5,AS1299 为 6.5~7.5,T6-13 为 7.0~8.0;霉菌最适生长 pH 4.0~5.8;酵母最适生长 pH 3.8~6.0;放线菌最适生长 pH 6.5~8.0。

微生物生长阶段和产物合成阶段的最适 pH 往往不一样,这与微生物菌种的特性有关外,还

取决于产物的化学性质,如丙酮丁醇产生菌,生长 pH 5.5~7.0,发酵 pH 4.3~5.3;青霉菌的生长 pH 6.5~7.2,合成青霉素 pH 6.2~6.8;链霉素产生菌,生长 pH 6.3~6.9,合成链霉素 pH 6.7~7.3。

同一种微生物在培养过程中 pH 不同,可以形成不同的发酵产物,如黑曲霉在 pH 2~3 时产柠檬酸,接近中性产阜酸;酵母 pH 4.5~5 最适生长并产生酒精,pH 8.0 时产生酒精、甘油和醋酸;谷氨酸产生菌 pH 7.0~8.0 产谷氨酸,pH 5.0~5.8 产谷酰胺、N-乙酰谷酰胺。

pH 对微生物的生长繁殖和发酵产物合成的影响有以下几个方面:① 影响酶的活性,当 pH 抑制菌体中某些酶的活性时,会阻碍菌体的新陈代谢;② 影响微生物细胞膜所带电荷的状态,改变细胞膜的通透性,影响微生物对营养物质的吸收和代谢产物的排泄;③ 影响培养基中某些组分的解离,进而影响微生物对这些成分的吸收;④ pH 不同,往往引起代谢过程的不同,使代谢产物的质量和比例发生变化。

培养基中的营养物质代谢是引起 pH 变化的主要原因,发酵液 pH 变化是菌体代谢的综合效果。多数微生物在其最适 pH 范围内正常生长代谢,超过上限或低于下限,微生物将无法耐受而自溶。

一般认为,细胞内的 H^+ 或 OH^- 能影响酶蛋白的解离度和电荷情况,改变酶的结构和功能,引起酶活性的改变。但培养基的 H^+ 或 OH^- 并不是直接作用在胞内酶蛋白上,而是首先作用在胞外的弱酸(或弱碱)上,使之成为易于透过细胞膜的分子状态的弱酸(或弱碱),它们进入细胞后,再解离,产生 H^+ 或 OH^-,改变细胞内原先存在的中性状态,进而影响酶的结构和活性。所以培养基中的 H^+ 或 OH^- 通过间接作用来影响发酵过程。

pH 还影响菌体对基质的利用速度和细胞的结构,影响菌体的生长和产物的合成。

此外 pH 还影响产物的稳定性,如在 β-内酰胺抗生素沙纳霉素(thienamycin)的发酵中,当 pH 在 6.7~7.5 之间时,抗生素的产量接近,高于或低于该范围,产物合成就受到抑制,体现在产物沙纳霉素的稳定性下降,半衰期缩短,发酵单位下降。在青霉素发酵中,碱性条件下发酵单位低,也与青霉素的稳定性有关。

控制一定的 pH,不仅是保证微生物生长的主要条件之一,而且是防止杂菌感染的一个措施。维持最适 pH 已成为发酵生产成败的关键因素之一。

▶▶ 二、发酵过程中 pH 的变化及影响因素

发酵过程中由于菌种在一定温度及通气条件下对培养基中碳源、氮源等的利用,随着有机酸或氨基酸的积累,会使 pH 产生一定的变化。pH 变化的幅度取决于所用的菌种、培养基的成分和培养条件。在产生菌的代谢过程中,菌本身具有一定的调整周围 pH 的能力,从而构件最适 pH 的环境。如以生产利福霉素 SV 的地中海诺卡菌进行发酵研究,采用 pH 为 6.0、6.8、7.5 三个出发值,结果发现 pH 在 6.8、7.5 时,最终发酵 pH 都达到 7.5 左右,菌丝生长和发酵单位都达到正常水平;但 pH 为 6.0 时,发酵中期 pH 仅达 4.5,菌体浓度仅为 20%,发酵单位为零。这说明菌体仅有一定的自调节能力。

一般在正常情况下,菌体生长阶段 pH 有上升或下降的趋势(相对于接种后起始 pH 而言)。如利福霉素 B 发酵起始 pH 为中性,但生长初期由于菌体产生的蛋白酶水解培养基中蛋白胨而生成铵离子,使 pH 上升为碱性。接着,随着菌体量的增多和铵离子的利用,以及葡萄糖利用过

程中产生的有机酸的积累,使 pH 下降到酸性(pH 6.5),此时有利于菌的生长。在生长阶段,pH 趋于稳定,维持在最适产物合成的范围(pH 7.0~7.5)。到菌体自溶阶段,随着基质的耗尽,菌体蛋白酶的活跃,培养基中氨基酸增加,使 pH 又上升,此时菌丝趋于自溶而代谢活动停止。

外界环境发生较大变化时,pH 将会不断波动。凡是导致酸性物质生成或释放,碱性物质的消耗都会引起发酵液的 pH 下降;反之,凡是造成碱性物质的生成或释放,酸性物质的利用将使 pH 上升。此外,引起发酵液中 pH 下降的因素还有:

① 培养基中碳、氮比例不当,碳源过多,特别是葡萄糖过量或者中间补糖过多,加之溶解氧不足,致使有机酸大量积累而 pH 下跌;

② 消泡剂(油)加量过多;

③ 生理酸性物质的存在,氨被利用,pH 下降。

引起发酵液 pH 上升的因素有:

① 培养基中碳、氮比例不当,氮源过多,氨基氮释放,使 pH 上升;

② 生理碱性物质存在;

③ 中间补料中氨水或尿素等碱性物质的加量过多,使 pH 上升。

pH 的变化会引起各种酶活力的改变,影响菌对基质的利用速度和细胞的结构,以致影响菌体的生长和产物的合成。pH 还会影响菌体细胞膜电荷状况,引起膜的渗透性改变,因而影响菌体对营养的吸收和代谢产物的形成等。

因此,确定发酵过程中的最佳 pH 及采取有效控制措施是保证或提高产量的重要环节。

▶▶ 三、发酵过程中 pH 的调节与控制

发酵过程中微生物不断吸收和同化营养物质并排出代谢产物,因此发酵液的 pH 是不断变化的,为了使微生物能在最适的 pH 范围内生长、繁殖和发酵,首先应根据不同的微生物特性,在原始培养基中控制适当的 pH,在整个发酵过程中,必须随时检查 pH 的变化情况,根据其变化规律,选用适当的方法对 pH 进行适当的调节和控制。

如果培养基中糖和脂肪被利用,培养基的 pH 便会随其氧化的程度而波动。如果无机氮源被同化,则培养基 pH 会随其种类而变化。属于生理酸性盐的铵盐被利用后,与其结合的酸游离,使 pH 下降;属于生理碱性盐的硝酸盐被利用后,则释放碱使 pH 上升。如果有机氮源被利用,则培养液的 pH 随酶作用的情况不同也有不同的结果。在脱氨的情况下,蛋白质被分解而放出氨,同时生成酸类,使 pH 下降;在脱羧的情况下,蛋白质分解放出氨,同时生成碱性胺,使 pH 上升。

在实际生产中,调节 pH 的方法应根据具体情况加以选用。如调节培养基的原始 pH;加入缓冲剂;使盐类和碳源的配比平衡;在发酵过程中加入弱酸或弱碱;合理控制发酵条件,尤其是调节通气量;进行补料控制等。

发酵生产中调节 pH 的主要方法有:

① 添加碳酸钙法:采用生理酸性铵盐作为氮源时,由于 NH_4^+ 被菌体利用后,剩下的酸根引起发酵液 pH 下降,在培养基中加入碳酸钙,就能调节 pH。但碳酸钙用量过大,在操作上容易引起染菌;

② 氨水流加法:在发酵过程中根据 pH 的变化流加氨水调节 pH,且作为氮源供给 NH_4^+。氨

水价格便宜,来源容易。但氨水作用快,对发酵液的 pH 波动影响大,应采用少量多次流加,以避免造成 pH 过高,抑制菌体生长,或 pH 过低,NH_4^+ 不足等现象。具体流加方法应根据菌种特性、长菌情况、耗糖情况等决定,一般控制 pH 7.0~8.0,最好能够采用自动控制连续流加方法。

③ 尿素流加法:以尿素作为氮源进行流加调节 pH,由于 pH 变化有一定规律性,易于操作控制。由于通风、搅拌和菌体尿酶作用使尿素分解放氨,使 pH 上升;氨和培养基成分被菌体利用并形成有机酸等中间代谢产物,使 pH 降低,这时就需要及时流加尿素,以调节 pH 和补充氮源。当流加尿素后,尿素被菌体尿酶分解放出氨使 pH 上升,氨被菌体利用和形成代谢产物使 pH 下降,再次进行流加,反复进行维持一定的 pH。

流加尿素时,除主要根据 pH 的变化外,还应考虑菌体生长、耗糖、发酵的不同阶段来采取少量多次流加,维持 pH 稍低些,以利长菌。当长菌快,耗糖快,流加量可适当多些,pH 可略高些,发酵后期有利于发酵产物的形成。

第三节 泡沫对发酵的影响及控制

在微生物发酵过程中为了适应微生物的生理特性,并取得较好的生产效果,要通入大量的无菌空气。同时,又为了增加氧在水中的溶解度,就必须剧烈地搅拌,使气泡分割成无数小气泡,以增加气-液接触界面。气-液界面的增加,有利于微生物呼吸过程中所产生的二氧化碳逸出。为了达到充分交换的目的,气泡还必须在培养液中有一定的滞留时间,加上发酵液中大量存在蛋白质等发泡性物质,因此,在通风发酵过程中,产生一定数量的泡沫,是必然的正常现象。但是过多持久性的泡沫会给发酵带来很多不便,如降低发酵罐的装料量。若控制不当,还可能造成排气管大量逃液的损失,泡沫上升到罐顶还有可能从轴封渗出,增加污染杂菌的机会,并使部分菌丝黏附在罐顶或罐壁上,而失去作用。泡沫过多时还会影响通气搅拌的正常进行,因而妨碍菌体的呼吸,造成代谢异常,导致终产物产量下降或菌体的提前自溶,后一过程任其发展会促使更多的泡沫生成。因此,合理控制发酵过程中产生的泡沫,是能否取得高产的影响因素之一。

▶▶ 一、泡沫的性质

泡沫是气体被分散在少量液体中的胶体体系。泡沫间被一层液膜隔开而彼此不相连通。发酵过程中所遇到的泡沫,其分散相是无菌空气和代谢气体,连续相是发酵液。发酵过程中形成的泡沫,按发酵液的性质不同有两种类型:一种是发酵液液面上的泡沫,气相所占比例特别大,与它下面的液体之间有较明显的界线;另一种是出现在黏稠的菌丝发酵液当中的泡沫,又称流态泡沫(fluid foam),这种泡沫分散很细,而且很均匀,也较稳定,泡沫与液体间没有明显的液面界限,在鼓泡的发酵液中气体分散相占比例由下而上地逐渐增加。

泡沫的生成原因有两种:一种是由外界引进的气流被机械地分散形成;另一种是由发酵过程中产生的气体聚结生成。后一种方式生成的泡沫被称为发酵泡沫,它只有在代谢旺盛时才比较明显。

▶▶ 二、发酵过程中泡沫的形成及变化

好氧性发酵过程中泡沫的形成是有一定规律的。泡沫的多少一方面与通风、搅拌的剧烈程

度有关,搅拌所引起的泡沫比通风来得大;另一方面与培养基所用原材料的性质有关。蛋白质原料,如蛋白胨、玉米浆、黄豆粉、酵母粉等是主要的起泡因素。随原料品种、产地、加工条件而不同;还与配比及培养基浓度和黏度有关。糊精含量多也引起泡沫的形成。葡萄糖等糖类本身起泡能力很差,但在丰富培养基中浓度较高的糖类增加了培养基的黏度,从而有利于泡沫的稳定性。通常培养基的配方含蛋白质多、浓度高、黏度大,更容易起泡,泡沫多而持久稳定。而胶体物质多,黏度大的培养基更容易产生泡沫,如糖蜜原料发泡能力特别强,泡沫多而持久稳定。水解糖的水解不完全时,糊精含量多,也容易引起泡沫产生。

发酵过程中,泡沫的形成有一定的规律性。发酵中起泡的方式被认为有五种:① 整个发酵过程中,泡沫保持恒定的水平;② 发酵早期,起泡后稳定地下降,以后保持恒定;③ 发酵前期,泡沫稍微降低后又开始回升;④ 发酵开始起泡能力低,以后上升;⑤ 以上类型的综合方式。这些方式的出现与基质的种类、通气搅拌强度和灭菌条件等因素有关,其中基质中的有机氮源(如黄豆饼粉等)是起泡的主要因素。

培养基的灭菌方法和操作条件均会影响培养基成分的变化而影响发酵时泡沫产生。由此可见,发酵过程中泡沫的形成和稳定性与培养基的性质有着密切的关系。

▶▶ 三、泡沫对发酵的影响和消除

在发酵过程中,因微生物的代谢活动处在运动变化中,因此培养基的性质也发生相应变化,也影响到泡沫的形成和消长。例如,霉菌在发酵过程中的代谢活动所引起培养液的液体表面性质变化也直接影响泡沫的消长。发酵初期,由于培养基浓度大、黏度高、养料丰富,因而泡沫的稳定性与高的表面黏度和低的表面张力有关。随着发酵进行,表面黏度下降和表面张力上升,泡沫寿命逐渐缩短,这说明霉菌在代谢过程中在各种细胞外酶,如蛋白酶、淀粉酶等作用下,把造成泡沫稳定的物质如蛋白质等逐步降解利用,结果发酵液黏度降低,泡沫减少。另外,由于菌的繁殖,尤其是细菌本身具有稳定泡沫的作用,在发酵最旺盛时泡沫形成比较多,在发酵后期菌体自溶导致发酵液中可溶性蛋白质增加,又有利于泡沫的产生。此外,当发酵过程感染杂菌或噬菌体时,泡沫也会异常增多。

泡沫的大量存在,降低了发酵罐的装料系数,大多数罐的装料系数为 0.6~0.7,增加了细菌的非均一性,增加了污染杂菌的机会,导致产物的损失。消泡剂的加入会使下游工程的分离带来困难。因此,泡沫不仅会干扰通气与搅拌的进行,有碍微生物的代谢,严重的还导致大量跑料,造成浪费,甚至引起杂菌感染,直接影响发酵的正常进行。所以当泡沫大量产生时,必须予以消除。

发酵工业消除泡沫常用的方法有化学消泡法和机械消泡法,以下分别叙述。

1. 化学消泡法

化学消泡法是一种使用化学消泡剂消除泡沫的方法。优点是化学消泡剂来源广泛,消泡效果好,作用迅速可靠,尤其是合成消泡剂效率高、用量少、不需改造现有设备,不仅适用于大规模发酵生产,同时也适用于小规模发酵试验,添加某种测试装置后容易实现自动控制等。

① 化学消泡的机理:当化学消泡剂加入起泡体系中,由于消泡剂本身的表面张力比较低(相对于发泡体系而言),当消泡剂接触到气泡膜表面时,使气泡膜局部的表面张力降低,力的平衡受到破坏,此外,被周围表面张力较大的膜所牵引,因而气泡破裂,产生气泡合并,最后导致泡沫破裂。但是,当泡沫的表面层存在极性的表面活性物质而形成双电层时,可以加一种具有相反电

荷的表面活性剂,以降低液膜的弹性(机械强度),或加入某些具有强极性的物质与起泡剂争夺液膜上的空间,并使液膜的机械强度降低,进而促使泡沫破裂。当泡沫的液膜具有较大的表面黏度时,可加入某些分子内聚力较弱的物质,以降低液膜的表面黏度,从而促使液膜的液体流失而使泡沫破裂。通常一种好的化学消泡剂应同时具有降低液膜的机械强度和表面黏度的双重性能。

② 消泡剂的特点及发酵工业常用的消泡剂种类:根据消泡原理和发酵液的性质和要求,消泡剂必须具有以下特点。

A) 消泡剂必须是表面活性剂,且具有较低的表面张力,消泡作用迅速,效率高;

B) 消泡剂在气-液界面有足够大的散布系数,才能迅速发挥其消泡活性,这就要求消泡剂有一定的亲水性;

C) 消泡剂在水中的溶解度较小,以保持其持久的消泡或抑泡性能,并防止形成新的泡沫;

D) 对微生物和发酵过程无毒,对人、畜无害,不被微生物同化,对菌体的生长和代谢无影响,对产物提取和产品质量无影响;

E) 不干扰溶解氧、pH等测定仪表使用,不影响氧的传递;

F) 消泡剂来源方便,价格便宜,不会在使用和运输中引起任何危害;

G) 能耐受高温灭菌。

发酵工业常用的消泡剂主要有天然油脂类,高碳醇、脂肪酸和酯类,聚醚类,硅酮类(聚硅油类)等四类,以天然油脂类和聚醚类最为常用。

天然油脂类中有豆油、玉米油、棉籽油、菜子油和猪油。油不仅用作消泡剂,还可作为碳源和发酵控制的手段,它们的消泡能力和对产物合成影响也不相同。如对于土霉素发酵,用豆油和玉米油效果较好,而亚麻油则会产生不良作用。油脂的质量也会影响消泡效果,碘价或酸价高的油脂,消泡能力差并产生不良影响。油脂越新鲜,所含的抗氧化剂越多,形成过氧化物的机会少,酸价也低,消泡能力越强,副作用也小。

聚醚类消泡剂是氧化丙烯或氧化丙烯和环氧乙烷与甘油聚合而成的聚合物。氧化丙烯与甘油聚合为聚氧丙烯甘油(GP);氧化丙烯、环氧乙烷与甘油聚合为聚氧乙烯氧丙烯甘油(GPE),又称泡敌。消泡能力相当于豆油的10~80倍。

③ 消泡剂的应用和增效作用:

消泡剂加入发酵罐内能否及时起作用主要决定于该消泡剂的性能和扩散能力。增加消泡剂的散布可通过机械搅拌分散,也可借助某种载体或分散剂物质,使消泡剂更易于分布。

A) 消泡剂加载体增效:载体一般为惰性液体,消泡剂能溶于载体或分散于载体中,如聚氧丙烯甘油用豆油为载体(消泡剂:油=1:1.5),增效作用非常明显;

B) 消泡剂并用增效:取各种消泡剂的优点进行互补,达到增效,如GP:GPE=1:1混合用于青霉素发酵,结果比单独使用GP时效力增加2倍。

C) 消泡剂乳化增效:如GP用吐温-80为乳化剂在庆大霉素和谷氨酸发酵中效力提高1~2倍。

生产中,消泡的效果与消泡剂种类、性质、分子量大小、消泡剂的亲水性亲油性等因素相关外,还与其使用方法、使用浓度和温度有很大关系。

2. 机械消泡

机械消泡是一种物理作用,靠机械强烈振动,压力的变化,促使气泡破裂,或借机械力将排出气体中的液体加以分离回收。优点是不用在发酵液中加入其他物质,节省原料(消泡剂),减少由于加入消泡剂所引起的污染机会。缺点在于它不能从根本上消除引起稳定泡沫的因素。

理想的机械消泡装置必须满足的条件有:动力小、结构简单、坚固耐用、容易清扫和杀菌、维修和保养费用低等。

机械消泡的方法,一种是在发酵罐内将泡沫消除;另一种是将泡沫引出发酵罐外,泡沫消除后,液体再返回发酵罐内。

罐内消泡有耙式消泡桨、旋转圆板式、气流吸入式、流体吹入式、冲击反射板式、碟式及超声波的机械消泡等类型;罐外消泡有旋转叶片式、喷雾式、离心力式及转向板式的机械消泡等类型。

① 罐内消泡:各种罐内消泡装置有如下几种。耙式消泡桨的机械消泡,见图9-1,耙式消泡桨装于发酵罐内搅拌轴上,齿面略高于液面,当产生少量泡沫时耙齿随时将泡沫打碎;旋转圆板式的机械消泡,见图9-2,圆板旋转同时将槽内发酵液注入圆板中央部分,通过离心力将破碎成微小泡沫的微粒散向罐壁,以达到消泡的目的;流体吹入式消泡,见图9-3,把空气及空气与培养液吹入培养罐中形成的泡沫层来进行消泡的方法;气体吹入管内吸引消泡,见图9-4,将发酵罐内形成的气泡群吸引到气体吹入管,利用吹入气体流速消泡;冲击反射板消泡,见图9-5,把气体吹入液面上部,然后通过在液面上部设置的冲击板冲击反射,吹回到液面,将液面上产生的泡沫击碎的方法;超声波消泡,即将空气在1.5~3.0MPa下1~2L/s的速度由喷嘴喷入共振室而达到破泡的目的;碟片式消泡器的机械消泡是将消泡器装于发酵罐顶,碟片位于罐顶的空间内,当其高速旋转时,进入碟片间的空气中的气泡被打碎同时将液滴甩出,返回发酵液中,被分离后的气体由空心轴经排气口排出。

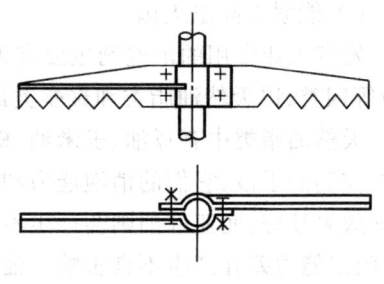

图9-1 耙式消泡桨

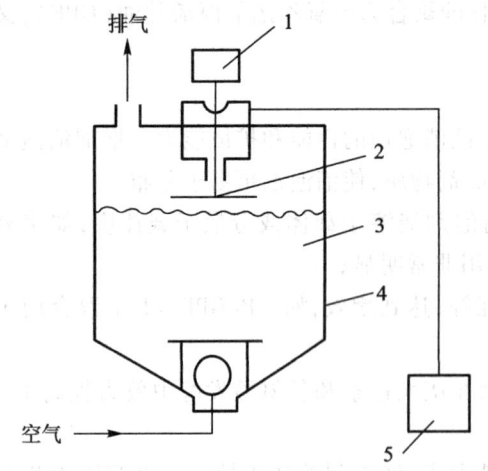

图9-2 旋转圆板型消泡装置
1-马达;2-旋转圆板;3-槽内液;
4-发酵槽;5-供液泵

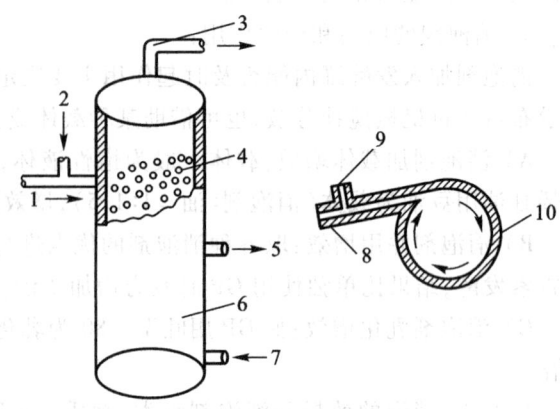

图9-3 液体吹入式消泡
1,8-供液管;2,9-供气管;3-排气管;4-泡沫;5-排液管;
6,10-培养槽;7-空气吹入管

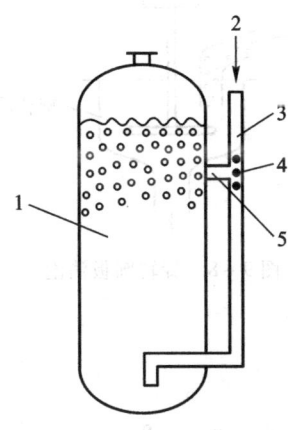 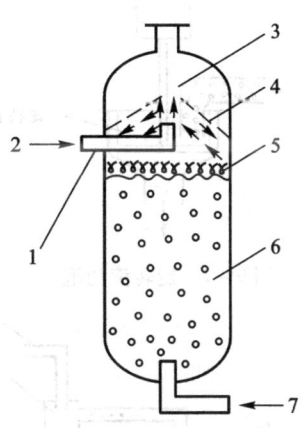

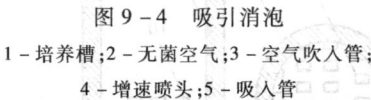

图9-4 吸引消泡　　　　　　　图9-5 冲击反射板式消泡
1-培养槽;2-无菌空气;3-空气吹入管;　　1-喷嘴;2-气体;3-小孔;4-冲击板;
4-增速喷头;5-吸入管　　　　　　　　5-气泡;6-培养槽;7-空气

② 罐外消泡:各种罐外消泡装置如下。旋转叶片罐外消泡,见图9-6,将泡沫引出罐外,利用旋转叶片产生的冲击力和剪切力进行消泡,消泡后,液体再回流至发酵罐内;喷雾消泡,即将水及培养液等液体通过适当喷雾器喷出来达到消泡的目的,这是一种利用冲击力、压缩力及剪切力的消泡方法,这种消泡方法广泛应用于废水处理工程;离心力消泡,见图9-7和图9-8,将泡沫注入用网眼及筛目较大的筛子做成的筐中,通过旋转产生的离心力将泡沫分散,从而达到消泡的方法;旋风分离器消泡,见图9-9,利用带舌盘的旋风分离器的脱泡器进行消泡的方法;转向板消泡,见图9-10,即在这种装置中泡沫以30~90 m/s的速度由喷头喷向转向板使泡沫破碎,分离液用泵送回槽内,而气体则排出消泡器外。

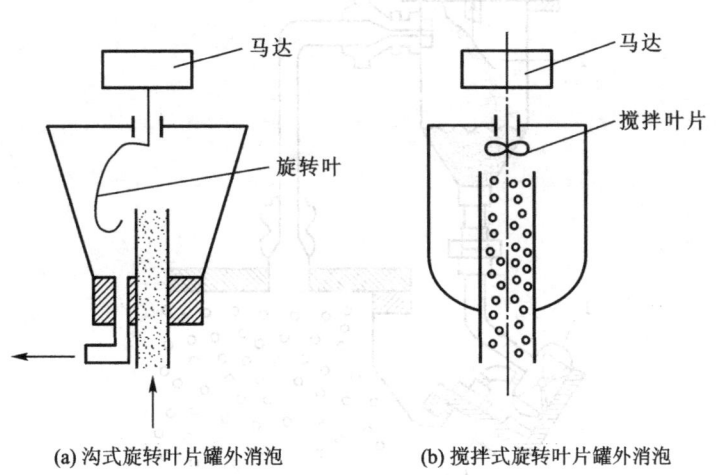

(a) 沟式旋转叶片罐外消泡　　(b) 搅拌式旋转叶片罐外消泡

图9-6 旋转叶片罐外消泡

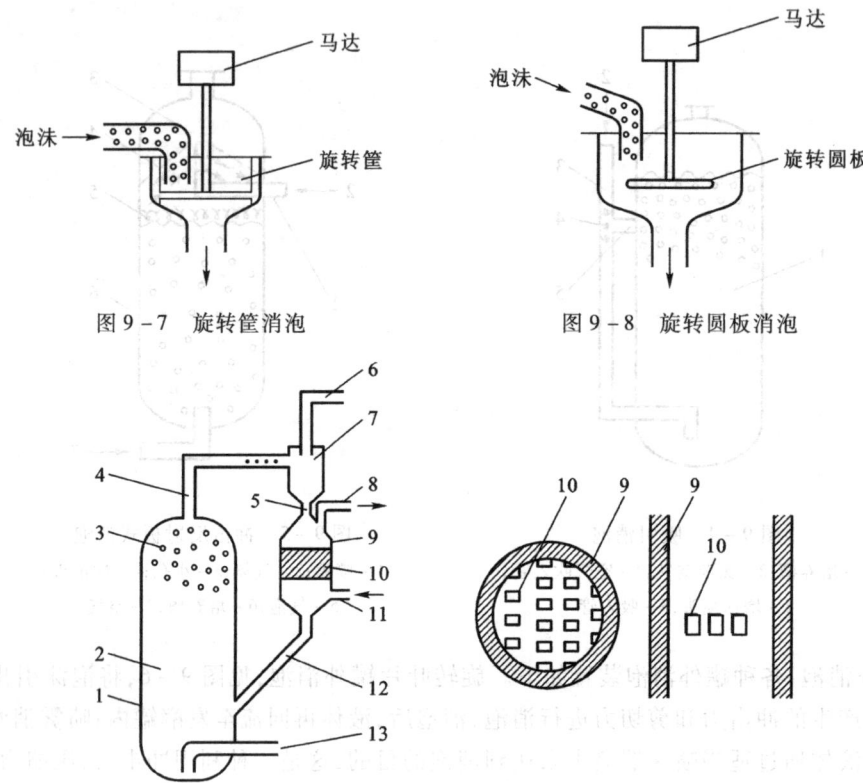

图9-7 旋转筐消泡　　　　图9-8 旋转圆板消泡

图9-9 旋风分离器消泡

1-培养槽;2-培养液;3-泡沫;4,6,8-排气管;5-旋风分离器破泡液;
7-旋风分离器;9-脱泡器;10-舌盘;11,13-供气管;12-环流液管

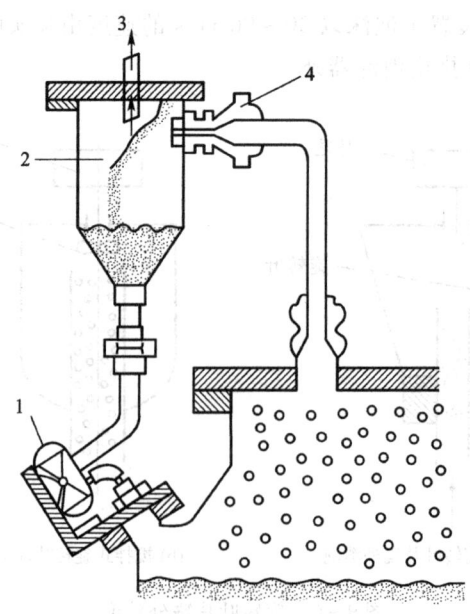

图9-10 转向板式消泡装置

1-泵;2-缓冲液;3-排气;4-喷头

第四节 CO_2 浓度和呼吸商

CO_2 是微生物的代谢产物,也是合成反应所需的基质。CO_2 对微生物生长和发酵具有刺激作用,它是细胞代谢和微生物发酵的可贵指标,有人把细胞量和尾气 CO_2 的生成相关联,作为手段通过碳元素平衡来估算细胞的生长速率和细胞量。

溶解在发酵液中的 CO_2 对氨基酸、抗生素等产品的发酵具有抑制或刺激作用。

一、CO_2 对菌体生长和产物形成的影响

CO_2 对微生物生长有直接作用,微生物代谢产生的 CO_2 浓度高于 $0.91\ mol/L$ 时,糖类的代谢和微生物的呼吸速率将下降。Prit 和 Manctant 曾报道过,通过恒化器培养,并自动控制 pH 和溶解氧浓度,检测到生产过程中 CO_2 的抑制作用。CO_2 的分压达到 $0.08 \times 10^5\ Pa$ 时,会降低 40% 青霉素的合成。酒精发酵液中溶解的 CO_2 浓度为 $1.6 \times 10^{-2}\ mol/L$ 时,会严重抑制酵母的生长。当微生物生长受到抑制时,也会阻碍基质的异化和 ATP 的生成量,并进一步影响产物的合成。

有研究表明,在充分供氧的条件下,细胞的呼吸速率和细胞的最大需氧量相等时,如果培养液中 CO_2 的浓度达到 $0.05 \times 10^5\ Pa$ 以上时,组氨酸的产率将降低。而 CO_2 的浓度超过 $0.13 \times 10^5\ Pa$ 时,发酵产生的精氨酸产率急剧下降。

CO_2 会影响菌体的形态。以产黄青霉菌为例,当 CO_2 分压为 $0.01 \times 10^5\ Pa$ 时,菌丝主要呈丝状;当 CO_2 分压为 $0.02 \times 10^5 \sim 0.03 \times 10^5\ Pa$,菌丝主要呈膨胀、粗短状;当 CO_2 分压为 $0.08 \times 10^5\ Pa$ 时,则出现球状或酵母状,致使青霉素合成受阻。

用 300 L 中试发酵罐进行氨基糖苷类抗生素紫苏霉素(sisomicin)发酵,在空气进口处通以 1% CO_2,发现微生物菌丝增长速率降低,对基质的代谢减慢,紫苏霉素的产量比对照样降低 33%。当 CO_2 的含量超过 3% 时,则不产生紫苏霉素。

CO_2 和 HCO_3^- 都会影响细胞膜的结构,它们分别作用于细胞膜的不同位点。溶解于培养液中的 CO_2 主要作用于细胞膜的脂肪酸核心部位,而 HCO_3^- 则影响磷脂、亲水头部带电荷表面及细胞膜表面上的蛋白质。当细胞膜的脂质相中 CO_2 浓度达到临界值时,使细胞膜的流动性及表面电荷密度发生变化,这将导致许多基质的膜运输受阻,影响了细胞膜的运输效率,使细胞处于"麻醉"状态,细胞生长受到抑制,形态发生了改变。

在大规模发酵过程中 CO_2 的作用是非常突出的问题,很难进行估算和优化。发酵罐中 CO_2 的分压是液体深度的函数,10 m 深的发酵罐在 $1.01 \times 10^5\ Pa$ 气压下进行操作,底部 CO_2 分压是顶部的 2 倍。发酵过程中为了排除 CO_2 的影响,必须考虑 CO_2 在培养液中的溶解度、温度和通气状况。

二、呼吸商和发酵的关系

呼吸商(RQ)定义式为:

$$RQ(呼吸商) = \frac{CER}{OUR}\left(\frac{CO_2\ 释放率}{菌耗氧速率}\right) \quad (9-7)$$

发酵过程中菌的耗氧速率(oxygen uptake rate,简称 OUR)可以通过磁氧分析仪或质谱仪测

量进气和排气中的氧含量计算得到。OUR 与 CO_2 的释放率(carbon dioxide escape rate,CER)成向同步关系。

$$OUR = Q_{O_2}X = \frac{F_{进}}{V}\left[C_{O_2进} - \frac{C_{惰进}C_{O_2出}}{1-(C_{CO_2出}+C_{O_2出})}\right]f \quad (9-8)$$

式中,Q_{O_2}——呼吸强度,mol O_2/(g·h);OUT——菌耗氧速率,mol O_2/(L·h)。

RQ 反应菌体的代谢情况,以酵母发酵为例:

$RQ = 1$,糖代谢走有氧分解途径,仅生成菌体,无产物形成;

$RQ > 1.1$,糖代谢走 EMP 途径,生成乙醇;

$RQ = 0.93$,生成柠檬酸;

$RQ < 0.7$,生成的乙醇被当作基质利用。

微生物在利用不同基质时,RQ 也不同。例如,大肠杆菌($E.\ coli$)以延胡索酸为基质 $RQ = 1.44$;丙酮酸为基质 $RQ = 1.26$;琥珀酸为基质 $RQ = 1.12$;乳酸为基质 $RQ = 1.02$;葡萄糖为基质 $RQ = 1.00$;乙酸为基质 $RQ = 0.96$;甘油为基质 $RQ = 0.80$。

在菌体生长、维持以及产物形成的不同阶段,其 RQ 不同。例如在青霉素发酵过程中,存在微生物的生长、维持和产物形成等不同阶段,因此,青霉素发酵的理论呼吸商 RQ 也不同。在菌体生长阶段 $RQ = 0.909$;菌体维持阶段 $RQ = 1$;青霉素生产阶段 $RQ = 4$。由此看,发酵早期,主要是菌体生长,$RQ < 1$;在过渡期,菌体维持其生命活动及青霉素逐渐生成,基质葡萄糖的代谢不是仅用于生长菌体,此时 RQ 比生长期略有增加;产物形成对 RQ 的影响较为明显。如果产物的还原性比基质大时,其 RQ 值就增加;反之,当产物的氧化性比基质大时,RQ 就减少。其偏离程度决定于每单位菌体利用基质所形成的产物量。

实际生产测得的 RQ 明显低于理论值,说明发酵过程中存在着不完全氧化的中间代谢物和除葡萄糖以外的其他碳源。例如,在青霉素发酵过程中,除葡萄糖外,还加入油作为碳源,由于油具有不饱和性和还原性,使 RQ 大大低于葡萄糖为唯一碳源的 RQ。经实验测定,随葡萄糖和油加入的比例 RQ 值在 0.5~0.7 之间波动。在菌体生长的发酵初期,维持总碳量不变的前提下,提高油和碳的比例,即 O/C,结果 OUR、CER 上升速度减慢,菌体浓度增加也慢;而提高碳油比例,即 C/O,则 OUR、CER 快速上升,菌体浓度迅速增加,这说明葡萄糖有利于菌体生长,而油则不利于菌体生长。由此可知,加入油主要用于控制生长,以及用于菌体维持和合成产物所需的碳源。掌握此规律,我们可以通过控制碳油比例来控制菌体生长和使菌体浓度处于最佳状态,以利于产物的合成。

三、CO_2 浓度的测定与控制

1. 尾气中 CO_2 浓度的测定

分析排出气体(即尾气)中 CO_2 的含量,记录培养基体积及通气量的变化,用计算机计算 CO_2 的积累量,与合成培养基菌体的干重比较,得出对数生长期菌体生长速率与 CO_2 释放率成正比。(一般空气进口 O_2 占 20.85%、CO_2 占 0.03%、惰性气体 79.12%)。

如果连续测得尾气中 O_2 和 CO_2 浓度,即可计算出整个发酵过程中 CO_2 的释放率(CER)。

$$CER = Q_{CO_2}X = \frac{F_{进}}{V}\left[\frac{C_{惰进} \cdot C_{CO_2出}}{1-(C_{O_2出}+C_{CO_2出})} - C_{CO_2进}\right]f \quad (9-9)$$

式中，Q_{CO_2}—比 CO_2 释放率，$mol\ CO_2/(g菌·h)$；X—菌体干重，g/L；$F_进$—进气流量，mol/h；$C_{惰进}$、$C_{CO_2进}$—分别为进气中惰性气体、CO_2 的体积分数；$C_{CO_2出}$、$C_{O_2出}$—分别为尾气中 CO_2、O_2 的体积分数；V—发酵液的体积，L；f—系数，$f = 273/273 + t_进 \times p_进$；$t_进$—进气温度，℃；$p_进$—进气绝对压强，Pa。

测定排气 CO_2 的浓度变化，采用控制流加基质的方法来实现对菌体的生长速率和菌体量的控制。

2. CO_2 浓度的控制

CO_2 在发酵液中的浓度变化不同于氧，没有规律可言。其大小受到菌体的呼吸强度、发酵液的流变性、通气搅拌程度、外界压力大小和设备规模等多种因素的影响。由于 CO_2 的溶解度随压力的增加而增大，大型发酵罐中的发酵液静压力可达 1×10^5 Pa 以上，又处于正压发酵，致使罐底部压强可达 1.5×10^5 Pa。因此，CO_2 浓度增大，如不改变搅拌转速，CO_2 就不易排出，在罐底形成碳酸，进而影响菌体的呼吸和产物的形成。为了减少 CO_2 的影响，必须考虑 CO_2 在培养液中的溶解度、温度和通气情况。在发酵过程中，如果遇到泡沫上升而引起"逃液"时，采用增加罐压的方法来消泡，但这样会增加 CO_2 的溶解度，对菌体生长不利。

CO_2 浓度的控制随其对发酵的影响而定。当 CO_2 对产物合成有抑制作用时，则设法降低其浓度；若有促进作用，就提高其浓度。通气和搅拌速率的大小，不但能调节发酵液中的溶解氧，还能调节 CO_2 的溶解度，在发酵罐中不断通入空气，既可保持溶解氧在临界点以上，又可随废气排出所产生的 CO_2 气，使之低于能产生抑制作用的浓度。因而通气搅拌也是控制 CO_2 浓度的一种方法，降低通气量和搅拌速率，有利于增加 CO_2 在发酵液中的浓度；反之就会减小 CO_2 浓度。

CO_2 的产生与补料的工艺控制密切相关，发酵液中补加葡萄糖，即增加碳源，排气中 CO_2 浓度增加，pH 下降。随着糖耗的增加，CRR（CO_2 的释放率）增加，原因是葡萄糖被菌利用产生 CO_2，其中溶解的 CO_2 使培养液 pH 下降；另一方面葡萄糖被菌利用产生有机酸，使 pH 下降。例如，在青霉素发酵中，补加的糖用于菌体生长、菌体维持和青霉素合成三方面，这三方面都产生 CO_2。产生的 CO_2 溶解于发酵液中，与代谢产生的有机酸一起使发酵液的 pH 下降。因此，补糖、CO_2 产生和溶解量、pH 的关联性均被用于青霉素补料发酵工艺的控制参数，其中排出气体中 CO_2 量的变化比 pH 变化更敏感。所以，经常采用 CO_2 释放率作为控制参数。

第五节 流加补料的控制

在分批发酵期间，当基质过量时，菌体的比生长速率与营养物质的浓度无关，但生长速率是基质浓度的函数。当基质浓度较低时，菌体生长速率随着基质浓度的增加而增加，但当基质浓度达到一定程度时会产生抑制，甚至酶"中毒"。由于诱导和阻遏机制而导致反应迟缓，出现滞后现象。

对产物的形成来说也是如此，当培养基过于丰富，有时会使菌体生长过盛，发酵液黏稠，传质效果很差，菌体细胞不得不花费较多能量来维持其生存环境，使用于非生产的能量大大增加。因此，必须控制基质浓度，使菌体细胞达到一定水平后再逐步加入营养物质供合成产物用。

为了解除基质过浓的抑制、产物反馈抑制和葡萄糖分解阻遏效应，以及避免在分批发酵中因一次性投糖过多造成细胞大量生长，耗氧过多而供氧不足的状况，采用中间补料的培养方法是较为有效的。

与同传统的分批培养相比有以下优点：① 可以解除底物抑制、产物反馈抑制和分解代谢物的阻遏；② 可以避免在分批发酵中因一次投料过多造成细胞大量生长所引起的发酵液流变学性质的改变；③ 可用作控制细胞质量的手段，以提高发芽孢子的比例；④ 可作为理论研究的手段，为自动控制和最优化控制提供实验基础。

同连续培养相比，它不需要严格的无菌条件，产生菌也不会产生老化和变异问题，使用范围广泛等。在酶制剂、抗生素、激素类药物、氨基酸、微生物等发酵产品的生产中广泛使用补料发酵工艺。

▶▶ 一、补料的内容和原则

1. 补料的内容

所谓补料，是指在发酵过程中补充某些营养物质以维持菌体的生理代谢活动和合成的需要。补料的内容大致可分为以下四个方面：

① 补充微生物所需要的能源和碳源，如在发酵液中添加葡萄糖、饴糖、液化淀粉。作为消泡剂的天然油脂，同时也起了补充碳源的作用；

② 补充菌体所需要的氮源，如在发酵过程中添加蛋白胨、豆饼粉、花生饼、玉米浆、酵母粉和尿素等有机氮源。有的发酵品种还采用通入氨气或添加氨水。以上这些氮源，由于它本身和代谢后的酸碱度也可用于控制发酵的合适的 pH 范围；

③ 加入某些微生物生长或合成需要的微量元素或无机盐，如磷酸盐、硫酸盐、氯化钴等；

④ 对于产诱导酶的微生物，在补料中适当加入该酶的作用底物，是提高酶产量的重要措施。

2. 补料的原则

菌体的生理调节活动和生物合成，除了决定于本身的遗传特性外，还决定于外界的环境条件，其中一个重要的条件就是培养基的组成和浓度。若在菌体的生长阶段，有过于丰富的碳源和氮源以及适合的生长条件，就会使菌体向着大量菌丝繁殖方向发展，使得养料主要消耗在菌丝生长上；而在生物合成阶段养料便不足以维持正常生理代谢和合成的需要，导致菌丝过早地自溶，使生物合成阶段缩短。

在现代化大规模发酵工业生产中，中间补料的数量为基础料量的 1~3 倍。如果将所补加的全部料量合并在基础培养基内，势必造成菌体代谢的紊乱而失去控制，或者因为培养基浓度过高，影响细胞膜内的渗透压而无法生长。

补料的原则在于控制微生物的中间代谢，使之向着利于产物积累的方向发展。为此，要根据菌体的生长代谢、生物合成规律，利用中间补料的措施给予产生菌适当的调节，让它在生物合成阶段有足够而又不过多的养料供给其合成和维持正常代谢的需要。

补料的方式有连续流加、非连续流加和多周期流加。每次流加又可分为快速流加、恒速流加、指数速率流加和变速流加。从补料的培养基成分来区分，又可分为单一组分补料和多组分补料等等。

流加操作控制系统分为有反馈控制和无反馈控制两类。反馈控制系统是由传感器、控制器和驱动器三个单元所组成。根据控制依据的指标不同,又分为直接方法和间接方法。

为了有效地进行补料,必须选择恰当的反馈控制参数,以及了解这些参数与微生物代谢、菌体生长、基质消耗以及产物合成之间的关系。采用最优的补料程序也是依赖于比生长曲线形态、产物生成速率及发酵的初始条件等情况。因此,建立分批补料发酵的数学模型及选择最佳控制程序都必须充分了解微生物在发酵过程中的代谢规律及对环境条件的要求。

在反馈控制的操作中,间接方法,即以溶解氧、pH、呼吸商、尾气中 CO_2 分压及代谢物质浓度等作为反馈控制参数。直接方法是以限制性营养物质浓度作为反馈控制参数,例如,控制氮源、碳源或碳/氮等方式。

▶▶ 二、补糖的控制

在确定补料的内容后,选择适当的时机是相当重要的。补糖过早,有可能刺激菌丝的生长,加速糖的利用,在相同耗糖情况下,发酵单位偏低。以四环素发酵中间补加葡萄糖为例,图9-11表示在三个不同时间加糖的效果。

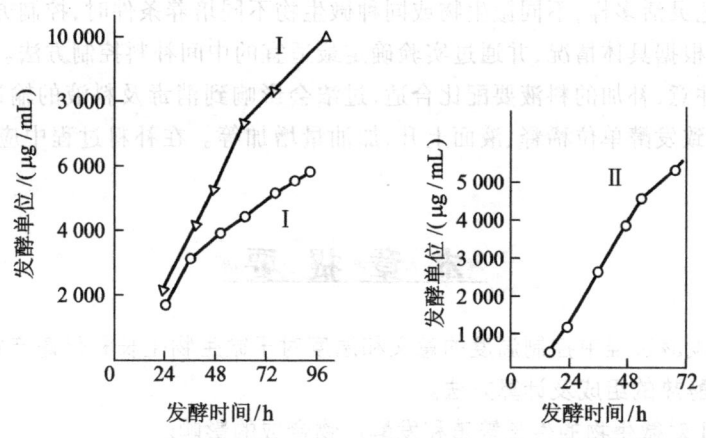

图9-11 加糖时间对四环素发酵单位的影响

Ⅰ-加糖时间适当;Ⅱ-加糖时间过晚;Ⅲ-加糖时间过早

第Ⅰ种加糖时间过晚(接种后62 h开始加),第Ⅱ种加糖时间过早(接种后20 h后加),其发酵96 h的单位与不加糖的对照组相近,为6 000 μg/mL左右,并没有显示补糖的优越性;第Ⅲ种补料时机适当(在接种后45 h后加),发酵96 h单位在10 000 μg/mL以上。

补糖的时机不能单纯以培养时间作为依据,还要根据基础培养基中碳源种类、用量和消耗速度、前期发酵条件、菌种特性和种子质量等因素判断。因此,根据代谢变化,如残糖含量、pH或菌丝形态来考虑,比较切合实际。

补糖的方法一般都以间歇定时加入为主,但近年来也开始注意用定时连续滴加的方式补进所需要的养料。连续滴加比分批加入控制效果更好,这可以避免一次大量加入而引起菌体的代谢受到环境突然改变的影响。有时会出现一次补料过多,十几个小时不增加单位的现象,这可能是由于环境的突然变化,对菌体来说需要一个更新适应的过程。

在确定补糖开始时间后,补糖的方法和控制指标也有讲究。一般在加糖后开始的阶段,如能维持较高浓度的还原糖含量,对生物合成有利;但高浓度还原糖含量不宜维持过久,否则会导致菌丝大量繁殖,影响单位增加。还原糖维持的水平因具体情况而略有差别,似乎维持在0.8%~1.5%较为适合。如在最适的补加葡萄糖的条件下,能正确控制菌丝量的增加、糖的消耗与发酵单位增长三者之间的关系,就可比采用丰富培养基时获得更长的生物合成期。

三、补充氮源及无机盐

通氨是某些发酵生产外补料工艺的有效措施,它主要起着补充菌体的无机氮源和调节 pH 的作用。加入氨时应细流,注意泡沫的情况。避免一次加入量过多,造成局部过碱。也可以将氨水管道接到空气分管内,籍气流带入,可迅速与培养液混合均匀。

有些工厂添加某些具有调节生长代谢作用的物料,如磷酸盐、尿素、硝酸盐、硫酸钠、酵母粉或玉米浆等。如果遇到生长迟缓、耗糖低时,可以补加适量的磷酸盐,以促进糖的作用。又如,土霉素发酵不正常时,菌丝展不开,成葫芦状,糖不消耗,这时添加尿素水溶液有一定好处。

补料发酵工艺灵活多样,不同微生物或同种微生物不同培养条件时,控制方法也有差异。不能照搬套用,需要根据具体情况,并通过实验确定最适宜的中间补料控制方法。

补料中应该注意,补加的料液要配比合适,过浓会影响到消毒及料液的输送,而过稀则料液的体积增大,会导致发酵单位稀释、液面上升、加油量增加等。在补料过程中应注意无菌操作和控制。

本章提要

1. 讲解了在发酵过程中控制温度的意义和温度对于微生物生长和代谢产物形成的影响。
2. 介绍了发酵热的组成及计算方法。
3. 说明了 pH 对微生物的生长繁殖和发酵产物合成的影响。
4. 解释了引起 pH 变化的主要原因和影响因素。
5. 说明了在发酵过程中 pH 的调节和控制方法。
6. 说明了泡沫的性质以及在发酵过程中泡沫的形成及其规律。
7. 介绍了泡沫对发酵的影响和生产中消除泡沫的方法。
8. 说明了发酵液中溶解的 CO_2 浓度对菌体生长和产物形成的影响。
9. 介绍了呼吸商及意义。并说明了测定和控制发酵尾气中 CO_2 浓度的方法。
10. 补料分批发酵有许多优点,介绍了补料的内容和原则。
11. 说明了基质浓度对于发酵的影响。

Chapter Summary

Chapter 9 Fermentation Process Control

1. The importance of temperature control to fermentation process and the effect of temperature on cell growth and metabolic products formation are discussed in detail.

2. The composition of fermentation heat and its calculation method are introduced.

3. The effect of pH on cell growth and product formation are described.

4. The resons for the pH change are discussed.

5. The pH control methods are introduced.

6. The foam properties and the behavior of foam formation during fermentation are discussed.

7. The effect of foam on fermentation is discussed, further the industrial defoaming strategy is introduced.

8. The effect of dissolved carbon dioxide on cell growth and product formation is discussed.

9. The definition respiratory quotient and its application are stated. Further the methods of determining the CO_2 content and the strategies for CO_2 control in fermentation off-gas are introduced.

10. The advantages of fed-batch fermentation are discussed, and the feeding nutrient and strategy are discussed.

11. The effect of nutrient concentration on fermentation is discussed.

关 键 术 语

嗜冷菌	嗜中温菌	嗜热菌
发酵热	生物热	搅拌热
蒸发热	辐射热	生理酸性物质
生理碱性物质	缓冲剂	泡沫
流态泡沫	发酵泡沫	化学消泡法
机械消泡法	表面张力	表面活性剂
消泡剂	增效作用	罐内消泡
罐外消泡	呼吸商	耗氧速率
CO_2的释放率	呼吸强度	尾气
底物抑制	诱导和阻遏机制	产物反馈抑制
渗透压	补料	

复习思考题

1. 发酵过程中温度升高对微生物生长和产物形成有什么影响？什么原因造成温度升高？
2. 何为发酵热？如何测量和计算？
3. 怎样控制最适宜的发酵温度？
4. 生产中为什么要控制 pH？怎样调节和控制 pH？
5. 发酵过程中哪些因素引起 pH 的上升或下降？
6. 泡沫的实质和形成原因是什么？它对发酵生产有什么影响？
7. 发酵生产中消除泡沫的方法有哪些种？各有什么优缺点？
8. 尾气分析包括哪些内容？排出气体之中 CO_2 控制的意义是什么？
9. 何为呼吸商及其计算和意义？
10. 基质浓度对发酵有什么影响？说明补料分批发酵的优点和作用？
11. 何为补料的内容和原则。如何进行控制？
12. 发酵工业生产中控制的主要参数有哪些？怎样控制？

第十章 发酵染菌及其防治

所谓发酵染菌(contamination)是指在发酵培养过程中侵入了有碍生产的其他微生物。目前大多数发酵生产采用纯种培养,要求除生产菌外无其他微生物。一旦发生染菌,发酵过程便失去真正意义上的纯种培养,严重影响生产菌的生长繁殖和产物合成,并导致产物提取收率和产品质量的下降。染菌严重者造成"倒罐",浪费大量原材料,不但造成重大经济损失,而且扰乱生产秩序,破坏生产计划。为了防止发酵染菌,人们采取了一系列措施,例如使用密闭式发酵罐,培养基和设备管道等严格灭菌,水和无菌空气严格按无菌要求供应,健全了生产技术管理制度等,大大降低了生产过程中染菌的几率。但是由于发酵生产的环节较多,往往需要进行多次补料、连续搅拌、供给无菌空气及添加消泡剂等操作,这都给防止发酵染菌带来了很大的困难,所以,发酵生产至今仍无法完全避免染菌的威胁。据报道,国外抗生素发酵染菌率为 2%~5%,国内的青霉素发酵染菌率 2%,链霉素、红霉素和四环素发酵染菌率约为 5%;谷氨酸发酵噬菌体(phage)感染率 1%~2%。

在现有条件下完全做到不染菌是不可能的,因此应当掌握发酵染菌的规律,做好各种防护措施,树立以防为主,防重于治的观念,尽量防止发酵染菌的发生。一旦发生染菌,应尽快找出污染的原因,并采取相应的有效措施,把发酵染菌造成的损失降低到最小。

第一节 染菌对发酵的影响

一、染菌对不同发酵过程的影响

由于各种发酵的菌种、培养基、发酵条件、发酵周期以及产物性质等不同,杂菌污染对其造成的危害程度也不同。谷氨酸发酵的菌种为细菌,噬菌体污染对谷氨酸发酵的威胁最大,往往导致成批次连续污染,造成倒罐,使生产紊乱达数月之久。抗生素的发酵最怕污染杂菌,但对于不同的抗生素发酵,造成危害程度较大的微生物类型是不同的。如青霉素发酵污染细短产气杆菌后造成的危害较大,由于它们能产生青霉素酶,因此无论染菌是发生在发酵前、中、后期,都会使发酵液中的青霉素迅速被破坏。

其他抗生素如链霉素发酵最怕污染细短杆菌、假单胞杆菌和产气杆菌,四环素最怕污染双球菌、芽孢杆菌、荚膜杆菌等。柠檬酸等有机酸的发酵主要是预防发酵前期染菌,尤其是预防发生青霉菌污染,发酵进入中后期后,发酵液的 pH 比较低,杂菌生长困难,不太会发生染菌。肌苷、肌苷酸发酵的生产菌种是多种营养缺陷型微生物,生长能力差,所需的培养基营养丰富,因此容易受到杂菌的污染,特别是芽孢杆菌污染对其生产造成的危害较大。

虽然各种发酵发生染菌的特点不同,但不管是哪种发酵,染菌都会造成培养基中的营养成分被消耗或代谢产物被分解,生成有毒的代谢产物抑制生产菌的代谢,严重影响产品得率,使发酵产品产量大大降低。

二、不同时间发生染菌对发酵的影响

因为发酵一般都有种子扩大培养期、发酵前期、发酵中期、发酵后期四个阶段,在不同发酵阶段染菌对发酵产生的影响有很大区别。

1. 种子培养期染菌

种子制备是生产关键,同时种子是否带菌也是影响发酵无菌的重要环节。一旦种子发生污染,往往会造成多个发酵罐染菌,给生产带来巨大损失。而种子培养基都具有营养丰富的特点,比较容易染菌,因此应当严格控制种子污染,发现种子受污染时,要采取灭菌措施后弃去。

2. 发酵前期染菌

微生物菌体在发酵前期主要是处于生长、繁殖阶段,此阶段代谢的产物很少,容易发生染菌。染菌后的杂菌将迅速繁殖,消耗掉大量营养物质,严重干扰生产菌的正常生长、繁殖,严重时导致生产菌长不起来,产物合成基本停滞。

3. 发酵中期染菌

发酵中期染菌将会导致培养基中的营养物质大量消耗,严重干扰生产菌的代谢,影响产物的生成。有的发酵过程,染菌后杂菌大量繁殖,产生酸性物质使 pH 下降,产生有毒代谢产物,糖、氧等的消耗加速,生产菌大量死亡自溶,致使发酵液发黏、发臭,产生大量的泡沫,代谢产物的积累减少或停止;还有的染菌后会使已生成的产物被利用或破坏。就目前情况看,发酵中期染菌一般较难挽救,危害性较大。

4. 发酵后期染菌

在发酵后期,培养基中的营养物质已接近耗尽,发酵的产物也已积累较多,如果染菌量不太多,对发酵影响相对来说就小一些,可继续进行发酵。但对于某些发酵过程来说,例如肌苷酸、谷氨酸、赖氨酸等发酵,后期染菌也会影响产物的产量、提取和产品的质量。

三、染菌程度对发酵的影响

染菌程度愈严重,进入发酵罐的杂菌数量越多,对发酵的危害当然就越大。当生产菌在发酵过程已大量繁殖,在发酵液中已经占据优势地位,污染极少量的杂菌,对发酵不会带来太大的影响。这也是此种染菌常常被忽视的原因。由于没有采取有效措施,往往造成染菌数量在以后批次里越来越多,染菌发生时间越来越提前,最终导致大规模染菌。

第二节 发酵染菌的分析

一、发酵染菌后的异常现象

发酵染菌后的异常现象是指由于发酵染菌导致发酵过程中的某些物理参数、化学参数或生物参数发生与原有规律不同的改变。通过对这些参数变化的分析,我们可以及时发现染菌并查明原因,加以解决。

1. 种子培养染菌后的异常现象

种子培养过程中发生染菌对发酵生产的危害尤其严重,它常常导致发酵成批染菌和连续染菌,造成倒罐,致使生产紊乱,甚至短期停产。种子培养染菌的异常现象主要有以下几个方面。

(1) 菌体浓度异常

菌体浓度异常的情况分为两种,一种是菌体浓度逐渐降低,另一种是菌体浓度迅速增高。前者一般是由于感染烈性噬菌体导致培养液中可检测到菌体越来越少,而后者大多是由于感染了杂菌,杂菌的大量生长造成培养液中菌体浓度迅速增加。

(2) 理化指标异常

种子培养过程中发生染菌后,由于生产菌的生长繁殖受到抑制,而非生产菌的微生物却大量繁殖生长,这必定会导致一些宏观的理化指标发生异常变化。例如在氨基酸发酵或某些抗生素发酵的种子培养过程中感染某些杂菌,杂菌大量繁殖产生酸性物质使培养液中的pH下降很快,大量生物热的产生将使温度迅速上升。

(3) 代谢异常

代谢异常表现在糖、氨基氮等变化不正常。例如感染噬菌体一般都会出现糖耗、氨耗缓慢或不耗糖,不耗氨的情况。

2. 发酵染菌后的异常现象

发酵染菌后的异常现象在不同种类的发酵过程所表现的形式虽然不尽相同,但均表现出菌体浓度异常、代谢异常、pH的异常变化、发酵过程中泡沫的异常增多、发酵液颜色的异常变化、代谢产物含量的异常下跌、发酵周期的异常延长、发酵液的甜度异常增加等。

(1) 菌体浓度异常

发酵生产过程中菌体或菌丝浓度的变化是按其固有的规律进行的。但是如果发酵染菌将会导致发酵液中菌体浓度偏离原有规律,出现异常现象。无论是在发酵的前期、中期、后期染菌均会导致菌体浓度的异常变化,但具体变化的形式和染菌的具体情况有关。一般感染烈性噬菌体会造成菌体大量裂解和自溶,出现菌体浓度异常下降的情况;而感染杂菌则会因为杂菌的大量繁殖导致菌体浓度会异常上升。如果感染温和性噬菌体则比较难以识别,此种噬菌体常隐伏在生产菌体内,使之繁殖缓慢,并减少了菌体的裂解和自溶,发酵中常常表现为菌体繁殖速度和代谢速度缓慢。

(2) pH过高或过低

pH变化是所有代谢反应的综合反映,在发酵的各个时期都有一定规律,pH的异常变化就意味着发酵的异常。发酵中如果感染烈性噬菌体,由于菌体的裂解自溶,释放大量氨、氮,pH将会上升；如果感染杂菌，它产生的酸性物质使培养液中的pH下降。

(3) 溶解氧及 CO_2 水平异常

任何发酵过程都要求一定的溶解氧水平，而且在不同的发酵阶段其溶解氧的水平也是不同的。如果发酵过程中的溶解氧水平发生了异常的变化，一般就是发酵染菌发生的表现。在正常的发酵过程中，发酵初期菌体处于适应期，耗氧量比较少，溶解氧基本不变；菌体进入对数生长期后，耗氧量增加，溶解氧浓度下降很快，并且维持在一定的水平，虽然操作条件的变化会使溶解氧有所波动，但变化不大；到了发酵后期，菌体衰老，耗氧量减少，溶解氧又再度上升。而发生染菌后，由于生产菌的呼吸作用受抑制，或者由于杂菌的呼吸作用不断加强，溶解氧浓度很快上升或下降。

由于污染的微生物不同，产生溶解氧异常的现象是不同的。当发酵污染的是好氧性微生物时，溶解氧的变化是在较短时间内下降，甚至接近于零，且在长时间内不能回升；当发酵污染的是非好氧性微生物或噬菌体时，生产菌生长被抑制，使耗氧量减少，溶解氧升高。尤其是污染噬菌体后，溶解氧的变化往往比菌体浓度更灵敏，能更好地预见污染的发生。

发酵过程的工艺确定后，排出的气体中 CO_2 含量应当呈现出规律性变化。但染菌后，培养基中糖的消耗发生变化，引起排气中 CO_2 含量的异常变化。如杂菌污染时，糖耗加快，CO_2 含量增加；噬菌体污染时，糖耗减慢，CO_2 含量减少。因此，可根据 CO_2 含量的异常变化来判断是否染菌。

(4) 泡沫过多

在发酵过程中，尤其是耗氧发酵中产生泡沫是很正常的现象。但是如果泡沫过多产生则是不正常的。导致泡沫过量产生的原因很多，其中染菌特别是污染噬菌体是原因之一，因为噬菌体爆发使菌体死亡、自溶，发酵液中的可溶性蛋白质等胶体物质迅速增加导致泡沫过多。

(5) 代谢异常

在发酵过程中菌体对培养基中碳源、氮源的利用及产物的合成都呈现出一定的规律。发酵染菌会破坏这种规律。发酵污染杂菌后碳源和氮源的消耗会异常加快，但产物合成速度却下降；而污染噬菌体后碳源、氮源消耗都会下降，甚至不消耗，产物合成速度大大下降。

▶▶ 二、染菌的检查和判断

根据发酵过程出现的异常现象可以及时发现染菌的情况，但最终确定是否染菌应以无菌试验的结果为依据进行判断。检查杂菌和噬菌体的方法要求准确、可靠、快速，这样才能在较短时间内获得结果。目前常用于检查是否染菌的无菌试验方法主要有显微镜检查法、肉汤培养法、平板培养法等。

1. 显微镜检查

此法是检查杂菌最简单、最直接、最常用的检查方法之一。首先用革兰染色法处理，然后在显微镜下观察微生物的形态特征，根据生产菌与杂菌的特征进行区别，判断是否染菌。必要时还可进行芽孢染色或鞭毛染色。如发现有与生产菌形态特征不一样的其他微生物的存在，就可判断为发生了染菌。

显微镜检查也可为判断噬菌体污染提供依据。发酵感染噬菌体后，菌体形态变化比较大，可以发现菌体细胞明显减少，细胞不规则、变形，边缘不整齐，有的边缘似乎有许多毛刺状的东西，视野中有明显的细胞碎片或菌丝断片。

2. 肉汤培养检查法

将待检样品接入经完全灭菌后的葡萄糖酚红肉汤培养基中。培养基的组成是：牛肉膏0.3%、葡萄糖0.5%、氯化钠0.5%、蛋白胨0.8%、1%酚红溶液0.4%、pH 7.2。分别于37 ℃、27 ℃进行培养，随时观察微生物的生长情况，并取样进行镜检。如果肉汤连续三次发生变色反应（由红色变为黄色）或产生混浊，即可判断为染菌。有时肉汤培养的阳性反应不够明显，而发酵样品的各项参数确有可疑染菌，并经镜检等其他方法确认连续三次样品有相同类型的异常菌存在，也应该判断为染菌。

肉汤培养法常用于检查培养基和无菌空气是否带菌，也可用于噬菌体检查，此时使用生产菌作为指示菌。

3. 平板划线培养或斜面培养检查法

将待检样品在无菌平板或斜面上划线，分别于27 ℃、37 ℃进行培养，以适应嗜中温和低温菌的生长，8 h后可进行检查是否有杂菌。有时为了提高平板培养法的灵敏度，也可以将需要检查的样品先置于37 ℃条件下培养6 h，使杂菌迅速增殖后再划线培养。平板培养连续三次发现有异常菌落的出现，即可判断为染菌。

4. 双层平板培养法

此法主要是用在噬菌体检查上。培养基组成见表10-1（根据实际情况可以变动）。

表10-1 双层平板培养法的培养基组成

成分	上层量	下层量	成分	上层量	下层量
葡萄糖	0.1%	0.1%	氯化钠	0.5%	0.5%
牛肉膏	1.0%	1.0%	琼脂	1.0%	2.0%
蛋白胨	1.0%	1.0%	pH	7.0	7.0
硫酸镁	0.06%	0.06%			

培养基灭菌后冷却至45~50 ℃，以无菌操作倒入平皿内，每只平皿倒入培养基8~10 mL左右，下层培养基凝固后，移入32 ℃恒温箱内空白培养48 h后，检查无菌备用；无菌操作下，用接种环刮取斜面菌苔混在5 mL无菌生理盐水中，作为指示菌备用；吸取5 mL待测样品和0.5 mL指示菌液于无菌空白试管内，倒入事先溶解好的冷却至45~50 ℃的装有5 mL上层培养基的试管中，混合后倒入下层平板中，冷却后于32 ℃恒温下培养20 h，观察有无噬菌斑。

由于无菌试验取样少，从取样到得出结果耗时长，因此不能完全依赖于无菌检查来判断染菌的发生。在生产中，应当结合发酵过程中发生的种种异常现象来进行判断。

▶▶ 三、染菌原因分析

对已发生的染菌作具体分析，了解染菌原因并采取相应的措施，总结发酵染菌的经验教训是防止染菌的最有效措施。如果对染菌不作具体分析，不了解原因，而盲目地采取"措施"，只会劳民伤财，毫无效果。

造成发酵染菌的原因很多，总结归纳起来，其主要原因有：种子带菌、无菌空气带菌、设备渗漏、原辅料灭菌不彻底、操作失误和技术管理不善等。表10-2是日本工业技术院发酵研究所1965年对抗生素发酵染菌原因分析,表10-3为国内某链霉素生产厂发酵染菌原因分析,表10-4是国内某味精厂谷氨酸发酵染菌分析。

表10-2 日本工业技术院发酵研究所1965年对抗生素发酵染菌原因分析

染菌原因	染菌百分率/%	染菌原因	染菌百分率/%
种子带菌或怀疑种子带菌	9.64	接种管穿孔	0.39
接种时灌压跌零	0.19	阀门渗漏	1.45
培养基灭菌不透	0.79	搅拌轴密封渗漏	2.09
总空气系统有菌	19.9	发酵罐盖漏	1.54
泡沫冒顶	0.48	其他设备渗漏	10.13
夹套穿孔	12.0	操作问题	10.15
盘管穿孔	5.89	原因不明	24.91

表10-3 国内某链霉素生产厂发酵染菌原因分析

染菌原因	染菌百分率/%	染菌原因	染菌百分率/%
外界带入杂菌	8.20	蒸汽压力不够或蒸汽量不足	0.60
设备穿孔	7.60	管理问题	7.00
空气系统有菌	26.00	操作违反规程	1.60
停电灌压下跌	1.60	种子带菌	0.60
接种	11.00	原因不明	35.00

表10-4 国内某味精厂谷氨酸发酵染菌分析

染菌原因	染菌百分率/%	染菌原因	染菌百分率/%
空气系统有菌	32.05	补料、取样带菌	4.30
设备问题	15.46	种子带菌	1.72
管理和操作不当	11.34	环境污染及原因不明	35.13

由上述表中可以看出,不同厂家染菌原因的百分率有所不同,但由于空气系统污染、设备渗漏引起的染菌比较多。此外,不明原因的染菌分别达24.91%、35.00%和35.13%,而这往往与周围环境恶劣有关。

1. 不同染菌时间分析

发酵早期染菌,可能原因有:种子带菌,培养基灭菌不透,接种操作不当,无菌空气带菌,设备渗漏等;发酵后期染菌,可能原因有:中间补料污染,空气过滤不彻底、设备渗漏、泡沫顶盖以及操作失误等。

2. 不同染菌类型分析

根据所染菌的类型也可以帮助分析判断染菌原因和渠道。一般认为,污染耐热的芽孢杆菌与培养基或设备灭菌不彻底、设备存在死角等有很大关系,但不是绝对的,空气系统污染也可染芽孢杆菌;若污染的是球菌、无芽孢杆菌等不耐热菌,可能是由于种子带菌、空气过滤效率低、设备阀门渗漏和操作失误等引起;污染浅绿色菌落(革兰氏阴性杆菌、球菌),一般来源于冷却盘管穿孔,培养基中掺入冷水所致;若污染的是真菌,就可能是由于设备渗漏、无菌操作不彻底、培养基灭菌不彻底导致;若污染噬菌体可能是种子污染、空气过滤不彻底引起。

3. 不同染菌的幅度分析

如果是多个发酵罐成批次染菌应该重点检查公用系统,如种子扩大培养系统、空气系统。特别是空气系统,总空气过滤器失效或效率下降,空气带菌造成发酵染菌,这种情况在发酵工厂中时有发生。总空气过滤器失效多数是因为空气中油水多,特别是夏季雨水季节,相对湿度在90%以上,若不有效除湿,过滤介质极易失效。此外,由于现在分过滤器多使用金属膜过滤,老化管道中掉下的铁屑经常夹杂在高速气流中击穿金属膜,造成空气短路引起染菌。如果是单罐染菌,应多从设备、操作方面考虑。

发酵前期大批量发酵罐染菌,可是由于种子带菌、培养基灭菌不彻底引起染菌;如果大批量染菌发生在发酵中、后期,且这些杂菌类型相同,则一般是由于空气净化系统存在问题或周围环境杂菌浓度高所致。尤其是如果空气带菌量不多,无菌试验的显现时间较长,染菌现象不很典型,往往难以发现。

部分发酵罐染菌,染菌又发生在发酵前期,就可能是种子带菌、培养基灭菌不彻底或接种管道灭菌不彻底造成;如果是发酵后期染菌,则要重点分析中间补料系统和加消泡剂系统。

单个发酵罐连续染菌,就从单个罐体查找杂菌来源,应仔细检查阀门、罐体是否清洁,是否存在设备死角等。一般设备渗漏引起的染菌,会出现每批染菌时间向前推移的现象。如果是个别罐的散在性染菌,其原因很难查出,应具体问题具体分析。

染菌的原因和途径很多也很复杂,因此不能机械地、孤立地认为某种染菌现象必定是某一原因或渠道所致。应把染菌的现象、染菌的时间、周围的环境等方面的情况联系起来,并结合无菌检查进行综合分析,才能做出正确的判断。

第三节 杂菌污染的途径和防止染菌

▶▶ 一、种子带菌及防治

由于种子染菌的危害非常大,因此对种子染菌的检查和染菌的防治是非常重要的,关系到发酵生产的成败。种子染菌主要发生在以下几个环节中。

1. 菌种在培养过程或保藏过程中受到污染

虽然菌种保藏和种子扩大培养过程大部分是在无菌环境良好的菌种室内进行,但仍然会有带有杂菌的空气进入而导致染菌。在种子罐种子培养过程中也会因为造作失误、设备渗漏等原因造成种子被污染。因此,为了防止污染,应做好菌种室和种子罐车间内外的环境消毒工作,降低周围环境中的杂菌浓度。应交替使用各种灭菌手段进行处理,如对于菌种室可交替使用紫外线、甲醛、双氧水、石碳酸或高锰酸钾等灭菌。对于种子罐车间可采用甲醛、石碳酸、漂白粉等进行灭菌。种子保藏时,种子保存管的棉花塞应有一定的紧密度,且有一定的长度,保存温度尽量保持相对稳定,不宜有太大变化。对每一级种子的培养物均应进行严格的无菌检查,确保任何一级种子均未受杂菌感染后才能使用。对种子罐等种子培养设备应定期检查,防止设备渗漏引起染菌。

2. 培养基和培养设备灭菌不彻底

对各级种子培养基、器具、种子罐应进行严格的灭菌处理。在利用灭菌锅进行灭菌和种子罐实罐灭菌时,要先完全排除内部的空气,以免造成假压,使灭菌的温度达不到要求,造成灭菌不彻底而使种子染菌。为此,在实罐灭菌升温时,应打开排气阀及有关联接管的边阀、压力表接管边阀等,使蒸汽通过,达到彻底灭菌。

3. 种子转移和接种过程染菌

在种子转移和接种过程中,种子培养物有可能直接暴露在空气中,所以在此过程中发生染菌的几率是比较高的。为了防止在此环节中发生污染,对无菌间和种子车间的环境要进行严格消毒;接种操作时用的衣帽及用具也要彻底灭菌;接种操作应按操作规程严格执行,避免操作失误引起染菌;在制备种子时对沙土管、斜面、三角瓶及摇瓶均严格进行管理,防止杂菌的进入而受到污染。

▶▶ 二、空气带菌及防治

空气净化系统失效或减效,是引起大面积染菌的主要原因之一。要杜绝无菌空气带菌,就必须从空气的净化工艺和设备的设计、过滤介质的选用和装填、过滤介质的灭菌和管理等方面完善空气净化系统。如使用往复式空压机时,压缩空气中带有大量油滴,在气候潮湿的情况下过滤介质容易被油水沾湿而失效。要解决这个问题,要采用无油润滑措施,安装高效率的降温、除水装置,保持过滤介质的干燥状态,防止空气冷却器漏水,防止冷却水进入空气系统,并对空气在进入总过滤器之前升温,使相对湿度下降,然后进入总过滤器除菌。

要选用除菌效率高的过滤介质;过滤介质的装填不均会使空气走短路,所以要保证一定的介质充填密度;在过滤器灭菌时要防止过滤介质被冲翻而造成短路;在使用膜过滤器时,要防止老化管道中掉下的铁屑击穿过滤器金属膜,造成空气短路引起染菌;避免过滤介质烤焦或着火;当突然停止进空气时,要防止发酵液倒流入空气过滤器,在操作过程中要防止空气压力的剧变和流速的急增。

要加强生产环境的卫生管理,减少生产环境中空气的含菌量,正确选择采气口,如提高采气口的位置或前置粗过滤器。加强空气压缩前的预处理,如提高空压机进口空气的洁净度。

空气净化系统要制定严格的管理制度,定期检查灭菌,定期更换介质,在使用过程中要经常排放油水,在多雨或潮湿季节,更要加强管理。安装合理的空气过滤器,防止过滤器失效。

▶▶ 三、培养基和设备灭菌不彻底导致的染菌及防治

首先,培养基灭菌不彻底与原料本身的特性有关。一般来说,越稀薄的培养基越容易灭菌彻底,而淀粉质原料在升温过快或混合不均匀时容易结块,使团块中心部位"夹生",蒸汽不易进入将杂菌杀死,但在发酵过程中这些团块会散开,而造成染菌。因此淀粉质培养基在升温前先要搅拌混合均匀,并加入一定量的淀粉酶进行液化。有大颗粒存在时应先过筛除去,再行灭菌。另一方面培养基灭菌不彻底也与灭菌条件有关。例如培养基连续灭菌时,蒸汽压力不稳定,培养基未

达到灭菌温度,导致灭菌不彻底而污染。

造成设备灭菌不彻底主要是与设备、管道存在"死角"有关。由于操作、设备结构、安装或人为造成的屏障等原因,引起蒸汽不能有效到达或不能充分到达预定应该到达的局部灭菌部位,从而不能达到彻底灭菌的要求。常见的设备、管道死角有以下几方面。

（1）发酵罐内的部件及其支撑件,包括拉手扶梯、搅拌轴拉杆、联轴器、冷却盘管、挡板、空气分布管及其支撑件、温度计套焊接处等周围容易积集污垢,形成死角。例如机械搅拌发酵罐内的环形空气分布管,由于靠近空气进口处气流速度大而远离进口处气流速度小,空气过滤器中的活性炭或培养基中的某些物质常常堵塞远离进口处的气孔,易产生死角而染菌。加强清洗并定期铲除污垢,可以消除这些死角。

（2）发酵罐制作不当造成的死角。如不锈钢衬里焊接质量不好,导致不锈钢与碳钢之间有空气,在灭菌时,由于三者膨胀系数不同,使不锈钢鼓起或破裂,造成"死角"。采用全不锈钢或复合钢可有效解决此问题。

（3）罐底部堆积培养基中的固性物,形成硬块,包藏脏物,使灭菌不彻底。通过加强清洗消除积垢、适当降低搅拌桨位置减少罐底堆积物可有效解决。此外,发酵罐封头上的入孔、排风管接口、灯孔、视镜口、进料管口、压力表接口等是造成死角的潜在位置。

（4）管道安装不当也会形成死角。例如法兰与管子焊接不好、密封面不平会形成死角;某些须在发酵过程中或培养基灭菌后才进行灭菌的管道安装不当也会形成死角等等。因此,在进行法兰的加工、焊接和安装时,应做到使各衔接处管道畅通、光滑、密封好、垫片的内径与法兰内径匹配、安装时对准中心,甚至尽可能减少或取消连接法兰等措施,以避免和减少管道出现"死角"。

▶▶ 四、操作失误和设备渗漏导致的染菌及防治

如前所述,在实罐灭菌时,由于操作不合理,未将罐内的空气完全排除,造成"假压",罐内温度达不到灭菌的要求,导致灭菌不彻底而染菌。所以,在灭菌升温时,要打开排气阀门使蒸汽驱除罐内冷空气。在培养基灭菌和设备空消过程中,灭菌温度及时间必须达到要求,如果操作时不能达到要求,就会造成培养基或设备灭菌不彻底。好氧发酵过程中很容易产生泡沫,泡沫严重时发生"逃液",造成染菌。因此,要严防泡沫冒顶,控制装料系数,必要时添加消泡剂防止泡沫的大量产生。此外,发酵时要正压操作,避免罐内负压导致外界空气进入罐内引起染菌。

发酵罐及物料灭菌等附属设备,多数是铁制的,经常受到高温、高压和酸碱腐蚀的作用,极易出现穿孔、变形而造成渗漏。如铁制冷却加热盘管、空气分布管使用久了就容易穿孔。由于它们长期受到搅拌和通气作用的影响而磨损,受到低pH发酵液的腐蚀作用,其焊缝处还受到温度冷热变化的作用,所以盘管和空气分布管是非常容易发生渗漏的部件。为了避免这种情况发生,应采用优质的材料,并经常进行检查。冷却加热盘管的微小渗漏不易被发现,可以采用向管道内压入碱性水,并用浸湿酚酞指示剂的白布擦拭管道上可疑处的方法来检验,如有渗漏时白布会显红色。

设备的表面或焊缝处如有砂眼,由于腐蚀逐渐加深,最终导致穿孔;接种管道使用频繁,也容易腐蚀穿孔;生产上使用的阀门不能完全满足发酵工程的工艺要求,易造成渗漏,应采用加工精度高、材料好的阀门避免此类渗漏的发生。

五、噬菌体的污染及防治

噬菌体主要污染利用细菌或放线菌进行的发酵生产,如氨基酸、淀粉酶、抗生素、丙酮、丁醇等生产都不同程度遭受噬菌体的损害。发酵一旦感染噬菌体,往往在几小时内菌体全部死亡,产物合成停止,并造成倒罐,甚至连续倒罐。这不但给生产造成巨大损失,而且使生产紊乱,甚至生产全部停顿。即使轻度的噬菌体污染,也使正常生产受到困扰,导致产率下降,成本提高,对企业效益影响很大。多年来,国内外都很重视对噬菌体的防治工作,并采取了一系列防治措施,使噬菌体污染得到基本控制,污染程度也逐步减轻,但是尚未达到"根治"。所以,对噬菌体的防治仍然是发酵工业普遍关注的问题。

噬菌体是一种病毒,直径 0.1 μm,具有非常专一的寄生性。它在自然界中分布很广,在土壤、污水、腐烂的有机物和大气中均有存在。凡是有寄主细胞的地方,一般都生存有它们的噬菌体,发酵车间、提取车间及其周围更有机会积累噬菌体。发酵生产所污染的噬菌体又可分为烈性噬菌体(virulent phage)和温和噬菌体(temperate phage)。烈性噬菌体侵染细胞后,增殖很快,在较短时间内使细胞裂解。生产中遇到的多数为烈性噬菌体。温和噬菌体感染细胞后,可能增殖爆发,释放子代噬菌体;也可能把其 DNA 和寄主的遗传物质紧密结合在一起,随细胞繁殖,在子代细胞中代代相传,不断延续。

1. 噬菌体污染的条件和途径

造成噬菌体污染必须具有三个条件:环境中有噬菌体存在、有活菌体存在、有使噬菌体与活菌体接触的机会和适宜的条件。

感染噬菌体的最初发源点就是在自然界中广泛存在的溶源性菌株(lysogenic strain),由于部分溶源性细胞诱发成温和噬菌体,再经过变异就可能成为烈性噬菌体,导致生产菌株感染。噬菌体也可脱离寄主在环境中长期存在,在非常干燥的状态下能存活 5 个月,并在适宜的条件下侵染生产菌。此外,一个更主要的原因是人们常常随意进行活菌体排放,使生产环境中存在的噬菌体有了寄主而不断增殖,结果环境中的噬菌体密度增高而形成污染源。虽然有时使用了抗性菌株,但还是会继续发生噬菌体的污染。这是因为噬菌体寄主范围发生了变异,变异后的噬菌体能侵入抗性菌株,这种情况在实际生产中常会遇到。可见,环境污染是发酵污染噬菌体的主要根源。

由于噬菌体体积小,可在空气中传播,几乎可以潜入发酵生产的各个环节。空气过滤系统侵入噬菌体,种子(包括一级种子、二级种子)带进噬菌体或种子本身是溶源性菌株,培养基灭菌不彻底,都会造成多罐连续污染,是造成噬菌体大规模污染的主要途径。发酵罐及其辅助管道有死角、穿孔、渗漏,接种操作失误等是造成单灌污染的主要途径。补料(氮源、碳源、前体、消泡剂等)过程侵入噬菌体,泡沫过多等是造成后期感染的主要途径。

2. 发酵污染噬菌体后的症状

发酵感染噬菌体后,一般会出现以下症状:短时间内大量菌体死亡自溶,只剩下少量残留的菌体碎片,检测可发现菌体浓度很低;pH 逐渐上升,温度停止上升然后逐渐下降,排出 CO_2 量急剧下降;代谢异常,糖耗、氨耗缓慢或停止,产物合成停止;发酵液产生大量泡沫,颜色发红、发灰,有时发酵液呈现黏胶状,可拔丝;二级种子和发酵对营养要求增大,但培养时间仍然延长;镜检时可发现菌体数量显著减少,缺乏正常的排列,找不到完整菌体;用双层平板检测会出现噬菌斑。

上述情况主要是对一些烈性噬菌体而言,对于温和噬菌体则不适用。温和噬菌体感染的外观症状比较温和。在生产中只是表现为菌体代谢缓慢、糖耗氮耗缓慢、产物合成量较少、发酵周期长,与其他原因造成的发酵异常难以区分。即使采用双层平板检验,也不会出现明显的噬菌斑。因此,它的存在不易判断,但是为以后噬菌体的大规模爆发埋下了隐患。对温和噬菌体的防治,我们只能加强环境卫生的管理,以防为主。

3. 噬菌体的防治措施

至今为止,防治噬菌体的最有效方法是以净化环境为中心的综合防治法。这是一项系统工程,涉及培养基灭菌、种子培养、空气净化系统、环境消毒、设备管道、车间布局及职工工作责任心等诸多方面,要分段严格检查把关,才能根治噬菌体的危害。

具体要求有以下几条。

① 净化生产环境,消灭污染源:噬菌体的增殖需要有大量活菌体存在,只要控制环境中活菌体的数量,净化环境,消灭噬菌体增殖的基础就可有效降低噬菌体污染率。具体应做到:严格控制活菌体排放,包括取样液、发酵尾气、发酵废液都要经过灭菌处理后方能排放;彻底搞好全厂卫生,加强环境消毒和环境监测;车间应合理布局,种子室和发酵车间分开,最好设在与发酵罐完全隔离的有较长距离的地方;铺设水泥地面和道路并搞好厂区绿化,扩大绿化覆盖面积,防止尘土飞扬,减少噬菌体传播机会。

② 改进提高对空气的净化能力:通过空气传播是噬菌体污染的重要途径,改进提高对空气的净化能力,消灭进入发酵罐、种子罐空气中的噬菌体是防止污染的有效方法。具体应做到:高空取氧,空压机吸风口应在 30 m 以上高处;采用空气加热净化工艺,空气加热到 150 ℃ 可完全杀死噬菌体;控制空气流速,避免因空气线速度过大、油水过多使空气过滤器失去净化效果;改进空气净化装置,采用高效的过滤介质,如玻璃纤维、聚乙烯醇(PVA)、硼硅酸纤维等。

③ 保证各级种子不带噬菌体:种子污染噬菌体往往造成发酵大规模污染噬菌体,因此防止种子污染是十分重要的。具体应做到:定期分纯菌种,分纯的优良菌种可用真空冻干法保存;对菌种定期进行诱发处理,及时发现溶源性菌株;严格种子室管理制度,减少种子室与外界的接触;加强对各级种子噬菌体的检测。

④ 改进设备装置,消灭死角:要全面消除由于设备管道设计或安装不合理,或者设备腐蚀渗漏所造成的死角。发酵工厂的管路配置的原则是使罐体和有关管路都可用蒸汽进行灭菌,即保证蒸汽能够达到所有需要灭菌的部位。尽量简化管道,不必要的管道坚决取消,但也要避免将一些管路汇集到一条总的管路上,造成使用中相互串通、相互干扰,一只罐染菌导致其他发酵罐的连锁染菌。采用单独的排气、排水和排污管可有效防止染菌的发生。

⑤ 防止操作失误:包括防止发酵负压操作、严格执行消毒制度等。

▶▶ 六、染菌的挽救与处理

1. 杂菌污染后的挽救与处理

(1) 发酵前期染菌的处理

在发酵前期发现污染杂菌后,应终止发酵,将培养基重新进行灭菌处理。若培养基中的碳、氮源等营养物质损失不多,灭菌后可直接接入种子进行发酵;若染菌已造成较大危害,培养基中的碳、氮源等消耗较多,则应补充新鲜的培养基,重新进行灭菌处理,再接种进行发酵。

(2) 发酵中后期染菌处理

发酵中后期染菌,可以加入适当的杀菌剂或抗生素或正常的发酵液,以抑制杂菌的生长。也可采取降低培养温度、降低通风量、停止搅拌、少量补糖等措施进行处理。对于发酵后期产物已积累到一定浓度,可提前放罐。

(3) 染菌后对设备的处理

染菌后的发酵罐在重新使用前,必须在放罐后进行彻底清洗,并加热至120 ℃以上30 min后才能使用。也可用甲醛熏蒸或甲醛溶液浸泡12 h以上等方法进行处理。

2. 噬菌体污染后的挽救和处理

发酵污染噬菌体时间不同,采取的挽救方法也有所不同。一般说来,感染越早,危害越大;挽救越早,效果越好。所以经检查判断确认是污染了噬菌体,应尽快采取措施。

(1) 发酵前期污染噬菌体的挽救

可采用放罐重消法、轮换菌种法、低温重消重接种法、并罐法等。

① 放罐重消法:适用于连消工艺。发现噬菌体后,立即放罐,调低pH(可用盐酸,不能用磷酸),补加1/2正常量的玉米浆和1/3正常量的水解糖,不补加氮源,重新灭菌,接入2%的种子,继续发酵。凡感染噬菌体,物料经过的管道设备均应洗刷干净并消毒处理;

② 轮换菌种法:立即停止搅拌,小通风,降低pH,然后接入不同类型的种子,补充1/3正常量生物素和磷盐、镁盐(灭菌后);

③ 低温重消重接种法:升温到80 ℃保温10 min灭菌。因噬菌体不耐热,加热可杀死发酵液内的噬菌体,通蒸汽杀死发酵罐空间部分及管道、阀门、仪表的噬菌体。冷却后,如pH过高,停止搅拌,小通风,降低pH,接入2倍的原菌种,至pH正常后开始搅拌。

④ 并罐法:利用噬菌体只能在处于生长繁殖的细胞中增殖的特点。当发现发酵初期染噬菌体时,可采用不消毒并罐法,即将正常发酵16~18 h左右的发酵液,以等体积和染噬菌体的发酵液混合后分别发酵,利用其活力旺盛的菌体、不灭菌、不补种,便可发酵。但要肯定并入罐的发酵液没有染菌,否则两罐都付之东流,所以采用此法需要慎重。

(2) 发酵后期感染噬菌体的处理

后期感染噬菌体一般对产酸影响不大,只要调节风量,控制尿素流加量和次数,或提早放罐(经灭菌)即可,不需要采取特殊措施,但放罐前须灭菌处理。

发酵感染噬菌体,不管采用哪种挽救方法,其结果多数是不理想的。有时尽管本罐次挽救了,但对以后的罐次却带来不利影响。因此当发酵污染噬菌体后,应积极采取综合治理措施。通常的做法是:

① 污染了噬菌体的发酵液,必须加热煮沸后才能放罐;

② 除了对污染料液进行灭菌外,对各种检测样也要集中消毒。另外,对提炼放出的滤渣也要集中处理,进行消毒;

③ 更换生产菌种,因为噬菌体的专一寄生性强,换用抗噬菌体菌株或其他性状菌株后,原噬菌体即不起作用;

④ 生产设备要进行彻底清理检查和灭菌;

⑤ 全面普查和清理生产环境中的噬菌体,可采用漂白粉、新洁尔灭、甲醛等消毒剂喷洒四周

第十章 发酵染菌及其防治

环境。必要时要短期停产,以便全面断绝噬菌体繁殖基础,停产期间以生产环境不再发现噬菌体为准,时间约 1~4 周不等。

本章提要

1. 讲解了发酵过程中感染杂菌和噬菌体的含义和危害。
2. 说明了染菌对不同发酵过程造成的影响,不同发酵时间染菌对发酵的影响。
3. 生产过程中,种子培养阶段和发酵阶段发生染菌的各种异常现象。
4. 染菌的判断和原因分析。
5. 对各种原因造成的染菌应采取的防治措施。

Chapter Summary

Chapter 10 Microbiological Contamination and Control thereof

1. The phenomenon of fermentaion contamination by bacteria and phages and its harm to fermentation process are dicussed.
2. The effects of microbiological contamination on different fermentation processes are discussed, as well as that of the contamination at different time.
3. Kinds of non-abnormal phenomena resulting from microbiological contamination during inocula preparation and fermentation process are introduced.
4. Methods to judge microbiological contamination and reason analysis are discussed.
5. The strategy to prevent and control microbiological contamination is introduced.

关键术语

发酵染菌	种子培养期	发酵前期
发酵中期	发酵后期	异常现象
物理参数	化学参数	生物参数
生产紊乱	代谢异常	芽孢染色
鞭毛染色	肉汤培养法	双层平板培养法
空气带菌	设备渗漏	操作失误
烈性噬菌体	假压	逃液
温和噬菌体	防治措施	环境消毒
溶源性菌株	发酵尾气	消灭死角
挽救与处理	提前放罐	

复习思考题

1. 如何判断各种发酵的异常现象？染菌对发酵生产造成的危害？
2. 发酵生产中,有何办法可以检查发酵系统是否染菌？
3. 请说明生产过程中染菌的途径及防治方法。
4. 说明噬菌体污染的途径和危害及防止噬菌体污染的措施。

第三篇

发酵工程产物的获取

第三篇

第十一章 发酵工程下游技术发展及发酵液的预处理

下游技术(downstream processing)也称为下游工程或下游加工过程,是对于由生物界自然产生的或由微生物菌体发酵的、动植物细胞组织培养的、酶反应等各种生物工业生产过程获得的生物原料,经提取分离、加工并精制为目的成分,最终使其成为产品的技术。下游技术是相对于微生物菌种选育、发酵生产、动植物细胞和组织培养等上游技术而言。而发酵产物的分离、提取和精制是指从发酵液或酶反应液中分离、纯化产品的过程,也称发酵工程下游技术。是利用产物和杂质物理、化学性质的不同提取产物(或从系统中除去杂质)的操作。该过程和技术是发酵工程产业最终获得商业产品的重要环节,该环节所耗费的成本占整个发酵生产的一半左右或更多。发酵产品的后处理分离纯化技术和工艺不仅影响产品的质量和成本,也决定着产品的产量。因此,要使生物技术走向产业化,必须要上下游过程兼容、协调,使全过程优化,才能降低整个生产的成本,使其更具有市场竞争力。

发酵液中的杂质有:① 生物反应过程中的副产物;② 未消耗完的原料;③ 生产过程中加入的化学试剂等。下游技术的任务就是从这些混合物中用最低的投入(人力、物力、财力),获得最高的产出(如产物的高得率、高纯度)。

第一节 发酵工程下游技术发展

一、发酵工程下游技术领域

发酵工程下游技术的范畴包括物质分离和产品加工。分离和混合互为逆过程,由热力学第二定律可知,混合过程是一个熵增加的过程,它是一个自发的过程。而其逆过程——分离过程,不能自发进行,需要作功才能实现,而且需要有专门的过程和设备。产品加工指某些生化物质接上某种基团后生成其他用途的衍生物;或通过化学反应生成新的物质,如木糖加氢生成木糖醇等。

从发酵液中可获得的产物有:① 菌体及胞内产物;② 酶;③ 代谢产

物等三类。这些产物中有传统的酒精等有机溶剂、氨基酸、有机酸、抗生素、核酸等,也包括现代生物技术产品中的多肽和蛋白质、维生素、疫苗等。发酵产品的生产与化学类产品相比有其特殊性,发酵产品特性如下:

① 在发酵液或培养液中产物浓度很低;
② 含目的产物的发酵液或酶反应液或培养液的初始物料组成复杂,除了含有产物外,还含有大量的细胞、代谢物、残留培养基、无机盐等;
③ 发酵产物多属于生物活性物质,其稳定性差,对pH、温度、金属离子、有机溶剂、剪切力、表面张力等十分敏感,易失活、变性;
④ 发酵产品种类繁多,包括了大、中、小分子量的结构和性质复杂又各异的生物活性物质;
⑤ 含量和纯度要求高,许多发酵产品用作医药、食品、生物试剂等,必须达到药典、试剂标准和食品规范的要求。

发酵液的组成特点如下:

① 发酵液大部分是水,一般含水量达90%~99%;
② 发酵液中发酵产物浓度较低。除酒精、柠檬酸、葡萄糖酸等发酵产物浓度在10%以上外,其余的都在10%以下,而抗生素的浓度更低,一般在1%以下;
③ 发酵液中的悬浮固形物主要含有菌体和蛋白质的胶状物,不仅使发酵液黏度增加,不利于过滤,同时增加提取和精制后工序的操作困难。在浓缩过程中变得更黏稠,同时容易产生泡沫,采用溶剂萃取法提炼时,蛋白质的存在会产生乳化,使溶媒相和水相分层困难。采用离子交换法提炼时,蛋白质的存在,会增加树脂的吸附量,加重树脂的负担;
④ 发酵液的培养基残留成分中还含有无机盐类、非蛋白质大分子杂质及其降解产物对提取和精制均有一定的影响;
⑤ 发酵液中除了发酵产物外常有其他少量的代谢副产物,有的其结构特性与发酵产物极为近似,这就会给分离提纯操作带来困难;
⑥ 发酵液中还含有色素、热原质、毒性物质等有机杂质,尽管它们的确切组成还不十分明确,但它们对提炼影响相当大,为了保证发酵产品的质量和卫生标准,应通过预处理将其除去。

发酵产品一般是从各种杂质的总含量远远多于目标产物的悬浮液中开始进行制备的,惟有经过分离和纯化等下游加工过程才能制得符合要求的高纯度产品。因此,发酵产物的分离纯化在产品工业化中具有不可取代的地位。在工业生产规模前提下考虑发酵产物后处理过程的分离纯化技术时,必须注意并满足以下几点:

① 条件温和,特别是对具有生物活性的物质,在后处理过程中必须保持其生物活性;
② 能够达到所要求的纯度。分离纯化技术的选择性好、专一性强,能从复杂的混合物中有效地将目的产物分离出来,以达到较高的分离纯化倍数;
③ 收率高。目的产物的量和活性具有较高的收率;
④ 生产成本尽可能低。提高每个分离单元效率(包括所分离产物的产量和质量);
⑤ 工艺过程尽可能缩短和简化。在提高单个分离技术效率的同时,注意各单元操作间的有效组合和整体协调,以减少工艺过程的步骤;
⑥ 分离快速,以提高生产能力;

⑦ 生产中所产生的废物尽可能少并能够处理；

⑧ 实验过程能够成功地进行放大。

▶▶ 二、发酵工程下游技术过程和发展动态

1. 发酵工程下游技术过程

不同发酵类型和产品，由于自身特性及对分离纯化的要求不同，所采用的分离纯化路线也常不同，但一般说来，分离纯化路线包括两个基本阶段：① 产物的初级分离阶段；② 产物的纯化精制阶段。

初级分离阶段在细胞培养结束之后，其任务是分离细胞和培养液、破碎细胞释放产物（对于胞内产物）、溶解包涵体、复原蛋白质、浓缩产物和去除大部分杂质等。

纯化精制阶段是在初级分离的基础上，用各种高选择性的手段和方法，将目标产物和干扰杂质尽可能地分开，使产物的纯化达到相关要求，成为各种级别的产品。

发酵工程下游加工过程或生物分离工程的设计不仅取决于产品所处的位置（胞内或胞外）、分子大小、电荷、产品的溶解度、产品的价值和过程本身的规模，还与产品的类型、用途和质量（纯度）要求有关。所以分离和纯化步骤有不同的组合，提取和精制的方法也可有不同的选择。发酵产品的后处理过程一般包括：发酵液或培养液的预处理与固液分离、初步纯化、高度纯化、成品加工步骤。发酵工程下游技术一般工艺过程见图11-1。

① 发酵液或培养液的预处理与固液分离（或称不溶物的去除）：离心和过滤是该步骤基本的单元操作。为了加速固-液两相的分离，可同时采用凝聚和絮凝技术；为了减少过滤介质的阻力，可采用错流膜过滤技术。该步骤对产物浓缩和产品质量的改善作用不大。一般希望以低投资和低成本来换取高的回收率及去杂率，但处理好这对矛盾需要综合考虑。

如果产物在细胞内，需通过分离收集细胞，再进行细胞破碎并分离细胞碎片后，获得含产物的滤液。

② 初步分离（或称产物的提取）：在含有产物的滤液中，要求通过该步骤除去与目标产物性质有较大差异的杂质，使产物的浓度和质量有显著提高。本步骤需经过复杂的多级加工程序，仅靠单一操作不能完成。多级程序的组合范围很广，如吸附、萃取、沉淀、离子交换等。

③ 高度纯化（或称产物的精制）：该步骤是采用有限的几步单元操作，如层析、电泳和沉淀等，去除与目标产物有类似化学功能和物理性质的杂质。

④ 成品加工：产物的最终用途和要求，决定了最终的加工方法，浓缩和结晶常是操作的关键，大多数产品还需要经过干燥处理。

在以上各操作步骤中都有若干操作方法可以选用，包括了传统的化工单元操作，也包括因生物过程需要而发展起来的新型分离技术。

2. 发酵工程下游技术发展沿革

利用发酵工程下游技术可获得的产品可分为直接获得产物和间接获得产物两类。直接获得产物即含有产品的混合物直接由发酵产生，可从发酵罐流出产物开始进行回收。间接获得产物是指含有产物的混合物由发酵产生，而从发酵过程得到细胞或酶后，在将其用于产物的转化、修饰后才能得到所需产品。

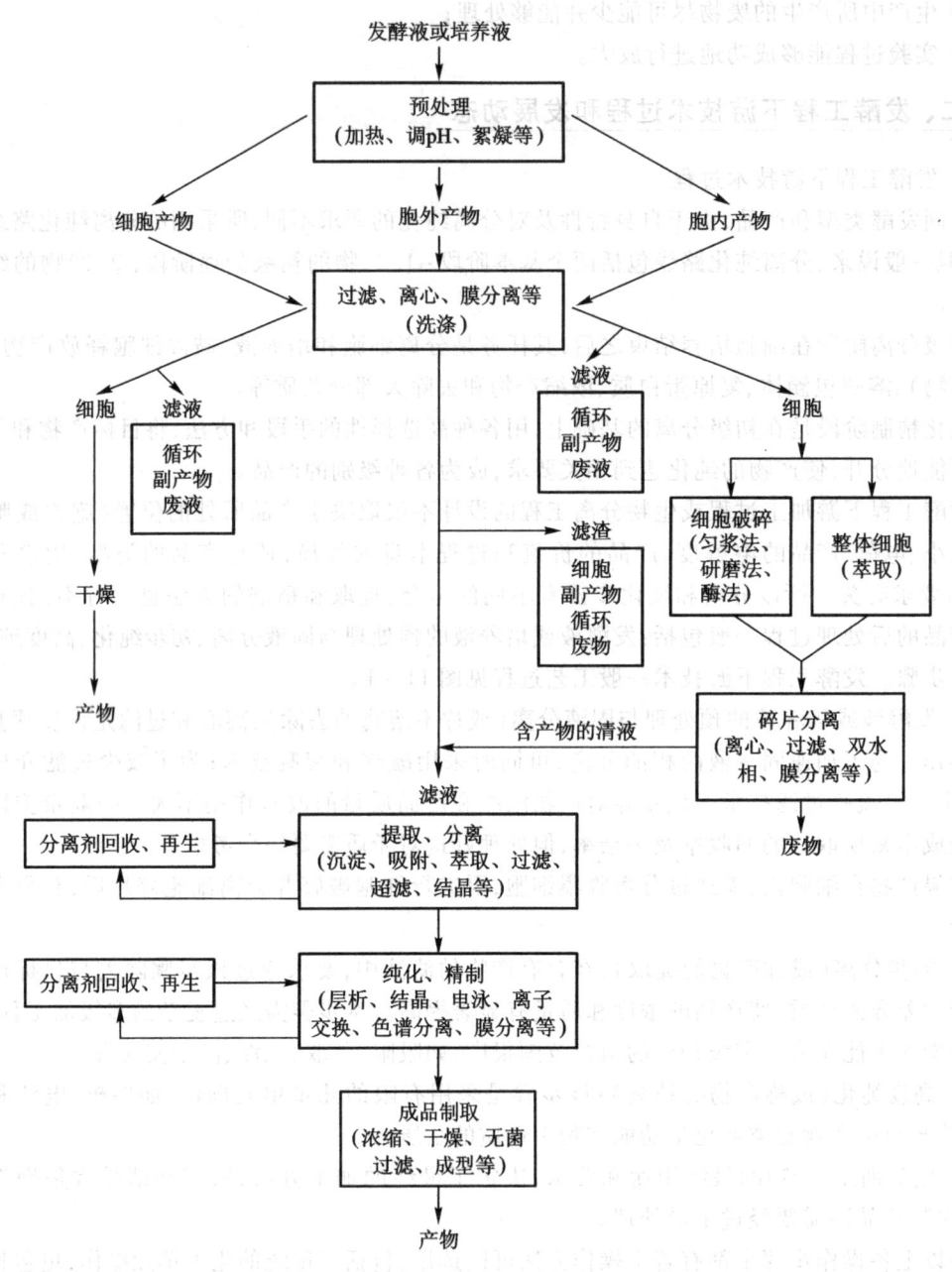

图 11-1 发酵工程下游技术一般工艺过程

发酵产物中抗生素、有机酸、氨基酸等相对分子质量小于 1 000,酶、抗体多肽、重组蛋白等相对分子质量大于 1 000。相对分子质量较小的产品,如类脂、氨基酸、抗生素等,所需分离过程在许多地方可借鉴传统的化工单元操作。而相对分子质量较大的产品,如蛋白质、酶、多糖、核酸等,所需分离过程与化工单元操作不同。

胰岛素、干扰素、重组蛋白等发酵产品不被细胞分泌到体外,是胞内产物。其他产物多是在细胞内产生,然后分泌到细胞外,如抗生素、胞外酶等。胞内产物要首先收集细胞,再进行细胞破碎,分离出细胞碎片后再进行后续分离。

发酵产品的下游分离纯化技术涉及许多工业领域,随着科学技术的发展和对物质纯度要求的提高,对下游技术提出了更高的要求,分离纯化技术得到不断发展,新技术、新原理、新概念和新工艺层出不穷。如果将发酵工业定义为"直接或间接利用生物体的机能来生产人类所需物质的技术",则可将发酵的历史追溯到古代的酿造业,产品包括酒类、酱油、醋等,它们不需要下游加工即可直接食用。随后出现了三代发酵和生物技术产品,也伴随着出现了相应的分离纯化过程和方法。

第一代生物技术指19世纪60年代到20世纪40年代,青霉素等抗生素生产出现以前的酿造产业。这期间,发现了发酵的本质是微生物的作用,掌握了纯种培养技术,发酵技术进入近代酿造产业阶段。到20世纪中叶,原有酿造业产品的生产技术有了长足发展,又形成了酒精、丙酮、丁醇等生产技术。该时期产品特点是大多数属于厌氧发酵过程产物,产品的化学结构比基质简单,主要采用压滤、蒸馏等技术进行分离。

第二代生物技术指20世纪40年代,第二次世界大战后,随着抗生素工业的发展扩大,大型好氧发酵装置的开发和化工单元操作的引进,酿造产业逐渐扩展为发酵产业。抗生素、氨基酸、有机酸、核酸、酶制剂、单细胞蛋白等发酵产品投入工业生产。该时期特点是产品类型多,不但有初级代谢产物也有次级代谢产物。产品的结构比基质复杂。还出现了生物转化(甾体化合物等)、酶反应(6-APA)等产品。产品的多样性对分离纯化方法提出了更高要求,80%的传统化学工业分离方法被引入发酵工业。

第三代生物技术指20世纪70年代以来,由于基因工程、酶工程、细胞工程、发酵工程及生化工程等迅速发展,以DNA重组技术及细胞融合技术为代表,一批对人类有益的高附加值产品面世,如乙肝疫苗、干扰素、功能因子、低聚糖、活性肽、高度不饱和脂肪酸等生理活性物质。由此人们注意到了下游技术对发展现代生物技术产业的重要性,许多发达国家加强研究力量在下游领域展开竞争,不断推出新技术、新产品、新装备、以抢占更多的市场份额。

3. 下游技术新概念、新技术、新产品和新装备

20世纪80年代以来,发酵工程下游技术迅速发展,目前已经达到工业应用水平的技术主要有:

固液分离技术:包括絮凝、离心、过滤、微过滤。将絮凝技术引入到发酵液的预处理上,研究开发了菌体及悬浮物絮凝技术,改善了发酵液的分离性能。纤维素助滤剂的开发,大大提高了发酵液的分离效率。也有用超滤法从发酵液中分离细菌的报道。

固液分离机械有带式过滤机、连续和半连续板框过滤机、螺旋沉降式离心机(decanter centrifuger)、锥篮-活塞离心机等。

细胞破碎技术:细胞破碎是工业化生产胞内物质所必需的技术,已经开发出球磨破碎、压力释放破碎、冷冻加压释放破碎和化学破碎等技术。

初步分离纯化技术:开发了沉淀、离子交换、萃取、超滤等技术。较早出现的是酶及蛋白质的盐析法;有机溶剂沉淀法;双水相萃取技术,比较适合于胞内活性物质和细胞碎片的分离,为进一步纯化精制创造了前提;超滤技术,解决了生物大分子对pH、热、有机溶剂、金属离子敏感等难题,在生物大分子的分级、浓缩、脱盐等操作中得到了广泛的使用。

高度分离纯化技术:小分子物质一般可通过离子交换、脱色和结晶、重结晶等方法获得纯度很高的产品。生物大分子的纯化一直是个难题。20世纪70年代以来,逐渐开发出各种色谱(层

析)技术,如亲和色谱、疏水色谱、聚焦色谱、离子交换色谱和凝胶色谱等,后两种技术已开始用于批量生产。

其他新型分离技术:超临界 CO_2 萃取技术在获取天然生物物质方面有着独特的优势。介于反渗透和超滤之间的纳米滤(nanofiltration)技术,由于其能使水和大部分无机盐通过而截留相对分子质量 300~1 000 的小分子有机物,而且操作压力低,在生物工业和水处理中具有广阔的应用前景。渗透蒸发技术、液膜技术及反胶团技术的研究和应用开发等也相继取得了很大进展。

下游技术的进步,推动了生物技术产业化的进程。社会需求催生新产品的登场,新产品的出现与新分离方法的开发有关,新方法的开发导致新原理出现,新原理的发现又促进新材料的开发。因而,科学技术的发展是无止境的。就生物工程下游技术而言,新技术发展体现在:

① 传统分离技术的提高和完善。如蒸馏、蒸发、过滤、离心、结晶、离子交换等传统技术日趋成熟,应用范围越来越广泛。发展目标集中于节能和提高效率。

② 新技术的研究和开发。如新型分离介质的研究开发,包括树脂、膜等。子代分离技术,包括各种分离纯化技术结合、交叉、渗透等形成了子代分离技术,膜萃取技术、离子交换膜色谱等,见图 11-2。其他新兴下游技术,包括超临界 CO_2 萃取,反胶团萃取等,见图 11-3。

③ 清洁生产,包括清洁的生产工艺、清洁产品和清洁能源等。

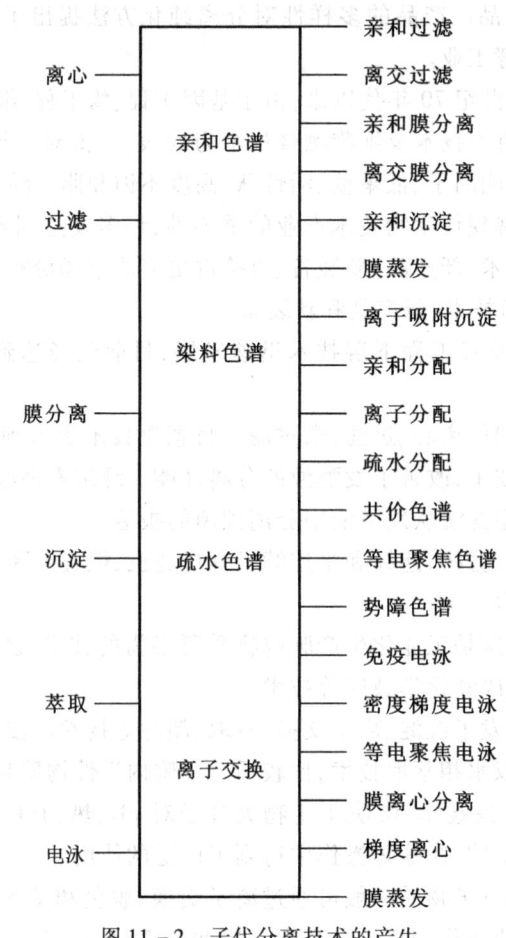

图 11-2 子代分离技术的产生

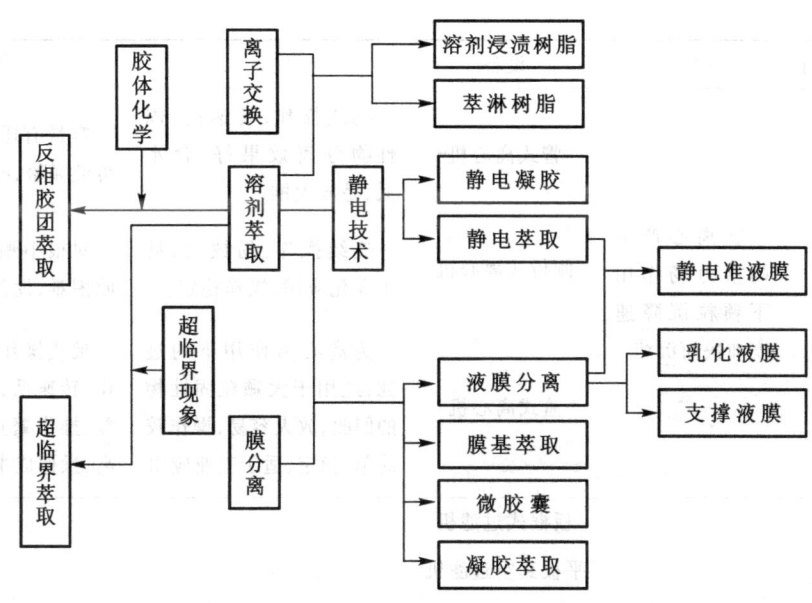

图 11-3 溶剂萃取与一些新兴分离技术之间的关系

三、发酵工程下游技术原理

在设计一个发酵产品的下游加工过程时,要考虑该产品是胞内产物还是胞外产物、发酵液中该产物和主要杂质的浓度和物理化学特性及差异、该产物的用途和质量指标、该产品的市场价格和处理过程废液的处理方法等。总体目标是高产率和低成本。

此外,选择发酵工程下游加工过程还应考虑以下因素:① 产品的规格,以产品中各类杂质的最低存在量表示;② 生产规模;③ 发酵液组成和产品形式;④ 产品的稳定性、理化性质和危害性;⑤ 发酵下游过程所产生的废水;⑥ 操作方式,分批或连续。

目前发酵工业使用较多的下游分离过程原理和特点见表 11-1。

表 11-1 生物下游技术单元操作原理和特点

序号	技术名称	原理	设备	优点	缺点
1	絮凝	利用电荷中和及大分子桥联作用形成更大的粒子	连续式、批式	使固形物颗粒增大,容易沉降、过滤、离心,提高固液分离速度和液体澄清度	条件严苛,放大困难,引入的絮凝剂可能干扰以后分离纯化
2	离心	在离心产生的重力场作用下颗粒沉降速度加快而沉淀	高速冷冻离心机	适于粒度小,热不稳定的物质回收,适于实验室应用	容量小,连续操作困难,大规模生产应用性差
			碟片式离心机	适于大规模工业应用,可连续或批式操作,操作稳定性较好,易放大推广	半连续或批式操作时,出渣清洗烦杂;连续操作固性物含水高,总分离效率低

续表

序号	技术名称	原理	设备	优点	缺点
2	离心	在离心产生的重力场作用下颗粒沉降速度加快而沉淀	管式离心机	批式操作,转速高,固性物分离效果好,含水低,易放大推广	容量有限,处理量小,拆装频繁,噪声大
			倾析式离心机	连续操作,易放大,易工业化应用,操作稳定	对很小颗粒固性物回收困难,设备投资高
			篮式离心机	为离心力作用下的过滤,适用于大颗粒固性物的回收,放大容易,操作简单、稳定,适于工业应用	批式操作或半连续操作,转速低,分离效果较差,操作繁重,设备投资高,操作成本高
3	过滤	依据过滤介质的孔膜大小进行分离	板框式过滤机 平板真空过滤机 真空旋转过滤机	设备简单、操作容易,适合大规模工业应用	分离速度低,分离效果受物料性质变化的影响,劳动强度大
			管式过滤机 蜂窝式过滤机 深层过滤机 涂层过滤机		
			微孔过滤:平板、卷曲、中空纤维、管式滤器	主要用于分离细胞,操作简便,效果好,可无菌操作,适用性好,易放大	较易污染,分离效果与操作技巧关系密切,需精心保养、清洗,不适合精确分离
			超滤:平板、卷曲、中空纤维、管式滤器	用于粗分离、脱盐、浓缩更换缓冲系统,可无菌、批式或连续操作,适用性好,易放大	膜易污染,分离效果与物料处理及性质密切相关,需精心保养、清洗
4	膜分离	依据被分离的分子大小和膜孔大小进行分离	反渗透:平板、卷曲、中空纤膜滤器	主要用于无盐、无热源的水的制备和小分子物质浓缩	需要高压操作,对设备要求好,其他同上
			电渗析:半透膜型离子半透膜型	平板式设备,使用广泛,可连续进行带电荷的物质分离,也可用于纯水制备	电渗过程产生热量,对生物活性有影响

续表

序号	技术名称	原理	设备	优点	缺点
5	细胞破碎				
	X-press	压力释放时液固剪切	压力破碎机	操作简便,可连续操作,适用于不同细胞	加压放热需冷却,否则活性物质失活,破碎率较低,压力不稳定,需反复破碎
	珠磨破碎	固体剪切	细胞珠磨破碎机	操作简便稳定,可连续、批式操作,破碎率可控制,易放大,适用于工业应用	珠磨放热,需高效冷却,不同细胞的破碎条件不同
	超声破碎	超声造成空穴产生压力冲击	超声破碎仪	操作简便,可连续或批式操作	超声产热,需冷却,破碎率低,需反复进行,应用面窄
6	渗透休克				
	有机溶剂法	渗透压突变造成细胞内压力差,引起细胞破碎		适用于位于胞间质的产物释放,细胞破碎率低,但产物释放好,纯度较高	操作比较复杂,条件严格,只适于小量处理,费用高
	表面活性剂法	改变细胞壁或膜的通透性,使产物释放		方法简单,细胞内含物释放少,产物较纯,可大规模应用	适用性有限,只适合对有机溶剂、表面活性剂稳定的产物
	碱、酶处理法	经过碱或酶使细胞壁或膜破坏,使产物释放		方法简单,可大规模应用	适用性有限,只适合对碱或酶稳定的产物
	萃取				
	有机溶剂萃取	依靠在水和有机溶剂中的分配系数差异进行分离	搅拌混合或柱混合-离心分相机,离心萃取机,逆流萃取仪	适于有机化合物及结合有脂质或非极性侧链的蛋白质;反胶团系统较适于生物活性物质萃取	萃取条件严格,安全性低,活性收率低

续表

序号	技术名称	原理	设备	优点	缺点
	双水相萃取	依靠分离物在不相容性的高分子水溶液形成的两相中的分配系数不同而分离		连续或批式萃取,设备简单,萃取容易,操作稳定,极易放大,适合大规模应用,将离子交换基团、亲和配基、疏水基团结合到高分子载体上形成的萃取剂可改进分配系数及萃取专一性	成本较高,纯化倍数较低,适合粗分离
	超临界萃取	利用某些流体在高于其临界压力和临界温度时具有很高的扩散系数和很低的黏度,但具有与流体相似的密度的性质,对一些液体或固体物质进行萃取的方法	超临界萃取机	萃取能力大、速度快,且可通过控制操作压力和温度,使其对某些物质具有选择性,正开始应用于生物工程中	设备条件要求高,规模较小
7	沉淀法				
	有机溶剂法	破坏蛋白质分子的水化层,使之聚集成更大的分子团而沉淀		沉淀各种蛋白质,分级沉淀,达到粗分和浓缩的目的,应用广,简便,可大规模应用	需低温下进行,沉淀时会发生蛋白质变性失活
	盐析	破坏蛋白质分子水化层,电荷中和,使之聚集成更大分子团		用于蛋白质分级沉淀或沉淀,粗分离及浓缩作用,对活性有保护作用,简便,可广泛大规模应用	蛋白质回收率一般,产生的废水含盐高,对环境有影响
	化学沉淀	通过化学试剂与目的产物形成新的化合物,改变溶解度而沉淀		可针对性沉淀目的产物	通用性差,需分离沉淀,回收目的产物

续表

序号	技术名称	原理	设备	优点	缺点
8	层析法				
	离子交换	利用被分离的各组分的电荷性质及数量不同、与离子交换剂的吸附和交换能力不同而达到分离的目的		适于带有电荷的大、中、小及生物活性或非生物活性物质分离纯化,纯化效率较高,应用广泛,可用于实验室和工业生产,可柱式操作,也可搅拌式操作	操作较复杂,测试消耗较大,成本高,有稀释作用,放大困难,离子交换剂须再生后方可再用
	吸附层析	依靠范德华力,极性氢键等作用将分离物吸附于吸附剂上,然后改变条件洗脱,达到纯化目的		吸附剂种类繁多,可选择范围和应用范围广,吸附和解吸条件温和,不需复杂的再生,可柱式或搅拌式操作	选择性低,柱式操作放大困难
	亲和层析	依据目的物与专性配基的相互作用进行分离		选择性极高,纯化倍数和效率高,生物活性收率高,可从较复杂的混合物直接分离目的产物	成本高,配基亲和稳定性差,使用寿命有限,亲和材料制备复杂,放大困难
	染料亲和层析	依据染料分子与目的产物之间的结合专一性进行分离		选择性高、成本低,使用稳定性好,寿命长	有染料配基污染产物的可能,放大困难
	疏水层析	依靠疏水相互作用进行分离		应用广,选择性较好,使用稳定性好	成本较高,放大困难,需较严格控制条件,以保证活性收率
	凝胶层析	依据分子大小进行分离		适合生物大分子的分离纯化,分离条件温和,活性收率较高,选择性和分辨率高,应用广,可工业应用	放大较困难,稀释度高,操作不易掌握

续表

序号	技术名称	原理	设备	优点	缺点
	反相层析	以有机溶剂为固定相,含水的溶剂为流动相所进行的层析分离技术		反相层析可用来分离非极性、极性和离子化合物,分离效果好、速度快,后处理比较方便	易造成蛋白质构象的变化和失活,采用乙腈、甲醇等价格高且有一定毒性的试剂,使其应用受到限制
9	干燥				
	真空干燥	在一定真空度下增加溶剂分子挥发速度	真空干燥剂	适合生物活性物质干燥,干燥物性状较差	耗能高、慢
	真空冷冻干燥	在高真空度下加速固态水的挥发进行干燥	真空冷冻干燥机	适合生物活性产物干燥,产物不起泡,不黏结,蓬松,易溶,活性收率高	能耗高。过程需控制严格,操作复杂,设备投资高
	流化床干燥	在热气流吹动下固形物半悬浮状态连续干燥	流化床干燥器	干燥速度快,易大规模使用,适于制备颗粒状产物	不适合热稳定性差的产物,设备投资较高
	喷雾干燥	依靠喷雾形成的含产物的小液滴,在热气流中迅速干燥	喷雾干燥机	干燥速度快,部分生物活性物可以干燥,可大规模生产	干燥能力小,占地面积大,产品密度低,粒度小,能耗高

第二节 发酵液的预处理

微生物发酵液和动植物细胞培养液的成分极为复杂,其中含有菌体、残留培养基成分、微生物初级和次级代谢产生的各种代谢产物等。无论人们所需的产品是细胞内的还是细胞外的或者是菌体本身,都首先需要进行发酵液的预处理,并回收菌体。发酵液预处理的目的:① 改变发酵液的物理性质,促进从悬浮液中分离固形物的速率,提高固液分离的效率;② 尽可能使产物转入便于后处理的某一相中(多数情况下是液相);③ 除去发酵液中部分杂质,以利于后续各步操作。对于胞外产物,预处理时是尽可能将目的产物转移到液相中,然后由固液分离技术除去固相和菌体;对于胞内产物,则应首先回收菌体和细胞,然后破碎细胞使目的产物释放而进入液相,随后再除去细胞碎片,从液体中分离提取出胞内产物。

▶▶ 一、发酵液过滤特性的改变

各种发酵产品,由于微生物菌种和发酵类型不同,导致发酵液的性质不同,归纳如下:① 发酵液中发酵产物的浓度较低,大多为1%～10%,悬浮液中大部分是水;② 悬浮物颗粒小,相对密度与液相相差不大;③ 固体颗粒可压缩性大;④ 液相黏度大,大多为非牛顿型流体;⑤ 性质不稳定,随时间变化,容易受空气氧化、微生物污染、蛋白酶水解等作用的影响。由于这些特性使发酵液的过滤与分离相当困难。通过对发酵液的适当预处理,可改善其流体性能,降低滤饼阻力,提高过滤与分离的速率。

发酵液预处理方法选择取决于可分离物质的性质,如对溶液pH和热的稳定性,是蛋白质或生理活性物质,分子质量的大小等。具体方法按照作用原理介绍如下。

1. 降低发酵液的黏度

根据流体力学的原理,滤液通过滤饼的速率与液体的黏度成反比,可见降低液体的黏度有利于提高过滤速率。可以通过以下两种方法来实现:

① 加水稀释法:加水稀释发酵液会降低黏度,但同时会增加悬浮液的体积,加大后续处理的工作量。而且,单从过滤操作来看,稀释后过滤速度的提高比率必须大于加水比才能认为有效;

② 升温加热法:加热法是最简单和廉价的预处理方法,即把悬浮液加热到一定温度并保温适当时间。温度升高可以降低黏度,提高过滤速度。同时恰当的温度升高和受热可以加速蛋白变性凝聚,形成较大颗粒的凝聚物,去除某些杂蛋白等物质,破坏凝胶状结构、增加滤饼的孔隙度,使固液分离变得更容易。但利用升温法需严格控制加热温度与时间。首先,加热的温度必须不能影响目的产物的活性;其次,温度过高或时间过长,会引起细胞溶解,胞内物质外溢,增加发酵液的复杂性,使得后续分离更困难。

2. 调整溶液的pH

全细胞的聚集作用高度依赖于pH的高低。溶液的pH直接影响发酵液中某些物质的电离度和电荷性质,适当调节pH可改善其过滤性质,促进聚集作用。该方法也比较简单,一般用无机酸或碱来调节。对于氨基酸、蛋白质等两性物质,在等电点时溶解度最低,因此可以调节pH在等电点时进行提取,这就是等电点沉淀法的原理。例如味精生产时就是在其等电点(pH 3.22)提取谷氨酸的。在膜过滤中也可以通过调节pH来改变易吸附分子的电荷性质,从而减少膜的污染与堵塞。

细胞、细胞碎片及某些胶体物质等在某个pH下也可能趋于絮凝而成为较大颗粒,有利于过滤的进行。

3. 凝聚与絮凝

凝聚与絮凝都是悬浮液预处理的重要方法,其处理过程就是将化学药剂预先投加到悬浮液中,改变细胞、菌体和蛋白质等胶体粒子的分散状态,破坏其稳定性,使它们聚集成可分离的絮凝体,再进行分离。这两种方法的特点是不仅能使颗粒尺寸有效增加,并且会增大颗粒的沉降或浮选速度,提高滤饼的渗透性或者在深层过滤时产生较好的颗粒保留作用。采用凝聚与絮凝技术能有效改变细胞、细胞碎片及溶解大分子物质的分散状态,使其聚结成较大的颗粒,便于提高过滤速率,并且可以有效地除去杂蛋白和固体物质,提高滤液的质量。因此这两种方法在发酵工业上常被应用。

① 凝聚：指在电解质作用下，由于胶粒之间双电层电排斥作用降低，电位下降，而使胶体体系不稳定的现象。发酵液中的细胞、菌体或蛋白质等胶体粒子的表面，一般都带有电荷，带电的原因很多，主要是吸附溶液中的离子和自身基团的电离。在生理 pH 下，发酵液中的菌体或蛋白质常常有负电荷，由于静电引力的作用，使溶液中带相反电荷的阳离子被吸附在其周围，在界面上形成双电层。双电层的结构使胶粒之间不易聚集而保持稳定的分散状态。双电层的电位越高，电排斥作用越强，胶体粒子的分散程度也就越大，发酵液过滤就越困难。

凝聚作用就是向胶体悬浮液中加入某种电解质，在电解质中异电离子作用下，胶粒的双电层电位降低，使胶体体系不稳定，胶体粒子间因相互碰撞产生凝聚的现象。电解质的凝聚能力可用凝聚值来表示，使胶粒发生凝聚作用的最小电解质浓度（mmol/L）称为凝聚值。根据 Schuze - Hardy 法则，反电荷离子的价数越高，该值就越小，即凝聚能力越强。阳离子对带负电荷的发酵液胶体粒子凝聚能力的次序为：$Al^{3+} > Fe^{3+} > H^+ > Ca^{2+} > Mg^{2+} > K^+ > Na^+ > Li^+$。常用的凝聚电解质有硫酸铝 $Al_2(SO_4)_3 \cdot 18H_2O$（明矾）、氯化铝 $AlCl_3 \cdot 6H_2O$、三氯化铁 $FeCl_3 \cdot 6H_2O$、硫酸亚铁 $FeSO_4 \cdot 7H_2O$、石灰、$ZnSO_4$、$MgCO_3$ 等。

② 絮凝：絮凝指在某些高分子絮凝剂（通常是天然或合成的大分子量聚合电解质）存在下，使胶体粒子交联成网，形成较大絮凝团的过程。絮凝剂起架桥作用。絮凝剂是一种能溶于水的高分子聚合物，其相对分子质量可高达数万至一千万以上，它们具有长链结构，其链节上含有许多活性官能团，包括带电荷的阴离子或阳离子基团以及不带电荷的非离子型基团。它们通过静电引力、范德华引力或氢键的作用，强烈地吸附在胶粒的表面。当一个高分子聚合物的许多链节分别吸附在不同的胶粒表面上，产生桥架联接时，就形成较大的絮团，这就是絮凝作用。

对絮凝剂的化学结构一般有以下两方面要求：其分子必须含有相当多的活性官能团，使之能和胶粒表面相结合；必须具备长链的线性结构，以便同时与多个胶粒吸附形成较大的絮团，但相对分子质量不能超过一定限度，以使其具有良好的溶解性。根据其活性基团在水中解离情况的不同，絮凝剂可分为非离子型、阴离子型和阳离子型三类。根据其来源的不同，工业上使用的絮凝剂又可分为三类，有机高分子聚合物，如聚丙烯酰胺类衍生物、聚苯乙烯类衍生物；无机高分子聚合物，如聚合铝盐、聚合铁盐等；天然有机高分子絮凝剂，如聚糖类胶黏物、海藻酸钠、明胶、骨胶、壳多糖、脱乙酰壳多糖等。

目前最常用的絮凝剂是有机合成的聚丙烯酰胺类衍生物，其絮凝体粗大，分离效果好，絮凝速度快，用量少，适用范围广。主要缺点是存在一定的毒性，特别是阳离子型聚丙烯酰胺，一般不宜用于食品及医药工业。近年来发展的聚丙烯酸类阴离子絮凝剂无毒，可用于食品和医药工业。

絮凝效果与絮凝剂的加量、相对分子质量和类型、溶液的 pH、搅拌转速和时间等因素有关。同时，在絮凝过程中，常需加入一定的助凝剂以增加絮凝效果。溶液 pH 的变化常会影响离子型絮凝剂中官能团的电离度，从而影响吸附作用的强弱。絮凝剂的最适添加量往往需通过试验确定，虽然较多的絮凝剂有助于增加桥架的数量，但过多的添加剂反而会引起吸附饱和，絮凝剂争夺胶粒而使絮凝团的粒径变小。

絮凝剂的类型和剂量的最优化，取决于固体的浓度、粒子的尺寸分布范围、表面化学、电解质的含量等因素，是多种效应的综合结果。同样还取决于后续分离过程对所需絮凝物类型与特性的要求。

③ 混凝：对于带负电荷的菌体或蛋白质来说，采用阳离子型高分子絮凝剂同时具有降低胶

粒双电层电位和产生吸附桥架的双重机理,所以可以单独使用。对于非离子型和阴离子型高分子絮凝剂,则主要通过分子间引力和氢键作用产生吸附桥架,所以它们常与无机电解质凝聚剂搭配使用。首先加入电解质,使悬浮粒子间的双电层电位降低、脱稳、聚凝成微粒,然后再加入絮凝剂絮凝成较大的颗粒。无机电解质的凝聚作用为高分子絮凝剂的桥架创造了良好的条件,从而大大提高了絮凝的效果。这种凝聚和絮凝机理的过程,成为混凝。

4. 加入助滤剂

惰性助凝剂是一种颗粒均匀、质地坚硬、不可压缩的多孔微粒,它能使滤饼疏松,滤速增大。这是因为充当过滤介质的助凝剂表面具有吸附胶体的能力,由此助凝剂形成的滤饼具有格子型结构,不可压缩,滤孔不会被全部堵塞,可以保留良好的渗透性,既能使悬浮液中大量细微胶体粒子被吸附截留在助凝剂的格子骨架上,又能使清液有流畅的沟道。所以使用惰性助凝剂能提高过滤能力和生产效率,改善滤液澄清度,降低过滤成本,故又称为助滤剂。常用的助滤剂有硅藻土、纤维素、石棉粉、珍珠岩、白土、炭粒、淀粉等,其中最常用的是硅藻土。

助滤剂的使用方法有两种:① 在过滤介质表面预涂助滤剂;② 直接加入发酵液。也可两种方法兼用。对于第二种使用方法,需要一个带搅拌器的混合槽,充分搅拌混合均匀,防止分层沉淀。除此之外,选择和使用助滤剂的要点有:① 根据目的产物选择助滤剂品种:当目的产物为液相时,要注意目的产物是否被助滤剂吸附,这种吸附常与 pH 有关;当目的产物为固相时,一般使用淀粉、纤维素等不影响产品质量的助滤剂;② 根据过滤介质和过滤情况选择助滤剂品种:当使用粗目滤网时,易泄漏,常用石棉粉、纤维素、淀粉等作助滤剂,可有效地防止泄漏;当使用细目滤布时,宜采用细粒硅藻土,如采用粗粒硅藻土,则料液中的细微颗粒仍将透过助滤层到达滤布表面,从而使过滤阻力增大;当使用烧结或黏结材料过滤介质时,宜使用纤维素助滤剂,这样可以使滤渣易于剥离并可防止堵塞毛细孔;③ 粒度选择:助滤剂的粒度及粒度分布对过滤速度和滤液澄清度影响很大。当粒度一定时,过滤速度与澄清度成反比。助滤剂的粒度必须与悬浮液中固体粒子的尺寸相适应,颗粒较小的悬浮液采用较细的助滤剂;④ 使用量的选择:助滤剂的使用量必须适合。使用量过小,起不到有效的作用;使用量过大,既浪费又会使助滤剂成为主要的滤饼阻力而使滤速率下降。

5. 加入反应剂

有时,加入某些不影响目的产物的反应剂,可消除发酵液中的某些杂质对过滤的影响,从而提高过滤速率。加入反应剂和某些可溶性盐类发生反应生成不溶性沉淀,如 $CaSO_4$、$AlPO_4$ 等。生成的沉淀能防止菌丝体黏结,使菌丝具有块状结构,沉淀本身可以作为助滤剂,并且能使胶状物和悬浮物凝固,从而改善过滤性质。

▶▶ 二、发酵液的相对纯化

发酵液中的杂质很多,其中有些杂质不仅直接影响产品的质量和收得率,同时对后续提取和精制有很大的影响。例如,发酵液中的可溶性蛋白质会影响后续离子交换法和吸附法提取时的交换容量和吸附能力。在有机溶剂萃取或双水相萃取时,易产生乳化现象,使两相分离不清。又如发酵液中的高价无机离子,在离子交换法提取时影响树脂对生物物质的交换容量。这些物质的存在,在常规过滤或膜过滤时,易使过滤介质堵塞或受污染,影响过滤。因此在预处理时,需要采用适当的方法使这些杂质沉淀,在固液分离时除去,以利于后续工作的进行。

1. 高价无机离子的去除

发酵液中主要的无机离子有 Ca^{2+}、Mg^{2+} 和 Fe^{2+} 等。Ca^{2+} 的去除可使用草酸,由于草酸溶解度高并且价格较贵,在发酵液中的 Ca^{2+} 浓度比较高时,可以使用其可溶性的盐,例如草酸钠。反应生成的草酸钙还能促使蛋白质凝固,改善发酵液的过滤性质。Mg^{2+} 的去除,由于发酵液中的 Mg^{2+} 浓度一般不是很高,因而一般不宜采用沉淀法去除镁离子的影响,可以加入三聚磷酸钠,它和镁离子形成可溶性络合物后,即可消除对离子交换的影响。反应式为:

$$Na_5P_3O_{10} + Mg^{2+} \longrightarrow MgNa_3P_3O_{10} + 2Na^+$$

Fe^{2+} 的去除可加入黄血盐,使其形成普鲁士蓝沉淀而去除。

2. 杂蛋白的去除

在改善发酵液过滤特性的方法中,有许多方法可在改善过滤特性的同时除去蛋白质,常用的方法有:① 沉淀法:蛋白质是两性物质,能与一些阴离子如三氯乙酸盐、水杨酸盐等形成沉淀;在碱性溶液中,能与一些阳离子如 Ag^+、Cu^{2+}、Zn^{2+}、Fe^{3+} 和 Pb^{2+} 等形成沉淀;② 变性法:蛋白质从有规则的排列变成不规则结构的过程称为变性,变性蛋白的溶解度较小。使蛋白质变性的方法有很多,常用的是加热法。加热不仅使蛋白质变性,同时降低液体的黏度,提高过滤速率。例如,在柠檬酸发酵中就利用加热法来使蛋白质变性、降低发酵液黏度,以提高过滤速率。另外,大幅度调节 pH、加酒精、丙酮等有机溶剂或表面活性剂等方法也可以使蛋白质变性。变性法存在一定的局限性。如加热法只适合于对热稳定的目的产物;极端 pH 法也会导致某些目的产物失活,并且要消耗大量的酸碱;而有机溶剂法通常只适用于所处理的液体数量较少的场合;③ 吸附法:加入某些吸附剂或沉淀剂吸附杂蛋白质而将其除去。例如在提取四环类抗生素时,采用黄血盐和硫酸锌的协同作用生成亚铁氰化锌钾 $K_2Zn_3[Fe(CN)_6]_2$ 的胶状沉淀来吸附蛋白质,生产中达到很好的效果。

▶▶ 三、固液分离工程及设备

固液分离是发酵生产中经常用到的单元操作。固液分离的方法很多,常规方法有分子筛、重力沉降、浮选分离、离心分离和过滤等。固液分离过程根据颗粒的收集方式分为两大类型。沉降和浮选为第一类,液体受限于一个固定的或旋转的容器而颗粒在液体里自由移动,分离是由于内外力场的加速作用产生的质量力施加在颗粒上造成的。这种力场可能是重力场、离心力场或磁场,分离过程不以颗粒到达收集表面为结局,如果过程是连续的,被收集的颗粒必须从筛分容器中转送和排放。如果作用力是重力或离心力(除浮选外),在固体和液体之间必须有密度差。第二类是过滤,颗粒受到过滤介质的限制,而液体可以自由通过介质。不同性状的发酵液应选择不同的固液分离方法和设备,其中用于发酵液固液分离的方法主要是离心和过滤。目前应用较多的固液分离方法见图 11-4。

1. 过滤法

传统的过滤操作是在某一支撑物上放过滤介质,注入含固体颗粒的溶液,使液体通过,固体颗粒留下。过滤设备按照推动力不同可分为四类:重力过滤、加压过滤、真空过滤、离心过滤。无论哪一类过滤设备都可分为分批(间歇)和连续操作。加压过滤设备由于结构复杂,操作繁杂,连续化较难,故使用较少;真空设备易于实现连续化,是常用的过滤设备。过滤设备的种类见表 11-2。

第十一章 发酵工程下游技术发展及发酵液的预处理

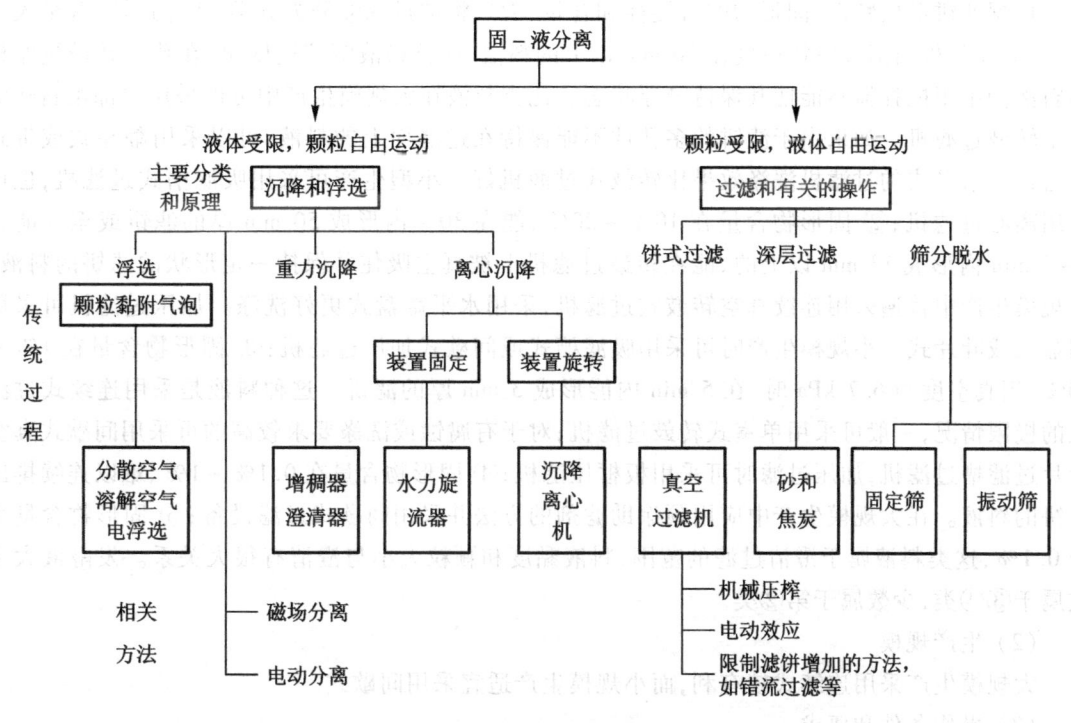

图 11-4 固液分离过程分类

表 11-2 过滤设备的种类

装　　置	操作方式	形　　式
加压过滤设备	间歇式	① 密闭式圆盘过滤器 ② 压滤器 ③ 加压叶状过滤器 ④ 水平板型加压过滤器 ⑤ 工业型管状过滤器
	连续式	⑥ 加压圆盘型(或圆盘型)过滤器 ⑦ 加压圆筒型被覆过滤器
真空过滤设备	间歇式	① 吸滤缸(槽) ② Galigher 倾斜型过滤器 ③ 真空叶状过滤器
	连续式	④ 多室圆筒型真空过滤器 ⑤ 圆盘型真空过滤器 ⑥ 水平型真空过滤器

选择过滤设备要考虑以下几方面：
（1）被过滤液体的过滤特性

根据滤饼形成特性、固形物的沉淀性和含量,大致将被过滤液分为五类:① 固形物含量大于 20%,能在数秒内形成滤饼厚度在 50 mm 以上的料液,此类料液沉淀速度快,在普通转鼓过滤机的料液槽中用搅拌器不能使其保持悬浮状态。此类料液在大规模生产中可以采用内部给料式的真空转鼓过滤机。如果由于滤饼的多孔性不能保持在过滤面上的料液,可以采用翻斗式或带式过滤机。水平式的过滤机洗涤效果比转鼓式过滤机好。小型生产可采用吸滤槽式过滤机,也可采用离心过滤机;② 固形物含量在 10% ~ 20%,能在 30 s 内形成 50 mm 厚的滤饼或至少能在 1 ~ 2 min 内形成 13 mm 以上的、能在转鼓过滤机上被真空吸住并保持一定形状的滤饼的料液。大规模生产中普遍采用连续真空转鼓式过滤机,采用水平翻盘式更好洗涤。加压过滤机可采用圆盘式或叶片式。小规模生产时可采用吸滤槽式或间歇式加压过滤机;③ 固形物含量在 1% ~ 10%,当真空度为 6.7 kPa 时,在 5 min 内能形成 3 mm 厚的滤饼。这种料液是采用连续式过滤机的极限情况,一般可采用单室式转鼓过滤机;对于有腐蚀或洗涤要求较高的可采用间歇式真空叶片过滤槽过滤机,加压过滤时可采用板框压滤机;④ 固形物含量在 0.1% ~ 1%、难以连续排出滤饼的料液。在大规模生产中应用预涂助滤剂的方法并采用间歇式过滤设备;⑤ 固形物含量小于 0.1%,这类料液属于澄清过滤的范围,料液黏度和颗粒大小与澄清有很大关系。发酵液大多数属于③④类,少数属于第②类。

(2) 生产规模

大规模生产采用连续式较有利,而小规模生产适宜采用间歇式。

(3) 操作条件和要求

当处理有挥发性、爆炸性、有毒性物料时,需采用全封闭式的过滤机。当过滤时需保持一定蒸气压或较高温度时,则不能采用真空过滤机,只能用压滤机。滤饼的含水率、滤出液的澄清度和洗涤要求以及滤饼的排出方式都在某种程度上影响过滤机的选用。

关于过滤介质的种类有① 无定形颗粒,如颗粒活性炭、砂、无烟煤等;② 成形颗粒,如烧结金属、烧结塑料、合成树脂、塑料颗粒等;③ 非金属织布棉、化学纤维、玻璃纤维织品、长纤维滤布与短纤维滤布等;④ 金属织布,如不锈钢丝织布等;⑤ 无纺布、纸、毡、石棉、合成纤维等。

(A) 板框式压滤机

这是一种传统过滤设备,广泛应用于发酵工业的培养基制备;霉菌、放线菌、酵母等多种发酵液的固液分离。该设备具有结构简单、装配紧凑、过滤面积大、过滤的推动力(压力差)能大幅度调整、能耐受较高压力差,及辅助设备少、维修方便、价格低、动力消耗少等优点。但也存在着设备笨重、间歇操作、劳动强度大、卫生条件差、辅助时间多和生产效率低等缺点。近年来研制的全自动板框压滤机使这种加压过滤设备得到新的发展。

(B) 真空转鼓过滤机

真空过滤机在负压下工作,最典型的是外滤面多室式真空转鼓过滤机。真空转鼓过滤机的过滤面是一个以很低转速旋转的、开有许多小孔或由筛板组成的圆筒(转鼓),面外覆有金属网及滤布,将此转鼓置于液槽中,转鼓内部抽真空,在滤布上即形成滤饼,滤液经中间的管道和分配阀流出。整个工作周期在转鼓旋转一周期间完成,转鼓旋转一周可分为四个区,即过滤区、洗涤吸干区、卸渣区、再生区。工作原理见示意图 11 – 5。

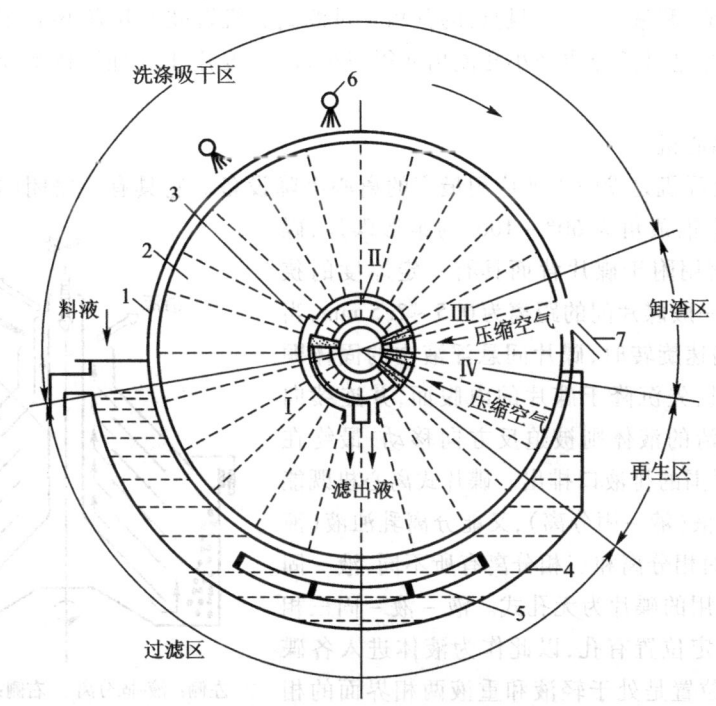

图 11-5 真空转鼓过滤机工作示意图

（C）硅藻土过滤机

硅藻土是几百年前水生植物沉淀下来的遗骸，在酸碱条件下稳定，由于其颗粒形状极不规则，所形成的滤饼空隙率大，具有不可压缩性，因而既是优良的过滤介质也是优良的助滤剂。硅藻土通常有三种用法：① 作为深层过滤介质过滤悬浮液。硅藻土不规则的粉粒之间形成许多曲折的毛细孔道，可籍筛分作用除去固体粒子，同时由于吸附作用也可除去一部分胶体粒子；② 在挠性和刚性支持性介质的表面上预先形成硅藻土薄层（预涂层），以保护支持性介质的毛细孔在过滤时不被微小的颗粒所堵塞；③ 将适量的硅藻土分散在待过滤的悬浮液中，使形成的滤饼具有多孔性，降低滤饼的可压缩性，提高过滤速度并延长过滤操作的周期。硅藻土过滤机广泛应用于酒类酿造工业，如啤酒中冷凝固物的分离、嫩啤酒的过滤、葡萄酒的澄清等。

2. 离心法

离心分离是基于固体颗粒和周围液体密度存在差异，在离心场中使不同密度的固体颗粒加速沉降的分离过程。与过滤不同，离心只能得到一种较为浓缩的悬浮液或浆体，而过滤可获得水分含量较低的滤饼。当固体颗粒细小而难以过滤时，离心操作十分有效。离心分离具有分离速率快、分离效率高、液相澄清度好等优点。但离心设备较过滤机价格昂贵的多。设备投资高、能耗大。

离心机是利用转鼓高速旋转所产生的离心力，来实现悬浮液、乳浊液的分离或浓缩的分离机械。按其作用原理不同，可分为过滤式离心机和沉降式离心机两类。离心沉降设备从操作上看，有间歇（分批）操作和连续操作；从形式上看有管式、套筒式、碟片式等；从出渣方式上看，有人工间歇出渣和自动出渣等方式。发酵工业中常用的旋风分离器属于离心沉降设备。沉降式离心机转鼓上无孔，不需过滤介质，在离心力的作用下，物料按密度的大小不同分层沉降而得到分离，可用于液-固、液-液、和液-液-固物料的分离。过滤离心机转鼓上开有小孔,有过滤介质,在离心力作用下,液体穿过过滤介质经小孔流出而得以分离,主要用于处理固体颗粒较大、固体含量较高的悬浮液。

(1) 碟片式离心机

碟片式离心沉降机是发酵工业应用最广的离心沉降设备。它具有一密闭的转鼓,鼓中放置有数十个至上百个锥顶角为60°~100°的锥形碟片,碟片与碟片间的距离用附于碟片背面具有一定厚度的狭条来调节和控制,一般碟片间的距离为0.5~2.5 mm,当转鼓连同碟片以高速旋转时,碟片间悬浮液中的固体颗粒因有较大的质量,先沉降于碟片的内腹面,并连续向鼓壁方向沉降,澄清的液体则被迫反方向移动,最终在转鼓颈部进液管周围的排液口排出。碟片式离心机既能分离低浓度的悬浮液(液-固分离),又能分离乳浊液(液-液-固分离)。两相分离和三相分离有所不同,液-固或液-液两相分离用的碟片为无孔式。液-液-固三相分离用的碟片在一定位置有孔,以此作为液体进入各碟片间的通路,孔的位置是处于轻液和重液两相界面的相应位置上,其分离工作原理见图11-6的左右两侧。碟片式离心机根据排出分离固体的方法不同分为喷嘴型碟片式离心机和自动分批排渣型碟片式离心机。

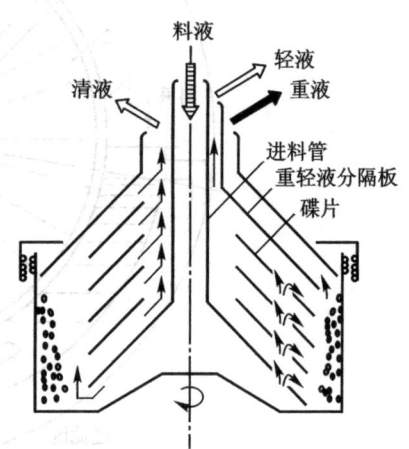

左侧:液-固分离　　右侧:液-液-固分离

图11-6　碟片式离心机液-固分离和液-液-固分离的工作原理

(2) 管式离心机

管式离心机的转鼓细长,可以在很高的转速下工作,而不至使转鼓内壁产生过高的应力。管式离心机可用于微生物细胞的分离,还可用于细胞碎片、细胞器、病毒、蛋白质、核酸等生物大分子的分离。管式离心机也是沉降式离心机,由于其转鼓直径较小,容量有限,因而生产能力小。管式离心机可用于液液分离和固液分离。用于液液分离时可连续操作,用于固液分离时为间歇操作,操作一定时间后需将沉积于转鼓上的固体定期人工卸渣。管式离心机设备简单、操作稳定、分离效率高。其结构和工作状况见图11-7,图中(a)为结构图,(b)为工作状况示意图。

(3) 篮式离心机

工业上常用的篮式离心机属于离心过滤机。所谓离心过滤机就是利用离心力代替压力差作为过滤推动力。常用的过滤离心设备有三种:① 三足式离心机;② 卧式刮刀离心机;③ 螺旋卸料离心机。篮式过滤离心机的转鼓为一多孔圆筒,圆筒转鼓内表面铺有滤布。操作时,被处理的料液由圆筒口连续进入筒内,在离心力的作用下,清液透过滤布及鼓壁小孔被收集排出,固体微粒则被截留于滤布表面形成滤饼。其分离原理见图11-8。

3. 切向流过滤法

近年来固液分离技术发展速度很快,如切向流过滤、双水相萃取、吸附法等。本书在第十三章第四节对于双水相技术有专门论述。吸附法是指向细胞碎片悬浮液中加入某种固体吸附剂,或者用细胞碎片悬浮液通过装有吸附剂的固定床,即可达到除去细胞碎片的目的。

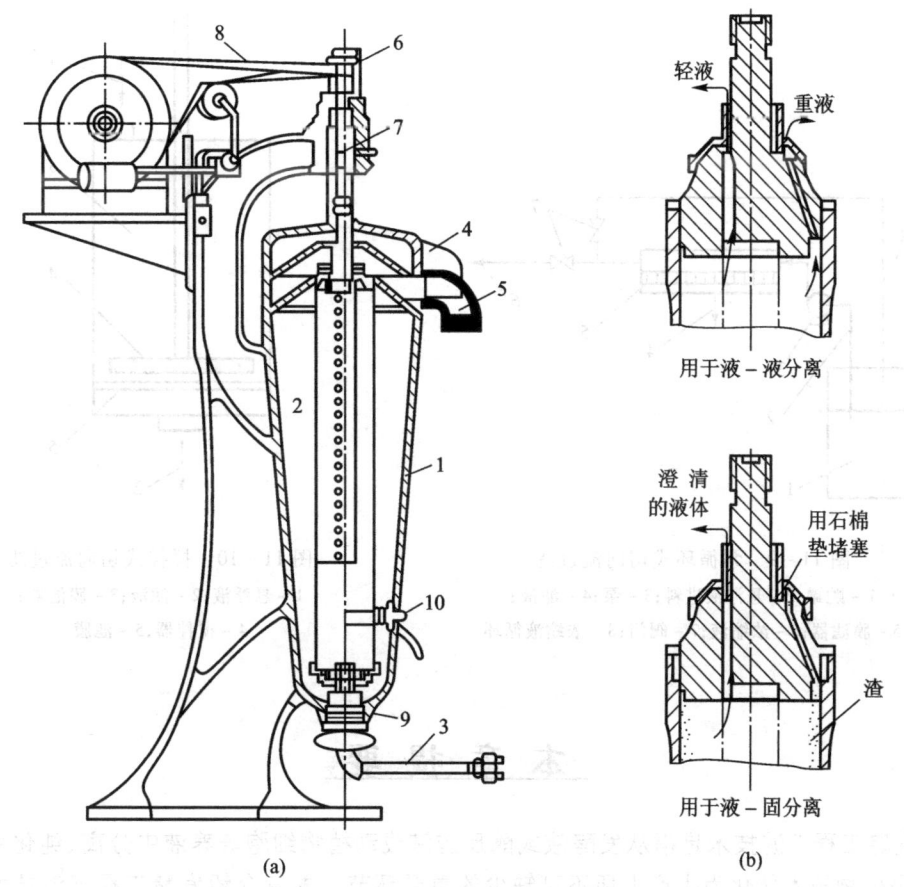

图 11-7 管式离心机结构示意图

1-机座;2-转筒;3-乳浊液进入管;4-轻液排出管;5-重液排出管;
6-皮带轮;7-挠性轴;8-平皮带;9-支撑轴承;10-挚动器

切向流过滤(cross-flow filtration)又称错流过滤、交叉过滤、十字过滤等,是指料液的流动方向与滤饼基本垂直,称为封头过滤(dead-end filtration)。其操作特点是使悬浮液在过滤介质表面作切向流动,利用流动的剪切作用将过滤介质表面的固体(滤饼)移走。当移走固体的速率与固体的沉积速率相等时,过滤速率近似恒定。采用此法离心分离细菌、细胞碎片、蛋白质等悬浮液时,由于固体颗粒细微,可压缩性大,所形成的滤饼阻力很大,随着过滤的进行,过滤速度会下降。在此情况下,增加压力所起的作用有限,因为增压会进一步压缩滤饼,要维持较高的过滤速率,最有效的方法是阻止滤饼加厚,当滤饼达到一定厚度时反洗除去滤饼。切向流过滤广泛应用于膜过滤过程。其两种具有代表性的方式是:①用泵循环使悬浮液流经过滤介质,如图 11-9;②在过滤介质表面加搅拌造成流动,产生切向流,如图 11-10。

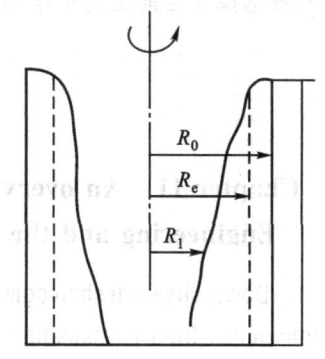

图 11-8 篮式过滤离心机分离原理图

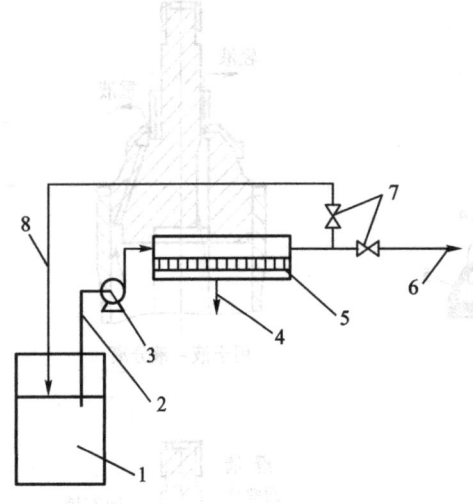
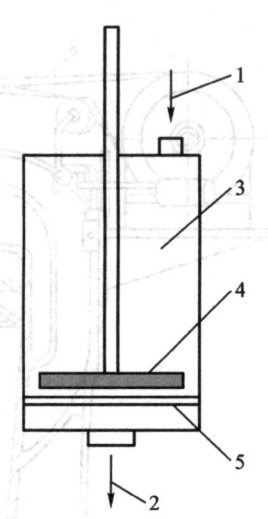

图 11-9　泵循环式切向流过滤
1-贮罐;2-悬浮液进料;3-泵;4-滤液;
5-膜滤器;6-浓缩液;7-阀门;8-浓缩液循环

图 11-10　搅拌式切向流过滤
1-悬浮液;2-滤液;3-膜滤器;
4-搅拌器;5-滤膜

本 章 提 要

1. 发酵工程下游技术是指从发酵液或酶反应液或动植物细胞培养液中分离、纯化生物产品的过程,是生物技术转化为生产力所不可缺少的重要环节。本章介绍发酵工程下游技术的工作领域、理论基础、一般过程和选择准则。

2. 发酵液的预处理包括发酵液特性的改变和发酵液的相对纯化,本章介绍了预处理方法和原理。

3. 固液分离是发酵生产中常用的单元操作。固液分离的方法很多,过滤和离心是常用的方法,本章选择了目前工业中常用的几种过滤机和离心机进行了讲解。

Chapter Summary

Chapter 11　An overview on Down – Stream Technology of Fermentation Engineering and the Pretreatment Technology of Fermentation Liquid

1. Down stream technologies of fermentation engineering refer to the process to recover and purify bioproducts from fermentation liquids, enzyme bioreaction liquids, and cultivation liquids of animal and plant cell. It is the indispensable section for lab biotechnology to tracform to commercial production.

2. The pretreatments of fermentation liquids contain the modification of their processsing charac-

teridtics and primary purification.

3. Solid – liquid separation is an common unit operation in fermentation industry. There are many options for solid – liquid separation, while filtration and centrifugation are the most common methods. And some filters and centrifuges used frequently in fermentation industry are slated.

关键术语

下游技术	物质分离	产品加工
固液分离	凝聚	絮凝
回收率	初步分离	高度纯化
成品加工	发酵液预处理	流体性能
滤饼阻力	分离速率	混凝
惰性助凝剂	过滤	离心
错流过滤		

复习思考题

1. 何为发酵工程下游技术？发酵液中含几类杂质？从发酵液中可提取几类产物？
2. 发酵产物有何特性？发酵液组成有何特点？
3. 在工业生产规模前提下考虑发酵产物后处理过程必须注意并满足什么条件？
4. 说明发酵工程下游技术过程和要点。
5. 简述各种分离纯化技术的工作原理和特点。
6. 简述发酵液预处理的目的和方法。
7. 说明发酵液相对纯化和固液分离工程要点、方法和设备。

第十二章 微生物细胞破碎原理与技术

发酵产物大多数经微生物代谢分泌到细胞外,称为胞外产物。但有些发酵产物在细胞培养过程中不能分泌到胞外的培养液中,而保留在细胞内,例如乙醇脱氢酶、碱性磷酸酶、青霉素酰化酶、二氢嘧啶酶等,仍存在于细胞内,称为胞内产物。基因工程菌发酵形成的产品,如干扰素、胰岛素、白细胞介素 -2 等也大多是胞内产物。分离提取胞内产物时,需用上章所述方法收集菌体或细胞后,进行细胞破碎,使胞内的目标性产物选择性地释放到液相中,然后进行分离提纯。释放可以用分泌性宿主使胞内产物分泌到胞外,也可以用破碎细胞的办法,使胞内产物释放。因此,细胞的破碎技术是提取胞内产物的关键步骤。

细胞破碎的目的是破坏细胞外围使胞内物质释放出来。微生物细胞的外围通常包括细胞壁和细胞膜,它们起着支撑细胞的作用。细胞破碎是指选用物理、化学、酶或机械的方法来破坏细胞壁或细胞膜。

其中细胞壁的破碎最为关键,因为细胞壁是具有一定刚性和坚韧的物质,起到保护细胞的作用。当细胞与周围环境交换营养物或代谢产物时,细胞壁起了调节和控制的作用。此外,它还具有抗机械撞击作用的功能,如帮助细胞抵抗来自发酵液混合的剪应力、静压力或渗透压等,所以它很难破碎。

第一节 细胞壁的组成和结构

采用染色、质壁分离、显微解剖或电镜等技术都可看到微生物(除原生动物及支原体等外)细胞表面都有一层具一定硬度和韧性的结构,称为细胞壁(cell wall)。各类微生物细胞壁功能相似,但化学组成和结构差异很大,它取决于遗传和环境因素,即不仅取决于微生物的类型,还取决于细胞的年龄和生长生理学特性。

细胞膜为内壁,是一层具有高度选择性的半透膜,控制细胞内外一些物质的交换渗透作用。细胞膜较薄,厚度仅有 7~10 nm,主要由蛋白质和脂质组成,强度比较差,易受渗透压冲击而破碎。

细胞破碎的主要阻力来自于细胞壁。微生物的细胞壁要比想象的坚韧,Wimpemng指出八叠球菌(*Sarcinalvtea*)内的渗透压大约为2 MPa,而能耐受这一压力的细胞结构必定非常牢固。各种微生物细胞壁的组成和结构差异很大,取决于遗传信息、培养生长环境和菌龄。此外,霉菌的细胞壁还随培养过程中机械搅拌作用的强弱而变化。了解细胞壁的组成和结构,有利于研究细胞的破碎和提高破碎率。各种微生物细胞壁的组成和结构见表12-1。

表12-1 各种微生物细胞壁的组成与结构

微生物	革兰氏阳性菌	革兰氏阴性菌	酵母	霉菌
壁厚/nm	20~80	10~13	100~300	100~200
层次	单层	多层	多层	多层
主要组成	肽聚糖(40%~90%)	肽聚糖(5%~10%)	葡聚糖(30%~40%)	多聚糖(80%~90%)
	多糖	脂蛋白	甘露聚糖(30%)	
	胞壁酸	脂多糖(11%~12%)	蛋白质(6%~8%)	脂质
	蛋白质	蛋白质	脂质(8.5%~13.5%)	蛋白质
	脂多糖(1%~4%)	磷脂		

▶▶ 一、细菌细胞壁

真细菌和蓝绿藻按细胞壁结构与组成的差异可分为革兰氏阳性菌(G^+)和革兰氏阴性菌(G^-)两大类。细菌细胞壁的基本结构见图12-1。

细菌细胞壁占细胞干重的10%~25%,细菌的细胞壁不是坚硬的刚性球体,而是坚韧且有弹性、绷得紧紧的原生质,会使细胞产生一定的坚韧度,其内压或膨胀压是由渗透压所决定的。它包围在细胞的周围,使细胞具有一定的外形和强度。

1. 细菌细胞壁的主要组成成分

细菌细胞壁是由一些复杂的聚合物如肽聚糖、磷壁酸、脂多糖、蛋白质等组成。

(1) 肽聚糖(peptidoglycan)

肽聚糖是细菌细胞壁中特有成分,它构成壁的坚硬度,决定细胞的形状并防止渗透压引起的裂解。肽聚糖是一种杂多糖衍生物,由N-乙酰葡萄糖胺(N-acetyl glucosamine,以G表示)和N-乙酰胞壁酸(N-acetyl muramic acid,以M表示)以$\beta-1,4$键交替连接,成为线状的聚糖链,构成肽聚糖的骨架(链长20~140个己糖);在胞壁酸3-碳连接的D-乳酰基处结合了一个短肽,通过短肽的互相交叉连接而成为一种网状结构的大分子物质,肽聚糖的分子结构见图12-2。短肽(一般是四肽,有时五肽)含有D-型氨基酸,是原核生物的特征,氨基酸顺序为 $-A_1-A_2-A_3-D-Ala-(D-Ala)$,氨基酸种类因菌种而异,$A_1$一般是L-Ala,偶尔Gly或L-Ser;$A_2$一般是D-Glu,偶尔D-异谷氨酸或$\beta$-羟谷氨酸;$A_3$常见的是二氨基的氨基酸,如L-鸟氨酸、L-赖氨酸或L,L-二氨基庚二酸(DPA),G^-菌中几乎都是内消旋二氨基庚二酸(meso-DPA)。不同菌种短肽之间的连接方式不同,这种连接模式常是某些分类类群的特征,肽聚糖短肽之间的连接方式见图12-3。

(2) 磷壁酸(teichoic acid)

磷壁酸见于G^+菌的细胞壁和细胞膜中,最高含量可达细胞壁干重的50%。磷壁酸有甘油磷脂型与核糖磷酸型两种基本型,分别以磷酸甘油或磷酸核糖醇为重复单位,以磷酸二酯键连接

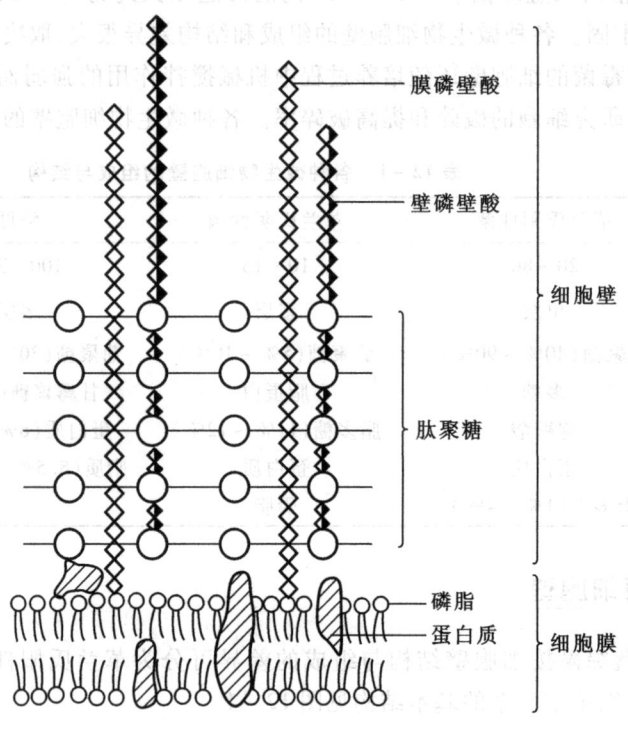

(a) 革兰氏阳性菌(G⁺)

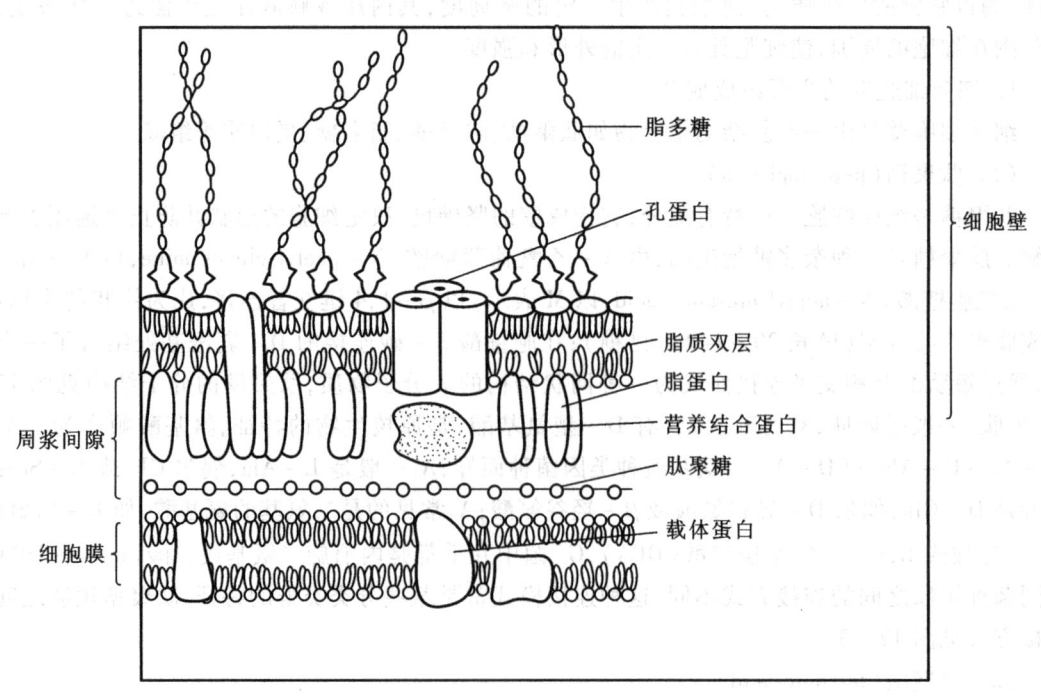

(b) 革兰氏阴性菌(G⁻)

图 12-1 细菌细胞壁结构模式图

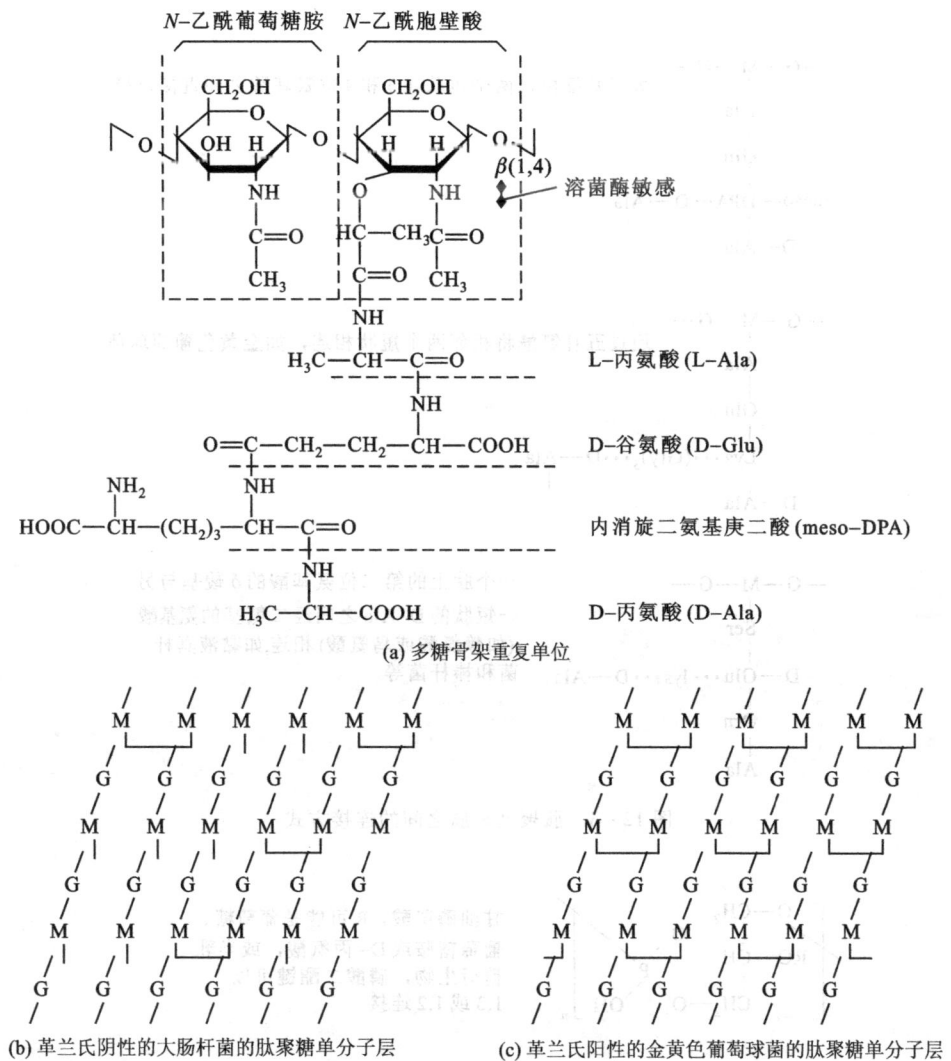

图 12-2　肽聚糖的分子结构
G—N-乙酰葡萄糖胺　M—N-乙酰胞壁酸

起来,呈线状的阴离子多聚物,水溶性。链的长度一般为 10 个重复单位,也有长达 30 个以上重复单位。主链上的游离羟基可被丙氨酸、葡萄糖、N-乙酰葡萄糖胺、N-乙酰半乳糖胺或琥珀酸残基取代。磷壁酸的两种基本结构见图 12-4。

磷壁酸带负电荷,它的存在使细胞表面带负电性,同时使细胞在一定区域维持高浓度的二价阳离子,尤其是 Mg^{2+},以保持有关的细胞壁合成酶的活性,镁离子也利于维持细胞的完整性。磷壁酸是构成 G^+ 细菌表面抗原(C 抗原)的主要成分,此外,磷壁酸在细胞表面构成噬菌体的特殊受点部位。

当外界基质中磷酸盐作为限制成分时,磷酸盐就被别的带负电的聚合物所取代,如由葡糖醛酸和 N-乙酰半乳糖胺组成的糖醛酸壁酸(teichuronic acid)代替。也有些细菌不受生长条件影响,都可合成糖醛酸壁酸而不合成磷壁酸。

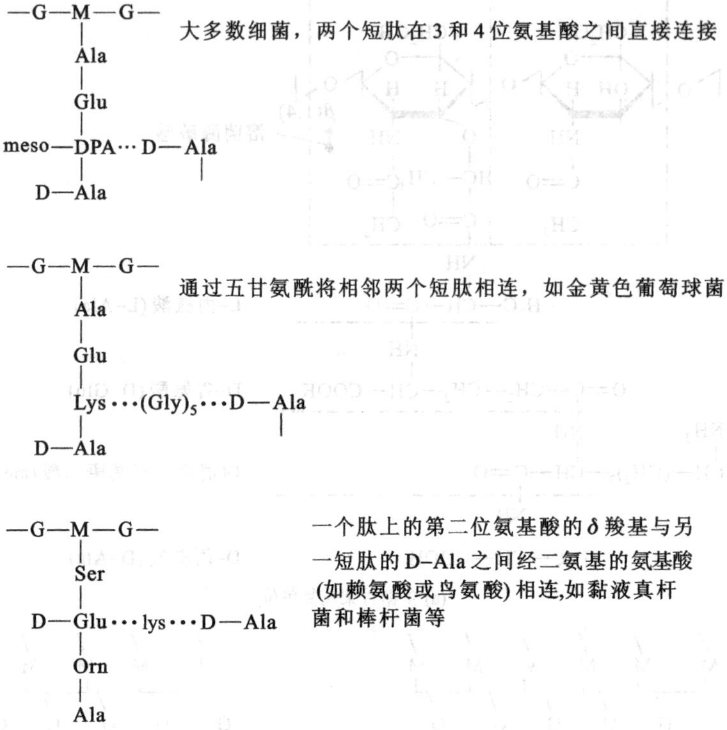

```
—G—M—G—
    |
   Ala
    |
   Glu
    |
meso—DPA···D—Ala
    |
  D—Ala
```
大多数细菌,两个短肽在3和4位氨基酸之间直接连接

```
—G—M—G—
    |
   Ala
    |
   Glu
    |
   Lys···(Gly)₅···D—Ala
    |
  D—Ala
```
通过五甘氨酰将相邻两个短肽相连,如金黄色葡萄球菌

```
—G—M—G—
    |
   Ser
    |
D—Glu···lys···D—Ala
    |
   Orn
    |
   Ala
```
一个肽上的第二位氨基酸的δ羧基与另一短肽的D-Ala之间经二氨基的氨基酸(如赖氨酸或鸟氨酸)相连,如黏液真杆菌和棒杆菌等

图 12-3 肽聚糖短肽之间的连接方式

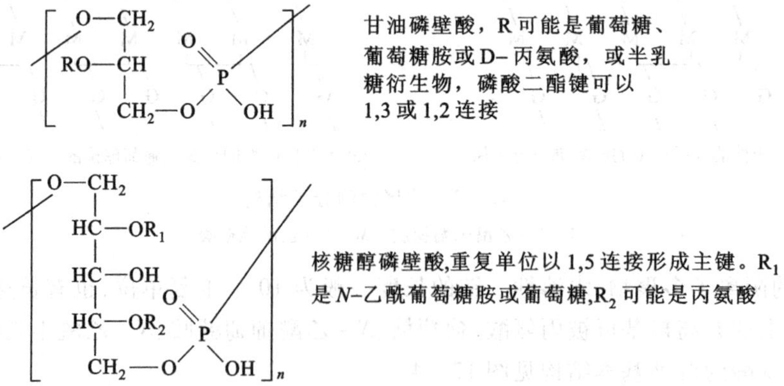

甘油磷壁酸,R 可能是葡萄糖、葡萄糖胺或 D-丙氨酸,或半乳糖衍生物,磷酸二酯键可以 1,3 或 1,2 连接

核糖醇磷壁酸,重复单位以 1,5 连接形成主键。R_1 是 N-乙酰葡萄糖胺或葡萄糖,R_2 可能是丙氨酸

图 12-4 磷壁酸的两种基本结构

(3) 脂多糖

脂多糖是 G^- 细菌细胞壁的特有成分,位于外膜层,由类脂 A、核心寡糖和 O-侧链三部分组成,相对分子量在 10 000 以上。类脂 A 是 D-葡萄糖胺衍生物,分别与磷酸和长链脂肪酸相连,其中由 C14 组成的 β-羟十四烷酸是特有的脂肪酸。类脂 A 通过其中一个葡萄糖胺的羟基与核心寡糖的 2-酮-3-脱氧辛糖酸(KDO)相接。核心寡糖由 5~10 种糖,主要是由己

糖或己糖胺组成。关系密切的各种菌群的核心寡糖组成相同,反之多糖组分差异较大,但大都含有庚糖和KDO,它们是存于细菌脂多糖中特殊的两种单糖,有的还连接有磷酸基或乙醇胺。O-侧链又称O-抗原,由3~5个单糖组成的多个重复单位聚合而成。单糖的组成及其连接方式的千差万别导致细菌抗原特性不同,抗原的组成及结构的差异是G^-细菌分类依据之一。

脂多糖除决定G^-细菌细胞壁表面抗原性外,还作为许多噬菌体的吸附受点,又是某些毒素的主要成分,对某些化合物如一些抗生素、蛋白质等的通透起屏障作用。因此,脂多糖合成缺陷的突变株,或经螯合剂处理使脂多糖大量释出后的细菌,它们对毒素、抗生素等的敏感性显著增加。

(4) 蛋白质

蛋白质在G^-细菌细胞壁中含较多蛋白质。据其生理作用可分为结构蛋白、载体蛋白和酶蛋白三种。

有些G^+细菌细胞壁也有蛋白质,其中有结构蛋白或酶蛋白,后者主要在细胞壁的装配与修饰过程起作用。大多数G^+细菌的壁中还有自溶酶,能于肽聚糖专一位置上打断肽聚糖的共价连接键,在细胞生长和分裂中起作用。

2. G^-与G^+细胞壁结构的差异

G^+菌胞壁结构较简单、较厚,只有一层(20~80 nm),主要由肽聚糖和磷壁酸组成,肽聚糖含量较高,一般为30%~50%,也有的高达90%,为多层网状结构,其中75%的肽聚糖亚单位相互交联成网格致密坚固。磷壁酸基团通过连接单位共价连接到肽聚糖中胞壁酸G_6位置上,成为一个不分层的整体。

G^-菌胞壁结构复杂,包括内壁层和外壁层,内壁层较薄(2~3 nm),由肽聚糖组成,外壁层较厚(8~10 nm),主要由脂蛋白和脂多糖组成。脂多糖的类脂A嵌入外膜中,多糖部分则延伸于外侧水溶液中。肽聚糖层位于外膜与细胞膜这两层膜结构中间,含量只有5%~12%,由1~2个分子层组成,肽链交联度低。脂蛋白以肽键与肽聚糖的某些DPA相连,以脂质部分与外膜磷脂相联,因而在外膜与肽聚糖层之间起搭桥作用。脂蛋白还在保持细胞外膜结构的完整性上起作用。在外膜与肽聚糖层之间(即外膜与细胞膜之间)的空间称为周质区(periplasmic space),这是一个亲水性间隙,内含特异氨基酸和糖结合的蛋白质以及由于外膜的屏障功能而被阻截的各种水解酶类。

3. 细菌细胞壁的功能

细胞壁并非为细胞生存所必不可少的结构,但具特有的生理功能。

① 起保护作用,决定细胞的抗膨胀性。由于细胞壁具一定坚韧性和弹性,可承受细胞内高浓度溶质而产生的很高的渗透压,使细胞在渗透压较低的生活环境下不至于膨大破裂。

② 决定细胞的形态学特征,主要取决于肽聚糖分子结构。除壁后的原生质体丧失原有形状而一律呈球状;用机械方法把细胞破裂,使内容物逸出并除去壁上各种附着物后的细胞壁精制品,却保留完整的细菌细胞形状。

③ 羧基和磷酸基等阴性基团使细胞表面呈负电性,细胞能将Mg^{2+}等阳离子吸附在细胞表面,从而提高细胞的稳定性,并有利于提高某些酶的活性。细胞壁高度带电聚合物的组成提高了

离子交换机制,帮助一些离子和营养物质的吸收,大分子结构可起分子筛作用。

④ 决定了细菌的抗原性和致病性、对溶菌酶青霉素等的敏感性以及对噬菌体在细胞表面的受位,还决定细菌革兰氏染色的性质。

二、酵母细胞壁

酵母细胞壁比 G^+ 细菌要厚,大多为 100~300 nm,但不及其坚韧。幼细胞的细胞壁较薄,有弹性,以后逐渐变厚、变硬。

酵母细胞壁由特殊的酵母纤维素组成,其主要成分是葡聚糖(30%~34%)、甘露聚糖(30%)、蛋白质(6%~8%)、脂质、葡萄糖胺和磷酸盐等,随菌种及培养条件而异。不含一般真菌所具有的几丁质或纤维素。

细胞壁的结构可分为三层:里层为葡聚糖层,它构成了细胞壁的刚性骨架,使细胞具有一定的形状。外层是甘露聚糖(mannan)层,也是一种分支聚合物,葡聚糖层与甘露聚糖层之间由蛋白质交联起来,形成网状结构。

① 葡聚糖:这是酵母菌细胞壁中不溶性聚糖,构成细胞壁的骨架,对保持细胞坚韧性和形态有重要作用。葡聚糖的分子量为 240 000,是一种分支多糖聚合物,主链以 β-1,6 糖苷键结合,支链以 β-1,3 糖苷键结合。

② 甘露聚糖:大多数酵母菌细胞壁中都有甘露聚糖,构成细胞壁中可溶性多糖的主体,Haworth 等研究指出,甘露聚糖有 1,6 键、1,2 键和 1,3 键的甘露糖残基,其比例为 2∶3∶1。Pert 等实验得知,甘露聚糖的结构是在 α-1,6 键的甘露糖残基骨架结构上,以 α-1,2 键联结 α-1,2 和 α-1,3 键的甘露糖组成短直链,构成高度分支结构。同时指出,菌种种类不同,甘露糖侧链结构多样化。近 10% 的甘露聚糖的侧链通过磷酸二酯键与磷酸连接。

③ 多糖-蛋白质复合物:据报道,面包酵母细胞壁中含 6%~7% 的蛋白质。蛋白质含量随菌种、生长条件和生长阶段不同而显著变化。壁中蛋白质多与多糖以共价键方式形成复合物。推测蛋白质对维持细胞壁结构有着某种特殊作用。

④ 几丁质(chitin,又称甲壳质或壳多糖)是 N-乙酰-D-葡萄糖胺以 β-1,4-键联结的无侧链的直链状聚合物,存在于拟内孢霉属(*Endomycopsis*)和单囊菌(*Eremassus*)等属的假丝状酵母中,而其他酵母细胞壁中几丁质含量极少,甚至没有。除裂殖酵母菌外,在缺乏甘露聚糖的酵母细胞壁中,都有 10% 以上糖量的几丁质,也许是几丁质代替甘露聚糖维持这些酵母细胞壁的结构。

⑤ 脂质:通常酵母细胞壁的脂质含量较高,约占壁重的 8%。这些脂质的 80%~90% 与胞壁的其他成分以共价键结合存在于壁中。

电镜下可见面包酵母细胞外周有一层厚 100~200 nm 类似于壁的物质,电子较易透过,将其染色可见到是层状结构。化学分析得知酵母细胞壁是一种以甘露聚糖和葡聚糖等多糖类为中心构成的多糖-蛋白质复合物,表面层由甘露聚糖-蛋白质复合物组成,下面是坚硬的葡聚糖。当用蜗牛酶(β-1,3 葡聚糖酶)和磷酸甘露酶共同作用酵母细胞时,可制得酵母原生质体。

酵母细胞壁的结构示意图见图 12-5。

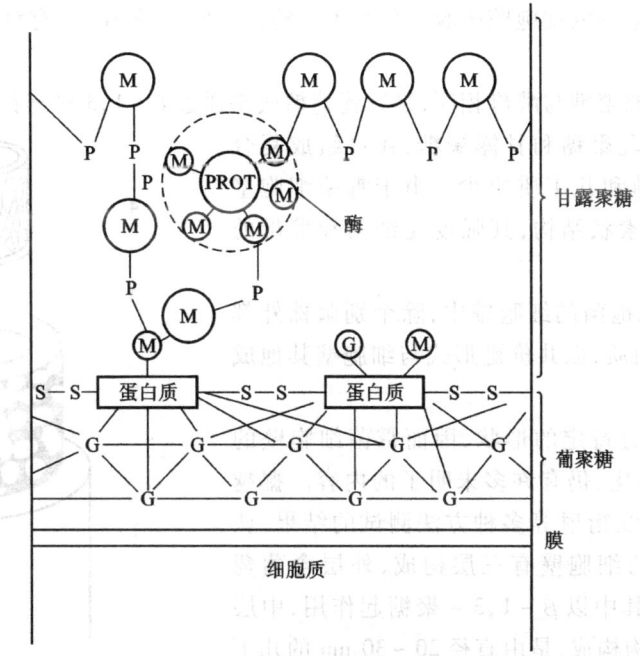

图 12-5 酵母细胞壁的结构示意图
M-甘露聚糖；P-磷酸二酯键；G-葡聚糖

三、霉菌细胞壁

霉菌细胞壁厚度为 100~250 nm，主要成分是多糖类物质（80%~90%），如纤维素、几丁质、脱乙酰几丁质和中性多糖等，还有少量蛋白质和脂。不同的霉菌，细胞壁的组成有很大不同，其中大多数的多糖壁是由几丁质和葡聚糖构成的。几丁质构成细胞壁的骨架结构，是由数百个 N-乙酰葡萄糖胺分子以 β-1,4 葡萄糖苷键连接而成的多聚糖。它与纤维素结构很相似，只是每个葡萄糖上的第二碳原子和乙酰氨基相连，而在纤维素结构中是与羟基相连。其含量因菌种而异，如产黄青霉菌，几丁质占细胞壁质量的 42% 以上，戴氏根霉占 30%，米曲霉占 50% 或更多，但有些霉菌却几乎不含几丁质。接合菌纲（Zygomycetes）的霉菌细胞壁多糖主要是脱乙酰几丁质（chitosan），其结构与几丁质相似，是以 β-1,4 键联结起来的氨基葡糖聚合物：

如鲁氏毛霉营养细胞的细胞壁中脱乙酰几丁质约占细胞壁的30%,有维持细胞壁骨架结构作用。

霉菌细胞壁中的葡聚糖与酵母相同,是以葡萄糖残基通过 $\beta-1,3$ 键连接起来的多糖。此外还含有中性多糖如半乳聚糖和甘露聚糖,还可组成复合多糖,其含量比葡聚糖和几丁质要少。由于霉菌细胞壁中含有几丁质或纤维素状结构,其强度比细菌和酵母的细胞壁有所提高。

在曲霉、青霉和脉孢菌的细胞壁中,除个别菌株外都含有5%~10%的蛋白质,以共价键形式与细胞壁其他成分组成复合物。

每种霉菌细胞都有特定的形状,因而霉菌细胞壁的结构更为多样化、复杂化,仍有许多未明了的内容。掘越等人综合电镜和X射线衍射等多种方法测试的结果,认为米曲霉(A. oryzoe)的细胞壁有三层构成,外层含葡萄糖、甘露糖和半乳糖,其中以 $\beta-1,3$ - 聚糖起作用,中层推断是由重叠网孔结构构成,是由直径20~30 nm 的几丁质晶体组成的纤维形成,而内层详情尚未了解。黑曲霉(A. niger)的细胞壁也有好几层。脉孢菌(Neurospora)的壁分四层。如图12 - 6 脉孢菌细胞壁主要层次示意图,不同菌落区的菌丝细胞壁厚度也各不相同。

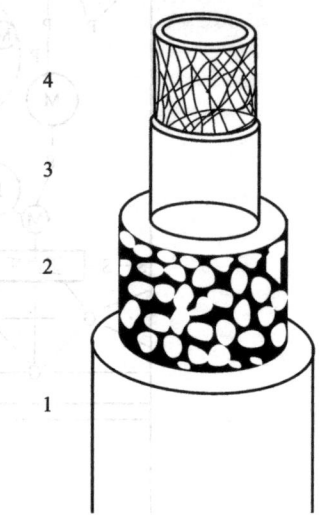

图12 - 6　脉孢菌细胞壁主要层次示意图
1 - 葡聚糖外层;2 - 网状结构;3 - 蛋白质层;
4 - 蛋白质中几丁质纤维

▶▶ 四、细胞壁结构与细胞破壁

细胞破碎的目的是破坏细胞外围使胞内物质释放出来。微生物细胞的外围通常包括细胞壁和细胞膜,细胞壁具有固定细胞外形和保护细胞免受机械损伤或渗透压破坏的功能,细胞膜控制细胞内外一些物质的交换渗透作用。细胞破碎的主要阻力来自于细胞壁,由于各种微生物的细胞壁构成不尽相同,因此细胞破碎的难易程度也不同。

微生物细胞壁的形状和强度取决于细胞壁的组成以及它们之间相互关联的程度。为了破碎细胞,必须克服的主要阻力是连接细胞壁网状结构的共价键。

对于 G^+ 细胞破碎的主要阻力来自于肽聚糖的网状结构,其网状结构的致密程度取决于多糖链上所存在的肽键数量和其交联的程度。交联程度越大,网状结构就越致密,破碎的难度也就越大。

由于霉菌细胞壁中含有几丁质或纤维素状结构,其强度比细菌和酵母的细胞壁有所提高。

第二节　细胞破碎的方法和破碎率的测定

▶▶ 一、细胞壁的破碎

在众多细胞破碎的方法中,如何进行选择,取决于破碎的目的和待破碎生物体的类型。如果目的是不损伤细胞器或分子的分离,进一步研究它们在体内的作用,可以选择软处理方法;如果目的是在保持生物活性产品的完整性的条件下定量萃取胞内化合物,则破碎的收率和能耗就相当重要。另一方面,不同的生物体对破碎有不同的敏感度,见表12-2,这取决于生物体的大小、形态、龄期、品系、生长条件、细胞壁结构,悬浮液的pH、温度以及细胞的变化(因处理时间的不同而引起的)也同样影响着对破碎的敏感度。此外这个敏感度可以通过破碎率来测定,其值取决于所用的未损害完整细胞的量化技术(如直接测定法,测定所释放的蛋白质或酶的活力和测定导电率等)。因此,很难对比不同破碎方法的效率。

表12-2 细胞对破碎的敏感度

细胞	声波	搅拌	液压	冷冻压力
动物细胞	7	7	7	7
革兰氏阴性芽孢杆菌和球菌	6	5	6	6
革兰氏阳性芽孢杆菌	5	(4)	5	4
酵母	3.5	3	4	2.5
革兰氏阴性球菌	3.5	(2)	3	25
孢子	2	(1)	2	1
菌丝	1	6	(1)	5

注:上述数字表示了相对敏感度,括号则表示这些数字不很确切。

破碎微生物细胞壁必须克服的主要阻力是连接细胞壁网状结构的共价键。各种微生物细胞壁的组成和结构差异很大,取决于遗传信息、培养生长环境和菌龄。此外,霉菌的细胞壁还随培养过程中机械搅拌作用的强弱而变化。

在机械破碎中,细胞的大小和形状以及细胞壁的厚度和聚合物的交联程度是影响破碎难易程度的重要因素。显然,细胞个体小、球形、壁厚、聚合物交联程度高是最难破碎的。

在使用酶法和化学法溶解细胞时,细胞壁的组成显得特别重要,其次是细胞壁的结构。了解细胞壁的组成和结构,就可选择合适的溶菌酶和化学试剂,以及在使用多种酶或化学试剂相结合时确定其使用的顺序。

▶▶ 二、细胞破碎的方法

微生物细胞很坚韧,破碎细胞壁和膜并释放出细胞内容物的方法有许多,Wimpenny依据破碎的原理进行了分类,见表12-3,细胞的破碎的方法按照是否外加作用力可分为机械法和非机械法两大类。主要有机械破碎法和化学破碎法,或机械破碎法和化学破碎法相结合。机械破碎中细胞所受的机械作用力主要有压缩力和剪切力。化学法又称化学渗透,利用化学或生化试剂(酶)改变细胞壁或细胞膜的结构,增大胞内物质的溶解速率;或者完全溶解细胞壁,形成原生质体后,在渗透压作用下使细胞膜破裂而释放胞内物质。机械法中的高压匀浆器和珠磨机不仅在实验室而且在工业上得到应用,超声波法和非机械法大多处于实验室应用阶段,其工业化的应用还受到诸多因素的限制,因此,人们还在寻找新的破碎方法,如激光破碎法、高速相向流撞击法、冷冻-喷射法等。

表 12-3 细胞破碎的方法

分类				作用机理	适应性
非机械法	溶胞	酶	溶菌酶及有关的酶噬菌体溶胞	酶分解作用	具有高度专一性,条件温和,浆液易分离,溶酶价格高,通用性差。抗生素
		化学	阳离子和阴离子洗涤剂	改变细胞膜的渗透性	具有一定的选择性,浆液易分离,但释放率较低,通用性差。抗生素、甘氨酸
		物理	渗透冲击压力释放冻结和融化	渗透压剧烈改变	破碎率较低,常与其他方法结合使用。不适合对冷冻敏感的目的产物
	干燥		空气干燥	改变细胞膜渗透性	条件变化剧烈,易引起大分子物质失活
			真空干燥		
			冷冻干燥		
			溶剂干燥		
机械法	固体剪切	压力	Hughes 压滤机	固体剪切作用	破碎率高,活性保留率高,对冷冻敏感目的产物不适应
			X-压滤机		
		研磨	研棒和研钵,珠磨		可达较高破碎率,可较大规模操作,大分子目的产物易失活,浆液分离困难
	液体剪切	压力	法兰西细胞压滤机	液体剪切作用	可达较高破碎率,可大规模操作,不适合丝状菌和革兰氏阳性菌
			Ribi 机分馏机		
			Chaikoff 挤压机		
		机械搅拌	多级掺法和振动器	高压匀浆法用	
				液体剪切作用	
		超声波	超声波	液体剪切作用	对酵母菌效果较差,破碎过程升温剧烈,不适合大规模操作

1. 固体剪切法

固体剪切法也称珠磨法 bead mill。将细胞在珠磨机中破碎被认为是最有效的一种细胞物理破碎法。破碎微生物细胞用的珠磨机有多种形式,见图 12-7,图 12-8 和图 12-9。珠磨机的主体一般是立式或卧式圆筒型腔体,由电机带动。磨腔内装钢珠或小玻璃珠以提高研磨能力。一般卧式机破碎效率比立式高,其原因是立式机中向上流动的液体在某种程度上会使研磨珠流态化,从而降低其研磨效率。实验室规模的细胞破碎设备有 Mickle 高速组织捣碎机和 Braun 匀浆器;中试规模的细胞破碎可采用胶质磨处理;在工业规模中,可采用高速珠磨机(high-speed bead mill)。瑞士 WAB 公司和德国西门子机械公司均制造各种型号的珠磨机。

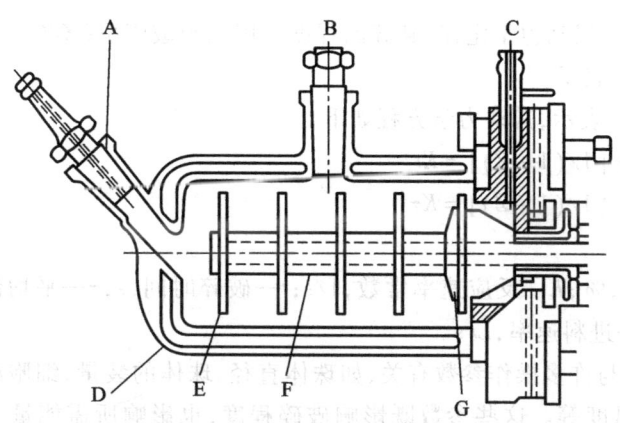

图 12-7 动力分离器,可调节其缝隙(0.02~0.03 mm)将微球与细菌加以分离
A-细胞悬浮液进口;B-微珠加入口;C-破碎细胞出口;D-冷却剂夹套;E-碟片;F-分隔碟片;G-动力分离器

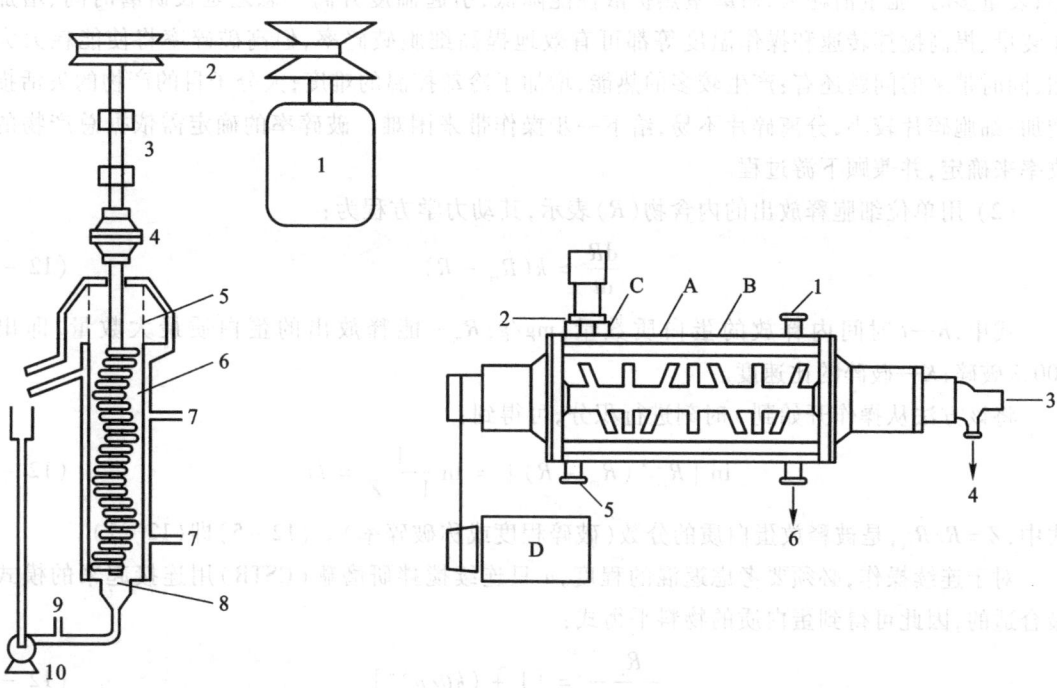

图 12-8 Netzsch-Molinex KE5 搅拌磨简图

1-电动机;2-三角皮带;3-轴承;
4-联轴节;5-筒状筛网;6-搅拌碟片;
7-降温夹套冷却水进出口;8-底部筛板;
9-温度测量口;10-循环泵

图 12-9 Netzsh LM20 砂磨机简图

A-带有冷却夹套的研磨筒;B-带有冷却转轴及圆盘的搅拌器;
C-环状震动分离器;D-变速电动机。
1,2-物料进出口;3,4-搅拌器冷却剂进出口
5,6-外筒冷却剂进出口

珠磨法工作原理:进入珠磨机的细胞悬浮液与极细的玻璃小珠、石英砂、氧化铝等研磨剂(直径<1 nm)一起快速搅拌或研磨,研磨剂、珠子与细胞之间的互相剪切、碰撞使细胞破碎,释放出内含物。在珠液分离器的切断下,珠子被滞留在破碎室内,浆液流出从而实现连续操作。破碎中产生的热量一般采用夹套冷却带走。

破碎作用将遵循一级动力学定律,破碎的程度常用细胞破碎率($Z/\%$)或单位细胞释放出的内含物[$R/(\text{mg/g})$]来表示。

(1) 用破碎率(Z)表示,其动力学方程如下。

对于间歇操作:$\ln[1/(1-Z)] = Kt$ (12-1)

对于连续操作:$\ln[1/(1-Z)] = K\tau$ (12-2)

其中:$\tau = V/q_v$ (12-3)

式中,Z—破碎率,%;K—反应速率常数,1/s;t—破碎时间,s;τ—平均停留时间,s;V—破碎室悬浮液体积,L;q_v—进料速率,L/s。

反应速率常数 K 与许多操作参数有关,如珠体直径、珠体的装量、细胞浓度、料液性质、搅拌器转速与构型、操作温度等。这些参数既影响破碎程度,也影响所需能量。珠体大小以细胞大小、浓度以及连续操作时不使珠体带出作为选择依据。珠体装量要适中,装量少时,细胞不易破碎;装量多时,能量消耗大,研磨室热扩散性能降低,引起温度升高。总之延长研磨时间、增加珠体装量、提高搅拌转速和操作温度等都可有效地提高细胞破碎率,但高破碎率将使能耗大大增加,同时带来的问题还有:产生较多的热能,增加了冷却控温的难度;大分子目的产物的失活损失增加;细胞碎片较小,分离碎片不易,给下一步操作带来困难。破碎率的确定需依据总产物的总收率来确定,并兼顾下游过程。

(2) 用单位细胞释放出的内含物(R)表示,其动力学方程为:

$$\frac{dR}{dt} = k(R_m - R)$$ (12-4)

式中,R—t 时间内释放的蛋白质数量,mg/g;R_m—能释放出的蛋白质最大数量,即出现100%破碎;K—破碎的比速度。

将该方法从操作开始到 t 时刻进行积分,可得到:

$$\ln[R_m/(R_m - R)] = \ln\frac{1}{1-Z} = kt$$ (12-5)

式中,$Z = R/R_m$,是被释放蛋白质的分数(破碎程度或称破碎率)。(12-5)即(12-1)。

对于连续操作,必须要考虑返混的程度,n 只连续搅拌研磨罐(CSTR)用连接起来的模式是最合适的,因此可得到蛋白质的物料平衡式:

$$\frac{R_m}{R_m - R} = [1 + (k\theta/n)^n]$$ (12-6)

式中,$\theta = V/Q$—平均停留时间,s;V—磨腔的总体积,m^3;Q—微生物悬浮液的流速,m/s。

破碎的速率和效率是所有操作参数的函数,所以它们会影响破碎的比速度,除此以外,搅拌器的设计和研磨腔的结构也会影响破碎的效果,具体如下:

① 转盘外缘速度 μ:由转盘产生的碰撞频率和剪切强度与它的边缘线速度有关,在一定的范围内,破碎的比速度与这个外缘速度成正比

$$k = K\mu$$ (12-7)

对于一个 0.6 L 的珠磨机,这里 $K = 0.0036^{-1}$。如果超出限定范围则(12-7)不成立,这通常被认为是外缘速度的变化导致停留时间分布变化造成的。并且随着圆盘的速度增加到一定值后,蛋白质释放就不再增加。另外,外缘速度增加虽然使细胞破碎增加,但产生的热量和消耗的

功率也增加。

破碎效率 E 被定义为: $$E = Rcq/P' \quad (12-8)$$

式中,R—每千克成品酵母释放的蛋白质量,g;q—物料通过量(处理量),g;c—酵母的浓度;P'—在 5 L 珠磨机中,用于破碎所消耗的功率。

对于一个给定的处理量和对蛋白质的释放要求下,存在着最佳效率点。

通常认为随着搅拌速度的变更,停留时间分布改变;随着圆盘外缘速度的增加,轴向弥散程度增加是造成偏离这个规律的原因。显然,由于高的能量消耗、高的热量产生和珠粒的磨损以及因剪切而引起的产物失活,必须限制圆盘外缘的速度(实际生产中控制在 5~15 cm/s)。

② 细胞浓度 c:由于细胞浓度对悬浮液的流变性具有影响,因而预期它会对蛋白质的释放速率产生影响,但是观察到的影响在文献报道中有时是相互矛盾的。最佳的细胞浓度应该用实验来确定,一般说来,产生的热量随细胞浓度的降低而下降,但是单位质量细胞所消耗的功率却会增加。一般,用 Netzsch LM20 研磨机破碎酵母或细菌时,细胞浓度控制在 40% 左右(细胞湿重/体积)。

③ 珠粒大小:一般,磨珠越小细胞破碎速度也越快,但磨珠太小,细胞易于漂浮,并难以保留在研磨机的腔体中,所以它的尺寸不能太小。通常在实验室规模的研磨机中,珠径为 0.2 mm 较好,而在工业规模操作中,珠粒直径不得 < 0.4 mm。有研究表明,提高珠磨直径起先会提高卡尔酵母蛋白质的释放速度,但磨珠大小再进一步提高时,蛋白质释放速度反而稍有下降,所以对不同的细胞应分别对待。除此之外,磨珠大小与需要提取的酶在细胞中的位置关系很大,如要从酵母细胞中提取 D - 葡萄糖 - 6 - 磷酸脱氢酶,最好使用 0.55~0.85 mm 大小的玻璃珠,而在提取 α - D - 葡萄糖苷酶时,最好使用较大尺寸(如 1 mm 直径)磨珠。

在一定范围内,增加珠粒的装填量(或珠粒负载,珠粒的体积占研磨机腔体自由体积的百分比),可以提高细胞破碎速度。但超过某一限度时,将不利于细胞破碎和蛋白质的释放,其原因可能是在高装填量中搅拌不足。要消除这种影响,必须提高搅拌器功率,与此同时操作中释放的热量会有很大增加,给细胞破碎带来很大困难。因此研磨机腔体内的填充密度应该控制在 80%~90%,并随珠粒直径的大小而变化。

④ 温度:Currie 等人的研究表明操作温度控制在 5~40 ℃ 范围内对破碎物影响较小。但是研磨过程中会产生热量积累,使研磨室温度升高,如果产品是热不稳定的,则此操作温度将不能接受。为了控制温度,可采取冷却夹套和搅拌轴的方式来调节研磨室的温度。

⑤ 流量 Q:如果认为细胞破碎是一级反应,则提高通过单一反应器的料液流量即单位时间的处理量,会使破碎量下降。流量对破碎量的影响是因为停留时间分布变化造成的,随着流量的降低,在研磨机中轴向弥散和返混增加,使破碎率不是流量的一个简单函数。加工单位质量细胞消耗的能量随着流速的增加而下降;但是高流量会降低细胞的破碎程度和释放蛋白质的产量,因此需要循环部分悬浮液来补偿,而这样会降低珠磨机破碎细胞的能力。此外,细胞的破碎效果还与被破碎处理的微生物特性有关。一般说来,酵母比细菌细胞的处理效果好,因为细菌细胞的大小仅为酵母细胞的十分之一,在高速珠磨机中不易破碎。

珠磨法破碎细胞可采用间歇或连续操作,其破碎效率随细胞种类而异,但均随搅拌速度和悬浮液停留时间的增大而增大。珠磨法适用于绝大多数微生物细胞的破碎,但是影响破碎率的操作参数较多,操作过程优化设计较复杂。

2. 液体剪切法

液体剪切法即高压匀浆法 high-pressure homogenization。在液体剪切破碎装置中，英国 APV 公司出产的 Manton-Gaulin APV 型高压匀浆机是最常用的一种，美国 Microfluidics 公司也有类似产品。原理：利用高压使细胞悬浮液通过针形阀，由于突然减压和高速冲击撞击环使细胞破裂，见图 12-10。

在高压均浆器中，高压室的压力达几十兆帕，细胞悬浮液自高压室针形阀喷出时，每秒速度可达几百米。这样高速喷出的浆液射到静止的撞击环上，被迫改变方向从出口管流出。细胞在一系列的高速运动中经历了剪切、撞击和由高压到常压的变化，从而造成细胞破碎。进口处用冰来调节温度，使出口处

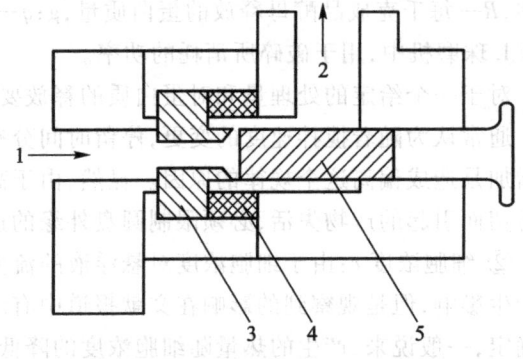

图 12-10 高压均浆阀结构示意图
1-细胞悬浮液；2-加工后的细胞匀浆液；
3-阀座；4-碰撞环；5-阀杆

的温度维持在 20 ℃左右。操作条件随菌体种类、浓度及酶所处的位置而定。通常非结合的酶，压力为 54.5 MPa，菌体浓度 10%~20%（质量分数），处理一次即可；与膜结合的酶，如细胞色素氧化酶，则需进行三次破碎。处理酵母时，在 30 ℃下，一次可释放出 60% 的水溶性蛋白。在工业规模的细胞破碎中，对于酵母等难破碎的及高浓度的细胞，常采用多次循环的操作方法。

破碎动力学方程可表示为：

$$\ln\left[\frac{1}{1-Z}\right] = K_t N p^a \qquad (12-9)$$

或

$$\ln\left[\frac{R_m}{R_m - R}\right] = kNp^a \qquad (12-10)$$

式中，Z—细胞破碎率；K_t—与温度等有关的破碎常数；N—悬浮液通过匀浆器的次数；P—操作压力；k—与温度等有关的速度常数；R—蛋白质释放量；R_m—蛋白质最大释放量；a—与微生物种类有关的常数，对于有机体是抵抗破碎能力的一种量度，不同的有机体其值是不同的，取决于生物体的类型和生长生理状况。有研究表明酿酒酵母 $a=2.9$，大肠杆菌 $a=2.21$。有时，培养基不同时，a 值也会发生变化。

由以上两式可看出，影响破碎的主要因素是压力、温度和通过匀浆器的次数。一般说来，增大压力和增加破碎次数都可以提高破碎率，但当压力增大到一定程度后对匀浆器的磨损较大。Brokman 等的试验表明在约 175 MPa 的压力下，破碎率可达 100%，但也有试验表明，当压力超过一定值后，破碎率的增加很慢。在高压匀浆机的操作中，针形阀反向（上游）压力每增加 10 MPa 时，温度将增加 2 ℃，为了控制匀浆机的温度，要将悬浮液预冷，破碎后离开匀浆机时也要立即冷却。

操作压力的合理选择很重要，这是由于破碎过程中能耗与操作压力成线性关系。提高压力需增加能耗，大约操作压力每升高 100 MPa 会多耗 3.5 kW 能量；另一方面操作压力过高，将引起阀座的剧烈磨损，所以不能单纯追求高破碎率。在工业生产中，通常采用的压力为 55~70 MPa。

破碎率与温度有关,并随着温度的升高而增加。当操作温度由 5 ℃ 提高到 30 ℃ 时,破碎率提高 1.5 倍。但是,高温破碎只适用于非热变性的产物。如果温度达 40 ℃ 时蛋白质在破碎过程中会发生变性。一般认为,在酵母破碎过程中,破碎率与细胞的浓度无关。

细胞破碎的主要阻力来自于细胞壁,不同种类的微生物细胞及同种细胞在不同的环境下,其细胞壁的结构不同,因此破碎性能随菌体的种类和生长环境的不同而不同。一般说来,酵母菌较细菌难破碎,处于静止状态的细胞较处于快速生长状态的细胞难破碎,在复合培养基上培养的细胞比在简单合成培养基上培养的细胞较难破碎。此外,不宜采用高压匀浆法破碎的微生物细胞有:易造成堵塞的团状或丝状真菌,较小的革兰氏阳性菌,以及含有包含体(inclusion body)的基因工程菌,因为包含体质地坚硬,易损伤匀浆阀。

高压匀浆法与珠磨法相比,前者操作参数少,易于确定,适合于大规模操作;后者操作参数多,一般凭经验估计,在大规模操作中,夹套冷却控温难度较大。珠磨机连续操作时兼具破碎和冷却双重功能,减少了产物失活的可能性,而高压匀浆需配备换热器进行级间冷却;其次,珠磨法破碎在适当条件下一次操作即可达到较高的破碎率,而高压匀浆法往往需循环 2~4 次才行;再者,珠磨机适合各种微生物细胞的破碎,而高压匀浆不适合于丝状真菌及含有包含体的基因工程菌。

高压匀浆中影响细胞破碎的因素主要有压力、循环操作次数和温度。该方法适用于酵母和大多数细菌细胞的破碎,料液细胞浓度可达 20% 左右。团状和丝状菌易造成高压匀浆器堵塞,一般不宜使用高压匀浆法。

3. 超声破碎法

超声波破碎法(ultrasonication)是另一种液相剪切破碎法,也是应用较多的一种破碎法。通常采用的超声波破碎机在 15~25 kHz 的频率下操作,这是人耳难以听到的一种声音,它可使悬浮液中微生物细胞失活,在较高的输入功率下,可破碎微生物细胞。超声波破碎细胞的机理可能与超声波引起的空穴现象(cavitation phenomena)引起的冲击波和剪切作用有关。在相当高的输入声能下,液体各个成核部位会形成许多小气泡。在声波膨胀相中,这些气泡会增大,而在压缩相中气泡会被压缩,直到不能再压缩时气泡破裂,释放出猛烈的震波。这种震波通过介质传播。在气泡发生空穴现象的破碎期间,大量声能被转化成弹性波形式的机械能,引起局部的剪切梯度使细胞破碎。

液体对声能的吸收是由总的压力决定的,在达到某一限值之前,提高环境压力可以提高声能对震波能的转化率。

超声破碎的效率与声频、声能、处理时间、细胞浓度及菌种类型等因素有关。在用于细胞破碎的容器中,流体动力学按照完全混合方式,蛋白质释放动力学遵循一级反应定律:

$$1 - R_p = \exp(-K_p t) \tag{12-11}$$

其中:
$$K_p = [(W - W_0)/\alpha]^\beta \tag{12-12}$$

式中,R_p—蛋白质释放率,g/g;K_p—蛋白质释放常数,1/s,它取决于输入声能;t—超声波发射时间,s;W_0—空穴作用的最低极限功率,即空穴临界功率,J/(g·s);W—输入功率,J/(g·s);α,β—常数,β 的理论值为 0.895。

有些因素会影响超声波对生物产品的回收,其中之一是温度的上升,当气泡破裂时,绝大部分释放出来的能量都以热的形式为液体吸收,为了避免高温,悬浮液应预先冷却到 0~5 ℃,并用冷却液连续通入容器夹套,即短期的声波破碎与短期的冷却交替操作,声波破碎/冷却的时间比率称为"负载因素"。另一个因素是超声处理工艺会引起诸如生成游离基这样的化学效应,它可能对某些需要的分子带来破坏性影响,但对破碎细胞毫无影响。可以通过添加游离基清除剂如胱氨酸或谷胱甘肽,或者用氢气预吹细胞悬浮液来缓和。

对不同菌种的发酵液,超声破碎的效果差别较大。一般说,杆菌比球菌较易破碎,革兰阴性细菌细胞比革兰阳性细菌细胞较易破碎,对酵母的效果较差。

超声波破碎过程的效率受如下因素影响:

① 振幅:振幅与声能有关,影响蛋白质释放的速率常数 K_P;
② 细胞悬浮液的黏度:黏度影响能耗并会抑制空穴现象;
③ 表面张力:添加表面活性剂或从细胞中释放出表面活性物质(如蛋白质),能显著地影响声波破碎效率。因为强烈气泡在气-液界面会促使蛋白质变性和空穴清除,特别是应用高功率时;
④ 被处理悬浮液的体积:体积越大需要越大的声能引起强烈的涡流和大气泡形成;
⑤ 珠粒的体积和直径:添加细小的玻璃或钢珠,不仅对空穴的形成有利,而且产生辅助"研磨"效应,从而提高破碎效率。在相同珠粒填充密度下,随着珠粒直径的变化,K_P存在最大值;
⑥ 探头的形状和材质:对于能级恒定的功率,探头的振幅与其面积成反比,然而,对于小直径的探头,声能限制在较小的区域且效率低。特别是当悬浮液的体积小的时候,能量在探头嘴附近被悬浮液吸收,强烈的涡流会变小。对于大探头,声能消耗在大范围上,结果则振幅更小。

探头嘴通常用钛制造,因为钛具有良好的声学和机械特性以及对生物活性产物的低毒性。为了维修和替换,通常探头可以拆卸。除钛以外,还可以用其他材料如不锈钢或硬质钢,但是它们的声学和机械特性都不如钛,破碎速度也大幅度降低;

⑦ 细胞悬浮液的流速:在连续操作中,流速取决于细胞在反应器中的停留时间,并影响破碎的总收率。

超声波破碎是细胞破碎中的一种普通方法,在许多实验室研究或生化物质的分离制备中都能见到,但是要向大量细胞悬浮液中通入足够的能量是很困难的,故在工业范围中还很少采用。

以上方法均为机械法,机械法破碎细胞也存在一些缺点:① 需要高的能量并且产生高温和高的剪切力,易使不稳定的产品变性失活;② 就被破碎的有机体或释放的产物而论,它们是非专一的,并且产生微粒尺寸的碎片,大范围的分布,大量细颗粒给分离带来困难。为了减轻这些影响,近年来的研究是在机械破碎之前,先用非机械方法来削弱细胞壁的强度或直接使细胞破碎,以下是非机械破碎法。

4. 酶溶法

酶溶法(eozymatic lysis)是利用酶反应,分解破坏细胞壁上特殊的化学键,从而达到破壁的目的。其优点是:① 产品释放的选择性高;② 抽提的速率和收率高;③ 产品的破坏最少;④ 对pH 和温度等外界条件要求最低;⑤ 不残留细胞碎片。酶溶法的缺点是:① 溶酶价格高,限制了大规模应用,若回收溶酶则又需增加分离纯化溶酶的操作和设备,其费用同样不低;② 酶溶法通用性差,不同菌种需选择不同的酶,且不易确定最佳的溶解条件;③ 存在产物抑制,如在溶酶系统中,甘露糖对蛋白酶有抑制作用,葡聚糖抑制葡聚糖酶。酶溶法可分为外加酶法和自溶法两种。

(1) 外加酶法

在外加酶法中，常用的溶酶有：溶菌酶(lysozyme)、$\beta-1,3-$葡聚糖酶(glucanase)、$\beta-1,6-$葡聚糖酶、蛋白酶(protease)、甘露糖酶(mannanase)、糖苷酶(glycosidase)、肽键内切酶(endopeptidase)、壳多糖酶等，而细胞壁溶解酶(zymolyase)是几种酶的复合物。此外，可采用的酶还有其他类型的蛋白酶、脂肪酶、核酸酶、溶菌酶、透明质酸酶等。溶酶同其他酶一样具有高度专一性，蛋白酶只能水解蛋白质，葡聚糖酶只对葡聚糖起作用。因此，利用溶酶系统处理细胞时必须根据细胞壁的结构和化学组成选择适当的酶，并确定相应的次序。例如对酵母细胞采用外加酶法破碎时，先加入蛋白酶水解蛋白质-甘露聚糖结构，使二者溶解，再加入葡聚糖酶作用于裸露的葡聚糖层，最后只剩下原生质体，这时若缓冲液的渗透压变化，则细胞膜破裂，释放出胞内物质。

单一酶不易降解细胞壁，需要选择适宜的酶及酶反应系统，确定特定的反应条件，并结合其他的处理方法，如辐射、加入高浓度盐及EDTA，或利用生物因素促使生物对酶解作用敏感等。

如果是破碎酵母细胞壁，至少有两种酶是必需的，即细胞壁-溶解蛋白酶和$\beta-1,3-$葡萄糖酶，但是$\beta-1,6-$葡萄糖酶、甘露糖酶和甲壳素酶将加速这一溶解过程。

对于细菌，糖苷酶、$N-$乙酰胞壁酰-L-丙氨酸酰胺酶和多肽酶的混合物将加速肽聚糖的溶解。在破碎革兰阳性菌时，为了去除外部双层脂质需要用表面活性剂进行预处理。

某些重要微生物细胞壁的降解酶见表12-4。

表12-4 重要微生物细胞壁的降解酶

生物体	酶	水解键的类型
细菌	糖苷酶	肽聚糖中AGA和AAM之间的$\beta-1,4$键残基
	$N-$乙酰胞壁酰-L-丙氨酸酰胺酶	某些糖肽中的$N-$乙酰胞壁酰基残基和L-氨基酸残基之间的键
	多肽酶	甘氨酸-甘氨酸，丙氨酸-甘氨酸等的肽键
真菌、酵母	$\beta-1,3-$葡聚糖酶	聚糖中随机$\beta-1,3$键
	$\beta-1,6-$葡聚糖酶	聚糖中随机$\beta-1,6$键
	甘露聚糖酶	$1,2-$或$1,3-$或$1,6-\beta-D-$甘露糖苷键
	甲壳素酶	甲壳糖和壳糊精中的$N-$乙酰$-6-D-$氨基葡萄糖苷$\beta-1,4$键
	蛋白酶	
藻类	纤维素酶	纤维素中的$\alpha-1,4$键

(2) 自溶法

自溶法(autolysis)是一种特殊的酶溶方式，其所需的溶胞酶是由微生物本身产生的。事实上，微生物在生长代谢过程中，大多能产生一定的水解自身细胞壁上聚合物结构的酶，以便使生长繁殖进行下去。控制一定条件，可以诱发微生物产生过剩的溶胞酶或激发自身溶胞酶的活力，以达到细胞自溶的目的。影响自溶过程的主要因素有：温度、时间、pH、激活剂和细胞代谢途径等。微生物细胞的自溶法常采用加热法或干燥法。例如，对谷氨酸生产菌，可加入0.028 mol/L Na_2CO_3和0.018 mol/L $NaHCO_3$，配成pH 10的缓冲液，再配3%的细胞悬浮液，加热至70℃，保温搅拌20 min，菌体即自溶。在有些产品的生产中用于大生产，如酵母自溶物的制备、维生素B_{12}等。自溶法的缺点是对不稳定的微生物，易引起所需蛋白质的变性，并且，自溶后细胞悬浮液的黏度增大,过滤速率下降。

5. 化学渗透法

化学渗透法(chemical permeation)是用某些化学试剂溶解细胞壁或抽提细胞中某些组分的方法。例如酸、碱、脂溶性有机溶剂(如丁醇、丙酮、氯仿等)、变性剂、某些表面活性剂、抗生素、金属螯合剂等,都可以改变细胞壁或膜的通透性(渗透性),从而使细胞内物质有选择地渗透出来。

化学渗透法取决于化学试剂的类型和细胞壁或膜的结构与组成,不同化学试剂对各种微生物作用的部位和方式有所不同。化学渗透法的优点是:① 对产物释放具有一定选择性。可使一些较小分子量的溶质如多肽和小分子的酶蛋白透过,而核酸等大分子量的物质仍滞留在胞内。控制条件可以有选择地释放出位于细胞内不同部位的产物;② 细胞外形保持完整,碎片少,浆液黏度低,易于固液分离和进一步提取。该方法的缺点是:① 通用性差,某种试剂只能作用于特定类型的细胞;② 作用时间长,效率低,一般胞内物质释放率在50%以下;③ 有些试剂有毒性,在随后的产物提取精制过程中,需设法除去残留试剂,以保证产品的安全。

(1) 酸碱

用酸碱来调节溶液的pH,改变细胞所处的环境,从而改变两性产物——蛋白质的电荷性质,使蛋白质之间或蛋白质与其他物质之间的作用力降低而易于溶解到液相中去,便于后面的提取。

(2) 有机溶剂

有机溶剂能分解细胞壁中的类脂。常用的是甲苯,它被细胞壁脂质层吸收后会导致细胞壁膨胀,最后造成细胞壁的破裂,细胞内的产物释放到水相中。除甲苯外,其他苯对类脂的分解作用也十分强烈。可处理的菌体有无色杆菌、芽孢杆菌、梭菌、假单胞杆菌等菌体。但甲苯具有致癌性,且较易挥发而很少采用。此外,氯仿、二甲苯及高级醇等也有类似的作用。一般选用具有与细胞壁中脂质的溶解度参数类似的溶剂作为细胞破碎用的溶剂。

(3) 表面活性剂

表面活性剂可促使细胞某些组分溶解,其增溶作用有助于细胞的破碎。表面活性剂都是两性化合物,分子中有一个亲水基团和一个疏水基团,在适当的pH和离子强度下,它们聚集在一起形成微胶束,疏水基团聚集在胶束内部将溶解的脂蛋白包在中心,而亲水基团则向外层,这样使膜的通透性改变或使之溶解,该法特别适用于膜结合的酶的溶解。表面活性剂有天然的(如胆酸盐及磷脂)和合成的(阴离子型如十二烷基磺酸钠;非离子型如吐温(Tween);阳离子型如二乙氨基十六烷基溴)两类。一般地说,离子型的比非离子型的更有效,但也容易使蛋白变性。

(4) EDTA螯合剂

可用于处理革兰氏阴性菌(如 E. coli),它对其细胞外层膜有破坏作用。革兰氏阴性菌的外层膜结构通常靠二价阳离子Ca^{2+}或Mg^{2+}结合脂多糖和蛋白质来维持。

(5) 变性剂

变性剂如盐酸胍(guanidine hydrochloride)和脲(urea)能破坏氢键,降低胞内产物之间的相互作用,使之容易释放。

6. 其他方法

除上述的各种细胞破碎方法外,还有X-press法、渗透压法、反复冻结-融化法、干燥法等。

这些方法均不适合大规模细胞破碎的需要,多局限于实验室规模的小批量应用。

X-press法是将浓缩的菌体悬浮液冷冻至-25℃形成冰晶体。利用500 MPa以上的高压冲击,使冷冻细胞从高压阀小孔中挤出。细胞破碎是由于冰晶体的磨损,使包埋在冰中的微生物变形而引起的。

渗透压法是一种较温和的破壁方法。将细胞放在高渗透压的介质中达到平衡后,转入低渗透压的缓冲液或水中,由于渗透压的突然变化,水迅速进入细胞,引起细胞溶胀,甚至破碎。

反复冻结-融化法即将细胞放在低温下冷冻(约-15℃),然后在温室中融化,如此反复多次,使细胞壁破裂。由于冷冻,一方面使细胞膜的疏水键结构破裂,从而增加细胞的亲水性;另一方面胞内水结晶,使细胞内外溶液浓度变化,引起细胞膨胀而破裂。

干燥法可采用真空干燥、空气干燥、喷雾干燥和冷冻干燥等,它使细胞膜渗透性改变,当用丙酮、丁醇或缓冲溶液等溶剂处理时,胞内物质就容易被抽提出来。

▶▶ 三、破碎率的测定

为了解细胞破碎的程度,获得定量的结果,就需要准确的分析技术,下面简要介绍几种测定破碎率的方法。

1. 直接测定法

利用适当的方法,计数破碎前后的细胞数即可直接计算其破碎率。对于破碎前的细胞,可利用显微镜或电子微粒计数器直接计数。破碎后,破碎过程所释放的物质和其他聚合物组分会干扰计数,此时可采用染色的方法把破碎的细胞与未受损的完整细胞区分开来。例如,破碎的 G^+ 可染色成 G^- 的颜色,采用革兰氏染色法染色酵母破碎液,未受损害的细胞呈紫色,而受损害的细胞呈亮红色。

2. 目的产物测定法

细胞破碎后,通过测定破碎液中目的产物的释放量来估算破碎率。通常将破碎后的细胞悬浮液用离心法分离细胞碎片,测定上清液中目的产物的含量或活性,并与100%破碎率所获得的标准数值比较,计算其破碎率。

3. 导电率测定法

Luther等报道了一种利用破碎前后导电率的变化来测定破碎程度的快速方法。细胞破碎后,大量带电荷的内含物被释放到水相,使导电率上升。导电率随着破碎率的增加而呈线性增加。由于导电率的大小与微生物种类、处理条件、细胞浓度、温度和悬浮液中原电解质的含量有关,因此,正式测定前应预先采用其他方法制定标准曲线。

▶▶ 四、破碎技术的研究方向

1. 多种破碎方法相结合

化学法与机械法结合:在实际操作中,先用化学法或酶法对细胞进行处理,破坏细胞壁和细胞膜的某些物质组成,使其机械强度下降,随后再用机械法处理,可提高细胞的破碎率。

酶法与机械法结合:用酶制剂先对细胞壁的化学组成进行水解,降低其机械强度。再用机械法处理。如果是酵母细胞,在用机械处理前,可用硫醇预处理,被硫醇激活的糖苷酶作用于细胞壁中的聚糖,使壁的强度减弱,从而提高蛋白质的收率。

2. 与上游菌种或发酵过程相结合

① 培养过程控制：在发酵培养过程的细胞生长后期，加入某些能抑制或阻止细胞物质合成的抑制剂（如青霉素、环丝氨酸等）继续培养一段时间后，新分裂的细胞其细胞壁存在缺陷，利于破碎，而有些细胞内产物不经破碎即可直接渗透出来。

② 寄主细胞的选择：选择较易破壁的菌种作为寄主细胞，如革兰氏阴性菌。

③ 包含体的形成：包含体是重组蛋白在原核生物细胞内表达后形成的不溶性组分，是不具活性的蛋白质产物，其密度很大。寄主细胞破碎后，包含体可用密度梯度离心机收集。收集的包含体用变性剂溶解，再除去变性剂，恢复活性的蛋白质产品。

④ 克隆噬菌体溶解基因：在细胞内引进噬菌体基因，培养结束后，控制一定条件（如温度等），激活噬菌体基因，使细胞自内向外溶解，释放出内含物。

⑤ 耐高温产品的基因表达：在细胞破碎和分离过程中，为了防止产品失活而消耗的制冷能耗是相当可观的。如果产品能表达成耐高温型，杂蛋白仍然保持原特性，那么就可在较高温度下将产品与杂质分开，这样既节省了冷却费用，又简化了分离步骤。

3. 与下游分离过程相结合

细胞破碎与固液分离相关。对于可溶性产品来讲，碎片必须除净，否则影响后处理过程。分离细胞碎片常用的方法是离心沉降和膜过滤。当破碎率高而碎片太小时，离心法需要更高转速的离心机和消耗更多的能耗，膜过滤易引起膜的堵塞和污染。因此，必须从后分离过程的整体来看待细胞破碎的操作，机械法破碎操作尤其如此。

本 章 提 要

1. 细胞破碎的目的是提取胞内产物。本章讲解了细菌、酵母、霉菌的细胞壁组成、结构和功能。讲解了细胞壁与细胞破碎的关系。

2. 介绍了细胞壁破碎的方法，包括机械法和非机械法。重点说明了珠磨法、高压匀浆法、超声波破碎法、酶溶法、化学渗透法的原理与条件。

3. 介绍了用直接测定、目标产物测定和电导率测定等检测细胞破碎的方法。

4. 讲解了细胞破碎技术的发展方向。

Chapter Summary

Chapter 12 Theory and Technolgy of Microorganism Cell Disruption

1. The purpose of cell disruption is to recover endocellular products. The cell wall components, structure and function of bacteria, yeast and molds are decribed as well as the relationship between the cell wall and cell disruption.

2. The methods, mechanical and non-mechanical, for cell disruption are introduced, further the theories and technologies for ball mill, homogenizers, ultrasonic disruption, enzymatic cell lysis and chemical permeabilization are discussed.

3. The methods for determination of cell disruption, such as direct count, assay of target product and electrical conductivity are introduced.

4. The trends in cell disruption are discussed.

关键术语

胞外产物	胞内产物	细胞壁
细菌细胞壁	肽聚糖	磷壁酸
脂多糖	蛋白质	糖醛酸壁酸
甘露聚糖	葡聚糖	几丁质
破碎细胞壁和膜	固体剪切法(珠磨法)	高速珠磨机
液体剪切法(高压匀浆法)	超声波破碎法	空穴现象
负载因素	酶溶法	自溶法
化学渗透法	渗透压法	反复冻结－融化法
干燥法	破碎率	直接测定法
目的产物测定法	导电率测定法	

复习思考题

1. 说明细胞破碎的目的和细胞破碎的主要阻力？

2. 说明细菌、酵母、霉菌细胞壁的组成、结构与主要功能。叙述细菌、酵母、霉菌细胞壁以及 G^- 与 G^+ 细胞壁结构的差异。

3. 简述固体剪切法(珠磨法)、液体剪切法(高压匀浆法、超声波破碎法)、酶溶法、化学渗透法以及其他方法破碎细胞的工作原理和影响细胞破碎效果的因素及适用性。

4. 何为细胞破碎率？如何测定细胞破碎率？

5. 举例说明采用多种破碎方法相结合提高破碎率的机理。

6. 如何将细胞破碎技术与细胞培养的上、下游技术相结合提高细胞破碎率？

第十三章　发酵产物分离原理与技术

第一节　沉淀分离法

沉淀(precipitation)是物理环境的变化引起溶质的溶解度降低、生成固体凝聚物(aggregates)的现象。另一种由溶解度降低引起的固体成相现象称为结晶(见第十四章)。与结晶相比,沉淀是不定形的固体颗粒,构成成分复杂:除含有目标分子外,还夹杂共存的杂质、盐和溶剂。因此,沉淀的纯度远低于结晶,沉淀法是一种初级分离技术。但是,多步沉淀操作也可制备高纯度的目标产物。

沉淀法是发酵工程中最常用和最简单的提取方法,它是利用加入试剂或改变条件使发酵产物离开发酵液,生成不溶性颗粒而沉降析出。沉淀和结晶在本质上同属一种过程,都是新相析出的过程,主要是物理变化,当然也存在有化学反应的沉淀或结晶。沉淀和结晶的区别在于:形态的不同,同类分子或离子以有规则排列形式而析出称结晶,同类分子或离子以无规则的紊乱排列形式而析出称为沉淀。

在发酵产物的提取中,沉淀作用这个术语已不能照搬普通化学中通常所指化学键改变的特定含义,抗生素、氨基酸、蛋白质或酶的沉淀作用的方法是各不相同的,其范围包括从加入中性的盐类和醇类、改变 pH 到金属离子和有机试剂的特殊化学作用等。

沉淀法的优点为设备简单、成本低、原材料易得,便于小批量生产,在产物浓度越高的溶液中沉淀越有利、收率越高;缺点为过滤困难、产品质量较低,需重新精制。

目前在发酵工程中使用的沉淀法主要有盐析法,有机溶剂沉淀法,等电点法以及其他沉淀法。本节介绍各种沉淀方法和原理。

▶▶ 一、等电点沉淀法

氨基酸、多肽、蛋白质及核酸类等两性物质的等电点,是这类溶质在一定介质中其质点的净电荷为零时介质的 pH。两性物质在等电点时溶解度最低,易沉淀析出;在偏离等电点时容易溶解,偏离越远,溶解度也越大。等电沉淀法就是调节两性物质溶液的 pH,以达到某一物质的等电点,使其从溶液中沉淀出来。在生化产品的分离纯化过程中,常利用两性物质具有不同等电点的特性来进行产品的分离纯化。即使在等电点时,有些两性物质仍有一定的溶解度,并不是所有的蛋白质制品在等电点时都能沉淀下来,特别是同一类两性物质的等电点十分接近,单独利用等电点来分离生化产品效果不太理想,生产中常与有机溶剂沉淀法、盐析法并用,沉淀效果较好。

如图 13-1 所示,较低离子强度的溶液中蛋白质的溶解度较小。此外,蛋白质在 pH 为其等电点的溶液中净电荷为零,蛋白质之间静电排斥力最小,溶解度最低。利用蛋白质在 pH 等于其等电点的溶液中溶解度下降的原理进行沉淀分级的方法称为等电点沉淀法(isoelectric prceipitation)。

在后述的盐析沉淀中,有时也要综合等电点沉淀的原理,使盐析操作在等电点附近进行,降低蛋白质的溶解度。但是,利用中性盐进行盐析时,使蛋白质溶解度最低的溶液 pH 一般略小于蛋白质的等电点。

等电点沉淀的操作条件是:低离子强度;pH ≈ pI。因此,等电点沉淀操作需在低离子强度下调整溶液 pH 至等电点,或在等电点的 pH 下利用透析等方法降低离子强度,使蛋白质沉淀。由于一般蛋白质的等电点多在

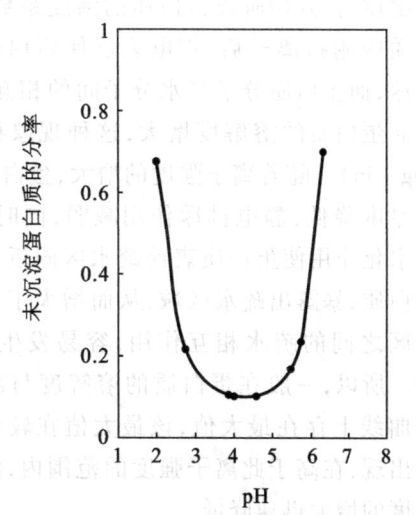

图 13-1 大豆蛋白质溶解度与 pH 的关系

偏酸性范围内,故等电点沉淀操作中,多通过加入无机酸(如盐酸、磷酸和硫酸等)调节 pH。

等电点沉淀法一般适用于疏水性较大的蛋白质(如酪蛋白),而对于亲水性很强的蛋白质(如明胶),由于在水中溶解度较大,在等电点的 pH 下不易产生沉淀。所以,等电点沉淀法不如盐析沉淀法应用广泛。但该法仍不失为有效的蛋白质初级分离手段。例如,从猪胰中提取胰蛋白酶原(pI = 8.9)时,可先于 pH 3.0 左右进行等电点沉淀,除去共存的许多酸性蛋白质(pI ≈ 3.0)左右。工业生产胰岛素(pI = 5.3)时,先调 pH 至 8.0 除去碱性蛋白质,再调 pH 至 3.0 除去酸性蛋白质(同时加入一定浓度的有机溶剂以提高沉淀效果)。

与盐析法相比,等电点沉淀的优点是无需后继的脱盐操作。但是,如果沉淀操作的 pH 过低,容易引起目标蛋白质的变性。

二、盐析法

盐析法又称中性盐沉淀法,在发酵液中加入中性盐能破坏蛋白质或酶的胶体性质,消除微粒上的电荷,促使蛋白质或酶沉淀,此法一般应用于蛋白质分离和酶制剂工业的发酵液提取。

1. 盐析原理

水溶液中蛋白质的溶解度一般在生理离子强度范围内(0.15~0.2 mol/kg)最大,而低于或高于此范围时溶解度均降低。蛋白质在高离子强度的溶液中溶解度降低、发生沉淀的现象称为盐析(salting-out)。如图 13-2 所示,当离子强度较高时,溶解度的对数与离子强度之间呈线性关系,用 Cohn 经验方程描述:

$$\lg S = \beta - K_s I \tag{13-1}$$

式中，S—蛋白质的溶解度，g/dm^3；β—常数；K_s—盐析常数；I—离子强度，mol/dm^3；$I = \frac{1}{2}\sum c_i Z_i^2$

上式中 c_i 和 Z_i 分别为第 i 种离子的物质的量浓度（mol/dm^3）和电荷数。

电解质影响蛋白质溶解度的机理有不同的理论解释。但一般认为，向蛋白质的水溶液中逐渐加入电解质时，开始阶段蛋白质的活度系数降低，并且蛋白质吸附盐离子后，带电表层使蛋白质分子间相互排斥，而蛋白质分子与水分子间的相互作用却加强，因而蛋白质的溶解度增大，这种现象称为盐溶（salting-in）。随着离子强度的增大，蛋白质表面的双电层厚度降低，静电排斥作用减弱；同时，由于盐离子的水化作用使蛋白质表面疏水区附近的水化层脱离蛋白质，暴露出疏水区域，从而增大了蛋白质表面疏水区之间的疏水相互作用，容易发生凝聚，进而沉淀。所以，一般在蛋白质的溶解度与离子强度的关系曲线上存在最大值，该最大值在较低的离子强度下出现，在高于此离子强度的范围内，溶解度随离子强度的增大迅速降低。

2. 影响盐析的因素

蛋白质的盐析行为随蛋白质的相对分子质量和立体结构而异，反映在 Cohn 方程中就是对 β 和 K_s 的影响：不同蛋白质的 β 值不同；K_s 值随蛋白质相对分子质量的增大或分子不对称性的增强而增大，即进

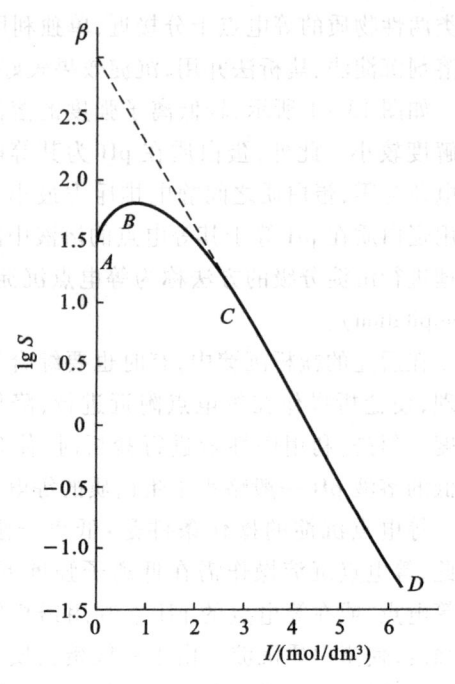

图 13 - 2　用 $(NH_4)_2SO_4$ 沉淀碳氧血红蛋白时 $\lg S$ 与离子强度之间的关系
pH 6.6，温度 25 ℃，$S_0 = 17\ g/L$

行盐析沉淀时，结构不对称且相对分子质量高的蛋白质所需的盐浓度较低。对于特定的蛋白质，影响蛋白质盐析的主要因素有无机盐的种类、浓度、温度和 pH。

（1）无机盐

图 13 - 3 所示为几种蛋白质在不同离子强度下的盐析效果。可以看到，当硫酸铵饱和度达到 20% 时，纤维蛋白原首先析出；饱和度增至 28% ~ 33% 时，血红蛋白析出；饱和度增至 33% ~ 35% 时，假球蛋白析出；饱和度 50% 以上，血清清蛋白析出；最后饱和度达到 80% 时，肌红蛋白析出。可见不同蛋白质发生盐析所需离子强度是不同的。这样可以采用不同盐浓度逐一将各种不同的蛋白质分别沉淀析出。

在相同的离子强度下，不同种类的盐对蛋白质的盐析效果不同。图 13 - 4 为几种盐对碳氧血红蛋白（COHb）溶解度的影响。盐的种类主要影响 Cohn 方程中的盐析常数 K_s，图 13 - 4 中的各条溶解度曲线具有不同的斜率（即 K_s 值）。盐的种类对蛋白质溶解度的影响与离子的感胶离子序列（lyotropic series）或 Hofmeister 序列相符，即离子半径小而带电荷较多的阴离子的盐析效果较好。例如，含高价阴离子的盐比 1 价盐的盐桥效果好，即盐析常数大。常见阴离子的盐析作用顺序为：

$$PO_4^{3-} > SO_4^{2-} > CH_3COO^- > Cl^- > NO_3^- > ClO_4^- > I^- > SCN^-$$

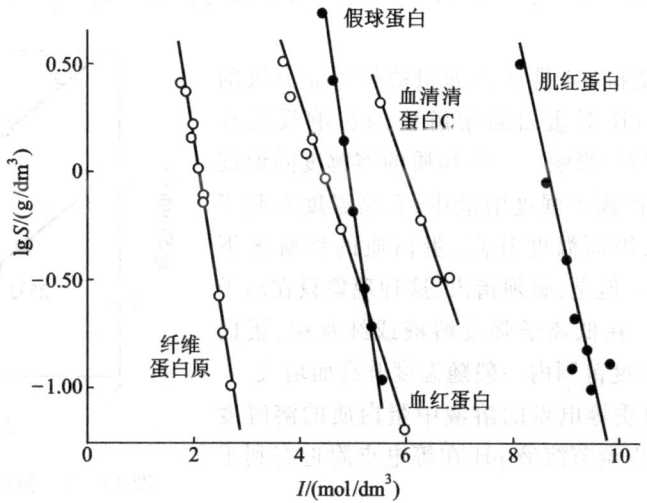

图 13-3 蛋白质的溶解度与离子强度(硫酸铵)的关系

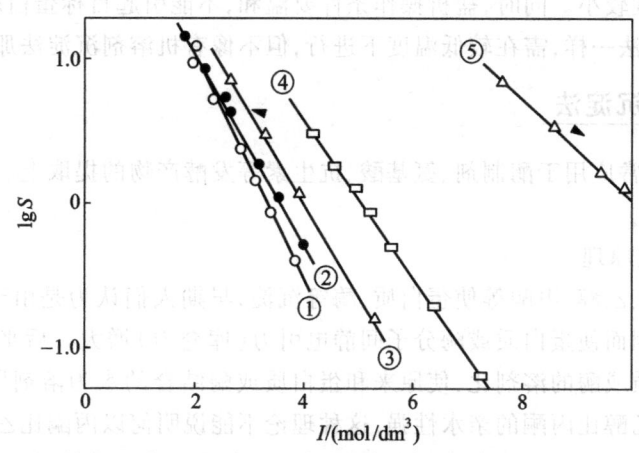

图 13-4 碳氧血红蛋白在不同电解质中的盐析效应(pH 6.6)
① $KH_2PO_4 + K_2HPO_4$；② Na_2SO_4；③ 柠檬酸三钠；④ $(NH_4)_2SO_4$；⑤ $MgSO_4$

阳离子盐析作用的顺序为：

$$NH_4^+ > K^+ > Na^+ > Mg^{2+}$$

在选择盐折的无机盐时,除考虑上述各种离子的盐析效果外,对盐还有以下要求：
① 溶解度大,能配制高离子强度的盐溶液；
② 溶解度受温度影响较小；
③ 盐溶液密度不高,以便蛋白质沉淀的沉降或离心分离。

硫酸铵价格便宜、溶解度大且受温度影响很小、具有稳定蛋白质(酶)的作用,因此是最普遍使用的盐析盐。但硫酸铵有如下缺点：硫酸铵为强酸弱碱盐,水解后使溶液 pH 降低,在高 pH 下释放氨；硫酸铵的腐蚀性强,后处理困难；残留在食品中的少量硫酸铵可被人味觉感知,影响食品风味；临床医疗有毒性,因此在最终产品中必须完全除去。除硫酸铵外,硫酸钠和氯化钠也常用于盐析。硫酸钠在 40 ℃ 以下溶解度较低，主要用于热稳定性高的胞外蛋白质盐析。

(2) 温度和 pH

盐析操作的温度和 pH 是获得理想盐析沉淀分级的重要参数。温度和 pH 对蛋白质溶解度的影响反映在 Cohn 方程中是对 β 值的影响。一般物质的溶解度随温度的升高而增大，但在高离子强度溶液中，升高温度有利于某些蛋白质的失水，因而温度升高，蛋白质的溶解度下降，如图 13-5 所示。但是，必须指出，这种现象只在离子强度较高时才出现。在低离子强度溶液或纯水中，蛋白质的溶解度在一定温度范围内一般随温度升高而增大。

在 pH 接近蛋白质等电点的溶液中蛋白质的溶解度最小（β 值最小），所以调节溶液 pH 在等电点附近有利于提高盐析效果。

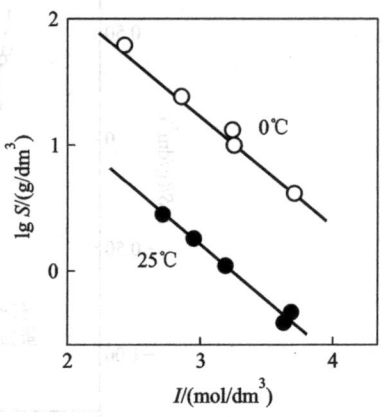

图 13-5　温度对碳氧血红蛋白盐析曲线的影响（pH 6.6）

因此，蛋白质的盐析沉淀操作需选择合适的 pH 和温度，使蛋白质的溶解度较小。同时，盐析操作条件要温和，不能引起目标蛋白质的变性。所以，盐析和后述的其他沉淀法一样，需在较低温度下进行，但不像有机溶剂沉淀法那样要求严格。

▶▶ 三、有机溶剂沉淀法

有机溶剂沉淀法常应用于酶制剂、氨基酸、抗生素等发酵产物的提取上。本书着重于酶的有机溶剂沉淀法。

1. 有机溶剂沉淀原理

有机溶剂如丙酮、乙醇、甲醇等使蛋白质、酶等沉淀，早期人们认为是由于加入溶剂后，使溶液的介电常数降低，因而使蛋白质或酶分子间静电引力（库仑力）增大。后来又提出了另一种说法，认为是由于蛋白质或酶的溶剂化，使原来和蛋白质或酶结合的水为溶剂所取代，因而降低了它们的溶解度，但是乙醇比丙酮的亲水性强，这种理论不能说明何以丙酮比乙醇沉淀蛋白质或酶的能力强呢？又何以丙酮、乙醇之类溶剂在所谓脱去蛋白质或酶水膜的过程中容易使它们变性、而盐析脱水时不造成它们的变性呢？事实证明丙酮、乙醇等有机溶剂不仅是蛋白质或酶的沉淀剂，更重要的还是它们的一种变性剂，可见有机溶剂使蛋白质或酶沉淀和变性之间有区别又相关联。

近来对蛋白质或酶变性的研究有所发展，有可能对有机溶剂沉淀蛋白质或酶的机理作出新的探索，有机溶剂可能破坏蛋白质或酶的某种键，如氢键，使其空间结构发生某种程度的变形，致使一些原来包在内部的疏水基团暴露于表面并与有机溶剂的疏水基团结合形成疏水层，从而使蛋白质或酶沉淀，当蛋白质或酶的空间结构发生变形超过一定程度就会导致完全的变性。可见，必须把有机溶剂使蛋白质或酶沉淀和变性之间的关系有机地结合起来，才能正确地阐明其机理。

有机溶剂沉淀法的优点是某些蛋白质沉淀的浓度范围相当广，所得产品的纯度较高，从沉淀的蛋白质或酶中除去有机溶剂是很方便的，而且有机溶剂本身可部分地作为它们的杀菌剂，因而使有机溶剂法有可能用于大规模的蛋白质分级过程中。缺点是需要耗用大量的溶剂，溶剂的来源、贮存都比较困难或麻烦,并且提炼操作需在低温下进行,使用上有一定的局限性,收率也比盐析法低。

2. 影响有机溶剂沉淀的因素

有机溶剂沉淀法的影响因素是多方面的,如溶剂的种类和用量、沉淀的温度、pH和时间,溶液中的盐类,吸附剂的性质和用量等。

不同有机溶剂沉淀蛋白质的效率,受蛋白质的种类、温度、pH和杂质等因素所影响,但大致上以丙酮为最佳,乙醇次之,甲醇更次,因此要通过试验加以选择。

乙醇是最常用的沉淀剂。在沉淀过程中乙醇与水混合时放出大量的稀释热,使溶液的温度显著升高。对不耐热的酶影响较大,生产上常用搅拌、少量多次加入的办法,以避免温度骤然升高损失酶活力。有机溶剂对酶的沉淀能力也受到温度的影响,一般温度越低沉淀越完全,所以沉淀过程必须注意冷却降温,使沉淀在较低的温度下进行。

在酶结构稳定范围下选择溶解度最低处的pH,有利于提高沉淀效果。适宜的pH可大大提高分离的分辨能力。

用有机溶剂沉淀酶类有产生变性的可能,尤其是在还没有沉淀之前,这种可能性更大。所以在加溶剂时要搅拌均匀,其量不能一下子过多,以防局部浓度过高,引起酶的失活,并且又要在形成沉淀之前,尽可能快速加完,以缩短溶剂与酶的接触时间,沉淀完全后,应立即压滤和烘干,尽快除去湿酶中的有机溶剂。

在沉淀过程中,加入一些对酶有保护作用的盐类,对减少酶活的损失,提高收率十分有利,并且还可以使沉淀物凝聚而易于过滤。所以在酶沉淀前先用适量的磷酸二氢钠和氯化钙进行热处理,再用乙醇沉淀,有利于过滤的进行。

如果在有机溶剂沉淀的同时还用吸附的办法,则要注意吸附剂及其用量和吸附温度的选择:由于酶的作用,底物对酶有保护作用,所以一般采用底物作吸附剂,不同吸附剂的吸附能力不同,在用淀粉作吸附剂时,玉米淀粉的吸附力较大,应采用增加吸附剂用量和在较低温度下吸附,则效果较好。以湿淀粉作吸附剂时,应先经80~100 ℃加热或加10%硫酸钠于98 ℃处理20 min后使用。

第二节 吸附和树脂分离法

吸附(adsorption)是溶质从液相或气相转移到固相的现象。利用固体吸附的原理从液体或气体除去有害成分或提取回收有用目标产物的过程称为吸附操作。吸附操作所使用的固体一般为多孔微粒,具有很大的比表面积,称为吸附剂(adsorbent)。吸附剂对溶质的吸附作用按吸附作用力区分主要有三类,即物理吸附、化学吸附和离子交换。物理吸附基于吸附剂与溶质之间的分子间力,即范德华力。化学吸附是吸附剂表面活性点与溶质之间发生化学结合、产生电子转移的现象。离子交换吸附通过静电引力吸附带有相反电荷的离子,吸附过程中发生电荷转移。

在发酵工业中,吸附主要用于发酵液除臭、脱色及目标产物的提取、浓缩和粗分等方面。近十年来吸附技术发展很快。吸附法一般有下列优点:① 可不用或少用有机溶剂;② 操作简便、安全,设备简单;③ 生产过程中pH变化小,适用于稳定性较差的生化物质。但吸附法选择性差、收率不太高,特别是无机吸附剂性能不稳定,不能连续操作,劳动强度大,活性炭等吸附剂还影响环境卫生,所以有一段时间吸附法已几乎为其他方法所取代。但随着凝胶类吸附剂、大网格聚合物吸附剂的合成和发展,吸附法又重新为发酵工程领域所重视并获得应用。

一、吸附原理和吸附剂的种类

1. 吸附原理

固体表面的分子或原子与液体表面分子一样,处于特殊的状态,具有不饱和的剩余力,即存在着表面力,所以它们能够吸附外界物质,如分子、原子或离子,使这些外界物质在吸附剂表面附近形成多分子层或单分子层,从而降低表面能,使自身达到稳定状态。人们将物质从流体相(气体或液体)浓缩到固体表面的过程称为吸附作用,把在表面上能够发生吸附作用的固体称为吸附剂,被吸附的物质称为吸附物。不同的固体物质的表面自由能不同,所以对其他物质的吸附能力不同,表面自由能越高,吸附能力越强。

吸附作用力也属于范德华力,它是一组分子引力的总称,包括三种力,即定向力、诱导力和色散力。定向力是极性分子之间产生的作用力,是由于极性分子的永久偶极矩产生的分子间的静电引力。分子的极性越大,定向力也越大,它还与热力学温度成反比。诱导力是指极性分子和非极性分子之间的吸引力,极性分子产生的电场作用会诱导非极性分子极化,产生诱导偶极矩,两者之间相互吸引而发生吸附作用,这种力与温度无关。色散力是非极性分子之间的引力,即当分子由于外围电子运动及原子核在零点附近振动,正负电荷中心出现瞬时相对位移时,产生快速变化的瞬时偶极矩,这种瞬时偶极矩还能使外围非极性分子极化,被极化的分子又反过来影响瞬时偶极矩的变化而产生这种色散力。色散力是普遍存在的,与外层电子数有关,随着电子数的增多而增加,并且也不取决于温度。此外还有氢键,这是介于库仑引力和范德华力之间的定向力,比诱导力和色散力都大。

固体物质一般有多孔性和非多孔性两类,非多孔性固体只具有很小的比表面积,可以通过粉碎使其颗粒尺寸变小而增加其比表面积。多孔性固体由于颗粒内微孔的存在而具有很大的比表面积,甚至每克可达数百平方米。非多孔性固体的比表面积仅取决于外表面,而多孔性固体的比表面是由外表面和内表面共同组成。内表面积可比外表面积大数百倍,并且具有较高的吸附势,所以多孔性吸附剂的应用更为广泛。

2. 吸附剂的种类

吸附剂的种类很多,只要它们不溶于吸附操作中所用的溶液,且不致使被吸附的化合物受破坏或分解即可。但吸附剂也必须有一定的化学组成,且具备一定的条件:① 吸附剂本身是一种多细孔粉末状的物质,其颗粒密度小,表面积大,但孔隙也不要太多,否则在孔隙中的溶质就不易被解吸下来;② 吸附剂必须颗粒大小均匀;③ 吸附能力大,但也要容易洗脱。

发酵工业常用的吸附剂主要可分为三种类型:

(1) 疏水或非极性吸附剂

最好的是极性溶媒尤其是从水溶液内吸附溶质,这类的典型吸附剂是活性炭。

活性炭:作为分子吸附剂的活性炭,在发酵工业中许多发酵产品的提取、精制和分离过程中广泛应用,例如味精等发酵产品的脱色和多种抗生素的提取与精制。如前所述,活性炭是疏水性的物质,它最适宜从极性溶媒,尤其是水溶液中吸附非极性物质,因为此时溶质较溶媒容易被吸附,它吸附芳香族化合物的能力大于无环化合物。

活性炭有碱性、酸性或中性的。提炼时,抗生素如不能被酸性或碱性的活性炭所吸附,或吸附后难于由炭中洗脱,则应把活性炭加以适当的处理,使其具有相当的活性。例如,酸性的炭可用稀碱溶液洗涤,而碱性的炭则可用稀酸(H_2SO_4 或 HCl)溶液洗涤,然后再用无盐水冲洗到中性即可应用。在应用于抗生素的提炼过程中,要对活性炭进行必要的处理,如干燥去水,除去无机盐中钙、镁、铁离子等,其目的在于以各种方法去除吸着的物质,使吸附剂的活性表面活化。

由于活性炭作为吸附剂的选择性差,故应用于抗生素的提取和精制时,单级吸附不能使抗生素纯度提高很多,只是用于抗生素的初步提炼,除去溶液中的色素。

(2) 亲水或极性吸附剂

适用于非极性或极性较小的溶媒,如硅胶、氧化铝(用作吸附的氧化铝,其组成不是 Al_2O_3,而是氧化铝的部分去水物)、活性土皆属此类。

另外,吸附剂可以是中性、酸性或碱性。碳化钙、硫酸镁等属中性吸附剂;氧化铝、氧化镁等属碱性吸附剂;酸性硅胶、铝硅酸(活性土)属酸性吸附剂。碱性的吸附剂,适宜于吸附酸性的物质,而酸性的吸附剂适宜于吸附碱性的物质。应该指出,氧化铝及某些活性土为两性化合物,因为经酸或碱处理后很容易获得另外的性质。

氧化铝:氧化铝属无机离子交换剂,常用于色层分离。工业用氧化铝的吸附量差别很大(和含水量有关),但经活化处理后可以满足生产的要求。通常活化处理是将氧化铝用稀酸洗涤,洗净后在 150~200 ℃下(一般不超过 500 ℃)烘 16 h,随着灼烧愈完全,其含水量愈低,则吸附容量愈大。

氧化铝除具有分子吸附剂的性质外,还具有离子交换剂的性质,这是因为它是两性化合物。氧化铝经酸处理后,成为 $(Al_2O_3)_m^+:NO_3^-$,为阴离子交换剂;而以 NaOH 处理后,则成为 $(Al_2O_3)_m AlO_2^-:Na^+$,为阳离子交换剂。氧化铝的吸附选择性同活性炭相似,即选择性较差,它主要应用于色层分离法精制和分离抗生素。此时发生的不是单级吸着过程,而是在动态下进行的吸着和解吸的多次反复过程。

(3) 各种离子交换树脂吸附剂

各种有机离子交换树脂也是属于极性吸附剂,因为它是两性化合物,具有离子交换剂的性质,工业发酵中常用于发酵产品的脱色和分离杂质。常用于脱色的离子交换树脂有大孔的 717#强碱性季胺型树脂及多孔弱碱 390#苯乙烯伯胺型弱碱性阴离子交换树脂。

▶▶ 二、活性炭和离子交换树脂吸附脱色

1. 活性炭吸附脱色

发酵工业生产中常用活性炭对发酵产品进行吸附脱色,例如味精溶液用活性炭脱色。活性炭脱色能力与 pH 有关,一般在 pH 5.0 左右活性炭脱色能力较强。倘若 pH 低,溶液中有谷氨酸和谷氨酸钠共存,溶解不完全。味精溶液在脱色过程中同时还要加硫化钠溶液去铁。

$$FeCl_2 + Na_2S \longrightarrow 2NaCl + FeS\downarrow$$

硫化钠波美度为 15°Bé 时,硫化钠含量为 10%;18°Bé 时,含量为 12%;23°Bé 时,含量为 16%。

硫化亚铁在 18 ℃时溶度积为 3.7×10^{-9}，在中性或微碱性溶液中可以沉淀完全。为考虑脱色完全，一般进行两次中和，先在 pH 6.7~7.0 加 Na_2S 除铁，并利用再生废炭（经碱法去色素，酸法去铁离心）过滤后在 pH 6.4~6.7 脱色。脱色标准要求透光率在 85%~90%，硫化钠要求稍过量(含硫 200×10^{-6} 以下)，可用 10% $FeSO_4$ 溶液及 Na_2S 溶液分别校正。

2. 离子交换树脂脱色

（1）离子交换树脂脱色作用原理

离子交换树脂脱色作用主要是靠树脂的多孔隙表面对色素进行吸附作用。吸附作用是树脂的基团与色素的某些基团形成共价键，也有交换作用，它的作用原理如下：

脱色　$R\equiv NCl + MF \longrightarrow R\equiv NF + MCl$　（F 为带负电荷的色素或杂质）

再生　$R\equiv NF + NaCl \longrightarrow R\equiv NCl + NaF$

（2）脱色常用的离子交换树脂

工业发酵中发酵产品脱色常用的离子交换树脂有大孔 717#强碱性季胺型树脂及多孔弱碱专 390#苯乙烯伯胺型弱碱性阴离子交换树脂，其特性如表 13-1 所示。

表 13-1　717#与 390#树脂的特性

树脂特性	树脂型号	
	717#	390#
型式	氯型	氯型
相对密度	1.05~1.08	视相对密度 0.7
粒度/目	20~60	16~50
水分/%	50	
总交换量	1.1 mmol/mL	4 mmol/g 干树脂

（3）味精的离子交换树脂脱色工艺

① 预处理及转型：4% NaOH 溶液去杂质，先洗至 pH 8，4% HCl 转型，无离子水洗至流出液 pH 为 7 左右，用 5% NaCl 溶液洗至进出液 pH 相同；

② 上柱脱色及水洗：中和液 23°Bé 以低流速上柱，上柱完毕后用热水洗至流出液 0°Bé 以下；

③ 再生：用 10% NaCl + 10% NaOH 混合液再生，水洗至 pH 8，无离子水洗至进出液的氯离子含量相同，调 pH 6.4，再用 5% NaCl 溶液洗至进出液 pH 相同；

④ 上液量：717#树脂上柱脱色的液量约为树脂体积的 60 倍，390#树脂上柱脱色的液量约为树脂体积的 10 倍以上。

三、树脂法原理和树脂分类

1. 树脂法原理

自从 1957 年首次成功地合成具有大孔结构和大表面积的高分子吸附剂以来，随着合成技术的进展，各种不同性能的合成吸附剂相继问世。高分子吸附剂是选用一些离子交换树脂，采用不同的方法去掉其上的功能基团，保留多孔的骨架，依据树脂骨架和溶质分子间的分子吸附（并不发生离子交换)原理而设计的一类吸附剂。由于它以离子交换树脂为基础,吸附性质与活性炭、硅胶等相似,故称吸附树脂,也称大网格聚合物吸附剂。

吸附树脂是一种非离子型共聚物,吸附剂本身系一种亲酯性物质,以范德华力从很低浓度的溶液中吸附有机物,而构成它的一个重要方面乃是各种不同的表面性质。以 XAD-1 或 XAD-2 为例,其表面就是疏水性的聚苯乙烯,有机物被吸附在颗粒的表面(包括有机物分子可以进入的颗粒间隙),因而两者之间的相互作用就有几种不同类型的作用力,主要有亲酯键、偶极离子相互作用以及氢键吸附。这几种结合力比起静电引力来(即如同在离子交换过程中发生的)要弱得多,所以要从吸附剂上把被吸附物解吸下来是比较容易的。只要改变其亲水-疏水平衡即可。吸附树脂的吸附能力,不但与吸附剂的化学结构和物理性能有关,而且与溶质及溶液的性质有关。

由于吸附树脂能有效地吸附化学性质不同的各种类型化合物,因而过去认为必须用有机溶剂提取、或者只能用活性炭吸附的生化物质,用它来提取也得到满意的结果,这就为补充离子交换提取工艺的不足、为进一步节约有机溶剂及改善劳动条件,提供了很大的可能性。

使用树脂的分离纯化操作原理都是利用树脂吸附产物,使产物保留在树脂上与杂质分开,再由树脂上洗脱产物;或让树脂吸附杂质而直接流出产物。

2. 树脂分类

目前市售的吸附树脂,按链节分子结构可分为非极性、中等极性和极性三种。吸附树脂名称尚未统一,往往由各单位自行命名,如南开大学试制的有 D、DM、DA 及 NKA 等系列;国外常见的有 Amberlite XAD、Diaion HP 等系列。

吸附树脂属于热固性聚合物,加热不熔,可在 150 ℃ 内使用,不溶于溶剂及酸碱。其结构特点是比表面、孔径都比较大,并可人为调节。在使用过程中膨胀或收缩都很小,经重复多次使用后性仍稳定。

根据"类似物容易吸附类似物"的"相似相容"原则,一般非极性吸附剂适于从极性溶剂(例如水)中吸附非极性物质,相反,高极性吸附剂适于从非极性溶剂中吸附极性物质,而中等极性的吸附剂在上述两种情况都具有吸附能力,可用图 13-6 表示。当从水溶液中吸附时,对同族化合物,一般相对分子质量越大,极性愈弱,吸附量就愈大。

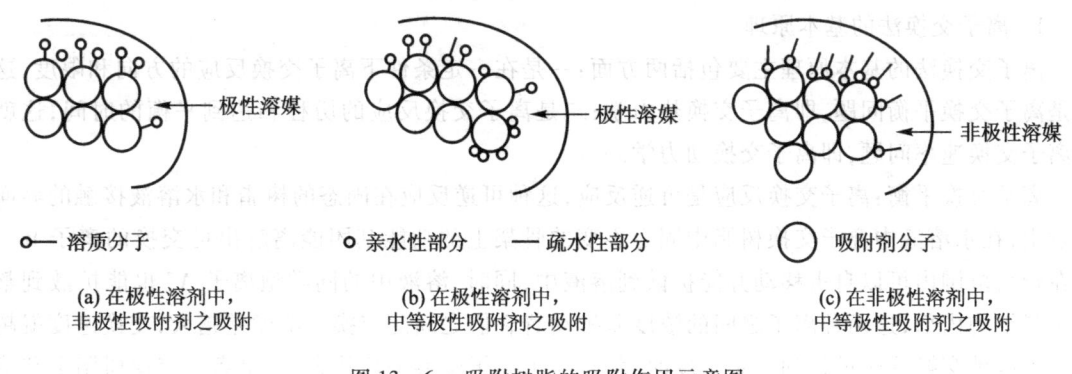

图 13-6 吸附树脂的吸附作用示意图

四、吸附树脂分离维生素

吸附树脂在发酵工业的应用日益增多。对于在水中溶解度不太大,而较易溶于有机溶剂的生化物质都可考虑用吸附树脂提取。除此以外,也可用于已分离出产物各组分的分离;用于离子交换法洗脱液的脱盐;把盐制备成相应的有机酸或有机碱以及脱色等。

维生素 B_{12} 是抗生素生产的副产物,抗生素生产中一般用羧酸型离子交换树脂回收抗生素废液中的维生素 B_{12}。实验证明,用大网格聚合物吸附剂提取维生素 B_{12},比用羧酸型树脂(如 122 羧酸树脂或 Amberlite IRC-50)吸附容量高,解吸完全,见表 13-2。目前国内外已在工业规模上采用大网格聚合物吸附剂提取维生素 B_{12},主要采用 CAD-40 大孔树脂作为提取维生素 B_{12} 的吸附剂。CAD-40 大孔树脂是用二乙烯苯为原料聚合而成的小白球体,它是一种没有活性基团而具有大孔的高交联度的苯乙烯型共聚体,具有类似活性炭的骨架可进行物理吸附。由于维生素 B_{12} 的相对分子质量较大,因此易被吸附,其他无机盐类、部分色素和杂质等不易吸附。改变条件,就能将维生素 B_{12} 从大孔树脂上洗脱下来,再进一步操作,就能达到提高水溶液中维生素 B_{12} 的纯度和浓度之目的。

表 13-2　吸附树脂吸附维生素 B_{12}
浓度:15 mg/L　流速:9.64 L/h　洗脱剂:甲醇

吸附剂	饱和吸附容量/(mg/L)	洗脱高峰/(mg/L)	甲醇用量,床体积/mL
Amberlite IRC-50	140	150	5
Amberlite XAD-2	5 200	1 200	2

第三节　离子交换法和离子交换膜电渗析分离法

一、离子交换法原理和离子交换树脂的结构与分类

1. 离子交换法的基本原理

离子交换法的基本原理主要包括两方面:一是在一定条件下离子交换反应的方向和限度,这就是离子交换平衡问题,即离子交换热力学;二是离子交换反应的历程和达到平衡的时间,这就是离子交换速率问题,即离子交换动力学。

离子交换平衡:离子交换反应是可逆反应,这种可逆反应在固态的树脂和水溶液接触的界面间发生,在水溶液中离子交换树脂中固定不变的骨架上的功能基团能离解出可交换的离子 B^+,它在较大范围内可以自由移动并能扩散到溶液中,同时,溶液中的同类型离子 A^+ 也能扩散到整个树脂结构内部,这两种离子之间的浓度差推动着它们之间的交换。浓度差越大,交换速度就越快。当这种交换反应进行到一定程度时,就建立了离子交换平衡状态,结果离子交换树脂上和溶液中都同时含有 A^+ 和 B^+ 两种离子。

最简单的描述离子交换平衡的理论是用类似于化学反应或类似于膜排斥现象来解释的。即

把离子交换看作是简单的化学反应,可用基本的质量作用定律来描述离子在树脂相与溶液相之间的分配。

离子交换速率:离子交换反应在动态下进行,因此,离子交换的效果除受离子浓度和选择系数的影响外,还受离子从溶液进入到树脂表面和在树脂内部的扩散过程的影响,即离子交换速率的影响。

以 Na 型树脂与溶液中 Ca^{2+} 进行交换反应为例,所谓离子交换速率是表示在单位时间内,溶液中 Ca^{2+} 浓度减少或 Na^+ 浓度增加的量。离子交换过程由如下的相对速率组成:

① Ca^{2+} 离子从溶液通过树脂表面的液膜或边界层,到达树脂表面;
② Ca^{2+} 从树脂表面向树脂孔道中迁移,并到达有效交换的位置上;
③ 在交换点上 Ca^{2+} 与 Na^+ 进行交换反应;
④ Na^+ 从树脂内部迁移到树脂表面;
⑤ Na^+ 穿过树脂表面的液膜进入水溶液。

液膜扩散和粒内扩散的速率控制离子交换速度,影响液膜扩散和粒内扩散的主要因素是:

① 溶液流速:膜扩散随溶液过柱流速(或静态搅拌速度)的增加而增加,粒内扩散基本不受流速或搅拌的影响;
② 树脂颗粒:离子的液膜扩散速率与树脂颗粒大小成反比,而离子粒内扩散速率与粒径倒数的高次方成正比;
③ 溶液浓度:当溶液中的离子浓度较低时,对液膜扩散速率影响较大,而对粒内扩散影响较小,当溶液中的离子浓度较高时,对粒内扩散影响较大,而对液膜扩散影响较小。

2. 离子交换树脂的结构与分类

离子交换树脂是一种不溶于酸、碱和有机溶剂,化学稳定性良好,具有网状结构,有离子交换能力的固态高分子化合物。在网状结构的骨架上有许多可以被交换的活性基团。离子交换树脂是由离子交换树脂本体(母体)和交换基团两部分组成。

离子交换树脂本体由高分子化合物和交联剂组成的高分子共聚物。交联剂是使高分子化合物交联成为网状结构的固体颗粒,构成树脂的骨架,使树脂具有不溶解和化学稳定性。

交换基团由能起交换作用的阳(阴)离子和与交换树脂本体联结在一起的阴(阳)离子两部分组成。例如 732# 阳离子交换树脂,它的本体是苯乙烯高分子聚合物和交联剂二乙烯苯组成的共聚物。一般简化写成 $R—SO_3H$,式中 R 表示苯乙烯-二乙烯苯树脂本体,即树脂的骨架部分,$—SO_3H$ 是磺酸基,是一种酸性强,易解离的活性基团,即其交换基团。其中的 H^+ 是可以游离的,是能起交换作用的阳离子,可以与其他阳离子发生等物质的量交换。而 $—SO_3^-$ 是和树脂本体联结在一起的不可游离的阴离子。

按骨架结构不同,离子交换树脂可分为凝胶型和大孔型两大类。根据树脂所带的可交换的离子性质,离子交换树脂可大体分为阴离子交换树脂和阳离子交换树脂。根据所引入的活性基团酸碱性强弱的不同又分为强酸性阳离子交换树脂、弱酸性阳离子交换树脂、强碱性阴离子交换树脂、弱碱性阴离子交换树脂。目前工业上常用的树脂见表 13-3。

表13-3 常用树脂分类及编号

树脂类型	强酸性阳离子交换树脂	弱酸性阳离子交换树脂	强碱性阴离子交换树脂	弱碱性阴离子交换树脂
树脂本体	苯乙烯型	丙烯酸型	苯乙烯型	苯乙烯型
活性基团解离状态	$R-SO_3^-H^+$	(1) $R-COO^-H^+$ (2) $R-OH$	$R\equiv N^+OH^-$	(1) $R-NH_3^+OH^-$① (2) $R=NH_2^+OH^-$① (3) $R\equiv NH^+OH^-$①
产品牌号	732	724	711	704
举例	730		717	
有效值范围	0~14	(1) >6(R-COOH) (2) >9(R-OH)	0~12	<7
统一树脂编号	1~100	101~200	201~300	301~400
上海树脂厂编号	731~740	721~730	711~720	701~710

注:① 表示伯、仲、叔胺基解离状态。

3. 离子交换树脂的主要性能

(1) 颗粒与形状

离子交换树脂是一种透明或半透明的物质,有白、黄、黑及赤褐色等几种颜色。一般颜色与性能关系不大,在制造时若交联剂多,原料杂质多,颜色就稍深,树脂吸附饱和后颜色也会变深。树脂的形状有不定形粒状和球状两种。

树脂颗粒大小,对树脂交换能力,树脂层中溶液流动分布均匀程度,溶液通过树脂层的压力以及交换和反洗时树脂的流失等都有很大影响。一般树脂颗粒小,表面积大,交换速率快。但是,由于颗粒小,装填紧密,阻力大,流速慢,反洗困难大。

(2) 交联度

交联度大小决定树脂机械强度及网状结构的疏密。大多数离子交换树脂是由苯乙烯和二乙烯苯聚合而成,通常所说的树脂交联度是二乙烯苯在树脂本体总量中所占的质量分数。交联度大,网孔小,结构紧密,树脂机械强度大;反之亦然。交联度的变化,使离子交换树脂对大小不同的各种离子具有选择性通过的能力。此外,由于树脂交联结构的特点,使树脂具有固体不溶性,但能吸水胀溶。一般,胀溶性越大的树脂,机械强度也越差。

(3) 稳定性

选用耐温、耐磨、耐酸碱、不易破碎的交换树脂,可以保证树脂循环使用的次数。一般说来,苯乙烯型比其他类型交换树脂稳定性好;阳离子交换树脂比阴离子交换树脂稳定性好;交联度大的比交联度小的稳定性好。

(4) 密度

树脂的密度,有干真密度、湿真密度和视密度等。干真密度即干燥状态下树脂合成材料本身的密度。

$$干真密度 = 树脂的干燥质量/减去树脂内空隙的真体积(g/cm^3)$$

$$湿真密度 = 树脂湿重/树脂颗粒所占体积(g/cm^3)$$

干真密度一般为 1.6 g/cm³ 左右,但没有实际意义。湿真密度对树脂反洗强度大小及混合柱再生前分层好坏有影响。湿真密度一般为 1.04~1.3 g/cm³,但阳离子交换树脂比阴离子交换树脂湿真密度大。

$$视密度 = 树脂湿重/树脂层的体积(g/cm^3)$$

视密度指树脂充分膨胀后的堆积密度。一般为 0.6~0.85 g/cm³,根据此值来估算树脂所受的压力,计算树脂柱需填装树脂的质量。

(5) 交换容量

交换容量指树脂交换能力的大小,是衡量树脂性能的重要指标。使用时一般选用交换容量大的较好。交换容量有以下几种表示方法:

理论交换容量(又称总交换量):指树脂交换基团中所有可交换离子全部被交换时的交换容量,即树脂全部可交换离子的物质的量。用滴定法测定,单位一般用 mmol/g 干树脂或 mmol/mL 树脂来表示。理论交换容量与操作条件无关。

工作交换容量:指在一定操作条件下,离子交换树脂所能够利用的交换容量,也称实际交换容量。它受操作条件,如柱长度、树脂粒度、离子性质及浓度、流速、交换基团等因素影响。工作交换容量总比理论交换容量要低些。

▶▶ 二、离子交换法提取谷氨酸

离子交换法提取谷氨酸,是利用阳离子交换树脂对谷氨酸阳离子的选择性吸附,使发酵液中妨碍谷氨酸结晶的残糖及糖的聚合物、蛋白质、色素等非离子性杂质得以分离,经洗脱达到浓缩提取谷氨酸的目的。

谷氨酸是两性电解质,酸性氨基酸,等电点 pI 3.22。当 pH > 3.22 时,带负电荷,能被阴离子交换树脂交换吸附;当 pH < 3.22 时,呈阳离子状态,能被阳离子交换树脂交换吸附。目前各味精厂均采用 732# 强酸性阳离子交换树脂提取谷氨酸。离子交换法提取谷氨酸,按操作方式,可分为单柱式和双柱式两种。所谓双柱式即把 732# 树脂分装二柱串接起来,让上柱液先通过第一柱交换,当流出液中发现有谷氨酸漏失时,便迅速接入第二柱交换。

1. 工艺流程

(1) 单柱法工艺流程

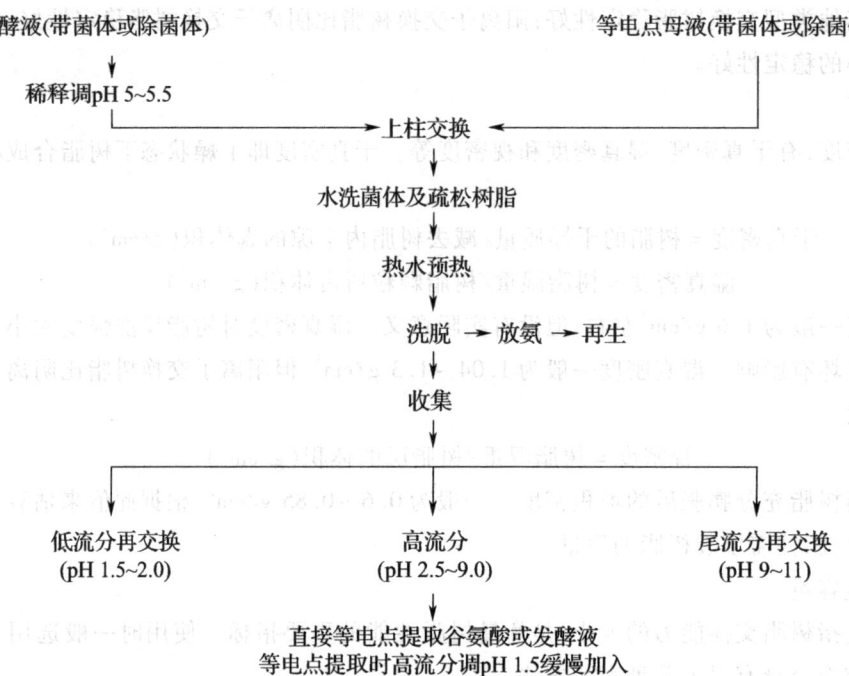

(2) 双柱串联工艺流程

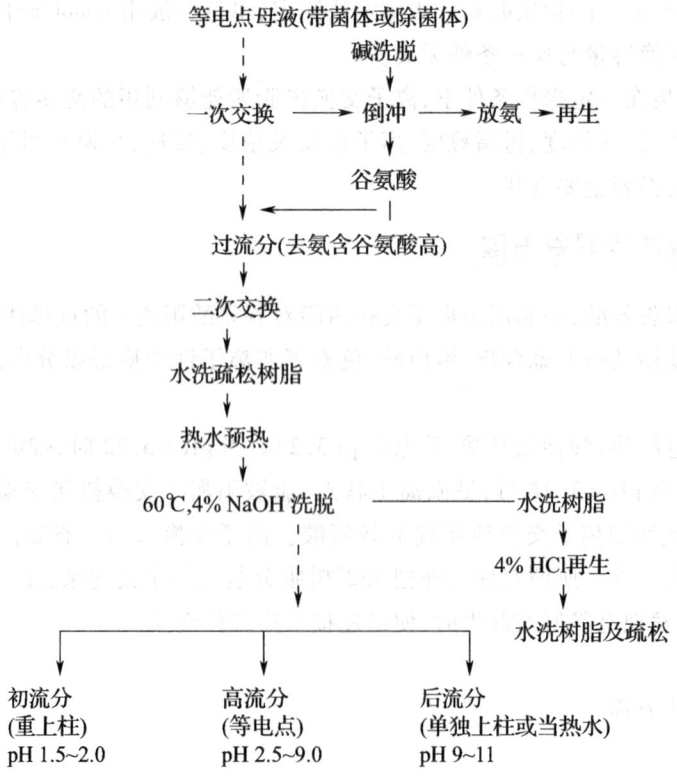

2. 操作要点及注意事项

(1) 树脂预处理

新树脂预处理方法：新树脂装入柱后，先用清水浸泡 12 h 左右，使树脂充分吸水膨胀，再用 2~3 倍树脂体积的 10% 食盐水浸泡 4 h 以上。用水洗净残留的 NaCl，再根据树脂类型分别用碱和酸处理。利用 732# 树脂提取谷氨酸，树脂先用质量分数为 4% 的 NaOH 以树脂体积 2 倍的量浸泡 4 h，水洗至 pH 8，加入 4% 的盐酸，以树脂体积 2 倍量处理 2~4 h，用自来水洗至 pH 2 备用。

(2) 上柱交换的控制

pH：pH 对离子交换效果的影响有两方面，一方面是对树脂交换基团离解的影响，不同类型的树脂，有不同的 pH 使用范围；另一方面是影响被吸附物质的离解，特别是对弱电解质和两性电解质。实际生产中，发酵液的 pH 在 5~5.5 就可上柱，因为发酵液中含有一定量的 NH_4^+、Na^+ 等阳离子，这些阳离子先与树脂进行交换，放出 H^+，使溶液的 pH 降低到 3.2 以下，谷氨酸带正电荷而被吸附。

上柱量：指一次通过离子交换树脂而达到交换处理的溶液量，是离子交换效果好坏的综合指标，反映树脂的交换能力。在一定条件下，上柱量越多，说明树脂的交换效果越好。上柱量必须与树脂的交换能力相适应。如果上柱量小于树脂的交换能力，树脂生产能力低，浪费洗脱剂和再生剂，而洗脱时谷氨酸不集中；但若上柱量大于树脂交换能力时，则谷氨酸就会因树脂吸附饱和而从流出液中流掉。

上柱量根据树脂的工作交换容量和上柱液中可交换离子浓度来决定。实践中一般用等电点母液（含谷氨酸 1.8%~2%，含氨 0.68%，谷氨酸与氨之比接近 1:4）上柱，控制工作交换容量为 1~1.1 mmol/mL 湿树脂；用发酵液上柱，控制树脂工作交换容量为 1.2~1.3 mmol/mL 湿树脂。

流速：单位时间通过每立方米树脂的液体体积，以 S_V 表示，单位为 $m^3/(m^3 \cdot h)$。上柱流速的控制应根据交换柱大小、上柱方式（正交换还是反交换）等具体情况而定。一般流速为逆上柱 $S_V = 2~3\ m^3/(m^3 \cdot h)$，顺上柱 $S_V = 1.5~2\ m^3/(m^3 \cdot h)$。

再生流速：树脂在再生之前，必须有充分的反冲数次，反冲流速开始要小，待树脂慢慢松动后，再逐步加大流速，这样不会使反冲水走短路。盐酸再生时，再生液注入交换柱内的流速不宜过快，一般控制在上柱流速的 1/2 左右，前期略快，中后期减慢，使其用限量的盐酸，达到充分的利用。

洗脱剂的选择：若用氢氧化钠作为洗脱剂，浓度根据上柱液原料来定，如上柱液谷氨酸含量比较高，GA:NH_4^+ = 1:2 左右，氢氧化钠浓度用 4%，60 ℃。若用等电点母液上柱，GA:NH_4^+ = 1:4，单柱法，氢氧化钠浓度可用 6%~8%，温度 60~70 ℃ 为宜。这样，洗脱峰易集中，不易造成结柱或拖峰。当洗脱时流出液 pH 由 3.2 开始上升，即可停止加碱，改用热水洗脱。若用氯化钠作为洗脱剂，等电点母液上柱，采用双柱法，第一柱去铵离子，第二柱交换去铵过流分（主要含谷氨酸），并用 10% 氯化钠作洗脱剂，常温或加热洗脱，洗脱收集液是谷氨酸盐，不易结柱，回收率可达 80% 左右，单柱法回收率 65% 左右。若用发酵液代替其他洗脱剂，利用发酵液中的过量铵离子来排斥吸附于树脂的谷氨酸，操作全是逆向进柱，不易产生菌体堵塞柱和"结柱"现象，回收率可达 88% 左右，减少了废液排放量。

树脂再生和再生剂的用量：谷氨酸洗脱后，树脂成为 NH_4^+ 式和 Na^+ 式，必须用酸进行再生，使树脂全部成为 H^+ 式。732# 阳离子交换树脂，按理论交换容量为 4.5 mmol/g 树脂，树脂含水

50%，树脂视相对密度 0.8。则湿树脂理论交换容量 = 4.5 × 0.8 × 0.5 = 1.8 mmol/mL 湿树脂。再生剂的用量与树脂所吸附的离子性质有关，如树脂所吸附的离子与树脂亲和力大，要取代这些离子困难就大，再生剂的用量要增加。一般，再生剂(以 HCl 计)用量为树脂理论交换容量的 1.2~1.5 倍。再生时流速不能太快，否则再生剂用量多。

▶▶ 三、离子交换膜电渗析法的基本原理和流程

1. 离子交换膜电渗析法的基本原理

电渗析是膜分离技术的一种，它是在直流电场的作用下，以电位差为推动力，利用离子交换膜的选择渗透性，把电解质从溶液中分离出来，从而实现溶液的淡化、浓缩、精制或纯化的目的。离子交换膜(ion exchange membrane)是电渗析器的主要部分，有"电渗析器的心脏"之称，是由高分子材料制成的具有离子交换基团的薄膜。当膜浸入水中，活性基团中的可交换离子(阳离子或阴离子)及反电荷离子游离于膜溶胀后所形成的空隙中，而在膜侧基上留下固定基团，它可以吸附溶液中的正离子和负离子，而这些离子都是可移动的。在这里，离子交换膜的作用并不是起离子交换的作用，而是起着离子选择滤过的作用，所以更确切地说应称之为"离子选择性透过膜"。

离子交换膜是功能高分子薄膜，构成该膜的高分子具有活性的可解离的功能基团，如磺酸基团($—SO_3^-H^+$)和季胺基团$[—CH_2N^+(CH_3)_3OH^-]$。

离子交换膜基本有两大类，一是阳离子交换膜，含有带负电的酸性活性基团，能选择透过阳离子，阴离子不能透过。按活性基团解离能力的强弱分为强酸型阳膜(活性基团为磺酸基—SO_3^-—H^+)、中强酸型阳膜(活性基团为磷酸基—PO_3H_2)、弱酸型阳膜(活性基团为羧基—COOH 和酚基—C_6H_4OH)。另一类是阴离子交换膜，膜体中含有带正电的碱性活性基团，它能选择透过阴离子，而阳离子不能透过。按照活性基团解离能力分为强碱型阴膜(活性基团为季胺基—NR_3)和弱碱型阴膜(活性基团为伯胺基—NH_2、仲胺基—NHR 和叔胺基—NR_2)。

近年来，又开发了许多特种膜，如正、负离子活性基团在一张膜内均匀分布的两性离子交换膜；带正电荷的膜和带负电荷的膜两张贴在一起的复合离子交换膜(也叫双极膜)；部分正电荷与部分负电荷并列存在于膜的厚度方向上的镶嵌离子交换膜；在阳膜或阴膜表面上再涂上一层阳离子或阴离子交换膜的表面涂层膜；作为电解槽隔膜的多孔膜；整合离子交换膜；抗氧化膜；抗污染膜。此外，还有耐酸碱型的离子交换膜，如各种含氟材料离子交换膜，具有耐无机强酸的腐蚀、耐氧化、耐高温、机械强度大等特点。

离子交换膜的选择透过机理，已经提出的理论有 Sollner 在 1949 年提出的双电层理论、Donnan 平衡理论、Nernst – Planck 扩散学说等。

2. 离子交换膜电渗析流程

在直流电场的作用下，以电位差为动力，离子透过选择性离子交换膜而迁移，从而使电解质离子自溶液中部分分离出来的过程称为电渗析膜技术。该技术的关键是采用离子交换膜，它是具有离子交换基团的网状立体结构的高分子膜，离子可以选择性地透过膜。图 13 – 7 是一个最简单的电渗析装置，在这个装置中，溶液中有两张膜，一张是靠近阴极的阳离子交换膜，称阳膜或 K 膜；另一张是靠近阳极的阴离子交换膜，称阴膜或 A 膜。阳膜和阴膜将整个装置分为三个隔室，插入阳极的叫阳极室，插入阴极的叫阴极室；在阳阴膜之间的中间隔室内通入要处理的含电解质溶液。

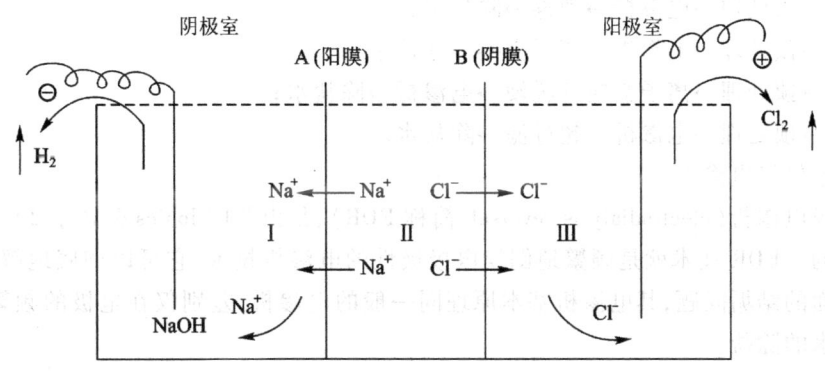

图13-7 离子交换膜电渗析示意图

接通直流电源后,在直流电场的作用下,中间隔室中阳离子就不断穿过阳膜迁移到阴极室,而阴离子不断穿过阴膜迁移到阳极室。阳极室中阳离子不能通过阴膜向阴极室迁移,同样,阴极室中的阴离子也不能通过阳膜向阳极室迁移。结果,使中间隔室内溶液中的离子含量越来越少,最后得到符合要求的淡水,一般称该室为脱盐室(或淡水室);而在两端极室中,由于离子的迁入,浓度逐渐升高为浓水,一般称该室为浓缩室(或浓水室)。

在实际电渗析系统中,一般使用200~400块阴、阳离子交换膜与特制的隔板等部件装配起来,形成具有100~200对隔室的电渗析装置。从浓缩室引出浓缩的盐水,从脱盐室引出淡水。

电渗析除盐应具备两个基本条件:① 直流电场的作用,水中离子是带电的,在直流电场中阴、阳离子作定向迁移,阴离子移向阳极,阳离子移向阴极;② 具有选择透过性的离子交换膜,阴膜允许阴离子通过而阻挡阳离子,阳膜允许阳离子通过而阻挡阴离子,从而达到使溶液中的离子做反离子迁移。

四、离子交换膜电渗析法制备无盐水

1. 电渗析的除盐方式

根据原水水质、淡水产量、出水要求以及电渗析器的除盐效率等因素,电渗析的除盐方式有下列几种。

① 一次式(或称直流式)除盐:原水流经电渗析器后,出水就是所要求的合格水。特点是可以连续制取淡水,附属设备少,操作简单;

② 循环式(或称间歇式)除盐:将贮槽内一定量的原水打入电渗析器并连续循环,直至水质达到预期的要求。适用于原水浓度较高、处理水量不大或原水浓度波动较大的场合;

③ 部分循环式除盐:将电渗析器的部分出水回到循环水槽与原水混合后再进入电渗析器继续除盐。用于原水水质波动较大或原水浓度较高的场合。

2. 电渗析除盐的工艺系统

电渗析是水除盐工艺中的一个单元,能生产一般应用的除盐水。如果将电渗析与其他水处理技术相结合,形成集成系统,则能取得更好的处理效果。

常用的电渗析除盐工艺流程有下列几种:

① 原水→预处理→电渗析→除盐水;

② 原水→预处理→电渗析→消毒→除盐水；
③ 原水→预处理→电渗析→离子交换→除盐水；
④ 原水→预处理→离子交换预脱硬→电渗析→除盐水；
⑤ 原水→预处理→电渗析→超过滤→除盐水。

(1) 频繁倒极电渗析

频繁倒极电渗析(electrodialysis reversal,简称 EDR),是由美国 Ionics 公司于 20 世纪 70 年代首先提出来的。EDR 技术就是频繁地倒换电极极性的电渗析技术,它可以彻底地解决电渗析浓缩室阴膜表面的结垢问题,其电渗析基本原理同一般的电渗析,差别仅在电极的频繁倒换,该技术主要用在水的除盐。

(2) 无极水自动控制电渗析

无极水全自动控制电渗析器取消了一般电渗析器中的极水室,并在结构上作了改进。该装置的除盐率高达 99% 以上,水回收率达到了 70%~80%,本体耗电 $0.3 \sim 0.5\ kW \cdot h/t$,可稳定运行 2~3 年,膜堆不需停机拆洗。

(3) 填充床电渗析制备纯水

填充床电渗析,国外称为电去离子(electrodeionization,简称 EDI),是在电渗析器的除盐室中装置阴、阳离子交换树脂的一种电渗析方法。就是将离子交换和电渗析结合为一体,发挥两者的长处,提高除盐率并降低电耗。产品水可达到高纯水级。

填充床电渗析需在极限电流密度以上运行,这样阴-阳树脂不需外加酸、碱再生,而是由水解离产生的 H^+ 和 OH^- 将阳-阴树脂进行再生,可以节省大量酸碱。

3. 电渗析除盐的特点

① 由于被迁移分离的物质只能是电解质,因此电渗析技术只能适用于水的脱盐或从非电解质溶液中分离电解质等方面;

② 由于电渗析过程是依靠水中离子来传递电流的,水越纯导电能力就越差。因此电渗析不能将水中的电解质离子全部去除,所以不能用电渗析制高纯水,而只能用于制备高纯水的预处理工作;

③ 电渗析的耗电量与原水的含盐量基本成正比,因此在适宜的除盐范围内其能耗较低;

④ 电渗析使用直流电,不像离子交换法那样需要消耗大量酸、碱并产生废液,因而有益于环境保护;

⑤ 电渗析工艺对水中的强电解质有很高的脱除效果,但对于 HCO_3^-、$HSiO_3^-$ 等弱电解质去除效率很低,对非电解质如 SiO_2 等则无法去除。

第四节 萃取与浸取分离法

从发酵醪液中分离出不溶性的固体物质后,往往还需要从浓度很稀的水溶液中除去大部分水,萃取操作不仅可以提取和增浓产物,还可以除去类似物质,使产物得到初步纯化。

萃取(extraction)指任意两相之间的传质过程。在液液萃取过程中常用有机溶剂作为萃取试剂,因而常称液液萃取为溶剂萃取。

近年来,溶剂萃取法和其他新型分离技术相结合,产生了超临界流体萃取(supercritical fluid

extraction)、反胶团萃取(reversed micelle extraction)和双水相萃取技术(partition of two phase system)等一系列新型分离技术。这些新型分离技术可用于许多高品质的天然物质、胞内物质,包括胞内酶、蛋白质、多肽、核酸等的分离提取上。

一、溶剂萃取法

溶剂萃取法是利用一种溶质组分(如产物)在两个互不混溶的液相(如水相和有机溶剂相)中竞争性溶解和分配性质上的差异来进行分离操作。溶剂萃取法广泛应用于抗生素、有机酸、维生素、激素等发酵产物工业规模上的提取。溶剂萃取法的优点:① 萃取过程具有选择性;② 能与其他需要的纯化步骤(例如结晶、蒸馏等)相配合;③ 通过转移到具有不同物理或化学特性的第二相中,来减少由于降解(水解)引起的产品损失;④ 可从潜伏的降解过程中(例如代谢或微生物过程)分离产物;⑤ 适用于各种不同的规模;⑥ 传质速度快,生产周期短,便于连续操作,容易实现计算机控制。同时,它具有比化学沉淀法分离程度高、比离子交换法选择性好、传质快,比蒸馏法能耗低等优点。此外,还具有生产能力大、周期短、便于连续操作、容易实现自动化控制等特点。溶剂萃取操作流程如图13-8。

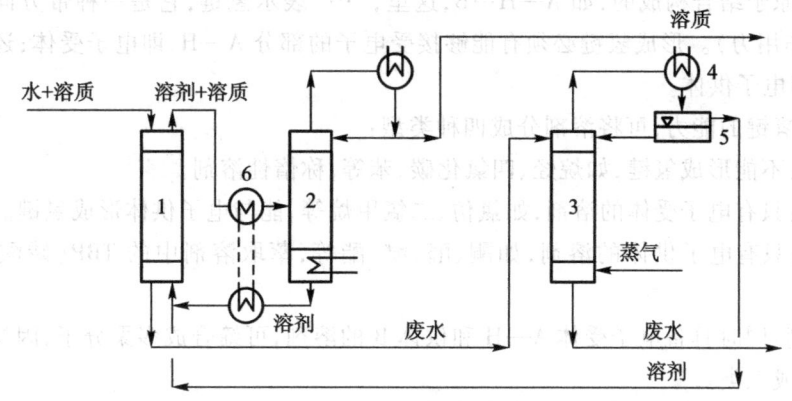

图 13-8 液-液萃取流程图
1-萃取器;2-溶剂/溶质塔;3-汽提塔;4-冷凝器;5-分离器;6-热交换器

1. 溶剂萃取过程的理论基础

溶剂萃取是把目标物质从第一个液相中依靠更强大的溶解力抽提到第二个液相中,如把水相中的醋酸抽提到醋酸乙酯中。因而理解溶液中物质的溶解作用是溶剂萃取技术开发过程中溶剂选择的前提。

① 物质的溶解和相似相溶原理:萃取是通过溶质在两个液相之间的竞争性溶解(分配)而实现的。从能量变化的角度可将溶解分为三个过程:

溶质B各质点的分离:原先是固态或液态的溶质B,先分离成分子或离子等单个质点,此过程需要吸收能量,对离子晶体而言该能量就是晶格能,对分子则是升华能或汽化能。这种能量的大小通常与分子之间的作用力有关,一般顺序为:非极性物质<极性物质<氢键物质<离子型物质。

溶剂A在溶质B的作用下形成可容纳B质点的空位:在溶质B的影响下溶剂分子相互作用形成可容纳B质点的空位。此过程也需要吸收能量,其大小与溶剂分子A之间的相互作用力有关,一般顺序与上述相同:非极性物质＜极性物质＜氢键物质。该能量还与溶质分子 B 的大小有关,如溶质分子 B 较大,则容纳 B 质点的空位就要大些,这就要破坏较多的溶剂分子 A 之间的键或作用力,相应的能量需要就较大。

溶质质点 B 进入溶剂 A 形成的空位:溶质分子 B 与溶剂分子 A 之间也存在相互作用力。此过程放出能量,放出能量的大小有以下规律:

A、B 均为非极性分子＜一非极性分子、另一极性分子＜均为极性分子＜B 被 A 溶剂化。溶剂化也称溶剂合化,是指一定数目的溶剂分子较牢固地结合在溶质质点上。若溶剂是水,则称为水(合)化。有溶剂化能力的溶剂称为溶剂化溶剂。

目前还不能定量地解释溶解的规律,应用较多的仍然是"相似相溶"原理。分子之间可以有两方面的相似:一是分子结构相似,如分子的组成、官能团、形态结构的相似;二是能量(相互作用力)相似,如相互作用力有极性的和非极性之分,两种物质如相互作用力相近,则能互相溶解。与水"相似"的物质易溶于水,与油"相似"的物质易溶于油就是相似相溶原理的表现。

② 溶剂的互溶性规律:物质分子之间的作用力与物质种类有关,作用力包括较强的氢键和较弱的范德华力。氢键与化合键能相比较弱,但比范德华力要强的多。氢键是由一个氢原子和两个强电负性原子结合构成的,如 A—H⋯B,这里,"⋯"表示氢键,它是一种带方向性的作用力(轴向强偶极作用力)。形成氢键必须有能够接受电子的部分 A—H,即电子受体;还须有给出电子的部分 B,即电子供体。

按照生成氢键的能力,可将溶剂分成四种类型:

N 型溶剂:不能形成氢键,如烷烃、四氯化碳、苯等,称惰性溶剂。

A 型溶剂:只有电子受体的溶剂,如氯仿、二氯甲烷等,能与电子供体形成氢键。

B 型溶剂:只有电子供体的溶剂,如酮、醛、醚、酯等,萃取溶剂中的 TBP(磷酸三丁酯)、叔胺等。

AB 型溶剂:同时具备电子受体 A—H 和供体 B 的溶剂,可缔合成多聚分子,因氢键的结合形式不同又可分成三类。

③ 溶剂的极性:溶剂萃取的关键是萃取溶剂的选择,而选择的依据是"相似相溶"的原则。相似有两方面:一是分子结构相似,这相对容易考察;另一个是分子间作用能相似,即分子间相互作用力相似。在发酵工业上,对后一点考察较多的是分子极性。

介电常数是一个化合物摩尔极化程度的量度,如果已知介电常数,就能预测该化合物是极性的还是非极性的。

根据萃取目标物质(产物)的介电常数,寻找极性相接近的溶剂作为萃取溶剂,也是溶剂选择的重要方法之一。

良好的溶剂应该满足以下要求:有很大的萃取容量,即单位体积的萃取溶剂能萃取大量的产物;有良好的选择性,理想情况是只萃取产物而不萃取杂质;与被萃取的液相(通常是水相)互溶度要小,且黏度低、界面张力小或适中,这样有利于相的分散和两相分离;溶剂的回收和再生容易;化学稳定性好,不易分解,对设备腐蚀性小;经济性好,价廉易得;安全性好,沸点高,对人体无毒性或毒性低。

发酵工业常用的溶剂有酯类、醇类和酮类等。在生物转化中萃取溶剂的选择准则见表13-4。

表 13-4　在生物转化中萃取溶剂的选择准则

物理化学方面	与水溶液不互溶
	对产物有较高的分配系数
	与水溶液不发生乳化
	低黏度
	在密度上同水有较大差别
生物学方面	在消毒过程中热稳定
经济和环境等方面	对生物催化剂、酶或活细胞无毒性
	低成本
	能大批供应
	对人员无毒
	不易燃

④ 分配定律和分离因数：在溶剂萃取过程中，通常将含有溶质的未提取过的溶液称为料液（F），通常是水溶液；从料液中提取出来的物质称为溶质；用来萃取产物的溶剂常称为萃取剂（S）；溶质转移到萃取剂中与萃取剂形成的溶液称为萃取液（L）；被萃取出溶质后的料液称萃余液（R）。

溶质的分配平衡规律即分配定律是指在一定温度、压力下，溶质分布在两个互不相溶的溶剂里，达到平衡后，它在两相的浓度比为一常数 K，该常数称为分配系数。

$$K = \frac{X}{Y} = \frac{萃取相浓度}{萃余相浓度} \tag{13-2}$$

应用该式的条件是：必须是稀溶液；溶质对溶剂的互溶没有影响；必须是同一种分子类型，即不发生缔合或解离。

⑤ 水相条件的影响：由于产物所在的发酵液或水相中往往还存在与产物性质相近的杂质、未完全利用的底物、无机盐、供微生物生长代谢的其他营养成分等，必须考虑这些物质对萃取过程的影响。

pH：pH 直接影响表观分配系数。pH 除影响 K 外，还可能对选择性有影响。如青霉素在 pH 2 萃取时，醋酸丁酯萃取液中青霉稀酸可达青霉素含量的 12.5%，而在 pH 3 的条件下萃取，则可降低至 4%。

温度：温度会影响生化物质的稳定性，所以一般在室温或低温下进行。同时，温度影响分配系数 K，因为温度通过影响溶质的化学电位而影响溶质在两相中分配。

盐析：无机盐类如硫酸铵、氯化钠等一般可降低产物在水中的溶解度而使其更易于转入有机溶剂相中，另一方面还能减小有机溶剂在水相中的溶解度。如提取维生素 B_{12} 时，加入硫酸铵，可促使其自水相转移到有机相中。

带溶剂：为提高分配系数 K，常添加带溶剂。带溶剂是指能和产物形成复合物，使产物更易溶于有机溶剂中，该复合物在一定条件下又容易分解。如青霉素作为一种酸，可用脂肪碱作为带溶剂，能和正十二烷胺、四丁胺等形成复合物而溶于氯仿中。这样萃取收率能够提高，且可以在较有利的 pH 范围内操作。这种正负离子结合成对的萃取，也称为离子对萃取。

2. 工业萃取方式和理论收得率

工业上萃取操作的步骤包括：① 混合：料液和萃取剂充分混合形成具有很大比表面积的乳浊液，产物自料液转入萃取剂中；② 分离：将乳浊液分离成萃取相和萃余相；③ 溶剂回收：从萃取相有时也需从萃余相（有少量混溶情况下）中分离出有机溶剂，并加以回收。因而工业萃取的流程中须有混合器（如搅拌混合器）、分离器（如碟片式离心机）和溶剂回收装置（如蒸馏塔）。混合萃取和分离也可在同一台设备内完成，如 Alfa-Laval 萃取机。萃取操作流程可分为单级萃取和多级萃取。多级萃取中又有多级错流萃取和多级逆流萃取之分。

① 单级萃取：单级萃取即使用一个混合器和一个分离器的萃取操作，示意图见图 13-9。料液 F 与萃取剂 S 在混合器内搅拌混合萃取，达到平衡后的溶液送到分离器内分离得到萃取相 L 和萃余相 R，萃取相送至回收器，萃余相 R 为废液。在回收器内产物与溶剂分离（如蒸馏、反萃取等），溶剂可循环使用。

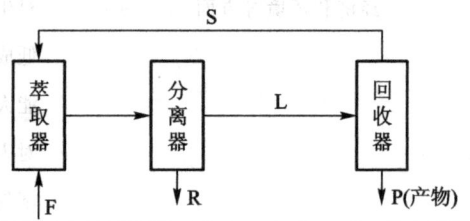

图 13-9 单级萃取流程

在两个假定条件下计算萃取操作理论收得率：萃取相和萃余相很快达到平衡，即每一级都是理论级；两相完全不互溶，在分离器内能完全分离。

理论收率：
$$1-\phi = E/(E+1) \tag{13-3}$$

式中，ϕ—未被萃取的体积分数；E—萃取平衡后，溶质在萃取相与萃余相中数量（质量或物质的量）的比值。

$$E = K\frac{V_S}{V_F} = \frac{K}{m} \tag{13-4}$$

式中，K—分配系数；V_F—料液体积；V_S—萃取剂体积；m—浓缩比，即 $m = V_F/V_S$。

② 多级错流萃取：多级错流萃取流程的特点是每级均加新鲜溶剂，故溶剂消耗量大，得到的萃取液产物平均浓度较稀，但萃取较完全。流程图见图 13-10。

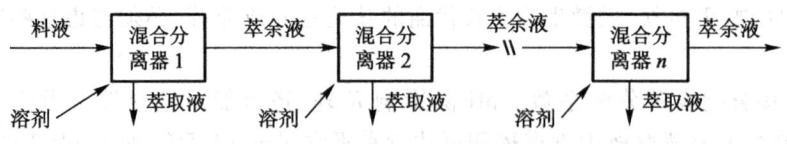

图 13-10 多级错流萃取流程

理论收率：
$$1-\phi = 1 - \frac{1}{(E_1+1)(E_2+1)\cdots(E_n+1)} \tag{13-5}$$

③ 多级逆流萃取：多级逆流萃取的特点是料液走向和萃取剂走向相反，只在最后一级中加入萃取剂，故和错流萃取相比，萃取剂消耗少，萃取液产物平均浓度高，产物收率最高。流程图见图 13-11。

图 13-11 多级逆流萃取流程

理论收率: $\qquad 1-\phi=(E^{n+1}-E)/(E^{n+1}-1) \qquad$ (13-6)

3. 乳化和去乳化

乳化:乳化是一种液体(分散相)分散在另一种不相混溶的液体(连续相)中的现象。乳化产生后会使有机溶剂相和水相分层困难,出现两种夹带,即发酵液废液中夹带有机溶剂微滴和溶剂相中夹带发酵液的微滴,前者意味着发酵单位的损失,后者会给以后的精制造成困难。产生乳化有时即使采用离心方式也不能将两相分离完全,所以必须破坏乳化。

乳化的结果可能形两种形式的乳浊液。一种是水包油型(O/W),另一种为油包水型(W/O)。由于油水是不相溶的,要形成稳定的乳浊液,一般应有第三种物质即表面活性剂的存在。表面活性剂是一类分子,其一端具亲水基团,另一端具亲油基团,且能降低界面张力。

表面张力也可以表示为增加单位表面积所需要做的功。所以表面张力降低,液体容易分散成微滴而发生乳化。在乳浊液中,界面积大,物系的自由能大,故为热力学不稳定系统。时间一长,乳浊液会自行破坏。因此,要形成稳定的乳浊液,还应具备使其稳定的条件。

其稳定性和下列因素有关:界面上保护膜是否形成;液滴是否带电;介质的黏度。在发酵液中,蛋白质是引起乳化的最重要的表面活性物质。

破乳化:当表面活性剂的亲水基团强度大于亲油基团,易生成水包油型乳浊液;反之则形成油包水型乳浊液。由蛋白质引起的乳化多为 O/W 型,其粒经 2.5~30 μm 之间。破乳化方法有:过滤或离心破乳化法、化学法(加电解质中和离子乳浊液的电荷)、物理法(加热、稀释、吸附等)、顶替法(加入表面活性更大的物质取代界面上的乳化剂,但因其碳链较短难以形成坚固的保护膜,如戊醇)、转型法(如在 O/W 中加入亲油性乳化剂,使乳化液有生成 W/O 的倾向,但又不稳定,从而达到破乳的目的)。

▶▶ 二、浸取

用某种溶剂把有用物质从固体原料中提取到溶液中的过程称为浸取,也称为浸出。进行浸取的原料,多数情况下是溶质与不溶性固体所组成的混合物。溶质是浸取所需的可溶组分,一般在溶剂中不溶解的固体,称为载体或惰性物质。

1. 固体浸取原理及流程

为了使固体原料中的溶质能够很快地接触溶剂,载体的物理性质对于决定是否要进行预处理是非常重要的。预处理包括粉碎、研磨、切片。动植物细胞的溶质存在于细胞内,如果细胞壁没有破裂,浸取作用是靠溶质通过细胞壁的渗透来进行的,因此,细胞壁产生的阻力会使浸取速率变慢。但是,如果为了将溶质提取出来,而磨碎破坏全部细胞壁也是不实际的,因为这样将会使一些分子量比较大的组分也被浸取出来,造成溶质精制的困难。

在固液萃取中,溶质(A)、载体(B)和溶剂(S)三元体系,一般溶质是多组分的混合体,载体也是混合物为多,在溶剂中几乎是不溶解的。单级和多级错流浸取流程,见图 13-12。

2. 浸取速率

溶剂从固体颗粒中浸取可溶性物质的过程包括以下步骤:① 溶剂从溶剂主体传递到固体颗粒的表面;② 溶剂扩散渗入固体内部和内部微孔隙内;③ 溶质溶解进入溶剂;④ 通过固体微孔隙通道中的溶液扩散至固体表面并进一步进入溶剂主体。浸取速率与以下定律有关:

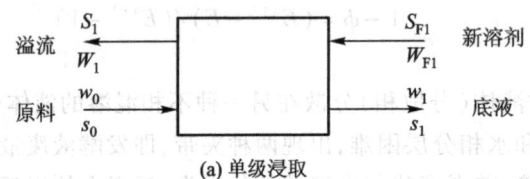

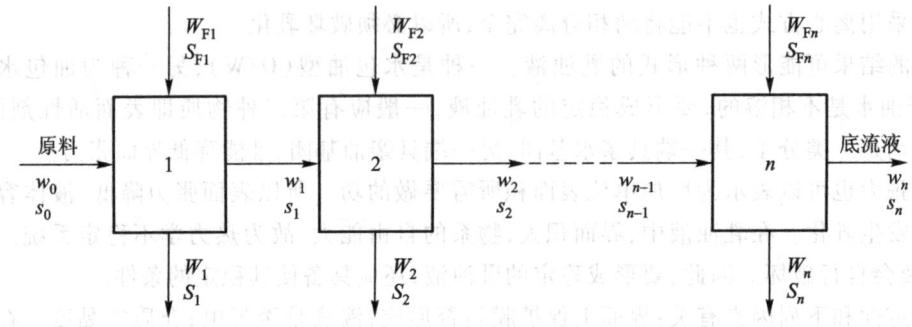

(b) 多级错流浸取

图 13 - 12 固体浸取流程示意图

(1) 分子扩散的费克定律

费克(Fick)定律即流体处于静止状态时的分子扩散。分子扩散是由于浓度梯度造成的,对于 A 和 B 的双组分混合物,Fick 定律为:

$$J_A = -cD_{AB}\frac{dx_A}{dl} \tag{13-7}$$

式中,J_A—组分 A 在垂直于扩散方向上的摩尔通量,$mol/(s \cdot m^2)$;D_{AB}—组分 A 在 B 中的分子扩散系数,m^2/s;c—A 和 B 组分的总浓度,mol/m^3;x_A—A 物质在 A、B 混合物中的摩尔分数;l—扩散距离,m。

式中负号表示扩散方向与浓度增加方向相反。

(2) 生物物质溶液中的分子扩散

发酵液中既有小分子溶质也有生物大分子溶质(如蛋白质)等在水溶液中的扩散,与小分子溶质比,生物大分子在溶液中的扩散会受其空间尺度和空间形状的影响。生物大分子在水溶液中的形状可以是蛇形、棒形和球形等不规则形状。生物大分子与小分子溶剂或溶质分子之间的相互作用,也会影响到生物大分子及溶质的扩散。

(3) 生物凝胶中的分子扩散

凝胶是多孔的半固态物质,琼脂糖凝胶的大分子是相当大的线性体,由松散交织的含有大量氢键的多糖大分子组成,具有不规则的"框架结构"。凝胶结构中的孔道或敞开的微小空间里充满了水。小分子溶质在凝胶的不规则"框架结构"中的扩散速率要比在水溶液中小。

(4) 固相中的分子扩散

固相内的气体、液体、固体物质的分子扩散速率比在气相和液相中慢。固相内的质量传递在发酵工业中非常重要,浸取、干燥、膜分离中溶质的质量传递等都涉及固相中的分子扩散。

固相中的传递过程包括与固体结构无关、属于 Fick 定律的扩散和在多孔体内的扩散,固体内部的几何结构及通道对扩散有很大影响。

3. 浸取过程的应用与设备

固液浸取操作主要包括不溶性固体中所含的溶质在溶剂中溶解的过程和分离残渣与浸取液的过程。浸取过程在许多行业得到广泛应用,如发酵工业、食品工业和其他生物工业。所使用的浸取溶剂多种多样,采用浸取法获得的产物和浸取用溶剂等见表13-5。

表13-5 浸取过程应用实例

产物	固体	溶质	溶剂
咖啡	粗烤咖啡	咖啡溶质	水
豆油	大豆	豆油	己烷
大豆蛋白	豆粉	蛋白质	NaOH 溶液,pH 9
香料	丁香、胡椒、麝香草	香料成分	80% 乙醇
蔗糖	甘蔗、甜菜	蔗糖	水
维生素 B	碎米	维生素 B	乙醇-水
玉米蛋白质	玉米	玉米蛋白质	90% 乙醇
胶质	胶原	胶质	稀酸
果汁	水果块	果汁	水
鱼油	碎鱼块	鱼油	己烷、丁醇、CH_2Cl_2
鸦片提取物	罂粟	鸦片提取物	CH_2Cl_2
胰岛素	牛、猪胰脏	胰岛素	酸性醇
肝提取物	哺乳动物的肝	肽、缩氨酸	水
灰皮	畜皮	去胶质的蛋白质碳水化合物	$Ca(OH)_2$ 水溶液
低水分水果	高水分水果	水	50% 的糖液
脱盐海藻	海藻	海盐	稀盐酸
去咖啡因的咖啡	绿咖啡豆	咖啡因	氯代甲烷、超临界 CO_2
中草药汁	中草药材	药用成分	水
药酒	中草药材	药用成分	酒

固液浸取设备按操作方式可分为间歇式、半连续式和连续式。按固体原料的处理方法,可分为固定床、移动床和分散接触式。按溶剂和固体原料的接触方式,可分为多级接触型和微分接触型。选择设备时需考虑所处理固体原料的形状、颗粒大小、物理性质、处理难易以及费用多少等因素。溶剂的用量由过程条件及溶剂回收与否等决定。从甜菜中提取糖,单宁和某些药物提取等采用多级间歇逆流浸取器,见图13-13。移动床连续浸取器广泛用来处理在浸取时不会崩裂的籽实,见图13-14。环形浸取器目前用来浸取棉籽油及棉籽蛋白脱酚,见图13-15。

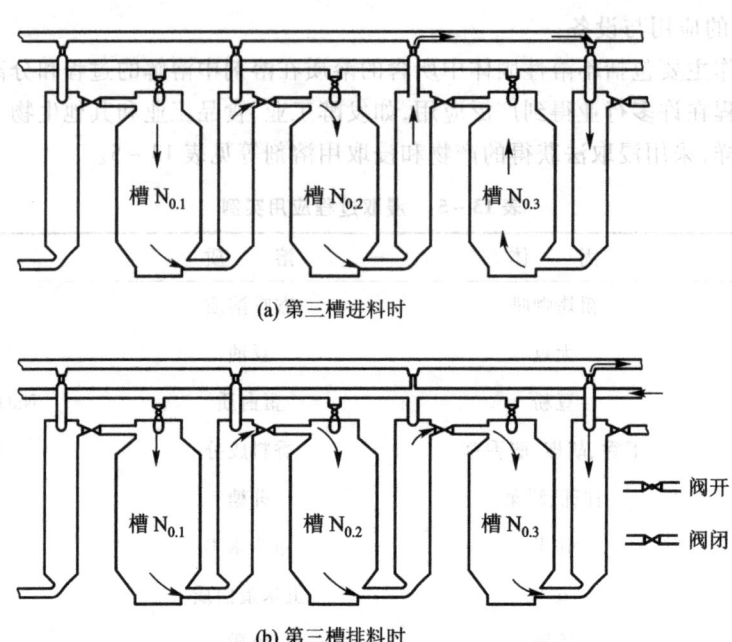

(a) 第三槽进料时

(b) 第三槽排料时

阀开
阀闭

图 13-13 多级浸取器组的原理示意图

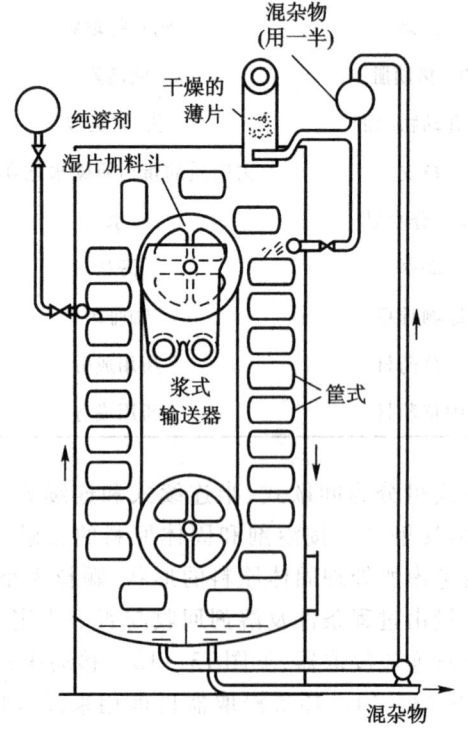

图 13-14 移动床式连续浸取器

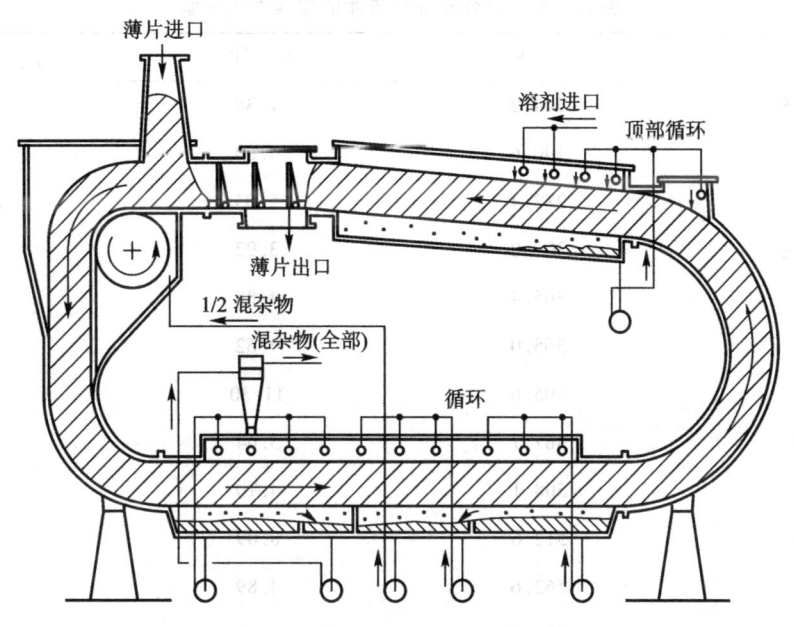

图 13-15　环形浸取器

三、超临界流体萃取技术

超临界流体萃取（supercritical fluid extraction，简称 SFE），是一种新型的萃取分离技术。在临界点附近某一区域（超临界区）内流体与待分离混合物中的溶质具有异常相平衡行为和传递性能，且超临界流体对溶质溶解能力随压力、温度改变而在相当宽的范围内变动，该技术是利用流体（溶剂）的以上特点而达到溶质分离的一项技术。因此，超临界流体兼有气体和液体的优点，其密度接近液体，黏度和扩散系数则接近气体，具有良好的溶解性和传递性，此特性在其临界点附近受压力和温度变化的影响更加显著。利用超临界流体作为溶剂可从多种液态或固体混合物中萃取出待分离的组分。

1. 超临界流体萃取的基本原理

一纯物质的临界温度（T_c）是指该物质处于无论多高压力下均不能被液化的最高温度，与该温度相对应的压力称为临界压力（p_c）如图 13-16 所示。在压力温度图中，高于临界温度和临界压力的区域称为超临界区。如果流体被加热或被压缩至高于临界点时，则该流体即为超临界流体。超临界点时的流体密度称为超临界密度（p_c），其倒数为超临界比容（V_c）。

不同的物质具有不同的临界点，这种性质决定了萃取过程操作条件的选定。表 13-6 列出了某些超临界流体的临界性质数据。

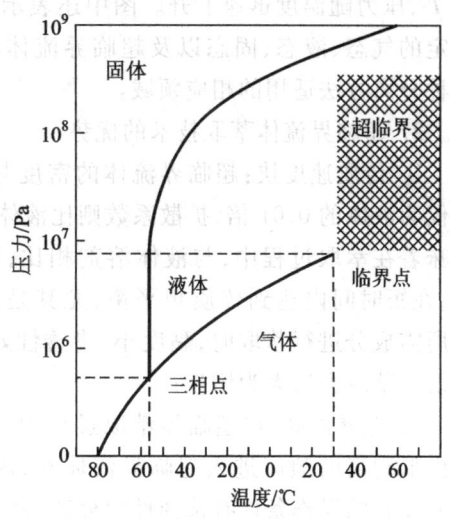

图 13-16　纯物质的压力温度图（CO_2）

表 13-6 部分超临界流体的临界性质数据

物 质	T_c/K	p_c/MPa	$\rho_c/(kg/m^3)$
二氧化碳	304.2	7.38	468
甲烷	190.6	4.60	162
乙烯	282.4	5.03	218
氟氯烷	302.0	3.92	579
乙烷	305.4	4.88	203
丙烯	365.0	4.62	233
氨	405.6	11.30	235
乙醚	467.7	3.64	265
丙酮	508.1	4.70	278
甲醇	512.6	8.09	272
苯	562.6	4.89	302
甲苯	591.7	4.11	292
吡啶	620.0	5.63	312
水	647.3	22.00	322
氧化氮	309.7	7.17	450

在食品、医药、化工等领域中常用的萃取剂是 CO_2,这主要是因为 CO_2 无毒,不易燃易爆,有较低的临界温度和临界压力,易于安全地从混合物中分离出溶质,且价格低廉。图 13-17 表示了以 CO_2 为例的 $p-T$ 相图。图中 T_r 为三相点,CP 为临界点,液-气曲线 lg 始于 T_r,终止于 CP,液-固 ls 起始于 T_r,压力随温度迅速上升。图中还表示出由这些曲线划定的气态、液态、固态以及超临界流体状态的区域和各种分离方法适用的相应领域。

2. 超临界流体萃取技术的优势

① 传质速度快:超临界流体的密度与液体接近,黏度仅为液体的 0.01 倍,扩散系数则比液体大 100 倍。这意味着在萃取过程中,与液体溶剂相比,可以更快地传质,在短时间内达到传质相平衡,尤其是对固体物质中的所需成分进行萃取时,黏度小,渗透性好,传质能力较传统的萃取方法大为增强;

② 选择性高:在超临界萃取过程中,同类物质按沸点由低到高的顺序进入超临界流体相,因此,可以通过控制适宜的操作条件有选择性地分离特定组分;

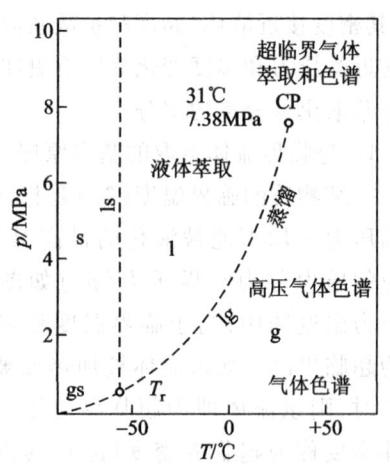

图 13-17 CO_2 为例的 $p-T$ 相图
g-气相;l-液相;s-固相;CP-临界点;
T_r-三相点

③ 适合提取热敏性物质：用常规蒸馏法提取热敏性物质时，易引起热敏性组分分解，甚至聚合结焦。尽管采用真空蒸馏可降低蒸馏温度，但通常也只能降低到 100~154 ℃，在分离低沸点热敏性物料时仍受限制。而采用超临界萃取工艺，虽然是高压操作，但操作温度较低，大大降低了热分解的可能性；

④ 节能显著：在超临界萃取工艺中，无论萃取或分离，物料都未发生相变，因而无相变热消耗。而常规蒸馏操作必须提供大量的热能，且热能有效利用率比较低。液－液萃取，溶质和溶剂分离往往采用蒸馏方式，也需消耗大量热能，而且蒸馏法一般要受物料体系的限制。但采用超临界萃取技术可跨越这些限制，而且超临界萃取用于物料浓缩时，操作简便、能耗低，并且浓度越高能耗越低；

⑤ "绿色"溶剂：人们消费水平的提高导致对产品的纯度要求也在不断提高，或要求产品不含有毒有害物质，而常规萃取或蒸馏方法难以达到这一要求，因为有机溶剂萃取都不同程度地存在着残留溶剂，这与各国日益严格的食品安全法规极难相容。而在超临界 CO_2 流体萃取中，由于 CO_2 无毒无味且常温常压下为气体，产品中不存在溶剂残留，因而能满足这些要求；

⑥ 在微量成分的脱除方面有很大的优势。传统的微量成分的脱除方法是通过提纯主成分以减少微量成分的含量，这一方法效率低、效果差、能耗大，而超临界萃取通过控制萃取温度和压力，可以有选择性地脱除微量成分。

3. 超临界萃取装置与流程图

超临界萃取装置流程图如图 13-18 所示。

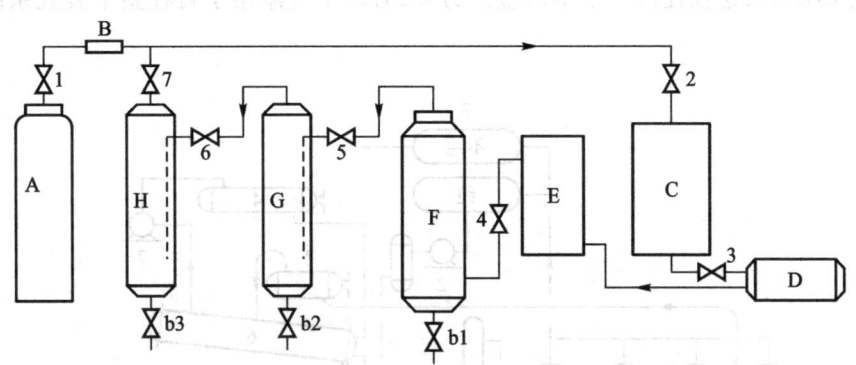

图 13-18 超临界 CO_2 萃取设备流程图

A-CO_2 钢瓶；B-过滤器；C-液化器；D-CO_2 泵；E-预热器；F-萃取器；
G-分离器Ⅰ；H-分离器Ⅱ；1~7-减压阀；b1~b3-放空阀

超临界流体萃取操作方法：① 称取一定质量的待萃取物料，装入萃取器的装料筒，旋紧密封；② 打开总电源及制冷机电源，设定萃取器、分离器Ⅰ和分离器Ⅱ的温度；③ 当萃取器、分离器Ⅰ、分离器Ⅱ的温度及冷却水槽的温度均达到设定要求时，打开阀1、阀2、阀3，CO_2 从钢瓶进入冷却水槽中的贮罐，冷却为液态 CO_2；④ 开启高压泵，打开阀4，CO_2 进入萃取器并不断加压；⑤ 萃取器的压力达到预定压力时，打开阀5、阀6、阀7，此时，整个系统的 CO_2 处于循环状态。调节相应阀门控制相关的压力，使系统在设定的实验条件下稳定运行；⑥ 每隔一定时间从阀 b2 和

b3 中收集所得萃取物;⑦当萃取时间达到所需时间时,操作结束,关闭高压泵电源及总电源,依次关闭相应阀门,打开萃取器的放空阀,完全放空后,分别从分离器Ⅰ、分离器Ⅱ中取出萃取物。至此,超临界萃取操作过程结束。

4. 超临界萃取技术应用实例

实例 1:超临界 CO_2 萃取啤酒花浸膏

1982 年德国 SKW/Trostberg 公司建成一套萃取容积为 6 500 L×3 的超临界 CO_2 萃取装置,年处理啤酒花 5 000 t。工厂采用半连续操作。为了防止氧化,啤酒花的粉碎、萃取物的收集等都在不活泼的 CO_2 气氛中进行,以保证萃取质量。后来,在西方发达国家有六家公司相继建立萃取啤酒花的超临界 CO_2 流体萃取设备。采用超临界 CO_2 流体萃取获得啤酒花浸膏的工艺流程是:

啤酒花→粉碎→超临界 CO_2 流体萃取→分离→啤酒花浸膏

具体操作是:首先把啤酒花磨成粉状,然后装入萃取釜,密封后通入超临界 CO_2 流体。达到萃取要求后,经节流降压,萃取物随 CO_2 流体一起被送至分离釜,得到黄绿色产物。图 13-19 为超临界 CO_2 流体萃取啤酒花的生产装置流程示意图。在该生产装置中有 4 个萃取釜,在每个萃取周期中总有一个是轮空的。生产时,超临界 CO_2 流体依次穿过每个釜中的啤酒花碎片,然后含萃取物的 CO_2(即混合物)节流降压,进入预热器预热,再进入下一个热交换器,在该热交换器中,混合物中的 CO_2 受热蒸发,萃取物(啤酒花浸膏)析出,并自动排出。蒸发的 CO_2 经再压缩,进入后冷却器预冷,之后进入热交换器与上述混合物进行间壁式热交换,管内为再压缩的 CO_2,管外为含萃取物的 CO_2 混合物。冷凝后的 CO_2 流入 CO_2 储罐,经深冷器冷却再返回到萃取釜。从传送罐来的 CO_2 可被送往任何一个萃取釜。另外,有两个气罐用于暂存整个装置系统的纯 CO_2 和不纯 CO_2。

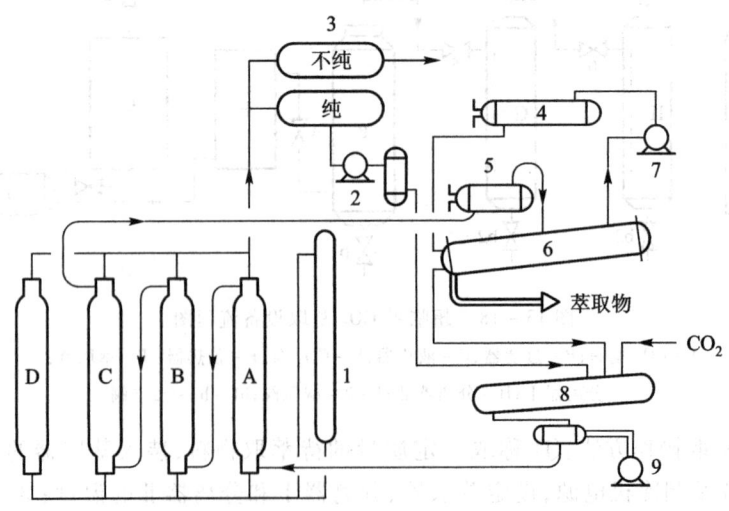

图 13-19 超临界 CO_2 流体萃取啤酒花的生产装置流程图
1-传送罐;2,7-压缩机;3,8-CO_2 气罐;4-后冷却器;
5-预热器;6-热交换器;9-深冷器

表 13-7 为超临界 CO_2 法与有机溶剂法萃取物的分析结果比较。

表 13-7 萃取物的分析结果/%

项 目	啤酒花籽粒 CO_2 流体萃取前	啤酒花籽粒 CO_2 流体萃取后	超临界 CO_2 流体萃取物	有机溶剂萃取物
水分	6.0	5.4	7.0	8.0
树脂含量	30.3	4.3	90.0	88.5
软树脂	26.6	1.3	84.8	82.0
α-酸	12.6	0.2	41.2	39.5
β-酸	14.0	1.1	43.6	42.5
硬树脂	3.7	3.0	5.2	6.5

由于啤酒花收获等农业上的问题,在国外采用超临界 CO_2 流体萃取啤酒花生产是有季节性的(一般为当年的 10 月到第二年的 3 月)。为了使设备不致闲置,常用于其他物料的萃取,如从红茶中脱除咖啡因、香料提取等,所以在工厂建设中要考虑各方面的需要,以求增加品种,降低成本。

实例 2:超临界 CO_2 萃取单甘酯

纯度为 90% 以上的单甘酯是一种优质高效的乳化剂和表面活性剂,具有乳化、分散、稳定、起泡、消泡、起酥、淀粉抗老化等作用,在食品、医药、精细化工等行业有着广泛用途,尤其在食品工业中,食用乳化剂的应用对提高产品质量,改善风味,增进营养,提高储存稳定性等方面有着重要的作用。

单甘酯的制取通常可以用甘油与脂肪酸的酯化法、甘油与油脂的酯交换法。这两种方法比较简单方便,原料易得,但所制成的产品不纯,一般含有单甘酯、双甘酯、三甘酯和少量未作用完的甘油的混合物,称为混酯。其中单甘酯含量在 45% 左右,很难再提高。甘油和甘油酯的结构式如下:

$$\begin{array}{cccc} \text{OH OH OH} & \text{R OH OH} & \text{R R OH} & \text{R R R} \\ | \ | \ | & | \ | \ | & | \ | \ | & | \ | \ | \\ CH_2-CH-CH_2 & CH_2-CH-CH_2 & CH_2-CH-CH_2 & CH_2-CH-CH_2 \\ \text{甘油} & \text{单甘酯} & \text{双甘酯} & \text{三甘酯} \end{array}$$

式中,R 为脂肪酸根。

采用超临界 CO_2 流体萃取分离单甘酯的工艺流程是:

混酯→超临界 CO_2 流体逆流萃取→分离→产品。

以油酸混酯为原料进行油酸单甘酯的超临界 CO_2 流体萃取。图 13-20 为单甘酯超临界 CO_2 流体萃取的试验装置流程示意图。该装置由两个塔组成,主塔为不锈钢填料塔,塔高 1.5 m,塔内径 25 mm,内装不锈钢螺旋形填料,自然装填,空隙率 0.82;辅塔亦为不锈钢填料塔,塔高 1.2 m,塔内径 25 mm,同样采用不锈钢螺旋形填料。

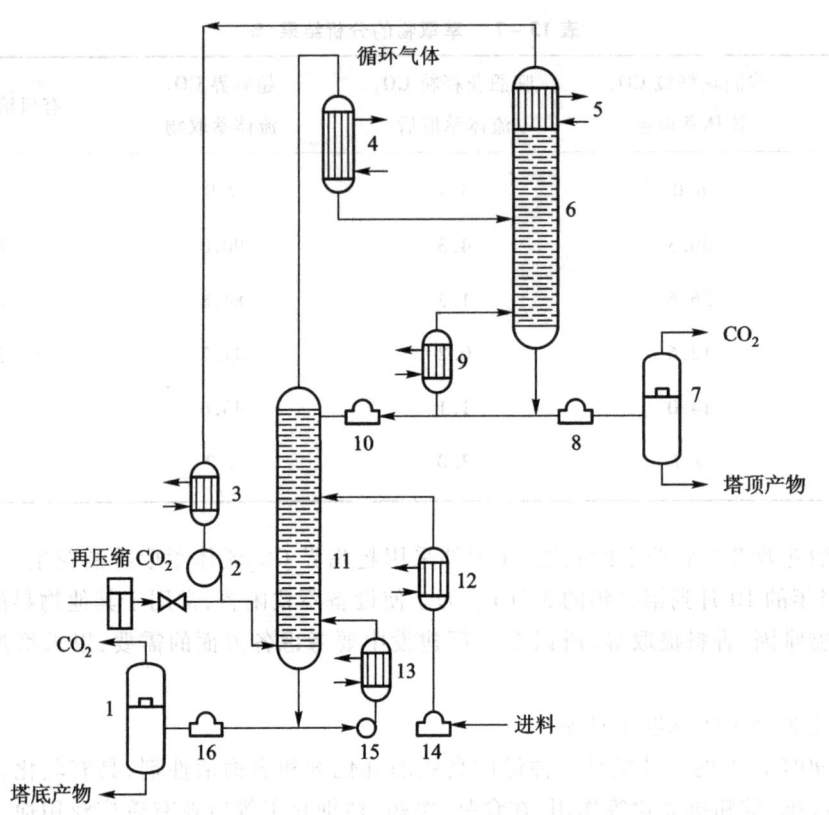

图 13-20 超临界 CO_2 流体萃取分离单甘酯的流程示意图

1,7 - 气体分离器;2,8,10,14,15,16 - 泵;
3,4,5,9,12,13 - 热交换器;6 - 辅塔;11 - 主塔

主塔用于难挥发组分的分离,辅塔用于难挥发组分从循环 CO_2 中的分离。被分离的油酸混酯与夹带剂丙酮一起从主塔的中部进入,超临界 CO_2 流体从主塔的底部进入,在下半部逆流接触,上升的流体在主塔中还有精馏作用。油酸单甘酯在主塔中与油酸双甘酯和油酸三甘酯分离。离开主塔的精馏段顶部的压缩气体从辅塔下部的 1/3 处进入辅塔,在辅塔的顶部压缩气体流经热交换器,在此夹带剂部分冷凝回流。辅塔底部的热交换器在需要时,用来加热难挥发组分和夹带剂的混合物。从辅塔底部排出的产物分为两部分,一部分再进入主塔,进行外回流,另一部分为产品。由压缩气体和一定比例夹带剂组成的循环气体离开辅塔的顶部时,几乎释放出所有的难挥发组分。这一循环气体可借循环泵返回主塔的底部。在主塔内压缩气体和夹带剂组成的二元系统必须在超临界条件下,以使难挥发组分在气相中富集达到较高的浓度。在辅塔内的操作条件应选择压缩气体和夹带剂组成的二元系统在亚临界状态,在此夹带剂凝结液洗涤出循环气体中难挥发性组分。

较好的操作条件是:系统压力 13.5 MPa,主塔顶与底温度 80 ℃,辅塔顶与底温度 110 ℃,CO_2 流量 4.4 L/h,油酸混酯与丙酮体积比 1:1,混酯流量 1.2 L/h。试验结果表明,油酸单甘酯的含量从原料混酯中的 30.2% 提高为产品中的 57.9%。

实例 3：超临界 CO_2 流体萃取植物甾醇

甾醇是广泛存在于自然界的一类甾族化合物，一般为植物甾醇、动物甾醇和菌类甾醇。植物甾醇具有降低血脂、抗肿瘤、治疗牙周病、抑制皮炎症等生理活性功能，它也是重要的甾类药物和维生素 D_3 的生产原料。植物甾醇主要来源于植物油脂，可以从植物油脂中直接萃取植物甾醇。植物油脂精炼时，得到的廉价的脱臭物中含有丰富的甾醇资源。采用传统方法从脱臭物中提取甾醇，不仅溶剂消耗量大，而且过程复杂，所以也可以用超临界 CO_2 流体萃取间接得到植物甾醇。一般有以下两种工艺流程。

① 间接萃取：通常以脱臭物为原料，其工艺流程是：脱臭物→超临界 CO_2 流体萃取→萃余物→产品。

采用超临界 CO_2 流体萃取时改变萃取条件的目标是让脂肪酸和甘油三酯等物质尽量地被萃取干净，而让甾醇留在萃余物中，因为脱臭物的主要成分脂肪酸、甘油三酯、甾醇，它们在 CO_2 中的溶解度依次减少。

试验结果表明，在一定温度下，压力低时，CO_2 溶解能力小，甾醇得率高，但纯度低；相反，压力高时，CO_2 溶解能力大，甾醇损失大，但纯度高。在相同压力下，温度升高，CO_2 溶解能力减少，甾醇得率升高，但纯度降低。当温度为 60 ℃，压力为 30 MPa 时，甾醇纯度达到 90%，得率为 52%；温度降到 50 ℃，压力不变，甾醇纯度高达 95%，得率也有 41%。

② 直接萃取：以植物油脂为原料，其工艺流程是：植物油脂→超临界 CO_2 流体萃取→分离→植物甾醇。

如果采用纯 CO_2 进行萃取，则油脂和植物甾醇往往会同时被萃取出来。但是如果在超临界 CO_2 流体中加入夹带剂如甲醇、乙醇、甲基叔丁基醚等，可以选择性提取植物甾醇，包括菜籽甾醇、豆甾醇等，同时还可以得到脱甾醇的油脂。不同夹带剂，萃取甾醇的压力、温度也不同。例如，用 10% 甲醇作夹带剂，在 80 ℃ 时，从菜籽油、棉籽油、大豆油中提取甾醇，最高得率的压力是 38 MPa，提取得率最大可达 38%，与不同夹带剂相比增加 43 倍。又如，用 10% 甲基叔丁基醚作夹带剂在 80 ℃ 下，从玉米胚芽油、大豆油中超临界 CO_2 流体萃取甾醇，最大提取得率的压力为 27.6 MPa，而对棉籽油、菜籽油最大提取得率的压力为 41.3 MPa。

实例 4：超临界 CO_2 流体萃取制备纤维素酶超微粉

纤维素酶是降解纤维素生成葡萄糖的一组酶的总称，其最大的用途是把纤维素物质酶法水解成葡萄糖，继而用于生产燃料酒精、食品和各种化学品。这有可能改变传统的生产方式，开创发酵工业的新篇章。特别是在目前纤维素资源利用尚不十分满意的情况下，研究其有效利用的方法和途径对解决环境污染、食品短缺、能源与资源危机具有重大的现实意义。

纤维素酶一般从一种特殊的曲霉菌种中获得，由于目前后处理方法简单，产品一般都为粗品，酶的比活不太高。若要获得高比活的纤维素酶，必须进一步精制，而目前传统的乙醇沉淀方法往往会造成严重的酶失活现象，超临界抗溶剂法（gas antisolution，简称 GAS 法）则可避免上述问题的发生。GAS 沉淀纤维素酶的工艺及装置见图 13-21，主要由可视沉淀釜、CO_2 抗溶剂加压单元、加料单元、分离单元和空气浴组成。粗纤维素酶乙醇水溶液经蠕动泵加入温度恒定的沉淀釜中，在设定温度的空气浴中平衡一段时间后，慢慢加入超临界 CO_2 流体到沉淀釜至设定压力，通过控制气液流率比来控制纤维素酶超微粉颗粒的大小、形态及其活性。

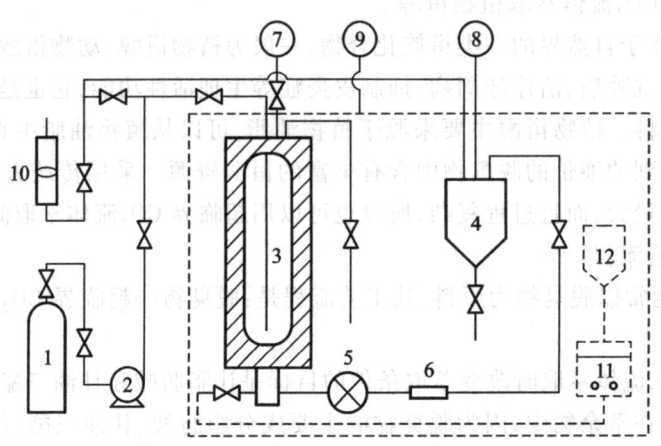

图 13-21　GAS 沉淀纤维素酶的实验装置和实验流程图
1-CO_2 储罐;2-泵;3-沉淀池;4-分离室;5-球型阀;6-过滤器;
7,8-压力表;9-控温仪;10-流量计;11-定量槽;12-溶剂罐

研究表明,GAS 制备纤维素酶超微粉,若直接将 CO_2 加入到酶水溶液中,沉淀比较困难。而加入适量的有机溶剂,如乙醇、丙酮等,则情况会好转很多,可以大幅度降低 CO_2 的压力。温度和乙醇浓度是加压沉淀中影响纤维素酶超微粉颗粒直径和形态的主要因素,同时也是影响酶活的重要因素。研究表明,GAS 制备纤维素酶适宜的工艺参数为:乙醇浓度 30%、温度 40 ℃、气液流率比 10:1,压力 13 MPa。

实例 5:超临界 CO_2 流体萃取提纯碱性蛋白酶

酶的提纯是酶工程不可缺少的重要步骤,尤其对于采用微生物发酵法生产的酶制剂尤其如此。采用高压 CO_2 作为沉淀剂来分离和纯化蛋白质是一种较新的生物质分离方法,具有一些传统技术所没有的优点。通过参数的调节与控制,既可以从蛋白质水溶液中沉淀出目标蛋白质而得到纯度较高的蛋白质沉淀物,也可以沉淀出杂蛋白,得到纯度较高的蛋白质溶液,而且由于溶液只有挥发性的 CO_2,没有其他沉淀方法中沉淀剂的带入,这给后续处理带来很大方便。下面以地衣芽孢杆菌 2709# 发酵生产的碱性蛋白酶粗品为例,介绍 GAS 提纯碱性蛋白酶的工艺技术。

2709# 碱性蛋白酶粗品中含有等电点在 pH 3 附近的杂蛋白,而碱性蛋白酶本身的等电点在 pH 7~8 之间,用等电沉淀的办法分离提纯这种碱性蛋白酶粗品有一定的可行性。研究表明,单纯使用高压 CO_2 作为沉淀手段,效果不明显。在体系中加入少量有机溶剂(如乙醇),一方面促进 CO_2 的溶入,另一方面其本身对蛋白质的抗溶剂沉淀作用,会更有利于过程的进行。首先采用 20% 的乙醇作改性剂,在 35 ℃、10 MPa 下,从 2709# 碱性蛋白酶粗品中沉淀出等电点在 pH 3 附近的杂蛋白,在此条件下碱性蛋白酶不沉淀,而后提高压力至 15 MPa,使酶液的初始 pH 维持在 8 附近,可沉淀出 2709# 碱性蛋白酶,并可使其酶活保持 80%。

四、双水相萃取技术

双水相萃取技术(two-aqueous phase extraction),又称水溶液双相分配技术(partition of two aqueous phase system)是近年出现的极有前途的新型分离技术,用此法可提取的酶已达数十种,还可分离纯化核酸、生长素、病毒、干扰素、细胞组织等。

1. 双水相萃取技术的原理和特点

双水相萃取技术的原理是目的物在不相溶的聚合物或无机盐溶液形成的两相中分配系数不同,从而进行分离。其理论基础是表面自由能和表面电荷的影响。

双水相萃取技术的特点是能够保留产物的活性,整个操作可以连续或分批操作,设备要求简单,萃取容易,操作稳定,极易放大,适合于大规模应用。将离子交换基团、亲和配基、疏水配基等结合在聚合物分子上可改进分配系数及萃取专一性。缺点是成本较高,纯化倍数较低,适合于粗分离。

2. 双水相的形成和类型

绝大多数天然或合成的亲水性聚合物水溶液,在与第二种亲水性聚合物混合并达到一定浓度时,就会产生两相,两种高聚物分别溶于互不相溶的两相中。一般认为,成相是由于高聚物之间的不溶性,即高聚物分子的空间阻碍作用,使其无法相互渗透,不能形成均一相,从而具有相分离倾向,在一定条件下即可分为两相。

不同的高分子溶液相互混合可产生两相或多相系统,如葡聚糖(dextran)与聚乙二醇(PEG)按一定比例与水混合,溶液混浊,静置平衡后,分成互不相溶的两相,上相富含PEG,下相富含葡聚糖,见图13-22。当两种高聚物水溶液相互混合时,它们之间的相互作用可以分为三类:① 互不相溶(imcompatibility),形成两个水相,两种高聚物分别富集于上、下两相;② 复合凝聚(complexcoacervation),也形成两个水相,但两种高聚物都分配于一相,另一相几乎全部为溶剂水;③ 完全互溶(complete miscibility),形成均相的高聚物水溶液。

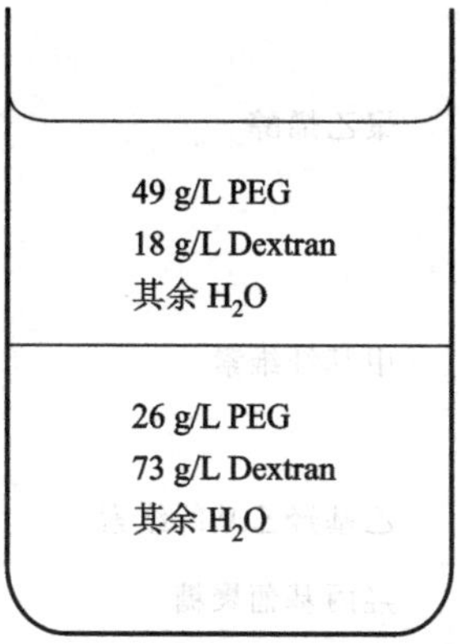

图13-22 50 g/L葡聚糖500和35g/L聚乙二醇6 000系统所形成的双水相的组成

离子型高聚物和非离子型高聚物都能形成双水相系统。根据高聚物之间的作用方式不同,两种高聚物可以产生相互斥力而分别富集于上、下两相,即互不相溶;或者产生相互引力而聚集于同一相,即复合凝聚。

高聚物与相对分子质量低的化合物之间也可以形成双水相系统,如聚乙二醇与硫酸铵或硫酸镁水溶液系统,上相富含聚乙二醇,下相富含无机盐。

用于生物分离的高聚物体系有聚乙二醇/葡聚糖和PEG/Dextran硫酸盐体系,高聚物/无机盐体系有PEG/硫酸盐和PEG/磷酸盐体系。利用生物物质在两相中不同的分配,可以实现其分离。各种双水相系统见表13-8,基本可分为高聚物/高聚物体系和高聚物/低分子物质体系两类。

表 13-8　各种双水相系统

聚合物 P	聚合物 Q 或 L
1. 聚合物/聚合物/水系统	
（Ⅰ）非离子聚合物（P）/非离子聚合物（O）/水	
聚丙二醇	甲氧基聚乙二醇
	聚乙二醇（PEG）
	聚乙烯醇（PVA）
	聚乙烯吡咯烷酮（PVP）
	羟丙基葡聚糖
	葡聚糖
聚乙二醇（PEG）	聚乙烯醇
	聚乙烯吡咯烷酮
	葡聚糖
	聚蔗糖
聚乙烯醇	甲基纤维素
	羟丙基葡聚糖
	葡聚糖
甲基纤维素	羟丙基葡聚糖
	葡聚糖
乙基羟乙基纤维素	葡聚糖
羟丙基葡聚糖	葡聚糖
聚蔗糖	葡聚糖
（Ⅱ）聚电解质（P）/非离子聚合物（O）/水	
葡聚糖硫酸钠	聚丙二醇
	甲氧基聚乙二醇 NaCl
	聚乙二醇 NaCl
	聚乙烯醇 NaCl
	聚乙烯吡咯烷酮 NaCl
	甲基纤维素 NaCl
	乙基羟乙基纤维素 NaCl
	羟丙基葡聚糖 NaCl
	葡聚糖 NaCl
羧甲基葡聚糖钠	甲氧基聚乙二醇 NaCl

续表

聚合物 P	聚合物 Q 或 L
	聚乙二醇 NaCl
	聚乙烯醇 NaCl
	聚乙烯吡咯烷酮 NaCl
	甲基纤维素 NaCl
	乙基羟乙基纤维素 NaCl
	羟丙基葡聚糖 NaCl
DEAE 葡聚糖 – 盐酸	聚丙二醇 NaCl
	聚乙二醇 Li_2SO_4
	甲基纤维素
	聚乙烯醇
（Ⅲ）聚电解质(P)/聚电解质(O)/水	
葡聚糖硫酸钠	羧甲基葡聚糖钠
葡聚糖硫酸钠	羧甲基纤维素钠
羧甲基葡聚糖钠	羧甲基纤维素钠
（Ⅳ）聚电解质(P)/聚电解质(O)/水	
葡聚糖硫酸钠	DEAE 葡聚糖 – 盐酸 NaCl
2. 聚合物(P)/低相对分子质量成分(L)/水系统	
（Ⅰ）聚丙烯	磷酸钾
甲氧基聚乙二醇	磷酸钾
聚乙二醇	磷酸钾
聚乙烯吡咯烷酮	磷酸钾
聚丙二醇	葡聚糖
聚丙二醇	甘油
聚乙烯酮	乙二醇二丁醚
聚乙烯吡咯烷酮	乙二醇二丁醚
葡聚糖	乙二醇二丁醚
葡聚糖	丙醇
（Ⅱ）葡聚糖硫酸钠	NaCl

3. 影响双水相萃取的因素

被分配的物质与各种组分之间存在着复杂的相互作用,作用力包括氢键、电荷力、范德华力、疏水作用和构象效应等。因此,形成相系统高聚物的相对分子质量和化学性质,被分配物质的大小和化学性质对双水相萃取都有直接的影响。影响双水相萃取的因素很多,以聚乙二醇 – 葡聚糖双水相系统为例,主要影响因素如下。

成相高聚物浓度-界面张力：一般，双水相萃取时，如果相系统组成位于临界点附近，则蛋白质等大分子的分配系数接近于1。高聚物浓度增加，系统组成偏离临界点，蛋白质的分配系数也偏离1，大于或小于1。例外情况有，高聚物浓度增大，分配系数首先增大，达到最大值后便逐渐降低，这说明在上、下相中两种高聚物的浓度对蛋白质活度系数有不同的影响。位于临界点附近的相系统，细胞粒子可完全分配于上、下相中，不存在界面吸附，高聚物浓度增大，界面吸附增强。

成相高聚物的相对分子质量：对于给定的相系统，如果一种高聚物被相对分子质量低的同种高聚物所代替，则被萃取的大分子物质，如蛋白质、核酸、细胞粒子等，将有利于在相对分子质量低的高聚物一侧分配。PEG – dextran 系统中，PEG 相对分子质量降低或 dextran 相对分子质量增大，蛋白质分配系数将增大；相反，如果 PEG 相对分子质量增大或 dextran 相对分子质量降低，蛋白质分配系数则减小。

电化学分配（electrochemical partition）：双水相萃取时，盐对带电荷大分子的分配影响很大。如当 DNA 萃取时，离子组分微小的变化可使 DNA 从一相几乎完全转移到另一相。

疏水反应：选择适当的盐组成，相系统的电位差可以消失。消除电化学效应后，粒子表面的疏水性占主要地位。如被分配的蛋白质具有疏水性的表面，则其分配系数可以改变。

生物亲和分配：成相高聚物偶联生物亲和配基后，对生物大分子的分配系数影响很显著。

温度：温度影响相的高聚物组成，当相系统组成位于临界点附近时，温度对分配系数具有明显作用。

4. 双水相系统应用举例

在胞内蛋白酶提取时，PEG – dextran 系统特别适合于从细胞匀浆液中除去核酸和细胞碎片。系统中加入 0.1 mol/L NaCl 可使核酸和细胞碎片转移到下相（dextran 相），产物酶位于上相，分配系数为 0.1～1.0。选择适当的盐组分，经一步或多步萃取，可获得满意的分离效果。如果 NaCl 浓度增大到 2～5 mol/L，几乎所有的蛋白质、酶都转移到上相，下相富含核酸。将上相收集后透析，加入到 PEG – 硫酸铵双水相系统中进行第二步萃取，产物酶位于下相（硫酸铵相），进一步纯化即可获得所需的产品。双水相两步萃取胞内蛋白（酶）流程见图 13 – 23，连续萃取胞内酶流程见图 13 – 24。

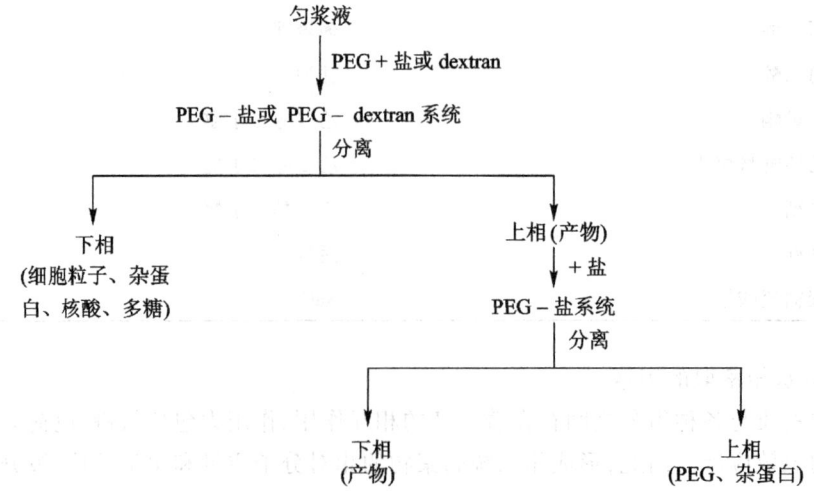

图 13 – 23　胞内蛋白双水相两步萃取流程图

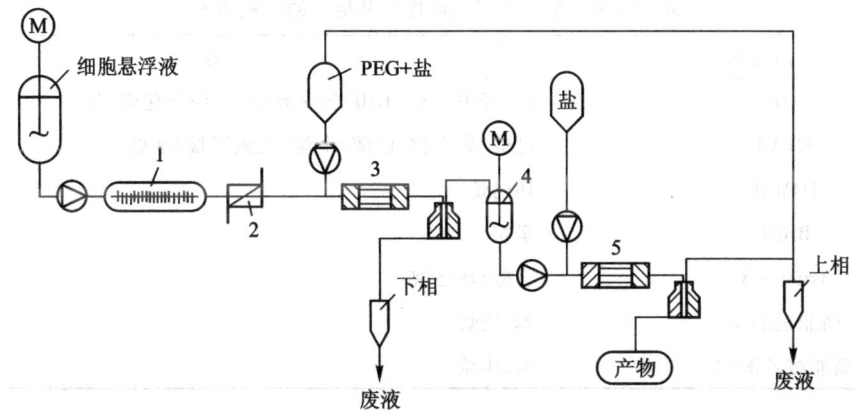

图 13-24 胞内酶连续萃取流程图
1-玻璃球磨机;2-热交换器;3,5-静态混合器;4-容器

用 PEG 4 000 6.6%/磷酸盐 14% 体系从 *E. coli* 碎片中提取人生长激素(hGH),当 pH 等于 7 及菌体含量为 1.35%(W/V) 干细胞时,混合 5~10 s 后,即可达到萃取平衡,hGH 分配在上相,其分配系数高达 6.4,相比 0.2,收率大于 60%,对蛋白的纯化系数为 7.8。若进行三级错流萃取,如图 13-25 所示,总收率可达 81%,纯化系数为 8.5。

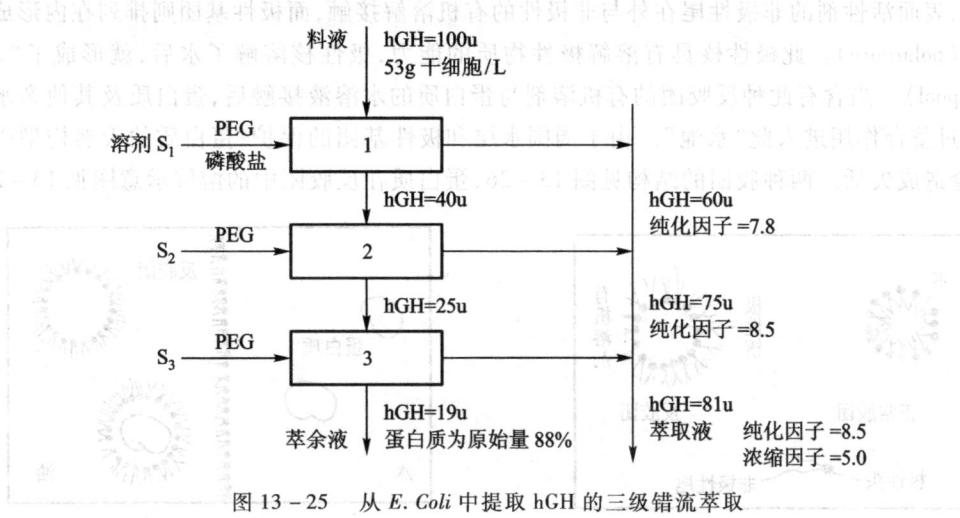

图 13-25 从 *E. Coli* 中提取 hGH 的三级错流萃取

▶▶ 五、反胶团萃取技术

反胶团或逆胶团(reversed micelle)是两性表面活性剂分散于连续有机相中自发形成的纳米尺度的一种聚集体(aggregate)。反胶团溶液是透明的,热力学稳定的系统。

1. 临界胶团浓度及常用表面活性剂

通常表面活性剂分子由亲水憎油的极性头和亲油憎水的非极性尾两部分组成。分为阴离子、阳离子和非离子型表面活性剂,它们都可用于形成反胶团。临界胶团浓度(critical micelle concentration)是胶团形成时所需表面活性剂的最低浓度,用 CMC 表示,这是体系的特性,与表面活性剂的化学结构、溶剂、温度和压力等因素有关。常用的表面活性剂及相应的有机溶剂见表 13-9。

表13-9　常用的表面活性剂及相应的有机溶剂

表面活性剂	有机溶剂
AOT	n-烃类(C6~C10)异辛环己烷、四氯化碳、苯
CTAB	己醇/异辛烷、己醇/辛烷、三氯甲烷/辛烷
TOMAC	环己烷
Brij60	辛烷
Triton-X	己醇/环己烷
磷脂酰胆碱	苯、庚烷
磷脂酰乙醇胺	苯、庚烷

2. 胶团与反胶团的形成

将表面活性剂溶于水中,并使其浓度超过临界胶团浓度时,表面活性剂就会在水溶液中聚集在一起形成聚集体。通常情况下,这种聚集体是水溶液中的胶团,称为正常胶团(normal micelle)。在胶团中,表面活性剂的排列方向是极性头在外,与水接触,非极性尾在内,形成一个非极性的核心。此核心可以溶解非极性的物质。若将表面活性剂溶于非极性的有机溶剂中,并使其浓度超过临界胶团浓度(CMC)时,便会在有机溶剂内形成聚集体,这种胶团称为反胶团,在反胶团中,表面活性剂的非极性尾在外与非极性的有机溶解接触,而极性基团则排列在内形成一个极性核(polarcore)。此极性核具有溶解极性物质的能力,极性核溶解了水后,就形成了"水池"(water pool)。当含有此种反胶团的有机溶剂与蛋白质的水溶液接触后,蛋白质及其他亲水物质能够通过螯合作用进入此"水池"。由于周围水层和极性基团的保护,蛋白质的天然构型受到保护,不会造成失活。两种胶团的结构见图13-26,蛋白质在反胶团中的溶解示意图见13-27。

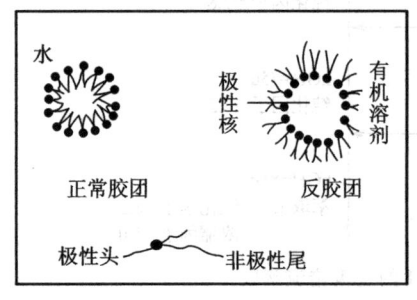
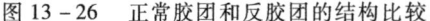
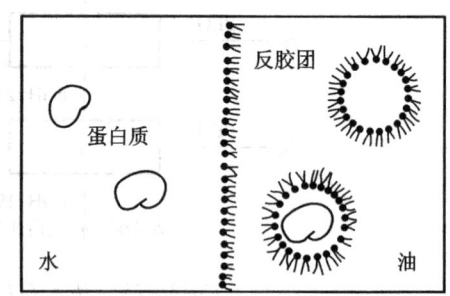

图13-26　正常胶团和反胶团的结构比较　　　图13-27　蛋白质在反胶团中的溶解示意图

3. 反胶团萃取α-淀粉酶

用TOMAL/异辛烷反胶团溶液对α-淀粉酶水溶液进行两级连续萃取和反胶团萃取操作,见图13-28。结果可使α-淀粉酶浓缩8倍,酶活力的得率约为45%,如果在反胶团相中添加非离子型表面活性剂以提高其分配系数并增大搅拌转速提高其传质速率,则反胶团萃取水相中的α-淀粉酶活力得率可达85%,浓缩17倍。

反胶团萃取还可用于分离蛋白质混合物,从发酵液中提取胞外酶,直接提取胞内酶和蛋白质的复性。

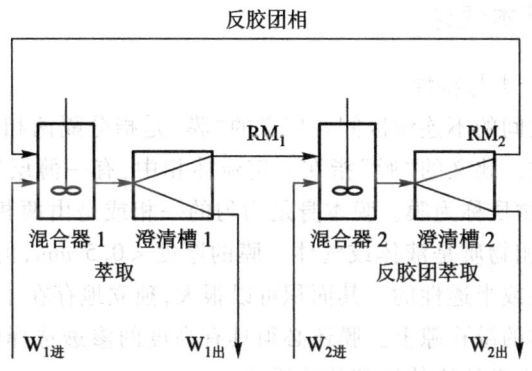

图 13-28 反胶团萃取 α-淀粉酶的流程图
RM-萃取剂；W-物料

第五节 膜分离技术

构成生命活动的许多基本过程，如能量转换、细胞识别等都与生物膜的功能有关。但在工业应用中的膜分离过程指的是"死"膜，即人工合成的无生命的膜。膜分离技术被国际公认为20世纪末至21世纪中期最有发展前途，甚至会导致一次工业革命的重大生产技术，是世界各国研究的热点。

膜分离过程具有共同的优点：一般较简单，不涉及相变，费用较低，效率较高，可以在常温下操作，既节省能耗，又特别适用于热敏性物质的处理，在食品加工、医药、生化技术领域有其独特的适用性。

膜分离技术的发展可分为三个阶段：20世纪50年代的奠基阶段；20世纪60年代的发展阶段和20世纪80年代至今的深化阶段。目前，已经研制和开发出的膜及应用技术如下。

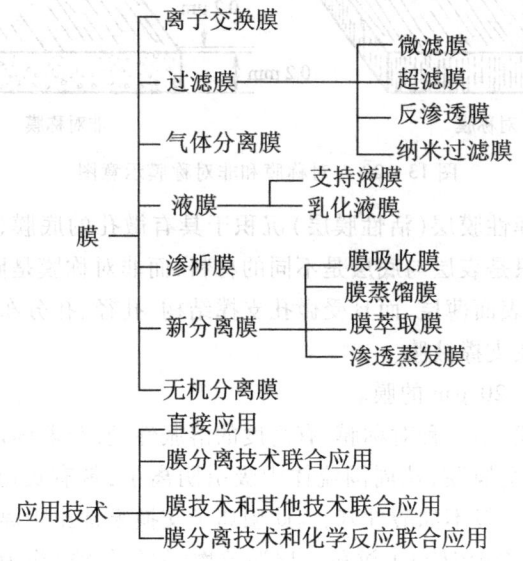

一、膜和膜分离基本理论

1. 膜和膜分离过程分类与特性

膜可以定义为两相之间的不连续区间。广义的"膜"是指分隔两相的界面,并以特定的形式限制和传递各种化学物质。狭义的"膜"指在一定流体相中,有一薄层凝聚相物质,把流体相分隔成为两部分,这一薄层物质称为膜。膜本身是均匀的一相或是由两相以上凝聚物质所构成的复合体,被膜分隔的流体相物质是液体或气体。膜的厚度<0.5 mm,但不管多薄至少要具有两个界面。膜可以是全透性或半透性的。其面积可以很大,独立地存在于流体相间,也可以非常微小而附着于支撑体或载体的微孔隙上。膜还必须具有高度的渗透选择性,作为一种有效的分离技术,膜传递某物质的速度必须比传递其他物质快。

膜分离过程的实质是物质通过膜的传递速度不同而得到分离。根据膜的材料、结构和用途将膜分为:

对称膜:结构与方向无关的膜,根据制造方法不同,这些膜或者具有不规则的孔结构,或者所有的孔具有确定的直径。包括微滤膜、超滤膜、渗析膜、气体分离膜、渗透汽化膜及电渗析膜等。

非对称膜:有一个很薄但比较致密的分离层和多孔支撑层。分离层为活性膜,孔径的大小和表皮的性质决定分离特性,而厚度主要决定传递速率,该层必须朝向待浓缩的原溶液。多孔支撑层起支撑作用,使膜具有必要的机械强度。这种膜具有高传质速率和良好的机械强度。被脱除的物质大都在其表面,易于清除。包括微滤膜、超滤膜、气体分离膜、渗透汽化膜、反渗透膜及纳米过滤膜等。

对称膜和非对称膜结构见图13-29。

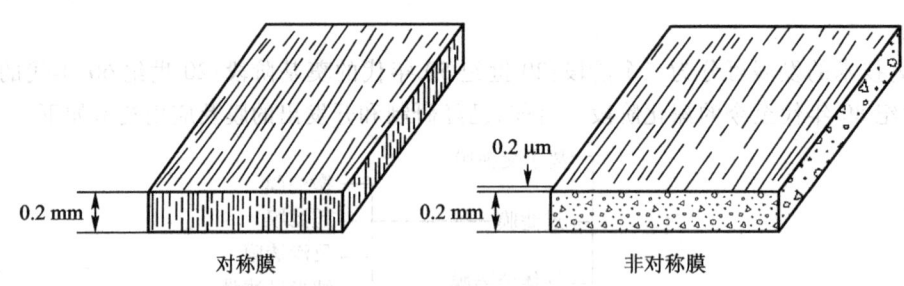

图13-29 对称膜和非对称膜示意图

复合膜:这种膜的选择性膜层(活性膜层)沉积于具有微孔的底膜(支撑层)表面上,就像非对称性膜的连续性表皮,只是表层与底层是不同的材料,而非对称膜是同一种材料。复合膜的性能不仅取决于有选择性的表面薄层,而且受微孔支撑结构、孔径、孔分布和多孔率的影响。

液膜:包括乳状液膜及支撑液膜。

微孔膜:孔径为 $0.05 \sim 20\ \mu m$ 的膜。

荷电膜:即离子交换膜,是一种对称膜,有高度的溶胀性,胶载着固定的正电荷或负电荷。带有正电荷的膜称为阴离子交换膜,从周围流体中吸引阴离子;带有负电荷的膜称为阳离子交换膜。由于碱性基的稳定性一般不如酸性基,因此阳离子交换膜常比阴离子交换膜稳定。

动态膜:在多孔介质(如陶瓷管)上沉积一层颗粒物(如氧化锆)作为有选择作用的膜,此沉积层与溶液处于动态平衡。该膜可以在高温下应用,膜更新无需拆装膜组件,缺点为膜很不稳定。

膜应具有较大的透过速度和较高的选择性,机械强度好,耐热,耐化学和细菌侵蚀,耐净化和杀菌处理,成本低。制造膜的材料可以分为:① 改性天然物:醋酸纤维素(2-乙酸纤维素、2,5-乙酸纤维素、3-乙酸纤维素),丙酮-丁酸纤维素,再生纤维素,硝酸纤维素;② 合成产物:聚胺(聚芳香胺、共聚胺、聚胺肼),聚苯并咪唑,聚砜,乙烯基聚合物,聚脲,聚呋喃,聚碳酸酯,聚乙烯,聚丙烯;③ 特殊材料:聚电解络合物,多孔玻璃,氧化石墨,ZrO_2-聚丙烯酸,ZrO_2-碳,油类。

膜分离过程的分类方法是依据膜内平均孔径、推动力和传递机制进行,见表13-10。

表13-10 普遍认可的膜分离过程分类法

过程	孔径	推动力	机制
微滤	0.02~10 μm	压力	筛分
超滤	0.001~0.02 μm 相对分子质量 $10^3 \sim 10^6$	压力	筛分
反渗透	无孔 相对分子质量 <1 000	压力	溶解-扩散
气体分离	无孔	压力	溶解-扩散
渗析	1~3 nm	浓度差	筛分加上扩散度差
电渗析	相对分子质量 <200	电位差	离子迁移
渗透蒸发	无孔	分压差	溶解-扩散

生物技术领域应用的膜分离过程,根据推动力本质的不同,可分为四类:

① 以静压力差为推动力的膜分离过程

微滤(MF):适用于微生物、细胞碎片、微细沉淀物和其他在"微米级"范围的粒子,如DNA和病毒等的截留和浓缩。

超滤(UF)和反渗透(RO):超滤适用于分离纯化和浓缩大分子物质,如在溶液中的或与亲和聚合物相连的蛋白质(亲和超滤)、多糖、抗生素以及热原,也可以用来回收细胞和处理胶体悬浮液。反渗透是溶剂从盐类、糖类等浓溶液中透过膜,因此渗透压较高,必须提高操作压力,打破溶剂的化学平衡,才能使反渗透过程进行。工业上反渗透过程已应用于海水脱盐,超纯水制备,从发酵液中分离溶剂如乙醇、丁醇和丙酮以及浓缩抗生素、氨基酸等。

② 以蒸气分压差为推动力的膜分离过程

膜蒸馏(MD):在不同温度下分离两种水溶液的膜过程。已经用于高纯水的生产,溶液脱水浓缩和挥发性有机溶剂的分离,如丙酮和乙醇等。膜蒸馏中使用的膜应是疏水性微孔膜,气相透过微孔膜而液相因膜的疏水特性被阻止通过。两个温度在溶液-膜界面上形成两个不同的蒸气分压,在这种情况下,水和挥发性有机溶剂蒸气在较高的溶剂蒸气压下,从温度高的流体一侧流向膜的冷侧并凝结成一个馏分,这个过程是在大气压和比溶剂沸点低的温度下进行的。当处理高溶质浓度溶液时,在料液一侧存在着渗透压效应。

渗透蒸发:也是以蒸气压差为推动力的过程,但是在过程中使用的是致密(无孔)的聚合物膜。液体扩散能否透过膜取决于它们在膜材料中的扩散能力。在膜的低蒸气压侧,已扩散过来的组分通过蒸发和抽真空的办法或加入一种恰当的惰性气体流,从表面去除,用冷凝的办法回收透过物。当一个液体混合物的各组分在膜中的扩散系数不相同时,这个混合物就可以分离,这一过程不仅已取代共沸蒸馏法,用来分离共沸有机混合物,而且还用来从水溶液中分离如乙醇、丁醇、异丙酮、丙酮和乙酸之类的有机组分,尤其是当它们形成共沸混合物时。

渗透蒸发的机理不仅可用扩散能力来说明,也可用溶解能力来说明,添加水溶性或醇溶性有机化合物,可以湿润而不能透过膜,这样将增加膜内水溶性或醇溶性组分的比例,从而增加膜对这一组分的选择性。

从渗透蒸发发展起来的另一个过程是渗透萃取(perstraction),该过程中,对于透过物的移去不是使用真空而是使用清洗液体,然后用传统的重蒸馏法来分离清洗液体和透过物的混合物,清洗液体重新回到渗透器中。合适的清洗液体,应该能与透过物完全混溶,其通过膜的渗透率可以忽略不计,并且易与透过物分离。过程中能量主要消耗在传统的蒸馏上,尽管可以选用一沸点与透过物各组分沸点相差甚远的清洗液体以减少能耗,但如果透过物不是昂贵的产品,一般也不采用渗透萃取。

③ 以浓度差为推动力的膜分离过程:渗析是以浓度差为推动力的膜分离过程,最主要的应用是血液(人工肾)的解毒。实验室规模的酶纯化,使用的是微孔膜如胶膜管。酶的传统纯化办法是使用渗析袋,从样品中除去无用的低分子质量溶质和置换存在于渗透液中的缓冲液,由于在样品中盐和有机溶剂的浓度高,渗透压的结果导致水向渗析袋内迁移,体积增加,所以渗析在除去多余的低相对分子质量溶质的同时,引进了一个新的缓冲溶液(或许是水)。可以制作不同尺寸的渗析管,阻止相对分子质量 15 000~20 000 以上的分子通过,让所有的低相对分子质量分子扩散通过管子,最后两侧的缓冲溶液组成相等。渗析法虽然速度相对比较慢,但是方法和设备都比较简单,现在普遍使用的是渗析管。渗析也可以用来分离气相混合物,其作用原理是聚合物膜对不同气体表现出不同的渗透率。

④ 以电位差为推动力的膜分离过程:离子交换膜电渗析(EDTM),简称电渗析,是以电位差为推动力的膜分离过程。详见本书第十三章第三节。离子交换膜电渗析最大的应用是海水淡化和苦咸水淡化生产饮用水,在生物技术产业用于血浆处理,免疫球蛋白和其他蛋白质的分离。

2. 膜分离过程机理

在膜分离过程中,通过膜相际有三种基本传质形式:① 被动传递过程;② 促进传递过程;③ 主动传递过程。物质通过膜的分离过程较为复杂。不同物理、化学性质(如粒度大小、分子量、溶解情况等)和传递属性(如扩散系数)的分离物质,对于各种不同的膜(如多孔型、非多孔型)其渗透情况不同,机理各异,因此,建立在不同传质机理基础上的传递模型也有多种,在应用上各有其局限性,不论哪类模型都涉及物质在膜中的传递性质。

多孔膜的分离机理主要是筛分作用,非多孔膜的分离机理一般是溶解-扩散作用。前者主要用于超滤、微滤、渗析等,后者主要用于反渗透、气体分离、渗透蒸发等。有机物的反渗透过程可用优先吸附-毛细管流动模型来解释。液膜分离机理是溶解-扩散与促进传递。

3. 膜的性能和参数

孔道特征:包括孔径、孔径分布和孔隙度。孔径分布指膜中一定大小的孔的体积占整个孔体积的百分数,孔径分布窄的膜比宽的膜要好。孔隙度指整个膜中孔所占的体积百分数。

水通量:单位时间内通过单位膜面积的水流量,也叫透水率,即水透过膜的速率。水通量的大小取决于膜的物理特性(如厚度、化学成分、孔隙度)和系统的条件(如温度、膜两侧的压力差、接触膜的溶液的盐浓度及料液平行通过膜表面的速度)。在实际使用中,水通量将很快降低,在处理蛋白质溶液时,水通量通常为纯水的10%,水通量决定于膜表面状态,在使用时,溶质分子会沉积在膜面上。

截留率和截断分子量:截留率指对一定相对分子质量的物质,膜能截留的程度,定义为:

$$\delta = 1 - c_P/c_B \quad (13-8)$$

式中,c_P——某一瞬间透过液的浓度,$kmol/m^3$;c_B——截留液浓度,$kmol/m^3$。

如$\delta = 1$,则$c_P = 0$,表示溶质全部被截留;如$\delta = 0$,则$c_P = c_B$,表示溶质能自由透过膜。

用已知相对分子质量的各种物质进行试验,测定其截留率,得到的截留率与相对分子质量之间的关系称为截断曲线。如图13-30所示。较好的膜应该有陡直的截断曲线,可使不同相对分子质量的溶质完全分离;相反,斜坦的截断曲线会导致分离不完全。

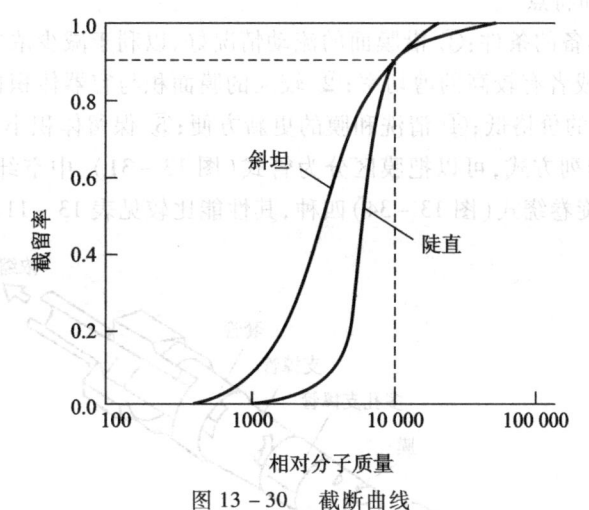

图13-30 截断曲线

截断分子量(MWCO)指相当于一定截留率(通常为90%或95%)的相对分子质量。显然,截留率越高,截断分子量的范围越窄的膜越好。截留率不仅与溶质分子的大小有关,还受如下因素的影响:① 分子的形状:线性分子的截留率低于球形分子;② 吸附作用:膜对溶质的吸附对截留率有很大的影响,溶质分子吸附在孔道壁上,会降低孔道的有效直径,因而使截留率增大。在极端的情况下,膜面上的吸附层形成可逆的致密层,其截留率不同于超滤膜的截留率;③ 其他高分子溶质的影响:如料液中同时有两种高分子溶质存在,其截留率不同于单独存在的截留率,特别是对于较小的一种高分子溶质。这是由于高分子溶质形成的浓差极化层的影响。一般说来,两种高分子溶质要相互分离,其相对分子质量须相差10倍以上;④ 其他因素:温度升高、浓度降低会使截留率降低,这是由于吸附作用减小的缘故;错流速度增大使截留率降低,这是由于浓差极化作用减小的缘故;pH、离子强度会影响蛋白质分子的构象和形状,因而也对截留率有影响。另外,膜的性能参数还有抗压能力、pH适用范围,对热和溶剂的稳定性、毒性等。

4. 膜的使用寿命

膜的使用寿命与诸多因素相关:① 膜的压密作用:在压力作用下,膜的水通量随运行时间的延长而逐渐降低。引起压密的主要因素是操作压力和温度,压力越高,压密作用越大;② 膜水解作用;③ 膜的浓差极化:当溶剂透过膜,而溶质留在膜上,使膜面浓度增大而高于主体中浓度,这种现象称为浓差极化。膜的浓差极化容易造成三种情况:提高渗透压,降低水通量;降低膜的截留率;产生结垢现象,造成物理阻塞,使膜逐渐失去透水能力;④ 膜污染:膜在使用中,尽管操作条件保持不变,但通量仍逐渐降低的现象。膜污染主要有附着层和堵塞两种情况。膜污染引起的通量衰减往往是不可逆的,必须通过清洗才能消除,有效处理料液、改善膜的性质、改变操作条件可减轻膜污染。

污染的膜可用等压冲洗、反冲洗、脉冲流动、静置浸泡加水力反冲洗和超声波等物理方法清洗,也可采用化学药品溶液清洗,常用的药品及方法有:① 起溶解作用的物质:酸、碱、酶(蛋白酶)、螯合剂、表面活性剂、分散剂;② 起切断离子结合作用的方法:改变离子强度、pH、电位;③ 起氧化作用的物质:过氧化氢、次氯酸盐;④ 起渗透作用的物质:磷酸盐、次氯酸盐。清洗方法可以单独作用,也可复合作用。

5. 膜组件的结构和特点

良好的膜组件应具备的条件:① 沿膜面的流动情况好,以利于减少浓差极化,例如沿膜面切线方向的流速相当快,或者有较高的剪切率;② 较大的膜面积与容器体积比,即单位体积中所含的膜面积较大;③ 组件的价格低;④ 清洗和膜的更新方便;⑤ 保留体积小,且无死角。

根据膜的形式或排列方式,可以把膜区分为管式(图13-31)、中空纤维式(图13-32)、平板式(图13-33)和螺旋卷绕式(图13-34)四种,其性能比较见表13-11。

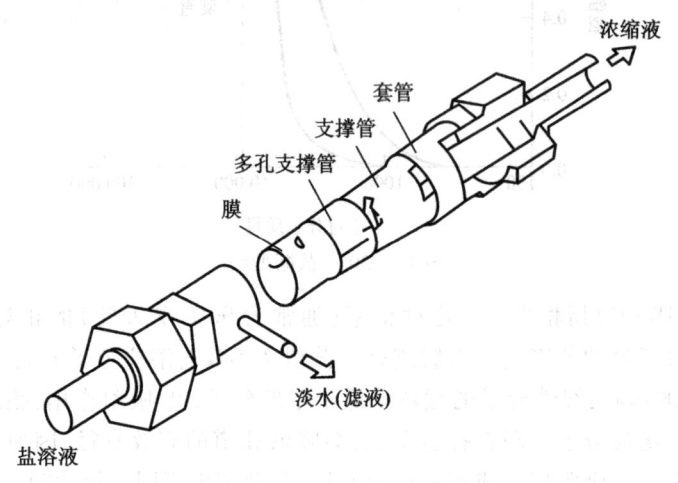

图13-31 管式膜组件的构造简图

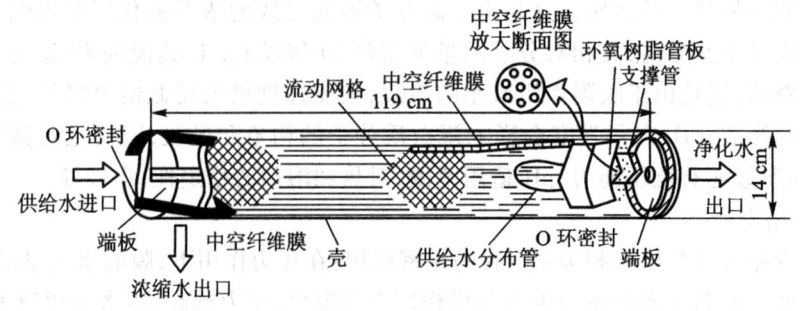

图13-32 中空纤维式膜组件

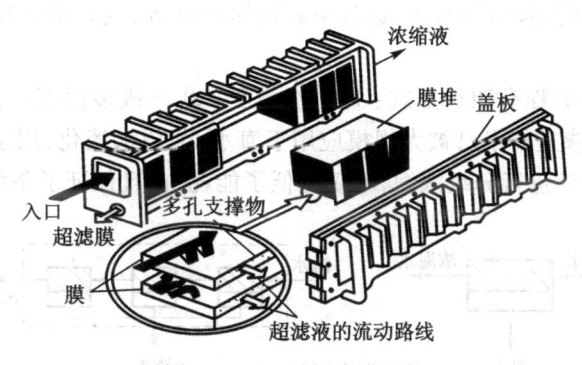

图 13-33 平板式膜组件

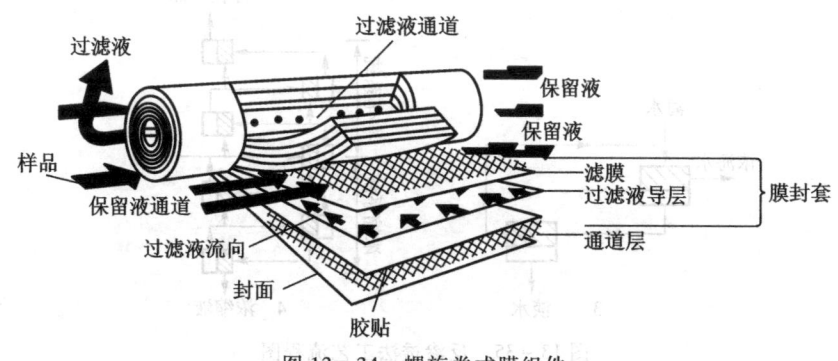

图 13-34 螺旋卷式膜组件

表 13-11 各种膜组件性能的比较

型式	优点	缺点
管式	易清洗,无死角,适宜于处理含固体较多的料液,单根管子可以调换	保留体积大,单位体积中所含过滤面积较小,压力降大
中空纤维式	保留体积小,单位体积中所含过滤面积大,可以逆洗,操作压力较低(小于0.25 MPa),动力消耗较低	料液需要预处理,单根纤维损坏时,需调换整个膜件
螺旋卷式	单位体积中所含过滤面积大,换新膜容易	料液需要预处理,压力降大,易污染,清洗困难
平板式	保留体积小,能量消耗介于管式和螺旋卷式之间	死体积较大

二、膜的应用

1. 反渗透

反渗透(RO 或 HF)法比蒸发、冷冻等分离方法有显著的优点:相态不变;无需加热;设备简单;效率高;占地小;操作方便;能量消耗少等。

反渗透膜的基本性能,包括透水率、透盐率和抗压密性等,这是衡量反渗透膜特性的几个主要参数。

反渗透常见的基本流程有四种形式:① 一级流程;② 一级多段流程;③ 二级流程;④ 多级流程,见图13-35。反渗透技术已被大规模应用于海水、苦咸水淡化,用于相对分子质量为几百的氨基酸浓缩和对番茄汁进行分级浓缩,不仅降低了能耗,而且保证了杀菌效果与贮藏品质。

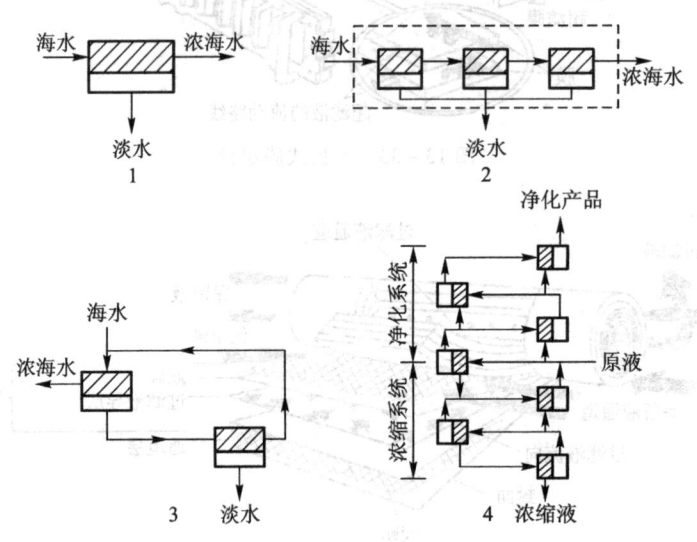

图13-35 反渗透法工艺流程图
1—一级流程;2—一级多段流程;3—二级流程;4—多级流程

2. 超滤

凡是能截留相对分子质量在500以上高分子的膜分离过程叫超滤(UF)。超滤广泛地应用于含各种小分子可溶性溶质和高分子物质(如蛋白质、酶、病毒)溶液的浓缩、分离、提纯和净化。

超滤与反渗透有相类似的特征,在使用上反渗透法主要用来截留无机盐类小分子;而超滤则是从小分子溶质或溶剂中,将比较大的溶质分子筛分出来。所以反渗透法必须施加较高的压力,而超滤的操作压力较小,如果溶质分子再大(如产品中夹带的细微异物),则称溶质为分散粒子更合适,对它的筛分就是微孔过滤。

超滤系统可采用间歇和连续操作。在间歇操作中,又分为浓缩模式和透析过滤模式两种。在实际操作中,常常将两种模式结合起来,即开始时采用浓缩模式,达到一定浓度后,转变为透析模式。在连续操作中,又可分为单级和多级操作。连续操作的优点是产品在系统中停留时间较短,有利于对热敏感和对剪切力敏感的产品,主要用于大规模生产。间歇操作平均通量较高,所需膜面积较小,装置简单,成本也较低,适用于药物和生物制品生产中。

超滤法在生物制品的浓缩和纯化中有广泛的应用。对于小分子产品如柠檬酸和抗生素、氨基酸等,相对分子质量在500~2 000之间,通常超滤膜的截断相对分子质量(MWCO)为10 000~30 000之间,因而小分子产品能透过超滤膜,起到与大分子分离的作用。对于大分子产品,主要是在酶及蛋白类产品中应用,如供静脉注射用的25%人胎盘血白蛋白,用硫酸铵盐析法制备时,透析脱盐时间长达48 h,因而导致细菌大量繁殖,造成热原含量不合格,浓缩费用昂贵,同时易造成损耗。选用超滤工艺可解决上述脱盐和浓缩时所存在的缺点,同时可大幅度提高白蛋白的产量和质量,具有显著的经济效益。采用醋酸纤维素超滤膜组件浓缩 α-淀粉酶取代传统的硫酸铵沉淀法,平均收率95%,酶活力 >1 200 u/mL,平均截留率98%以上,可浓缩 4~5 倍,减少操作能耗,产品收率可提高2%,纯度也大为提高。在超滤中,引起收率降低的原因主要是:① 经过泵的剪切力使酶失活;② 膜表面的吸附;③ 有些对酶起稳定作用的离子被除去。超滤也可应用于其他产品的生产中,如干扰素、单克隆抗体、生长激素、病毒等。也可用于连续发酵和动、植物细胞的连续培养。

3. 微孔过滤

微孔过滤(MF)主要用于分离流体中尺寸为 0.1~10 μm 的微生物和微粒子,以达到净化、分离和浓缩的目的。微孔滤膜厚度薄,孔径均一,空隙率高,因此具有滤速快,吸附少和无介质脱落等优点。适用于微生物、细胞碎片、微细沉淀物和其他在"微米级"范围的粒子,如 DNA 和病毒等的截留和浓缩。在实验室中,微孔滤膜是检验有形微细杂质的重要工具,主要用于微生物和微粒子检测。工业上主要用于灭菌液体的生产,反渗透及超滤的前处理,电子工业中超纯水制造和空气过滤。

在生产阿斯匹林精氨酸制剂过程中,如何提高制剂的澄清度,是关系到产品质量的问题,采用砂芯加聚砜酰胺微孔滤膜,使制剂的澄清度全部达到药典标准。在酿酒工业中,采用聚碳酸酯核孔滤膜过滤除去啤酒中的酵母和细菌,使处理后的啤酒不需加热就可以在室温下长期保存。因而保持了生啤酒的鲜美味道和营养价值,在国际市场上颇受欢迎。

4. 纳米过滤

纳米过滤(NF)是介于超滤和反渗透之间,以压力差为推动力,从溶液中分离出 300~1 000 相对分子质量物质的膜分离过程。其特点是:① 在过滤分离过程中,它能截留小分子的有机物,并可同时透析出盐,即集浓缩与透析为一体;② 操作压力低,因为无机盐能通过纳米滤膜而透析,使得纳米过滤的渗透压力远比反渗透为低。这样,在保证一定的膜通量的前提下,纳米过滤过程所需的外加压力就比反渗透低很多,具有节约动力的优点。对纳米过滤膜同样要求具有良好的热稳定性、pH 稳定性和对有机溶剂的稳定性。纳米过滤具有很好的工业应用前景,目前已在许多工业生产中得到有效的应用,见表 13-12。

表 13-12 纳米过滤膜的应用

行业	处理对象	行业	处理对象
制药工业	母液中有效成分的回收 抗生素的分离与纯化 维生素的分离与纯化 缩氨酸的脱盐与浓缩	化学工业	工业酸/碱使用后的纯化、回收和再利用 电镀业中铜的回收
食品工业	酸/甜乳清的脱盐与浓缩 乳品厂/饮料厂苛性碱的回收	纯水制备	超高纯水 水的脱盐 沾污地下水的净化
燃料工业	活性染料的脱盐与浓缩	废水处理	印染厂废水的脱色 造纸厂废水的净化与再生水的循环使用

5. 膜分离技术在生物工程中的应用

膜分离法在生物产物的回收和纯化方面的应用可归纳为以下几个方面：① 细胞培养基的除菌；② 发酵或培养液中细胞的收集或除去；③ 细胞破碎后碎片的除去；④ 目标产物部分纯化后的浓缩或洗滤除去小分子溶质；⑤ 最终产品的浓缩和洗滤除盐；⑥ 制备用于调制生物产品和清洗产品容器的无热原水。

菌体分离：利用微滤或超滤进行菌体的错流过滤分离。与传统的滤饼和硅藻土过滤相比，透过通量大；滤液清净，菌体回收率高；不添加助滤剂或絮凝剂，回收的菌体纯净，有利于进一步分离操作（如菌体破碎，胞内产物的回收等）；适于大规模连续操作；易于进行无菌操作，防止杂菌污染。

小分子生物产物的回收：氨基酸、抗生素、有机酸和动物疫苗等发酵产品的相对分子质量在 2 000 以下，因此选用 MMCO 为 $1 \times 10^4 \sim 3 \times 10^4$ 的超滤膜，可从发酵液中回收这些小分子发酵产物，然后利用反渗透法进行浓缩和除去相对分子质量更小的杂质。此外，抗生素等发酵产物中常含有超过药检允许量的热原（pyrogen，又称致热原），直接使用会引起恒温动物的体温升高，制成药剂前需进行除热原处理。热原一般由细菌细胞壁产生，主要成分是脂多糖、脂蛋白等，相对分子质量较大。如果产品的相对分子质量在 1 000 以下，使用 MMCO 为 1×10^4 的超滤膜可有效地除去热原，并且不影响产品的回收率。

蛋白质的回收、浓缩与纯化：胞外的蛋白质产物在微滤除菌的同时即可从滤液中回收。蛋白质的透过与其相对分子质量、浓度、带电性质以及膜表面的吸附层结构、溶液的 pH、离子强度和膜的孔径、结构有关。因此，对特定的蛋白质，需根据其分子特性，选择合适的膜，并对料液进行适当的预处理（如调节 pH、离子强度等），以提高目标产物的回收率。有研究认为，使用非对称膜时，料液从孔径较大的一侧（惰性层）流过，可大大改善目标蛋白的收率。超滤浓缩和分级分离酶及生产部分纯化的酶制剂已实现工业规模，关键问题是如何抑制酶的失活和膜对酶的吸附。超滤过程中，不适宜的温度、pH 和离子强度以及流动引起的剪切作用均可能引起酶的失活。

膜生物反应器：膜生物反应器（membrane bioreactor，MBR）是膜分离过程与生物反应过程耦合的生物反应装置，可应用于动植物细胞的高密度培养、微生物发酵和酶反应过程。如中空纤维膜生物反应器，用于动物细胞培养，细胞密度可达 10^9 个/cm^3，而用一般的培养器细胞密度只能达到 $10^6 \sim 10^7$ 个/cm^3。在培养过程中，动物细胞生长于中空纤维膜组件的壳层，小分子产物（废弃物）不断排出，新鲜培养基连续灌注，可保证细胞长期稳定并且高速度生产有用物质。利用中空纤维膜生物反应器培养杂交瘤细胞是工业生产单克隆抗体的主要方法之一。

三、液膜分离技术

液膜分离法（liquid membrane separation），又称液膜萃取法（liquid membrane extraction）。是一种以液膜为分离介质、以浓度差为推动力的膜分离操作。它与溶剂萃取机理不同，但都属于液-液系统的传质分离过程。

1. 液膜及分类

液膜是悬浮在液体中很薄的一层乳液微粒。它能把两个组成不同而又互溶的溶液隔开，通过渗透现象起到分离的作用。乳液微粒通常是由溶剂（水和有机溶剂）、表面活性剂和添加剂制成的。溶剂构成膜基体；表面活性剂起乳化作用，它含有亲水基和疏水基，可以促进液膜传质速度并提高其选择性;添加剂用于控制膜的稳定性和渗透性。通常将含有被分离组分的料液作连续相,称为外相;接受被分离组分的液体,称内相;处于两者之间的成膜液体称为膜相,三者组成液膜分离体系。

液膜分离技术按其构型和操作方式不同,分为乳状液膜(liquid surfactant membranes)和支撑液膜(supported liquid membranes)。

乳状液膜:其制备是首先将两个不互溶相即内相(回收液)与膜相(液膜溶液)充分乳化制成乳液,再将此乳液在搅拌条件下分散在第三相或称外相(原液)中而成。通常内相与外相互溶,而膜相既不溶于内相也不溶于外相。在萃取过程中,外相的传递组分通过膜相扩散到内相而达到分离的目的。萃取结束后,首先使乳液与外相沉降分离,再通过破乳回收内相,而膜相可以循环制乳。上述多重乳状液可以是 O/W/O(油包水包油)型,也可以是 W/O/W(水包油包水)型。前者为水膜,用于分离碳氢化合物,后者为油膜,用于处理水溶液。液膜的液滴直径范围为 0.5~2 mm,乳液滴直径范围为 1~100 μm,膜的有效厚度为 1~10 μm,因而有巨大的传质比表面,使萃取速率大大提高。

支撑液膜:由溶解了载体的液膜在表面张力作用下,依靠聚合凝胶层中的化学反应或带电荷材料的静电作用,含浸在多孔支撑体的微孔内而制得。由于将液膜含浸在多孔支撑体上,可以承受较大的压力,且具有更高的选择性,因而,它可以承担合成聚合物膜所不能胜任的分离要求。支撑液膜的性能与支撑体材质、膜厚度及微孔直径的大小密切相关。支撑体一般采用聚丙烯、聚乙烯、聚砜及聚四氟乙烯等疏水性多孔膜,膜厚为 25~50 μm,微孔直径为 0.02~1 μm。通常孔径越小的液膜越稳定,但孔径过小将使空隙率下降,从而将降低透过速度。

可采用以下措施来提高支撑液膜的稳定性,延长其使用寿命:① 开发新的支撑材料:开发具有最佳孔径、孔形状、孔弯曲度的疏水性膜材质和膜结构的支撑体,如复合膜的制备,使穿过膜的扩散速率加快,可增加稳定性;② 支撑液膜的连续再生,通过各种手段在不停车的情况下,连续补加膜液,使膜的性能得以稳定;③ 载体与支撑材料的基体进行化学键合,即所谓"架接",以制成载体分子的一端固定在支撑体上另一端可自由摆荡的支撑液膜系统,这样既能满足载体的活动性,又能满足载体的稳定性。

2. 液膜分离机理

液膜分离机理按液膜渗透中有无流动载体分为两类:

(1) 无流动载体液膜分离机理

这类液膜分离过程主要有三种分离机理,即选择性渗透、化学反应及萃取和吸附,图 13-36 是这三种分离机理示意图。

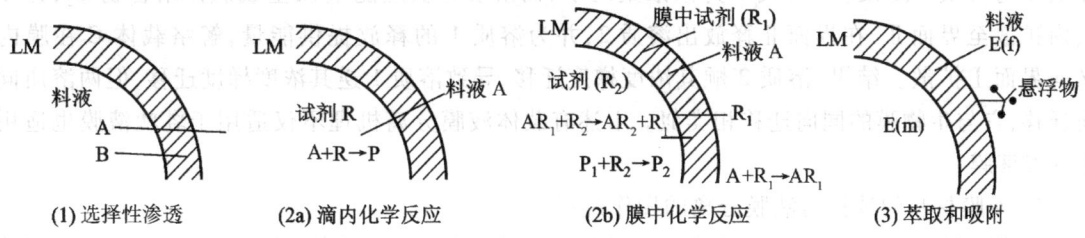

图 13-36 液膜分离机理

选择性渗透:这种液膜分离属单纯迁移选择性渗透机理,即单纯靠不同组分在膜中的溶解度和扩散系数的不同导致透过膜的速率不同来实现分离。图 13-36(1) 中包裹在液膜内的 A、B 两种物质,由于 A 易溶于膜,而 B 难溶于膜,因此 A 透过液膜的速率大于 B,经过一定的时间后,在外部连续相中 A 的浓度大于 B,液膜内相中 B 的浓度大于 A,从而实现 A、B 的分离。但当分离过程进行到膜两侧被迁移的溶质浓度相等时,输送便自行停止,因此它不能产生浓缩效应。

化学反应:可分为二种,① 滴内化学反应(I 型促进迁移)如图 13-36(2a)所示,液膜内相添加有一种试剂 R,它能与料液中迁移溶质或离子 A 发生不可逆化学反应并生成一种不能逆扩散透过膜的新产物 P,从而使渗透物 A 在内相中的浓度为直至 R 被反应完为止。这样,保持了 A 在液膜内外两相有最大的浓度差,促进了 A 的传输,相反由于 B 不能与 R 反应,即使它也能渗透入内相,但很快就达到了使其渗透停止的浓度,从而强化了 A 与 B 的分离。这种因滴内化学反应而促进渗透物传输的机理又称 I 型促进迁移;② 膜相化学反应(属载体传输,II 型促进迁移)如图 13-36(2b)所示,在膜相中加入一种流动载体 R_1,先与料液(外相)中溶质 A 发生化学反应,生成络合物 AR_1,在浓差作用下,由膜相内扩散至膜相与内相界面处,在这里与内相中的试剂 R_2 发生解络反应,溶质 A 与 R_2 结合留于内相,而流动载体 R_1 又扩散返回至膜相与外相界面一侧。不难看出,在整个过程中,流动载体并没有消耗,只起了搬移溶质的作用。这种液膜在选择性、渗透性和定向性三方面更类似于生物细胞膜的功能,它可使分离和浓缩两步合二为一。这种机理叫做载体中介输送或称 II 型促进迁移。

萃取和吸附:如图 13-36(3),这种液膜分离过程具有萃取和吸附的性质,它能把有机化合物萃取和吸附到液膜中,也能吸附各种悬浮的油滴及悬浮固体等,达到分离的目的。

(2) 有流动载体液膜分离机理

有流动载体的液膜分离过程主要决定于载体的性质。载体主要有离子型和非离子型两类,其渗透机理分为逆向迁移和同向迁移两种。

逆向迁移:是液膜中含有离子型载体时溶质的迁移过程,见图 13-37。载体 C 在膜界面 I 与欲分离的溶质离子 1 反应,生成络合物 C_1,同时放出供能溶质 2。生成的 C_1 在膜内扩散到界面 II 并与溶质 2 反应,由于供入能量而释放出溶质 1,形成载体络合物 C_2 并在膜内逆向扩散,释放出的溶质 1 在膜内溶解度很低,故其不能返回去,结果是溶质 2 的迁移引起了溶质 1 逆浓度迁移,所以称其为逆向迁移。它与生物膜的逆向迁移过程类似。

同向迁移:液膜中含有非离子型载体时,它所携带的溶质是中性盐,在与阳离子选择性络合的同时,又与阴离子络合形成离子对而一起迁移,故称为同向迁移,见图 13-38。载体 C 在界面 I 与溶质 1、2 反应(溶质 1 为欲浓集离子,而溶质 2 供应能量),生成载体络合物 C_2^1;并在膜内扩散至界面 II,在界面 II 释放出溶质 2,并为溶质 1 的释放提供能量,解络载体 C 在膜内又向界面 I 扩散。结果,溶质 2 顺其浓度梯度迁移,导致溶质 1 逆其浓度梯度迁移,但两溶质同向迁移,它与生物膜的同向迁移相类似。上述有载体液膜分离机理不仅适用于乳状液膜也适用于支撑液膜。

3. 液膜材料的选择与液膜分离的操作过程

液膜材料的选择:液膜分离技术的关键是选择最适宜的流动载体、表面活性剂和有机溶剂等材料来制备合乎要求的液膜,并构成合适的液膜体系。

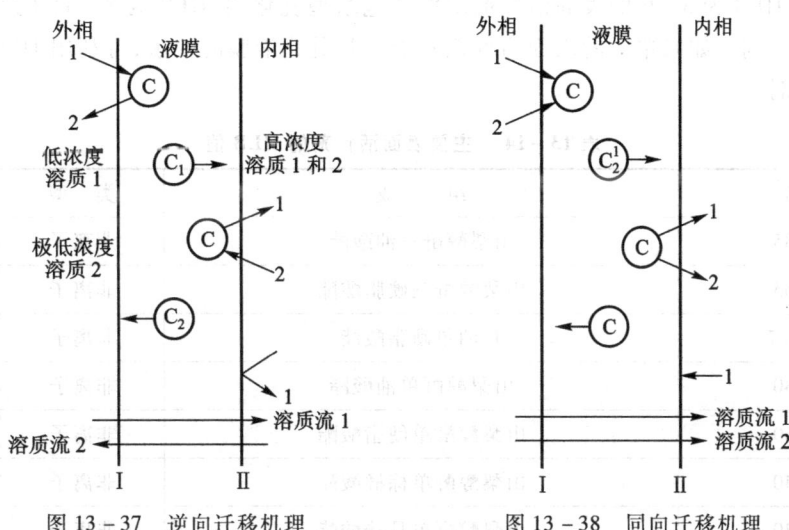

图 13-37 逆向迁移机理　　图 13-38 同向迁移机理

作为流动载体必须具备如下条件：① 溶解性：流动载体及其络合物必须溶于膜相，而不溶于邻接的溶液相；② 络合性：作为有效载体，其络合物形成体应该有适中的稳定性，即该载体必须在膜的一侧强烈地络合指定的溶质，从而可以转移它，而在膜的另一侧很微弱地络合指定的溶质，从而可释放它，实现指定溶质的穿膜迁移过程；③ 载体应不与膜相的表面活性剂反应，以免降低膜的稳定性。流动载体按电性可分为带电载体与中性载体，一般来说中性载体的性能比带电载体（离子型载体）好，中性载体中又以大环化合物最佳。表 13-13 中列举了一些流动载体的例子。此外还有羧酸、三辛胺、肟类化合物及环烷酸等，可用作萃取剂，也可用作液膜的流动载体。

表 13-13　适用于液膜的三种流动载体

载体名称	聚醚	莫能菌素络合物	胆烷酸络合物
载体结构	（结构式）	（结构式）	（结构式）

（聚醚是合成的，其余两种是天然产物）

表面活性剂的选择很复杂，主要是凭经验。一般首先要知道适合于该体系的乳化剂的 HLB 值。表面活性剂的 HLB（hydrophile lipophile balance）值是表示表面活性剂亲水性的一个参数，可理解为表面活性剂分子中亲水基和憎水基之间的平衡数值。非离子表面活性剂的 HLB 值可用下式计算：

$$\text{非离子表面活性剂 HLB} = \frac{\text{亲水基部分的相对分子质量}}{\text{表面活性剂的相对分子质量}} \times \frac{100}{5}$$

由上式可见，HLB 愈大，表面活性剂的亲水性愈强。表 13-14 给出了部分表面活性剂的

HLB 值。一般 HLB 为 3～6 的表面活性剂用作油包水型乳化剂,HLB 为 8～15 的表面活性剂用作水包油型乳化剂。如果单一的表面活性剂不能满足乳化液膜的要求,可利用 HLB 的加和性配制成复合乳化剂。

表 13-14 主要表面活性剂的 HLB 值

商品名	组成	类型	HLB
Span-85	山梨醇酐三油酸酯	非离子	1.8
Span-65	山梨醇酐三硬脂酸酯	非离子	2.1
Atmul-67	甘油单硬脂酸酯	非离子	3.8
Span-80	山梨醇酐单油酸酯	非离子	4.3
Span-60	山梨醇酐单硬脂酸酯	非离子	4.7
Span-40	山梨醇酐单棕榈酸酯	非离子	6.7
Span-20	山梨醇酐单月桂酸酯	非离子	8.6
PEG400 Monoleate	聚乙二醇(相对分子质量 400)单油酸酯	非离子	11.4
PEG400 MonoTearate	聚乙二醇(相对分子质量 400)单硬脂酸酯	非离子	11.6
AtlasG3300	烷基芳基磷酸盐	阴离子	11.7
	三乙醇胺油腺皂	阳离子	12.0
PEG400 Monolaurate	聚乙二醇(相对分子质量 400)单月桂酸酯	非离子	13.1
Tween-60	聚氧乙烯山梨醇酐单硬脂酸酯	非离子	14.9
Tween-80	聚氧乙烯山梨醇酐油酸单脂	非离子	15.0
Tween-40	聚氧乙烯山梨醇酐棕桐酸单酯	非离子	15.6
Tween-20	聚氧乙烯山梨醇酐月桂酸单酯	非离子	16.7
	油酸钠(肥皂)	阴离子	18.0
	油酸钾(钾皂)	阴离子	20.0
AtlasG263	十六烷基乙基吗啉基乙基硫酸盐	阳离子	25～30
	月桂醇硫酸钠	阴离子	~40

其次是参考一些经验性的选择依据:① 要考虑乳化剂的离子类型,表面活性剂包括阴离子、阳离子和非离子型三种,要根据具体情况加以采用,其中尤以非离子表面活性剂为佳,易制成液状物并在低浓度时乳化性能良好,所以在液膜技术中普遍采用;② 要用憎水基与被乳化物结构相似并有很好亲和力的乳化分散剂,这样乳化效果好;③ 乳化分散剂在被乳化物中易溶解,乳化效果好。常采用的表面活性剂有 Span-80(山梨醇酐单油酸酯)、Saponin(皂角甙)、ENJ-3029(聚胺)等。

膜溶剂的选择主要应考虑液膜的稳定性和对溶质的溶解度,所以要有一定的黏度并在有流动载体时溶剂能溶解载体而不溶解溶质;在无流动载体时能对欲分离的溶质优先溶解而对其他溶质溶解度很小。为减少溶剂的损失,还要求溶剂不溶于膜内、外相。常用的膜溶剂除 Sloon(中性油)和 Isopar－M(异链烷烃)外,还可使用辛醇、聚丁二烯以及其他有机溶剂。

液膜分离操作过程分四个阶段,见图 13－39。

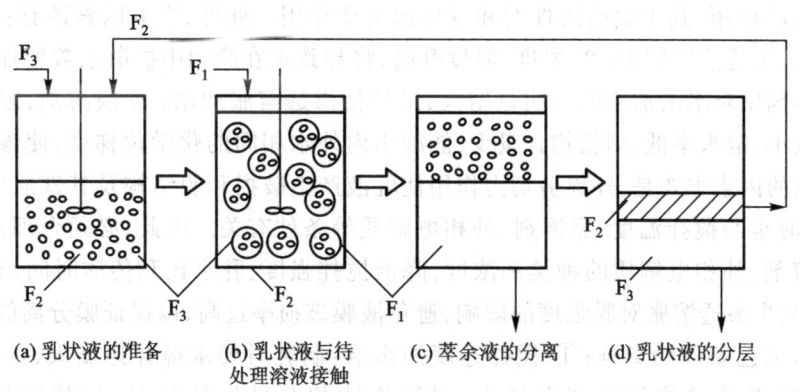

图 13－39 液膜分离流程图
F_1—待处理液；F_2—液膜；F_3—内相溶液

① 制备液膜:将反萃取的水溶液 F_3(内水相)强烈地分散在含有表面活性剂、膜溶剂、载体及添加剂的有机相中制成稳定的油包水型乳液 F_2,见图 13－39(a);

② 液膜萃取:将上述油包水型乳液,在温和的搅拌条件下与被处理的溶液 F_1 混合,乳液被分散为独立的离子并生成大量的水/油/水型液膜体系,外相中溶质通过液膜进入内相被富集,见图 13－39(b);

③ 澄清分离:待液膜萃取完后,借助重力分层除去萃余液,见图 13－39(c);

④ 破乳:使用过的废乳液需破碎,分离膜组分(有机相)和内水相,前者返回再制乳液,后者回收有用组分,见图 13－39(d)。破乳方法有化学、离心、过滤、加热和静电破乳法等,目前常用静电破乳法。

液膜分离操作过程相应的设备主要包括混合制乳、接触分离、沉降澄清和破乳回收设备等。

4. 影响液膜分离效果的因素

影响液膜分离效果的因素包括液膜体系组成和液膜分离的工艺条件两方面。

液膜体系组成的影响:可根据处理体系的不同,选择适宜的配方,保证液膜有良好的稳定性、选择性和渗透速度,以提高分离效果。液膜的上述三个性质中稳定性是液膜分离过程的关键,它包括液膜的溶胀和破损两方面。溶胀指外相水透过膜进入液膜内相,从而使液膜体积增大,可用乳状液的溶胀率 E_0 来表示:

$$E_0 = \frac{V_e - V_{e0}}{V_{e0}} \times 100\% \tag{13-9}$$

式中,V_e—增大后的乳液相体积;V_{e0}—乳液相初始体积。

破损则是由于液膜被破坏,使内相水溶液泄漏到外相,可用破损率 E_b 来表示,如内相中含 NaOH 溶液,则:

$$E_b = \frac{c_{Na^+} \cdot V_3}{c_{Na^+l0} \cdot V_{l0}} \times 100\% \tag{13-10}$$

式中,c_{Na^+}——泄漏到外水相中的钠离子浓度,mol/L;c_{Na^+I0}——内相中钠离子的初始浓度,mol/L;V_3——外水相体积,L;V_{I0}——内水相体积,L。

影响溶胀的因素主要体现在外界对膜相理化性质的影响、内外水相化学电位的影响和膜相与水结合的加溶作用,其中表面活性剂和载体起重要作用。此外,影响因素还有:① 搅拌强度,搅拌速度增大,渗透溶胀增加;② 温度,温度升高,将导致水在膜相中扩散系数增加,并使表面活性剂在非水溶剂中对水的加溶能力明显增大,最后使渗透溶胀加剧;③ 膜溶剂,膜溶剂黏度大,则扩散系数减小,溶水率低,则膜相含量少,能减小内外水相间的化学位梯度,使渗透溶胀减小。影响液膜破损的因素主要是,外界剪切力作用使乳液产生破损和膜结构及其性质变化产生破损两个方面,同时也与搅拌温度、膜溶剂、外相电解质等条件有关。因此,必须合理选择表面活性剂、载体、膜溶剂、外相电解质的种类和浓度,降低搅拌强度、乳水比和传质时间,有效地控制温度,尽可能地减少渗透溶胀对膜强度的影响,避免液膜破损率过高,以保证膜分离的效果。

液膜分离工艺条件的影响:① 搅拌速度的影响:制乳时要求搅拌速度大,一般在 2 000 ~ 3 000 r/min,这样形成的乳液滴直径小,但当连续相与乳液接触时,搅拌速度应为 100 ~ 600 r/min,搅拌速度过低会使料液与乳液不能充分混合,而搅拌强度过高,又会使液膜破裂,二者都会使分离效果降低;② 时间的影响:料液与乳液在最初接触的一段时间内,溶质会迅速渗透过膜进入内相,这是由于液膜表面极大,渗透很快,如果再延长接触时间,连续相(料液)中的溶质浓度又会回升,这是由于乳液滴破裂造成的,因此接触时间要控制适当;③ 料液的浓度和酸度的影响:液膜分离特别适用于低浓度物质的分离提取。若料液中产物浓度较高,可采用多级处理,也可根据被处理料液排放浓度要求,决定进料时浓度。料液中酸度决定于渗透物的存在状态,在一定的 pH 下,渗透物能与液膜中的载体形成络合物而进入膜相,则分离效果好,反之分离效果就差。例如液膜法提取苯丙氨酸时,外相的 pH 控制在 3 较好,这时苯丙氨酸呈阳离子状态,有利于和载体 P_{204} 形成络合物,如果 pH 升高(3 < pH < 9)则苯丙氨酸趋向于形成偶极离子,影响了它与载体的结合,分离效果就会下降;④ 乳水比的影响:液膜乳化体积(V_e)与料液体积(V_w)之比称为乳水比。对液膜分离过程来说,乳水比愈大,渗透过程的接触面积愈大,则分离效果越好,但乳液消耗多,不经济。所以应选择一个兼顾两方面要求的最佳条件;⑤ 膜内比 R_{oi} 的影响:膜相体积(V_m)与内相体积(V_{io})之比称为膜内比。从表 13 - 15 可见,R_{oi} 为 1 较好,此时已可得到 4 ~ 5 倍的内相浓缩率;⑥ 操作温度的影响:一般在常温或料液温度下进行分离操作,因为提高温度虽能加快传质速率,但降低了液膜的稳定性和分离效果。

表 13 - 15 R_{oi} 对浓缩倍数的影响

膜内比(R_{oi})	0.8	1.0	1.2
浓缩倍数(C_{if}/C_{30})	3.3	4.5	4.6

总之,应综合考虑各种影响因素,优化操作过程,提高分离效果。

5. 液膜分离技术在生物下游加工过程中的应用

液膜分离技术由于其良好的选择性和定向性,分离效率又高,而且能达到浓缩、净化和分离的目的,近年来液膜分离技术在发酵液产物分离领域引起人们的关注,下面着重介绍其应用。

液膜分离萃取有机酸:柠檬酸提取目前国内外均采用传统的钙盐法。此法有工艺流程长、产品收率低、原材料消耗大、污染环境等问题。用液膜分离技术可分批或连续地萃取发酵产物,并且菌体的存在对萃取速率无影响。

液膜分离萃取氨基酸:大多数氨基酸均可利用微生物发酵法生产,离子交换法分离提取,但周期长、收率低、三废严重。采用液膜法进行分离,特别适用于从低浓度氨基酸溶液中提取氨基酸,能提高收率,甚至可建立无害化、清洁生产工艺。

液膜分离萃取抗生素:青霉素是最早生产的一种抗生素,现在的工艺是采用离心溶媒逆流萃取法从发酵液中提取,由于提取过程中pH变化较大,所以青霉素稳定性差、收率低,有机溶媒消耗量也大,可用液膜萃取来改造原有工艺。

液膜分离进行酶反应:液膜分离技术用于酶反应,实际上是液膜包酶,类似于生化工程中的固定化酶,它是将含有酶的溶液作为内相制成乳液,再将此乳液分散于外相中。液膜包酶有许多优点,首先,包裹后的酶可免受外相中各组分对其活性的影响,避免了酶与底物和产物的分离的步骤,乳液可以重复使用,不必破乳。另外,由于物质在液体中的扩散速率比在固体中快得多,而且可以根据需要,在膜相添加载体促进底物从外相向内相的传递或产物从内相向外相的传递,这是固定化酶所无法做到的。

液膜分离萃取用于生物反应-分离耦合过程:在发酵的同时萃取除去(回收)发酵液中的某种代谢产物,以提高生化反应速率。

液膜分离进行脱盐:利用液膜分离技术可进行氨基酸等生物产品的脱盐,但载体需对盐离子有很高的选择性,否则生物分子亦将发生迁移。

液膜分离技术发展很快,但总体来说,大都处于实验室研究及中试阶段,需要进一步研究、推广转化为生产力,更有一些新的领域尚待开发。可以预言液膜分离技术将不断完善并在生物技术等领域中发挥应有的作用。

本 章 提 要

1. 沉淀法是一种发酵产物的初级分离技术,本章分别介绍了等电点沉淀法、盐析法(又称中性盐沉淀法)和有机溶剂沉淀法的原理和影响因素。

2. 本章说明了吸附的定义、吸附的原理、吸附法的优缺点和吸附剂的种类,以及活性炭、离子交换树脂脱色和大孔吸附树脂吸附维生素的原理和方法。

3. 本章第三节分别介绍了离子交换法和离子交换膜电渗析法的基本原理、离子交换树脂的结构、分类、性能。离子交换膜电渗析流程。并讲解了离子交换法提取谷氨酸和离子交换膜电渗析法制备无盐水的工艺流程和操作要点。

4. 液液萃取过程常用于提取和增浓产物,除去类似物,使产物得到初步纯化。溶剂萃取法以及在其基础上发展起来的超临界流体萃取、反胶团萃取和双水相萃取技术等新型分离技术,可用于许多高品质天然物质和胞内物质,包括胞内酶、蛋白质、多肽、核酸等的分离提取。本章对这些新技术进行了讲解。

5. 膜分离技术在发酵工程产业应用非常广泛,本章介绍了膜及膜分离过程的原理、分类和应用,重点讲解了反渗透、超滤、微孔过滤、纳米过滤和液膜分离技术。

Chapter Summary

Chapter 13 Theory and technology for the separation of fermentation products

1. Precipitation is a primary separation method. The theories and key factors of isoelectric point precipitation, salting out, and organic solvent precipitation are discussed in detail.

2. The phenomenon and principles of adsorption are stated, as well as its feature and catogories. Active carbon, ion-exchange resin and macroporous adsorption resin are introduced.

3. The principles of ion-exchange adsorption and electronic dialysis are introduced. Further the structure, catogories, and function of ion-exchange resin are stated. And two examples, purification of glutamic acid and de-ionized water preparation by electronic dialysis, are provided.

4. Liquid-liquid extraction is frequently used to recover and concentrate products, to eliminate impurities. Solvent extraction, and other extraction technology, such as super critical fluid extraction, reverse micelles extraction, aqueous two phase extraction are decribed, which can be used in the purification of many natural products, protein, enzyme, polypeptides, and nucleic acid.

5. Membrane technolgy is employed broadly in fermentation industry. The principle, category and implication of membrane separation technology are described, which is focused on reverse osmosis, super filtration, microfiltration, nanofiltration.

关 键 术 语

沉淀	新相析出	等电点沉淀法
盐析	活度系数	双电层
水化作用	盐溶	疏水区和饱和度
有机溶剂沉淀法	吸附及吸附剂	不饱和的剩余力
表面自由能	永久偶极矩	诱导偶极矩和瞬时偶极矩
非极性吸附剂	极性吸附剂	脱色
大网格聚合物吸附剂	热固性聚合物	相似相容原则
离子交换速度与平衡	交联度	胀溶性
干、湿真密度	交换容量	电渗析
双极膜	电去离子	萃取
超临界流体萃取	溶剂萃取	反胶团萃取
双水相萃取技术	单级萃取	多级错流萃取
多级逆流萃取	乳化和破乳化	浸取
费克定律	临界压力	临界胶团浓度
对称膜与非对称膜	微滤	超滤(膜)
渗析	气体分离膜	渗透汽化膜

反渗透(膜)	纳米过滤膜	复合膜
膜蒸馏	渗透蒸发和渗透萃取	截留率
截断相对分子质量	浓差极化	膜污染
微孔过滤	液膜萃取法	乳状液膜
支撑液膜	选择性渗透	逆向迁移与同向迁移

复习思考题

1. 简述等电点法提取发酵产物的原理和影响因素。
2. 何为 Cohn 方程，说明不同种类的盐对碳氧血红蛋白(COHb)溶解度的影响。
3. 溶剂沉淀法的原理和注意事项是什么？
4. 何为吸附，吸附法有何优缺点？吸附剂分几类？
5. 请说明吸附的原理和吸附剂的种类。
6. 简述活性炭和离子交换树脂脱色的原理和方法。
7. 大孔吸附树脂分几类，提取发酵产物时本着什么原则进行？
8. 叙述离子交换法的基本原理和离子交换树脂的结构、分类、主要性能以及离子交换法提取谷氨酸的工艺流程和操作说明。
9. 简述离子交换膜电渗析法的基本原理和无盐水的制备。
10. 何为萃取与浸取？说明溶剂萃取法的理论基础和工业萃取方式。
11. 举例说明超临界流体萃取工作原理、工艺流程和操作要点。
12. 总结说明双水相萃取和反胶团萃取的特点和影响因素。
13. 试述什么是膜的浓差极化？什么是膜污染？如何减轻膜污染？
14. 举例说明膜的用途。
15. 总结液膜分离技术和普通的溶剂萃取技术的异同点。

第十四章　发酵产物的纯化原理与技术

发酵产物大多属于食品、药品、生理活性物质等直接或间接与人体或动植物生命相关的产品,因此,要求产品具有相当高的纯度。在对发酵液进行初步分离纯化后,还需要对分离得到的物质进一步纯化,以获得更经济、更方便运输和使用的发酵产品。浓缩、蒸馏、结晶、干燥是常采用的方法。有些操作,如浓缩也许在发酵液提取前后进行,或贯穿在整个发酵产品提取过程中,而有些操作,如结晶和干燥只是在制成固体发酵产品时才需要进行的最后操作。发酵工业常用的浓缩方法有蒸发浓缩、冷冻浓缩、吸收浓缩、超滤浓缩等。本章主要论述蒸发、结晶和干燥操作。

第一节　蒸　发

蒸发是利用加热的方法使溶液中一部分易挥发性溶剂汽化并除去的操作。在发酵工业生产中,蒸发用于发酵滤液、树脂洗脱液以及各种提取液的浓缩,以便于下一操作工序的进行。

被蒸发的溶液中溶质是不挥发的,只有溶剂具有挥发性。溶剂在低于沸点温度下汽化被称为自然蒸发,如海盐晒制;溶剂在沸腾状态下汽化称沸腾蒸发。沸腾蒸发速率快,发酵工业生产中多用沸腾蒸发。本节重点介绍沸腾蒸发的原理与技术。

▶▶ 一、蒸发的基本流程和操作方法

1. 蒸发过程

蒸发是发酵工业生产中常用的一种溶液浓缩的单元操作。就工艺目的而言,蒸发的应用有三种情况:① 制取浓溶液;② 溶液浓缩到接近饱和状态,以便进一步利用结晶方法制取纯固体产品;③ 溶剂蒸发冷凝,除去非挥发性杂质,制取纯溶剂。

蒸发过程的目的是使溶剂与溶质分离,其本质为传质分离过程。但就蒸发过程机理看,溶剂分离是靠供给溶剂汽化需要的热量,使溶剂变成蒸气,而从溶液中分离出来。溶剂分离出来的量和速率直接取决于供热

量和速率,因此蒸发又属于传热过程。

蒸发过程除了具有沸腾传热的共性之外,还具有以下特点:如果沸腾侧的液体是纯溶剂,则纯溶剂的沸点只决定于液体上方的压力,但若沸腾侧的液体是溶液,则其沸点除了与压力有关外,还与所含溶质的浓度有关。在给定加热蒸汽温度下,则溶液浓度愈大沸点愈高,加热蒸汽温度与液体沸腾温度间的传热温度差就愈小。

蒸发操作常用来浓缩水溶液,水作为溶剂,汽化潜热大,所以蒸发的能耗常占有重要地位。在蒸发水溶液时,被蒸出的水蒸气,具有一定的温度和潜热,可以将这部分被蒸出的蒸汽作为另一蒸发器的加热蒸汽,从而提高蒸汽的效用,并把这种再次加以利用的蒸汽称为二次蒸汽,而把来自锅炉的新鲜蒸汽称为一次蒸汽或生蒸汽。因此,蒸发器有单效和多效之分,蒸汽只被利用一次的单个蒸发器称为单效蒸发器,多次利用二次蒸汽、由多个蒸发器所组成的蒸发系统称为多效蒸发器。对热能作统筹安排时,也可以从蒸发装置上抽出一部分蒸汽作为其他装置之用,称这部分蒸汽为额外蒸汽。有时,为了提高二次蒸汽的质量,可以采用热泵进行操作,以提高蒸汽的压力和温度,返回作为加热蒸汽之用,完成热泵循环,经济节能。

一些溶液在蒸发时容易产生泡沫,不能在蒸发室中妥善地进行气液分离,使操作难以进行。此时加入少量消泡剂以减少溶液的表面张力可以有效地消除泡沫。改变操作压力,使液体的温度升高有时也能达到消泡的效果。

有些发酵产物,在浓缩时一般不允许经受高温,为了降低沸点,可将蒸发器减压操作,通常称为真空蒸发。

蒸发器加热管上的积垢可使热阻增加,会降低蒸发器的生产能力,常采用改善液体循环、控制浓度和周期性地清洗换热管来解决。

2. 蒸发能够进行的条件

蒸发能够进行的必要条件是:不断地供给热能,以使溶剂汽化,同时要不断地将生成的汽化气(称二次蒸汽)排出。若不将二次蒸汽排出,则蒸汽与溶液之间将逐渐趋于平衡状态,使汽化不能继续进行。

被浓缩的溶液和被排出的蒸汽的物理和化学性质对采用的蒸发器类型、操作压力和温度都有很大的影响。影响操作过程的因素有:

(1) 溶液的浓度

通常蒸发器的料液比较稀,所以黏度较低,接近于水,因此传热系数比较高。随着蒸发的进行,溶液变浓,黏度增大,引起传热系数显著下降。为了避免传热系数下降太快,必须使溶液适当循环和增加湍流。

(2) 溶解度

由于溶液被加热蒸发,溶质的浓度增加,可能超过溶质的溶解度,因而形成结晶,这就限定了通过蒸发所能得到溶液的最大浓度。

(3) 物料的热敏性

很多生物物料是热敏性物料,在高温下或长时间加热时可能变质。例如药物制品和牛奶、橘汁、蔬菜汁等食品以及精细有机化学品等,其变质程度是温度和时间的函数。为了使热敏性物料能保持低温,常需在低于一个大气压下操作,即在一定的真空度下操作。

(4) 泡沫的形成

有些情况下物料是碱性溶液,或脱脂乳这样的食品溶液以及脂肪酸溶液等,它们在沸腾时能够形成泡沫。另外,汽-液混合物从加热管口喷出时,速度较快,由于蒸发室的空间有限,二次蒸汽在蒸发室内没有足够的停留时间,也会形成泡沫。这种泡沫会随同蒸汽一起流出蒸发器,因而出现夹带损失,并污染二次蒸汽及其冷凝液,还会使管道结垢堵塞。

(5)压力和温度

溶液的沸点与系统的压力有关。蒸发器的操作压力越高,沸点也就越高。此外,在溶液蒸发时溶质的浓度增加,沸点也可能升高,我们称这种现象为沸点升高。

(6)设备结垢与材料

有些溶液在加热表面上沉结出固体物质,称作结垢。这可能是由于产品分解或溶解度下降而生成,结果使总传热系数降低,以致必须清洗蒸发器。为了尽量减小腐蚀,蒸发设备的选择是很重要的。

3. 蒸发的分类

蒸发可按多种方法分类。按照对所产生的二次蒸汽是否利用分为单效蒸发和多效蒸发。二次蒸汽经冷凝后排出的蒸发操作,称单效蒸发。把二次蒸汽引入另一蒸发器内作为加热蒸汽用,并将多个蒸发器串联起来的蒸发操作称多效蒸发。当二次蒸汽的温度较低时,一般不再利用而为单效蒸发。根据蒸发时压强的不同,分为常压蒸发、加压蒸发和减压蒸发三种类型。常压蒸发时,采用敞口设备,二次蒸汽直接排入大气中,所用的设备和工艺条件简单。采用加压蒸发主要是为了提高二次蒸汽的温度,以提高热能利用率,同时,提高溶液的沸点还可以增加溶液的流动性,改善传热效果。发酵工业生产中的蒸发操作大部分在减压条件下进行。减压蒸发有如下优点:① 可以降低溶液的沸点,在加热蒸汽压力相同的情况下,可使传热温差增大,当热负荷一定时,可减少蒸发器的传热面积;② 适合热敏性溶液,如酶溶液;③ 可以利用低压蒸汽或废汽作为加热剂;④ 操作温度低,损失的热量也相应地减小。

4. 蒸发的基本流程

蒸发设备称为蒸发器。蒸发器和换热器并无本质区别,只是在蒸发的同时还需将二次蒸汽不断除掉。因此,蒸发过程的两个必要组成部分是加热溶液使水沸腾汽化和不断除去汽化的水蒸气。图14-1为蒸发过程的基本流程。典型的蒸发器是一个适合于进行蒸发操作的列管式换热器,它由加热室和分离室两部分组成。加热室中通常用饱和水蒸气加热,从溶液中蒸发出来的水蒸气在分离室中与溶液分离后从蒸发器引出。为了防止液滴随蒸汽带出,一般在蒸发器的顶部设有气液分离用的除沫装置。二次蒸汽进入冷凝器直接冷凝。冷却水从冷凝器顶加入,与上升的水蒸气直接接触,将它冷凝成水从下部排出。二次蒸汽中含有的不凝气体从冷凝器顶部排出。不凝气体的来源有两方面:料液中溶解的空气和当系统减压操作时从周围环境中漏入的空气,以及某些成分受

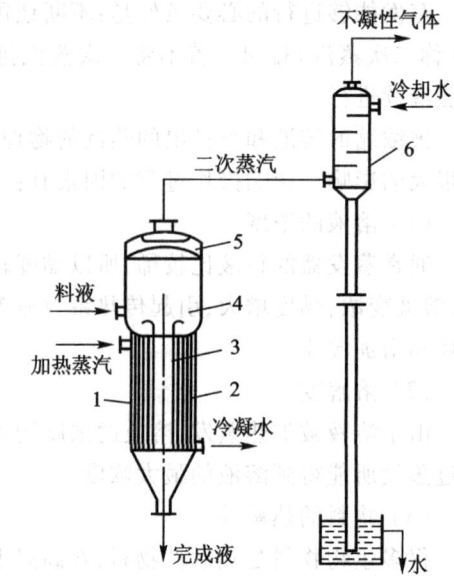

图14-1 蒸发的基本流程

1-加热管;2-加热室;3-中央循环管;
4-蒸发室;5-除沫器;6-冷凝器

热分解产生的气体。料液在蒸发器中蒸发浓缩到要求的浓度后,称为完成液,从蒸发器底部放出,为该过程的产品。

5. 蒸发的操作方法

根据各种物料的特性和工艺要求,蒸发过程可以采用不同的操作条件和方法。

(1) 常压蒸发和减压蒸发

根据操作压强不同,蒸发过程可分为常压蒸发和减压蒸发(真空蒸发)。常压蒸发是指冷凝器和蒸发器溶液侧的操作压强为大气压或略高于大气压,此时系统中的不凝气体依靠本身的压强从冷凝器排出。真空蒸发时冷凝器和蒸发器溶液侧的操作压强低于大气压,此时系统中的不凝气体必须用真空泵抽出。

采用真空蒸发的基本目的是降低溶液的沸点。与常压蒸发比较,它有以下优点:① 溶液沸点低,可以用温度较低的低压蒸汽或废热蒸汽作为加热蒸汽;② 溶液沸点低,采用同样的加热蒸汽,蒸发器传热的平均温度差大,所需的传热面积小;③ 沸点低,有利于处理热敏性物料,即高温下易分解和变质的物料;④ 蒸发器的操作温度低,系统的热损失小。

真空蒸发的缺点是:① 溶液温度低,黏度大,沸腾的传热系数小,蒸发器的传热系数小;② 蒸发器和冷凝器内的压强低于大气压,完成液和冷凝水需用泵或大气排出;③ 需要用真空泵抽出不凝气体以保持一定的真空度,因而需多消耗一定的能量。

真空蒸发的操作压强(真空度)取决于冷凝器中水的冷凝温度和真空泵的功率。冷凝器操作压强的最低极限是冷凝水的饱和蒸气压,所以它取决于冷凝器的温度。真空泵的作用是抽走系统中的不凝气体,真空泵的功率愈大,冷凝器内的操作压强愈可接近冷凝水的饱和蒸气压。一般真空蒸发时,冷凝器的压强为 10~20 kPa。

除常压与减压蒸发外,在多效蒸发中,前面几效蒸发器常常在高于大气压的条件下操作,以充分利用加热蒸汽的能量。

(2) 单效蒸发和多效蒸发

根据二次蒸汽是否用来作为另一蒸发器的加热蒸汽,分为单效蒸发和多效蒸发。图 14-1 也是单效蒸发的流程,二次蒸汽在冷凝器中用水冷却,冷凝成水排出,二次蒸汽所含的热能未予利用。因为蒸发器中依靠加热蒸汽冷凝供给汽化热使溶液中的水汽化,所以,粗略估算,在单效蒸发中,从溶液中蒸发出 1 kg 水需要消耗约 1 kg 加热蒸汽。

多效蒸发中,第一蒸发器(第一效)中蒸出的二次蒸汽用作第二蒸发器(第二效)的加热蒸汽,第二个蒸发器蒸出的二次蒸汽用作第三个蒸发器(第三效)的加热蒸汽,如此类推。二次蒸汽利用次数可根据具体情况而定,系统中串联的蒸发器的数目称为效数。图 14-2 所示为三效蒸发的流程图。多效蒸发的优点是可以节省加热蒸汽的消耗量。如果按 1 kg 蒸汽冷凝可以从溶液中蒸发出 1 kg 水估算,二效蒸发中 1 kg 加热蒸汽可以从溶液中蒸出 2 kg 水,即蒸出 1 kg 水需消耗 0.5 kg 加热蒸汽,n 效蒸发中,1 kg 加热蒸汽可以蒸出 n kg 水,即蒸出 1 kg 水,需要 $1/n$ kg加热蒸汽。可见,效数愈多,每蒸出 1 kg 水所需的加热蒸汽量愈少。

但是,实际上由于低温条件下水的汽化潜热较高,所以要蒸发 1 kg 水需要 1 kg 以上的蒸汽。再者,由于沸点升高,使得多效蒸发的总有效传热温差低于单效蒸发,即效数越多有效传热温差就越小。最后,多效蒸发增加了设备投资,却不能增加整个蒸发系统的生产能力。因此,多效蒸发的效数是有限的,不能无限增加。工业上常见的多效蒸发以 5~6 效为限。

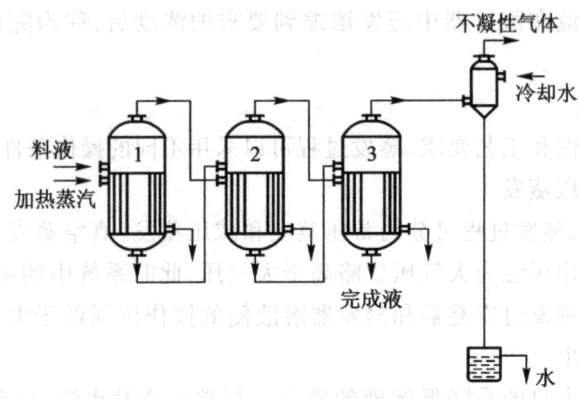

图 14-2 三效蒸发流程图

(3) 间歇蒸发与连续蒸发

蒸发操作可以连续进行,也可间歇进行。间歇蒸发有两种操作方法:

① 一次进料,一次出料:在操作开始时,将料液加入蒸发器,当液面达到一定高度时,停止加料,开始加热蒸发。随着溶液中的水分蒸发,溶液的浓度逐渐增大,相应地溶液的沸点不断升高。当溶液浓度达到规定的要求时,停止蒸发,将完成液放出,然后开始另一次操作;

② 连续进料,一次出料:当蒸发器液面加到一定高度时,开始加热,随着溶液中水分蒸发,不断加入料液,使蒸发器中液面保持不变,但溶液浓度随着溶液中水分的蒸发而不断增大。当溶液浓度达到规定值时,将完成液放出。

由上可知,间歇操作的特点是在整个操作过程中,蒸发器内溶液的浓度和沸点随时间而变化,因此传热的温度差、传热系数也随时间而变化,所以间歇蒸发为非稳态操作。

连续蒸发时,料液连续加入蒸发器,完成液连续地从蒸发器放出,蒸发器内始终保持一定的液面与压强,其内各处的浓度与温度不随时间而变,所以连续蒸发为稳态操作。一般连续蒸发器(采用循环型蒸发器)内溶液的浓度为完成液的浓度。通常大规模生产中大多采用连续操作,小规模多品种的场合采用间歇蒸发。

二、蒸发器和蒸发系统

发酵工业需要蒸发的物料多种多样,它们的物性与蒸发要求各不相同,因此,发展了多种形式的蒸发器。根据蒸发器中溶液的流动情况,主要分为循环型与非循环型(单程型)两类。

1. 循环型蒸发器

如果溶液经加热管一次,水的相对蒸发量小,达不到规定的浓缩要求,这就需要采用循环蒸发器。这类蒸发器中存液量大,溶液在器内停留时间长,器内各处溶液的浓度变化较小,传热温度差损失较大,器内溶液浓度接近完成液的浓度。目前常用的循环型蒸发器有:

(1) 中央循环管式蒸发器

中央循环管式蒸发器也称标准式蒸发器,是目前应用比较广泛的一种蒸发器,其结构如图14-3所示。它下部的加热室实质上是一个直立的加热管(沸腾管)束组成的列管式换热器,与一般列管式换热器不同的是管束中心是一根直径较大的管子,称为中央循环管,它的截面积一般为所有沸腾管总截面积的 25%~40%。

这类蒸发器由于受总高度限制,沸腾管长度较短,一般为 0.6~3 m,直径 25~45 mm,管的长径比为 1:(20~40)。

这类蒸发器的优点是结构简单,制造方便,操作可靠,投资费用较低;缺点是溶液的循环度低(一般在 0.5 m/s 以下),传热系数较小,此外清洗检修比较麻烦。

(2) 悬筐式蒸发器

悬筐式蒸发器的结构如图 14-4 所示。其特点是将加热管做成一个悬挂的筐状,打开蒸发器的顶盖后,可将悬筐取出清洗。这种蒸发器中溶液循环的原因与标准式蒸发器相同,但循环的液体是沿加热室与形成的环隙下降,而沿沸腾管上升,可使热量损失较小。环形截面积约为沸腾管总截面积的 100%~150%,因而溶液的循环速度较标准式蒸发器大。因为与蒸发器外壳接触的是温度较低的沸腾液体,所以蒸发器的热损失较少。此外,因加热室可由蒸发器的顶部取出,便于检修和更换。缺点是结构较复杂,单位传热面的金属消耗量较多,它适用于蒸发易结垢或有结晶析出的溶液。

(3) 外热式蒸发器

外热式蒸发器的结构如图 14-5 所示。其特点是加热室与分离室分开,因此便于清洗和更换。同时,这种结构有利于降低蒸发器的总高度,所以可以采用较长的加热管。由于这种蒸发器的加热管较长(管的长径比为 50:1),循环管没有受到蒸汽的加热,循环的推动力大,溶液的循环速度可达 1.5 m/s,所以传热系数较大。此外,循环速度大,溶液通过加热管的汽化率低,溶液在加热面附近的局部浓度增高较小。

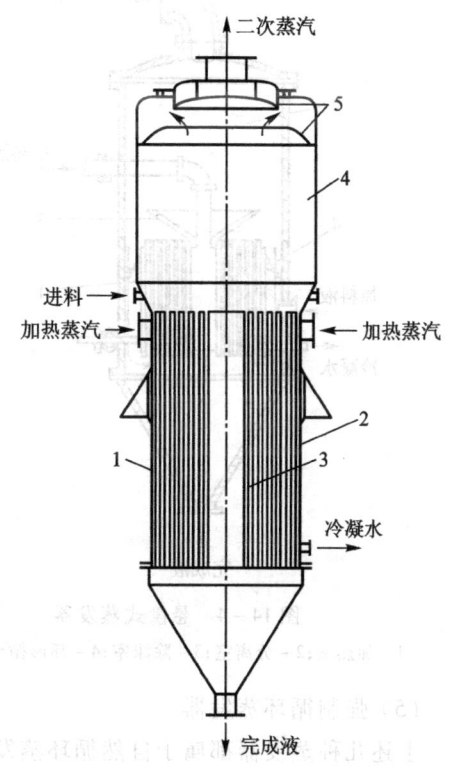

图 14-3 中央循环管式蒸发器
1-加热室;2-加热管;3-中央循环管;
4-蒸发室;5-除沫器

(4) 列文蒸发器

图 14-6 是列文蒸发器的结构示意图,这种蒸发器的特点是加热室在液层深处,其上部增设直管段作为沸腾室。加热管中的溶液由于受到附加液柱的作用沸点升高,使溶液不在加热管中沸腾。当溶液上升到沸腾室时,压强降低,开始沸腾。沸腾室内装有隔板以防止气泡增大,因而可达到较大的流速。另外,因循环管不加热,使溶液的循环推动力较大。循环管的高度较大,一般为 7~8 m,其截面积约为加热管总面积的 200%~350%,使循环系统阻力较小,因此溶液的循环速度可高达 2~3 m/s。

列文蒸发器的优点是溶液在加热管中不沸腾,可以避免在加热管中析出晶体,且能减轻加热管表面上污垢的形成。传热效果较好,适用于处理有结晶析出的溶液。缺点是设备庞大,消耗的金属材料多,需要高大的厂房。此外,由于液层静压强引起的温度差损失较大,因此要求加热蒸汽的压强较高。

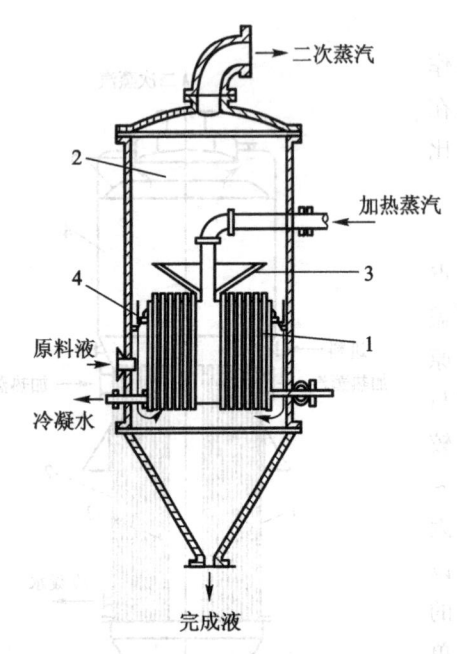
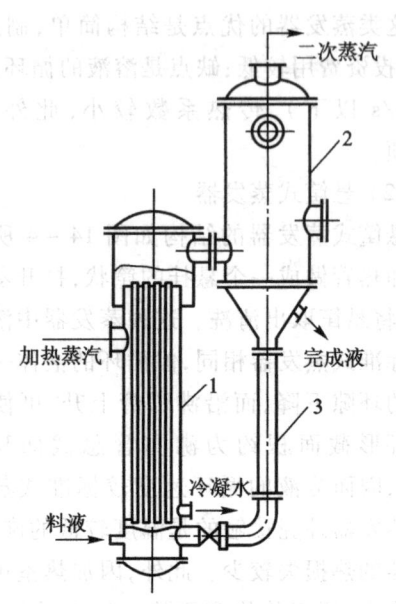

图 14-4 悬筐式蒸发器
1-加热室;2-分离室;3-除沫室;4-环形循环通道

图 14-5 外加热式蒸发器
1-加热室;2-蒸发室;3-循环管

(5) 强制循环蒸发器

上述几种蒸发器都属于自然循环蒸发器,即依靠器中沸腾液的密度差产生的热虹吸作用使溶液循环,溶液的循环速度一般都较低,不宜于处理高黏度、易结垢、有结晶析出的溶液。对于黏度较大的溶液蒸发时,如利用自然循环,流速和传热系数会变得较小,且易于结垢。这时可用泵来驱动液体循环,其循环速度可由泵的压头调节。这种蒸发器称为强制循环蒸发器,见图14-7。这种蒸发器实质上是在外热式蒸发器的循环管上设置循环泵,其作用是使溶液沿一定方向以较高速度循环流动,循环速度为 1.5~3.5 m/s。

强制循环蒸发器的传热系数较自然循环蒸发器大,但其动力消耗也较大,加热面耗费功率约为 $0.4 \sim 0.8$ kW/m^2。

2. 非循环型(单程型)蒸发器

单程型蒸发器又称膜式蒸发器。单程型蒸发器的基本特点是溶液通过加热管一次蒸发即达所需的浓度,因此溶液在蒸发器内的停留时间短,器内存液量少,适用于热敏性物质溶液的蒸发。但是,因为溶液经加热管一次即达蒸发要求的浓度,所以对设计和操作的要求较高。

薄膜真空蒸发器具有传热系数大,浓缩效率高的优点,又可处理黏性大和易产生泡沫的溶液,是浓缩抗生素等发酵液的理想设备。根据器内液体流动方向及成膜原因,膜式蒸发器有以下几种不同形式。

(1) 单流式长管薄膜蒸发器

此种蒸发器的特点是溶液仅通过加热管一次,不作循环,料液在加热管壁上呈液膜状,蒸发速度快,(数秒至数十秒),传热效率高,特别适宜处理热敏物料。

第十四章　发酵产物的纯化原理与技术

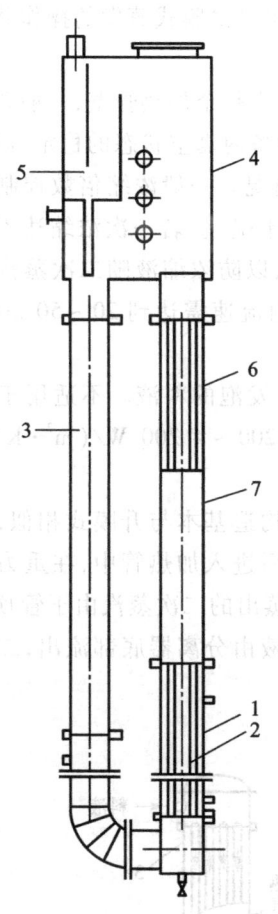

图 14-6　列文蒸发器
1-加热室;2-加热管;3-循环管;
4-蒸发室;5-除沫器;6-挡板;7-沸腾室

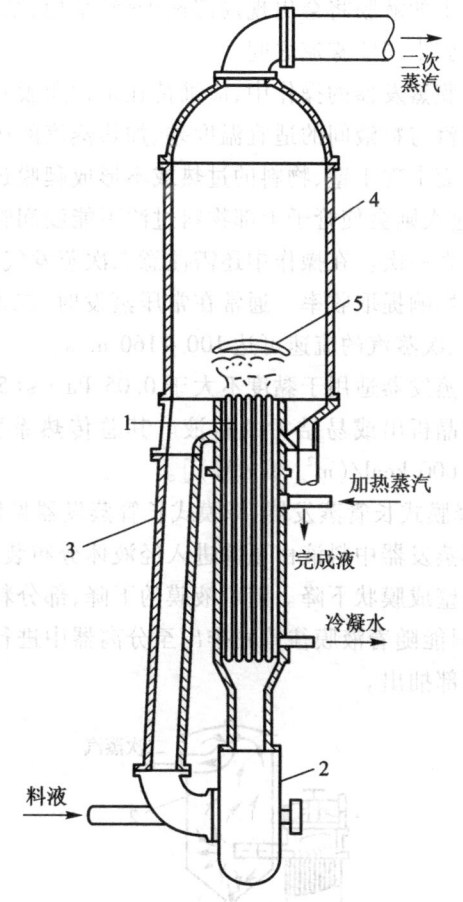

图 14-7　强制循环蒸发器
1-加热管;2-循环泵;3-循环管;4-蒸发室;5-除沫器

其主要构造是具有一细长的竖立管束,管束中的长管直径一般为 20~80 mm,高度一般为 2~12 m,因此其长径比一般为 1:(100~150)。作为加热用的热水或蒸汽在壳程内流动,料液在管程流动。根据料液以及从其中蒸出的二次蒸汽流动方向不同,长管薄膜蒸发器可分为升膜、降膜和升-降膜三种。

① 升膜式蒸发器:如图 14-8 所示,在此蒸发器中,料液预热至接近沸点由器底加入,器底的料液高度约为管高的 1/4~1/5。器内处于负压,料液受热沸腾后迅速汽化;蒸汽在管内高速上升,料液受到高速上升蒸汽的带动,沿管壁成膜状上升(爬膜),并继续蒸发,气液在顶部分离器内分离,二次蒸汽由顶部引出并在冷凝器中冷凝,完成液由底部排出送入贮槽(贮槽也应与真空相连,一般为两个,可以交替使用)。

升膜蒸发器在操作时,如果加热管越高则上升蒸发时间越长,溶液浓缩愈大。如果加热管内外温度差进一步增加,溶液蒸发很激烈,蒸汽流速太快,液体蒸发时蒸汽会把溶液以雾沫形式夹带离开液膜,进入管中部的高速蒸汽流线,变成带有液体雾沫的喷雾流,同时也使形成的"液膜"迅速减薄。如果气速进一步增加,雾沫夹带进一步严重,使液膜上升速度赶不上溶液蒸发速度,则加热管上的液膜将会出现局部被干燥、结疤、结焦等现象。可见薄膜式蒸发的操作状态最好是形成爬膜到出现喷雾流之间。

在升膜蒸发器的操作中,应维持在正常爬膜状态使液膜浸润整个加热管壁,一般要注意操作时加热蒸汽与料液间的适宜温度差、加热蒸汽的压强稳定和设备内真空状态的稳定,以免造成蒸发量太大而出现干壁、物料的过热或不形成爬膜过程等异常情况。一般浓缩倍数控制在 5 倍以下,倍数过大则会使管子上部物料过浓不能浸润管壁而造成"干壁"。若一次浓缩达不到浓度可再重复蒸发一次。在操作中还需注意二次蒸发气量不能太大,以防浓缩液随二次蒸汽一起冲入冷凝器而影响提取收率。通常在常压蒸发时,二次蒸汽在管内流速需达到 20~50 m/s;在减压操作下,二次蒸汽的流速可达 100~160 m/s。

此种蒸发器适用于黏度不大于 0.05 Pa·s(50CP)而易于发泡的料液。不适用于在浓缩过程中有结晶析出或易结垢的料液。其总传热系数 K 约为 1 200~4 200 W/(m²·K)[相当于 1 000~3 600 kcal/(m²·h·℃)]。

② 降膜式长管蒸发器:降膜式长管蒸发器见图 14-9,其构造基本与升膜式相似,主要区别是在降膜蒸发器中料液由顶部进入经液体分布装置均匀分布后进入加热管中,在重力作用下料液沿管内壁成膜状下降。随着液膜的下降,部分料液被汽化,蒸出的二次蒸汽由于管顶有料液封住,所以只能随着液膜往管底排出至分离器中进行分离,浓缩液由分离器底部流出,二次蒸汽由分离器顶部抽出。

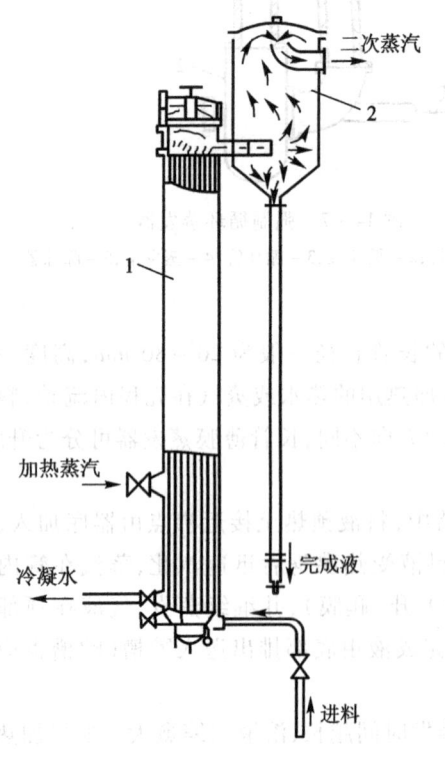

图 14-8 升膜式蒸发器
1-蒸发器;2-分离器

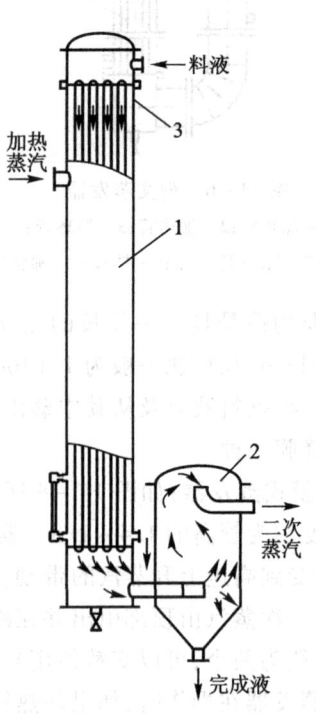

图 14-9 降膜式蒸发器
1-蒸发器;2-分离器;3-液体分离器

由于二次蒸汽及液膜的流向一致,且与重力方向相同,所以溶液在器内停留时间很短且有利于成膜,这对高度热敏物料或黏度较大的溶液特别有利。通常适用于黏度在 0.05~0.45 Pa·s(50~450 CP)的料液。另外,有些料液中溶剂量不大,蒸发中二次蒸汽量不能达到足够快的气速把液体拖带上升形成液膜,则可采用降膜式。

降膜式蒸发器的效率在很大程度上决定于液体分布的好坏,如分布不均,则一部分管壁形成干壁现象,就不能达到最大的生产能力并影响浓缩液的质量。

为了避免二次蒸汽量过大,影响液膜下降而形成液泛现象,加热蒸汽温度不宜过高。同时,降膜式长管蒸发器的加热管的长径比可较升膜式稍小,一般取1:(50~70)。这种蒸发器的总传热系数 K 约为 1 160~2 320 W/(m^2·K)[相当于 1 000~2 000 kcal/(m^2·h·℃)]。

③ 升-降膜式长管蒸发器:如图 14-10 所示。将升膜蒸发器和降膜蒸发器串联装在一个外壳中,就成为升-降膜式蒸发器。稀溶液先经过升膜管初步浓缩,二次蒸汽夹带着浓缩液冲出升膜加热管进入器顶。气液经降膜区的液体分布器均匀流入降膜加热管,被进一步浓缩,然后引入分离器进行气液分离。这是一种能获得很高蒸发速率的蒸发器。

升-降膜式蒸发器适用于在蒸发过程中黏度变化大的物料或者厂房高度有一定限制的情况。为了避免压力降过大,加热管的长径比可小些,总高度比单独采用升膜或降膜式蒸发器的高度低。

(2) 循环式薄膜蒸发器

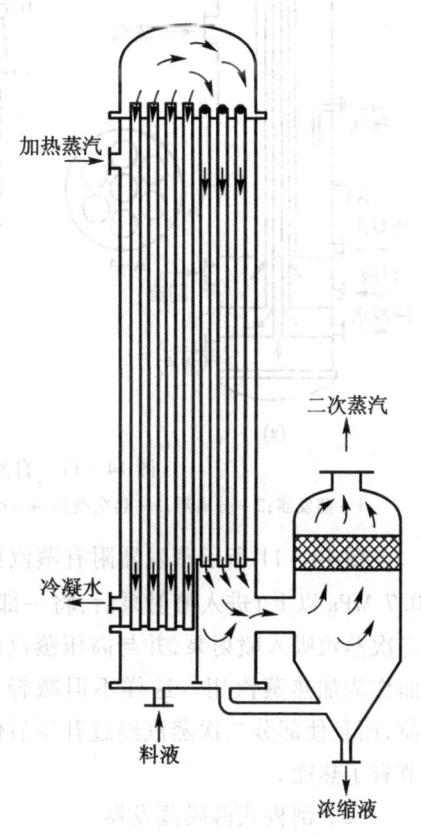

图 14-10 升-降膜式长管蒸发器

如溶液仅在单流式蒸发器中通过一次蒸发达不到规定的浓度,则可采用循环式薄膜蒸发器。所谓循环式蒸发器就是将溶液在加热管中进行多次蒸发的装置,若为升膜式蒸发器,可将分离器分离出来的溶液引至加热管底部与新鲜料液一起再经加热管加热和汽化;若为降膜式蒸发器,则必须借助于循环泵,将分离器引出的溶液送往器顶重新进行分布和浓缩;用升-降膜式蒸发器对溶液进行循环浓缩,则可不用循环泵。

图 14-11 所示是一种用于链霉素溶液浓缩的自然循环式升膜蒸发器及其生产流程。该蒸发器的直径 450 mm,高 1 700 mm,器内有蒸发管 7 根。蒸发管由外加热面(即通过壳体对蒸发管加热)及内加热面(通过插入的加热棒对蒸发管加热)组成。溶液在内外加热面之间的环隙间通过而蒸发,蒸发管的外管由 $\phi 117 \times 4$ mm 不锈钢管制成,内管(加热棒)由 $\phi 89 \times 3$ mm 不锈钢管制成,因此内外管的间隙为 10 mm,管长为 1 250 mm,总加热面积为 5.5 m^2,水分蒸发量为 250 L/h。料液进入时 10 ℃,经预热至 25~27 ℃进入蒸发器,加料量为 350~400 L/h,蒸发水量为 250 L/h,蒸发器内真空度为 0.80~0.83 MPa(600~620 mmHg),分离器内真空度要求在 1.0 MPa(750 mmHg)以上,加热蒸汽温度为 95~98 ℃,溶液沸腾温度为 60 ℃左右,二次蒸汽温度为 30 ℃左右,总传热系数约为 930 W/(m^2·K)。

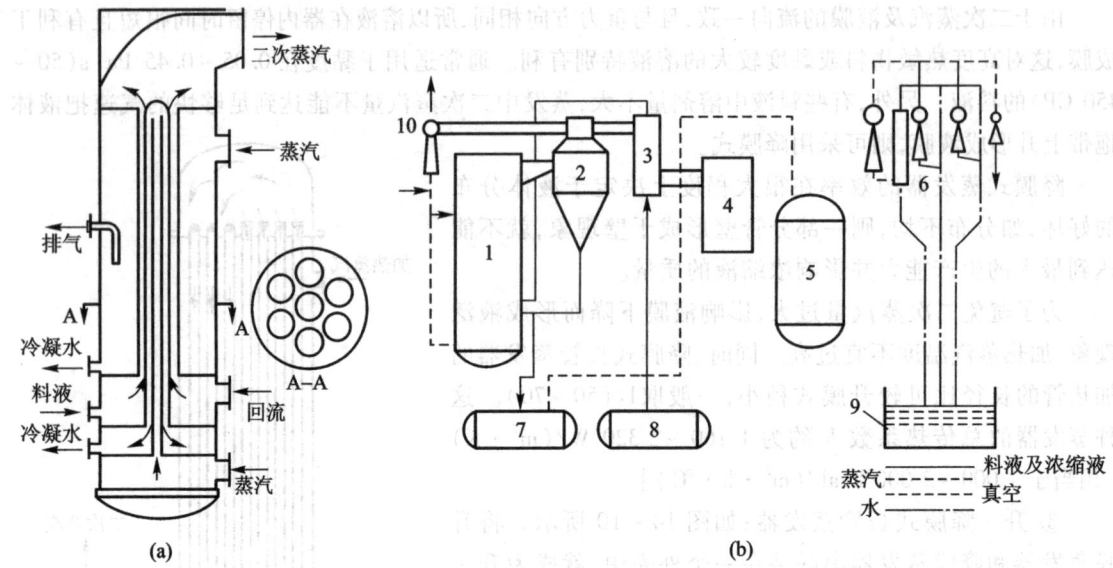

图 14-11　自然循环式升膜蒸发器(a)及其生产流程(b)

1-蒸发器；2-分离器；3-热交换器；4-冷凝器；5-真空罐；6-四级喷射泵；7-浓缩液储罐；8-料液罐；9-水池

图 14-11 所示蒸发器附有蒸汽再压缩装置——蒸汽喷射泵,当高压蒸汽(一般要求表压在 0.7 MPa 以上)进入喷射泵后,将一部分由分离器中排出的二次蒸汽吸入喷射泵,并与高压蒸汽混合后形成低压蒸汽,而作为加热蒸汽用。这样不但减轻了二次蒸汽的冷凝负荷,而且使部分二次蒸汽经过升压后作为加热蒸汽用,进而节省了热能。

(3) 刮板式薄膜蒸发器

图 14-12 所示为刮板式薄膜蒸发器,在搅拌轴上附有若干块刮板,其作用是将溶液甩至蒸发器壁(加热面),并增加液膜的湍动性,以减少传热过程的液膜阻力和防止固体析出物沾壁。这种蒸发器可分为两段,下段为加热蒸发段,有加热夹套。上段为气液分离段,有扩大的截面及固定的叶板,以利于气液分离。料液在加热蒸发段的顶部加入,并在器内以螺旋状的液膜形式下降,二次蒸汽所夹带的溶液被刮板甩至器壁,沿壁下降,汇同料液重新被浓缩。由于此种蒸发器具有机械搅拌,故可以处理高黏度甚至带有固体粒子的物料,不会出现结焦、结垢的现象,而且料液在加热段停留时间较短,一般仅几秒至几十秒。

刮板式蒸发器直径约为 0.1~0.5 m,相应的传热面积为 0.1~0.4 m²,加热蒸发段的高度约为直径的 3~5 倍,刮板转速为 230~160 r/min,一般随着传热面积加大,转速减小,其线速度约为 4~10 m/s。刮板蒸发器的直径不宜过

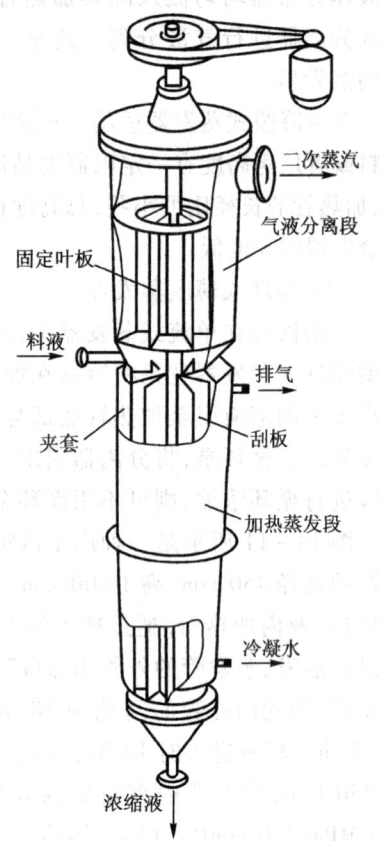

图 14-12　刮板式薄膜蒸发器

大,虽然直径增大传热面积也增大,但转动轴的力矩也大大增加,功率消耗相应增大;直径过小即减小了传热面积,同时使蒸发室空间过小,而造成蒸汽流速过大,雾沫夹带增加,特别是对泡沫较多的物料影响更大,故一般选择直径在300~500 mm为宜。转轴的挠度不超过0.5 mm,刮板与器壁间的间隙很小,一般只有0.5~1.5 mm。圆筒的圆度差仅在0.05~0.2 mm,加工、安装精度很高。但它的生产能力较小,具有传动件,加工精度又高,需经常加以维护,而且造价高。

(4) 离心式薄膜蒸发器

这是一种具有旋转的空心(通加热蒸汽)碟片的蒸发器,料液在碟片上形成一层厚度约为0.1~1 mm的薄膜,由于离心力的作用(分离因数约为200),料液加热时间仅为1 min左右。

图14-13是瑞典Aifa-LaVaI公司生产的离心式薄膜蒸发器的剖面图。它具有6片 $\phi650$ mm的离心盘,加热面积共2.58 m^2,离心盘转速为690 r/min,电动机为4 kW,最大进料量为1 000 L/h,最大蒸发量为800 L/h,最高加热蒸汽温度为80 ℃,蒸发温度为45 ℃,总传热系数可达7 000 W/(m^2·℃)[6 000 kcal/(m^2·h·℃)]。

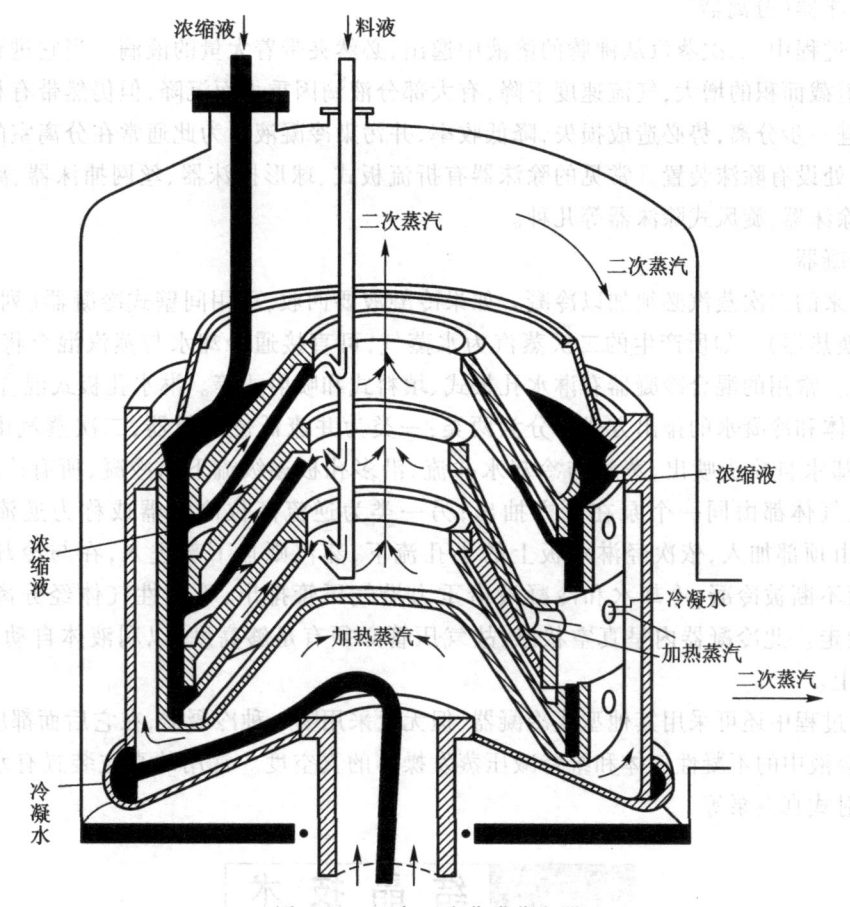

图14-13 离心式薄膜蒸发器

在操作过程中,料液(45 ℃)先经过滤器,进入可维持一定液面的贮槽,由螺杆泵将料液输送至蒸发器,由喷嘴将料液喷在离心盘背面,并在离心力作用下使其形成薄膜。离心盘中的夹层内,通入加热蒸汽,液膜受热汽化浓缩,浓缩液被甩向碟盘的周边,沿套环的垂直通道上升到环形液槽，由吸料管抽出，经膨胀式冷却器在真空下冷却到20 ℃。二次蒸汽从碟片中央孔上升，从蒸发器顶部折向外壳下部的二次蒸汽排出管排出。加热蒸汽由旋转的空心轴通入，进入空心离心碟盘中，其冷凝水受离心力的作用甩到非加热表面的上碟片内侧，沿碟片排出。

离心式薄膜蒸发器，受热面上的物料在离心力的作用下液流湍动十分剧烈，传热系数大、传热效率高；由于离心力的作用，二次蒸汽被迅速分离，且雾沫夹带少；物料在器内加热时间很短，特别适用于热敏性物料。

此种蒸发器，由于其内部通道较小，故对黏度大，有结晶、易结垢的物料不适用，结构比较复杂，特别是传动系统的密封很易泄漏，而达不到高真空度，造价很高。

综上所述，蒸发器的结构型式有多种，在使用选型时，除了要求结构简单，维修方便、传热效率高等因素外，还要看它能否适宜被蒸发物料的工艺特性，包括物料的黏度、热敏性、腐蚀性、浓缩过程是否易结晶和易结垢等特性。

3. 附属设备

（1）除沫器（分离器）

在蒸发过程中，二次蒸汽从沸腾的溶液中逸出，必然夹带着大量的液滴。当它进到分离室之后，由于流道截面积的增大，气流速度下降，有大部分液滴因重力而沉降，但仍然带有相当数量雾沫，如果不进一步分离，势必造成损失，降低收率，并污染冷凝液。为此通常在分离室的上部或二次蒸汽出口处设有除沫装置。常见的除沫器有折流板式、球形捕沫器、丝网捕沫器、离心式分离器、折流式除沫器、旋风式除沫器等几种。

（2）冷凝器

蒸发出来的二次蒸汽必须加以冷凝。如果冷凝液要回收，可用间壁式冷凝器（列管式、蛇管式、板式等换热器）。如所产生的二次蒸汽为水蒸气，可直接通冷却水与蒸汽混合将其冷凝，称为混合冷凝。常用的混合冷凝器有淋水孔板式、填料式和喷射式等。淋水孔板式混合冷凝器，根据不凝性气体和冷凝水的排出方式可分为两类：一类为并流低位冷凝器，二次蒸汽由冷凝器顶部进入、冷却水自喷头喷出，蒸汽与冷却水并流，沿多孔板逐级流下而冷凝，所有冷凝水、冷却水和不凝性气体都由同一个泵在下方抽出；另一类为逆流高位冷凝器或称为逆流气压冷凝器，冷却水由顶部加入，依次经淋水板上的小孔流下，蒸汽则自下部进入，在与冷却水逆向流动过程中而不断被冷凝，冷却水和冷凝液借重力沿气压管排出，不凝性气体经分离器分离后由真空泵抽走。此冷凝器内呈真空状态，故气压管必须有足够高度，以利液体自动排出，一般在 10 m 以上。

在蒸发过程中还可采用其他型式冷凝器，但无论采用哪一种冷凝器，在它后面都应配真空装置，以排出溶液中的不凝性气体和维持减压蒸发操作的真空度。常用的真空装置有水环式真空泵、流体喷射式真空泵等。

第二节 结 晶 技 术

结晶是制备纯物质的有效方法。在发酵生产中，结晶作为精制的一种重要手段，主要用于抗生素、氨基酸、有机酸等小分子的纯化生产。而对于蛋白质、核酸等大分子的结晶技术，近年来发展也很快，越来越受到工程技术人员的重视。

一、结晶的基本概念

1. 晶体性状

结晶(crystallization)是溶质呈晶态从液相或气相等均相中析出的过程。晶体是内部结构中的质点(原子、离子、分子)作规律排列的固态物体。如果生长环境好,则可形成有规则的多面体外形,称为结晶多面体。结晶多面体的面称为晶面,棱边称晶棱。从溶液中结晶出的晶体具有以下性质:

① 自范性:晶体具有自发地生长为多面体结构的可能性,即晶体常以平面作为与周围介质的分界面,这种性质称为晶体的自范性。

② 各向异性:几何特性及物理性质应随方向而有差异。

③ 均匀性:晶体中每一宏观质点的物理性质和化学组成都相同(因内部晶格相同)。正因为有了晶体的均匀性这一性质,才保证了工业生产的晶体产品具有高的纯度。

2. 结晶过程的实质

结晶过程的实质就是新相形成的过程,也就是从液相中产生固体相的过程。这个过程包括传质、传热过程,并且质点受晶格的制约做定向排列,因此结晶过程需要一定的时间。

3. 饱和曲线和过饱和曲线

结晶过程取决于固体与其溶液之间的平衡关系。通常以溶质的溶解度作为该溶质饱和浓度的量度。溶解度通常以100 g溶剂中所含溶质的克数来表示。溶液恰好饱和时,溶质既无溶解也无结晶,即溶质与溶液处于平衡状态,此溶液称为饱和溶液;溶液未饱和时,若添加固体则固体溶解;如溶液已过饱和,超过饱和点的溶质迟早要从溶液中结晶出来。所以,要使溶质从溶液中结晶出来,须首先使溶液达到过饱和状态,即必须设法产生一定的过饱和度作为推动力。

溶液的过饱和度与结晶的关系可用图14-14来表示。图中AB为饱和曲线,CD为过饱和曲线(无晶种,无搅拌时自发产生晶核的浓度曲线)。

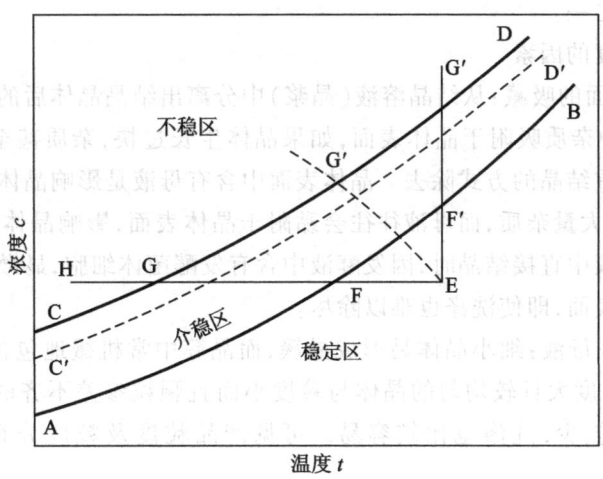

图14-14 饱和曲线和过饱和曲线

工业规模的结晶过程都有搅拌(或强或弱)、有晶种,因此,实际上的过饱和曲线CD是一组曲线,且比静止状态下的CD低。

曲线 AB、CD 将图 14-14 分为稳定区、介稳区和不稳区。稳定区的溶液尚未饱和,没有结晶的可能。介稳区内,也不会自发产生晶核,但如已有晶核,则晶核长大而吸收溶质直至浓度回落到饱和曲线上。不稳区内能自发产生晶核。如图中 E 点是溶液的原始未饱和状态,EH 是冷却结晶线,F 点是饱和点,不能结晶,因为缺乏结晶推动力——过饱和度;穿过介稳区,到达 G 点时,自发产生晶核,越深入不稳区(如 H 点),自发产生的晶核也越多;EF′G′ 为恒温蒸发过程,EG″ 为冷却蒸发过程。

4. 结晶过程的前提和推动力

结晶过程的前提条件是形成过饱和溶液,过饱和度是结晶的推动力。

$$S = \frac{c}{c'} \qquad (14-1)$$

式中,S——过饱和度;c——过饱和溶液的浓度;c'——饱和溶液的浓度。

5. 结晶过程

(1) 结晶过程

溶质从溶液中结晶出来,要经过两个步骤:① 产生晶核;② 晶核在良好的环境中长大。

无论是产生晶核还是晶核长大,都需要有推动力来推动结晶过程的顺利进行。该推动力是溶质的浓度差($\Delta c = c - c'$),Δc 是溶液过饱和度的另一种表示方法。

过饱和度的大小会影响晶核的形成速率和晶体的长大速率,这两个速率又影响最终晶体产品的粒度和晶体粒度分布(即晶体质量)。因此,过饱和度是工业上考虑结晶问题的一个极其重要的因素。

晶体是化学均一的固体,但结晶溶液中的杂质却通常是相当多的。结晶时,溶液中溶质(产物)因其溶解度与杂质溶解度的差异使溶质结晶而杂质留在溶液中,因而互相分离,或两者的溶解度虽相差不大,但晶格不同,彼此"格格不入"而互相分离(有些场合下可能出现混晶现象),所以原始溶液虽含杂质,结晶出来的晶体却非常纯洁。因此,结晶是生产纯固体产品,特别是小分子产品最有效的方法之一。

(2) 影响晶体纯度的因素

① 母液在晶体表面的吸藏:从结晶溶液(晶浆)中分离出结晶晶体后的溶液称为母液。吸藏(occlusion)是指母液中杂质吸附于晶体表面,如果晶体生长过快,杂质甚至会机械地陷入晶体。吸藏的杂质可以通过重结晶的方式除去。晶体表面中含有母液是影响晶体产品纯度的一个重要因素,因为母液中含有大量杂质,而母液往往会黏附于晶体表面,影响晶体纯度,常需洗涤,以降低杂质含量。从发酵液中直接结晶时,因发酵液中含有发酵菌体细胞,显微镜下可观察到大量的菌体细胞黏附在晶体表面,即使洗涤也难以除尽。

② 形成晶簇,包藏母液:细小晶体易形成晶簇,而晶簇中常机械地包含母液,这种情况也称为包藏(inclusion)。粒度大且较均匀的晶体与粒度小而且颗粒参差不齐的晶体相比,离心分离后晶体所夹带的母液较少,洗涤也比较容易。可见产品粒度及粒度分布会影响到晶体产品的纯度。

③ 晶习:晶体外形叫晶习。如谷氨酸结晶,存在两种晶形:α -结晶(体)和 β -结晶(体)。α -结晶呈颗粒状,晶体产品质量好;β -结晶呈片状、针状,比表面大,容易包含杂质和母液。如从发酵液中直接结晶谷氨酸时,如果操作不当,片状 β -结晶很多,谷氨酸晶体(味精厂通常称之

为麸酸)中就会夹带大量谷氨酸发酵的菌体细胞。过量的菌体夹带还会导致后道精制工序的中和过滤操作非常困难。

有以下一些因素会影响晶习：A）溶液性质、杂质和溶剂等,以 NaCl 为例,从纯水中结晶为立方晶体,如水中含有少量尿素,则为八面体晶体。结晶水的多少也会影响晶习；B）操作条件：如温度、搅拌程度、冷却或浓缩方式、pH 的调节速度等是影响过饱和度的因素。

(3) 成核现象

溶质(如某产物)在溶液中成核现象(生成晶核)在结晶过程中占有举足轻重的地位。成核现象可归纳成三种形式：

① 初级均相成核：溶液在不含外来物体时自发产生晶核,称为初级均相成核；

② 初级非均相成核：在外来物体(如大气微尘)诱导下产生晶核的现象称为初级非均相成核；

初级均相成核和初级非均相成核又可统称为初级成核。

③ 二次成核：溶液中已有溶质晶体存在的条件下形成晶核的现象称为二次成核。二次成核中又以接触成核占主导,接触成核是指新生的晶核是晶浆(有晶体存在的结晶溶液)中已有的晶体颗粒在结晶器中与其他固体接触碰撞时产生的晶体表层的碎粒。工业结晶过程中的成核现象大都属于接触成核,特别是晶体与结晶器的搅拌螺旋桨或叶轮之间的碰撞而产生的晶核占有较大的份额。

工业结晶过程中,困难之一是晶核生成速率过高,它容易导致晶体产品的粒度及粒度分布不合格。如何降低晶核生成速率,消除已产生的过量晶核,是工业结晶器的结构设计和结晶操作时需要认真考虑和对待的问题。

▶▶ 二、结晶动力学

(一) 初级成核现象

晶核的形成通常用成核速率表示晶核的生成速度,即：

$$成核速率 = 新生成晶粒数/(单位时间 \times 单位体积溶液)$$

成核速率是决定晶体产品粒度分布的首要动力学因素。成核速率过高将导致晶体产品颗粒细碎、粒度分布宽、质量低劣。

1. 初级均相成核

晶核可由溶质的分子、原子、离子形成,因这些粒子在溶液中作快速运动,可统称为运动单元,结合在一起的运动单元称结合体。当结合体逐渐增大到某种极限时称之为晶坯。晶坯长大成晶核,因而,可认为晶体的生长经历了以下步骤：

$$运动单元 \rightleftharpoons 结合体 \rightleftharpoons 晶坯 \rightleftharpoons 晶核 \rightleftharpoons 晶体$$

2. 临界粒度及粒度对溶解度的影响

晶体的生存理论：理论和实验都证明,同一温度下,小粒子与大粒子之间的差别为小粒子具有较大的表面能。这一差别使得微小晶体的溶解度高于粒度较大的晶体(常见的溶解度数据仅适用于粒度较大的晶体)。而微小晶体能够与某一定浓度的过饱和溶液建立平衡关系,但这一平衡实际上难以维持,如溶液中同时有大晶粒,则微小晶粒溶解而大晶粒长大,直至微小晶粒完全消失。因而颗粒只有大至某一临界粒度值(即成为稳定的晶核最小粒度,其值为 μm 级,与细菌相当或再大些),才能成为继续长大的稳定的晶核,此临界粒度值与晶体的表面能及生成能有关。粒度大小与溶解度之间的关系可用开尔文方程式表示:

$$\ln\frac{c_r}{c'} = \frac{2\gamma M}{RT\rho r} \qquad (14-2)$$

式中,c'—溶质的正常溶解度(正常大晶体饱和溶液浓度);c_r—颗粒半径为 r 的溶质的溶解度(小晶体过饱和溶液的浓度);M—溶质的摩尔质量;r—固体颗粒的半径(小晶体的半径);γ—固体颗粒和溶液间的界面张力;R—摩尔气体常数;T—热力学温度;ρ—固体颗粒的密度。

在结晶过程中最先析出的微小颗粒(小晶体)是以后结晶的中心,称为晶核,微小晶核具有较大的溶解度,因此在饱和溶液中,晶核是要溶解的。只有达到一定的过饱和度时,使晶核半径 r 大于临界半径 r_c,晶核才能存在。因此,溶液达到过饱和浓度是沉淀结晶的前提,过饱和度是沉淀结晶的推动力,过饱和度越大,推动力就越大,析出沉淀结晶的可能性就越大。

除颗粒大小对溶解度有影响外,还有许多因素对溶解度产生影响,如溶质的同离子、盐、溶剂种类、pH 等。pH 对氨基酸溶解度影响很大,因为氨基酸是两性化合物,它们在各自的等电点(pI)时溶解度最小。所以谷氨酸结晶时需加酸将 pH 从 6.7 左右调节至 3.0~3.22(谷氨酸 pI 3.22),但实际操作时,pH 难以准确控制在等电点上,而在 pH 3.0~3.22 范围内,谷氨酸溶解度都较小。

3. 初级非均相成核

由于真实物系永远包含外来物体,如大气灰尘污染,发酵液中菌体,溶液中其他不溶性固体微粒都会诱导生成晶核(需存在亲和力)。

在工业规模的结晶过程中,一般不应以初级成核作为晶核的来源,因为实际操作时难以控制溶液的过饱和度,使晶核的生成速率恰好适应结晶过程的需要。

(二) 二次成核现象

受已存在的宏观晶体的影响而形成晶核的现象,称之为二次成核。绝大多数工业结晶器中,二次成核已被认为是晶核的主要来源。在二次成核中起决定作用的两种机理是液体剪应力成核和接触成核。① 液体剪应力成核:过饱和溶液以较大流速扫过正在生长的晶体表面时,液体边界层存在剪应力(速度差引起),将附着于晶体之上的粒子扫落,大的作为晶核生成长大,小的则溶解。因只有粒度大于临界粒度的晶粒才能生长,故这种机理的重要性有限;② 接触成核(碰撞成核):晶体在与外部物体(包括另一粒晶体)碰撞时会产生大量碎片,其中较大的就是新的晶核。实际经验指出,晶核生成量与搅拌强度有直接关系。

1. 接触成核

实验证实:在过饱和溶液中,晶体只要与固体物做能量很低的接触,就会产生大量的粒子,其粒度范围在 1~10 μm 之间,甚至会产生大至 50 μm 的粒子,因为这与晶体在干燥条件下的表现完全不同。在空气中,固体物需要以大得多的能量碰撞晶体,才能得到一些粒度要小得多的微粒。

接触成核在工业结晶过程中被认为是获得晶核最简单、最好的方法。其优点是:

① 这种方法的动力学级数较低,即溶液过饱和度对接触成核影响较小,易实现稳定操作的控制;

② 这种成核过程是在低过饱和度下进行的,在这种操作条件下结晶能得到优质产品;

③ 产生晶核所需要的能量非常低,被碰撞的晶体不会造成宏观上的磨损。

在工业规模的结晶过程中,接触成核有4种方式:① 晶体与搅拌螺旋桨间的碰撞;② 湍流下晶体与结晶器壁间的碰撞;③ 湍流下晶体与晶体的碰撞;④ 沉降速度不同,晶体与晶体的碰撞。

2. 影响接触成核速率的因素

① 过饱和度:产生的晶粒数 N 是过饱和度 S 的函数,即有 $N=f(S)$。无机物 $N \propto S$,有机物 $N \propto 1/\ln S$。需要指出,无论哪一类晶体,晶核生成量均与晶体生长速率成正比(均为晶体表面现象)。

② 碰撞能量 $E_{碰}$ 的影响:在很大范围内,产生的晶粒数 $N \propto E_{碰}$,即碰撞能量 $E_{碰}$ 越大,产生的晶粒数越多。

③ 螺旋桨的影响:螺旋桨对接触成核的影响最大,体现在其转速和桨叶端速度上。

④ 晶体粒度的影响:晶核生成量与晶体粒度密切相关,粒度大的碰撞能量大,则晶核生成量增加,当悬浮晶粒随溶液循环而流经桨叶的旋转平面时,并非所有粒度的晶粒都有机会与桨叶相撞击。只有当晶体大于某一粒度值后才能和桨叶碰撞产生二次晶核,也就是说小晶粒在循环中难以与螺旋桨接触。

晶体粒度对成核速率的影响大致有以下规律:对于粒度小于某一最小值的晶体,其单个晶粒的接触成核速率接近于零。粒度增大,接触频率及能量增大,单个晶粒成核速率增加。越过某一最大值后,晶粒与桨叶的接触频率降低,成核速率下降。当晶粒大于某一粒度的界限时,晶粒不再参与循环而沉于结晶器的底部。所以,在工业规模的结晶过程中,为避免晶核过量生成,螺旋桨总是在适宜的低转速下运行。发酵产品结晶器的搅拌速度一般在 20~50 r/min 之间,有的甚至在 10 r/min 以下。

⑤ 螺旋桨材质的影响:聚乙烯桨叶与不锈钢桨叶相比,晶核生成量相差4倍以上,软的桨叶吸收了大部分碰撞能量,使晶核生成量大幅度减少。一般情况下,低转速时,桨叶材质的影响要突出些。

3. 工业结晶过程中控制成核现象的措施

① 维持稳定的过饱和度,防止结晶器在局部范围内产生过饱和度的波动;
② 限制晶体的生长速率,即不以盲目提高过饱和度的方法,达到提高产量的目的;
③ 尽可能减低晶体的机械碰撞能量及几率,长桨叶、慢搅拌是常用的方法;
④ 对溶液进行加热、过滤等预处理,以消除溶液中可能成为晶核的微粒;
⑤ 使符合要求的晶粒得以及时排出,而不使其在器内继续参与循环;
⑥ 将含有过量细晶的母液取出后加热或稀释,使细晶溶解(细消),然后送回结晶器;
⑦ 调节原料溶液的 pH 或加入某些具有选择性的添加剂,以改变成核速率。

(三) 晶体的生长

晶体的生长有以下3个步骤:

1. 溶液主体的溶质传递主要靠对流,但在靠近晶体表面有一静止液层,称为境界膜,待结晶的溶质只能借扩散穿过境界膜时(溶液主体和境界膜之间存在一个溶质浓度差),才能到达晶体表面,这是一个扩散传质过程。

2. 到达晶体表面的溶质在适当的晶格位置长入晶面,使晶体增大,同时放出结晶热。这是一个表面反应过程。

溶液过饱和度过大时,成核和长大速率过快,结晶热必须以很快的方式放出,以适应快速成核和迅速长大的需要。因为比表面越大,放热越快,这样,就容易形成比表面大的片状、针状结晶或树枝状晶簇，这种结晶或晶簇易包裹母液，因而结晶质量大幅度地下降。

3. 放出来的结晶热借热传导方式释放到溶液中，可见，结晶既是一个传质过程也是一个传热过程。

相对而言，表面反应速率高，扩散速率低，则晶体质量好；反之，晶体质量差。即受扩散速率控制的晶体生长良好。表面反应速率与结晶温度的关系很大，结晶温度升高，表面反应速率加快，扩散速率基本不变，有利于晶体生长。因扩散速率∝浓度差（过饱和度大，浓度差大），所以，一切提高浓度差的因素都会增加扩散速率。而当扩散速率＞表面反应速率时，晶体质量就会下降。

（四）杂质对晶体生长速率的影响

杂质对晶体生长速率的影响有各种表现：抑制生长，促进生长，改变晶习。有的在较高浓度时才起作用，有的浓度小于 1 mg/kg 就起作用。杂质对晶体生长速率的影响途径有以下几点：

1. 通过改变溶液的结构或平衡饱和浓度，改变晶体与溶液之间界面上的液层的特性，影响溶质长入晶面。

2. 杂质本身在晶面上吸附，产生阻挡作用（如带菌发酵液直接结晶时，菌体黏附在晶体表面）。

3. 如晶格有相似之处，杂质有可能长入晶体内。晶体生长过快产生晶体缺陷和位错时，晶格不同也可能产生吸藏现象，杂质质点陷入产品晶体中。

▶▶ 三、影响结晶过程的因素

1. 过饱和溶液的形成

形成过饱和溶液主要可通过以下几种途径来实现。

① 蒸发部分溶剂法：通过蒸发部分溶剂使溶质的浓度达到溶解度以上，形成过饱和溶液。

② 饱和溶液冷却法：将饱和溶液冷却，降低溶质的溶解度，形成过饱和溶液。这种方式特别适合随温度降低而溶解度明显下降的体系。

③ 化学反应结晶法：加入某种反应剂使生成物的溶解度明显降低，从而形成过饱和溶液。

④ 盐析沉淀结晶法：有两种途径，加入另一种溶质——盐析剂或加入另一种溶剂。后者具有如下特点：其一，新溶剂应与原来溶剂（大多数情况下为水）能互溶；其二，生物产物在新溶剂中不能溶解，或者溶解度很小，而对于色素和其他杂质的溶解度是较大的；其三，新溶剂加入量大，约为 1~12 倍，一般为 5~8 倍，居于优势或绝对优势的地位，有利于提高收率。

生产中，为了进一步提高产品的纯度，在精制阶段往往还要采取重结晶工艺。即将粗制品或不合格产品，甚至已部分失效变质的产品，以适当的溶剂溶解，经脱色过滤等处理后，再以适当的方法将目标产物重新结晶出来的方法。在生物产物的纯化中杂质含量小于 5% 的物质一般适用重结晶。重结晶的关键是溶剂的选择问题。

2. 晶核的形成

控制好晶核的形成速度，对结晶晶体的大小、晶习、晶体的纯度、产品的收率等都有积极意义。一般是通过控制溶液的浓度在介稳区的某个范围内，过饱和度适当，使晶核不能自发形成，而可在诱导下被动形成，从而可控制结晶的质量。

3. 晶体的生长

在晶核形成的基础上控制好晶体的生长速度，既能保证产品质量，又能保证生产效率。

四、结晶操作和结晶设备

1. 结晶操作

结晶操作既要满足产品生产规模的要求,又要符合产品质量、粒度和粒度分布的要求。我国发酵产品的结晶过程目前仍以分批操作为主,其结晶设备一般比连续结晶设备简单。

（1）分批结晶

为了控制晶体的生长,获得粒度较均匀的产品,必须尽一切可能防止不需要的晶核生成。小心地将溶液的状态控制在介稳区内。有时可在适当时机向溶液中添加适量的晶种,使被结晶的溶质只在晶体表面上生长。用温和的搅拌,使晶体较均匀地悬浮在整个溶液中,并尽量避免二次成核现象。不同的操作方式对分批冷却结晶过程的影响可由图 14-15 来说明：

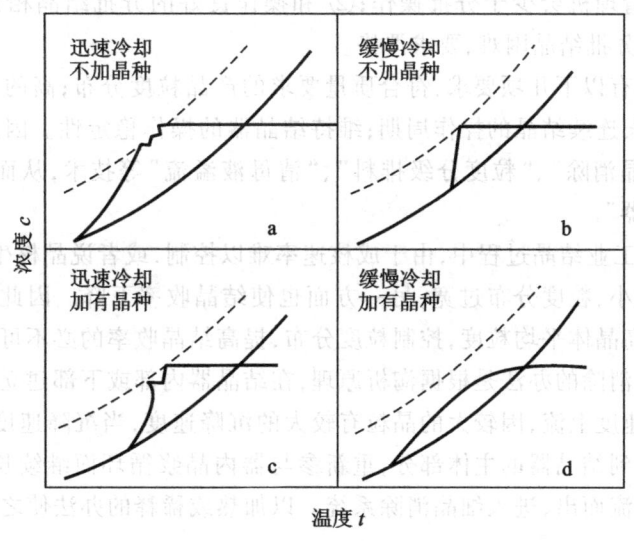

图 14-15 冷却结晶的操作方式

图 14-15a,不加晶种而迅速冷却。溶液状态很快穿过介稳区到达过饱和曲线上的某一点,出现初级成核现象,大量微小的晶核骤然产生,溶液的过饱和度迅速降低,过量的晶粒数和细小的晶粒使产品质量和结晶收率都差,属于无控制结晶。

图 14-15b,不加晶种,缓慢冷却。溶液状态也会穿过介稳区而到达过饱和曲线,产生较多晶核。过饱和度因成核而有所消耗后,溶液状态即回到介稳区。由于晶体生长,过饱和度迅速降低,此法对结晶过程的控制作用也有限。

图 14-15c,加晶种,迅速冷却。溶液状态一旦越过溶解度曲线,晶种开始长大。由于有溶质结晶出来,在介稳区内溶液的浓度有所下降,但因冷却速度过快,溶液状态仍可很快到达过饱和曲线,最后不可避免地会有细小晶核产生。

图 14-15d,加晶种而缓慢冷却。溶液中有晶种存在,且降温速率得到控制,在操作过程中,溶液状态始终保持在介稳区,而晶体的生长速率完全由冷却速度加以控制,可使溶液不致进入不稳区,所以不会发生初级成核现象。这种"控制结晶"的操作方法能够产生预定粒度的、合乎质量要求的匀整晶体。

上述情况也适用于蒸发或真空冷却分批结晶。

（2）连续结晶

连续结晶操作有很多显著的优点，特别是当生产规模大至一定水平，采用连续操作更为合理。其优缺点也可供分批操作借鉴。

连续结晶的优点：① 冷却法及蒸发法（真空冷却法除外）采用连续结晶操作费用低，经济性好。如谷氨酸冷冻等电点结晶时，可用低温废母液冷却发酵液，以节约冷冻量；② 结晶工艺简化，相对容易保证质量；③ 生产周期短，节约劳动力费用；④ 结晶设备的生产能力可比分批操作提高数倍甚至数十倍，相同生产能力则投资省，占地面积小；⑤ 操作参数相对稳定，易于实现自动化控制。

连续结晶的缺点：① 换热面和器壁上容易产生晶垢，并不断累积，使运行后期的操作条件和产品质量逐渐恶化，清理机会少于分批操作；② 和操作良好的分批结晶相比，产品平均粒度较小；③ 操作控制上比分批结晶困难，要求严格。

连续结晶的操作有以下几项要求：符合质量要求的产品粒度分布；高的生产强度；尽量降低晶垢产生速度，以延长连续结晶的操作周期；维持结晶器的操作稳定性。因此，在连续结晶的操作中往往要采用"细晶消除"、"粒度分级排料"、"清母液溢流"等技术，从而使结晶设备成为所谓的"复杂构型结晶器"。

① 细晶消除：在工业结晶过程中，由于成核速率难以控制，或者说晶核生成速率过高。一方面使晶体平均粒度过小，粒度分布过宽；另一方面也使结晶收率下降。因此"细晶消除"就成为连续结晶操作中，提高晶体平均粒度，控制粒度分布，提高结晶收率的必不可少的手段。

通常采用的细晶消除的办法是根据淘析原理，在结晶器内部或下部建立一个澄清区，在此区域内，晶浆以很低的速度上流，因较大的晶粒有较大的沉降速度，当沉降速度大于晶浆上流速度时，晶粒沉降下来，回到结晶器的主体部分，重新参与器内晶浆循环而继续长大。细小的晶粒则随着溶液从澄清区溢流而出，进入细晶消除系统。以加热或稀释的办法使之溶解，然后经循环泵重新回到结晶器中去。

② 产品粒度分级排料：它是将结晶器中流出的产品先流过一个分级排料器，然后排出系统。分级排料器可以是淘析腿、旋液分离器或湿筛，它将小于某一产品分级粒度的晶体截留后返回结晶器继续长大，达到产品分级粒度后才有可能作为产品排出系统。采用淘析腿时，调节腿内淘析液的上流速度，也可改变分级粒度。

③ 清母液溢流：清母液溢流是调节结晶器内晶浆密度的主要手段，增加清母液溢流量无疑可有效地提高器内晶浆的密度。清母液溢流有时与细晶消除相结合，从澄清区溢流出来的母液总会含有小于某一粒度的细小晶粒，所以不存在真正的清母液。由于它含有一定量的细晶，所以对结晶器而言也必然起着某种消除细晶的作用。有些情况下，将从澄清区溢流出来的母液分为两部分，一部分排出结晶系统；另一部分则进入细晶消除系统，消除细晶后再回到结晶器中。有时为了避免流失过多的固相产品组分，可使溢流而出的带细晶的母液先经旋液分离器或湿筛，而后分为两股，含较多细晶的流股进入细晶消除循环，含较少细晶的流股则排出结晶系统。

从另一角度看，清母液溢流的主要作用在于液相及固相在结晶器中具有不同的停留时间。在无清母液溢流的结晶器中，固液两相的停留时间相同。在有清母液溢流的结晶器中，固相的停留时间可延长数倍，这对于结晶这样的低速过程有重要的意义。

2. 结晶设备

工业结晶设备主要分冷却式和蒸发式两种,后者又根据蒸发操作压力分常压蒸发式和真空蒸发式。因真空蒸发效率较高,所以蒸发式结晶器以真空蒸发为主。而且由于蒸发温度较低,能在一定程度上保持生物产物的生物活性,所以比较适合生物产物的结晶。选用何种类型的结晶器要根据目标产物的溶解度曲线而定。

根据操作方式的特点,结晶设备可分为间歇式和连续式。在抗生素生产中,应用连续结晶设备操作,具有以下优点:

① 由于连续结晶时物料一边进、一边出,节省了辅助操作时间和劳动力;

② 由于单罐结晶设备敞口,装料系数就比连续结晶封闭设备小,仅相同设备装料量,连续结晶提高20%左右;

③ 连续结晶时,在混合器中不断形成晶种,又有较高浓度的溶液不断进入,有利于化学反应平衡向产物方向移动,因而可适当减少结晶维持停留时间;

④ 符合药品生产管理规范(GMP)要求的密闭操作;

⑤ 单罐结晶易产生差异,质量不易控制,而连续结晶操作连续化,有利于提高产品质量;

⑥ 连续结晶的温度、流量可实现自动控制。

以土霉素为例介绍连续结晶设备和操作。土霉素是两性化合物,采用调 pH 到等电点的方法进行等电结晶。具体工艺为:

土霉素酸性水溶液(脱色液)用碱化剂(如15%氨水、2%的亚硫酸钠),调节 pH 4.4~4.8(等电点),土霉素结晶析出。在土霉素连续结晶中,当两相溶液接触混合时,几乎在接触瞬间就形成了晶核(晶种),晶核源源不断逐级进入下一级结晶罐,见图14-16。土霉素晶核成长时间,单罐结晶约为 50~60 min。连续结晶由于一开始就形成大量晶核,因而结晶时间相应地稍有缩短。结晶温度对结晶大小、晶形、晶水、效价等有一定影响。连续结晶温度控制仍同单罐,结晶温度为 28~32 ℃。

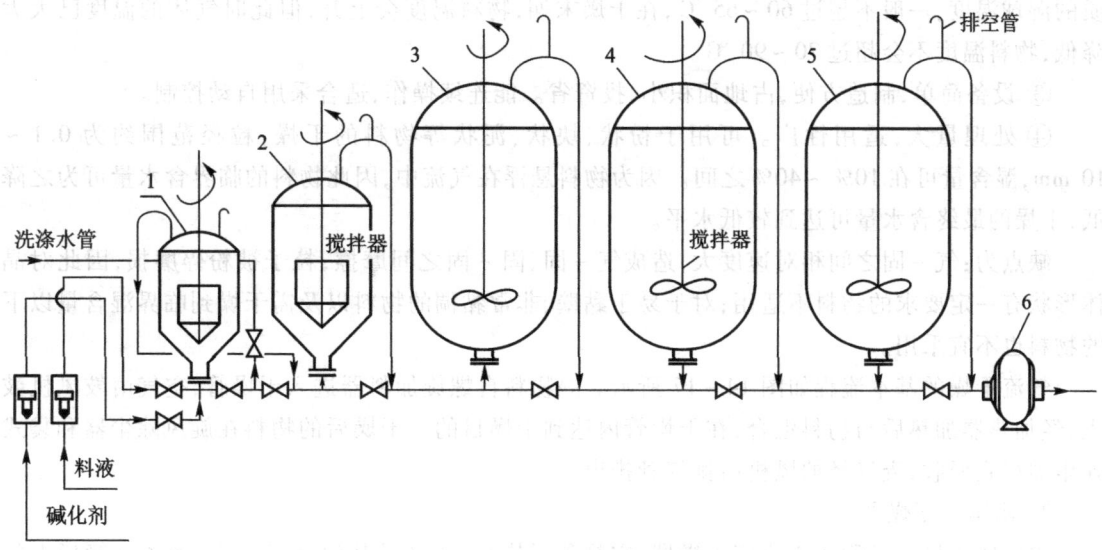

图 14-16 土霉素连续结晶设备流程示意图
1,2,3,4,5-分别为一、二、三、四、五级结晶罐;6-过滤器

土霉素连续结晶过程,实际上是土霉素酸性水溶液在等电点范围内析出土霉素碱的过程。结晶的设备也可称为反应器,图中,一级反应器内两种溶液(土霉素脱色液和碱化剂)迅速混合、调 pH 4.4~4.8,此反应器称为混合器,以后各级反应器主要是维持结晶的时间和使结晶完全。为了减少返混和保持均匀,一级结晶器宜小,二级结晶器稍大,后三级结晶器较大。

第三节 干 燥

干燥是发酵生产中最后一道工序,目的在于除去发酵产物中所含的水分(或溶剂),以提高产品的稳定性,有利于加工、贮存和使用。

▶▶ 一、干燥器和干燥工艺

(一) 干燥器

1. 气流干燥设备

气流干燥是一种连续式高效固体流态化干燥方法,它把呈泥状、粉粒状或块状的湿物料送入热气流中,与之并流,从而得到分散成粒状的干燥产品。气流干燥设备有以下优点:

① 由于气流速度高,被干燥物料在汽流中分散成悬浮状态,因此气-固相间的接触面积很大(即干燥有效面积大),而且在气-固之间存在一定的相对速度,汽化表面不断更新,膜阻力减小,因此传热、传质过程得到加强。如旋风式气流干燥器的干燥强度可达 2.69 kg 水/($m^2 \cdot h$) 直管式气流干燥器的体积传热系数 α_a 值,对于含非结合水的物料为 $(1\,000 \sim 3\,000) \times 4.18$ kJ/($m^3 \cdot h \cdot ℃$),对含结合水的多孔物料约为 $(500 \sim 1\,000) \times 4.18$ kJ/($m^3 \cdot h \cdot ℃$)。

② 干燥时间短。物料在干燥器内停留时间很短,一般为 0.2~2 s,最长 5 s。而物料的热变性一般是温度和时间的函数,对热敏性或低熔点物料不会造成过热而变性。因此可采用较高温度的空气作干燥介质,由于气-固相的并流作用,物料在表面汽化阶段始终处于与其接触干燥介质的湿球温度,一般不超过 60~65 ℃,在干燥末期,物料温度会上升,但此时气体的温度已大大降低,物料温度不会超过 70~90 ℃。

③ 设备简单,制造方便,占地面积小,投资省。能连续操作,适合采用自动控制。

④ 处理量大,适用性广。可用于粉状、块状、泥状等物料的干燥,粒径范围约为 0.1~10 mm,湿含量可在 10%~40%之间。因为物料悬浮在气流中,因此物料的临界含水量可为之降低,干燥的最终含水量可达到较低水平。

缺点为:气-固之间相对速度大,造成气-固、固-固之间摩擦,粒子被粉碎磨损,因此对晶体形状有一定要求的物料不适用;对于易于黏壁、非常黏稠的物料以及需干燥到临界湿含量以下的物料也不宜采用。

气流干燥的基本流程如图 14-17 所示。湿物料自螺旋加料器进入干燥管,空气由鼓风机鼓入,经加热器加热后与物料汇合,在干燥管内达到干燥目的。干燥后的物料在旋风除尘器和袋式除尘器得到回收,废气经抽风机由排气管排出。

2. 沸腾床干燥器

沸腾床干燥器又称作流化床干燥器,它是利用热空气流(或其他高温气体)使置于筛板上的颗粒状或粉状湿物料呈沸腾状态的干燥过程。

第十四章 发酵产物的纯化原理与技术

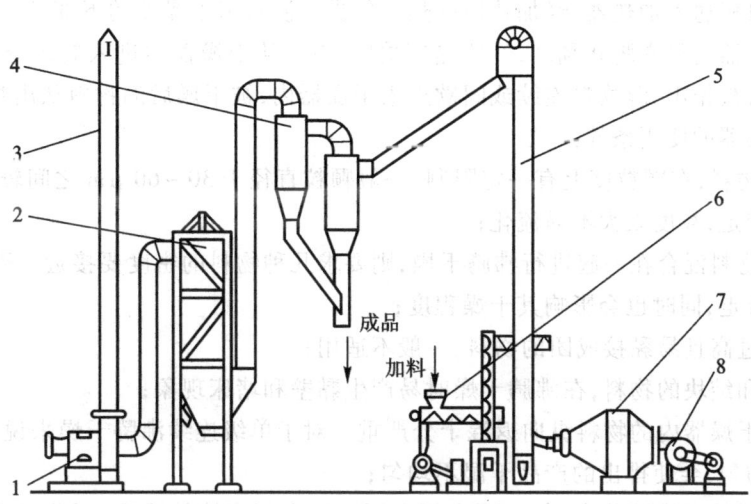

图14-17 气流干燥基本流程图

1-抽风机；2-袋式除尘器；3-排气管；4-旋风除尘器；5-干燥管；6-螺旋加料器；7-加热器；8-鼓风机

在沸腾干燥时，热空气的流速保持在颗粒临界流化速度与颗粒带出速度（即自由沉降速度）之间，此时颗粒在热空气中呈沸腾状翻动，因此在颗粒周围的滞流层几乎消除，气固间的传热效果优于其他干燥设备。由于固体呈分散沸腾状，气固间接触面积较大，传热传质效果好。干燥器内的温度较均匀，易于控制，不易发生物料过热现象。另外，由于物料在沸腾床干燥器内停留时间可以控制，因此可以使物料的终点水分降到较低的要求。沸腾床干燥器的容积传热系数可达 $8360 \sim 25000 \text{ kJ/(m}^3 \cdot \text{h} \cdot \text{℃)}$。此外，由于沸腾床干燥器密封性好，产品纯洁度易于保证，加上设备结构简单，在同一设备内，既可连续操作，又可间歇操作，机动性较好，因此在各行业得到广泛应用。抗生素生产中如头孢菌素锌盐的干燥、灰黄霉素菌丝造粒后干燥均采用沸腾床干燥器。图14-18为最简单的单层圆筒形沸腾床干燥装置流程示意图。

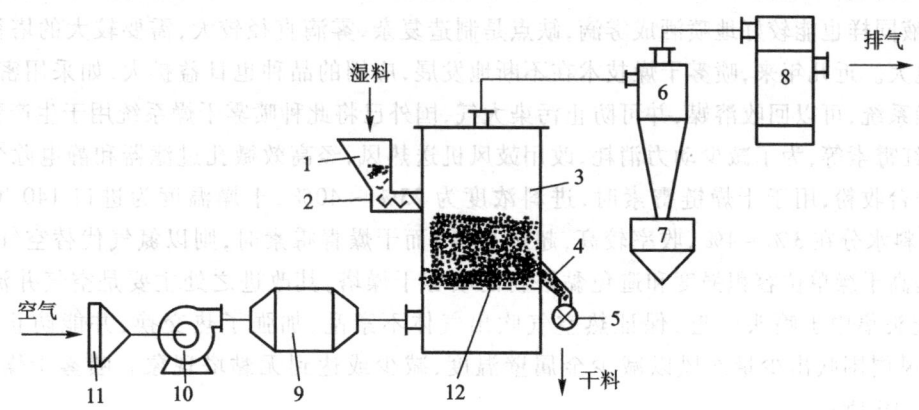

图14-18 单层圆筒形沸腾床干燥流程

1-料斗；2-螺旋加料器；3-干燥室；4-卸料管；5-星形卸料器；6-旋风分离器；7-料斗；8-袋滤器；9-加热器；10-风机；11-空气过滤器；12-气体分布板（筛板）

空气由鼓风机送入加热器,经加热后的热空气进入沸腾床干燥器的下部,通过多孔板使被干燥的物料在干燥器内呈沸腾状翻动,经传热传质后,空气从干燥器顶进入旋风分离器,捕集被夹带的细粉物料后被排出,湿物料连续或间歇进入干燥器内,被干燥后的物料从出料口引出。

沸腾床干燥器的使用条件:

① 对干燥物料,在颗粒度上有一定限制,一般颗粒直径于 $30 \sim 60\ \mu m$ 之间较为合适,粒度太小易被气流夹带走,粒度太大不易流化;

② 若几种物料混合在一起进行沸腾干燥,则要求几种物料的密度要接近。否则密度小的物料易被气流夹带走,同时也会影响其干燥程度;

③ 含水量过高且易黏接成团的物料,一般不适用;

④ 易黏壁和结块的物料,在沸腾干燥时易产生黏壁和堵床现象;

⑤ 沸腾床干燥器内的物料纵向返混十分严重。对于单级连续沸腾干燥来说,因物料在设备内停留时间不均匀,会使排出的产品干湿不均匀;

⑥ 由于物料处于沸腾状态,气-固之间和固-固之间摩擦较严重,因此对产品外观要求严格的物料不适用。

沸腾床干燥器的型式很多,有代表性的沸腾床干燥器为单层圆筒形沸腾床干燥器、多层沸腾床干燥器和欧式多室沸腾床干燥器。

3. 喷雾干燥器

喷雾干燥装置种类也很多。目前国内外发酵工业采用较多的是气流式喷雾干燥器和离心式喷雾干燥器两种。气流式喷雾干燥器是将料液用 $0.15 \sim 0.5\ MPa$(表压)的压缩空气,一起经特殊的喷嘴喷出,料液在高速气流的作用下,克服表面张力而形成雾滴,再经热空气气流干燥,即可直接获得粉末,故可省去蒸发、结晶、分离、粉碎等工序。其缺点是干燥介质用量多,动力消耗大,单个喷嘴生产力小,处理量少,收率低(除黏塔粉外,旋风分离器未能有效地把 $1 \sim 5\ nm$ 粉末收集,尚需袋滤等后集尘处理)等。

离心式喷雾干燥器是将料液注入急速旋转的喷雾盘上,在离心力的作用下喷洒成细微的雾滴,喷盘的转速,一般在 $500 \sim 2\ 000\ r/min$,其圆周速度为 $100 \sim 160\ m/s$,其优点是产量高,黏稠液、悬浮液同样也能较好地喷洒成雾滴,缺点是制造复杂,雾滴直径较大,需要较大的塔径,且动力消耗也大。近几年来,喷雾干燥技术在不断地发展,应用的品种也日益扩大,如采用密闭循环喷雾干燥系统,可以回收溶媒,并可防止污染大气,国外已将此种喷雾干燥系统用于生产青霉素、四环素、红霉素等,为了减少动力消耗,改用鼓风机送热风,经高效微孔过滤器和静电除尘器,在层流工作台收粉,用于干燥链霉素时,进料浓度为 25% ~ 40%,干燥温度为进口 140 ℃,出口 95 ℃,出料水分在 3% ~ 4%,收率较高,超过 97%;而干燥青霉素时,则以氮气代替空气。另有一种能提高干燥单位容积强度和避免黏塔粉的喷雾干燥塔,其改进之处主要是空气并流引入,空气分配头集中于喷头附近,保证热空气吹出气体不紊乱,加强了热交换,并能防止细粉过热,在热风周围吹出少量冷风以减少金属壁温度,减少或达到无黏塔现象。喷雾干燥的原理如图 14-19 所示。

喷雾干燥的原理是浓缩液经雾化器在外力的摩擦作用下,将膜状浓液粉碎成细丝状,然后断裂,在表面张力作用下形成细微液滴,其与热空气接触的表面积立刻增加几百倍,强化汽化速度,在数十秒内达到干燥之目的。

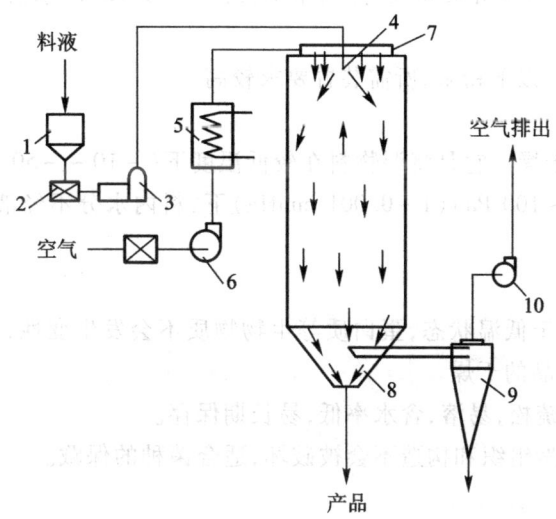

图 14-19 喷雾干燥装置流程图

1-料液槽;2-过滤器;3-泵;4-雾化器;5-空气加热器;
6-风机;7-空气分布器;8-干燥室;9-旋风分离器;10-排风机

而抗生素的喷雾干燥流程有别于一般喷雾干燥,它必须满足"GMP"的要求。

喷雾干燥中用雾化器将溶液、乳浊液、悬浊液等(含水量50%以上)喷成雾滴分散于热气流中,在液滴下落过程中,水分迅速被蒸发,产生粉末状或颗粒状干燥成品。由于喷成雾状液滴的蒸发表面极大(每千克溶液雾化后有 $100 \sim 600\ m^2$ 的蒸发表面),因此干燥时间极短,一般为数秒或数十秒。因此它特别适用于不能借结晶方法得到固体成品而又热敏的生物产品。如氨基糖苷类抗生素、链霉素、卡那霉素、庆大霉素等。

喷雾干燥器的优点:

① 干燥速度十分迅速,雾化后的液滴为 $10 \sim 50\ \mu m$ 左右,在高温气流中,瞬间可蒸发 95%~98%的水分,完成干燥时间约 $5 \sim 40\ s$ 左右。

② 干燥过程中液滴温度不高。即使采用高温热风,在干燥初期,物料温度不会超过周围空气的湿球温度(t_w),由于物料停留时间短,产品温度不会很高,因此干燥产品质量好。适合于热敏性物料的干燥。

③ 由于干燥过程在空气中完成,产品基本上保持与液滴相近似的球状,具有良好的分散性、流动性和溶解性。

④ 生产过程简化,由于料液直接雾化干燥得成品,省去浓缩结晶、分离、粉碎等工序。产品的粒径、松密度、含水量等参数,在一定范围内可调整。

⑤ 整个过程可在密闭条件下进行,能满足抗生素等产品的无菌要求,改善操作环境,并可连续化大规模生产。

喷雾干燥器的缺点:

① 当热风温度低于150℃时,其体积传热系数较低[约为 $83.6 \sim 418\ kJ/(m^3 \cdot h \cdot ℃)$],此时蒸发强度小,因而要求干燥塔体积较大。

② 能耗大，因为干燥所需介质量大，热利用率很低，蒸发 10 kg 水需 1.5×10^5 kJ 的热量，热量损失达 80% 左右。

③ 废气中回收 5 μm 以下粉末，所需装置要求较高。

4. 冷冻干燥设备

冷冻干燥亦称升华干燥。它是将湿物料在较低温度下（$-10 \sim -50$ ℃）冻结成固态，然后将其放置于高度真空（0.1~100 Pa）（1~0.001 mmHg）下，料内水分不经液态直接升华成气态，物料脱水为成品。

冷冻干燥的优点：

① 整个干燥过程处于低温状态，蛋白质等生物物质不会发生变性，无氧化以及其他化学反应，因此特别适合生物产品的干燥。

② 冷冻干燥后产品疏松，易溶，含水率低，易长期保存。

③ 冷冻干燥后的天然组织和构造不会被破坏，适合菌种的保藏。

冷冻干燥的缺点：

① 设备投资大，运行动力消耗多。

② 干燥时间较长。

冷冻干燥原理：

水可以在不同温度和压力下形成气态、液态和固态。不论是液态的水还是固态的水，在不同的温度下都具有不同的饱和蒸气压，冰在低于其饱和蒸气压的真空度下，水分就会升华蒸发，所以一般在冷冻干燥时，所采用的真空度约为相对应的温度下冰的饱和蒸气压的 1/2~1/4，如 -40 ℃ 干燥操作，此时冰的饱和蒸气压为 13 Pa（0.097 mmHg），而采用的真空度为 6~7 Pa（0.02~0.05 mmHg）。

在冷冻干燥时可不事先将湿物料预冻，而是利用高真空时水分汽化吸热而将物料自行冻结。这种冻结叫做蒸发冻结，其优点为能耗低，但是该操作法易使溶液产生泡沫或产生飞溅从而使物料损失，同时也不易获得多孔性的均匀干燥产品。

在冷冻干燥中，升华温度一般为 $-35 \sim -5$ ℃。抽出的水分可在冷凝器上冷冻聚集或吸收于吸湿剂或直接为真空泵排出，升华时需要热量，可直接由所处理的物料供给，或者经干燥室的间壁通过热介质由外界供给。如无外界供给热量则物料的温度将随之降低，以至于冰的蒸汽压过分降低而使升华速率降低。因此，在控制干燥速率下，既要供给物料热量，又要避免固体物的融化。

冷冻干燥过程分为两个阶段。第一阶段，在低于熔点的温度下，将水分从冻结的物料内升华，大约有 98%~99% 的水分均在此除去。第二阶段中，将物料温度逐渐升到或略高于室温，此时物料中的水分已很低，不会再融化了，经此阶段水分可减少到低于 0.5%。

由于冷冻干燥对产品的破坏程度最低，而且产品疏松易溶，因而十分适合生物制品的干燥。目前冷冻干燥主要用于不能以结晶方法得到产品而直接从浓缩液经干燥得到成品的场合。虽然喷雾干燥亦可直接从浓缩液得到产品，但其成品质量不论从效价、色泽、易溶性等方面均不如冷冻干燥。另外在一些微量制剂的分装中，如一些抗肿瘤的抗生素，每瓶内含量仅在 10 mg 以下，不能用直接称量法分装，但可用其溶液定量法注入瓶内，进行冷冻干燥，就可获得准确含量的微剂量抗生素制品。

冷冻干燥设备大致可由四部分组成,即冷冻部分、真空部分、水汽去除部分和加热部分。

5. 真空干燥设备

真空干燥为物料置于抽真空的干燥器内,物料所含水分由液态变成气态,蒸汽不断被抽出,物料达到干燥之目的。真空干燥的操作压力在 610 Pa(4.6 mmHg)到一个大气压之间,真空度愈低,汽化温度愈低,干燥的推动力就愈大。凡是不能经受高温的热敏性物料,以及在空气中易氧化、易燃、易爆等危险物料,或在干燥过程中会挥发有害、有毒气体、被除去的蒸汽需要回收的场合,都可采用真空干燥方法。因此真空干燥设备特别适合某些生物产物的干燥,如青霉素、红霉素等。

根据真空干燥设备的操作方式可分两类:一类为连续真空干燥设备,如真空滚筒式干燥器、真空带式干燥器、真空圆盘式干燥器;另一类为间歇式真空干燥设备,如真空箱式干燥器、双锥回转式真空干燥器等。双锥回转式真空干燥机结构示意如图 14-20。

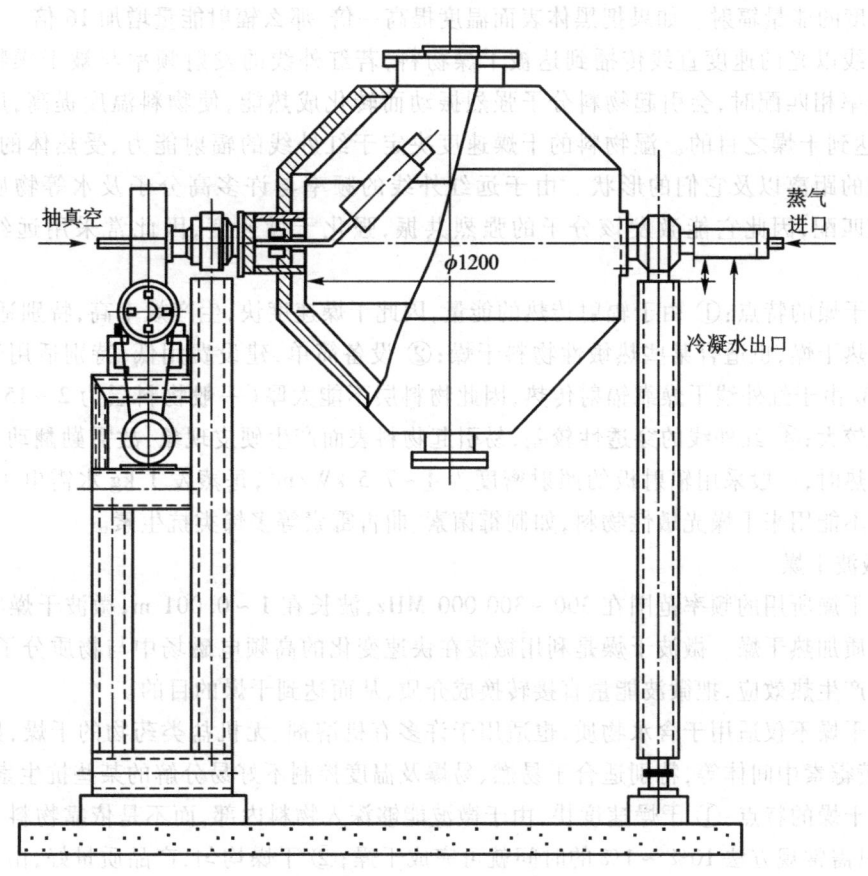

图 14-20 双锥回转式真空干燥机结构示意图

该设备由带夹套的容器(呈双锥形)、加热装置、真空装置及驱动装置组成,有的还配有蒸汽冷凝回收装置。物料装入双锥容器内,回转中物料靠重力混合搅拌,夹套内通入一定温度的热水,间接加热,容器内抽真空,以较低的干燥温度得到较高的干燥速率。因此特别适合热敏性物料的干燥,另外双锥不断回转,物料不断翻动混合,产品质量均一,在青霉素干燥、土霉素干燥中已被推广应用。

国内双锥回转真空干燥机已经系列化。真空干燥效果主要取决于物料在容器内形成的最佳物流状态、最大的物料蒸发表面积及最大的排气空间三个因素。当装料量大时,物料蒸发面积减少,排气空间小,干燥速率下降;而装料量少时,产量小,不经济,因此需针对特定产品试验得到最佳装料量。一般物料装量为双锥容器的30%～50%,若干燥容积变化较大的物料,其装料量可达全容积的65%。

6. 红外线干燥

红外线和可见光一样都是电磁波,它们之间的区别为波长不同。红外线的波长为0.77～1 000 μm。也就是它介于可见光和微波之间,一般把波长0.77～3.0 μm的称作近红外区,3.0～30.0 μm的称作中红外区,30.0～1 000 μm的称作远红外区。

根据斯特藩－玻尔兹曼定律,黑体的全辐射能量与波长无关,而和绝对温度的四次方成正比。因此温度为绝对零度时,物体没有辐射能量,但在绝对零度以上时,任何低温物体都有相当于物体温度的能量辐射。如果把黑体表面温度提高一倍,那么辐射能量增加16倍。

红外线以光的速度直线传播到达被干燥物料,若红外线的发射频率与被干燥物料中分子的运动频率相匹配时,会引起物料分子强烈振动而转化成热能,使物料温度提高,所含水分汽化,从而达到干燥之目的。湿物料的干燥速度决定于红外线的辐射能力、受热体的吸收能力、两者之间的距离以及它们的形状。由于远红外线的频率与许多高分子及水等物质的分子固有频率相匹配,因此它能激发该分子的强烈共振,强化干燥速度,因此常采用远红外线干燥物料。

红外干燥的特点:① 由于辐射传热的能量,因此干燥速度快,生产效率高,特别适用大面积、表层的加热干燥,也适合某些热敏性物料干燥;② 设备简单,建设费用低,特别适用于小批量成品干燥;③ 由于红外线干燥靠辐射传热,因此物料层不能太厚(一般物料层为2～15 mm),所以设备体积较大;④ 红外线的穿透性较差,易引起物料表面产生硬皮现象,故需勤翻动,能耗较大。当用电加热时,一般采用辐射板的照射密度为4～7.5 kW/m²,每蒸发1 kg水需电1.5 kW·h。这种方法不能用来干燥光敏性物料,如制霉菌素、曲古霉素等多烯类抗生素。

7. 微波干燥

微波干燥所用的频率范围在300～300 000 MHz,波长在1～0.001 m,微波干燥实质上是一种微波介质加热干燥。微波干燥是利用微波在快速变化的高频电磁场中与物质分子相互作用,被吸收而产生热效应,把微波能量直接转换成介质,从而达到干燥的目的。

微波干燥不仅适用于含水物质,也适用于许多有机溶剂、无机盐类药物的干燥,如四环类抗生素、灰黄霉素中间体等,特别适合于易燃、易爆及温度控制不好易分解的某些抗生素。

微波干燥的特点:① 干燥速度快,由于微波能够深入物料内部,而不是依靠物料本身的热传导,因此只需常规方法10%～1%的时间就可完成干燥;② 干燥均匀,产品质量好,由于微波干燥是从物料内部加热干燥,而且有自动平衡性能,所以被干燥物料形状复杂,干燥也均匀;③ 有一定的选择性。微波加热干燥与物料的性质有密切关系,介电常数高的介质,容易用微波来干燥。而水的介电常数特别高,能够强烈吸收微波,所以干燥含水物料时,水分比干物料吸收热量大得多,温度也就高得多,很容易蒸发,而物料本身吸收热量少,且不过热,因此能保持原有的特色,对提高产品质量有好处;④ 热效率高,一般可高达80%。

微波干燥的主要缺点是费用较高。

微波干燥设备主要由直流电源、微波管、传输线或波导、微波炉及冷却系统等几个部分所组成。

（二）干燥工艺

1. 干燥工艺的确定

干燥操作分为单批间歇操作和连续操作，具体采用哪种操作形式要根据所处理物料的数量和性质来决定。被干燥物料的状态和物料化学性质是决定干燥介质种类、干燥方法和干燥设备的重要因素，也是决定干燥工艺的重要因素。

根据物料的不同状态，可把物料分为溶液及泥浆状物料、冻结物料、膏糊状物料、粉粒状物料、块状物料、棒状物料、短纤维状物料、不规则形状的物料、连续的薄片状物料、零件及设备涂层等。

被干燥物料的理化性质主要从以下几方面来把握：

① 物料的化学性质，如组成、热敏性、物料的毒性、可燃性、氧化性和酸碱性、摩擦带电性、吸水性等。

② 物料的热学性质，如物料含水率、假密度、真密度、比热、导热系数及粒度和粒度分布。对于原料液还应知道原液的浓度、黏度及表面张力等。

③ 其他性质，如膏糊状物料的黏附性、触变性（即膏糊状物料在振动场或在搅动条件下，可从塑性状态过渡到具有一定流动性的性质），这些性质在设计干燥器及加料器时可加以利用。

在充分了解被干燥物料性质的基础上，还应结合所选干燥器的型式，进一步了解在干燥过程中物料及干燥介质的变化情况。

在综合设备、被干燥物料性质的基础上，还要考虑运行的经济性，才有可能正确决定干燥设备和干燥工艺。

2. 干燥器的选择

干燥器的选择是确定干燥工艺的一个重要步骤。干燥器选择是否恰当合理，是所确定的干燥工艺是否成功的关键。干燥器选择所要考虑的因素与决定干燥工艺基本相同。

▶▶ 二、干燥的应用和节能

1. 干燥技术的应用

由于生物产品多是热敏性物料，多数产品还具有生物活性，因此，在干燥过程中控制干燥温度和干燥时间特别重要。物料停留时间短、温度较低的干燥技术及相关设备在生物工业中特别适用，因此，气流干燥和喷雾干燥目前在生物技术领域得到广泛应用。例如在酶制剂工业、氨基酸工业、抗生素工业等中已得到广泛应用。而对于某些特殊的生物制品，只有采用冷冻干燥才能保证制品的品质，如某些酶制剂等等。随着生物技术及干燥设备的进步与发展，选择高效能、作用条件温和、适合被干燥物料性质的干燥技术与设备，对提高生物制品的品质，提高产品的经济性，起着越来越显著的作用。

2. 干燥过程的节能

物料的干燥是能耗很大的单元操作。因此，降低干燥的能耗，对于降低产品的成本有重要的意义。降低干燥过程的能耗，应考虑干燥过程的各个方面及各个环节，在保证产品收率和质量的前提下，从总体上达到最佳的节能效果。下面的一些方法及措施可供参考。

① 应用高效能的干燥装置,以提高物料的干燥速率和节能效果,从而使整个生产工艺都得到改进;

② 扩大干燥介质的种类。除热空气外,应用惰性气体、高温燃气,特别是应用过热蒸汽作为干燥介质,具有很多优点。首先过热蒸汽可循环使用,故热效率很高。过热蒸汽干燥物料表面没有惰性气膜,因此给热与干燥速率可有显著提高,再加上热水蒸汽的用量仅为空气用量的一半,这样,干燥器、换热器及吸尘器等体积都可作相应缩小;

③ 应用干燥基础理论,如湿分在物体内部迁移机理,以改进有关干燥过程。如在研究湿分在沸腾床干燥中不同干燥时期的迁移规律后,建议在恒速阶段用高气速,使物料在全混态下快速干燥。而在进入降速阶段后,则采用低气速,使物料在活塞流移动床状态下循序前进,这样不但消耗热汽少,且物料干燥程度均匀,尚可减少物料在床层内的停留时间。在这样组合后,干燥速率可提高1倍,而单位脱水量的热耗又可降低一半;

④ 在干燥前尽量降低物料的湿含量;

⑤ 干燥过程中废气带走的热量占总热量的比例很大,若能降低这一热量的输出,则能大大提高干燥过程的热效率;

⑥ 在保证干燥物料质量的前提下,尽量采用高温干燥;

⑦ 其他措施:如改善保温,防止热风泄漏,防止物料的过度干燥,采用部分废气循环和对废热进行回收,以及采用热泵干燥器等。

本章提要

1. 介绍了蒸发及操作适用的情况和能够进行的条件。

2. 介绍了蒸发的分类和基本流程以及各种操作方法。

3. 全面系统地介绍各种蒸发器和蒸发系统,包括循环型蒸发器(标准式蒸发器、悬筐式蒸发器、外热式蒸发器、列文式蒸发器和强制循环蒸发器)、非循环型蒸发器(单流式长管薄膜蒸发器、循环式薄膜蒸发器、刮板式薄膜蒸发器、离心式薄膜蒸发器)的操作原理和要点,以及蒸发器和附属设备的结构和功能。

4. 介绍了结晶的基本概念,包括晶体性状、饱和曲线和过饱和曲线,结晶的实质、前提和推动力,以及结晶过程和影响晶体纯度的因素。

5. 结晶动力学涉及初级成核现象和二次成核现象,以及工业结晶过程中控制成核现象的措施。

6. 晶体的生长和杂质对晶体生长速率的影响,以及影响结晶过程的因素为本部分的重点。同时还介绍了结晶操作和设备。

7. 重点介绍了各种干燥器的工作原理和干燥工艺,包括气流干燥器、沸腾床干燥器(流化床干燥器)、喷雾干燥器(喷雾式或离心式)、冷冻干燥器(升华干燥器)、真空干燥器、红外线干燥、微波干燥。

8. 干燥过程是发酵工厂能耗较大的工序,本章提供了一些干燥过程中节能的参考措施。

Chapter Summary

Chapter 14 Purification Principles and Techniques for Fermentation Products Recovery

1. The conditions and restrictions for evaporation to be carried out are stated.
2. The evaporation categories, basic flow chart and kinds of operation modes are introduced.
3. An sytematic overall introduction to the operation principles and key points of evaporators and evaporation systems, including circulation evaporators, non-circulation evaporators is provided, as well as the structure and function of evaporators and their accessories.
4. An introduction to the crystallization terms including saturation curve, supersaturation curve, the driving force of crystallization is provided. Further an introduction to the crystallization process and the key factors affecting purity is given.
5. Growth kinetics of nuclei and methods to control nuclei formation in industrial crystallization process are discussed.
6. Crystal growth and effect of impurities on the growth speed of crystals as well as the factors affecting the crystallization process are the key point of this part. Also an introduction to the operation mode and equipments is provided.
7. An introduction focused on the principles and technology of driers, including gas drier, fluidized-bed driver, spray drier, refrigerated drier, vaccuum drier, ultrared wave drier, and microwave drier is provided.
8. Drying is an unit costing much energy in fermentation plant. And some methods are provided to reduce the energy cost during drying.

关 键 术 语

蒸发	自然蒸发	沸腾蒸发
传热过程	二次蒸汽	水蒸气
单效蒸发器	多效蒸发器	真空蒸发
夹带损失	沸点升高	结垢
常压蒸发	加压蒸发	减压蒸发
不凝气体	完成液	间歇蒸发
连续蒸发	非稳态操作	稳态操作
循环型蒸发器	悬筐式蒸发器	外热式蒸发器
列文式蒸发器	强制循环蒸发器	自然循环蒸发器
非循环型蒸发器	膜式蒸发器	单流式长管薄膜蒸发器
升膜式蒸发器	爬膜	降膜式长管蒸发器

升－降膜式长管蒸发器	循环式薄膜蒸发器	刮板式薄膜蒸发器
离心式薄膜蒸发器	除沫器	混合冷凝
结晶	自范性	各向异性
均匀性	饱和曲线	过饱和曲线
稳定区	介稳区	不稳区
晶核	吸藏	晶浆
母液	晶簇	包藏
晶习	初级均相成核	初级非均相成核
初级成核	二次成核	接触成核
成核速率	运动单元	结合体
晶坯	开尔文方程式	液体剪应力成核
接触成核	境界膜	重结晶
分批结晶	连续结晶	细晶消除
产品粒度分级排料	清母液溢流	干燥
气流干燥	沸腾床干燥（流化床干燥）	真空干燥
喷雾干燥（喷雾式或离心式）	冷冻干燥（升华干燥）	蒸发冻结
红外线干燥	微波干燥	触变性

复习思考题

1. 何为蒸发？蒸发的目的是什么？蒸发操作常用于什么情况？在什么条件下进行？
2. 蒸发分为几类？请写出蒸发的基本流程并说明各种蒸发操作的方法。
3. 试说明各种蒸发器和蒸发系统的操作原理和应用。
4. 结晶过程分为哪几个阶段？各阶段的特征是什么？
5. 结晶的首要条件是什么？制备过饱和溶液一般有哪几种方法？
6. 在发酵产物精制过程中，除特殊产品外一般要求制得的晶体粗大而均匀些，请说明理由。
7. 过饱和度是结晶的推动力，在实际结晶操作中，过饱和度是越大越好吗？为什么？
8. 在采用加晶种进行结晶的工艺中，如何掌握加晶种的时机？
9. 说明气流干燥、沸腾床干燥（流化床干燥）、喷雾干燥（喷雾式或离心式）、冷冻干燥（升华干燥）、真空干燥、红外线干燥和微波干燥的原理、设备和工艺要点。
10. 干燥过程可以怎样降低能耗？

第四篇

与发酵工程相关的生物技术

第四篇

第十五章 动植物细胞大规模培养技术原理

　　动植物细胞培养是指动、植物细胞在体外条件下的存活或生长。由于动植物细胞在结构与生理等方面与微生物细胞有很大差别,因此动植物细胞培养在很多方面与微生物细胞培养有着较大差异。例如大多数动物细胞大、无细胞壁且为贴附生长,即细胞必须附着在固体或半固体的表面才能生长;在动植物细胞培养的培养基中都需添加一些特殊物质,如血清、生长调节物质等;对 pH、溶氧、温度、剪应力、无菌要求等条件的控制都比微生物培养更加严格。

　　利用动植物细胞的大规模培养,人们可以获得微生物不能产生的有重要价值的生物物质,如毒素、疫苗、干扰素、单克隆抗体、色素等。自 20 世纪 50 年代以来,这方面已取得一些进展,但是,目前的技术还远不能满足细胞生物产品应用的要求,很多技术还停留在实验室研究阶段。随着动植物细胞培养技术研究的深入以及工程技术的发展,动植物细胞的大规模培养已经显示出广阔的发展前景。

第一节　动物细胞大规模培养技术

　　动物细胞培养是从动物体内取出细胞或组织,模拟体内的生理环境,在无菌、适温和丰富的营养条件下,使离体细胞生存、生长并维持结构和功能的技术。

　　动物细胞培养技术起源于 19 世纪所应用的某些胚胎学技术。美国生物学家 Harrison 在 1907 年将蛙胚的神经组织培养在淋巴液中,保持存活了几周时间,因此开创了动物组织培养的先河。1912 年 Carrel 特别注意到实验中的无菌操作,并发现鸡胚胎抽提液有促进细胞生长的作用,从而揭示了离体的动物组织在培养条件下具有近于无限生长和繁殖的能力。1923 年他又设计了卡氏培养液,使人们可以进一步研究细胞的营养问题。

　　20 世纪 40 年代以后,从事动物组织培养的各国科学家把研究的重点集中在培养基的改造上。20 世纪 80 年代以后,随着细胞融合技术、DNA 重组技术及基因表达调控技术的发展,已经能够把特定的外源基因通过 PCR 技术扩增几千倍,并可转染到动物细胞内,使其得到高质量的表达。动物细胞培养技术生产的许多特殊生物制品是其他植物、微生物细胞培养所无法取代的。随着基因重组技术和单克隆抗体技术的发展,动物细胞培养已经展现出越来越可观的工业化前景。动物细胞培养技术不仅在实验室,而且在大规模工业生产中已经逐渐得到应用。近年来,某些动物细胞培养的规模已经达到了 2 000~10 000 L 规模。

一、动物细胞的形态

根据离体细胞在体外生长时是否贴壁的性质,有贴壁型细胞和悬浮型细胞两种。贴壁型细胞根据细胞在支持物上贴附生长时的形态,大致分为四种类型。

1. 上皮细胞型

上皮细胞型(epithelium cell type)细胞呈扁平不规则多角形,中央有圆形胞核,彼此紧密连接,呈单层生长状态。起源于外胚层和内胚层的细胞,如皮肤表皮及衍生物(汗腺、皮脂腺等)、肝、胰和肺泡上皮细胞培养时皆呈上皮型,见图 15-1a。

2. 成纤维细胞型

成纤维细胞型(fibroblast)细胞贴壁后呈梭形或不规则三角形,中央有圆形核,胞质向外伸出 2~3 个长短不同的突起。这种细胞形态与体内成纤维细胞形态相似故而得名。细胞群常借助原生质突连接成网,生长时呈放射状、漩涡或火焰状走行。起源于中胚层的细胞,如心肌、平滑肌、成骨细胞等在体外培养时,多呈现成纤维细胞形态,见图 15-1b。

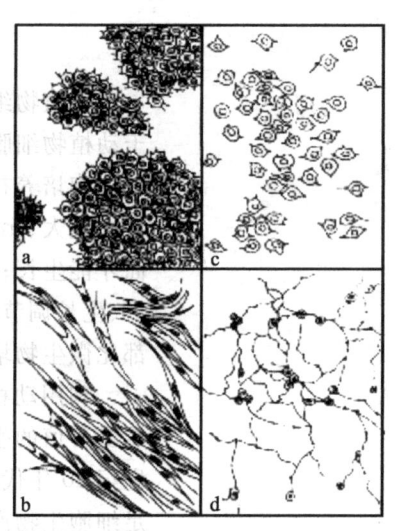

图 15-1 贴壁性细胞类型

3. 游走细胞型

游走细胞型(wondering cell type)细胞质常伸出伪足或突起,呈活跃的游走和变形运动,贴附在支持物上散在生长,一般不连接成片。此型细胞不很稳定,有时也难和其他型细胞相区别。在一定条件下,如培养基化学性质变动等,它们也可能变为成纤维细胞型。单核细胞、巨噬细胞及某些肿瘤细胞在体外培养时常呈现此种形态,见图 15-1c。

4. 多形型细胞型

多形型细胞型(polymorphic cell type)生长时像神经细胞那样呈多角形,并伸出较长的神经纤维,很难确定它们的形状,因而我们将此类细胞称为多形型细胞。体外培养时常见的多形型细胞是神经元和神经胶质细胞,见图 15-1d。

5. 悬浮型细胞

悬浮型细胞(suspend cell)常呈圆形,不贴附在支持物上,呈现悬浮状态生长。如血液细胞、淋巴组织细胞及肿瘤细胞。由于悬浮细胞在瓶皿内生长时不贴壁,生存空间大,能大量繁殖。培养这类细胞可采用微生物培养的方法进行悬浮培养。大规模培养可采用培养微生物的发酵罐,但必须进行改进,如将搅拌转速减缓、搅拌叶改用螺旋桨式,通气装置通过硅胶管扩散等方式。

二、动物细胞培养基组成和制备

1. 培养基组成

体外培养的动物细胞直接生活于培养基中,因此培养基中应该有满足细胞生长所需的基本营养成分,主要有氨基酸、糖类、促生长因子及激素等。

① 氨基酸:必需氨基酸是动物细胞本身不能合成的,因此,在制备培养基时需加入必需氨基酸,包括精氨酸、胱氨酸、异亮氨酸、亮氨酸、赖氨酸、蛋氨酸、苯丙氨酸、苏氨酸、色氨酸、组氨酸、酪氨酸、缬氨酸。这些氨基酸都应该是 L 型的,D 型的氨基酸细胞不能利用。在氨基酸中,谷氨酰胺的作用特别重要,细胞需要谷氨酰胺合成核酸和蛋白质。由于细胞系不同,对各种氨基酸的需要也不同。有时也加入其他非必需氨基酸,氨基酸浓度常常限制可得到的最大细胞密度,其平衡可影响细胞存活的生长速率。

② 维生素:维生素在细胞代谢过程中是必不可少的,主要可以提供辅酶、辅基。生物素、叶酸、烟酰胺、泛酸、吡哆醇(维生素 B_6)、核黄素(维生素 B_2)、硫胺素(维生素 B_1)、维生素 B_{12} 等都是培养基中常见的维生素成分。维生素主要从血清中获得。

③ 单糖:单糖可作为能源和合成某些氨基酸、核酸、脂肪的原料。动物细胞可利用它进行无氧酵解和有氧循环。其中葡萄糖是常用和最好的单糖。

④ 盐:盐中 Na^+、K^+、Mg^{2+}、Ca^{2+}、Cl^-、SO_4^{2-}、PO_4^{3-} 和 HCO^- 等金属离子及酸根离子是决定培养基渗透压的主要成分。悬浮培养时要减少钙,可使细胞聚集和贴壁最少,碳酸氢钠浓度与气相 CO_2 浓度有关。此外,一些微量元素也是必不可少的,如 Fe、Zn、Sn、Cu、Mn、Mo、V 等。

⑤ 促生长因子及激素:实验证明各种激素、生长调节因子对于促进细胞生长,维持细胞功能,保持细胞的状态(分化或未分化的)具有十分重要的作用。如胰岛素能促进细胞利用葡萄糖和氨基酸,氢化可的松可促进表皮细胞的生长,泌乳素可促进乳腺上皮细胞的生长等。随着研究工作的深入,目前已经发现了多种细胞生长调节因子,各种生长调节因子的作用更加明显并具有特异性。

培养基中的细胞生长调节因子主要来源于血清。血清是由血浆去除纤维蛋白而形成的,血清中不仅含有丰富的促生长因子和激素,还含有各种血浆蛋白、多肽、脂肪、碳水化合物、生长因子、激素、无机物等。这些物质能够促进细胞生长或抑制生长活性,是调节细胞达到生理平衡的要素。表 15-1 列出了血清中含有的主要促生长因子和激素。常用于动物细胞培养的血清有牛血清(胎牛血清、新生牛血清、小牛血清)、马血清、鸡血清、兔血清、羊血清以及人血清等,其中以胎牛血清、新生牛血清应用最广泛。

表 15-1 血清中含有的主要促生长因子和激素

成 分	平均浓度/($\mu g/L$)	成 分	平均浓度/($\mu g/L$)
胰岛素	0.4	胆固醇	310
甲状腺激素	1.2	可的松	0.5
卵泡刺激素	9.5	睾丸酮	0.4
牛生长激素	39	黄体酮	80
泌乳素	17	前列腺素 E	6
T_3	1.2	前列腺素 F	12

⑥ 其他成分：为优化细胞生存环境，有时培养基中还要添加核酸降解物、抗氧化剂（抗坏血酸、谷胱甘肽等）、柠檬酸循环中间体、丙酮酸等。

2. 培养基制备应考虑的因素

① pH：多数细胞系在 pH 7.2~7.4 下生长得很好，但一些正常的成纤维细胞系以 pH 7.4~7.7 最好，转化细胞以 pH 7.0~7.4 更合适。据报道，上皮细胞以 pH 5.5 合适。为确定最佳 pH，最好做一个简单的生长实验或特殊功能分析。

在细胞培养过程中，pH 常常处于变化之中。造成 pH 变化的主要物质是细胞代谢产生的二氧化碳。为了解决这一问题可采用两种办法，一是用具有一定缓冲能力的培养基，如采用碳酸盐缓冲系统；二是采用开放式培养的方式，使细胞代谢产生的二氧化碳及时溢出培养设备。

② 渗透压：虽然多数培养细胞对渗透压有很宽的耐受范围，但在等渗的环境中细胞生长更为理想。一般常用冰点降低或蒸汽压升高测定。如果自己配制培养基，可通过测定渗透压防止称量和稀释等造成的误差。

③ 黏度：培养基的黏度主要受血清含量的影响，在多数情况下对细胞生长没有什么影响。在搅拌条件下，用羧甲基纤维素增加培养基的黏度，可减轻对细胞的损害，这对在低血清浓度或无血清条件下培养细胞显得尤为重要。

三、动物细胞培养方法、操作方式和环境要求

1. 动物细胞培养方法

（1）贴壁培养

成纤维细胞和上皮细胞等贴壁型细胞在培养中要贴于壁上。原来是圆形的细胞一经贴壁就迅速铺展，然后开始有丝分裂，并很快进入对数生长期。一般在数天后铺满生长表面，形成致密的细胞单层。培养贴壁型细胞，最初采用滚瓶系统，其结构简单、投资少、技术成熟、重复性好，放大只是简单地增加滚瓶数。但是滚瓶系统劳动强度大，单位体积提供细胞生长的表面积小，占用空间大，按体积计算细胞产率低，监测和控制环境条件受到限制。

1967 年 Van Wezel 首先提出了"微载体"培养系统，为贴壁型细胞的高产提出了一个新概念。微载体培养是细胞在由葡聚糖制成的小球表面成单层生长，通过轻轻搅拌使细胞维持悬浮状态。这种培养方式较传统的单层细胞培养面积大大增加。如 5 mg Cytodex1 表面积能达到 30 cm^2/mL，而传统的单层细胞培养难以达到如此高的表面积/容积比。如将这种微载体在流化床式、固定床式反应器中进行培养，则可获得比原来多 20~50 倍的高密度细胞。另外，这种培养对劳动力的需求下降，1 L 微载体培养产生的细胞相当于 50 个转瓶（490 cm^2/瓶）所生产的细胞，省却了玻璃容器等的清洗和准备工作。而且细胞与培养液的分离简单，一旦搅拌停止，3 min 后细胞即能依靠其重力而沉淀，只要去除上清液，而无需进行离心操作。减少了繁杂的操作步骤，降低了污染率。

（2）悬浮培养

悬浮培养是指动物细胞在培养器中自由悬浮生长的过程，主要用于非贴壁型细胞培养。动物细胞的悬浮培养是在微生物发酵的基础上发展起来的，由于动物细胞没有细胞壁保护，不能耐受剧烈的搅拌和通气，因此在许多方面又与经典的发酵不同。贴壁型细胞不能悬浮培养。

（3）固定化细胞培养

无论是非贴壁型细胞还是贴壁型细胞都可以采用包埋法进行固定化细胞培养。固定化细胞生长密度高,抗剪应力和抗污染能力强。非贴壁型细胞一般用海藻酸钙包埋,贴壁型细胞一般用胶原包埋。

制备固定化细胞有多种方法,例如吸附、包埋、离子共价交联等。

① 包埋法:把细胞和高聚物或单体混合,随着凝胶的形成,细胞嵌入到高聚物的网络中。如果选择的高聚物合适的话,可以使细胞处于活性状态。此法步骤简单,条件温和,负荷量大,细胞泄漏少,高聚物网络能保护细胞抗机械剪切。其缺点是限制了细胞的扩散,并非所有细胞都能处于最佳基质浓度中,而且大分子基质不能渗透高聚物网络,往往有一些物质被排斥在外;

② 吸附法:在适当的条件下,将细胞和支持物混合,细胞贴附在支持物表面。由于细胞位于支持物表面,细胞没有抗剪应力的保护,但利于细胞扩散。此方法的缺点主要是负荷能力低,有细胞脱落的危险。吸附的一个特例就是微载体培养贴壁型细胞;

③ 离子共价交联法:采用聚合物(聚胺等)处理细胞悬液,使细胞之间形成桥而絮结。此法得到的细胞活性高,但机械稳定性差,易发生泄漏,并常常导致一些细胞死亡和产生扩散限制。目前可用戊二醛处理增加机械稳定性;

④ 共价贴附:细胞和支持物通过化学键结合,减少了细胞泄漏,但需化学试剂处理,这对细胞活性不利。由于是贴附,扩散限制小,但细胞不能得到保护;

⑤ 微囊法:微囊法是用亲水性的半透膜将酶、辅酶、蛋白质等生物分子或动物细胞包裹在珠状的微囊里,从而使酶等生物大分子和细胞不能从微囊里逸出,而小分子物质、培养基中的营养物质可自由出入半透膜,达到催化或培养的目的。动物细胞微囊化后,与游离细胞相比,降低了培养时对细胞的剪应力。微囊里实际上是一种微小的培养环境,与液体培养差不多,因而能使细胞生长良好。在培养过程中,微囊化也能提供很高的细胞密度,使细胞产物浓度增加,纯度提高。动物细胞微囊化的成功,克服了大规模细胞培养的一些缺点,具有广泛的应用前景。

2. 动物细胞培养的操作方式

动物细胞无论是贴壁培养或是悬浮培养,均可分为分批式、流加式、半连续式、连续式等多种操作方式。

(1) 分批式操作

将动物细胞和培养液一次性装入反应器内培养,待产物形成和细胞增长到适当时间,终止培养,对细胞、产物进行收获。分批式培养操作简单、培养周期短、污染和细胞突变的风险小,是动物细胞大规模培养发展进程中较早采用的方式,也是其他操作方式的基础。但在分批式培养中,细胞不是总处在最优条件下,细胞密度也受到培养基浓度的限制,因此这种操作方式不是最佳的操作方式。

(2) 流加式操作

先将一定的培养液装入反应器,在适宜的条件下接种细胞,进行培养,使细胞不断生长,产物不断形成。在此过程中随着营养物质的不断消耗,不断地向系统中补充新的营养成分,使细胞进一步生长代谢,直到整个培养结束后取出产物。流加式操作是当前动物细胞培养工艺中占有主流优势的培养工艺,也是近年来动物细胞大规模培养技术研究的热点。与单纯的分批式操作相比,流加式操作对培养的控制更为细致,保证细胞在比较好的环境下繁殖和产生目的产物,因此往往能实现高密度培养。

（3）半连续式操作

半连续式操作是在分批式操作的基础上，将分批培养的培养液部分取出，并重新补充加入等量的新鲜培养基，从而使反应器内培养液的总体积保持不变的操作方式。由于该操作方式具有操作简便，生产效率高，可长期进行生产，反复收获产品等优点，目前在动物细胞培养中有广泛的应用。但此方式只适于悬浮细胞培养体系，对于那些贴壁细胞是不合适的。

（4）连续式操作

连续式操作是指将细胞种子和培养液一起加入反应器内进行培养，一方面新鲜培养液不断加入反应器内，另一方面又将反应液连续不断地取出，使反应条件处于一种恒定状态。与分批式操作不同，连续式操作可以保持细胞所处环境条件长时间的稳定，使细胞保持在最优化的状态下，促进细胞的生长和产物的形成。但是，连续式操作下很难实现细胞的高密度培养，生产效率低；由于是开放式操作，容易造成污染；生产周期长，细胞容易变异。所以连续式操作不一定是很好的生产方式，但对于细胞生理代谢规律、工艺研究、动力学研究，连续式培养仍然是一种重要的手段。

（5）灌注式操作

灌注式操作是把细胞接种后进行培养，一方面连续往反应器中加入新鲜的培养基，同时又连续不断地取出等量的培养液，但是过程中不取出细胞，细胞仍留在反应器内，使细胞处于一种营养不断的状态。采用灌注式培养，可有效减小有害代谢废物的浓度，保持细胞所需的最佳生长条件，从而可以大大提高细胞的生长密度，有助于产物的表达和纯化。灌注式操作方式是近年来用于哺乳动物细胞培养，生产分泌型重组治疗性药物和嵌合抗体，以及人源化抗体等基因工程抗体较为推崇的一种操作方式。当然，它也有缺点，如培养基消耗量大、操作复杂、容易染菌等。应用连续灌注式操作的公司有 Genzyme、Genetic Institute、Bayer 公司等。

3. 动物细胞培养的环境要求

与微生物细胞相比，体外培养的动物细胞对环境条件的要求比较敏感。许多环境条件对细胞生长都有很大影响，如培养基的成分、细胞生长的支持物、氧气和二氧化碳浓度、生长温度等。

（1）支持物

大多数体外培养的动物细胞需在人工支持物上单层生长。在早期的实验中用玻璃作为支持物的较多。玻璃很便宜，容易洗涤，且不损失生长的性质；可方便地干热或湿热灭菌，透光性好；具有合适的电荷，适合于细胞贴壁和生长。强碱可使玻璃对培养产生不良影响，但用酸洗中和后即可。

一次性的聚苯乙烯瓶是一种方便的支持物，光学性质好。但聚苯乙烯是疏水性的，不利于细胞生长。所以细胞培养用的塑料用品要用 γ 射线、化学药品或电弧处理，使之产生带电荷的表面，具有可润湿性。除聚苯乙烯之外，细胞也可在聚氯乙烯、聚碳酸酯、聚四氟乙烯和其他塑料上生长。

大规模动物细胞贴壁培养最常用的支持物是微载体。微载体的基质材料很多，可选择 DEAE - 葡聚糖、骨胶原/明胶、玻璃、聚丙乙烯等，通常用特殊的技术制成 $100\sim200~\mu m$ 直径的圆形颗粒。微载体的制备是一种较复杂的技术，价格一般也比较贵。球型微载体因制造容易而普遍使用，近年来开始使用的多孔微载体有大的表面积/体积比率，可有效提高细胞生长密度。微载体大多都是一次性使用。

值得注意的是支持物通过各种预处理后,可改善细胞的贴壁和生长性能。如用过的玻璃容器比新的更适合细胞生长,这可能归因于培养后的表面的蚀刻和剩余的微量物质。

(2) 培养温度

适宜的培养温度是细胞在体外生长繁殖的必要条件。来源不同的动物细胞,其最适生长温度是不相同的。如哺乳动物细胞的最适培养温度为37 ℃,鸟类细胞在38.5 ℃时生长最佳,冷水鱼细胞的最适培养温度20 ℃。动物细胞对低温的耐受力比高温强,培养细胞在4 ℃下能生存数天,并能在 -196 ℃下冷冻贮藏,但超过正常温度2 ℃(即39.5 ℃)只能耐受数小时,40 ℃以上细胞很快死亡。因此,为安全起见,温度控制可略低一点。温度调节的范围最大不超过 ±0.5 ℃。温度不仅要始终一致,而且在培养器各个部位都应恒定。培养温度的恒定比准确更为重要。

(3) pH

动物细胞培养过程中,必须严格控制pH,注意观察培养液pH的变化。一般细胞生长越旺盛,代谢越活跃,pH改变越迅速。一般来讲,细胞对偏酸环境的耐受性要强于偏碱环境。pH的控制通常是采用加入缓冲溶液的方法解决。

(4) 氧气和二氧化碳

大多数动物细胞培养适合于大气中的氧含量或更低些。据报道,对培养基硒含量的要求与氧浓度有关,硒有助于除去呈自由基状态的氧。在大规模细胞培养中,氧可能成为细胞密度的限制因素。

动物细胞培养中 CO_2 是趋向于积聚的,从而对细胞产生毒性作用或改变细胞代谢水平。通过控制通气参数,平衡氧的输送和 CO_2 去除,防止反应器内 CO_2 的积聚是明智的选择。

(5) 细胞代谢产物

体外动物细胞培养中的一些代谢产物对细胞生长有不良的影响,主要是氨、乳酸和甲基乙二醛(MG)。氨离子的积累是抑制细胞生长的主要因素之一,氨的积累使细胞内UDP氨基己糖(UDP - N - 乙酰葡糖胺和UDP - N - 乙酰半乳糖胺)增加,影响细胞的生长及蛋白质的糖基化过程。氨还抑制谷氨酰胺代谢途径,使天冬氨酸和谷氨酸消耗增加。培养中氨的来源有两方面,一是直接来源于培养基,二是细胞代谢所产生。乳酸抑制细胞内糖酵解速度,导致谷氨酰胺分解速度降低,能量产生少,抑制细胞的生长。氨和乳酸对细胞的毒性作用已在多种不同的细胞系有大量的报道,但不同细胞对于这两种代谢产物的耐受性差别很大。甲基乙二醛主要是丙糖磷酸去除磷酸基后的代谢产物,也是脂质、氨基酸代谢的产物,对于细胞有潜在的损伤作用。

▶▶ 四、动物细胞大规模培养工艺技术

大规模动物细胞培养的工艺流程如图15 -2所示,先将组织切成碎片,然后用溶解蛋白质的酶处理得到单个细胞,收集细胞并离心。获得的细胞植入营养培养基中,使之增殖至覆盖瓶壁表面,用酶把细胞消化下来,再接种到若干培养瓶以扩大培养,获得的细胞可作为"种子"进行液氮保存。需要时,从液氮中取出一部分细胞解冻,复活培养和扩培,之后接入大规模反应器进行产品生产。需要加入诱导物才能得到产物或者病毒感染后才能得到产物的细胞,需在生产过程中加入适量的诱导物或感染病毒,再经分离纯化获得目的产品。

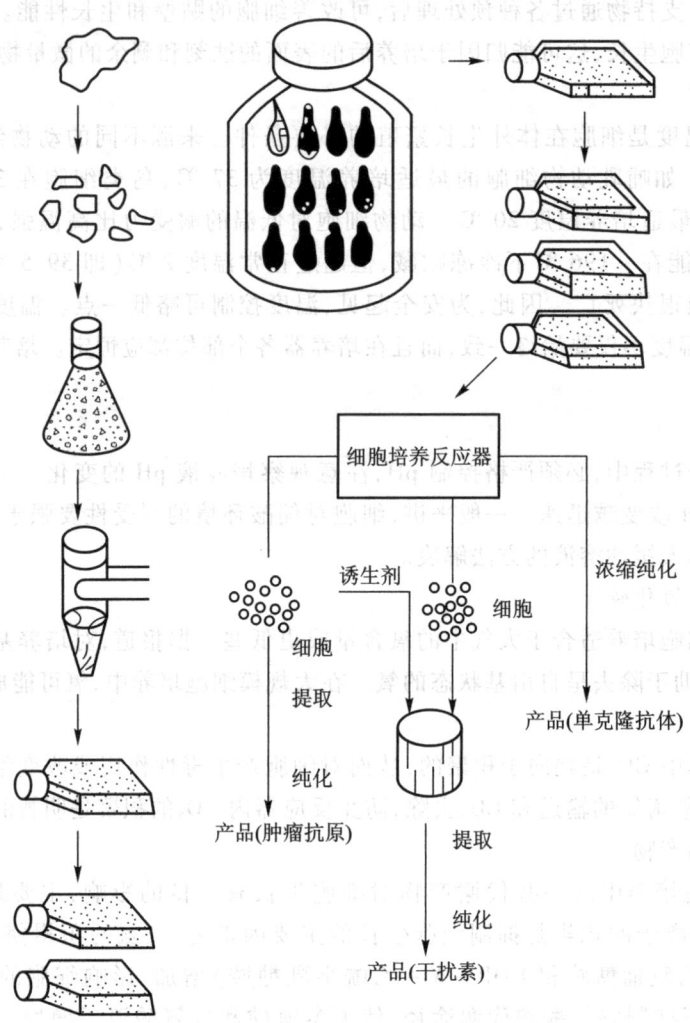

图 15-2 大规模动物细胞培养工艺流程

第二节 植物细胞大规模培养技术

植物细胞培养(plant cell culture)是指在离体条件下对植物单个细胞或小的细胞团进行培养使其增殖的技术。将愈伤组织或其他易分散的组织置于液体培养基中,进行振荡培养,使组织分散成游离的悬浮细胞,通过继代培养使细胞增殖,获得大量的细胞群体。小规模的悬浮培养在培养瓶中进行,大规模者可利用发酵罐生产。

植物细胞培养的主要目的是生产天然产物。应用植物细胞系统进行天然产物的生物合成,是生物工程领域的一个重要组成部分,并在日益成为一个新兴的产业。植物细胞培养能生产一些微生物所不能合成的特有代谢产物,如生物碱类(尼古丁、阿托品、番茄碱等)、色素(叶绿素、类胡萝卜素、叶黄素等)、类黄酮和花色苷、皂角苷、甾类、萜类、某些抗生素和生长控制剂(赤霉素等)、调味品和香料等。据不完全统计,至少有 20% 左右的药物是由植物衍生而来的,而且每年都可发现许多植物来源的新化合物。植物次级代谢产品具有广阔的市场前景。据预测,全美治疗白血病的长春花碱的年销售额达 18 亿~20 亿美元,治疗心脏病的毛地黄年销售额达到 20 亿~55 亿美元。随着社会对天然产物需求的增长和自然资源的不断减少,寻求新的产生天然产物的途径成为社会发展的必然要求。

植物细胞培养是在植物组织培养技术基础上发展起来的。1902 年 Haberlandt 确定了植物的单个细胞内存在其生命体的全部能力(全能性),这成为植物组织培养的开端。其后的 20 世纪 30 年代,组织培养取得了飞速的发展,细胞在植物体外生长成为可能。1939 年 Gautheret, Nobercourt, White 分别成功地培养了烟草、萝卜的细胞。自 20 世纪 40 年代后期 J. Bonner 报道了银胶菊植物组织培养物能产生橡胶以来,用组织培养生产有用产物方面的研究取得了相当大的成就。至今,已发现在植物培养物中含有的有用化合物超过 400 多种,其中 60 多种化合物在培养物中的积累等于或超过了其在原植物的含量,如紫草宁含量在培养细胞中可达 12%,小檗碱可达 13%,人参皂苷可达 7%。随着生物技术的发展,细胞原生质体融合技术使植物细胞的人工培养技术进入了一个新的发展阶段。借助于微生物细胞培养的技术,大量培养植物细胞的技术日趋完善,并接近或达到工业生产的规模。目前,在日本可用 13 600 L 发酵罐培养人参细胞,在德国用 1 000 L 发酵罐培养毛地黄细胞,在加拿大用 200 L 发酵罐培养长春花细胞。在我国,人参细胞培养技术也已实现工业化,三分三(别名山茄子、山野烟)在 20 世纪 80 年代完成了 10 L 发酵罐中试,紫草宁、三七等细胞培养取得了较大进展。表 15-2 列出了已经工业化生产的植物细胞培养产物。

表 15-2 工业化生产的植物细胞培养产物

名 称	用 途	名 称	用 途
长春花碱	抗肿瘤药物	紫草宁	消炎、抗菌
保加利亚玫瑰油	香料	苦橙花油	香料
毛地黄毒苷	心肌能障碍	吗啡	麻醉剂、镇痛药
辅酶 Q_{10}	强心剂	当归根油	中药、香料

然而,植物细胞的大规模培养与动物细胞和微生物培养比较起来,其发展仍然是缓慢的,还有许多技术问题需要进一步解决。从工程的角度讲,必须要进一步研究和开发适宜于植物细胞生长和次级代谢产物生产的生物反应器,建立最佳的控制和调节系统。从细胞生长与培养技术方面讲,培养细胞在遗传上应是稳定的,细胞生长和产物合成应是迅速的,代谢产物要能在细胞中积累并被释放到培养基中。

▶▶ 一、植物细胞培养基的组成

植物细胞在离体培养条件下,各种营养元素主要从培养基中获得。不同植物种类对营养的需求有一定差异,甚至同一种植物的不同组织和器官所要求的营养条件也不完全一样。因此,培养基的配方是决定培养物能否正常生长或是否能达到培养目的的首要前提。经过大量的科学研究,到目前为止已经有多种针对不同培养类型和培养材料的培养基可供选择。尽管这些培养基的配方各不相同,但总体来讲,除根据特殊要求所添加的其他附加成分外,用于植物离体培养的培养基一般包括碳源、有机氮源、生长调节剂、无机盐、水等成分。

1. 碳源

糖类是植物细胞培养中的常用碳源,是离体培养中培养物生长与发育不可缺少的有机成分。常用的糖类有蔗糖(sucrose)或葡萄糖,其他的碳水化合物不适合作为单一的碳源。糖类的使用浓度因为培养目的和培养类型的不同有很大差异,一般在培养物生成阶段加入稍大量的蔗糖有利于次级代谢产物的积累,而稍低量的蔗糖有利于植物细胞的生长繁殖。除蔗糖外,在细胞和原生质体培养中,为保证培养物的良好生长,还需配合使用麦芽糖(maltose)、果糖(fructose)、纤维二糖(cellobiose)、甘露糖(mannose)等。

2. 有机氮源

常用的有机氮源有蛋白质水解物,包括酪蛋白水解物(casein hydrolysate)、水解乳蛋白、谷氨酰胺或氨基酸混合物。有机氮源对细胞初级培养的早期生长阶段有利。

3. 无机盐

通常在培养基中无机盐的浓度在 25 mmol/L 左右。硝酸盐的浓度一般采用 25~40 mmol/L,虽然硝酸盐可以成为唯一无机氮源,但加入铵盐对细胞生长有利。在添加一些琥珀酸或其他有机酸的情况下,铵盐也能单独成为氮源。培养基中必须添加 K 元素,其浓度为 20 mmol/L。P、Mg、Ca 和 S 元素的浓度在 1~3 mmol/L 之间。

4. 生长调节物质

生长调节物质包括天然植物激素(phytohormone)和人工激素类似物。天然植物激素是一类由植物自身合成,同时对其生长发育具有重要调节作用的有机化合物。人工激素类似物则是根据天然激素的化学结构,通过化学或生物学方法人工生产的。多数植物细胞培养基中都必须含有生长调节物质,因为这些生长调节物质对于离体培养中细胞的分裂、分化、器官形成、个体再生等都有重要的调节作用。一般来讲,基本培养基只能保证培养物的生存,维持其最低的生理活动,只有植物激素的配合使用,才能完成离体培养中按照需要设计的各个调节环节。培养基常用的植物生长调节物质见表 15-3。

表 15-3 常用的植物生长调节物质

中文名称	英文名称	缩写	相对分子质量	溶剂
p-氯苯氧乙酸	p-chlorophenoxy acetic acid	p-CPA	186.6	乙醇
2,4-二氯苯氧乙酸	2,4-dichlorophenoxy acetic acid	2,4-D	221.0	乙醇
吲哚乙酸	indole-3 acetic acid	IAA	175.2	1 mol/L NaOH
吲哚丁酸	indole-3 butyric acid	IBA	203.2	1 mol/L NaOH
α-萘乙酸	α-naphthalene acetic acid	NAA	186.2	1 mol/L NaOH
β-萘氧乙酸	β-naphthoxy acetic acid	β-NOA	202.3	1 mol/L NaOH
腺嘌呤	adenine	A	189.1	H_2O
硫酸腺嘌呤	adenine sulphate	—	404.4	H_2O

续表

中文名称	英文名称	缩写	相对分子质量	溶剂
6-苄基腺嘌呤	benzyl adenine	BA	225.2	1 mol/L HCl
异戊烯氨基嘌呤	isopentenylaminopurine	2ip	203.3	1 mol/L HCl
玉米素	zeatin	ZT	219.2	1 mol/L HCl
激动素	kinetin	KT	215.2	1 mol/L HCl
赤霉素	gibberellins	GA	346.4	乙醇
脱落酸	abscisic acid	ABA	264.3	1 mol/L NaOH
苯基噻二唑基脲	thidiazuron	TDZ	220.2	1 mol/L HCl

植物激素可分为三类,即生长素类、细胞分裂素类和赤霉素类。

① 生长素类:离体培养中,生长素(auxins)的主要生理作用是促进细胞分裂和生长,有利于外植体(explant)脱分化并启动细胞分裂,有利于形成愈伤组织(callus),促进根的形成。同时,生长素与细胞分裂素的协调作用,对于培养物的形态建立是十分必要的。最常用的生长素有2,4-D、IAA、IBA、NAA 等。

② 细胞分裂素类:细胞分裂素(cytokinin)的主要作用是促进细胞的分裂,调节器官分化,延迟组织衰老,增强蛋白质合成等。此外,它还能显著改善其他激素的作用。离体培养中,细胞分裂素能促进不定芽的发生,与生长素协调使用可以有效调控培养物的生长与分化。常用的细胞分裂素有 BA、KT、ZT 等。近年来 TDZ 作为一种新的细胞分裂素类似物在许多离体培养研究中使用。

③ 赤霉素类:赤霉素(gibberellins,GA)是一类广泛存在于植物体内的激素,目前已发现的天然赤霉素有 20 多种。自然植物体内的赤霉素具有促进细胞伸长、打破种子休眠等功能。在离体培养条件下,赤霉素的主要作用是促进细胞的伸长生长,刺激体细胞胚发育成植株。目前,商品生产的赤霉素多为赤霉酸(gibberellic acid,GA_3),是离体培养中常用的赤霉素类型。在多数情况下,培养物本身的内源赤霉素已可以满足其生长发育的需要,无需外源添加。只在特殊情况下才需外源添加赤霉素,其使用浓度必须严格控制。

5. 水

水是一切生命活动不可缺少的重要成分,任何生命活动只有在一定的细胞水分含量状态下才能正常进行。天然水或一般自来水不能直接用于培养基配制。大规模的培养,可使用一般蒸馏水或纯净水,以降低生产成本,提高生产效益。

6. 其他成分

维生素、肌醇(inositol)和有机酸等成分对植物细胞的生长繁殖也有很大作用。维生素直接参与酶的形成,还参与植物蛋白质、脂肪的代谢等重要生命活动。在离体培养条件下,大多数培养的细胞都能合成所有必需的维生素,只是在数量上不足。为了使培养物良好生长,根据培养目的的不同,常在培养基中添加一种或多种维生素。常用的维生素包括硫胺素(thiamine,VB_1)、烟酸(nicotinic acid,Vpp)、生物素(biotin,VH)、泛酸钙(Ca - pantothenate)、叶酸(folic acid)、维生素 C 等。肌醇的化学名称为环己六醇,其本身并没有促进生长的作用,但它在糖类的相互转化、维生素和激素的利用等方面具有重要的促进作用。一些有机酸如柠檬酸、琥珀酸、苹果酸等能够保证植物细胞在以铵盐作为单一氮源的培养基上生长，并且耐受钾盐的能力至少提高到 10 mmol/L。一些天然提取物对培养物的生长具有较好的辅助作用，是常用的复合添加成分。例如酵母抽提液、椰子汁、番茄汁等。但由于天然提取物成分复杂，其质量因产地等不同而不稳定，所以逐渐被人工合成的营养物质所代替。目前仍然广泛使用的椰子汁，在培养基中的浓度为 1~15 mmol/L。

植物生长所必需的营养物质很多是相同的，但不同类型的植物对这些营养成分需求的量则有较大差异。因此，众多符合不同要求的培养基配方被研究出来，表 15-4 是一些植物细胞培养中常用的培养基配比。

表 15-4 常用的植物细胞培养基配比   单位：mg/L

成分	培养基种类					
	MS	B_5	B_4	N_6	NN	L_2
$MgSO_4 \cdot 7H_2O$	370	250	400	185	185	435
KH_2PO_4	170		250	400	68	325
$NaH_2PO_4 \cdot H_2O$		150				85
KNO_3	1900	2500	2100	2830	950	2100
$CaCl_2 \cdot H_2O$	440	150	450	166	166	600
NH_4NO_3	1650		600		720	1000
$(NH_4)_2SO_4$		134		463		
$MnSO_4 \cdot H_2O$	15.6	10	10	33	19.0	15.0
$ZnSO_4 \cdot 7H_2O$	8.6	2	2	1.5	10.0	5.0
$NaMoO_4 \cdot 2H_2O$	0.25	0.25	0.25	0.25	0.25	0.4
$CuSO_4 \cdot 5H_2O$	0.025	0.025	0.025	0.025	0.025	0.025
$CoCl_2 \cdot 6H_2O$	0.025	0.025	0.025		0.025	
KI	0.83	0.75	0.8	0.8		1.0
$FeSO_4 \cdot 7H_2O$	27.8			27.8		
Na_2-EDTA	37.5			37.3		
Na-Fe-EDTA		40	40		100	25
甘氨酸	2			40	5	
蔗糖	30×10^3	20×10^3	25×10^3	50×10^3	20×10^3	25×10^3
VB_1	0.5	10	10	1	0.5	2.0
VB_5	0.5	1	1	0.5	0.5	0.5
烟酸	0.5	1	1	0.5	5.0	
肌醇	100	100	250		100	250
pH	5.8	5.5	5.5	5.8	5.5	5.8

二、植物细胞培养流程

植物细胞的培养过程可以借鉴发酵工程的原理与技术,具体过程大致包括以下三个步骤。

1. 种子细胞的选择

选择具有较高生产潜力的细胞系是获得大量天然产物的基础。因此,在确定生产某一种化合物以后,首先必须准确选择那些能够产生目的化合物的植物种类及其品种或单株。由于天然产物一般为次级代谢产物,而植物次级代谢产物的积累具有组织器官特异性。因此,在起始细胞培养时应尽量选择自然状态下产生天然产物的器官、组织和外植体。

植物组织细胞的分离,一般采用次氯酸盐的稀溶液、福尔马林、酒精等消毒剂对植物体或种子进行灭菌消毒。种子消毒后在无菌状态下发芽,将其组织的一部分在半固体培养基上培养,随着细胞增殖形成不定形细胞团(愈伤组织),将此愈伤组织移入液体培养基振荡培养,使细胞分散开来,得到游离的植物细胞。

2. 种子细胞系的增殖与放大培养

一个规模化培养体系的建立需要有足够数量的种子细胞。其次,需要有适宜的配套培养体系。而种子细胞的增殖与放大培养,则是建立细胞规模化培养体系的中间环节。在这一环节中,主要目的之一是要获得大量的活跃生长的细胞群体,为细胞大批量培养准备基础材料。种子细胞增殖初期一般采用液体振荡培养。其摇瓶体积从几百毫升到几千毫升逐级放大,得到的大量细胞作为生物反应器培养的种子。在此过程中,应不断检测细胞放大培养中因培养体积的增加所引起的细胞生长特性和目的产物含量的变化情况,防止细胞株的退化和变异。

3. 大规模培养(生物反应器培养)

利用传统发酵工程技术,优化培养工艺,在生物反应器中大量生产出植物细胞及目的产物。生物反应器可采用传统的机械搅拌发酵罐、气升式发酵罐等。

三、植物细胞培养方法

植物细胞培养方法有单倍体培养、原生质体培养、固体培养、液体培养、悬浮培养和固定化培养。大规模植物细胞培养一般都采用生物反应器悬浮培养。

1. 单倍体细胞培养

主要是指花药培养(anther culture)。将花药在人工培养基上进行培养,可以从小孢子(雄性生殖细胞)直接发育成胚状体,然后长成单倍体植株,或者是通过组织诱导分化出芽和根,最终长成植株。

2. 原生质体培养

原生质体培养(protoplast culture)是植物的体细胞(二倍体细胞)经过纤维素酶处理后可去掉细胞壁,获得的除去细胞壁的细胞称为原生质体。该原生质体在良好的无菌培养基中可以生长、分裂,最终可以长成植株。实际过程中,也可以用不同植物的原生质体进行融合与体细胞杂交,由此可获得细胞杂交的植株。

3. 固体培养

固体培养是在微生物培养的基础上发展起来的植物细胞培养方法。固体培养基的凝固剂除去特殊研究外,几乎都使用琼脂,浓度一般为2%~3%,细胞在培养基表面生长。原生质体固体培养则需混入培养基内进行嵌合培养,或者使原生质体在固体-液体之间进行双相培养。

4. 液体培养

液体培养也是在微生物培养的基础上发展起来的植物细胞培养方法,液体培养可分为静止培养和振荡培养等两类。静止培养不需要任何设备,适合于某些原生质体的培养。振荡培养需要摇床,使培养物和培养基保持充分混合以利于气体交换。

5. 悬浮培养

植物细胞的悬浮培养(cell suspension culture)是一种使组织培养物分离或单细胞不断扩增的方法。在进行细胞培养时,需要提供容易破裂的愈伤组织进行液体振荡培养,愈伤组织经过悬浮培养可以产生比较纯一的单细胞。用于悬浮培养的愈伤组织应该是易碎的,这样在液体培养条件下能获得分散的单细胞,而紧密不易碎的愈伤组织就不能达到上述目的。与固体培养相比,悬浮培养具有三个基本优点:① 增加培养细胞与培养液的接触面,改善营养供应;② 可带走培养物产生的有害代谢产物,避免有害代谢产物局部浓度过高等问题;③ 保证了氧的充分供给。

6. 固定化细胞培养

固定化细胞培养是在微生物和酶的固定化培养基础上发展起来的植物细胞培养方法。该法与固定化酶或微生物细胞类似,应用最广泛的、能够保持细胞活性的固定化方法是将细胞包埋于海藻酸盐或卡拉胶中。由于固定化细胞比自由悬浮细胞培养有较好的机械性、较高的产率、更长的产物合成期,所以特别适合细胞培养产生活性代谢产物。因此,固定化培养技术是植物细胞大规模培养的发展方向。

7. 大规模生物反应器悬浮培养

与发酵工程一样,按照操作方式,植物细胞的大规模生物反应器悬浮培养有以下三种培养方式。

① 分批培养:一次性添加培养液培养,期间不更换培养液,其细胞生长动态成典型的S型生长曲线。为了达到大量积累产物的目的,近年来又发展了补料分批培养。当培养进入产物合成阶段时添加一定量的有利与产物合成的培养基,提高产物的积累量。分批培养的培养装置和操作简单,培养周期短,但培养过程中细胞生长、产物积累、培养基物理状态随时间的变化而变化,培养检测十分困难。

② 连续培养:连续地以一定速度添加培养液或营养盐,同时排出旧的培养液,总培养液体积维持不变。连续培养可以延长细胞培养周期,延长了产物积累的时间,增加了产量。同时,细胞密度、基质及产物浓度等趋于恒定,便于对系统检测。但连续培养装置相对复杂。

③ 半连续培养:在培养过程中,每隔一定时间更换一部分培养液或者添加营养成分。这种培养方式可以节省种子培养成本,但保留细胞的状态差异较大,特别是衰老细胞不能及时淘汰,从而影响下一培养周期细胞生长的一致性。

需要说明的是,由于不同植物细胞的生长和产物代谢存在较大差异,因此,植物细胞培养除了上述基本方式外,常根据不同的要求进行相应改进。如当细胞生长和产物合成需要不同的培养基时,就需要采用两步法建立培养体系,先在细胞生长培养基中培养大量细胞,当细胞生长进入合成产物阶段后,再将其转入到产物合成培养基(生产培养基)中培养,在产物合成阶段又可采用连续培养方式以延长细胞生产时间。

四、植物细胞的大规模培养技术

1. 培养中的植物细胞特性

植物细胞的大规模培养技术是在微生物生物反应器技术的基础上建立起来的,但由于植物细胞有其自身的特性,植物细胞培养过程的操作条件与微生物培养是有较大差异的。这些差异主要表现在:① 植物细胞与微生物细胞相比要大得多,其平均直径要比微生物细胞大 30~100 倍。同时植物细胞很少是以单一悬浮细胞形式存在,通常是以细胞数在 2~200 之间,直径为 2 mm 左右的非均相集合细胞团的方式存在。由于重力的影响,植物细胞通常很难均匀混合在培养液中;② 植物细胞的纤维细胞壁较坚硬,但是比较脆,虽然具有较大的抗张能力,但抗剪切的能力非常弱。生物反应器中的搅拌装置很容易损坏植物细胞壁。目前的生物反应器在处理混合均匀性和低剪应力这对矛盾方面仍没有十分满意的设计和装置;③ 植物细胞的生长速度慢,操作周期长,即使间歇操作也要 2~3 周,半连续或连续操作更是可长达 2~3 个月。加之植物细胞培养的培养基营养成分丰富且复杂,非常利于微生物的生长,因此,在植物细胞培养过程中保持无菌环境的难度相当大。

2. 植物细胞培养液的流变特性

目前对植物细胞培养液的流变特性的研究资料不多,人们常用黏度这一参数来描述植物细胞培养液的流变学特征。培养液的黏度一方面取决于植物细胞和细胞分泌物的数量,另一方面还取决于细胞年龄、形态和细胞团的大小。在相同的浓度下,大细胞团培养液的表观黏度明显大于小细胞团培养液的表观黏度。如长春花细胞培养,当细胞密度为 10 g/L 时,培养液属于假塑性流体,其黏度取决于细胞年龄、形态和细胞团的大小。

3. 植物细胞培养过程中的气体传递与影响

与微生物不同,植物细胞需要通过光合作用合成有机物,因此,O_2 和 CO_2 的供应和传递对培养过程影响很大。所有的植物细胞都是好氧性的,需要连续不断地供氧。由于植物细胞培养时对溶氧的变化非常敏感,太高或太低均会对培养过程产生不良的影响。如在 4 L 的气升式发酵罐中进行长春花细胞培养时,当 $K_L a$ 在 20 /L 左右时,细胞生长与次级代谢产物合成均维持良好状态;而当 $K_L a$ 上升至 25 /L 以上时,细胞的生长速率反而会下降,产物合成量也相应减少。再如曾在不同氧浓度时对毛地黄细胞进行了培养,当培养基中氧浓度从 10% 饱和度升至 30% 饱和度时细胞的生长速率从 0.15 /d 升至 0.20 /d。如果溶氧浓度继续上升至 40% 饱和度时,细胞的生长速率却反而降至 0.17 /d。这充分说明培养基中过高或过低的溶解氧水平对植物细胞的生长都是不利的。过低溶解氧水平条件下不能有效满足植物细胞的呼吸要求;而过高溶解氧水平可能导致细胞代谢活力受阻。由此说明,植物细胞培养过程中对氧气的要求是十分严格的。因此,大规模植物细胞培养需要对培养液的溶解氧和尾气氧进行严格监控。氧气从气相到细胞表面的传递是植物细胞培养中的一个基本问题。大多数情况下,氧气的传递与许多因素有关,如通气速率、培养液混合程度、气水界面面积、培养液的流变学特性等。而氧的吸收与反应器的类型、细胞生长速率、pH、温度以及细胞密度等有关。

CO_2 的含量水平对植物细胞的生长同样相当重要。研究发现,植物细胞能非光合地利用一定浓度的 CO_2,如在空气中混入 2%~4% 的 CO_2 能够消除高通气量对长春花细胞生长和次级代谢物合成的不利影响。总之,对植物细胞大规模培养来说,在要求培养液充分混合均匀的同时,

O_2和CO_2的浓度只有达到某一平衡状态，才能获得理想的培养效果。

4. 泡沫和表面黏附性

植物细胞培养过程中产生的气泡比微生物培养系统中的气泡大，而且气泡被蛋白质或黏多糖所覆盖，黏性大。细胞极易被包埋于泡沫中，造成非均相的培养。尽管泡沫对于植物细胞来说，其危害性没有对微生物细胞那么严重，但如果不加以控制，随着泡沫和细胞的积累也会对培养系统的稳定性和生产率产生很大的影响。泡沫的消除可采用添加消泡剂或机械消泡装置来实现。消泡剂的选择也应遵循发酵工程中消泡剂选择的一般原则（见十二章）。植物细胞大规模培养中的另一个问题是细胞往往会黏附于培养基表面以上的器壁上或电极的挡板上，使这些细胞脱离培养液而死亡。电极上黏附的细胞还会造成电极损坏。培养液表面上的细胞可采用机械去除，电极上的细胞则去除困难，因此，多采用在电极上涂布硅油以防止细胞黏附。

5. 剪应力对植物细胞的影响

在大规模培养中，植物细胞对剪应力的敏感性是主要的技术问题之一。一方面适当的搅拌可以增加培养系统的通气性，保持良好的混合状态，提高细胞的生物量和增加次级代谢产物的积累。另一方面剪应力对植物细胞有一定的伤害，主要表现在机械损伤，如细胞团变小、细胞破损等。由于这些损伤，造成了细胞内含物释放到培养基中，从而改变了培养系统的物理特性和流变特性等，进而影响整个培养系统的细胞生长和产物积累。在机械搅拌发酵罐中，剪应力的大小受到搅拌桨的形式和搅拌速率的影响。而在气升式发酵罐中剪应力则主要取决于通气速率。由于不同的植物细胞对剪应力的敏感性差异很大，这给生物反应器的设计带来了复杂性。如果在培养条件下对细胞抗剪应力进行驯化，并与工程技术相结合，可能会有效解决保持良好混合状态与减小细胞机械损伤这一矛盾。

6. 生物反应器的设计与选择

植物细胞反应器的总体设计原则是提高混合程度和降低剪应力，具有合适的氧传递、良好的流动性和低的剪应力。除此之外，生物反应器的设计和选择还要考虑以下几个因素：① 结构严密，能耐受蒸汽灭菌，采用对生物催化剂无害和耐腐蚀材料制作，内壁光滑无死角，内部附件尽量减少，以维持纯种培养需要；② 有良好的气－液接触和液－固混合性能及热量交换性能；③ 在保证产物质量和产量前提下，尽量节省能源消耗；④ 减少泡沫的产生，或附有消泡装置以提高装料系数，并附有必要而可靠的参数检测和控制仪表且能与计算机联机。

目前，生产上一般倾向于采用气升式发酵罐。由于其没有搅拌装置，剪应力小，对细胞伤害小，而且容易实现长期无菌培养。但在低气速时，尤其在培养后期植物细胞密度高时，混合效果不理想，如果此时提高通气量，会产生大量泡沫，严重影响植物细胞生长。

▶▶ 五、影响植物细胞培养的因素

1. 细胞的特性

尽管多数植物次级代谢产物在植物中分布广泛，但其含量在不同植物间却有相当大的差别。因此应当选择那些能够高效合成目的产物的植物种类。在此前提下，还应考虑器官和组织的特异性，通常选取自然状态下能够积累次级代谢产物部位的细胞。一般情况下，这样的细胞经过培养后常常具有合成目的产物的能力。但是，也应注意到，在某些情况下某些组织部位所具有的高含量的次级代谢物并不一定就是该部位合成的，而有可能是在其他部位合成后运输到该部位上积累的。例如,有的植物就可以在某一部位合成了某一产物的直接前体然后转运到另一部位上,再通过该部位上的酶或其他因子来转化成产物。因此,在进行植物细胞的培养时,必须弄清楚产物的合成部位,在注意到整体植物的遗传性时,还必须考虑到不同细胞的特性。

2. 培养环境

由于各类代谢产物是在代谢过程的不同阶段产生的,因此通过植物细胞培养进行次级代谢产物生产所受的限制因子是比较复杂的。各种影响代谢过程的因素都可能发生影响。这些因素主要有光、温度、搅拌、通气、营养、pH、前体和调节因子等。

① 营养成分:营养成分对植物细胞培养和次级代谢产物的生成都有很大的影响。一方面营养成分要满足植物细胞的生长需求,另一方面要使细胞能合成并积累次级代谢产物。普通的培养基通常是为了促进细胞生长而设计的,它对次级代谢产物的产生和积累并不一定最合适。一般来说增加 N、P 和 K 会加快细胞的生长,而适当增加培养基中的蔗糖浓度可以促进细胞合成的次级代谢产物。吴君奇等(2001)在红豆杉细胞培养中,在培养第 15 d 向培养基中同时加入果糖和前体物质,获得了较高的紫杉醇产物积累。葡萄细胞培养显示,低氮、高蔗糖浓度有利于酚类化合物的积累。

② 搅拌和通气:植物细胞在培养过程中需要通入无菌空气,并适当控制搅拌程度和通气量。不同的细胞系,对氧的需求量是不相同的,并且各种植物细胞耐剪切的能力也不尽相同,细胞越老越容易遭受破坏。烟草的细胞和长春花的细胞在涡轮搅拌器转速 150 r/min 和 300 r/min 时,一般还能保持生长。培养鸡眼藤的细胞时,涡轮搅拌器的转速应低于 20 r/min。

③ pH:植物细胞培养的最适 pH 一般为 5~6。但由于在培养过程中,培养基的 pH 可能有很大的变化,对培养物的生长和次级代谢产物的积累十分不利,因此需要不断调节培养液的 pH,以满足细胞的生长和产物代谢、积累的需要。

④ 温度:植物细胞培养通常是在 25 ℃左右进行的。因此,一般来说在进行植物细胞培养时很少考虑温度对培养的影响。但是实际上,无论是细胞培养物的生长或是次级代谢物的合成和积累,温度都起着一定的作用,需要引起一定的重视。

⑤ 光:一般愈伤组织和细胞生长不需要光照。但是光照时间的长短、光的强度对次级代谢产物的合成具有一定的影响。有人研究了光对黄酮化合物形成的影响,结果表明,培养物在光照特别是紫外光照条件下,使黄酮及黄酮类醇糖苷积累的所有酶活性均增加。通常光照采用荧光灯,或者荧光灯和白炽灯混合,其光强度是 300~10 000 lx(6~100 $\mu m/m^2 \cdot s$)可以连续光照,也可以每天光照 12~18 h。

⑥ 前体:在植物细胞的培养过程中,有时因为缺少合成次级代谢产物所必需的前体(precursor),培养细胞不能很理想地按照人们的设计要求合成代谢产物。此时,如在培养物中加入外源前体会使目的产物的产量大幅增加。Fett-neto 等(1994)研究了不同浓度的苯丙氨酸和苯甲酸对二年生紫杉细胞生长及紫杉醇产量的影响,证明向培养基中添加有效前体物质能促进紫杉醇及紫杉醇烷类物质的合成和分泌。有人在雷公藤细胞培养中加入萜烯类化合物中的一个中间体,可使雷公藤羟内酯产量增加三倍以上。目前前体的作用在植物细胞培养中尚未完全清楚,可能是外源前体激发了细胞中特定酶的作用促使次级代谢产物量的增加。

由于植物细胞次级代谢是一个复杂的生理生化过程,对于某一目的产物来讲可能有多种前体物质,而同一种前体物质又可能有多条代谢途径,从而形成不同的代谢产物。此外,多数前体物质对细胞本身并不十分有利，必须掌握好添加前体的时间。如在洋紫苏细胞培养中，一开始就加入色胺，对细胞生长起到抑制作用，但在培养的第二星期或第三星期加入却能刺激生物碱的合成。同时，前体物质的浓度对产物合成速率也有一定影响。某些次级代谢中，过量的前体反而会产生反馈抑制。因此，添加前体物质必须在充分了解目的产物的代谢途径的前提下，针对其合成的关键生化过程，进行前体的添加。有效前体、前体添加的浓度和时间也需要进行全面试验才能确定。为了适应工业化生产的要求，对于所选择的前体除了有增加目的产量的作用以外，还要求是无毒和廉价的。

⑦ 生长调节剂：在细胞生长过程中，生长调节物质的种类和数量对次级代谢产物的合成起着十分重要的作用。但不同类型的生长调节剂对次级代谢产物的合成有着不同的影响，同时生长调节剂对次级代谢的影响又随着代谢产物的种类的不同而有很大的变化，因此，对生长调节剂的应用需要严格的试验。司徒琳莉和李振山(2001)在东北红豆杉细胞培养研究中表明，培养基添加一定浓度的2,4-D可以显著提高细胞生物量；添加适当浓度的BA和KT则可促进紫杉醇的积累。

⑧ 激发子的应用：植物细胞合成次级代谢产物除了自身的遗传与发育基础外，通常还与诱导因子相关。在一些不良环境或有微生物侵入的情况下，细胞次级代谢活动显著增加，由此产生的大多数产物都是我们培养细胞的目的产物。能够诱导植物细胞中的一个反应，并形成细胞特征性自身防御反应的分子称为激发子(elicitor)或诱导子。合理应用激发子，就有可能大幅提高产物的产量，这也是近年来植物细胞培养研究的热点。张荫麟等(1992)在人参毛状根细胞培养中加入蜜环菌发酵液作为激发子，显著促进了细胞丹参酮的含量，使之提高到接近活体植物的水平。利用酵母提取物作为激发子，促进生物碱等产物在长春花、葛和茶等多种植物细胞培养中增产的报道相继出现。

3. 培养技术

这里所说的培养技术是一个综合体系，包括生物反应器、培养方式、技术基础、经济成本等。评判一项培养技术的最终标准是其是否有利于次级代谢产物的高效生产。就技术基础来讲，固定化培养是植物细胞大规模培养较为理想的系统。但由于固定细胞的材料的限制，其生产成本较高。目前，在大规模植物细胞培养中，二步法悬浮培养是较为普遍的选择。第一阶段尽可能快地使细胞生长繁殖，可通过生长培养基来完成。当生物量达到要求后，进入第二阶段培养。第二阶段需诱发和保持次级代谢旺盛，可通过生产培养基来调节。在大多数情况下，两种培养基的植物生长激素、前体的种类以及浓度等都有较大差异。以长春花细胞培养中激素的使用为例，细胞生长阶段使用生长素类物质2,4-D以促进细胞生长，而在生物碱合成的生产阶段则使用BA以利于产物合成。同时，在产物生产阶段的培养基中还需添加色氨酸(于荣敏,1999)。

许多研究显示，植物细胞次级代谢产物的积累有时会对合成途径产生反馈抑制，有的产物还会在培养基中降解。为了解决这些问题，最好的办法就是采用两相培养技术。两相培养技术是在培养体系中加入水溶性或脂溶性的有机物或者具有吸附作用的多聚化合物，使培养体系形成上、下两相，细胞在水相中生长合成的次级代谢产物分泌出来后转移至有机相中，即边合成产物边回收产物。两相培养体系由培养相和分离相组成，有液-液培养系统和液-固培养系统两种。在液-液培养系统中，分离相一般采用液体石蜡、烷类化合物、甘油等。在液-固培养系统中分离相一般采用树脂、活性炭、硅酸镁载体等。从理论上讲，两相培养不仅可以克服产物的反馈抑制和降解,同时由于能及时分离产物,可以有效避免产物对细胞的毒害,从而延长细胞使用时间,达到延长生产期的目的。目前这一技术还处于研究开发阶段。

植物细胞大规模培养是一项具有潜在应用价值的技术。由于工程技术等方面原因,目前的应用还十分有限。但相信随着工程技术的改进和生物学研究的发展,可以利用培养植物细胞工业化生产越来越多有用的次级代谢产物。这将大大促进生态环境的良性循环和社会的可持续发展。

本章提要

1. 利用动植物细胞的大规模培养技术,可以获得微生物不能产生的有重要价值的生物物质,本章说明了动植物细胞培养的意义。
2. 重点说明动植物细胞培养中培养基的组成和制备方法。
3. 说明了动植物细胞培养与微生物细胞培养相比特殊的培养技术。
4. 讲解了动植物细胞大规模培养技术的流程和影响因素。

Chapter Summary

Chapter 15 Large Scale Cultivation Technology of Animal and Plant Cells

1. By animal and plant cells cultivation technology, human beings could get those important bio-products that couldn't be produced by microorganisms. And the significance of animal and plant cells cultivation technology is stated in this chapter.
2. The composition and preparation of media for animal and plant cells cultivation is the main topic.
3. The speciality of animal and plant cells cultivation compared with microorganism cultivation is described in detail.
4. The whole process of animal and plant cells cultivation is described. Further the key factors and their effects are given.

关键术语

植物细胞培养	动物细胞培养	贴壁型细胞
上皮细胞型	成纤维细胞型	贴壁培养
游走细胞型	微载体培养	悬浮培养
多形型细胞型	固定化包埋培养	支持物
悬浮型细胞	生长素	细胞分裂素
植物细胞培养	赤霉素	嵌合培养
天然植物激素	双相培养	愈伤组织

复习思考题

1. 举例说明动、植物细胞培养最主要的用途体现在哪里？前景如何？
2. 比较动物、植物和微生物在细胞形态和结构上有什么区别？
3. 动、植物细胞培养的培养基组成与微生物培养基组成有何异同？
4. 动、植物细胞培养方法与微生物培养方法有何异同？
5. 说明各种动植物细胞培养方法和技术的优缺点。
6. 你认为动植物细胞大规模培养技术应如何改进和发展？

第十六章 固定化酶和固定化细胞技术原理

酶是一类由生物细胞产生并具有催化活性的特殊蛋白质。作为一种生物催化剂，酶参与生物体内的各种代谢反应，并在反应之后，其性质和数量不发生改变。酶反应的专一性强，催化效率高（比一般催化剂的效率高出 $10^7 \sim 10^{13}$ 倍），能在常温常压等温和的条件下进行操作，许多难以进行的有机化学反应在酶的催化下都能顺利地进行，而且可以减少或避免副反应。酶的高级结构对环境十分敏感，各种因素（物理因素、化学因素、生物因素）均有可能使酶丧失生物活力；在酶反应的最适条件下，酶也会失活；随着反应时间的延长，反应速率会逐渐下降；反应后不能回收，只能采用分批法进行生产等，大大限制了酶的应用范围。20 世纪 50 年代固定化酶技术发展起来，方法是将酶固定在惰性支持物上，使其既具有酶的催化特性，又具一般化学催化剂能回收、反复使用等优点。随着固定化技术的发展，固定化的范围发展到固定化辅酶、固定化细胞及固定化细胞器等，在节能、降低成本、保护环境、生产自动化、连续化等方面开拓了广阔的前景。

今后的工作应该是进一步开发更简便、更适用的固定化方法以及性能更加优异的载体材料，使更多的固定化酶和细胞取得工业规模应用。

第一节 固定化酶和辅酶、辅基的固定化

固定化酶（immobilized enzyme）是指在一定空间内呈闭锁状态存在的酶，能连续地进行反应，反应后的酶可以回收重复利用。因此，不管用何种方法制备的不溶于水的酶，都应该满足上述固定化酶的条件。酶的固定化是将酶与水不溶性载体结合制备固定化酶的过程。

固定化酶与游离酶相比，具有以下优点：① 极易将固定化酶与底物、产物分开，产物溶液中没有酶的残留，提纯工艺简化；② 能够在较长时间内进行反复分批反应和装柱连续反应，便于实现连续化和自动化；③ 在大多数情况下，能够提高酶的稳定性；④ 酶反应过程能够进行严格控制；⑤ 较游离酶更适合于进行多酶反应；⑥ 酶的利用率提高，生产总成本降低；⑦ 可以增加产物的收率，提高产物的质量。

与此同时,固定化酶也存在一些缺点:① 固定化时,酶活力有损失,一次性生产的成本增强;② 只能用于可溶性小分子底物,对大分子底物不适宜;③ 与完整的菌体细胞相比不适宜于多酶反应,特别是需要辅助因子的反应;④ 胞内酶必须经过酶的分离手续。

一、固定化酶的性质和制备方法

（一）固定化酶的性质

由于固定化也是一种化学修饰,酶本身的结构必然受到扰动,同时酶固定化后,其催化作用由均相移到异相,由此带来的扩散限制效应、空间障碍、载体性质造成的分配效应等因素必然对酶的性质产生影响。

1. 固定化后酶活力的变化

固定化酶的活力在多数情况下比天然酶小,其专一性也可能发生改变。例如,用羧甲基纤维素作载体固定的胰蛋白酶,对高分子底物酪蛋白只显示原酶活力的 30%,而对低分子底物活力保持 80%。所以一般认为高分子底物受到空间位阻的影响比低分子底物大。

在同一测定条件下,固定化酶活力要低于等摩尔原酶的活力。原因可能是:① 酶分子在固定化过程中,空间构象会有所变化,甚至影响了活性中心的氨基酸;② 固定化后,酶分子空间自由度受到限制（空间位阻）,会直接影响到活性中心对底物的定位作用;③ 内扩散阻力使底物分子与活性中心接触受阻;④ 包埋时酶被高分子物质半透膜包围,大分子底物不能透过膜与酶接触。

不过也有个别情况,酶在固定化后反而比原酶活力提高,原因可能是偶联过程中酶得到化学修饰,或固定化过程提高了酶的稳定性。

2. 固定化后酶的稳定性

在大多数情况下酶经过固定化后其稳定性都较天然酶高。Merlose 曾选择 50 种固定化酶,就其稳定性与固定化前的酶进行比较,发现其中有 30 种酶经固定化后稳定性提高,12 种酶无变化,只有 8 种酶稳定性降低。然而,由于目前尚未找到固定化方法与稳定性之间的规律性,因此要预测怎样才能提高稳定性还有一定困难,但大多数情况下酶经过固定化后稳定性提高了。首先,固定化酶表现出热稳定性提高,见图 16-1。作为生物催化剂,酶也和普通化学催化剂一样,温度越高,反应速率越快。但是,酶是蛋白质组成的,一般对热不稳定。因此,实际上不能在高温条件下进行反应,而固定化酶耐热性提高,使酶最适温度提高,酶的催化反应能在较高温度下进行,加快反应速率,提高酶作用效率。其次,对各种有机试剂及酶抑制剂的稳定性提高。提高固定化酶对各种有机溶剂的稳定性,使本来不能在有机溶剂中进行的酶反应成为可能。可以预计,今后固定化酶在有机合成中的应用会进一步发展。此外,固定化对酶对不同 pH 的（酸度）稳定性、对蛋白酶作用的稳定性、贮存稳定性和操作稳定性都有影响。据报道,有些固定化酶经过贮藏,可以提高其活性。青霉素酰化酶在不同 pH 的缓冲液中于 37 ℃ 保

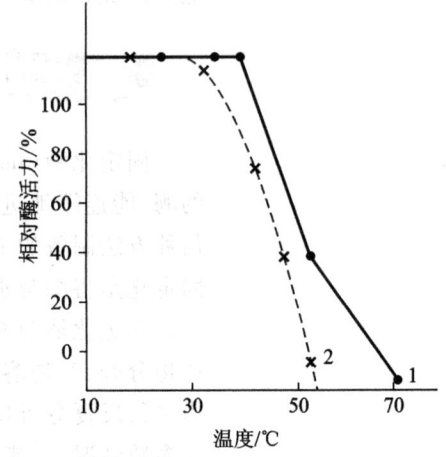

图 16-1 固定化酶稳定性的变化
1-固定化酶;2-天然酶

温 16 h 测定酶活力。固定化酶在 pH 5.5～10.3 活力稳定;游离酶则仅在 pH 7.0～9.0 稳定。固定化酶的 pH 稳定性明显优于游离酶。固定化后酶稳定性提高的原因可能有以下几点:① 固定化后酶分子与载体多点连接,可防止酶分子伸展变形;② 酶活力的缓慢释放;③ 抑制酶的自降解,将酶与固态载体结合后,由于酶失去了分子间相互作用的机会,从而抑制了降解。

3. 固定化酶的最适温度

酶反应的最适温度是酶热稳定性与反应速率的综合结果。由于固定化后,酶的热稳定性提高,所以最适温度也随之提高,这是很有利的。例如,汤亚杰等以交联法用壳聚糖固定胰蛋白酶最适温度为 80 ℃,比固定化前提高了 30 ℃。同时也有报道最适温度不变或下降的例子。

4. 固定化酶的最适 pH 变化

酶的催化能力对外部环境特别是 pH 非常敏感。酶固定化后,对底物作用的最适 pH 和酶活力 - pH 曲线常常发生偏移。图 16 - 2 是天冬酰胺酶固定化前后的酶活力 - pH 曲线。曲线偏移的原因是微环境表面电荷性质的影响。一般说来,用带负电荷载体(阴离子聚合物)制备的固定化酶,其最适 pH 较天然酶偏高,这是因为多聚阴离子载体会吸引溶液中阳离子,包括 H^+,使其附着于载体表面,结果使固定化酶扩散层 H^+ 浓度比周围的外部溶液偏高,即偏酸,这样外部溶液中的 pH 必须向碱性偏移,才能抵消微环境作用,使其表现出酶的最大活力。反之,使用带正电荷的载体制备的固定化酶其最适 pH 向酸性偏移。使用不带电荷的载体制备的固定化酶,pH 不发生偏移。

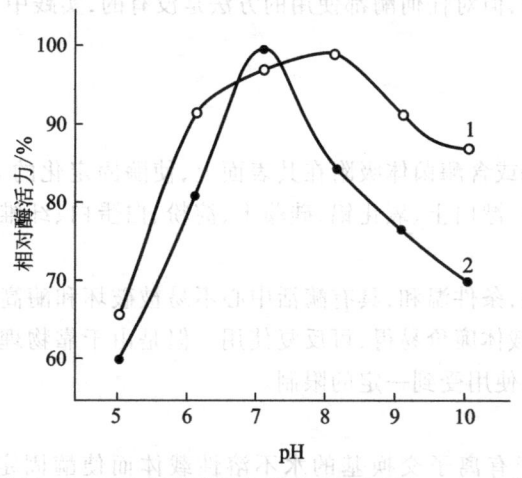

图 16 - 2 天冬酰胺酶固定化前后的酶活力 - pH 曲线
1 - 固定化酶;2 - 游离酶

5. 固定化酶的米氏常数变化

固定化酶的表观米氏常数(K_m)随载体的带电性能变化。当酶结合于电中性载体时,由于扩散限制造成表观 K_m 上升,可是带电载体和底物之间的静电作用会引起底物分子在扩散层和整个溶液之间不均一分布。由于静电作用,与载体电荷性质相反的底物在固定化酶微环境中的浓度比整体溶液的高。与溶液酶相比,固定化酶即使在溶液的底物浓度较低时也可达到最大反应速率,即固定化酶的表观 K_m 低于溶液的 K_m;而载体若与底物电荷相同,就会造成固定化酶的表观 K_m 显著增加。简单说,由于高级结构变化及载体影响引起酶与底物亲和力变化,从而使 K_m 变化。这种 K_m 变化又受溶液中离子强度影响:离子强度升高,载体周围的静电梯度逐渐减少,K_m 变化也逐渐缩小以至消失。例如在低离子浓度条件下,多聚阴离子衍生物胰蛋白酶复合物对苯甲酰胺酸乙酯的 K_m 比原酶小96.8%,但是在高离子浓度下,接近原酶的 K_m。

(二)固定化酶的制备方法

已发现的酶有数千种,固定化酶的应用目的、应用环境也各不相同,而且可用于固定化制备的物理、化学手段、材料也五花八门,丰富多彩,制备固定化酶应根据不同情况(不同酶、不同的应用目的和不同应用环境)选择不同的方法,在选择时应遵循以下的原则:① 必须注意维持酶的催化活性及专一性。酶蛋白的活性中心是酶的催化功能所必需的,酶蛋白的空间构象与酶活力密切相关。因此,在酶的固定化过程中,必须注意酶活性中心的氨基酸残基不发生变化,即酶与载体的结合部位不应当是酶的活性部位,而且要尽量避免那些可能导致酶蛋白高级结构破坏的条件。由于酶蛋白的高级结构是凭借氢键、疏水键和离子键等弱键维持,所以固定化时要采取尽量温和的条件,尽可能保护好酶蛋白的活性基团;② 固定化酶应该有利于生产自动化、连续化,为此,用于固定化的载体必须有一定的机械强度,不能因机械搅拌而破碎或脱落;③ 固定化酶应有最小的空间位阻,尽可能不妨碍酶与底物的接近,以提高产品的产量;④ 酶与载体必须结合牢固,从而使固定化酶能回收贮藏,便于反复使用;⑤ 固定化酶应有最大的稳定性,所选载体不应与产物或反应液发生化学反应;⑥ 固定化酶成本要低,以利于工业使用。

酶的固定化方法很多,但对任何酶都使用的方法是没有的,实践中,可根据酶的性质、反应特征等进行选择。

1. 吸附法

(1)物理吸附法

利用不溶性载体将酶或含酶菌体吸附在其表面上,使酶固定化的方法。常用的不溶性载体有多孔玻璃、活性炭、硅胶、漂白土、氧化铝、硅藻土、淀粉、白蛋白、纤维素衍生物、大孔型合成树脂等。

物理吸附法操作简便,条件温和,具有酶活中心不易被破坏和酶高级结构变化少的优点,因而酶活力损失很小,而且载体廉价易得,可反复使用。但是由于靠物理吸附作用,酶与载体相互作用力弱,酶易脱落,所以使用受到一定的限制。

(2)离子吸附法

酶通过离子键吸附于有离子交换基的水不溶性载体而使酶固定的方法。常用的载体有 DEAE-纤维素、DEAE-葡萄糖凝胶、Amberlite IRA-93、IRA-410、IRA-900、羧甲基纤维素、Amberlite CG-50、IR-120 和 Dowex-50 等。

离子吸附法操作简单,处理条件温和,酶的高级结构和活性中心的氨基酸残基不易被破坏,能得到酶活力回收率较高的固定化酶。但固定化的酶容易受缓冲液影响,在离子强度高的条件下进行反应时,酶往往会从载体上脱落。

2. 包埋法

(1)网格型

载体材料有聚丙烯酰胺、聚乙烯醇和光敏树脂等合成高分子化合物以及淀粉、明胶、胶原、海藻酸和角叉菜胶等天然高分子化合物。合成高分子化合物常采用单体或预聚物在酶或微生物存在下聚合的方法,而溶胶状天然高分子化合物则在酶或微生物存在下凝胶化。网格型包埋法是固定化微生物中用得最多、最有效的方法。

(2) 微囊型

微囊型固定化酶通常直径为几微米到几百微米的球状体,颗粒比网格型要小得多,比较有利于底物和产物扩散,但是反应条件要求高,制作成本也高。制备微囊型固定化酶有下列几种方法。

① 界面沉淀法:利用某些高聚物在水相和有机相的界面上溶解度极低而形成皮膜的特性将酶包埋。作为膜材料的高聚物有硝酸纤维素、聚苯乙烯和聚甲基烯酸甲酯等。

② 界面聚合法:利用亲水性单体和疏水性单体在界面发生聚合的原理包埋酶。此法制备的微囊大小能随乳化剂浓度和乳化时的搅拌速度而自由控制,制备过程所需时间非常短。但在包埋过程中由于发生化学反应会引起酶失活。

③ 二级乳化法:酶溶液先在高聚物(常用乙基纤维素、聚苯乙烯等)有机相中乳化分散,乳化液再在水相中分散形成次级乳化液,当有机高聚物溶液固化后,每个固体球内包含着多滴酶液。此法制备比较容易,但膜比较厚,会影响底物扩散。

此外还有脂质体包埋法,由表面活性剂和卵磷脂等形成液膜包埋酶,其特征是底物或产物的膜透过性不依赖于膜孔径大小,而只依赖于对膜成分的溶解度,依此可加快底物透过膜的速度。Parthasarathy R. V. 和 Charks R. Martin 等建立了聚合微胶囊排布的方法。用微孔聚碳酸酯滤膜制备微囊,膜有圆柱形孔,作为制备微囊的模板。他们用模板法获得直径、长度均一的中空聚合微囊,微囊高密度地排布,每个微囊从表面伸出,像牙刷毛一样。微囊里可填充高密度的酶,负载了酶的微囊排布可起生物反应器的作用,既可在水溶液中也可在有机溶液中起作用。这种微囊的壁很薄,仅有 25 nm,电子可以通过,而且可在无水有机溶剂中作用。Parthasarathy 等建立的是一种非常理想的固定化方法。

3. 共价结合法

共价结合法是研究中最活跃的一类固定化方法。主要是酶与载体以共价键结合,其原理是酶蛋白分子上的功能基团(最普遍的是—NH_2、—COOH,如 N 末端的 α-氨基、赖氨酸的 ε-氨基、C 末端羧基、谷氨酸的 γ-羧基以及丝氨酸、酪氨酸、苏氨酸的羟基,苯丙氨酸和酪氨酸的苯环、组氨酸的咪唑基、色氨酸的吲哚基和半胱氨酸巯基)和固相支持物表面上的反应基团之间形成共价键,因而将酶固定在支持物上。参加共价结合的氨基酸残基应该是酶催化活性所必需的,否则会导致酶活力损失,甚至造成固定化酶的完全失活,因此酶通过什么基团与载体连接是很重要的。用此法固定酶之前,要尽可能收集此酶的有关信息,如氨基酸组成,活性中心的氨基酸,化学修饰对活性的影响,活性中心的保护剂及酶的立体结构等。载体的物化性质对固定化酶也有很大影响,载体应该是亲水的。疏水载体对固定化酶往往起与有机溶剂相同的变性作用。一般总希望单位体积的固定化酶具有较高的活力,所以最好用最大表面积(粒细而多孔)的载体。固定化酶要长期使用,所以要求载体有一定机械强度和稳定性,载体还必须具备能在温和条件下与酶结合的功能基团。所用载体分三类:天然有机载体(如多糖、蛋白质、细胞)、无机物(玻璃、陶瓷等)和合成聚合物(聚酯、聚胺、尼龙等)。

4. 交联法

交联法的基本原则是酶分子和多功能试剂之间形成共价键得到三向的交联网架结构。用多功能试剂进行酶蛋白分子之间的交联,除了酶分子间交联外,还存在一定程度的分子内交联。交联法也可用于含酶菌体或菌体碎片的固定化。参与交联反应的酶蛋白的功能团有 N 末端的 α-氨基、赖氨酸的 ε-氨基、酪氨酸的酚基、半胱氨酸的巯基和组氨酸的咪唑基等。作为交联剂的有形成希夫碱的戊二醛，形成肽键的异氰酸酯，发生重氮偶合反应的双重氮联苯胺或 N,N'-乙烯双马来亚胺等。常用的双功能试剂有戊二醛、己二胺、顺丁烯二酸酐、双偶氮苯等。其中最广泛的是戊二醛，其反应式如下（E 表示酶或微生物）：

$$OH(CH_2)_3CHO + E \rightarrow$$

$$\begin{array}{c}
-CH=N-E-N=CH(CH_2)_3CH=N-E-N=CH-\\
|\\
N\\
|\\
(CH_2)_3\\
|\\
CH\\
\|\\
N\\
|\\
-CH=N-E-N=CH(CH_2)_3CH=N-E-N=CH-
\end{array}$$

交联法反应条件比较激烈，固定化的酶活回收率一般较低，但是尽可能降低交联剂浓度和缩短反应时间将有利于固定化酶活力的提高。

5. 非共价结合法

对于在水不溶的有机相中进行的反应，最简单的固定化方法是结晶法和分散法。

（1）结晶法

结晶法是使酶结晶从而实现固定化的方法。对于晶体来说，载体就是酶蛋白本身，它提供了非常高的酶浓度。对于活力较低的酶来说，这一点就更具有优越性。酶活力低不仅限制了固定化技术的运用，而且当酶的活力低时，通常使用酶的费用较昂贵。当提高酶的浓度时，就提高了单位体积的活力，并因此缩短了反应时间。但是这种方法也存在局限性，在不断的重复循环中，酶会有损耗，从而使得固定化酶浓度降低。

（2）分散法

分散法就是通过酶分散于水不溶相中从而实现固定化的方法。对于在水不溶的有机相中进行反应，最简单的固定化方法是将干粉悬浮于溶剂中，并且可以通过过滤和离心的方法将酶进行分离和再利用。然而，如果酶分布得不好的话，将引起传质不均匀。

6. 热处理法

热处理法是将含酶细胞在一定温度下加热处理一段时间，使酶固定在菌体内而制备得到固定化菌体。热处理法只适用于那些热稳定性较好的酶的固定化，在加热处理时，要严格控制好加热温度和时间，以免引起酶的变性失活。热处理法也可与交联法或其他固定化法联合使用，进行双重固定化。

▶▶ 二、影响固定化酶性能的因素

固定化酶的性能取决于酶和载体材料的性质，两者相互作用使固定化酶具备了化学、生物化学、机械及动力学方面的性质，固定化酶的特征参数见表 16-1。由于酶本身活性中心的氨基酸残基、高级结构和电荷状态等发生变化，也由于在固定化酶的周围形成了能对底物产生立体影响的扩散层以及静电的相互作用等原因，酶固定化后发生了性质变化。

表 16-1 固定化酶的特征参数

成 分		参　　数
酶	生物化学性质	相对分子质量,辅基,蛋白质表面的功能基团,纯度(杂质的失活或保护作用)
	动力学参数	专一性,pH 及温度曲线,活力及抑制性的动力学参数,对 pH、温度、溶剂、去污剂及杂质的稳定性
	化学特征	化学组成,功能基,膨胀行为,基质的可及体积,微孔大小及载体的化学稳定性
	机械性质	颗粒直径,单颗粒压缩行为,流动抗性(固定床反应器),沉降速率(流体床)对搅拌罐的磨损
载体	固定化方法	所结合的蛋白,活性酶的产量,内在的动力学参数(即无质量转移效应的性质)
	质量转移效应	分配效应(催化剂颗粒内外不同的溶质浓度),外部或内部(微孔)扩散效应;这些给出了天然酶在合适反应条件下的效率
固定化酶	稳定性	操作稳定性(表示为工作条件下的活性降低),贮藏稳定性
	效能	生产力(产品量/单位活力或酶量),酶的消耗(u/kg 产品)

三、辅基和辅酶的固定化

酶的催化作用需要存在另一种非蛋白质性质的化合物,这种化合物通常是小分子物质,统称辅因子。辅因子与非活性蛋白结合形成有催化活性的复合物称为酶,酶缺少辅因子就不能表现其活性。辅因子有三类:一类是金属离子,如 Mg^{2+}、Mn^{2+} 等,它们是最简单的辅因子。有时金属离子和酶结合得非常紧密,金属离子已经成为酶的一部分(金属蛋白质)。有些酶与金属离子的可逆结合比较弱,这类金属离子常称为激活剂。第二类辅因子是辅酶,很多酶由蛋白质部分和与它相结合的辅基所组成,这两部分经常是解离着的,这种酶称为全酶,其蛋白质部分称为酶蛋白,辅基部分称为辅酶,大多数辅酶属于维生素。第三类辅因子是辅底物,它们包括 NAD、NADP、辅酶 Q、谷胱甘肽、ATP、辅酶 A、和四氢叶酸等,这类物质是作为第二底物起作用的,它们以化学计量关系与真正的底物进行反应,反应后辅底物发生变化,不能再靠这个酶反应本身把它还原成原来的状态。如乙醇 + NAD^+ → 乙醛 + $NADH$ + H^+,催化该反应的是乙醇脱氢酶,在这种情况下,必须偶联着另一个辅底物参与的酶反应,才能恢复到原来的状态,重新参与反应。如:

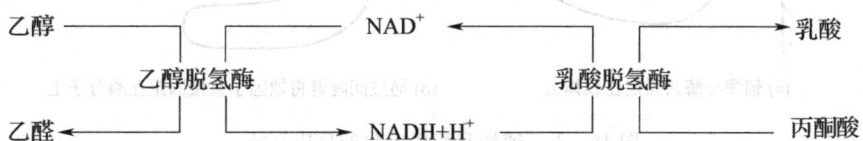

辅基和辅酶与对应的酶有专一的亲和性,由于辅基与酶蛋白的结合比较牢固,通常可以用超滤膜截留等物理方法进行回收。而对于辅酶来说则不行,为使辅酶能在酶反应系统中有效地参与反应,必须考虑辅酶的固定化。将辅酶固定在可溶性的或不可溶性的大分子载体上,这样就便于回收再生。

1. 辅基的固定化

首先,应选择合适的载体。理想的载体应具有以下的条件:没有特异性吸附,具有多孔性,有合适的官能团,化学稳定性好,具有适当的机械强度等。目前使用的载体主要有琼脂糖、纤维素、玻璃珠及合成高分子载体等，最常用的载体有琼脂糖凝胶。其次，间隔臂（手臂）的选择也非常重要。一般辅基分子和载体之间需要 0.5～1.0 nm 长的间隔臂。此外还必须考虑辅基的性质，如疏水性、离子性、亲水性和体积大小等因素。

2. 辅酶的固定化

辅酶的固定化方法与酶相似，其相对分子质量只有几百，将其包埋在半透膜中比较困难，若将辅酶与不溶性载体结合，则不能在多个酶之间起传递作用，因此，目前都是将辅酶结合于水溶性高分子载体上，使其高分子化来解决这一难题。辅酶高分子化一般的顺序是先在辅酶的一定部位进行修饰，引入适当的官能团或间隔臂，生成辅酶衍生物，然后再与水溶性高分子结合。

▶▶ 四、辅酶的再生

辅酶的再生是实际生产中必须考虑的问题，根据需要辅酶的酶反应系统的类型不同，辅酶的再生效率也不同。如将辅酶和酶共固定在同一个载体上，可得到一种不需外加辅酶而活性持久的固定化酶。图 16-3a 是一种较为有效的方法，将辅酶直接固定在某个酶分子上，原先可分离的辅酶便成了这一酶分子上被牢固结合着的辅基，如图 16-3b，例如辅酶 NAD^+ 衍生物可直接共价结合醇脱氢酶，并仍能与此酶分子相互作用具有辅酶活性。这种酶-辅酶复合物如果被固定在某个电极上，便是一种酶电极。辅酶通过酶反应被还原，然后再经过电化学方法得到氧化。一种最理想的构型是一个酶的活性中心能与另一个酶的活性中心相互定向，而辅酶与其中一个酶分子相结合，它的间隔臂分子的长度又适于辅酶分子与两个酶的活性中心相互作用。这样辅酶便能在两个酶的活性中心之间进行游摆从而得到再生。

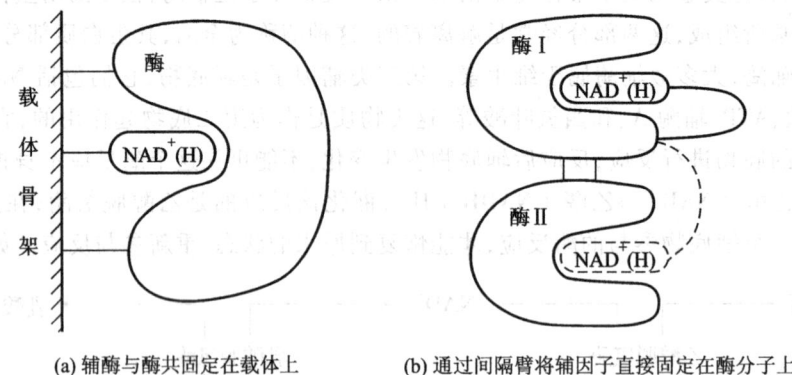

(a) 辅酶与酶共固定在载体上　　(b) 通过间隔臂将辅因子直接固定在酶分子上

图 16-3　辅酶和酶固定化的反应系统

第二节　细胞固定化技术

固定化细胞（immobilized cell）就是被限制自由移动的细胞，即细胞受到物理化学等因素约束或限制在一定的空间界限内，但细胞仍保留催化活性并具有能被反复或连续使用的活力这是在酶固定化基础上发展起来的一项技术。

固定化细胞的研究和应用始于20世纪70年代,固定化细胞技术后来居上超过了固定化酶。固定化细胞比固定化酶优越,由于固定化细胞保持了胞内酶系的原始状态与天然环境,更趋于稳定。固定化细胞还保持了胞内原有的多酶系统,这对于多步催化转换,如合成干扰素等,其优势更加明显,而且无需辅酶再生。尤其是固定化增殖细胞发酵更具有优越性:① 固定化细胞的密度大、可增殖,因而可获得高度密集而体积缩小的工程菌集合体,不需要微生物菌体的多次培养、扩大,从而缩短了发酵生产周期而提高生产能力;② 发酵稳定性好,可以较长时间反复使用或连续使用,有希望将发酵罐改为反应柱进行连续生产;③ 发酵液中含菌体较少,有利于产品分离纯化,提高产品质量等。由于固定化细胞既有效地利用了游离细胞的完整的酶系统和细胞膜的选择通透性,又进一步利用了酶的固定化技术,兼具二者的优点,制备又比较容易,目前已在工业、农业、医学、环境科学、能源开发等领域广泛应用。

固定化细胞技术也应用于基因工程菌。质粒的不稳定性对基因工程菌的培养和产物的生产有着极大的影响。将基因工程菌固定化后培养可提高基因工程菌的稳定性、生物量和克隆基因产物的产量。培养条件对固定化工程菌的培养有一定的影响。非生长的基因工程菌的固定化可提高其半衰期并能稳定操作较长时间。基因工程提供了改进的微生物,在利用这些微生物的时候,人们自然地考虑到使用具有很多优势的固定化技术,事实上正是基因工程菌的固定化研究推动了固定化技术的发展。

▶▶ 一、固定化细胞的分类和生理状态

固定化细胞按其细胞分类有固定化微生物、植物和动物细胞三大类;按其生理状态又可分为固定化死细胞和活细胞两大类,见表16-2。

表16-2 固定化细胞的分类

分类方式	固定化细胞	分类方式	固定化细胞
细胞类型	微生物 植物 动物	生理状态	死细胞:完整细胞,细胞碎片,细胞器 活细胞:增殖细胞,静止细胞,饥饿细胞

固定化死细胞一般在固定化之前或之后细胞经过物理或化学方法的处理,如加热、匀浆、干燥、冷冻、酸及表面活性剂等处理,目的在于增加细胞膜的渗透性或抑制副反应,所以比较适于单酶催化的反应。

固定化静止细胞和饥饿细胞在固定化之后细胞是活的,但是由于采用了控制措施,细胞并不生长繁殖,而是处于休眠状态或饥饿状态。

固定化生长细胞又称固定化增殖细胞,是将活细胞固定在载体上并使其在连续反应过程中保持旺盛的生长和繁殖能力的一种固定化方法。与固定化酶和固定化死细胞相比,由于细胞能够不断繁殖、更新,反应所需的酶也就可以不断更新,而且反应时酶处于天然的环境中更加稳定,因此,固定化增殖细胞更适宜于连续使用。从理论上讲,只要载体不解体,不污染,就可以长期使用。固定化细胞保持了细胞原有的全部酶活性,因此,更适合于进行多酶体系连续反应,所以说,固定化增殖细胞在发酵工业中最有前途。

二、固定化细胞的制备和性质

1. 固定化细胞的制备

固定化酶和固定化细胞都是以酶的应用为目的的,其制备方法和应用方法也基本相同。上述固定化酶的方法大部分适合于微生物细胞的固定化,既适用于固定化死细胞(休止细胞),也适用于固定化活细胞。可把死细胞看做是一个充满酶的口袋,因此唯一的目的是要保持所要的酶活力;固定化活细胞是传统发酵工艺的一种改进,具有增加细胞浓度、提高连续性的功效。

对一个特定的目的和过程来说,是采用细胞,还是采用分离后的酶作催化剂要根据过程本身来决定。一般说,对于一步或两步的转化过程用固定化酶较合适。对多步转换,采用整细胞显然有利。

上面提到的所有固定化细胞的方法都涉及细胞本身的变化或它的微环境的改变,从而使细胞的催化动力学性质发生改变,结果是降低了天然活力。为了长期、连续使用天然状态细胞,还可采用沉淀、透析等方法。例如,多次重复使用菌丝沉淀是最简单的细胞固定化形式之一,并已在工业上应用。影响沉淀生成的因素主要是培养基、pH、氧浓度、振荡等。微生物菌体本身可认为是天然的固定化酶,适当条件的选择,如可以经过热处理使其他酶失活,而保存所需酶活力。

固定化完整细胞的方法虽有多种,但还没有一种理想的通用方法,每种方法都有其优缺点。对于特定的应用,必须找到价格低廉、简便的方法,及高活力的保留和操作稳定性,后两条是评价固定化生物催化剂的先决条件。

固定化细胞的制备方法大体上与固定化酶的制备方法相同。常用的固定化细胞的制备方法有吸附法、包埋法、共价结合法、交联法、多孔物质包络法、超过滤法等几大类,其中以包埋法使用最为普遍。

2. 固定化细胞的性质

(1) 与游离酶和天然细胞相比,固定化细胞具有下列性质:

① 酶活力的稳定性增强。

② 具有一定的酶活力的半衰期:各种固定化细胞的半衰期是不同的,半衰期越长,说明固定化细胞酶活力的稳定性越强。随着温度的升高,固定化细胞的半衰期相应缩短。

③ 酶促效率明显增高:和固定化酶不同,菌体细胞在固定化过程中通常不损伤细胞本身,细胞内的酶系统也最大限度地保持着天然状态(包括各酶所处的特定位置、酶的理化性质等),因此,固定化菌体细胞具有较高的酶促效率。

④ 具有多步酶反应的特点:微生物细胞内具有维持其生命活动的完整酶系统,经过固定化后它相当于一个完整的多酶反应器,它能有条不紊地完成复杂的多步酶促反应。

⑤ 反应时不需添加辅助因子:酶促反应往往需要 ATP、Mg^{2+}、NAD^+ 等辅助因子参加,由于细胞内已经具有这些物质,固定化后它们一般能保留下来,因此反应时不需再加。

⑥ 细胞透性增强:固定化细胞的细胞膜透性较天然细胞增强。

⑦ 热稳定性增强。

⑧ 易产生副反应。

(2) 下面仅就固定化基因工程菌来阐述固定化细胞的性质:将固定化和游离工程菌相比较发现,固定化细胞具有高细胞浓度、克隆产物高效表达、稳定性好等特性。

① 目的产物的产量提高：固定化大肠杆菌 BZ 18(pTG 201)比无选择压力的游离细胞产生目的产物的量高 20 倍。在凝胶表面 50～150 μm 距离内可以观察到有单层活细胞高密度生长，而在胶粒内部则无细胞生长。与之相似，大肠杆菌 C 600(pBR 322)在中空纤维膜反应器中也可高密度生长。在固定化体系中，细胞生长得更快，直到达到一个稳定状态，对相对游离体系而言，活细胞数目可达其 11 倍之多。

② 克隆基因产物的表达：固定化方法对提高克隆基因产物合成量的影响对培养若干代后的细胞尤其显著。在连续操作的中空纤维膜生物反应器中可得到较高的 β-酰胺酶产率，并能维持 3 周以上。固定化体系与悬浮体系相比可选择性地获得高产量的 β-酰胺酶，固定化反应器运行到第 3 天和第 100 天的产量分别是后者的 100 倍和 1 000 倍。此外，在微载体上固定中国仓鼠细胞生产人干扰素可稳定生产一个月时间。

③ 质粒的遗传稳定性：质粒的遗传稳定性是基因工程细胞最重要的因素，因为质粒是表达目的基因产物的载体。在固定化体系中 P^+ 细胞可稳定遗传 55 代，传到第 18 代时，P^+ 细胞量是游离细胞的 3 倍。比较游离的和固定化的细胞在基础和 LB 培养基中的质粒遗传稳定性，发现在这两种培养基中固定化细胞质粒的遗传稳定性都较高。与此相似，质粒 pTG 201 可稳定存在于 3 种固定化的大肠杆菌中。在通纯氧的固定化体系中质粒的稳定性和拷贝数可较好地维持，到第 200 代时仍接近初始的 100%。在研究了固定化对 pTG 201 质粒在大肠杆菌 W 3101 中稳定性的影响后发现，酶的产量在解抑制温度 42 ℃时有所提高，但质粒稳定性有所下降。如若采用两步连续培养则可克服质粒的低稳定性问题。

在固定化体系中质粒稳定性的提高不能用单一的因素来解释。虽然，P^+、P^- 细胞之间有紧密的联系，但事实证明质粒在固定化细胞中的转移是不存在的。早期提出的隔室化理论并不能解释高稳定性，因为细胞长到第 6 代就足以将胶粒内部的空间充满。带有 pTG 201 质粒 P^+ 和 P^- 细胞以 87% 和 13% 的比例共同固定化后繁殖了约 80 代，最后，P^+ 和 P^- 细胞在胶粒中比例不变，而与游离细胞体系大不相同。这样就证明了质粒稳定性的提高归功于 P^+ 和 P^- 细胞无法在胶粒中竞争，以及固定化细胞在胶粒中繁殖缓慢的原因。同时微环境在稳定性方面也发挥了很重要的作用。对于固定化体系可以保护基因的稳定性至今尚无一个确定的解释，然而对于克隆基因分泌产物及其调控机制以及固定化细胞生理学的全面了解可以为重组细胞高稳定性提供更多的信息。就形态和通透性而言，观察重组细胞内部细胞膜、细胞壁组成的变化是很重要的，它可以增加对重组菌中质粒高稳定性的了解。

总之，与游离细胞体系相比，固定化技术可以明显提高基因工程细胞稳定性和目的基因表达产物的产量，并能保持宿主中质粒稳定性和拷贝数。

④ 培养条件对质粒稳定性、菌体量及克隆基因产物的影响：游离细胞体系、固定化细胞体系的影响因素有接种量、各种介质、胶粒体积、基质浓度、营养物质、温度、pH 以及溶氧浓度等。

A) 接种量：重组细胞中质粒的稳定性程度受接种量的影响。早期的研究表明在胶粒表面 50～150 μm 附近固定化细胞呈单层生长。减少接种量可以使胶粒表面和内部的重组细胞数均有较大程度的提高。这可能是由于胶粒中最初的低细胞量可以克服营养物质和氧气的传质限制，接种量在细胞固定化技术中的影响已有了系统的研究。

B) 固定化颗粒数量：Birbaum 等研究认为胶粒在反应器中所占体积越大（即胶粒越多）重组基因生产目的产物的能力越强。在较低接种量的情况下，胰岛素原的产量随着胶粒数量的增加而增加,在胶粒数量过多时,从胶粒中游离出的细胞也会相应增加,但其内部的重组质粒则可保持较高的稳定性。显而易见,若要提高反应器的体积产量,就必须采用高浓度的固定化胶粒。

C) 介质浓度:研究表明,凝胶浓度提高后,溶质扩散及溶氧摄取都随之降低,而使转化反应受到影响。同样,在凝胶浓度一定的情况下,胶粒的大小(胶粒直径)影响目的产物的生产情况,胶粒直径越小则转化率越高。一般来讲,多采用2%介质浓度固定化重组细胞。

D) 营养物质:在游离细胞体系中质粒的稳定性会受到营养物质限制的影响。同样,在固定化体系中,葡萄糖、氮源、磷酸盐及镁盐中任一因素缺失都会影响到质粒稳定性。在上述诸因素中,磷酸盐和镁盐对质粒的稳定性影响最显著,这可能是由于导致胶粒中活细胞数目减少而造成的。

E) 培养温度及pH:温度和pH同样会影响克隆基因表达的产量。如在生产胰岛素原中,其生产菌表达的最佳温度位于25～30℃之间,pH为7.0。Sayadi等研究了温度对大肠杆菌W 3101中的pTG 201质粒稳定性的影响发现,31℃质粒均稳定存在于宿主中,温度升高到42℃时游离及固定化细胞中质粒稳定性均有所下降,这可能是因为介质中P^-细胞与P^+细胞相比缺乏竞争力的缘故。

为了将重组菌的生长及目的产物的生产两步分开,人们建立了基于温度变化的两步连续固定化培养法。第一步,温度控制在31℃,使大肠杆菌处于抑制状态而增加质粒的稳定性。从第一个反应器中释放的细胞不断地流入温度为42℃的第二个反应器中,该温度下可使重组细胞解除抑制儿茶酚-2,3二氧化酶。在研究了pH对固定化的哺乳动物细胞的影响后发现,控制pH在一定水平与不控制pH相比,可获得40%的目的产物。固定化体系的pH范围多选择在7.0～7.6之间。

F) 溶解氧浓度:Marin等利用向反应器中通入纯氧的方法提高了固定化大肠杆菌K 12细胞中质粒的稳定性。这是因为重组细胞在通纯氧情况下比通空气的生长速度要慢,传代分化数目减少,从而产生P^-细胞的概率降低,即P^+细胞的概率增高,并进而提高重组细胞中质粒的稳定性。胶粒的形态测定显示,通纯氧10 h与通空气培养相比,胶粒内部可形成更大的菌落,且菌落占胶粒体积的百分比更大。在通纯氧的情况下,质粒的拷贝数及转化子数目可保持200代不变。Huang等也发现类似的情况,他们认为通纯氧使质粒稳定性增加是由于重组菌生长速率降低及抑制了目的产物产生所致。

第三节 评价固定化酶和固定化细胞催化剂的指标

游离酶成为固相酶,其催化功能也由原先的均相体系反应变为固-液相不均一体系的反应了。酶的催化性质会引起变化,因此制备固定化酶后,必须考察它的性质。可通过各种参数的测定来判断某种固定化方法的优劣以及所得固定化酶的实用可能性。常用的评估指标有以下几个。

一、固定化酶和固定化细胞的活力

固定化酶和固定化细胞的活力是指固定化酶(细胞)催化某一特定化学反应的能力,其大小可用在一定条件下它所催化的某一反应的反应速率来表示。固定化酶(细胞)活力的单位可定义为1 mg干重固定化酶(细胞)1 min转化底物(或生产产物)的量,表示为 $\mu mol/(min \cdot mg)$。如果是酶膜、酶管或酶板,则以单位面积的反应初速度来表示,即 $\mu mol/(min \cdot cm)$。与游离酶相仿,表示固定化酶的活力一般要注明所测定的条件,如温度、搅拌速度、固定化酶的干燥条件、固定化的原酶含量或蛋白质含量及用于固定化酶的原酶的比活力。

二、固定化酶(细胞)的半衰期

固定化酶(细胞)的半衰期是指在连续测定条件下,固定化酶(细胞)的活力下降为最初活力一半所经历的连续工作时间,以 $t_{1/2}$ 表示。固定化酶(细胞)的操作稳定性是影响使用的关键因素,半衰期是衡量稳定性的指标。半衰期的测定可以和化工催化剂一样实测,即进行长期实际操作,也可通过较短时间操作进行推算。

在没有扩散限制时,固定化酶(细胞)活力随时间成指数关系,半衰期

$$t_{1/2} = 0.693/K_D$$

式中,K_D—衰减常数,$K_D = -(2.303/t) \times \lg(E/E_0)$;

E/E_0—时间 t 后酶活力残留的百分数。

三、偶联率及相对活力的测定

固定化酶的活力回收是指固定化后固定化酶(细胞)所显示的活力占被固定的等当量游离酶(细胞)总活力的百分数。

偶联率 = [(加入蛋白活力 - 上清液蛋白活力)/加入蛋白活力] × 100%

活力回收 = (固定化酶总活力/加入酶的总活力) × 100%

偶联率 = 1 时,表示反应控制好,固定化或扩散限制引起的酶失活不明显;

偶联率 < 1 时,扩散限制对酶活力有影响;

偶联率 > 1 时,有细胞分裂或从载体排除抑制剂等原因。

第四节 固定化技术的应用

近半个世纪以来固定化技术迅速发展,固定化酶和固定化细胞已经在医药、食品、轻工、化工、环保、能源、分析检验等领域广泛应用,并取得显著成果。

一、利用固定化酶(细胞)生产各种产物

1. 固定化酶在工业生产中的应用

现已用于工业化生产的固定化酶主要有以下几种。

(1) 氨基酰化酶

1969 年,日本田边制药公司将从米曲霉中提取分离得到的氨基酰化酶,用 DEAE-葡聚糖凝胶为载体通过离子键结合法制成固定化酶,将 L-乙酰氨基酸水解生成 L-氨基酸,用来拆分 DL-乙酰氨基酸,连续生产 L-氨基酸。剩余的 D-乙酰氨基酸经过消旋化,生成 DL-乙酰氨基酸,再进行拆分。生产成本与用游离酶生产相比,仅为其 60% 左右。

$$\underset{(\text{L-乙酰氨基酸})}{\text{HNOOCCH}_3 | \text{RCHCOOH}} + \text{H}_2\text{O} \xrightarrow{\text{氨基酰化酶}} \underset{(\text{L-氨基酸})}{\text{NH}_2 | \text{RCHCOOH}} + \underset{(\text{乙酸})}{\text{CH}_3\text{COOH}}$$

(2) 葡萄糖异构酶

将培养好的含葡萄糖异构酶的放线菌细胞进行 60~65 ℃ 热处理 15 min，该酶就固定在菌体上，制成固定化酶，催化葡萄糖异构化生成果糖，用于连续生产果葡糖浆。

$$葡萄糖 \xrightleftharpoons{葡萄糖异构酶} 果糖$$

此固定化酶在国内外均进行过广泛的研究和应用，1973 年就已用于工业化生产。固定化葡萄糖异构酶的制备，除用上述热处理法外，还可用吸附法、结合法、凝胶包埋法、交联法或双重固定化法等进行固定。

(3) 天冬氨酸酶

1973 年日本用聚丙烯酰胺凝胶为载体，将具有高活力天冬氨酸酶的大肠杆菌菌体包埋制成固定化天冬氨酸酶，用于工业化生产，将延胡索酸转化生产 L－天冬氨酸。

$$\begin{matrix} HOOC-C-H \\ \| \\ H-C-COOH \end{matrix} + NH_3 \xrightarrow{天冬氨酸酶} HOOC-CH_2-\underset{\underset{NH_2}{|}}{CH}-COOH$$

（延胡索酸） （L－天冬氨酸）

1978 年以后，改用角叉菜胶为载体制备固定化酶，也可将天冬氨酸酶从大肠杆菌细胞中提取分离出来，再用离子键结合法制成固定化酶，用于工业化生产。

(4) 青霉素酰化酶

1973 年已用于工业化生产，用于制造各种半合成青霉素和头孢菌素。用同一种固定化青霉素酰化酶，只要改变 pH 等条件，就既可以催化青霉素或头孢菌素水解生成 6－氨基青霉烷酸（6－APA）或 7－氨基头孢霉烷酸（7－ACA），也可以催化 6－APA 或 7－ACA 与其他的羧酸衍生物进行反应，以合成新的具有不同侧链基团的青霉素或头孢菌素。

$$青霉素 \xrightarrow{青霉素酰化} 6-APA + R-COOH$$
$$头孢菌素 \xrightarrow{青霉素酰化} 7-ACA + R-COOH$$

(5) 延胡索酸酶

用聚丙烯酰胺凝胶包埋含有延胡索酸酶的产氨短杆菌菌体，制成固定化延胡索酸酶，于 1974 年用于工业化生产，从延胡索酸酶制造 L－苹果酸。其反应方程式如下：

$$\begin{matrix} HOOC-CH \\ \| \\ HC-COOH \end{matrix} + H_2O \xrightarrow{延胡索酸酶} HOOC-CH_2-CHOH-COOH$$

（延胡索酸） （L－苹果酸）

1977 年以后，改用角叉菜胶包埋具有高活力延胡索酸酶的黄色短杆菌菌体，其 L－苹果酸的产率比前者提高 5 倍。

(6) β－半乳糖苷酶

β－半乳糖苷酶又称乳糖酶，可用于水解乳中存在的乳糖，生成半乳糖和葡萄糖，用于制造低乳糖奶。

$$乳糖 + 水 \xrightarrow{乳糖酶} 葡萄糖 + 半乳糖$$

采用固定化乳糖酶可连续生产低乳糖奶，已于 1977 年实现工业化。

(7) 天冬氨酸－β－脱羧酶

将含有天冬氨酸-β-脱羧酶的假单胞菌体用凝胶包埋法制成固定化天冬氨酸-β-脱羧酶,于1982年用于工业化生产,催化 L-天冬氨酸脱去 β-羧基,生产 L-丙氨酸。

$$L-天冬氨酸 \xrightarrow{天冬氨酸-\beta-脱羧酶} L-丙氨酸 + CO_2$$

2. 利用固定化微生物细胞生产各种产物

固定化微生物细胞能进行正常的生长、繁殖和新陈代谢,所以利用固定化细胞如同游离细胞发酵那样生产各种代谢物质,由于微生物细胞固定化后,受载体的影响,所以固定化微生物只用于生产各种胞外产物。

(1) 酒精和酒类

固定化酵母等微生物可用于生产酒精、啤酒、葡萄糖、黄酒等。

(2) 氨基酸

固定化氨基酸生产菌可用于生产谷氨酸、赖氨酸、精氨酸、瓜氨酸、色氨酸、异亮氨酸等。

(3) 有机酸

固定化黑曲霉等微生物可用于生产苹果酸、柠檬酸、葡萄糖酸、衣康酸、乳酸、醋酸等有机酸。

(4) 酶和辅酶

固定化黑曲霉等微生物可用于生产 α-淀粉酶、糖化酶、蛋白酶、果胶酶、纤维素酶、溶菌酶、磷酸二酯酶、天冬酰胺酶等胞外酶及辅酶 A、NAD、NADP、ATP 等辅酶。

(5) 抗生素

固定化微生物在生产青霉素、四环素、头孢霉素、杆菌肽、氨苄青霉素、头孢力新等抗生素方面研究成果显著。

固定化细胞还可用于甾体转化、废水处理、有机溶剂、维生素、化工产品等的生产。

▶▶ 二、药物控释载体

药物控释技术是指在新药研制和开发过程中逐步建立的符合药物理化性质和作用特点的合理给药体系,其核心特点是从时间和空间分布上控制药物的释放。

在肿瘤的化学治疗及重组蛋白质类药物制剂中比较重要的几种控释体系有聚合的修饰、凝胶包埋、微球、脂质体及免疫导向等。这几种控释体系都涉及药物与聚合物载体偶联或固定于某种聚合物载体上,因此也可称为载体药物。

1. 聚合物修饰

多用于蛋白质类药物。这类药物生物半衰期短、免疫原性强,可用适当的水溶性高分子聚合物加以修饰以改善其性能。例如用甲基壳聚糖对天冬酰胺酶的修饰及聚乙二醇对原核表达重组人血小板生成素分子的修饰等,均可起到降低毒性、延长半衰期的作用。此外,小分子药物也可作用这一系统,如将抗癌药羟基硫胺素及氨甲蝶呤偶联于羧甲基纤维素后注射,可使荷瘤小鼠平均生存时间较对照组延长两倍左右。

2. 凝胶包埋

如果希望药物能够较长时间维持一个稳定的血药浓度,可采用凝胶包埋法,即用生物相溶性好的高分子聚合物与药物混合制成含有药物的凝胶,植入体内特定部位以达到缓释给药的效果。药物从凝胶中释出后,经周围组织吸收,然后进入血液循环或直接局部作用,避开了首次过敏效应,生物利用度高,作用时间长。例如将博莱霉素与聚乳酸一起溶解后,制成凝胶包埋于动物皮下,较直接注射治疗效果好,是一种有希望的局部化疗给药系统。与凝胶同属植入控释给药系统的还有硅橡胶管状剂、膜剂、微型系及微胶囊剂等。

3. 微球制剂

用高聚物微球包埋或化学偶联药物可制成微球制剂,它具有靶向性、缓冲性及减少抗药性等特点。微球与靶细胞接触,可以通过胞饮进入胞内发生作用,不影响细胞膜通透性,不会产生抗药性,早期使用的微球制剂不被生物降解,多为口服制剂。现用于注射的多为可生物降解的小于 1 μm 微球,如以生物可降解微球包埋入生长激素后肌注动物,血药浓度稳定、不产生抗体,注射部位组织无病变,微球还可用于基因治疗及基因疫苗的载体。为了改善微球制剂的靶向性,可以采用改变微球大小、荷电性质、用抗体包被等方法,其中较为突出的是掺入磁性物质制成磁性药物微球。磁性药物微球用于肿瘤治疗,可以在足够强的外磁场引导下,通过动脉注射后富集定位到肿瘤组织,定量地释放药物,达到高效、速效、低毒的效果。除此之外,磁性药物微球可以减少网状内皮系统的吸收,因此可以增加化疗指数,并且可以直接栓塞肿瘤组织的血管造成其坏死。

4. 脂质体

脂质体是磷脂双分子层在水溶液中自发形成的超微型中空小泡,它同微球制剂一样都具有靶向性、长效性,并且可以通过胞饮作用向胞内释放药物从而避免抗药性;此外还具有更好的生物相溶性和可生物降解性,并且无毒性。脂质体可用薄膜法、乳化法、冻干法、超声法等方法制造,药物的包封率是脂质体制剂质量控制的重要的指标。水溶性、脂溶性、离子及大分子药物都可用脂质体包装,尤其是反义核酸、基因片段及蛋白质等更显优越性。但是,脂质体也有一些缺点,如单纯脂质体也还是依靠被动靶向性,因而限制了其在肿瘤化疗中的应用。在单纯脂质体的基础上进行化学修饰及改造,可以改善其性能,拓宽其应用。

5. 导向药物

导向药物具有主动靶向性,将针对肿瘤细胞的单克隆抗体与化疗药物化学交联,可以直接作用于肿瘤细胞产生杀伤作用,并且降低全身毒性。但是抗体药物复合物与肿瘤细胞结合数目有限,难于有效杀伤肿瘤细胞,因而用毒性非常强烈的毒素取代了化疗药物来制备免疫毒素,具有更强烈的杀伤效果。免疫毒素还可用于骨髓移植中,供体骨髓中 T 细胞的选择性杀伤以避免移植物抗宿主病的发生。

除了将药物直接导向靶组织外,还可将药物化学修饰成不显活性的衍生物,导向到靶组织后,被靶组织特异的酶转化为活性药物,这称为靶向前体药物。不仅药物可以直接偶联抗体,微球制剂和脂质体制剂同样也可偶联抗体以增强其靶向性。此外,细胞表面的糖复合物也可以作为靶向目标。

▶▶ 三、酶结构与功能研究

1. 阐明酶反应机理

对于葡萄糖生成 3-磷酸甘油醛这一反应,中间要经过己糖激酶、磷酸果糖激酶、磷酸葡萄糖异构酶、醛缩酶的作用。将这些酶固定后装柱,让葡萄糖依次过柱,果然可得到 3-磷酸甘油醛,这即说明了每一个酶的作用,也证明了该反应的反应机制。

2. 提示酶原激活机理

有时酶原激活并不涉及蛋白水解。酪氨酸酶原固定化后,不需肽链水解就可活化至天然酶的20%~30%活力。荧光技术证明,活化酶原在结构上与固定化酪氨酸酶类似,证明了结构重排在酶原激活中的重要性。

3. 酶亚基性质的研究

比较亚基与全酶的催化性质,对了解酶结构功能有重要意义。正常条件下无法比较,因为亚基不易分离,固定化可解决这一问题,由于载体的空间限制,脱落的亚基不能再与载体上的亚基重新结合。醛缩酶有4个亚基,控制条件使酶分子只有一个亚基通过共价键与 CN-Br 活化的琼脂糖凝胶结合。当用浓度为 8 mol/L 的尿素使蛋白变性后,未被固定的亚基被透析除去,只有固定化的亚基保留,这样就可对单亚基进行研究,见图 16-4。由表 16-3 可见,醛缩酶的亚基有活性。

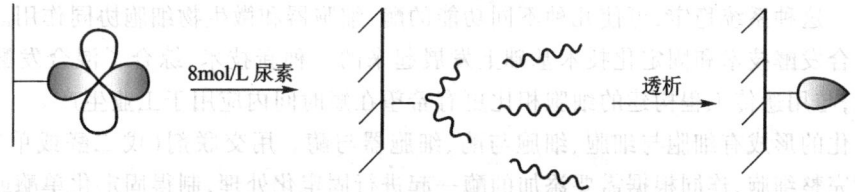

图 16-4　醛缩酶单亚基固定化

表 16-3　醛缩酶亚基活力测定

固定化衍生物	活力	蛋白质	比活力
全酶	100	100	4.5
亚基	9.8	27.5	1.6

4. 研究蛋白质、核酸分子结构

对于研究蛋白质的三级结构来说,X 射线分析是有力的手段。然而,这个方法受到限制,因为有些蛋白质不能结晶,而有些蛋白质 X 射线衍射图谱很难解释。

▶▶ 四、其他方面的应用

酶电极是由固定化酶与各种电极密切结合的传感装置。1962 年 Clark 和 Lyons 提出模型,1967 年 Updikeh 和 Hicks 首先制造出酶电极并把它用于葡萄糖的定量分析,用聚丙烯酰胺凝胶包埋法将葡萄糖氧化酶固定化,制成厚度为 20~50 μm 的酶膜,再与氧电极及使氧容易通过的聚四氟乙烯等高分子薄膜密切结合,组成葡萄糖氧化酶电极。使用时,把酶电极插入样品溶液中,样品液中的葡萄糖扩散到酶膜中,酶催化葡萄糖与氧反应,生成葡萄糖酸,使氧被消耗,再由氧电极测定氧浓度的变化,即可知道样品中葡萄糖的浓度。酶电极用于样品组分的分析检测,有快速、方便、灵敏、精确的特点。现已用酶电极测定各种糖类、抗生素、氨基酸、甾体化合物、有机酸、脂肪、醇类、胺类以及尿素、尿酸、硝酸、磷酸等。

在临床医疗方面,人体某种酶缺失或异常将导致某种疾病,给人体补充相应的酶可以治疗疾病或缓解症状,这称为"酶疗法"。但是游离酶进入机体后容易被水解失活,另外非人原性酶还可能产生抗体及其他毒副作用。如果将酶固定后使用,则可在某一程度上解决上述问题。微小胶囊最适于包埋多酶系统,因而可用于代谢异常的治疗或制造人工器官。此外,将红细胞的内含物制成微小胶囊,可作为红细胞的代用品以代输血之用。需要注意的是,用于体内治疗的固定化载体或胶囊,都应具有良好的生物相容性或是可生物降解性,以避免长期残留对人体带来的不良作用。

在环境监测中固定化酶可对环境中微量有毒物质的含量进行测定。

生物传感器是由固定化生物细胞或酶与各种能量转换器(电极、燃料电极、场效应管等)密切结合而成的传感装置。目前市售的葡萄糖检测仪、免疫分析检测早孕、乙肝和尿糖的试纸等,将会在各种不同的领域如临床医学、过程控制、环境检测、基础研究、航空航天、半导体的和计算机技术等方面有广泛的用途。

▶▶ 五、共固定化技术

共固定化技术(co-immobilization)是将酶、细胞器和细胞同时固定于同一载体中,形成固定化细胞系统。这种系统稳定,可使几种不同功能的酶、细胞器和微生物细胞协同作用。共固定化技术是在混合发酵技术和固定化技术基础上发展起来的一种新技术,综合了混合发酵的固定化技术的优点,与用遗传工程构建的细胞相比更有希望在短时间内应用于工业生产。

共固定化的形成有细胞与细胞、细胞与酶、细胞器与酶。用交联剂(戊二醛或单宁)将死或活的微生物完整细胞,连同根据需要添加的酶一起进行固定化处理,制得固定化单酶或多酶生物催化剂。如将米曲霉产生的乳糖酶与酿酒酵母一起固定化,用于连续发酵乳糖生产酒精。共固定化技术可以弥补重组 DNA 方法的不足,还能够实现常规固定化酶或细胞不能实现的对底物的作用。

本 章 提 要

1. 阐述了游离的酶和细胞被固定化后性质的变化和优点。
2. 重点讲解了酶和细胞固定化的方法和影响固定化酶和细胞性能的因素。
3. 述及评价固定化酶和细胞催化剂的指标。
4. 讲解了固定化技术的发展和应用。

Chapter Summary

Chapter 16　Principles for Immobilization of Enzyme and Cells

1. An introduction to the advantages of immobilized enzymes and cells compared to free ones is provided, and further the characteristics changes of enzyme and cells during immobilization is introduced.

2. Methods for immobilization and factors affecting the features of immobilized enzymes and cells are provided.

3. Indexes used frequently during the assessment of immobilized enzymes and cells are provided.

4. Advances and applications of immobilization technology is discussed.

关键术语

固定化酶	米氏常数(Km)	物理吸附法
离子吸附法	网格型包埋法	微囊型固定化酶
共价结合法	交联法	辅因子
固定化细胞	静止细胞	饥饿细胞
生长细胞或增殖细胞	基因工程菌	半衰期
偶联率	活力回收	药物控释技术
聚合物修饰	微球制剂	脂质体
导向药物	酶电极	酶疗法
共固定化技术		

复习思考题

1. 请说明酶固定化前后性质的改变,影响固定化酶性能的因素是什么?
2. 请说明辅因子固定化和再生的方法。
3. 请论述固定化酶和固定化细胞制备的方法与特点。
4. 请论述固定化酶与固定化细胞的特点和应用。
5. 用什么指标评价固定化酶和固定化细胞?

第五篇

发酵工厂废物处理和清洁生产技术

策正篇

第十七章 发酵工业废物、废水处理和资源化技术

第一节 发酵工业废物资源化工程的现状和特点

自20世纪60年代中期以后环境保护日益受到重视,污染治理技术迅速发展。固体废物和废水的无害化处理是将干扰废物通过工程处理,达到不损害人体健康,不污染周围自然环境(包括原生环境与次生环境)的程度。我国废弃物和废水的控制与处理的发展趋势和世界各国一样正在从"无害化"、"减量化"向着"资源化"发展。

▶▶ 一、发酵废物排放标准

发酵工业所涉及的范围很广,包括酒类、酒精、氨基酸、有机酸、酵母、酶制剂、酱油、淀粉和淀粉糖、抗生素和生理活性物质等。发酵工业废弃物包括菌体或菌丝体、原料残渣和高浓度有机废水。目前,发酵行业的高浓度有机废水排放量居造纸业之后,位居第二位,对水环境危害相当大。国家对于发酵工业的污水综合排放标准是参照 GB 8978—1996《污水综合排放标准》执行的,表 17-1 和表 17-2 给出了发酵工业水污染物排放标准值(摘自 GB 8978—1996)。

发酵工业是 COD 排放大户,制定发酵工业水污染物排放标准,可有效控制发酵工业的污染、有利于促进发酵工业的技术进步,推行清洁生产技术,提高污染控制水平,便于环保部门及行业主管部门的环境保护管理。目前针对发酵工业废水特点的行业性废水排放标准正在制定中。发酵工业中的柠檬酸和味精行业污染最严重,是我国要严格控制的重点污染行业。基于此,国家环境保护总局和国家质量监督检验检疫局单独制定了《柠檬酸工业污染物排放标准》(GB 19430—2004)和《味精工业污染物排放标准》(GB 19431—2004),分别适用于生产柠檬酸和味精两种产品的企业生产废水的排放管理。这两项标准已于 2004 年 4 月 1 日正式实施,分别代替 GB 8978—1996《污水综合排放标准》中柠檬酸和味精工业水污染物排放标准部分。

表 17-1 发酵工业水污染物排放标准值

(1997 年 12 月 31 日之前建设的项目)

污染物项目	生化需氧量 (BOD_5)/(mg/L)		化学需氧量 (COD_{cr})/(mg/L)			氨氮/(mg/L)	悬浮物(SS)/(mg/L)		最高允许排水量/(m^3/t 产品)				pH
	甜菜制糖、酒精	其他	甜菜制糖	酒精	其他		甘蔗制糖	其他	甘蔗制糖	甜菜制糖	酒精	啤酒	
一级标准值	30	30	100	100	100	15	30	70	10	4	80~150	16	6~9
二级标准值	150	60	200	300	150	25	100	200					
三级标准值	600	300	1 000	1 000	500	—	600	400					

注:酒精行业最高允许排水量为:80 m^3/t 酒精(以糖蜜为原料);100 m^3/t 酒精(以薯类为原料);150 m^3/t 酒精(以玉米为原料)。

表 17-2 发酵工业水污染物排放标准值

[1998 年 1 月 1 日起建设(包括改、扩建)的项目]

污染物项目	生化需氧量 (BOD_5)/(mg/L)		化学需氧量 (COD_{cr})/(mg/L)			氨氮/(mg/L)	悬浮物(SS)/(mg/L)		最高允许排水量/(m^3/t 产品)				pH
	甜菜制糖、酒精	其他	甜菜制糖	酒精	其他		甘蔗制糖	其他	甘蔗制糖	甜菜制糖	酒精	啤酒	
一级标准值	20	20	100	100	100	15	20	70	10	4	70~100	16	6~9
二级标准值	100	30	200	300	150	25	60	150					
三级标准值	600	300	1 000	1 000	500	—	600	400					

注:酒精行业最高允许排水量为:70 m^3/t 酒精(以糖蜜为原料);80 m^3/t 酒精(以薯类为原料);100 m^3/t 酒精(以玉米为原料)。

《柠檬酸工业污染物排放标准》(GB 19430—2004)为:2003 年 12 月 31 日之前建设的柠檬酸企业,从 2004 年 4 月 1 日起,其水污染物的排放按表 17-3 的规定执行,从 2006 年 1 月 1 日起,其水污染物的排放按表 17-4 的规定执行。2004 年 1 月 1 日起建设(包括改、扩建)的柠檬酸企业,从 2004 年 4 月 1 日起,水污染物的排放按表 17-4 的规定执行。

表 17-3 柠檬酸工业水污染物排放标准值

(2003 年 12 月 31 日之前建设的项目)

污染物项目	五日生化需氧量 (BOD_5)		化学需氧量 (COD_{cr})		氨态氮(NH_3—N)		悬浮物(SS)		排水量	pH
	kg/t 产品	mg/L	kg/t 产品	mg/L	kg/t 产品	mg/L	kg/t 产品	mg/L	m^3/t 产品	
标准值	10	100	30	300	1.5	15	10	100	100	6~9

注:产品指柠檬酸。

表 17-4　柠檬酸工业水污染物排放标准值

[2004 年 1 月 1 日起建设(包括改、扩建)的项目]

污染物项目	五日生化需氧量 (BOD_5)		化学需氧量 (COD_{cr})		氨态氮(NH_3—N)		悬浮物(SS)		排水量	pH
	kg/t 产品	mg/L	kg/t 产品	mg/L	kg/t 产品	mg/L	kg/t 产品	mg/L	m^3/t 产品	
标准值	6.4	80	12	150	1.2	15	6.4	80	80	6~9

注:产品指柠檬酸。

《味精工业污染物排放标准》(GB 19431—2004)为:2003 年 12 月 31 日之前建设的味精生产企业,从 2004 年 4 月 1 日起,其水污染物的排放按表 17-5 的规定执行,从 2007 年 1 月 1 日起,其水污染物的排放按表 17-6 的规定执行。2004 年 1 月 1 日起建设(包括改、扩建)的项目,从 2004 年 4 月 1 日起,水污染物的排放按表 17-6 的规定执行。

表 17-5　味精工业水污染物排放标准值

(2003 年 12 月 31 日之前建设的项目)

污染物项目	五日生化需氧量 (BOD_5)		化学需氧量 (COD_{cr})		氨态氮 (NH_3—N)		悬浮物(SS)		排水量	pH
	kg/t 产品	mg/L	kg/t 产品	mg/L	kg/t 产品	mg/L	kg/t 产品	mg/L	m^3/t 产品	
标准值	25	100	75	300	37.5	150	17.5	70	250	6~9

注:产品指味精。

表 17-6　味精工业水污染物排放标准值

[2004 年 1 月 1 日起建设(包括改、扩建)的项目]

污染物项目	五日生化需氧量 (BOD_5)		化学需氧量 (COD_{cr})		氨态氮 (NH_3—N)		悬浮物(SS)		排水量	pH
	kg/t 产品	mg/L	kg/t 产品	mg/L	kg/t 产品	mg/L	kg/t 产品	mg/L	m^3/t 产品	
标准值	12	80	30	200	15	100	7.5	50	150	6~9

注:产品指味精。

二、发酵废物生产单细胞蛋白

单细胞蛋白(single cell protein,SCP),又称微生物蛋白或菌体蛋白,是一些单细胞或具有简单构造的多细胞生物菌体蛋白的统称。通过微生物把多种原料,特别是非食用和废弃物质原料转化为蛋白质。SCP 所包含的产品有饲用酵母、食用酵母和药用酵母三大类。SCP 的开发和生产为解决人类食品和饲料问题开辟了新的途径。以发酵废弃物为原料生产 SCP,不仅来源广泛、生产成本低廉,而且对要求日益严格的环保问题,也有着不可估量的价值。

1. 生产 SCP 的发酵废弃物

酒糟是酿酒工业的主要废弃物,包括白酒糟、酒精糟、啤酒糖化糟和废弃酵母泥等。这些废弃物一般干物质中含粗蛋白20%～30%,粗纤维10%～20%,此外还含有纤维素、聚戊糖、脂肪、焦糖、黑色素以及丰富的B族维生素和生长素等物质。

味精废液是发酵液中的谷氨酸经冷冻等电分离后的残余发酵液。该废液含还原糖0.5%、氨氮896 mg/L、有机氮7 776 mg/L、COD 51 216 mg/L。

柠檬酸是当今世界上以发酵法生产量最大的有机酸。我国是柠檬酸生产大国,柠檬酸废渣是柠檬酸厂发酵液压榨废弃物,每生产1 t柠檬酸约排放2 t左右废渣,其主要成分(60 ℃烘4～5 h)为:粗蛋白(干基)10.98%、粗纤维21.36%、粗脂肪14.96%、无氮浸出物37.23%、粗灰分7.09%。

我国东北地区盛产甜菜,南方各省多种甘蔗,以这两种原料生产糖时都有一定量的废渣和废糖蜜产生。甜菜渣由50%果胶质、24%纤维素、23%半纤维和2%蛋白质组成。甘蔗渣的主要成分为50.4%纤维素、28.5%半纤维素、14.9%木质素、2%灰分和1.59%粗蛋白。甜菜糖厂的废糖蜜约为甜菜加工量的3%～4%,甘蔗糖厂的废糖蜜约为糖的30%。废糖蜜中含有大量酵母生产所需的糖。

我国是世界玉米主产国之一,全国以玉米为原料生产淀粉有几千家企业,一般都采用湿磨法工艺,生产1 t淀粉的耗水量高达50 t左右,出水CODcr含量高达3 000～6 000 mg/L。玉米浆是玉米浸泡过程中溶解玉米粒中的水溶性物质而得,它富含氨基酸和各种维生素,可用作发酵工业的营养源。玉米皮渣和玉米浆是玉米提取淀粉和蛋白质后的主要废弃物,玉米皮渣的主要成分是粗纤维、淀粉及少量寡糖和单糖;玉米浆含有丰富的蛋白质、核酸、无机盐和少量可发酵糖。

甘薯渣是生产淀粉和粉丝的主要废弃物,除含有少量淀粉外,大部分是纤维素和半纤维素,蛋白质含量很低,直接饲喂动物消化性很差。

各种制药企业也会产生大量的废弃菌丝体和高浓度有机废水。以上这些废弃物和废水如果直接排放都将造成严重的环境污染,同时造成浪费。利用发酵等微生物技术对各种营养丰富、无毒副作用的废物和废液进行综合治理,回收利用,可生产优质SCP,化害为利,变废为宝。

2. 生产SCP的微生物

世界上,SCP生产虽已工业化,但由于蛋白质常与核酸形成复合体,核酸含量高达15%,蛋白含量为35%左右,高核酸食物对动物有害。因此,筛选优良菌种、改进SCP生产工艺,获得高蛋白低核酸产品成为SCP生产中备受关注的热点。酵母、霉菌、细菌和藻类均可用于生产SCP。不同种类微生物生产SCP,工艺和产品质量都各有优缺点。针对不同原料具有不同适应性的微生物,SCP的生产必须根据原料来筛选并确定微生物种类和菌株。

酵母是最早用于生产SCP的微生物,也是目前应用最广泛的菌种。酵母菌体大,易回收,核酸含量低,用作食品的历史长,赖氨酸含量高,能在酸性条件下生长,但酵母生长慢、蛋白质含量低(45%～46%),蛋氨酸含量较细菌低。用于生产SCP的酵母菌主要有:热带假丝酵母(*Candida tropicalis*)和产朊假丝酵母(*C. utilis*)。

霉菌也是应用较多的菌种,它质地良好,便于回收,但生产速度慢,蛋白质含量低(20%～40%),产品不易为公众所接受。用于生产SCP的霉菌主要有:扣囊拟内孢霉(*Endomy copsis fibuligera*)、白地霉(*Geotrichum candium link*)和木霉(*Trichoderma lignorum*)。

细菌蛋白质含量高(50%～80%),生长速度快,其氨基酸组成优于豆类蛋白,且能适应环境变化,能在范围较广的基质中生产,但细菌菌体较小、密度低,从发酵液中回收困难,菌体中核酸含量比酵母和霉菌高,因此作为蛋白质资源不受人们欢迎。在英国已有商业化细菌 SCP 的生产。

藻类主要缺点是细胞壁含有纤维质,以及具有浓缩重金属的倾向,对人体有潜在危害。

3. SCP 的生产工艺

目前生产 SCP 的工艺主要有深层发酵(submerged fermentation,SMF)、固态发酵(solid-state fermentation, SSF)和液固态结合发酵三大类。

① 深层发酵工艺:是利用通风控温的罐式发酵法生产 SCP。特点是机械化程度高、产品细胞数多、杂菌污染少、产品质量稳定,可在发酵过程中对温度、通风量、pH、糖浓度、发酵液黏度、细胞数和杂菌污染情况等参数进行自动化监测和调控。但存在能耗高、设备投资大、可溶性营养物质损失多、产品效率低、发酵液中干物质含量低、后处理困难、有工业废水污染等缺陷,产品成本也高,并且其干燥工序引起活性细胞和营养物质损失较严重,在生产中难以推广。

② 固态发酵工艺:是 20 世纪 80 年代由河北省沧州应用微生物研究所王厚德教授研制而成的。该工艺优点是设备投资少,工艺技术简单,产品具有较高的生物活性、无废水污染、产品成本低,但存在着生产条件难以控制、培养基转化率低、杂菌污染严重、产品质量不稳定等严重缺陷,加上饲料酵母生产厂家盲目追求产品粗蛋白含量,使该类产品质量日趋降低,已逐渐被市场淘汰。

③ 液固态结合发酵工艺:该工艺克服了液态和固态两种工艺的缺点,吸取了两者的优点,采用液态制菌种、固态曲池发酵、培养基灭菌熟化、加大液态接种量等方式,并且合理的干燥工艺缩短了发酵周期,大大降低了染菌程度,有效地保存了产品中的生物活性物质,尽管产品粗蛋白含量仅为 25% 左右,但注重酵母活性细胞、消化酶、维生素和酵母代谢终产物,属于活菌制剂类型,是一种具有生物活性的饲料复合添加剂。

4. 发酵废物生产 SCP 的工艺说明及应用实例

① 酒糟为原料生产 SCP:利用糖蜜和淀粉质生产酒精的废糟液通过酵母发酵生成 SCP,经分离、干燥、粉碎得到成品。湖南湘泉集团酒鬼酒股份有限公司利用复合菌种(产朊假丝酵母、热带假丝酵母、白地霉和扣囊拟内孢霉)发酵酒精糟液生产 SCP,粗蛋白含量可在原糟基础上提高 16% 以上,氨基酸总量可提高 15% 以上,6 种必需氨基酸齐全,赖氨酸含量在 1% 以上,粗纤维和单宁含量明显减少。浙江省微生物研究所对余杭酒厂的黄酒糟进行处理,将内含的纤维素转化成还原糖,再经热带假丝酵母和产朊假丝酵母混合发酵生产饲料级 SCP,在 pH 4.0、酶浓度 5%、50 ℃下酶解 16 h,获得的产品中赖氨酸及蛋氨酸含量分别增加了 115% 和 67%,产品略带香味,具有良好的适口性,是喂养禽畜的好饲料和添加剂。

黑龙江八一农垦大学的李大鹏研究出热带假丝酵母液态发酵啤酒糖化糟生产 SCP 的工艺条件:麦糟经盐酸水解后,用氨水调节 pH 至 5.5,加 0.08% 磷酸盐,在 30 ℃ 条件下发酵 18 h,干燥后每 100 g 麦糟可得 4 g 左右的干菌体。孙玉梅等则研究出黑曲霉固态发酵啤酒糖化糟生产 SCP 的适宜条件:在糖化糟中加入 0.04% NaAc 和 0.05% KH_2PO_4,调 pH 4~5,30 ℃培养 4 d。在接种黑曲霉 24 h 后,再接种木霉进行混合培养,可提高菌体 SCP 产量。

② 味精工业废弃物生产 SCP:江苏如东生物化学总厂在国内建成了第一个以味精废液为原料生产饲料级 SCP 的车间。废液不经过滤,只需加少量废氨水,用热带假丝酵母直接发酵,30℃、1∶1 通气条件下培养 12 h 后,菌体干物质达 20 g/L 左右。图 17-1 是利用味精废水通过

酵母培养,直接蒸发浓缩全干燥成菌体蛋白的全废液饲料化工艺。该工艺能把废水中的可溶性物质全部回收,废水经发酵后,COD 去除率可达 97% 以上,只有蒸汽冷凝水排放,做到生产工艺用水闭路循环无废水排放。

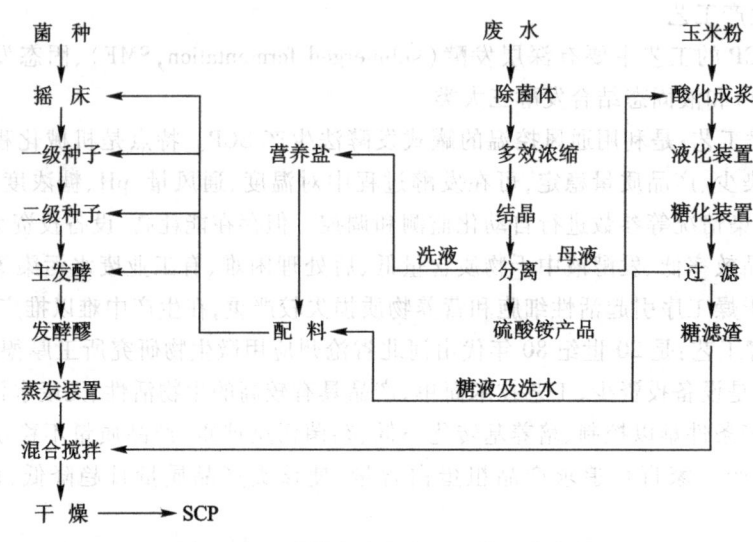

图 17-1 味精废水生产 SCP 的工艺流程

③ 柠檬酸工业废弃物生产 SCP：浙江大学利用黑曲霉和酵母固态发酵柠檬酸渣生产多酶蛋白饲料,产品粗蛋白增加量(绝干)约为 16%~18%,酸性蛋白酶活性为 5 139 u/g,纤维素酶活性达 61 u/g。河北科技大学以柠檬酸渣为原料,采用混合菌固态发酵生产 SCP,提高了柠檬酸渣的适口性和香味,活菌细胞数达到 45 亿个/g,粗蛋白达 37.8%。

5. SCP 的研究趋势

20 世纪 90 年代以来,SCP 的生产和研究出现了一些新的趋势。在以降低经济成本为主要目标的形势下,SCP 生产和研究的重点集中在以下几个方面：① 采用价值低的原料或废料,如木质纤维素、农作物废料或工业废弃物；② 在 SCP 生产同时得到副产物,如脂质、麦角甾醇、D-甘露糖醇、D-阿拉伯糖醇以及有机酸和氨基酸等,从而使 SCP 的生产成为经济上更为合算的多产品发酵；③ 选育倍增时间短、蛋白质含量高、耐高温、抗污染的优良菌种。如对 SCP 生产菌进行遗传工程改良,不仅可提高菌种产量和碳源转化率,而且还可提高其蛋白质和必需氨基酸含量；④ 开发高效、节能的发酵设备。我国开发研究了高供氧强度的外循环气升式反应器、发酵条件稳定的圆盘式固态发酵器、高生产强度的流化床反应器以及脉冲溢流自通风反应器；⑤ 开发新蛋白质资源,如螺旋藻、光合细菌等。

三、发酵纤维质废物生产酒精

燃料酒精是目前应用规模最大的液体生物能源。目前发酵法生产酒精的原料是玉米、甘蔗、薯类等,但仅利用其中的淀粉,其余部分如蛋白质、脂肪、纤维等,限于技术、投资和管理等原因,大多数企业不能很好地利用,相当部分随冲洗水、洗涤水排入企业周围河流,不但浪费了粮食资源,而且严重污染了环境。随着人口的不断增长和社会工业化进程不断加快,粮食、能源和环境问题将变得越来越突出,利用纤维质原料生产酒精为解决上述问题提供了一条有效的出路。自然界中普遍存在的木质纤维素(lignocellulosic materials)主要由纤维素、半纤维素和木质素组成，前两者均可用来生产酒精。发酵废弃物中有大量纤维废物，如果能用来生产酒精可能是解决酒精原料来源和降低成本的主要途径之一。

（一）纤维素发酵生产酒精

纤维素是由许多 D-葡萄糖残基以 β-1,4-糖苷键连接的直链多糖。纤维素链之间通过氢键的耦合作用形成纤维束，分子密度大的区域成平行排列形成结晶区；分子密度小的区域，分子间隙大、定向差、形成无定形区。

1. 纤维质原料生产酒精的工艺流程

20 世纪 80 年代初，日本的"新燃料油开发技术研究联合会(Research Association for Petroleum Alternatives Development，简称 RAPAD)"，制定了以纤维素类物质为原料生产燃料酒精的一整套工艺技术，工艺流程如图 17-2 所示。

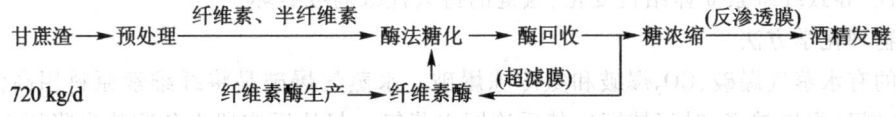
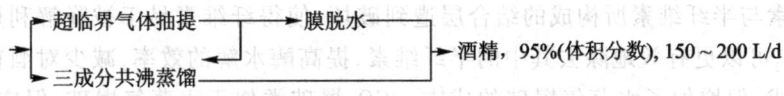

图 17-2　RAPAD 纤维素发酵生产酒精工艺流程

2. 纤维质原料的预处理

预处理的目的是解除木质素、半纤维素等对纤维素的保护作用和破坏纤维素的结晶结构，增加其表面积，以提高纤维素水解糖化的效率。纤维素预处理的方法有：物理法、化学法、物理化学法和生物法。

（1）物理法

常用方法有压缩球磨、爆破粉碎、冷冻粉碎、超微粉碎、高能辐射、微波和超声波处理等，这些方法均可使纤维素粉化、软化，提高纤维素的酶解转化率。

特点是设备成本高，能耗大。处理后的粉末纤维素类物质没有胀润性，且体积小。将原料粉碎成极细的颗粒，一方面使其表面积大大增加，另一方面破坏其结晶性，以便在随后的糖化阶段中易于反应。

（2）化学法

化学法是利用酸、碱、氨、氧化剂等溶剂处理。机理是使纤维素、半纤维素和木质素膨胀并破坏其结晶性，使其溶解并降解，从而增加其可消化性。

① 酸水解法：用稀硫酸可以达到较高的反应速率，稀酸预处理有两种基本类型：高温(>160 ℃)、连续反应、低固体负荷(5%～10%)；低温(<160 ℃)、间歇反应、高固体负荷(10%～40%)。稀酸法费用高，有腐蚀性，对人体有害，需要在耐腐蚀的反应器内进行。反应完成后要对酸进行回收以降低成本。

② 碱水解法：氢氧化钠或液氨可用于对木质纤维素原料的预处理，效果取决于原料中木质素的含量。碱水解的机理是对分子间交联木聚糖半纤维素和其他组分的酯键皂化。随着酯键的

减少,纤维素原料的孔隙率增加。碱处理是一种有效的预处理技术,但对碱处理的废液必须要做进一步的处理,此外碱处理过程中会损失部分纤维素,不太适合大规模生产。

③ 氨解法:氨解能改善纤维素碱化、羧甲基化和酶降解的反应活性,效果显著,但成本相对较高。通过氨的回收过滤循环工艺可以脱去纤维素原料中 60% ~ 80% 的木质素,使纤维原料的水解效率增加。

④ 氧化法:采用臭氧与 H_2O_2 作氧化剂脱去木质素,不产生对进一步反应起抑制作用的物质,反应在常温常压下进行,但需臭氧量较大,整个过程成本较高。H_2O_2 对纤维质的预处理可以增强酶催化水解的敏感度。

⑤ 溶剂法:采用各种有机溶剂对纤维素进行预处理以提高纤维素的水解效率。如用酒精除去木质素,在 180 ℃ 条件下,将木质素溶解在 50% 酒精水溶液中处理 1 h,分离回收后可得到无定形的粉末。用丙酮纯化处理纤维素,丙酮能渗透到纤维素内部,影响纤维素分子内和分子间氢键的稳定性,导致纤维素立体结构变化,氢键的持久性减弱或破坏。

(3) 物理化学方法

常用的有水蒸气爆破、CO_2 爆破和氨冷冻爆破。水蒸气爆破是将纤维素原料用高温水蒸气处理适当时间(温度越高,时间越短),然后连同水蒸气一起从反应器中急速放出降压而爆破,使纤维素周围的木质素与半纤维素所构成的结合层遭到破坏,使得纤维素易于被降解利用。此过程中加入 SO_2 或 CO_2 可以更有效地除去其中的半纤维素,提高酶水解的效率,减少对酒精发酵有抑制作用的物质生成,但增加了水蒸气爆破的成本。CO_2 爆破类似于水蒸气爆破,但成本高,基本没有抑制酒精发酵的物质生成。氨冷冻爆破是利用液氨在相对较低压力(1.5 MPa 左右)和温度(50 ~ 80 ℃)下,将纤维素原料处理一定时间,然后突然释放压力爆破原料,使纤维素结构发生变化,可以避免水蒸气爆破中高温引起的糖变性及酒精发酵抑制物的生成,氨冷冻爆破能显著提高纤维素酶水解的效率。

(4) 生物法

降解木质素的微生物有白腐菌、褐腐菌、软腐菌等真菌。研究最多的是白腐菌,这类菌产生的木素过氧化酶、锰过氧化物酶和漆酶可以降解纤维素原料中的木质素,从而提高纤维素的酶解效率。常用微生物有:Ceriporiopsis subvermispora、Coriolus versicolor、Cyathus stercoreus、Fomes ulmarius、Phanerochaete chrysosporium、Pleurotus ostreatus、Polyporus dichrous、Ployporus berleleyi、Phlebia radiata、Sporotrichum pulverulentum 等。此法的优点是作用条件温和,能耗低,无污染;缺点是周期过长以及白腐菌在生长过程中会利用掉部分纤维素和半纤维素。生物法目前还停留在实验阶段。

在实际对纤维素原料进行预处理时,单一的处理方法很难达到预定的效果,往往采用各种不同的组合方法,常见的有先采用机械破碎,然后采用爆破、化学或生物的方法进行处理,可显著提高纤维素的水解效率。

3. 纤维素的水解

预处理后的纤维素需经酸或酶水解后,释放出的葡萄糖方可进入酒精发酵途径。

(1) 纤维素的酸水解

用于水解纤维素的酸主要有硫酸和盐酸。酸催化纤维素分解的机理是:酸在水中解离并产生 H^+,H^+ 与水构成不稳定的水合氢离子(H_3O^+),当纤维素上的 β-1,4 葡萄糖苷键和 H_3O^+ 接触时,后者将一个 H^+ 交给 $\beta-1,4$ 葡萄糖苷键上的氧,使得这个氧变成不稳定的 4 价氧。当氧键断裂时,与水反应生成两个羟基,并重新放出氢离子 H^+。H^+ 可再次参与催化水解反应。在一定的酸浓度范围内,纤维素水解反应的速度与酸的浓度成正比。温度增加,酸水解反应的速度也加快。纤维素水解时产生的单糖在水解过程中会进一步分解,生成各种糖的分解产物。减少水解过程中单糖的分解是水解工艺要解决的重要问题。

酸水解有稀酸水解法和浓酸水解法。稀酸水解要求在高温、高压下进行,反应时间几秒或几分钟,在连续生产中应用较多。稀酸水解又有常压水解和加压水解法。后者又可分为固定水解法、分段水解法和渗滤水解法。浓酸水解法相应地要在较低的温度和压力下进行,反应时间比稀酸水解长得多。其主要优点是糖的回收率高,约有 90%的半纤维素和纤维素转化的糖被回收。

(2) 纤维素的酶水解

纤维素酶是由 3 个基本成分组成的酶系统:① 内切 $\beta-1,4$ 葡聚糖酶类(EC 3.2.1.4),也叫 CMC 分解酶或 C_x 酶,作用于纤维素分子内部的非结晶区,随机切割 $\beta-1,4$ 葡萄糖苷键,同时生成许多新的分子链末端;② 外切 β-葡聚糖酶类(EC 3.2.1.91),也叫微晶纤维素分解酶或 C_1 酶。此类酶含有两个酶系,即 $\beta-1,4$-葡聚糖葡萄糖水解酶和 $\beta-1,4$-葡聚糖纤维二糖水解酶。这两种酶都作用于纤维素分子链的非还原性末端,切割 $\beta-1,4$ 键,产物分别是葡萄糖和纤维二糖;③ $\beta-1,4$-葡萄糖苷酶(EC 3.2.1.21),也叫 C_b 酶或纤维二糖酶,它能水解纤维二糖和短链寡糖为葡萄糖。

纤维素酶水解纤维素的机制有两种假说:一种认为首先由 C_x 酶在纤维素聚合物的内部起作用,在纤维素的非结晶区进行切割,产生新的末端,然后由 C_1 酶以纤维二糖为单位从末端进行水解,最后由 C_b 酶将纤维二糖水解为葡萄糖;另一种认为首先由 C_1 酶水解纤维素为不溶性纤维素、可溶性纤维糊精与纤维二糖,然后由 C_x 水解纤维糊精成纤维二糖,最后由 C_b 将纤维二糖水解为葡萄糖。关于纤维素酶水解的机制至今仍无完全统一的认识,但对一些基本概念已经有共识。纤维素的酶水解必须由 C_1、C_x 和 C_b 酶的协同作用完成。

影响纤维素酶水解的因素包括:① 底物,即底物的结构和浓度;② 纤维素酶,即酶的来源和用量;③ 水解条件,即 pH、温度、抑制剂和活化剂等。纤维素酶的最适 pH 4.5~5.5,最适温度 40~60 ℃。纤维素酶可由酶促反应的产物和类似底物的某些物质引起竞争性抑制,如纤维二糖,葡萄糖和甲基纤维素通常是纤维素酶的竞争性抑制剂;植物体内的某些酚、单宁和花色素也是其天然的抑制剂;卤化物、重金属、去垢剂和染料等也能使其失活。Ba^{2+}、Ca^{2+}、$COCl_2$、Cu^{2+}、Mg^{2+}、Mn^{2+} 和 Zn^{2+} 能使纤维素酶活化。在酶作用条件改变后,某些物质可在抑制剂和活化剂之间转换。

纤维素酶生产菌种主要是木霉属(*Trichoderma* sp.)中的里氏木霉(*T. reesei*)、曲霉属(*Aspergillus*)和青霉属(*Penicillium* sp.)。20 世纪 50 年代,美国 Reese 博士从腐烂的纤维材料上分离了大量的菌种。研究发现绿色木霉(*T. viride*)分泌胞外纤维素酶的能力最强,由该菌产生的纤维素酶复合体系具有分解天然纤维素所需要的三种组分。为了纪念 Reese 的杰出贡献,绿色木霉(*T. viride*)被更名为里氏木霉(*T. reesei*)。

纤维素酶的生产可采用液体深层发酵或固态发酵两种工艺。

4. 纤维素的发酵过程

(1) 发酵纤维素生产酒精的菌种

纤维素原料酒精发酵的菌种可以是酵母，如 *Saccharomyces cerevisiae*、*Saccharomyces carispergensis*、*Saccharomyces sabe*、*Pichia stipitis* 等；霉菌，如 *Fusarium oxysporum*、*Neurospora crassa* 等；细菌，如 *Zymomonas anerobia*、*Zymomonas mobilis* 等。酵母，特别是 *S. cerevisiae*，具有酒精得率高、发酵过程不易受污染、耐酒精能力强、副产物少等特点，工业上得到广泛应用。另外，某些嗜热、超嗜热细菌与一些霉菌能直接利用纤维素原料发酵生成酒精受到重视。近年来，采用原生质融合技术与基因工程技术对传统酒精发酵菌种进行改造，为纤维素原料发酵生产酒精提供了新的菌种来源。

(2) 纤维素发酵生产酒精的工艺

以纤维素类物质为原料生产酒精，工艺方法有直接发酵法、两段发酵法、同时糖化发酵法、固定化细胞发酵法等。

① 直接发酵法：选取合适的酒精发酵菌株直接利用纤维素发酵得到酒精，不需要经过酸解或酶解等前处理。该方法设备简单，成本低廉，但酒精产率不高，产生有机酸等副产物。利用混合菌直接发酵可部分解决这些问题。

② 两段发酵法：先将预处理后的纤维素原料经酶水解为还原糖，然后发酵得到酒精，酒精产物的形成受末端产物抑制，低细胞浓度及基质抑制等因素的限制。可采用减压发酵法、快速发酵法克服酒精产物的抑制。对细胞进行循环利用，可以克服细胞浓度低的问题。筛选在高糖浓度下存活并能利用高糖的微生物突变株，克服基质抑制。

③ 同时糖化发酵法：同时糖化发酵法（simulatneous saccharification and fermentation, SSF）是采用 Culf 边糖化边发酵（SSF）的方法。纤维素酶对纤维素的酶水解和发酵糖化过程在同一装置内连续进行，水解产物葡萄糖由菌体的不断发酵而被利用，消除了葡萄糖对纤维素酶的反馈抑制作用。

酶水解一般为 50 ℃左右，而酒精发酵通常是 35 ℃，解决的办法是筛选耐高温的产酒精酵母，如假丝酵母、克劳森氏酵母等。最新研究表明，从土壤中分离到的 *Kluveromyces marxianus* No 280 是一株耐高温的酒精酵母。它在 48 ℃生长很好，45 ℃培养 24 h，能从含 12.7% 葡萄糖的蔗渣糖化液生成 5.4% 的酒精。另一种解决 SSF 工艺中糖化与发酵条件不一致的方法是采用分散、耦合并行系统，使纤维素糖化与酒精发酵分别在两个生物反应器中进行，在两个反应器之间构建循环输送系统，完成葡萄糖从糖化生物反应器到酒精发酵两个步骤的耦合，达到糖化与发酵在互不干扰、各自所需的受控环境中独立、同步进行。实现了纤维素酶解反应与其产物在线分离的耦合。而且反应器中葡萄糖浓度可以通过循环周期及循环浓度进行调控。

SSF 法可增加水解率，减少糖转化过程中的抑制作用；酶的需求量减少、产率更高；由于葡萄糖被迅速转化生成酒精，所以对消毒条件要求降低；工序周期更短、使用单反应器，因而反应器的容量更小。SSF 法的缺点是水解和发酵两个过程的温度不相容；得到的酒精中含有微生物；酒精对酶具有抑制作用。

④ 固定化细胞发酵法：Massayuki 以肠溶衣聚合物为载体固定化纤维素酶，可保留 60% 以上的酶活性，回收率高达 100%。并且对微晶纤维素的水解率明显高于游离酶，经重复使用三次，水解率没有下降。对于固定化细胞的研究，目前研究较多的是 *Saccharomyces* sp. 和 *Zymomonas* sp. 的固定化，常用载体有海藻酸钙、卡拉胶、多孔玻璃等。固定化细胞发酵法的发展方向是混合固定化细胞发酵，如酵母与纤维二糖酶一起固定化，将纤维二糖基质转换成酒精，此法颇引人注目，被看作是纤维素原料生产酒精的重要阶梯。

（二）半纤维素发酵生产酒精

近年来，半纤维素物质因其可高效地转化成燃料酒精而备受关注。在半纤维素转化成燃料酒精时，其必须先转化成小分子的半纤维素糖后，再发酵成酒精。半纤维素是一类有分枝的、包括己聚糖、戊聚糖在内的杂聚多糖。其中己糖包括 D-葡萄糖、D-甘露糖和 D-半乳糖等。戊糖包括木糖、D-阿拉伯糖等。糖基之间主要以 $\beta-1,4$ 糖苷键相连，但以半乳糖为主要残基的半纤维素则以 $\beta-1,3$ 键相连。半纤维素的主要成分是木聚糖。木聚糖被分为线性同型木聚糖、阿拉伯糖基木聚糖、葡萄糖醛木聚糖和葡萄糖醛阿拉伯糖基木聚糖。大约 80% 的木聚糖主链含有侧链，阿拉伯糖和葡萄糖醛酸的单体侧链及包含阿拉伯糖、木糖及半乳糖残基的寡聚侧链分别键合于主链 D-木糖残基的 C-3 和 C-2 位置上。

1. 半纤维素的预处理

半纤维素的预处理方法及目的与纤维素的预处理类似。预处理包括粉碎、溶解、水解和分离纤维素、半纤维素和木质素组分。方法包括浓酸、稀酸、碱、二氧化硫、过氧化氢、蒸汽爆破、潮湿-氧化、石灰处理、热水处理、CO_2 爆破和有机溶剂处理。表 17-7 列举了纤维质物质的预处理方法。

表 17-7　纤维质物质的预处理方法

方法	实例
热-机械法	热磨、热剪、热压、粉碎、抽提
自动水解法	蒸汽加压、蒸汽爆破、CO_2 爆破
酸处理	稀酸（硫酸、盐酸、醋酸）处理、浓酸处理、乙酸处理
碱处理	氢氧化钠处理、碱性 H_2O_2 处理、氨处理
有机溶剂处理	甲醇、乙醇、丁醇、丙酮、苯、Cadoxen 处理
生物处理	白腐菌处理

2. 半纤维素的水解

（1）半纤维素的酸水解

采用 0.5%～0.2% 稀酸水解使半纤维素降解为单糖及寡糖，所产生的糖容易进一步转化为糖醛，这是我国糖醛生产的一个主要方法。

（2）半纤维素的酶水解

半纤维素酶是一个多酶体系，分为三类：① 外切型 β-木聚糖酶，作用于木聚糖的非还原端，产物是木二糖；② 内切型 $\beta-1,4$-木聚糖酶，优先作用于糖键的内部，将半纤维素分解为寡糖；③ 外切型 β-木糖苷酶，作用于短链的木寡糖并产生木糖。在这三类酶中，后两类具有顺序协同作用，并分别受各自产物的抑制。一般认为半纤维素酶是一类诱导酶。嗜热放线菌（*Thermomonospora fusca*）中的内切型 $\beta-1,4$-木聚糖酶、外切型 β-木糖苷酶、α-L-阿拉伯呋喃糖苷酶和醋酸木聚糖酯酶间有很显著的协同作用。

能够产生木聚糖酶的菌种包括细菌、真菌、黑曲霉、木霉等，关键是要选择合适诱导底物和最佳的培养基组成。丝状真菌能分泌胞外木聚糖酶且产酶水平高于酵母和细菌，但其产木聚糖酶的同时也产纤维素酶。

3. 半纤维素的发酵过程

Karczewska 于 1959 年第一次提出了用木糖发酵酒精。1980 年，Wang 等人再次提出木糖可被某些微生物发酵成酒精。迄今为止已发现 100 多种微生物能代谢木糖发酵生成酒精，包括细菌、真菌、酵母菌。

(1) 细菌发酵木糖产酒精

细菌转化木糖为 5-P-木酮糖(5-P-Xu)有三个途径：一是利用木糖异构酶将木糖直接转化为木酮糖，然后再磷酸化生成 5-P-Xu；二是通过氧化还原反应，首先由需 NADH 的木糖还原酶将木糖还原成木糖醇，再由需 NAD^+ 的木糖醇脱氢酶氧化木糖醇为木酮糖，再磷酸化；三是先将木糖磷酸化为 5-P-木糖，再异构化为 5-P-Xu。生成 5-P-Xu，需要透膜酶(permease)、木糖异构酶及木糖激酶等，均为诱导酶，诱导物是戊糖类，如 D-木糖、阿拉伯糖、核糖等。不同菌可经 HMP、ED、EMP 等不同途径代谢。

(2) 丝状真菌发酵木糖产酒精

真菌中发酵戊糖产生酒精的主要集中在尖镰孢菌(*Fusarium oxysporum*)及粗糙脉孢菌(*Neurospora crassa*)。这类菌的生长及发酵受苯环类物质及木质素的抑制，自身既可产生纤维素酶及半纤维素酶，又具有发酵戊糖和己糖为酒精的能力。丝状真菌的木糖代谢途径与酵母相同。Yazdi 等报道了 *Neurospora crassa* 870 以商品木聚糖为碳源经液体通气培养，产生的半纤维素酶达 14 u/mL(4d)。

(3) 酵母发酵木糖产酒精

能够发酵木糖的丝状真菌和酵母基本上都走氧化还原的途径，即：

$$木糖 \xrightarrow[NADH]{木糖还原酶} 木糖醇 \xrightarrow[NAD^+]{木糖脱氢酶} 木酮糖 \xrightarrow{磷酸化} 5-P-Xu$$

酵母菌中可发酵木糖的菌株有 *Candida* sp.、*Pichia* sp. 和 *Pachysolen* sp. 三个属，特点是"半通氧"环境。木糖还原酶需要 NADH、木糖醇脱氢酶需要 NAD^+ 为辅助因子。在厌氧环境中，NADH 没有受氢体(如 O_2)，不能转化为 NAD^+，即不能再生，菌株停止发酵，并大量积累木糖醇。如果向培养物中加入丙酮、乙醛或 3-羟基丁酮等受氢体，就可使积累的 NADH 氧化为 NAD^+，从而恢复酒精的产生。因此，在半好氧的木糖发酵中，氧只是作为受氢体而支持发酵。如果通入大量的氧，则产生的酒精很可能被氧化为酸或同化成高分子物质。

(4) 基因工程菌发酵木糖产酒精

研究集中在大肠杆菌(*E. coli*)、絮凝性细菌(*Z. mobilis*)和酿酒酵母(*S. cerevisiae*)上。Nichols 将葡萄糖磷酸转移酶(PtsG)的基因导入到 *E. coli* 中，使之可以同时发酵葡萄糖、木糖、阿拉伯糖的混合糖，酒精产量可达理论值的 87%~94%。重组的絮凝性细菌被导入了 4 种基因，分别为大肠杆菌 xylA(xyloseisomerase)、xylB(xylulokinase)、talA(transketolase)、tkt(transketolase)，能以木糖为唯一碳源生产酒精，产量可达理论值的 86%。鲍晓明等采用 PCR 技术克隆 *Clostridium thermohydrosulfuricum* 木糖异构酶基因 xylA，成功转移至酿酒酵母 H 158 受体菌中，得到重组酵母转化子 H 612，实现了在酿酒酵母内得到木糖异构酶的活性表达，为进一步在酿酒酵母中建立新的木糖代谢途径打下了基础。

4. 半纤维素发酵生产酒精的流程及工艺特点

1980 年，美国普度大学"再生资源工程实验室(LORRE)"研究成功了采用木糖异构酶将木糖异构成木糖醇,再用酵母发酵生成酒精的新途径,为大规模利用半纤维素生产液体燃料——酒精开创了新途径。LORRE流程选择甘蔗渣中的半纤维素为对象,如图17-3所示：

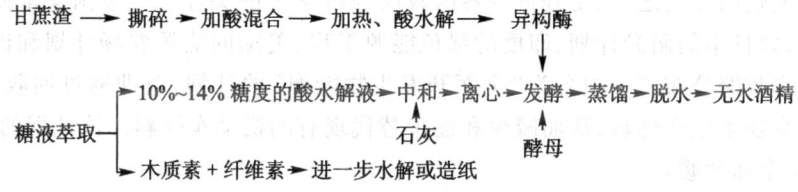

图17-3 LORRE半纤维素生产酒精流程

甘蔗渣经过撕裂,喷入浓硫酸,混合均匀,保持一段时间后,用蒸汽加热到90~100℃进行半纤维素酸水解。水解生成的糖用萃取法多级逆向萃取,得到10%~14%糖度的酸水解液,剩下的纤维素送去造纸。糖液用石灰中和,离心除去沉淀,所得发酵稀糖液加异构酶和酵母进行酒精发酵。发酵液经蒸馏和脱水制得无水酒精。菌种方面,最初用酒精酵母,后来发现粟酒裂殖酵母在酒精浓度、发酵速度和发酵率等方面均高于酒精酵母,以后均用粟酒裂殖酵母。发酵工艺条件为:pH 6,温度30℃,酵母接种量50~100 g/L(以压榨酵母计),固定化木糖异构酶用量为20~50 g/L。培养基采用甘蔗渣半纤维素水解液(12%~14%糖度),另加木糖、葡萄糖、阿拉伯糖混合物(三种糖的比例与水解液中三者的比例相同),使发酵培养基的总糖浓度为16%左右。发酵结果发现,葡萄糖在不到4 h内已发酵完毕、而阿拉伯糖在发酵过程中几乎没有变化。木糖经28 h发酵已降到1%以下。酒精含量在28 h发酵后达60 g/L以上。在发酵过程中生成约1%的副产物木糖醇。经计算,发酵效率在80%以上。

（三）纤维质发酵生产酒精前景展望

在我国,每生产1 t酒精需要2.7 t粮食。利用纤维素类物质代替粮食生产酒精是一项利国利民的工程。利用纤维素生产酒精的纤维素酶成本太高,酶用量偏大,利用纤维素生产酒精工业化仍然面临诸多挑战:① 对纤维素原料预处理技术仍没有一种经济、节能、环保的工业化技术可应用,特别是对纤维素原料的综合利用；② 降低纤维素酶工业化规模生产的成本仍然有待解决；③ 基因工程技术与原生质融合技术离工业化仍有一段距离。因此,还需加强技术研究,如：① 以基因工程手段选育高产纤维素酶、木质素酶菌种；② 研究固体发酵技术,解决污染率高和成本高的问题；③ 进一步研究纤维质原料的预处理、酶水解及水解液发酵生产酒精等技术,有效地降低生产成本。发酵废物酒精发酵是一个有巨大潜力的新领域,可以实现废物的无害化、减量化和资源化。

▶▶ 四、其他生物能源开发

（一）概述

1. 生物能源定义及特点

生物质(biomass)是指有机物中除化石燃料外的所有来源于动植物并能再生的物质。生物能源(bioenergy)则是指直接或间接地通过绿色植物的光合作用,把太阳能转化为化学能后固定和贮藏在生物体内的能量。生物质能源的特点是:① 可再生性:每年都可再生,且产量大；② 低污染性:燃烧过程中产生的硫氧化物、氮氧化物都较低；③ 广泛的分布性。

2. 生物能源开发利用的现状和意义

目前人类所利用的能源主要来自煤、石油、天然气等化石燃料,它们是在极其漫长的地质历史中,在特殊的自然环境下形成的,储量有限,不能再生。可再生能源如生物能的研究与开发已成为世界上重大热门课题之一,受到世界各国政府与科学家的关注。许多国家都制定了相应的开发研究计划,如日本的阳光计划、印度的绿色能源工程、美国的能源农场计划和巴西的酒精能源计划等。日本政府公布了一项名为"全面开发生物能源"的计划,意即通过回收食物垃圾、家畜粪便等生物废物来生产燃料,从而减少和逐步替代现有的机动车燃料。该计划的目的是:减少温室效应,防止全球变暖。

生物能源开发利用的意义有:

① 解决能源危机:能源短缺是21世纪面临的重大课题之一,能源对国家经济和安全非常重要。目前石油、天然气和煤炭仍是我国主要的能源。专家预测2015年我国石油进口依赖度将达到25%左右。我国是一个经济迅速发展,人口众多的国家,21世纪将面临经济增长和环境保护的双重压力。因此改变能源生产和消费方式,开发利用生物能源,对建立可持续的能源系统,促进国民经济发展和缓解能源危机具有重大意义。

② 改善生态环境:首先,由于利用生物能源所产生的CO_2可被新生长的植物所固定,所以只要及时植树造林,使生物质的消耗量与生长量持平,从理论上讲,利用生物能将不会导致大气中CO_2的增加,有利于减缓地球气候变暖的趋势。其次,用焚烧、热分解、填埋等物理化学方法处理工农业及民用废弃物,会对大气、地下水造成二次污染,采用生物处理方法,既可以避免和防止污染,又可以获得生物能,可谓一举两得。第三,当今常规能源——煤和石油在燃烧后,都会产生对人体有害的一氧化碳、氧化氮以及含硫、铅等有毒物质的化合物。而生物能源——酒精和沼气等在燃烧后不会产生这样多的有毒化合物。

③ 促进农村经济的可持续发展:生物能源的开发利用不仅能够大大加快村镇居民实现能源现代化进程,满足农民富裕后对优质能源的迫切需求,同时也可在乡镇企业等生产领域中得到应用。

3. 生物能源的主要应用方式

① 直接燃烧或通过汽化生成热量用以加热或蒸汽发电;快速热解提供液体燃料,取代通用的矿物燃料。

② 气化法:即在高温下使气化剂与生物质反应,从而得到气体燃料。气化剂可以是空气、空气-蒸汽或氧气等,相对应的产品也分为煤气、水煤气和氧气煤气等不同类型,但都含有CO_2、CO、H_2、N_2等为主要成分,这些气体燃料的热值一般仅为天然气的10%~15%。

③ 干馏法:即对生物质隔绝空气加热使其分解,从而得到多种产品。根据不同目的可以使生物质炭化,从而得到热值较高的固体燃料,也可以使生物质转化为液体燃料,如甲醇,可用作交通工具中汽油的替代品。同时可得到水煤气、乙酸等副产品。

④ 厌氧发酵:这是在无分子氧存在的情况下,多种专性或兼性厌氧微生物参与,形成复杂的有机物发酵。通过厌氧消化,生物质最终转化为沼气,其主要成分为甲烷和CO。

⑤ 酒精发酵:以含糖原料为基质,先将其水解成单糖,再经微生物发酵制成乙醇。

(二) 发酵废物制取沼气

1. 沼气开发的意义

在隔绝空气的条件下,生活和工业有机废水、农作物的秸秆、杂草、人畜粪便等经过微生物的发酵作用能产生沼气。如日产酒糟500~600 m^3的酒厂,可获得日产含甲烷55%~65%的沼气

8 000~11 000 m³，相当于日发电量 12 857~15 714 kW，日产标准煤 17.1~20.9 t。沼气可以用于炊事、照明和发电。沼气是来源丰富、成本低廉的气体燃料，无论在发达国家还是在发展中国家均得到高度重视。发达国家从保护环境出发，建立沼气工程，以处理城乡有机废弃物，获得煤气替代品。在发展中国家，沼气是解决广大农村供能的一项重要途径，印度和中国是最早大力开发沼气的国家，并且都取得了巨大的成就。

2．微生物发酵产甲烷机理

甲烷产生菌有甲烷杆菌属（*Methanobacterium*）、甲烷八叠菌属（*Methanosarcina*）、甲烷球菌属（*Methanococcus*）等。沼气发酵分三个阶段：第一阶段是复杂有机物如纤维素、蛋白质、脂肪等在微生物作用下降解至其基本结构单位的液化阶段；第二阶段是将第一阶段中产生的简单有机物经微生物作用转化生成乙酸；第三阶段是在甲烷产生菌的作用下将乙酸转化为甲烷。

3．发酵废物产沼气的应用实例

吉林省梨树县酒精厂年加工玉米 7 万 t，年产食用酒精 2 万 t，日排放酒精糟液 900 m³。该厂于 1993 年建成处理酒精糟液的沼气工程，以减轻糟液污染并获得沼气、高蛋白饲料为目的。图 17-4 为酒精糟液产沼气工艺流程。

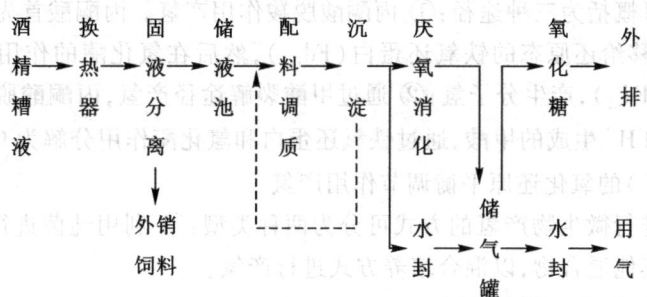

图 17-4 酒精糟液发酵产沼气工艺流程

酒精糟液经过套管换热器冷却后，进行固液分离，湿干糟，一部分经烘干处理，获得安全水分的高蛋白饲料，作为商品饲料出售。另一部分湿干糟就地卖给养猪专业户。分离后的稀糟液一般为 60 ℃ 上下，经过调质配料，泵进厌氧消化器。该系统采用高温（54 ℃）运行，日产沼气近 1 830 m³。沼气供给锅炉助燃和供给职工食堂作炊事燃气。厌氧消化器排出的消化液经沉淀后，流入储气罐作储气的水封液，同时又进行Ⅱ级厌氧消化，之后经地下管道排入厂区外的氧化塘，进行自然曝气处理。沉淀罐的浓缩液回流到配料罐，供调解进料的 pH。

（三）发酵废物制取氢能

1．氢能开发的意义

氢气燃烧只产生水，不排放任何的有毒有害气体，不会造成任何环境污染，因而被普遍认为是理想、清洁的能源资源。氢气燃烧热值高，每 1 g 氢燃烧后能放出 142.35 kJ 的热量，为汽油的 3 倍、酒精的 3.9 倍、焦炭的 4.5 倍。氢气的获取途径主要有：① 利用化石燃料制氢的方法，包括天然气的重组、天然气的热裂解、石油等碳氢化合物的部分氧化以及煤的气化等；② 从水中获取氢气，如水的电解、光解、热化学分解和直接热分解等；③ 生物法产氢。生物产氢的方法只需消耗少量的能量且对环境无害。生物制氢过程可以和废物回收利用过程耦合。因此，生物产氢技术的研究和开发受到了世界各国的普遍重视，包括英国、荷兰、加拿大、印度、意大利和中国。

2. 发酵法产氢的机理

生物制氢过程可以分为五类：① 利用藻类或者青蓝菌的生物光解水法；② 有机化合物的光合细菌(PSB)光分解法；③ 有机化合物发酵制氢；④ 光合细菌和发酵细菌耦合法；⑤ 酶法制氢。细菌发酵法无需光照条件、具有更高的产氢效率、更易于实现工业化。而且发酵法产氢可以与废水和固体废弃物处理相结合，利用其中的有机质产氢，既有效地处理了废弃物又获得了氢能，可降低制氢成本。

自然环境中能够通过厌氧发酵产氢的细菌种类很多。Gray 等人将所有的产氢微生物分为四类：① 专性厌氧的异养微生物，它们不具有细胞色素体系，通过产生丙酮酸或丙酮酸的代谢途径来产氢，包括梭菌属(Clostridium)、甲基营养菌(Methylotrophs)、产甲烷菌(Methanogenic bacteria)、瘤胃细菌(Rumen bacteria)及一些古细菌(Archaea)等；② 兼性厌氧菌，含有细胞色素体系，能够通过分解甲酸的代谢途径产氢，包括大肠杆菌(Escherichia coli)、肠道细菌(Enterobacter)等；③ 需氧菌(Aerobes)，包括产碱杆菌属(Alcaligenes)和一些杆状菌(Bacillus)等；④ 光合作用细菌(Photosynthetic bacteria)。目前发酵法产氢研究较多的有梭状芽孢杆菌属(Clostridium sp.)，如丁酸梭状杆菌(Clostridium butyricum)和拜氏梭状芽孢杆菌(Clostridium pasteurianum)等；肠道芽孢杆菌属(Enterobacter sp.)，如产气肠杆菌(Enterobacter aerogenes)和阴沟肠杆菌(Enterobacter cloacae)等。

细菌发酵产氢可概括为三种途径：① 丙酮酸脱羧作用产氢。丙酮酸首先在丙酮酸脱氢酶作用下脱羧，将电子转移给还原态的铁氧还蛋白(Fd_{red})，然后在氢化酶的作用下被重新氧化成氧化态的铁氧还蛋白(Fd_{ox})，产生分子氢；② 通过甲酸裂解途径产氢，丙酮酸脱羧后形成的甲酸以及厌氧环境中 CO_2 和 H^+ 生成的甲酸，通过铁氧还蛋白和氢化酶作用分解为 CO_2 和 H_2；③ 通过辅酶 I (NADH 或 NAD^+) 的氧化还原平衡调节作用产氢。

利用厌氧发酵进行微生物产氢的方式可分为两种类型：① 利用纯菌进行微生物产氢；② 利用厌氧活性污泥或其他混合物，以混合培养方式进行产氢。

3. 发酵废物制氢技术的研究进展

一般来说，可用于生物发酵产氢的基质应具备以下特点：碳水化合物的含量较高、资源丰富且廉价、具有较高的能量转化率等。生物发酵产氢研究中所利用的基质包括：① 各种单纯的糖类；② 各种有机废水；③ 各种有机固体废弃物。利用有机废水发酵法产氢是一个重要的研究开发内容。有机废水为细菌提供了大量廉价的有机基质，尤其是高浓度有机废水，其溶解氧极易被好氧或兼性厌氧微生物消耗，从而造成厌氧环境，有利于光合作用细菌产氢。产氢的同时也伴随着有机物的降解和光合作用细菌菌体的生成，废水可以得到净化。

Ueno 等人利用制糖厂废水厌氧发酵产氢，以 5 L 厌氧反应器连续运行 190 d，控制条件为 60 ℃，pH 6.8，HRT 从 0.5 d 到 3 d，分别获得的产氢速率为 198 mmol/(L·d) 和 34 mmol/(L·d)，产气中氢气的含量达到 64%，CO_2 含量 36%，有少量甲烷产生(0.13%)。现已广泛应用固定化细胞技术来产氢。已报道用琼脂、玻璃珠、卡拉胶、聚戊醇、聚氨基甲酸乙酯泡沫、藻酸钙等作载体或包埋剂来固定化光合作用细菌产氢。由于发酵产氢条件要求严格、体系复杂、影响因素多，目前大部分研究仍处于实验室阶段，实现发酵产氢的持续性和稳定性，还有相当大的困难，离实际应用还有一段距离。

(四) 发酵废物制取生物柴油

1. 生物柴油开发的意义

生物柴油指由动植物油脂与短链醇(甲醇或乙醇)进行酯交换反应所制备的脂肪酸单酯。生物柴油是一种无毒、可生物分解、可再生的燃料。生物柴油具有十六烷值高、硫含量及芳香烃含量低,挥发性低和燃油分子中含氧原子等特点,燃烧生物柴油可减少 CO、HC、干碳烟及颗粒排放。生物柴油的 C 来自大气而非化石燃料所含有的,生产生物柴油所需的能量非常少。用生物柴油发动机 SO_2 排放量低。生物柴油易生物分解,如果发生泄漏事故,对土壤、河流的污染比化石燃料小得多。

在发达国家和发展中国家纷纷将生物柴油替代石油柴油列为国家能源可持续发展的重要组成部分,也是 21 世纪能源发展战略的基本选择之一。

2. 生物柴油的生产

生物柴油的生产方法有:① 植物油酶法,即借助脂酶对废食用油进行酯交换反应,生产生物柴油;② 利用甘蔗渣发酵生产柴油;③ 控制脂质累积水平使乙酰 CoA 羧化酶基因在微藻细胞中高效表达,通过培养微藻生产柴油。

(1) 脂肪酶在生物柴油生产中的应用

在生物柴油的生产中,脂肪酶是适宜的生物催化剂,能够催化甘油三酯与短链醇发生酯化反应,生成生物柴油。用于催化合成生物柴油的脂肪酶主要是酵母脂肪酶、根霉脂肪酶、毛霉脂肪酶、猪胰脂肪酶等。近年来,研究者在不断地寻求性能优异的脂肪酶。Kakugawa 等纯化了酵母 *Kurtzmanomyces* sp. I-11 产生的能合成糖脂的胞外脂肪酶。pH 范围 1.9~7.2,pH 低于 7.1 时,该酶的活性很稳定,优先选择十八碳酰基。

在生物柴油生产中直接使用脂肪酶催化存在的问题有:① 脂肪酶在有机溶剂中存在聚集作用,不易分散,催化效率较低;② 脂肪酶对短链脂肪醇的转化率较低,且短链醇对酶有一定的毒性,使酶的使用寿命缩短;③ 脂肪酶的价格昂贵,生产成本较高,限制了在工业规模生产生物柴油中的应用。

(2) 固定化脂肪酶在生物柴油生产中的应用

脂肪酶固定化技术在工业规模生产中极具吸引力,因其具有稳定性高,可重复使用,保留酶活性,并有获得超活性的可能,容易从产品中分离。酶的固定化方法很多,其中吸附法制备简单且成本低,被认为是大规模固定化脂肪酶最适宜的方法。诺维信公司已经开发出固定化脂肪酶 Novozym 435、Lipozyme IM 等成品。Samukawa 等研究了预处理固定化脂肪酶 Novozym 435 对生物柴油生产的影响。该酶在经过甲基油酸盐处理 0.5 h、豆油处理 12 h 后,油脂醇解的速度明显加快。脂肪酶固定化技术的成功与否是酶法合成生物柴油得以工业化应用的关键。固定化脂肪酶在许多方面优于游离酶,但是已工业化的实例很少,主要问题之一就是载体,廉价、易于活化和制备的固定化酶的载体很难得到。

(3) 全细胞生物催化剂在生物柴油生产中的应用

以全细胞生物催化剂的形式来利用脂肪酶,无需酶的提取纯化,既杜绝了酶活性在此过程中的损失,又节省了设备投资和运行费用。截留在胞内的脂肪酶可看作被固定化。在全细胞生物催化剂的发展中,酵母细胞是有用的工具。Matsumoto 等构建了能大量表达米根霉脂肪酶的酿酒酵母 MT 8-1 菌株,其胞内脂肪酶的活性达到 474.5 u/L。用预先经冻融或风干方法增强了渗透性的酵母细胞来催化大豆油合成脂肪酸甲酯,最后反应液中甲酯质量分数达到 71%。不但产生胞内脂肪酶的细胞能用作全细胞生物催化剂,重组后的产胞外脂肪酶的细胞也可以。Matsumoto 等构建了一个新的酵母细胞表面,作为 FS 蛋白或 FL 蛋白的细胞壁锚定区。含有一个来自米根霉的先导序列(rProROL)的重组脂肪酶蛋白能与 FS 蛋白或 FL 蛋白相融合,此融合蛋白在一个诱导启动子的控制下表达并分布在新构建的细胞表面。细胞表面的脂肪酶活性达 61.3 u/g

(细胞干重)。用这种细胞作为全细胞生物催化剂,能成功地催化从甘油三醇和甲醇生产脂肪酸甲酯,反应 72 h,产率达到 78.3%。

3. 生物柴油的研究现状

海南正和生物能源公司开发的生物柴油已通过专家鉴定。该开发年产 10 000 t 生物柴油的生产工艺特点是:原料适应性强,可以利用榨油厂的油脚、黄连木等油料树木的果实以及城市餐饮废油为原料;采用自主开发的两段法工艺,提高了反应的效率,保证了产品质量;采用的环流喷射技术、真空分馏技术、固体酸催化剂是该公司在本领域的技术创新。所生产的产品已达到国外同类产品的技术水平。

生物柴油大规模生产的挑战性在于脂肪和油的来源有限,且原料成本占生物柴油成本的 60% ~ 75%。已使用过的食用油为原料可大大降低成本,但油的质量较差。

(五) 发酵废物制取燃料酒精

近年来,燃料酒精作为石油能源的替代物,逐渐成为世界各国研究的热点。燃料酒精又称变性燃料乙醇。根据燃油中酒精含量的多少,燃料酒精的市场可分为替代燃料(添加高比例乙醇的汽油醇)和燃料添加剂两种。燃料酒精作添加剂可起到增氧和抗爆的作用,以替代有致癌作用的甲基叔丁基醚(MTBE)。就目前中国的汽油消耗量来分析,如全面推广使用汽油醇,所需的燃料酒精量可达 10 Mt。参照国外情况,如考虑在其他燃料油中添加燃料酒精,其需求总量可达 20 Mt,具有广阔的市场前景。用酒精作发动机燃料有许多优点,发动机无须或稍加改动即可燃用汽油醇,并且酒精各地均可生产,也不污染大气。通过对国产小轿车试验表明,汽车尾气中 CO、HC 排放量,平均分别下降了 30.8% 和 13.4%。

2001 年 4 月国家推广应用车用乙醇汽油生产试点项目,20 万 t 变性燃料乙醇项目,在南阳天冠集团公司正式投产。在长春一个用玉米为原料,年产 60 万 t 燃料乙醇工程已开工,这是我国目前最大的燃料乙醇生产基地,生产规模在世界范围内也位居前列。

五、发酵废物资源化与生态农业

(一) 发酵废物生产有机肥料

在农业发展史中,化肥的使用对农业生产的进步起到了巨大的作用。同时也产生了很大的副作用,不但影响了连续高产的稳定性,破坏了土壤结构,使肥效地力大为降低,而且破坏了农业生态平衡,使农产品质量大大降低,污染了环境,对人类的生存条件形成了不良影响。随着无公害食品、绿色食品和有机食品的迅速发展,利用有机废弃物生产生态有机肥料已成为发展方向。生态型肥料是根据土壤微生物生态学原理、植物营养生理学和土壤学及现代生态农业的基本概念而研制的。施用后可以解决因长期大量施化肥造成的土壤板结、环境污染、作物品质下降等问题。

1. 发酵废物生产生物有机肥

以发酵工业排放的废物为主要原料生产复合生物有机肥是突破传统的、产业化的、完全治理污染技术,有良好的经济、社会和环境效益。有机生态肥的生产工艺流程为:

有机废弃物 ⟶ 预处理浓缩至含水65% ⟶ 配料混合 ⟶ 固体发酵,36 h,32 ℃ ⟶

造粒 ⟵ 配料,粉碎混合 ⟵ 干燥 ⟵ 复合有机肥基料 ⟵ 堆积发酵,12 h,50 ℃ ⟵

采用有机废弃物为主要有机质营养来源,以褐土及农副产品为载体,选用工程菌前期进行好氧发酵,后期利用土壤中固有细菌、放线菌进行堆积厌氧发酵生产多菌基质,使前期发酵产生的部分菌体自溶,释放出包括某些促生长因子在内的生物有机质。再按照不同作物及用途加入适量的微量元素及 P、K 配制复合有机肥,使终产物达到较理想的营养配比。

产品性状:外观呈颗粒状,棕褐色,具特殊香味,有效营养成分(N+P+K+有机质)总和约35%,其中有机质约30%,每克含数亿有益活菌,并富含多种微量元素和促生长调节因子。

2. 发酵废菌渣生产生物有机肥

制药厂提取了目标物质后,剩下的发酵菌渣作为废弃物进行人工填埋,既浪费资源,又破坏环境,不符合循环经济 3R 原则(即"减量化 reduce、再利用 reuse 和再循环 recycle")的发展理念。江都市壮禾化工有限公司利用红霉素发酵菌渣研制开发生态肥产品,并在蔬菜、牧草和鲜食玉米等不同作物上推广应用,取得了良好的增产效果。工艺流程为:

湿发酵菌渣 → 干燥菌渣 → 菌渣粉 → 计量 ┐
                                          ├→ 混合 → 造粒 → 烘干 → 筛选 → 成品 → 包装
无机肥原料 → 粉碎 → 过筛 → 计量 ┘

3. 发酵废物堆肥

堆肥化是将要堆腐的有机物料与填充料按一定的比例混合,在合适的水分、通气条件下,使微生物繁殖并降解有机质,从而产生高温,杀死其中的病原菌及杂草种子,使有机物达到稳定化。根据处理过程中有效微生物对氧的要求不同,把有机废弃物堆肥处理分为好氧堆肥和厌氧堆肥。好氧堆肥堆体温度一般在 50~65℃,故亦称为高温堆肥。堆肥的基本步骤如下:

废弃物 ┐
       ├→ 混匀 → 堆肥 —强制通风翻堆→ 后熟 → 干燥 → 填充料回用 → 贮存
填充料 ┘

不同堆肥技术的主要区别在于维持堆体物料均匀及通气条件所使用的技术手段。堆肥系统分为三类:条垛式、通气静态垛式和发酵仓式系统。条垛式是将堆肥物料以条垛状堆置,垛的断面可以是梯形、不规则四边形或三角形,最普遍的条垛形状是 3~5 m 宽,2~3 m 高的梯形条垛。特点是通过定期翻堆来实现堆体中的有氧状态,翻堆可以采用人工方式或特有的机械设备。条垛式堆肥应堆在沥青、水泥或者其他坚固的地面上,可便于操作和维持堆体形状,并防止渗漏。相对于条垛式系统,能更有效地确保达到高温、提供进行病原菌灭活的堆肥系统称为 Beltsville (BARC)通气快速堆肥法。通气静态垛系统就是根据 BARC 法发展起来的。通气静态垛与条垛式系统的不同之处是堆肥过程中不进行物料的翻堆,而是通过鼓风机通风使堆体保持好氧状态。在静态垛堆肥中,通气系统包括一系列管路,这些管路位于堆体下部,与鼓风机连接。在这些管路上铺一层木屑或者其他填充料,可以使通气达到均匀,然后在这层填充料上堆放堆肥物料构成堆体,在最外层覆盖上过筛或未过筛的堆肥产品进行隔热保温。发酵仓系统是使物料在部分或全部封闭的容器内,控制通气和水分条件,使物料进行生物降解和转化。该系统是在一个或几个容器内进行,用机械设备对物料进行连续的混匀,通过通气设备进行连续的通气。能实现机械化和自动化。

(二)沼气发酵在生态农业中的应用

在生态农业系统中,植物将太阳能转化为植物能后,通过食物链在各生物间进行能量转换,能量在流动过程中损耗率极大。损失主要表现为生物呼吸消耗热能和废弃有机物中所含没有利用或没有充分合理利用的能量。对废弃有机物中含有的能量,可以通过沼气发酵来吸收利用。

1. 沼气在农业生态系统中的作用

开发沼气是我国利用生物资源的一种重要方式,沼气的利用在我国农村已有几十年历史,从初始阶段的点灯、做饭扩展到用于发电、烧电炉、加热、干燥、烘烤、暖房、孵化、养蚕等生产领域。沼气是一种适应我国国情,具有强大生命力的新能源。沼气中约含35%二氧化碳,沼气中甲烷燃烧也产生二氧化碳,因此利用沼气制得二氧化碳含量高的气肥送入栽种黄瓜的塑料大棚内,使棚内二氧化碳浓度达1 100～1 300 mg/L,并控制温度、湿度,可使黄瓜增产28.4%。利用沼气还可使产品保鲜,例如用沼气保鲜山楂,几乎不影响山楂的品质,而且保鲜效果好于土窖和冷库。

2. 沼液和沼渣在农业生态系统中的作用

(1) 沼气发酵渣制优质肥料

一个 $10 m^3$ 的沼气池,一年提供的沼气肥,相当于 50 kg 硫酸铵、40 kg 过磷酸钙和 15 kg 氯化钾。沼气发酵残留物可作为肥料直接施用于农田耕地。试验表明沼气肥能使所有的粮食作物、经济作物和果树增产,其增产幅度一般为5%～10%,甚至更高。用沼液浸种后,能够促使种子萌芽、提高种子发芽率和成秧率,促进种子生理代谢,增强秧苗抗寒、抗病能力。

(2) 沼液有防治病虫害效果

试验表明,沼液是有效又洁净的"杀虫剂"。喷施沼液对果树红黄蜘蛛的杀灭率为95%,矢尖蚧的杀灭率为92%,蚜虫的杀灭率为93%,清虫的杀灭率为99%以上。沼液在厌氧环境下,发酵物质的氧化还原电位较低,还原性物质较多,与害虫接触后,有生理夺氧和去脂的作用。

(3) 沼渣种菇

用沼渣代替牛马粪,配一定数量的秸秆等,堆置十余天,是很好的栽菇养料。这种养料发菇快,菇质好,杂菌少,蘑菇产量比传统粪便与秸秆堆渣培养基增产10%,增加收入20%～30%;栽培灵芝,能使成本降低33%,而且产量高。

(4) 沼渣养鱼

沼液富含矿质养分,下塘后促进各种浮游生物,特别是各种绿藻大量繁殖,而藻类是鱼的好饵料,它具有光合作用能力,能利用水中矿质养分、二氧化碳等生成有机物质并释放氧气,增加塘水中的溶氧量,并促进塘水中的有机物进一步分解。

(5) 沼液作饲料

沼气发酵残留物中含有丰富的氨基酸、B族维生素、各种抗生素及某些植物激素等生物活性物质。用作饲料添加剂,能够使所饲养的猪、鸡、兔、牛、鱼等动物的抗病能力增强,饲料价格提高,总收益增加。沼液喂猪,日增重可提高15%,提前20～30 d 出栏,料肉比降低26.41%,每头猪平均可节省成本40元左右。沼液养龟,能增产6%～12%。

综上所述,沼气发酵系统生产的沼气、沼液、沼渣,在整个生态农业中对农村经济繁荣起着巨大的推动作用,无论在种养殖业还是副业中,都能够带来显著的经济效益。此外,沼气发酵系统还能够改善农村环境卫生。

(三)发酵废物资源化发展趋势

1. 规模化和商品化

有机废弃物处理和利用生态工程将由分散、小型向集中、大型工厂化、机械化和自动化方向发展,由废弃物转化的商品肥料、饲料和能源会越来越多。

2. 多元化与多级化

运用生态工程进行有机废弃物处理及利用的途径和方法增多,通过巧妙连接食物链或增加加工环节,将某营养级的废弃物或排泄物作其他营养级的食物而加工转化利用,提高资源利用率。

3. 高效化和洁净化

现代高新技术广泛应用,提高了有机废弃物的利用率和产品质量,资源化将与城镇生态环境综合整治和生态农业建设更密切结合,实现洁净安全生产,防止重复污染。

4. 规范化与法制化

有机废弃物工程技术、配套设备及工艺流程将进一步规范化,有关废弃物开发利用及污染防治法律法规需进一步完善。

第二节 发酵工业废水好氧生物处理

一、活性污泥法

(一)活性污泥法的工作原理与特征

活性污泥法是利用悬浮生长的微生物絮体处理有机废水的一类好氧生物处理方法。这种生物絮体叫做活性污泥,它是由好氧性微生物(包括细菌、真菌、原生动物)及其代谢和吸附的有机物、无机物组成,具有降解废水中有机污染物(也有些可部分利用无机物)的能力,显示生物化学活性。

活性污泥法的基本流程为:

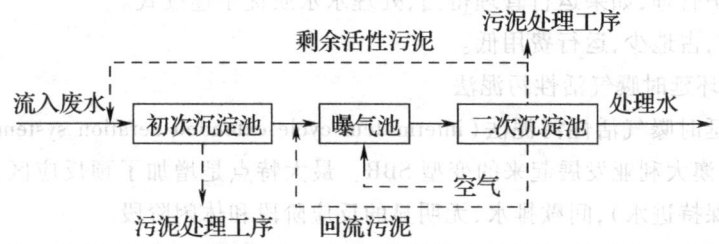

由曝气池、二次沉淀池、曝气系统以及污泥回流系统等组成。活性污泥处理系统有效运行的基本条件是:

(1)废水中含有足够的可溶性易降解有机物,作为微生物生理活动所必需的营养物质。
(2)混合液含有足够的溶解氧。
(3)活性污泥在池内呈悬浮状态,能够充分地与废水相接触。
(4)活性污泥连续回流、及时地排出剩余污泥,使混合液保持一定浓度的活性污泥。
(5)没有对微生物有毒害作用的物质进入。

活性污泥法的运行方式有：传统活性污泥法、完全混合活性污泥法、阶段曝气活性污泥法、吸附－再生活性污泥法、延时曝气活性污泥法、高负荷活性污泥法以及纯氧曝气活性污泥法等。

(二) 序批式活性污泥法的工作原理与特征

1. 序批式活性污泥法

序批式活性污泥法(sequencing batch reactor, SBR)是间歇运行的污水生物处理工艺。SBR工艺的完整操作过程包括五个阶段：进水期(或称充水期)、反应期、沉淀期、排水排泥期和闲置期。工艺流程为：

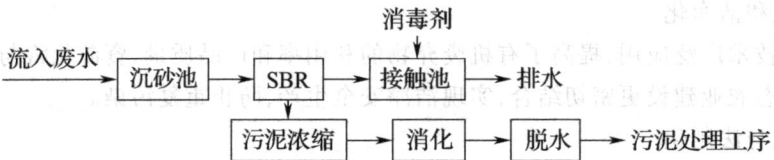

SBR工艺的特征是：

(1) SBR系统能缓和由进水水质、水量波动对系统运行带来的不稳定性。

(2) 反应过程基质浓度梯度大，反应推动力大，处理效率高。

(3) 耐有机负荷和有毒物负荷冲击能力强，运行方式灵活，静止沉淀，出水水质好。

(4) SBR系统的运行经历缺氧和好氧阶段，微生物可通过多种途径进行代谢，通过不同的质子受体以摄取能量，使有机质的降解更完全。

(5) 能够实现氨的部分硝化或完全硝化。

(6) 只要控制对系统的供氧，就能满足生物脱氮、除磷的要求。特别是其独特的贮存性反硝化作用，使反硝化与硝化作用几乎同时发生，提高了脱氮效率。

(7) SBR系统中存在的浓度梯度抑制了丝状菌的生长，在一般情况下，不产生污泥膨胀现象，污泥的沉降性能和脱水性能良好。较低的污泥产率使SBR法更具吸引力。

(8) 工艺简单，不设二次沉淀池，调节池容积小或可不设调节池，无污泥回流。

(9) 易于维护管理，如果运行管理得当，处理水水质优于连续式。

(10) 投资省，占地少，运行费用低。

2. 间歇式循环延时曝气活性污泥法

间歇式循环延时曝气活性污泥法(intermittent cycle extended aeration system, ICEAS)，是20世纪80年代初在澳大利亚发展起来的变型SBR。最大特点是增加了预反应区，且连续进水(沉淀期和排水期仍保持进水)，间歇排水，无明显的反应阶段和休闲阶段。

我国最早采用此工艺的是上海市中药制药三厂，对该工艺处理效果的监测表明，BOD_5去除率可达99.1% ~ 99.4%，COD去除率可达95.9% ~ 97.0%，氨氮去除率可达75.1% ~ 78.4% (未按脱氮除磷方式运行)。

3. 循环式活性污泥系统

循环式活性污泥系统(cyclic activated sludge system, CASS)是Goronszy教授在ICEAS的基础上开发出来的。整个工艺在间歇式反应器内进行交替的曝气－不曝气过程的不断重复，将生物反应过程及泥水的分离过程结合在一个池中完成。CASS的运行过程包括充水－曝气、充水－泥水分离、上清池滗除和无水－闲置等四个阶段并组成其运行的一个周期。通行的CASS分为三个反应区:一区为生物选择器,二区为缺氧区,三区为好氧区,各区容积之比为 1∶5∶30。

CASS 工艺具有下述特征:

(1) 根据生物选择原理,利用与主反应区分建或合建,位于系统前端的生物选择器对磷的释放、反硝化作用及对进水中有机底物的快速吸附及吸收作用,增强了系统运行的稳定性。

(2) 可变容积的运行提高了系统对水量水质变化的适应性和操作的灵活性。

(3) 根据生物反应动力学原理,采用多池串联运行,使废水在反应器的流动呈现出整体推流而在不同区域内为完全混合的复杂流态,不仅保证了稳定的处理效果,而且提高了容积利用率。

(4) 通过对生物速率的控制,使反应器以厌氧 - 缺氧 - 好氧 - 缺氧 - 厌氧的序批方式运行,使其具有优良的脱氮除磷效果,降低了运转费用。

(三) 氧化沟的工作原理与特征

氧化沟(oxidation ditch,OD)也称氧化渠,或循环曝气池。第一座氧化沟是 1954 年由 Pasveer 博士设计并投入运行的。该工艺的曝气池呈封闭的沟渠形,污水和活性污泥混合液在其中循环流动。废水处理流程为:

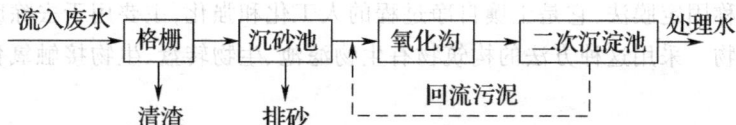

氧化沟工艺特征为:

(1) 氧化沟池体狭长,可达数十米,甚至达百米以上;池深度较浅,一般在 2 m 左右。

(2) 曝气装置多采用表面曝气器,纵轴、横轴曝气器都可用。进水装置和出水装置构造简单。

(3) 在流态上,对氧化沟可按完全混合 - 推流式考虑,从水流动来看是推流式,但是由于流速快,可达 0.4~0.5 m/s,进入沟内的原废水很快就和沟内混合液相混合,这样氧化沟又是完全混合式。

(4) BOD_5 负荷低,类似活性污泥的延时曝气法,处理水质良好。

(5) 对水温、水质和水量的变动有较强的适应性。

(6) 污泥产率低,排泥量少,排出的剩余污泥已得到高度稳定,所以氧化沟不设初次沉淀池,污泥也不需要进行厌氧消化,可直接浓缩。

(7) 污泥龄(生物细胞平均停留时间)长,达 15~30 d,为传统活性污泥系统的 3~6 倍。在反应器内能够存活增殖世代时间长的如硝化菌一类的细菌,沟内可能产生硝化反应和反硝化反应,因此氧化沟具有脱氮的功能。

(8) 不设二次沉淀池更加简化了工艺。将氧化沟和二次沉淀池合建的一体式氧化沟,以及近年来发展的交替工作的氧化沟,可不用二次沉淀池,从而使处理流程更为简化。

(四) 吸附生物降解法的工作原理与特征

吸附生物降解工艺(adsorption biodegradation,AB)是德国亚探大学于 20 世纪 70 年代中期开创的。属超高负荷活性污泥法。AB 法工艺流程为:

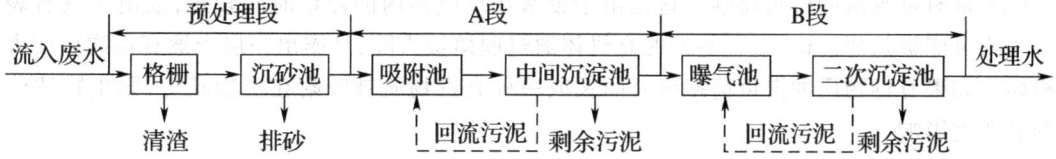

AB法的特征如下：

（1）A段污泥负荷很高，可达 $2\sim6\ kg\ BOD_5/(kg\ MLSS\cdot d)$，为常规法的 10～20 倍，泥龄短（$0.3\sim0.5\ d$），水力停留时间约为 30 min，B段污泥负荷较低［$0.15\sim0.30\ kg\ BOD_5/(kg\ MLSS\cdot d)$］，停留时间约为 2～3 h，泥龄 15～20 d，溶解氧含量为 1～2 mg/L。

（2）A段和B段的微生物群体特性明显不同，并通过互不相关的两套回流系统严格分开。A段的活性污泥全部是细菌（大肠杆菌属），其世代很短，繁殖速度很快，繁殖时间为 20 min，相当于每天 72 个世代。B段的微生物主要为菌胶团、原生动物和后生动物。

（3）未设初次沉淀池，由吸附池和中间沉淀池组成的A段为一级处理系统。A段可以根据污水组分的不同实行好氧或缺氧运行。

（4）B段由曝气池和二次沉淀池组成。

二、生物膜法

（一）生物膜法的工作原理与特征

生物膜法又称固定膜法，它是土壤自净过程的人工化和强化，主要用于去除废水中溶解的和胶体的有机污染物。采用这种方法的构筑物有生物滤池、生物转盘、生物接触氧化池和生物流化床等。

（二）生物滤池的工作原理与特征

生物滤池可分为普通生物滤池（又称滴滤池或低负荷生物滤池）、高负荷生物滤池、塔式生物滤池及活性生物滤池（ABF）等几种形式。

生物滤池的工作原理为：在滤池内设置固定的滤料，当废水自上而下滤过时，由于废水不断与滤料相接触，因此微生物就在滤料表面繁殖，逐渐形成生物膜。生物膜是由多种微生物组成的一个生态系统，从废水中吸取有机污染物作为营养源，在代谢过程中获得能量，并形成新的微生物机体。当生物膜形成并达到一定厚度时，氧就无法透入生物膜内层，造成内层的厌氧状态，使生物膜的附着力减弱。此时，在水流的冲刷下，生物膜开始脱落。随后在滤料上又会生长新的生物膜，如此循环往复。废水流经生物膜后，得以净化。

生物滤池系统的基本流程为：

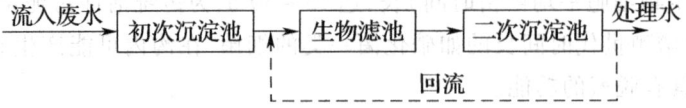

废水先进入初次沉淀池，在去除可沉性悬浮固体后，再进入生物滤池。经生物滤池净化的废水连同滤池上脱落的生物膜流入二次沉淀池，再经过固液分离，排出净化后的废水。

生物滤池工艺具有下述特征：

（1）构造简单，容易操作。

（2）抗有毒废水冲击负荷强。这是由于废水在反应器内的停留时间较短，或由于只有表面的微生物可能被杀死。这样，一些死的有机体通过脱落被去除，又露出一层未被有毒物质伤害的有机体。如果有毒物质冲击负荷持续时间长或一种有毒物质被吸附在生物膜上，则生物滤池仍会受到严重影响。

(3)若增加处理废水的浓度或流量,出水水质将随之恶化。同样,假如温度下降,基质去除速率也下降,出水的水质将恶化。

(4)生物滤池周围地区卫生比较恶劣。在夏天,石滤料可能成为飞蝇的繁殖场所。

（三）生物转盘法的工作原理与特征

生物转盘法是在生物滤池的基础上发展起来的,也是合理利用自然界中微生物群新陈代谢的生理功能对有机废水净化的生物处理法,其原理与生物滤池相类似。生物转盘法是废水处于半静止状态,微生物生长在转盘的盘面上,转盘在废水中不断缓慢地转动,使其互相接触。生物转盘法具有下述特征：

(1)节能。运行的动力费用为活性污泥法的 1/2～1/3。

(2)生物量多,净化率高,适应性强。

(3)生物相分级,这对微生物的生长繁殖和有机物的降解非常有利。

(4)由于存在着高浓度的生物量,F/M 值较低使其运行效率高并具有较强的抗冲击负荷的能力。

(5)生物膜微生物的食物链长,污泥产量少,为活性污泥法的 1/2,且易于沉淀。

(6)维护管理简单,功能稳定可靠,没有噪声,不产生滤池蝇,正确的设计不会产生恶臭与发泡。

(7)转盘顶上需要有覆盖,以防暴雨时冲刷生物膜,寒冷地区宜建在室内。一般所需的场地面积比活性污泥法大。建设投资也高于活性污泥法。

(8)生物转盘还可与初次沉淀池、曝气池和二次沉淀池合建。使一池多用,提高处理水水质。

缺点是缺乏备用能力和难于调整运行。

（四）生物接触氧化法的工作原理与特征

生物接触氧化法是一种介于活性污泥法与生物滤池之间的生物膜法工艺。兼有活性污泥法与生物滤池两者的特点,又被称为淹没式生物滤池。生物接触氧化法中微生物所需的氧通过人工曝气供给。生物接触氧化法的基本流程为：

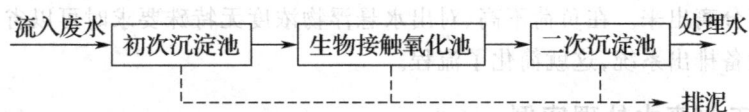

生物接触氧化法具有下述特征：

(1)填料的比表面积大,池内的充氧条件良好,生物接触氧化池内单位容积的生物固体高于活性污泥法曝气池及生物滤池,因此,生物接触氧化池具有较高的容积负荷。

(2)由于相当一部分微生物附着生长在填料表面,生物接触氧化法不需要设污泥回流系统,运行管理简便。

(3)活性污泥法中容易产生膨胀的菌种(如丝状菌),在接触氧化法中不仅不产生膨胀,而且能充分发挥其分解、氧化能力高的优点。

(4)由于生物接触氧化池内生物固体量多,水流属完全混合型,因此生物接触氧化池对水质水量的骤变有较强的适应能力。

(5)由于存在着高浓度的生物量,当有机容积负荷较高时,其 F/M 比可以保持在一定水平,因此污泥产量可相当于或低于活性污泥法。

(6) 生物接触氧化法的体积负荷高，同样大小体积的设备，处理时间短，节约占地面积，处理能力提高几倍。

生物接触氧化法的缺点有：

(1) 填料上生物膜的数量视 BOD 负荷而异。BOD 负荷高，则生物膜数量多，反之亦然。因此不能借助于运转条件的变化任意调节生物量和装置的效能。

(2) 当采用蜂窝填料时，如果负荷过高，则生物膜较厚，易于堵塞填料。所以，必须要有负荷界限和必要的防堵塞冲洗措施。

(3) 大量产生后生动物（如轮虫类等），若生物膜瞬时大块脱落，则易影响出水水质。

（五）生物流化床的工作原理与特征

生物流化床是 20 世纪 70 年代开发的新型生物膜法废水处理构筑物。特点是采用相对密度小于 1 的细小惰性颗粒，如砂、焦炭、陶粒、活性炭等为载体，微生物生长于载体表面形成生物膜，废水（先经充氧或在床内充氧）自下向上流动，使载体处于流化状态。其上附着的生物膜可与废水充分接触。生物流化床是一种高效的生物处理构筑物。

生物流化床工艺具有下述特征：

(1) 生物流化床中的小粒径载体提供了微生物附栖生长的巨大比表面积，使反应器内能维持高微生物浓度（可达 40~50 g/L），因而提高了反应器的容积负荷 [BOD 负荷可达 3~6 kg/($m^3 \cdot d$)] 或更高。

(2) 流态化的操作方式创造了反应器内良好的传质条件，无论是氧还是基质的传递速率均明显提高。对于食品、酿造这类可生化性较好的工业废水，生化反应的速率较快，因此生物流化床在传质上的优势更能明显体现。

(3) 较高的生物量和良好的传质条件使生物流化床可以在维持处理效果的同时减小反应器容积，节省投资，且占地面积小。

(4) 与活性污泥法相比，生物流化床具有较强的抵抗冲击负荷的能力，不存在污泥膨胀问题。

(5) 生物流化床反应器中为了阻止载体流失，一般在反应器顶设置沉淀区，在沉淀的同时可将脱落的生物膜分离出来。在负荷不高、对出水悬浮物浓度无特殊要求时可以省去二沉池，剩余污泥通过脱膜设备排出系统，这就简化了流程。

三、发酵工业废水处理实例

（一）活性污泥法在发酵工业废水处理中的应用

1. 活性污泥法处理白酒工业废水

山西杏花村汾酒厂的废水经清污分流后，污水采用活性污泥处理工艺，穿孔管曝气，配水方式灵活，可采用延时曝气、普通曝气和阶段曝气三种方式运转。工程设计能力 2 000 m^3/d，污水处理效果见表 17-8。工艺流程为：

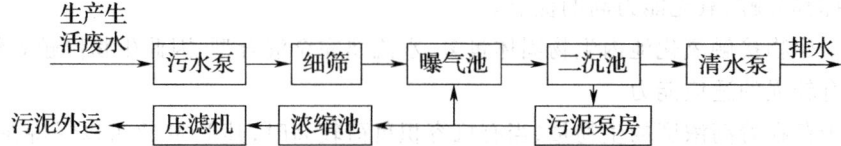

表17-8 活性污泥法处理白酒废水的运行效果

水质指标	设计依据			实际运行效果		
	进水	出水	去除率/%	进水	出水	去除率/%
COD_{cr}/(mg/L)	8.5	≤1	88.5	2	0.2	90
BOD_5/(mg/L)	700	<150	79	360	34	90.6
SS/(mg/L)	400	<60	85	208	16	92.3
硫化物/(mg/L)	213	<65	60	230	21	90.0
pH	6~9	7	—	6.8	7.5	—

2. 序批式活性污泥法在发酵工业废水处理中的应用

（1）SBR法处理白酒工业废水

长沙市酒厂采用SBR工艺处理生产废水工艺流程为：

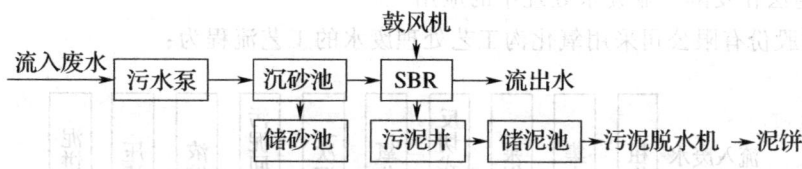

4个SBR池，平均流量时一个周期8.0 h，进水2.0 h，曝气4.0 h（非限制性曝气），沉淀0.5 h，排水及闲置1.5 h。SBR反应池设计流量$Q=30\ m^3/h$，BOD_5负荷为0.3 kg/(kg MLSS·d)，设计污泥容积指数SVI=140 mL/g。处理效果见表17-9。

表17-9 SBR法处理白酒废水的运行效果

水质指标	进水	出水	去除率/%
COD_{cr}/(mg/L)	1 200	100	91.7
BOD_5/(mg/L)	650	30	95.4
SS/(mg/L)	360	70	80.6

（2）CASS法处理啤酒工业废水

安徽某啤酒厂采用CASS工艺处理废水的工艺流程为：

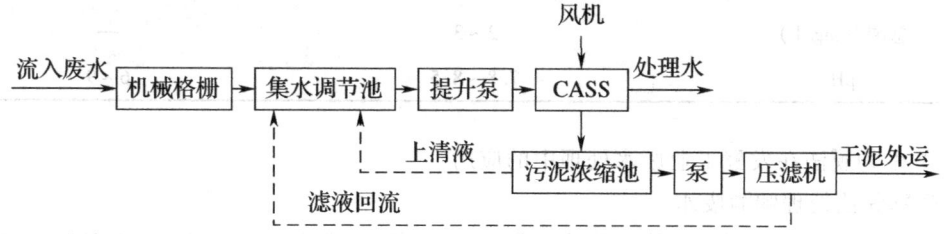

将污水泵入 CASS 池,废水直接提升到 CASS 的选择区与回流污泥混合,该区内回流污泥中的微生物菌胶团大量吸附废水中的有机物,能迅速降低废水中的有机物浓度,并防止污泥膨胀。预反应区限制曝气控制溶解氧在 0.5 mg/L,使反硝化过程顺利进行。主反应区完成有机物的降解和氨氮的硝化。反应池污泥回流比一般为 30%~50%。工艺曝气采用鼓风曝气,曝气器选用可变微孔曝气器。工程能力 3 500 m³/d,处理效果见表 17-10。

表 17-10 CASS 法处理啤酒废水的设计运行效果

水质指标	进水	出水
COD_{cr}/(mg/L)	800~1 500	≤150
BOD_5/(mg/L)	400~800	≤60
SS/(mg/L)	300~600	≤200

3. 氧化沟法在发酵工业废水处理中的应用

古井贡酒股份有限公司采用氧化沟工艺处理废水的工艺流程为:

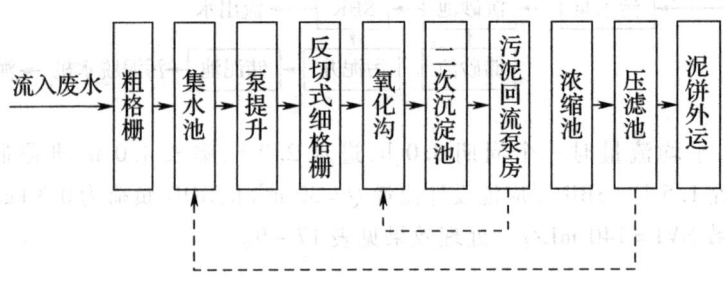

该厂污水属高糖低氮低磷易降解有机污水。选以氧化沟为主的二级生化处理工艺,工程设计能力为 8 000 m³/d,水温为 20~30 ℃,处理效果见表 17-11。

表 17-11 氧化沟法处理白酒废水的运行效果

水质指标	进水	出水
COD_{cr}/(mg/L)	800	150
BOD_5/(mg/L)	400	60
SS/(mg/L)	300	150
总氮/(mg/L)	3~4	—
总磷/(mg/L)	2~3	—
pH	7.8~8.5	6~9

(二)生物膜法在发酵工业废水处理中的应用

1. 生物膜法处理啤酒废水

杭州啤酒厂、青岛啤酒厂等均采用生物膜法处理废水,进水 COD 1 000~1 500 mg/L,出水 100~150 mg/L,COD 去除率达 90%。生物膜法处理啤酒废水的运行参数见表 17-12。

第十七章 发酵工业废物、废水处理和资源化技术

表17-12 生物膜法处理啤酒废水主要设计运行参数

处理工艺	进水有机负荷/[kg BOD$_5$/(m^3·d)]	水力负荷/[m^3/(m^2·d)]	池高 H 或池径 D/m	产泥率/(kg SS/kg BOD$_5$)	气水比 r 或回流比 R	去除率/%
高负荷生物滤池	0.8~1.2	10~40	2(H)	0.4~0.6	100~400(R)	75~85
塔式生物滤池	2.5~4.5	80~200	8~12(H)	0.4~0.6	300~500(R)	60~80
超速生物滤池	4~6	80~150	4~6(H)	0.4~0.6	300~500(R)	50~60
生物转盘	30~40	0.05~0.08（以盘面计）	1.8~4.0(D)	0.4~0.6	—	80~85
生物接触氧化池	4~6	—	2~3(H)	0.4~0.6	50~100	90~95

2. 生物接触氧化法处理啤酒废水

北京市环境保护科学研究院为北京某啤酒厂设计的典型两级接触氧化工艺流程为：

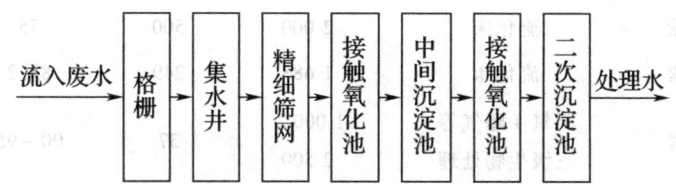

流入废水 → 格栅 → 集水井 → 精细筛网 → 接触氧化池 → 中间沉淀池 → 接触氧化池 → 二次沉淀池 → 处理水

进水：COD 1 000 mg/L，BOD 600 mg/L，SS 600 mg/L。处理后出水：COD≤60 mg/L，BOD≤10 mg/L，SS≤30 mg/L。

3. 生物流化床处理酵母生产废水

荷兰 Heijnen 等人利用厌氧生物流化床和好氧生物流化床串联的流程，处理酵母生产排放的高浓度有机废水。进水 COD 1 960 mg/L，HRT 2.0 h 时，COD 去除率 35%。

（三）啤酒废水和抗生素废水的生物处理

表17-13和表17-14分别为国内部分啤酒厂和国内外抗生素废水的生物处理方法。

表17-13 国内部分啤酒厂废水处理工艺

厂名	核心工艺	处理水量/(m^3·d)
北京华都啤酒厂	两段活性污泥法	2 400
杭州啤酒厂	二级充氧型生物转盘	2 100
青岛啤酒厂	三段生物接触氧化池	2 000
无锡啤酒厂	两段活性污泥法+稳定法	1 200
广州啤酒厂	普通活性污泥法	4 000
珠江啤酒厂	两段活性污泥法	1 700
上海江南啤酒厂	塔滤+射流曝气	3 000
上海华光啤酒厂	生物转盘+曝气池	2 000
抚顺啤酒厂	曝气法+生物接触氧化池	2 100
长江啤酒厂	两段表面曝气池	3 600
上海益民啤酒厂	塔滤+曝气池	2 200
昆明啤酒厂	生物滤池+射流曝气	1 000

表 17-14 国内外制药行业废水生物处理方法

厂名	废水类型	核心工艺	BOD$_5$ 进水/(mg/L)	BOD$_5$ 出水/(mg/L)	去除率/%	去除 BOD$_5$ 负荷/[kg/(m^3·d)]
明治歧阜	发酵废水	表面曝气	600	42	93	1.2
雅培	发酵废水	表面曝气	3 100	稀释至 16	95	3
施贵宝	发酵废水	表面曝气	1 600	<25	98	0.69
法门塔	发酵废水	鼓风曝气	4 000	100	97.5	1.95
上药三厂	四环素	接触氧化	847	41	95	1.9
上药四厂	氨苄青霉素	接触氧化	1 000	200	80	1.5~2.0
园田赖	青霉素	接触厌氧	10 000	1 400	86	2.3
上药三厂	红霉素	流化床	950	30	97	2.6
济宁药厂	抗菌素	流化床	2 000	500	75	
东北制药	黄连素	流化床	1 683	249	85.2	4.41
礼莱	抗菌素	厌氧+曝气等 三级生物处理	1 000~2 500	37	90~95	
天津制药	抗菌素	气浮+好氧+气浮	3 349	101		
天台制药	洁霉素	缺氧+接触氧化	350	100	94.8	
上药四厂	核糖霉素	厌氧-好氧	~40 000	2 000~10 000	80	4~6
浦城生化	金霉素水	厌氧消化	3 3944	5 016	85	
镇江制药	红霉素	厌氧消化	20 178	3 397	83	
东北制药	抗菌素	单级高效消化器	27 350~30 010	~2 000	90	2

第三节 发酵工业废水厌氧生物处理

一、厌氧生物处理的基本原理和特征

厌氧生物处理过程又称厌氧消化,是在厌氧条件下由多种微生物的共同作用,使有机物分解生成 CH_4 和 CO_2 的过程。

1. 厌氧发酵的三阶段理论

第一阶段:为水解、发酵阶段。复杂有机物在微生物作用下进行水解和发酵。

第二阶段:产氢、产乙酸阶段。由专门的细菌,称产氢产乙酸细菌,将丙酸、丁酸等脂肪酸和乙醇等转化为乙酸、H_2 和 CO_2。

第三阶段：产甲烷阶段。由产甲烷细菌利用乙酸和 H_2、CO_2，产生 CH_4。

2. 厌氧生物处理的特征

（1）能量需求大大降低，还可产生能量。厌氧生物处理不需供给氧气，却能生产含有50% ~ 70%甲烷的沼气，含有较高的热值（21 000 ~ 25 000 kJ/m^3），可以用作能源。

（2）污泥产量极低。厌氧微生物的增殖速率比好氧微生物低得多。厌氧消化中产酸细菌的产率 Y 为 0.15 ~ 0.34，产甲烷细菌为 0.03 左右，混合菌群的产率约 0.17。

（3）采用现代高负荷厌氧反应器，处理污水所需反应器的体积更小。

（4）厌氧微生物可对好氧微生物所不能降解的一些有机物进行降解（或部分降解）。

（5）处理后废水有机物浓度高于好氧处理。

（6）对温度、pH 等环境因素更为敏感。厌氧细菌分为高温菌和中温菌两类。适宜的温度范围分别为 55 ℃ 和 35 ℃ 左右。

（7）处理过程的反应较复杂。厌氧消化是由多种不同性质、不同功能的微生物协同工作的一个连续的微生物学过程，远比好氧生物处理中的微生物过程复杂。

二、普通消化法

1. 普通消化池的工作原理与特征

厌氧消化池可用于处理固体含量很高的有机废水。污泥经厌氧消化后，部分有机固体转化为沼气，部分有机物形成稳定性良好的腐殖质，从而降低了污泥中的固体量，提高了污泥的脱水性能，污泥体积可减少 1/2 以上。我国常用的厌氧消化池的形状是圆柱形。按消化池顶结构不同分为固定盖消化池和浮动盖消化池。根据消化池运行方式不同，分为传统消化池和高速消化池。

2. 厌氧消化池在发酵工业废水处理中的应用

表 17-15 列举了部分发酵工业废水应用普通消化池处理的实际数据。

表 17-15 普通消化池处理发酵工业废水的应用实例

废水类型	消化池体积 /m^3	消化温度 /℃	BOD$_5$				水力停留 时间/d
			进水 /(mg/L)	出水 /(mg/L)	去除率 /%	去除 BOD$_5$ 负荷 /[kg/(m^3·d)]	
用糖蜜生产酵母的废水	7 288	—	10 000	2 000	80	1.73	10.3
酵母生产废水	101	29.4			82	2.17	6.7 ~ 8.5
丁醇生产废水	9 500	—	17 000	2 420	86	1.83	10.0
乳品厂废水	—	31	3 300	10 ~ 20	99.5	0.55	6.0

三、厌氧接触法

1. 厌氧接触法的工作原理与特征

厌氧接触法是 Schroepte 在 20 世纪 50 年代开创的，是对普通厌氧生物处理法的改进，工艺流程为：

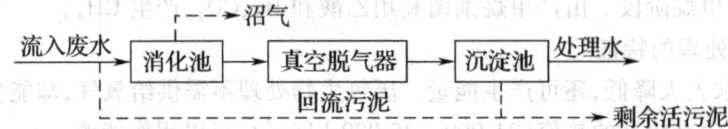

由消化池排出的混合液经真空脱气器脱去沼气,进入沉淀池进行固液分离,废水由沉淀池上部流出,沉淀下来的污泥大部分回流至消化池,少部分作为剩余污泥排出,再进行处理或处置。回流污泥的目的在于提高消化池内混合液的污泥浓度。

与普通厌氧消化法相比较,厌氧接触法具有下述特征:

(1) 消化池污泥浓度高。一般为 5~10 g VSS/L,耐冲击能力强。

(2) 消化池有机容积负荷较高。中温消化时,COD 容积负荷一般为 1~6 kg COD/($m^3 \cdot d$),COD 去除率为 70%~80%;BOD_5 容积负荷为 0.5~2.5 kg BOD_5/($m^3 \cdot d$),BOD_5 去除率为 80%~90%。

(3) 出水水质较好。出水 COD、BOD_5 和悬浮物浓度都较低。

(4) 增设沉淀池、污泥回流系统和真空脱气设备历程较复杂。

(5) 适于处理悬浮物浓度和有机物浓度均高的废水。

主要问题是:从消化池排出的混合液难于在沉淀池中进行固液分离。

2. 厌氧接触法在发酵工业废水处理中的应用

表 17-16 列举了部分发酵废水利用厌氧接触法处理的实际数据。表 17-17 列举了国外部分生产性厌氧接触工艺的运行参数。

表 17-16　厌氧接触氧化法处理发酵工业废水的应用实例

废水类型	进水 COD /(mg/L)	SS/(mg/L)	处理温度/℃	有机负荷/[kg COD/($m^3 \cdot d$)]	停留时间/d	COD 去除率/%	SS 去除率/%
柠檬酸	8 000	—	中温	3.0	3.6	80.5	—
小麦淀粉	6 000	—	中温	2.5	3.6	81.2	—
甜菜制糖	8 000	—	中温	3.0	2.7	52.5	—
威士忌酒厂废水	33 630	7 880	中温	1.03	32.7	84	64
乳酪加工	4 900	680	中温	2.52	1.93	83	40

表 17-17　国外部分生产性废水厌氧接触工艺运行参数

废水类型	处理温度/℃	废水浓度/(mg BOD_5/L)	有机负荷/[kg BOD_5/($m^3 \cdot d$)]	停留时间/d	BOD_5 去除率/%
玉米淀粉废水	23	6 280	1.8	3.3	88
威士忌酒厂废水	33	25 000	4.0	6.2	95
啤酒厂废水	33	3 900	2.0	2.3	96
葡萄酒厂废水	33	9 00	5.8	2.0	96
酵母废水	33	3 040	2.1	2.0	87
柠檬酸废水	33	4 600	3.4	1.3	87
乳品加工厂废水	33	2 950	1.5	2.0	93

四、升流式厌氧污泥层反应器

1. 升流式厌氧污泥层反应器的工作原理和特征

升流式厌氧污泥层(upflow anaerobic sludge blanket,UASB)反应器是荷兰学者 Lettinga 等人在 20 世纪 70 年代初开发的。UASB 反应器由反应区和沉降区两部分组成。反应区又可根据污泥的情况分为污泥悬浮层区和污泥床区。污泥床主要由沉降性能良好的厌氧污泥组成,浓度可达 50~100 g SS/L 或更高。污泥悬浮层主要靠反应过程中产生的气体的上升搅拌作用形成,污泥浓度较低,一般在 5~40 g SS/L 范围内。在反应器上部设有气(沼气)、固(污泥)、液(废水)三相分离器。

UASB 反应器具有下述特征:

(1) 有机负荷居高,水力负荷能满足要求。

(2) 污泥颗粒化后使反应器对不利条件的抗性增强。

(3) 污泥或流出液的人工回流和机械搅拌一般维持在最低限度,甚至完全取消。UASB 可省去搅拌和回流污泥所需的设备和能耗。

(4) 在反应器上部设置的气-固-液三相分离器,对沉降良好的污泥或颗粒污泥避免了附设沉淀分离装置、辅助脱气装置和回流污泥设备,简化了工艺,节约了投资和运行费用。

(5) 在反应器内不用投加填料和载体,提高了容积利用率,避免了堵塞问题。

2. 升流式厌氧污泥层反应器在发酵工业废水处理中的应用

表 17-18 列举了国外部分 UASB 反应器的应用情况。表 17-19 列举了国内 UASB 反应器的数据。

表 17-18 国外部分 UASB 反应器的应用情况

废水类型	国家	装置数	设计负荷/[kg COD/(m^3·d)]	反应器体积/m^3	温度/℃
甜菜制糖	荷兰	7	12.5~17	200~1 700	30~35
	德国	2	9,12	2 300,1 500	30~35
	奥地利	1	8	3 040	30~35
土豆淀粉	荷兰	2	10.3,10.9	1 700,5 500	30~35
	美国	1	11.1	1 800	30~35
玉米淀粉	荷兰	1	10~12	900	30~35
小麦淀粉	荷兰	1	6.5	500	30~35
	爱尔兰	1	9	2 200	30~35
大麦淀粉	澳大利亚	11	9.3	4 200	30~35
酒精	芬兰	1	8	420	30~35
	荷兰	1	16	700	30~35
	德国	2	9	2 300	30~35
酵母	美国	1	7.0	2 100	30~35
	美国	1	10.8,10.3	5 000,1 800	30~35
	沙特阿拉伯	1	10.5	950	30~35
啤酒	荷兰	1	5~10	1 400	23
	美国	1	14	4 600	30~35
蒸馏酒	美国	1	11	500	30~35

表 17 – 19　国内部分 UASB 反应器的应用情况

废水类型	温度/℃	容积/m³	负荷率/[kg COD/(m³·d)]	进水/[COD/(mg/L)]	COD去除率/%	HRT/h	研究机构
味精废水	30~32	4.6	5.5	12 150	88.5	81.4	中国科学院广州能源所
酒精过滤废水	高温	24.0	22.3	9 000~28 000	91	—	北京环保所,山东酒精总厂
酿造废水	常温	64.8	42	2 000~6 000	82.4	23.5	北京环保所
啤酒废水	常温	8×250	7~12	2 300	85	5~6	清华大学,北京啤酒厂
柠檬酸废水	中温	6.0	20.3	20 000	90		常州市环境工程设计研究院
丙丁废醪液	35	200	6~8		90		华北制药厂
柠檬酸等	40~45	4×330	13.1	13 100	90.4	24.0	无锡第二制药厂
酒精	55	300	6~8		90		无锡轻工大学,金坛酒厂
酒精	55	1 000	8~10		90		无锡轻工大学,文王酒厂
柠檬酸	35	400	6~8		>90		河北科大,保柠集团
溶剂废水	35~37	2×1 250	8.0	8 750	85		唐山冀东制药厂
酒精废水	52~55	3 950	8.0	14 600	80		北京环保所,山东景芝酒厂

(1) UASB 反应器处理柠檬酸废水的工艺流程

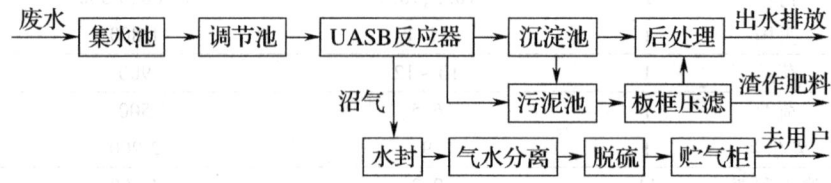

(2) UASB 反应器处理啤酒废水的工艺流程

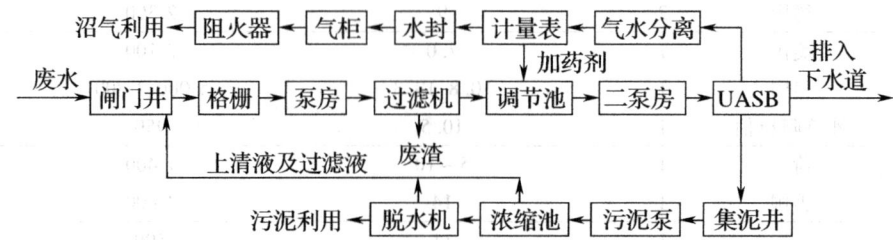

(3) UASB 反应器处理酒精废水的工艺流程

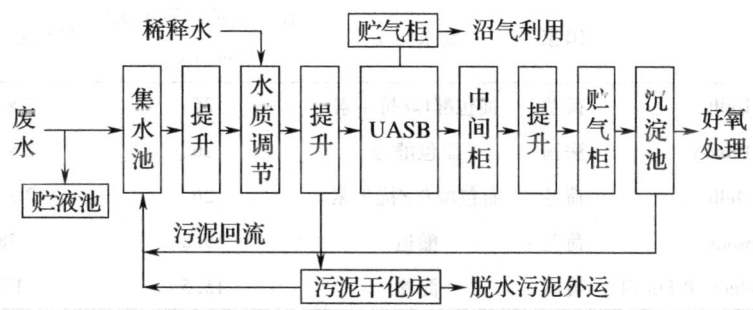

(4) UASB 反应器处理味精废水的工艺流程

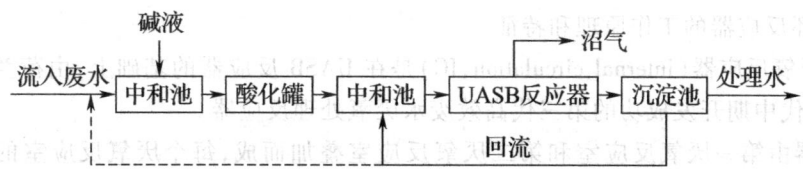

五、厌氧膨胀颗粒污泥床反应器

1. 厌氧膨胀颗粒污泥床的工作原理和特征

厌氧膨胀颗粒污泥床(expanded granular sludge bed, EGSB)反应器的设计思想是：在设有性能良好的布水系统的条件下,通过部分出水回流并采用大高径比提高反应器中液体的上升流速(>2.5 m/h),而使颗粒污泥床膨胀,消除死区,保证污泥和废水相互接触得更好。因此,EGSB 实际是改进的 UASB 反应器,但其运行方式有明显不同。EGSB 反应器特征为：

① 上升流速大(2.5~10 m/h,UASB 0.5~1.5 m/h),有机负荷率高；
② 反应器长径比大,污泥床处于膨胀状态；
③ 与 UASB 反应器(没有出水回流)相比,更适合于处理低浓度废水；
④ 以颗粒污泥接种。颗粒污泥活性高,沉降性能好,粒径较大,强度较好；
⑤ 上升流速大,混合状态与 UASB 反应器中不同,导致污泥与废水间的接触状况较好；
⑥ 絮状污泥不断被洗出反应器；
⑦ 可应用于含有悬浮性固体和有毒物质的废水处理。

2. 厌氧膨胀颗粒污泥床反应器在发酵工业废水处理中的应用

部分国外 EGSB 的典型应用工程如表 17-20 所示。无锡轻工大学在完成实验室中有关 EGSB 反应器的运行条件、颗粒污泥性质和工作模型等研究后,进行了 EGSB 工业规模试验。在进水 COD 1 000~1 500 mg/L,运行温度 20~30 ℃,HRT 8~12 h,45 m³EGSB 反应器 COD 去除率达 85% 以上。

表 17-20　国外部分 EGSB 反应器的应用情况

工厂	国家	废水类型	设计负荷/[kg COD/($m^3 \cdot d$)]	反应器体积/m^3	年代
Gist-brodcades, Delft	荷兰	面包酵母/抗生素	26	2×380	1984
Gist-brodcades, Prouvy	法国	面包酵母	26	2×125	1984
Gist-brodcades, Delft	荷兰	面包酵母/抗生素	26	2×380	1985
Heineken, Zoeterwode	荷兰	酿造	19.2	780	1992
Midwest Grain product, Pekin ill	美国	淀粉	15.5	1750	1993

六、内循环式反应器

1. 内循环反应器的工作原理和特征

内循环厌氧反应器(internal circulation, IC)是在 UASB 反应器的基础上，由荷兰帕克公司于 20 世纪 80 年代中期开发成功的第三代高效废水厌氧处理反应器。

IC 反应器由第一厌氧反应室和第二厌氧反应室叠加而成，每个厌氧反应室的顶部设一个气-液-固三相分离器。

(1) IC 反应器的工作原理

① 进水由反应器底部进入第一反应室，与厌氧颗粒污泥均匀混合。大部分有机物在这里被转化为沼气，所产生的沼气被第一厌氧反应室的集气罩收集，沼气将沿着提升管上升，沼气上升的同时把第一厌氧反应室的混合液提升至反应器顶的气液分离器，被分离出的沼气从气液分离器顶部的导管排走，分离出的泥水混合液将沿着回流管返回到第一厌氧反应室的底部，并与底部的颗粒污泥和进水充分混合，实现混合液的内部循环。

② 废水经过第一厌氧反应室处理后，自动进入第二厌氧反应室。废水中的剩余有机物可被第二反应室内的厌氧颗粒污泥进一步降解，使出水得到进一步净化。产生的沼气由第二厌氧反应室的集气罩收集，通过集气管进入气液分离器。第二厌氧反应室的泥水在混合液沉淀区进行固液分离，处理过的上清液由出水管排走，沉淀的污泥可自动返回第二厌氧反应室。由此完成了废水处理的全过程。

(2) IC 反应器的特征

① 高径比大，占地面积小，基建投资省；

② 有机负荷率高，水力停留时间短；出水稳定，耐冲击负荷能力强；

③ 剩余污泥少，约为进水 COD 的 1%，且容易脱水；

④ 靠沼气的提升产生循环，不需外力进行搅拌混合和使污泥回流，节省动力消耗。但是对于间歇运行的 IC 反应器，为使其快速启动，需设置附加的气体循环系统；

⑤ 出水为碱性，当进水酸度较高时，可通过出水的回流中和进水，减少药剂用量；

⑥ 适应范围广，可处理低、中、高浓度废水，也可处理含有毒、有抑制物质的废水。

2. 内循环反应器在发酵工业废水处理中的应用

表 17-21 列举了国外部分 IC 反应器的应用情况。

表 17-21　国外部分 IC 反应器的应用情况

废水类型	进水 COD/(mg/L)	COD 去除率/%	容积负荷/[kg COD/(m³·d)]	反应器体积/m³	年代
土豆加工废水	3 000 ~ 8 000	80 ~ 95	20 ~ 30	17	1985
菊糖废水	7 900	60 ~ 85	31	1 100	1995
奶酪	1 550	40 ~ 60	8 ~ 24	400	1999
啤酒废水	1 300	70 ~ 90	20 ~ 40	200	1999

(1) IC 反应器处理啤酒工业废水

表 17-22 是 IC 反应器处理啤酒废水可以到达的负荷和去除效率。1996 年，我国沈阳华润雪花啤酒有限公司引进了第一套 IC 反应器，反应器高 16 m，有效容积 70 m³，日处理 400 m³ COD 4 300 mg/L，BOD_5 2 300 mg/L 的啤酒废水。IC 反应器的进水容积负荷率高达 25 ~ 30 kgCOD/(m³·d)，COD 去除率稳定在 80%。

表 17-22　国外部分 IC 反应器的应用情况

废水类型	设计负荷/[kg COD/(m³·d)]	水力停留时间/h	COD 沼气产量/(m³/kg)	COD 去除率/%	溶解性 COD 去除率/%
厌氧升流式流化床工艺(UFB BIOBED)					
啤酒(荷兰)	780	19.2	5.5	2.7	60(80)
IC 反应器					
低浓度啤酒废水中试	18	2.5	0.31	61	77
生产性装置	26	2.2	0.43	80	87

1995 年，上海富士达酿酒公司采用帕克公司的 IC 与好氧气提反应器(CIRCOX)技术处理啤酒生产废水，处理能力为 4 800 km³/d，处理流程为：

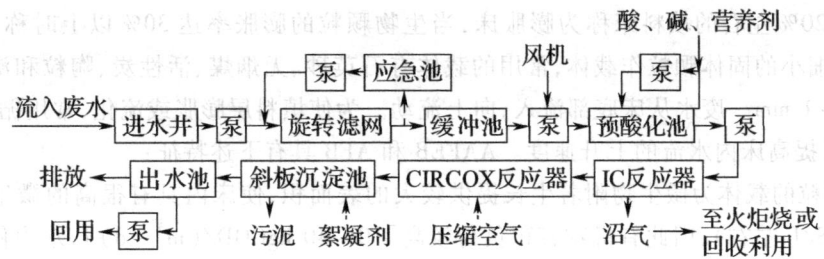

废水进水、出水数据见表 17-23，出水的各项指标均达到排放标准。

表17-23　IC-CIRCOX反应器处理啤酒废水的运行效果

水质指标	进水		出水	
	平均	范围	平均	范围
COD_{cr}/(mg/L)	2 000	1 000~3 000	75	50~100
BOD_5/(mg/L)	1 250	600~1 875	≤30	—
SS/(mg/L)	500	100~600	50	10~100
氨氮/(mg/L)	30	12~45	10	5~15
磷酸盐/(mg/L)	—	10~30	—	—
pH	7.5	4~10	7.5	6~9
温度/℃	37	30~50	<40	

（2）IC反应器处理柠檬酸废水

无锡中亚化学品公司1998年引进了约1 000 m³的IC反应器处理柠檬酸生产废水，运行结果见表17-24。

表17-24　IC反应器处理柠檬酸废水的运行效果

水质指标	进水	出水
COD_{cr}/(mg/L)	1 200	400
BOD_5/(mg/L)	6 000	100
SS/(mg/L)	1 250	100
总氮/(mg/L)	190	25
总磷/(mg/L)	45	<1
pH	4~5	6~9

▶▶ 七、厌氧附着膜膨胀床反应器和厌氧流化床反应器

1. 厌氧附着膜膨胀床反应器和厌氧流化床反应器的工作原理和特征

厌氧附着膜膨胀床（anaerobic attached film expanded bed，AAFEB）和厌氧流化床（anaerobic fluidized bed，AFB）同属附着生长型固定膜膨胀床反应器。AFB的膨胀率更高（习惯上把生物颗粒膨胀率为20%左右的填料床称为膨胀床，当生物颗粒的膨胀率达30%以上时称为流化床）。在床内填充细小的固体颗粒作载体，常用的载体有石英砂、无烟煤、活性炭、陶粒和沸石等，粒径一般为0.2~1 mm。废水从床底部流入，向上流动。为使填料层膨胀或流化，常用循环泵将部分出水回流，以提高床内水流的上升速度。AAFEB和AFB具有下述特征：

① 细颗粒的载体为微生物附着生长提供较大的表面积，使床内具有很高的微生物浓度（一般为30 gVSS/L左右），因此有机物容积负荷较高[10~40 kgCOD/(m³·d)]，水力停留时间短，具有较好的耐冲击负荷能力，运行稳定；

② 载体处于膨胀或流化状态，可防止堵塞；

③ 床内生物量停留时间较长，运行稳定，剩余污泥量少；

④ 既可用于高浓度有机废水的厌氧处理,又可用于低浓度的城市废水处理。

缺点是载体流化耗能较大,系统的设计运行要求高。

2. AAFEB 和 AFB 在发酵工业废水处理中的应用

表 17-25 和表 17-26 分别列举了国外部分 AAFEB 和 AFB 反应器的研究与应用情况。

表 17-25 国外部分 AAFEB 反应器的应用情况

废水类型	运行温度/℃	有机负荷率/[kg COD /(m³·d)]	HRT/h	COD 去除率/%
蔗料	55	0.003	4	80
	55	0.016	4.5	48
葡萄糖和酵母萃取液	10	24	0.5	45
	22	2.4	5	90
纤维素废水	35	6	—	85
乳清废水	25~31	8.9~60	4~27	80(最大)

表 17-26 国外部分 AFB 反应器的应用情况

废水类型	运行温度/℃	进水 COD/(mg/L)	COD 去除率/%	有机负荷率/[kg COD /(m³·d)]	床内 VSS/(g VSS/L)	规模
制糖废水	35	6 556	83	3	10~30	小试
	33~35	3 000~6 000	90	150	—	小试
	33~35	3 000~6 000	85	36	37.5	小试
酵母废水	37	36 000	75	27	20	生产性
	37	3 200	70	31	20	生产性

八、厌氧生物滤池

1. 厌氧生物滤池的工作原理和特征

厌氧生物滤池(anaerobic biological filtration process,AF)是世界上使用最早的废水厌氧生物处理构筑物之一。根据滤池进水点位置的不同,分为升流式厌氧生物滤池和降流式厌氧生物滤池两种。厌氧生物滤池是装填有滤料的厌氧生物反应器,在滤料表面有以生物膜形态生长的微生物群体,在滤料的孔隙中则截留了大量悬浮生长的微生物,废水通过滤料层时,有机物被截留、吸附及代谢分解,最后达到稳定化。

(1) 滤料是厌氧生物滤池的主体,其主要作用是提供微生物附着生长的表面及悬浮生长的空间,理想的滤料应具备下列条件:

① 比表面积大,以利于增加厌氧生物滤池中生物量的总量。
② 孔隙率高,以截留并保持大量的悬浮生长的微生物,并防止厌氧生物滤池被堵塞。
③ 利于生物膜附着生长,如表面粗糙的滤料就比表面光滑的滤料佳。
④ 具有足够的机械强度,不易破损或流失。
⑤ 化学和生物学稳定性好,不易受废水生化学物质的侵蚀和微生物的分解破坏,也无有害

物质溶出,使用寿命较长。
　　⑥ 质轻,使厌氧生物滤池的结构荷载较小。
　　⑦ 价廉易得,以利于降低厌氧生物滤池的基建投资。
　(2) 厌氧生物滤池具有下述特征:
　　① 生物量浓度高,可获得较高的有机负荷。
　　② 微生物菌体停留时间长,可缩短水力停留时间,耐冲击负荷能力也较强。
　　③ 启动时间短,停止运行后再启动也较容易。
　　④ 不需回流污泥,运行管理方便。
　　⑤ 在处理水量和负荷有较大变化的情况下,其运行能保持较大的稳定性。
　缺点是有被堵塞的可能,但可通过改变滤料和运行方式来克服这个缺陷。
　2. 厌氧生物滤池在发酵工业废水处理中的应用
　表 17-27 为国外应用厌氧生物滤池处理发酵废水的若干实例。我国河北科技大学在石家庄第一制药厂成功地应用升流式混合型厌氧生物反应器处理维生素 C 废水。COD 负荷为 6 kg/(m^3·d), COD 去除率达 80%。

表 17-27　厌氧生物滤池处理发酵工业废水的应用实例

废水类型	滤池尺寸					运行参数				
	滤池类型	直径/m	高度/m	容积/m^3	滤料类型	进水 COD（或 BOD）/(mg/L)	有机负荷率/[kg COD/(m^3·d)]	HRT/h	COD 去除率/%	运行温度/℃
小麦淀粉	升流式	9	6	360	12~50 mm 岩石	BOD 6 500	4.4	44	75~80	32
酶制剂	升流式	14.5	12	2 000	90 mm 包尔环	COD 5 600	6~8	20	70~75	35
制药	二级降流式	36	12	12 500	波纹管	COD 8 500	6~7	12~14 d	65~75	38
酿酒	升流式	12.2	9.1	1 000	90 mm 包尔环	COD 9 000	7.7	28	61	37
酿酒	升流式	27	5	5 820	90 mm 包尔环	BOD 5 000	4~6	32~48	80	37
发酵	升流式	6.1	7.6	220	交叉管	BOD 17 000	11~15	38~51	80	35

九、两相厌氧消化工艺

　1. 两相厌氧消化工艺的工作原理和特征
　两相厌氧消化工艺又称两步或两段厌氧消化,是 20 世纪 70 年代随着厌氧微生物学的研究不断深入应运而生的。厌氧消化过程可分为两个阶段:产酸阶段和产甲烷阶段。第一阶段中占优势的微生物是水解、发酵细菌,其作用是将复杂的大分子有机物分解为简单的小分子甲醛、氨基酸、脂肪酸和甘油,并进一步发酵为各种有机酸。第二阶段主要由产甲烷细菌起作用,将有机酸进一步转化为甲烷,这类细菌种类较少,利用的基质有限,繁殖速度很慢,倍增时间从 10 h ~ 6 d,又对环境因素如 pH、温度、有毒物质的影响十分敏感。两相厌氧消化工艺流程为:

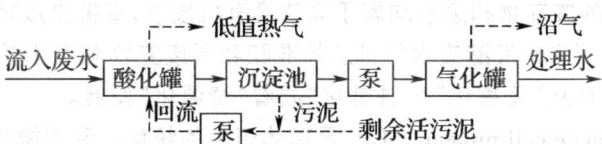

工艺特点是采用两个独立的反应器串联运行,第一个反应器称为产酸反应器,或产酸相。第二个反应器称为产甲烷反应器,或产甲烷相。两个反应器中分别培养发酵细菌和产甲烷细菌,并控制不同的运行参数,使其分别满足两类不同细菌的最适生长条件。

两相厌氧消化工艺具有下述特点:
（1）两相厌氧工艺全系统的有机负荷可以比单相厌氧消化工艺明显提高。
（2）为产甲烷相创造了产甲烷菌需要的良好环境,菌的活性可以提高,产气量增加。
（3）两相厌氧消化工艺运行较稳定,承受冲击负荷的能力较强。
（4）当废水中含有 SO_4^{2-} 等抑制物质时,其对产甲烷菌的影响将由于相的分离而减弱。
（5）对于复杂的碳水化合物(如纤维素等),其水解反应往往是厌氧消化过程的限速步骤。采用两相厌氧消化工艺有利于提高其水解反应速率,进而提高厌氧消化效果。

2. 两相厌氧消化工艺在发酵工业废水处理中的应用

表 17-28 列举了国外部分两相厌氧消化工艺的小试和生产性装置的运行情况。

表 17-28　国外部分生产性废水两相厌氧消化工艺运行参数

废水类型	进水 COD/(mg/L)	COD 去除率/%	BOD$_5$ 去除率/%	有机负荷/[kg COD/(m³·d)]
甜菜加工	7 000	92	—	9~12
酵母和酒精生产	28 200	50~60	—	21
啤酒生产	2 500	80	85~90	10~15
柠檬酸生产	42 574	70~80	—	15~20

表 17-29 列举了国内部分两相厌氧消化工艺处理高浓度有机废水的试验数据。

表 17-29　国内部分生产性废水两相厌氧消化工艺运行参数

废水类型	试验温度/℃	进水 COD/(mg/L)	COD 去除率/%	容积负荷/[kg COD/(m³·d)]	HRT/d 产酸相	HRT/d 产甲烷相	pH 产酸相	pH 产甲烷相	研究机构
糖蜜酒精废水	30	30	63.2	50	3.6	10.8	5.1	7.3	广州能源所
	35	35	76.6	12	1.0	3	5.3	7.7	
	32~33	34	81.1	13.6	0.58	1.92	5.0	7.5	
味精废水	30	25	82.7	7.3	1	2.4	5.0	7.4	广州能源所
	32~33	17.15	88.5	5.44	0.55	0.26	5.5	7.5	
	35~37	2~3	85~95	25~35	0.55~0.67	1.2~2.08	5	7	清华大学

本 章 提 要

1. 发酵工业排放的废弃物和废水均属于高浓度有机废水,直接排放将对环境造成严重的污染和危害,本章介绍了国家对发酵废水的排放标准和我国废弃物和废水的控制与处理的发展趋势,必将和世界各国一样从"无害化"、"减量化"向着"资源化"发展。

2. 单细胞蛋白(single cell protein,SCP)是菌体蛋白的统称。利用微生物发酵法把多种发酵工业废弃物,如酒渣、废菌体(菌丝体)、高浓度有机废水转化为蛋白质,为解决人类食品和饲料问题开辟新的途径,具有巨大的经济和社会价值。介绍了 SCP 发酵的微生物菌种,并举例说明了发酵废弃物生产 SCP 的各种工艺技术。

3. 燃料酒精是目前应用规模最大的液体生物能源。发酵废弃物中含有大量纤维废物,以此为原料经过预处理、水解和发酵过程制成燃料酒精,即解决了酒精原料来源和降低成本问题,又变废为宝,本章介绍了纤维素和半纤维素生产酒精的方法。

4. 说明了生物质能源(bioenergy)及开发的意义,介绍了发酵废物制取沼气、发酵废物制取氢能、发酵废物制取生物柴油和发酵废物制取燃料酒精的意义、生产方法和工艺技术。

5. 发酵废物可以生产生物有机肥,发酵沼气的沼液和沼渣可以种菇、养鱼、作饲料、防治病虫害和制成优质肥料,在农业生态系统中发挥着巨大作用,本章介绍了发酵废物资源化与生态农业的关系和发展趋势。

6. 本章重点介绍了各种活性污泥法和生物膜法等发酵废水的好氧生物处理方法和工艺技术,以及各种发酵废水的厌氧生物处理方法和反应器的工作原理和特征。

Chapter Summary

Chapter 17   Waste Treatment Technology in Fermentation Industry

1. The waste solids and liquids from fermentation technology, containing much organic substances, will cause severe pollution to the environment if they are released without any treatment. In this chapter, the national standards for the discharge of fermentation pollutants is introduced. Also new developments and trends in the control and treatment of wastes in China will be 3R, as are Environmentally Sound, reduce and reuse, as well as in the world.

2. Single Cell Protein (SCP) is a common name for proteins from biomass. By fermentation technology, kinds of wastes from fermentation industry could be transformed to single cell proteins, which could be a new source of food and feedstuffs and shows great social and economic value. The microorganisms and the technologies for SCP production are stated and examples are given.

3. Fuel alcohol is the liquid bioenergy used at the largest scale at present. The fermentation wastes, containing much cellulose, could be transformed to fuel alcohol through pretreatment, hydrolysis, and fermentation process. This strategy not only provide the material for alcohol production, but also provides a way for the waste reuse, further the cost is reduced.

4. The definition of bioenergy and the significance of bioenergy development are stated. And the significance and technology for production of marsh gas, hydrogen energy, biodiesel oil, and fuel alcohol by fermentation wastes is provided.

5. Fermentation wastes could be transformed to organic fertilizer. While the wastes solids and liquids from marsh gas production could find their value in mushroom production, fish cultivation, feedstuffs, preventing plant deseases and pests, and making organic fertilizer. Fermentation wastes play an important role in the agricultural ecosystem. In this chapter, the relationship between the reuse of fermentation wastes and the ecoagriculture is introduced and the new trends in the reuse of fermentation waste are stated.

6. The aerobic treatment technology for fermentation wastes, such as activated sludge process and biomembrane process is discussed as a focus. Also, the anaerobic treatment methods are introduced, especially the principles and characteristics of bioreactors.

关 键 术 语

BOD_5	COD_{cr}	直接发酵法
单细胞蛋白	两段发酵法	同时糖化发酵法
生物质	生物质能源	沼气发酵
生物制氢	生物柴油	生物有机肥
发酵废物堆肥	快速堆肥	减量化 reduce、再利用 reuse 和再循环 recycle
生态农业	活性污泥法、	间歇式循环延时曝气活性污泥法
循环式活性污泥	序批式活性污泥法	生物膜
生物转盘法	氧化沟	生物接触氧化法
生物流化床	吸附生物降解工艺	两相厌氧消化
升流式厌氧污泥层反应器	厌氧消化	厌氧膨胀颗粒污泥床
	内循环厌氧反应器	厌氧附着膜膨胀床
厌氧流化床	厌氧生物滤池	

复习思考题

1. BOD、COD 为何意？国家标准要求发酵工业废水排放的 BOD 和 COD 指标是多少？
2. 举例说明利用发酵废弃物生产 SCP 的微生物菌种和工艺技术。
3. 说明纤维素和半纤维素原料预处理的方法、酸或酶水解的工艺、酒精发酵的菌种和直接发酵法、两段发酵法、同时糖化发酵法和固定化细胞发酵法制备燃料酒精的工艺技术。
4. 何为生物能源？说明利用发酵废弃物制取沼气、氢能、生物柴油和燃料酒精的意义、机理、微生物菌种和工艺技术。
5. 举例说明发酵废物资源化和生态农业的关系和发展趋势。
6. 解释活性污泥法、氧化沟法、吸附生物降解法、生物膜法、生物滤池法、生物转盘法、生物接触氧化法、生物流化床等发酵废水生物好氧处理法的工作原理和特征，并举例说明在白酒、啤酒、柠檬酸、抗生素等产品生产废水处理中的应用。

7. 发酵废水厌氧生物处理的原理和特征如何？

8. 简述升流式厌氧污泥层反应器、厌氧膨胀颗粒污泥床、内循环反应器、厌氧附着膜膨胀床反应器和厌氧流化床反应器、厌氧生物滤池、两相厌氧消化等生物厌氧处理法的工作原理和在发酵工业废水处理中的应用。

第十八章 清洁生产技术

第一节 清洁生产技术的概念和理论基础

在人类历史的长河中,工业革命标志着人类的进步,给人类带来巨大财富,但同时也在高速消耗着地球上的资源,在向大自然无止境地排放着危害人类健康和破坏生态环境的各种污染物。自20世纪中叶人们开始关注由于工业飞速发展带来的一系列环境问题,世界各国针对工业排出的污染物进行治理,然而末端治理随着工业迅速发展显示出其局限性,不能有效地遏制环境的恶化和根本解决污染问题。人们寻求一种节约资源、能源、排污少和经济效益最佳的生产方式,探索一条既落实环境保护基本国策、实施可持续发展战略,又使经济、社会、环境、资源协调发展的新途径。

▶▶ 一、清洁生产概念的提出

清洁生产的概念由联合国环境署工业与环境规划行动中心(UNEP EC/PAC)于1989年5月首次提出,但其基本思想最早出现于1974年美国3M公司曾经推行的实行污染预防有回报"3P(pollution prevention pays)"计划中。UNEP于1990年10月正式提出清洁生产计划,希望摆脱传统的末端控制技术,超越废物最小化,使整个工业界走向清洁生产。在1992年6月联合国环境与发展大会上,正式将清洁生产定为实现可持续发展的先决条件,同时也是工业界达到改善和保持竞争力和可盈利性的核心手段之一,并将清洁生产纳入《21世纪议程》中。1994年5月,可持续发展委员会再次认定清洁生产是可持续发展的基本条件。

我国早在20世纪70年代就提出了"预防为主、防治结合、综合治理、化害为利"的环境保护方针。从20世纪80年代就开始推行少废和无废的清洁生产过程。20世纪90年代提出《中国环境与发展十大对策》强调清洁生产,1993年10月第二次全国工业污染防治会议,将大力推行清洁生产,实现经济持续发展作为实现工业污染防治的重要任务。

二、清洁生产的定义

清洁生产(cleaner production)是指将综合预防的环境策略持续地应用于生产过程和产品中,以便减少对人类和环境的风险性。对生产过程而言,清洁生产包括节约原材料和能源,淘汰有毒原材料并在全部排放物和废物离开生产过程以前减少它的数量和毒性;对产品而言,清洁生产策略旨在减少产品在整个生产周期过程中(包括从原料提炼到产品的最终处理)中对人类和环境的不利影响。清洁生产不包括末端治理技术,如空气污染控制、废水处理、固体废弃物焚烧或填埋,通过应用专门技术、改进工艺技术和改变管理态度来实现。这是不同于传统生产模式和传统环境保护模式的一种全新的模式。

清洁生产也被称为"无废工艺"、"废物减量化"、"污染预防"等,它的提出得到国际社会的普遍响应,是环境保护战略由被动转向主动的新潮流。是时代的要求,是世界工业发展的一种大趋势,是相对于粗放的传统生产模式的一种方式,概括地说就是:低消耗、低污染、高产出,是实现经济效益、社会效益与环境效益相统一的21世纪工业生产的基本模式。

三、清洁生产的内容

1. 清洁生产的目的

① 通过资源和能源的综合利用,短缺资源的代用,二次资源和能源的利用,以及节能、降耗、节水、节地、合理利用和循环利用自然资源,减缓资源的耗竭,保持生态的平衡;

② 减少废物和污染物的产生与排放,促进和完善工业产品的生产和消费过程,使之与环境相容,减少和防止工业活动对人类和环境带来的危害。

综合上述,清洁生产从狭义上说,是一种具体的技术(方法),它包括节能、降耗、节水、安全、无污染等内容;从广义上讲,是一种包括哲学、经济学、环境科学、企业管理学、生产工艺学等方面的综合科学,是实现经济可持续发展的一种新模式。

2. 清洁生产的内容

① 清洁的原材料:少用或不用有毒有害及稀缺原料。采用高效、少废和无废生产技术和工艺,减少原材料和物料消耗,减少副产品生成,提高产品质量。现场循环利用物料、废弃物等;

② 清洁的能源:包括节约能源、新能源开发、可再生能源利用、现有能源的清洁利用以及对常规能源(如煤)采取清洁利用的方法,如城市煤气化、乡村沼气利用、各种节能技术等;

③ 清洁的生产过程:生产中产出无毒、无害的中间产品,减少副产品;改进装置和设备,或采用新装置、新设备,尽量减少污染;选用少废、无废工艺,开发和采用闭路循环技术,其核心在于将生产工艺过程产生的污染物最大限度地加以回收利用和循环利用,以最大限度地减少生产过程中排出的三废数量;减少生产过程中的危险因素(如高温、高压、易燃、易爆、强噪声、强振动声),合理安排生产进度;培养高素质人才,使用简便可靠的操作和控制方法,完善管理,树立良好的企业形象等;

④ 清洁的产品:产品设计应考虑节约原材料和能源,少用昂贵、短缺及有害有毒的原料,改变产品品种结构,使之达到高质量、低消耗、少(或无)污染。产品在消费使用过程中和使用后,不会对人体健康和生态环境产生不良影响;产品的包装安全、合理,在使用后易于回收、重复使用和再生,产品的使用功能和寿命合理;

⑤ 清洁的后处理：有效处理和综合利用生产和消费过程中不可避免排出的副产物或废弃物，使之减少或消除对人类和环境的危害。研究开发和利用低耗、节能、高效的三废治理技术，强化管理，使最后必须排放的污染物对环境的污染及对人类的危害达到许可范围或最低限度。

四、清洁生产的内涵和意义

1. 清洁生产的内涵

① 目标：节省能源、降低原材料消耗、减少污染物的产生量和排放量；

② 基本手段：改进工艺技术、强化企业管理，最大限度地提高资源、能源的利用水平，而不是通过末端处理来实现；

③ 主要方法：清洁生产审计（cleaner production audit）或称污染预防评价（pollution prevention assessment），通过审计发现排放部位、排污原因，并筛选消除或减少污染物的措施；

④ 终极目的：保护人类和环境，提高企业的经济效益。

2. 清洁生产的意义

① 清洁生产使工业持续发展：1992年在巴西召开的环境发展大会，通过《21世纪议程》，制定了可持续发展重大行动计划，将清洁生产作为可持续发展关键因素，得到各国共识。

清洁生产可大幅度减少资源消耗和废物产生，通过努力还可使破坏了的生态环境得到缓解和恢复，排除匮乏资源困境和污染困扰，走工业可持续发展之路；

② 清洁生产开创防治污染新阶段：清洁生产改变了传统的被动、滞后的先污染后治理的污染控制模式，强调在生产过程中提高资源、能源转换率，减少污染物的产生，降低对环境的不利影响；

③ 清洁生产避开了末端治理：目前，我国经济发展是以大量消耗资源的粗放经营为特征的传统发展模式，工业污染控制以"末端治理"为手段，这虽使一些局部环境得到好转，为环境保护起了积极作用，但一些城市、企业已承受不起为此付出的高昂费用。代之而起的是把废物消灭在生产过程中，使企业由以消耗大量资源和粗放经营为特征的传统发展模式向集约型转化。

第二节 清洁生产技术的特点和关键

一、清洁生产技术的特点

清洁生产包含从原料选取、加工、提炼、产出、使用到报废处置及产品开发、规划、设计、建设生产到运营管理的全过程所产生污染的控制。其特点如下。

1. 清洁生产是一项系统工程

清洁生产是一项系统工程，是对生产全过程以及产品的整个生命周期采取污染预防的综合措施。推行清洁生产需要企业建立一个预防污染、保护资源所必需的组织机构，要明确职责并进行科学的规划，制定发展战略、政策、法规。是包括产品设计、能源与原材料的更新与替代、开发少废无废清洁工艺、排放污染物处置及物料循环等的一项复杂的系统工程。

2. 清洁生产重在预防和有效性

清洁生产是对产品生产过程产生的污染进行综合预防，以预防为主，通过污染物产生源的削减和回收利用，使废物减至最少，以有效地防止污染的产生。

3. 清洁生产的经济性良好

在技术可靠前提下执行清洁生产、预防污染的方案，进行社会、经济、环境效益分析，使生产体系运行最优化，即产品具备最佳的质量价格。

4. 清洁生产与企业发展相适应

清洁生产结合企业产品特点和工艺生产要求，使其目标符合企业生产经营发展的需要。环境保护工作要考虑不同经济发展阶段的要求和企业经济的支撑能力，这样清洁生产不仅推进企业生产的发展而且保护了生态环境和自然资源。

二、清洁生产技术的关键

一项清洁生产技术要能够实施，首先必须技术上可行；其次要达到节能、降耗、减污的目标，满足环境保护法规的要求；第三是在经济上能够获利，充分体现经济效益、社会效益的高度统一。对于每个实施清洁生产的企业来说，清洁生产涉及产品的研究开发、设计、生产、使用和最终处置全过程。

1. 清洁生产实施的途径

① 在产品设计和原料选择时以保护环境为目标，不生产有毒有害的产品，不使用有毒有害的原料，以防止原料及产品对环境的危害。

原材料是产品生产的第一步，其选择与生产过程中污染物的产生量有很大的相关性。原材料的质量同样影响生产的产出率和废弃物的产生量。对原材料的选择应减少有毒有害物料使用，减少生产过程中危险因素，使用可回收利用的包装材料，合理包装产品，采用可降解和易处置的原材料，合理利用产品功能，延长产品使用寿命。

② 改革生产工艺，更新生产设备，尽最大可能提高每一道工序的原材料和能源的利用率，减少生产过程中资源的浪费和污染物的排放。

淘汰落后的生产设备和工艺路线，合理循环利用能源、原材料、水资源，提高生产自动化的管理水平，提高原材料和能源的利用率，减少废弃物的产生。

③ 建立生产闭合圈，废物循环利用：生产过程中物料输送、加热中挥发、沉淀、跑冒滴漏、误操作等都会造成物料的流失，实行清洁生产要求流失的物料必须加以回收，返回到流程中或经适当的处理后作为原料再用，建立从原料投入到废物循环回收利用的生产闭合圈，使工业生产不对环境构成任何危害。或将废料经处理后作为其他生产过程的原料应用或作为副产品回收。

④ 加强科学管理：强化管理能削减40%污染物的产生。加强管理的内容包括：安装必要的高质量检测仪表，加强计量监督，及时发现问题；加强设备检查维护、维修，杜绝跑、冒、滴、漏；建立有环境考核指标的岗位责任制与管理职责，防止生产事故；完善可靠翔实的统计和审核；产品的全面质量管理，有效的生产调度，合理安排批量生产日程；改进操作方法，实现技术革新，节约用水、用电；原材料合理购进、贮存与妥善保管；成品的合理销售、贮存与运输；加强人员培训，提高职工素质；建立激励机制和公平的奖惩制度；组织安全文明生产。

2. 企业实行清洁生产的程序

清洁生产是以节能、降耗、减少污染物排放为目的,以科学管理、技术进步为手段,达到保护人类健康和生态环境的目的。企业在实行清洁生产过程中,包括准备、审计、制订方案、实施方案、编制清洁生产报告五个步骤,见图 18-1。

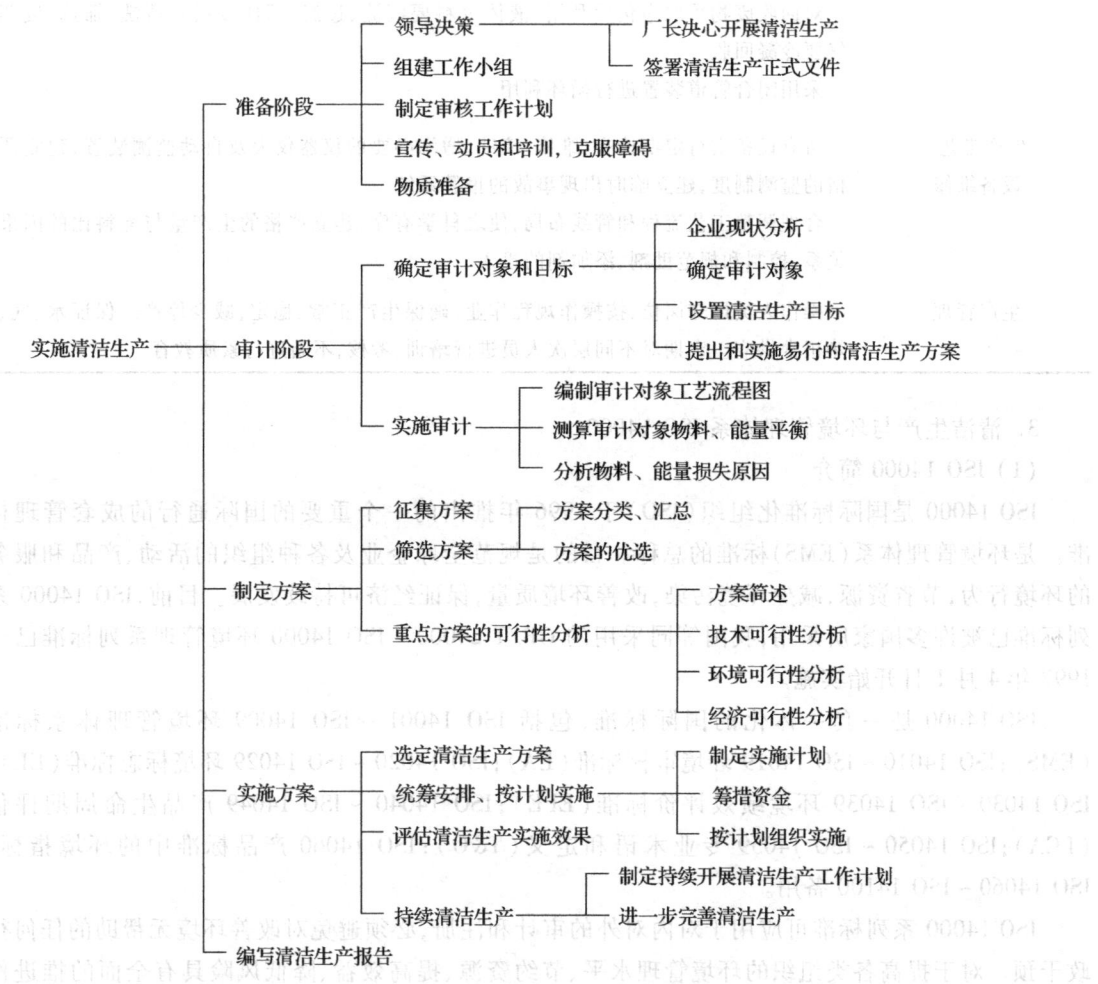

图 18-1 实施清洁生产程序图

表 18-1 是常见的清洁生产方案。

表 18-1 常见的清洁生产方案

项　目	实施清洁生产方案内容
原料	订购高质量、不易破损、有效期长、易购、存、搬运、包装成型的原料。进厂原料要无破损、漏失,贮罐要安装液位计,贮槽应有封闭装置,管道输送原料要确保封闭性。准确计量原材料投入量,严格按规定的质量、数量投料
产品	产品的贮存、输送、搬运、控制、处置应符合企业规定的要求。产品包装要用便于回收及易于处置的材料,要有规范的产品出厂和搬运制度

续表

项　目	实施清洁生产方案内容
能耗、物耗	采用先进的节能节水措施,杜绝跑、冒、滴、漏,检查废物收集、贮存措施,减少废物混合,实现清、污水分流 对回收废物采取净化后利用,液体废料要沉淀、过滤,固体废料要清洗、筛选,废蒸气要冷凝回收 采用闭合管道装置进行循环利用
生产工艺、设备维修	所有设备实行定期检查、维修、清洗,增添必要的仪器仪表及自动监测装置,建立严格的监测制度,建立临时出现事故的报警系统 合理调整工艺流程和管线布局,使之科学有序,建立严格的生产量与配料比的因果关系,控制和规范助剂、添加剂的投入
生产管理	操作人员严守岗位,按操作规程作业,确保生产正常、稳定,减少停产。保证水、气、热正常供应。定期对不同层次人员进行培训、考核,不断进行素质教育

3. 清洁生产与环境管理体系 ISO 14000

（1）ISO 14000 简介

ISO 14000 是国际标准化组织（ISO）于 1996 年推出的一个重要的国际通行的成套管理标准。是环境管理体系（EMS）标准的总称。目的是规范全球企业及各种组织的活动、产品和服务的环境行为,节省资源,减少环境污染,改善环境质量,保证经济可持续发展。目前,ISO 14000 系列标准已被许多国家所采用,我国等同采用的 GB/T 24000 – ISO 14000 环境管理系列标准已于 1997 年 4 月 1 日开始实施。

ISO 14000 是一套一体化的国际标准,包括 ISO 14001～ISO 14009 环境管理体系标准（EMS）；ISO 14010～ISO 14019 环境审核标准（EA）；ISO 14020～ISO 14029 环境标志标准（EL）；ISO 14030～ISO 14039 环境绩效评价标准（EPE）；ISO 14040～ISO 14049 产品生命周期评估（LCA）；ISO 14050～ISO 14059 专业术语和定义（T&O）；ISO 14060 产品标准中的环境指标；ISO 14060～ISO 14100 备用。

ISO 14000 系列标准可应用于对内对外的审计和注册,必须避免对改善环境无帮助的任何行政干预。对于提高各类组织的环境管理水平、节约资源、提高效益、降低风险具有全面的推进作用。在全球日益重视环境保护的今天,建立 ISO 14000 标准体系,是各类组织提高市场竞争力、进军世界市场特别是欧美市场的绿色通行证。ISO 14000 适用于各类组织,包括:政府和工艺单位,如医院、学校；各类服务机构,如银行、商店；各类企事业单位等。ISO 14000 体系由 5 个要素组成,即环境方针、策划、实施和运行、检查和纠正措施、管理评审。

（2）清洁生产与环境管理体系 ISO 14000

清洁生产与环境管理体系 ISO 14000 是世纪之交环境保护的新思路,二者既有不同点又密切相关,相辅相成。

① 不同点如下:

A）侧重点不同:清洁生产着眼于生产本身,以改进生产、减少污染产出为直接目标;而 ISO 14000 侧重于管理,是集国内外环境管理经验于一体的、标准的、先进的管理模式;

B) 实施目标不同:清洁生产是直接采用技术改造,辅以加强管理;而 ISO 14000 标准是以国家法律、法规为依据,采用优良的管理,促进技术改造;

C) 审核方法不同:清洁生产重视以工艺流程分析、物料和能量平衡等方法入手,确定最大污染源和最佳改进方法;环境管理体系审核侧重于检查企业自我管理状况;

D) 产生的作用不同:清洁生产向技术人员和管理人员提供了一种新的环保思想,使企业环保工作重点转移到生产中来;ISO 14000 标准为管理层提供一种先进的管理模式,将环境管理纳入其他的管理之中,让所有的职工提高环保意识并明确自己的职责;

E) 国际化趋势不同:清洁生产是国际环境保护技术交流的重要内容,工艺、技术、设备的引进中都考虑到其环境性能的优劣。但由于各国经济技术水平的差距,清洁生产是不可能国际和化的,科技的进步会使清洁的工艺标准逐渐变高,原来的清洁可能数年后就变为不清洁的;ISO 14000 系列标准则是通过国际标准化的方式,通过国际市场的环境需求来发挥作用的。ISO 14001 证书证明了某个企业环境管理较为完善,符合国际标准 ISO 14001 的要求,却不能直接证明其产品或技术的环境性能的优劣。

总之,清洁生产虽已强调管理,但生产技术含量高;ISO 14000 管理体系强调污染预防技术,但管理色彩较浓,为清洁生产提供了机制、组织保证。清洁生产为 ISO 14000 的实行提供了技术支持。

② 相依关系:清洁生产是环境管理体系的要求。ISO 14000 条款 4.2 中明确要求企业采取清洁生产手段来控制污染。

ISO 14000 管理体系对环境意识提出明确要求。环境管理体系认证工作最重要的前提,是提高企业员工的环境意识。环境意识的增强是实施环境管理的根本动力。清洁生产的实施为环境意识的提高提供了场所。

推进清洁生产可提高企业的整体技术和管理水平。企业推行清洁生产,从原料、设备、管理人员等全方位进行优化,采用先进科学的方法进行技术改造,故可高效提高企业的综合管理水平,建立一个良好的管理体系。

清洁生产为建立企业环境管理体系提供方法。实行清洁生产,在环境因素调查、确定环境问题根源、重点、方案产生、可行性分析上有一套操作性强的具体方法,即通过物料平衡计算、生命周期评估、确定物料损失原因和造成污染的原因后,提出解决方案。故环境管理体系是清洁生产持续发展的保障。

清洁生产要融入企业的全面管理之中,这是清洁生产的最终目的。

第三节 发酵企业实施清洁生产技术实例

为了实现发展生产和保护环境的双赢目标,企业应结合自身的实际情况,按照源头削减、过程控制以及综合利用的原则,在实施清洁生产过程中,加强对清洁生产的领导,制定实施清洁生产的规划和行动计划,完善与清洁生产相关的企业管理制度。实施清洁生产的企业均能取得不同程度的经济和环境效益。下面以安徽种子酒厂为例说明企业实施清洁生产情况。

▶▶ 一、企业概况

安徽种子酒总厂建于 1949 年,国家大型二档企业,厂区占地面积 40 万 m^2,现有职工 2 188

名,其中各类技术人员300名,固定资产8 000万元,年产酒精2.5万t,曲酒2万t,饮料酒12万t。年销售收入12.2亿元,利税3.2亿元,为阜阳市经济发展作出重要贡献的同时,也给阜阳市的水环境带来了严重污染。该企业每年排放废水410万t,化学耗氧量(COD)1 600多t,被列为阜阳市企业污染物排放大户,是污染源的重点控制对象。

企业为了实现发展生产和保护环境的双重目标,于1994年起开展清洁生产工作。针对原料管理、工艺技术、规章制度、员工素质等清洁生产中发现的问题,采取了加强员工岗位培训、完善企业规章制度、改进工艺和设备等措施,取得了明显的经济效益和环境效益。1997年与1993年相比:企业年销售收入由9 600万元增加到12.2亿元;利税由2 000万元增加到3.2亿元。企业在生产成倍增长的情况下,废水排放量由410万t下降到363万t;化学耗氧量由16 854 t下降到600 t;COD浓度由4 365 mg/L下降到250 mg/L左右,COD排放总量和排放浓度均达到国家和地方政府规定的标准,实现了发展生产与保护环境相协调的预期目标。

▶▶ 二、清洁生产进展

企业于1994年开始实施清洁生产。大体上经历了清洁生产审计、方案筛选及评估、方案实施及总结经验四个阶段。

清洁生产审计工作从原料入手,审计了现有的生产工艺、工序物耗、能耗、产品的有关资料和数据。在此基础上,进行了物料及能量平衡调查,从中发现企业管理制度不完善;工艺流程不尽合理;操作规程不严;工艺技术、经济指标数据的检验仪器不齐全;原料有流失,杂质含量高;料水比不稳定,未达到工艺最佳值;废水虽然采取了循环利用,但仍然有潜力;余热利用不充分;部分设备较陈旧,亟待更新;技术水平不高,产品质量欠佳等问题。

针对审计中发现的问题,共提出了102个备选方案。通过分析归纳为三类10个方案:无费、低费方案5个,中费方案3个,高费方案2个。在10个方案中,除酒精糟液生产蛋白饲料因技术不成熟未能实施外,其他预选的9个方案均得到实施,其项目的名称、内容、目的见表18-2。从清洁生产角度考虑,1~8项为源头及过程控制,第9项是为了达到国家及地方的排放标准而采取的末端处理。

表18-2 项目名称、内容及目的

序号	项目名称	内容及目的
1	严格原料管理	该原料露天存放改为入库存放,减少原料损失
2	调整料水比	将料水比1:3.5调整为1:2.5,节约水和蒸汽,减少COD排放
3	改进蒸馏设备	改为两塔三段蒸馏,节约冷却水和蒸汽,提高酒品质
4	合理用水	改直排为循环和串联用水,减少用水量
5	糟液分离	采用真空离心分离工艺,回收糟渣作为饲料出售给农民
6	厌氧发酵	废糟液经发酵工艺生产沼气作为替代能源
7	沼气发电	利用沼气发电,降低企业外购电
8	沼气替代能源	将沼气作为燃料替代职工生活燃用煤炭,节约能源
9	废水末端处理	采用生物氧化工艺处理废水达标排放

三、实施清洁生产效果

通过清洁生产审计、整改方案的实施,提高了企业整体素质,完善了企业管理制度,促进了生产工艺的技术进步,提高了产品质量,增加了产品附加值,减轻了生产工艺过程中污染物的排放,取得了明显的经济效益和环境效益,具体表现在以下方面:

1. 严格原料管理,避免原料损失,提高原料质量

清洁生产审计前薯干露天堆存,每年原料损失严重。审计后企业投资5万元修建了原料存放棚,原料全部入棚存放,年节约费用23.4万元。

过去酒精主要原料含砂石量高,这不仅影响酒品质量,而且增加生产过程中污染。为了降低入库原料的砂石量,根据审计组的建议,安排了专人对入库原料质量进行检验,设立专人轮流值班,脱包验质,使原料含砂石量由清洁生产审计前的4.5%降到3%,年节省原料损失价值70万元。

2. 调整料水比

料水比由1:3.5调整为1:2.5。实施清洁生产后采用浓醪,即控制料水比为1:2.5,糖化醪浓度控制在18°Bx左右,发酵成熟醪的酒度9~10 V/V。这样,在搅拌过程中投入的工艺用水减少,单位产品投入的料浆浓度增加,用量减少;在蒸煮及蒸馏过程中汽耗、电耗减少,蒸煮、糖化、发酵、蒸馏所用的冷却水量明显降低,相应单位产品的污染物:酒糟液、冷却废水的发生量明显下降。吨酒精汽耗由6.6 t下降到5.2 t;废糟液由14.5 t下降到10.3 t,废水由64 t下降到48 t。按酒精年产量20 000 t计,年减少蒸汽用量1 000 t,减少COD浓度为30 000 mg/L的废糟液8.4万t,减少废水32万t,减少2 520 t COD。该项工程投资为175万元,节约蒸汽、用水及污染物处理等年运行成本231.8万元左右,仅减少蒸汽一项,年节约费用达168万元(每吨蒸汽60元)。一年之内即收回工程建设投资。

3. 改进蒸馏设备

蒸馏是把发酵成熟醪中的酒分通过蒸馏分离出来。审计前该企业采用的是常压两塔半蒸馏工艺,生产普通食用级酒精。该工艺蒸汽及冷却水的消耗较高。为了提高产品质量,增加产品附加值,节约蒸汽及冷却水,削减污染负荷,将工艺改为两塔三段蒸馏,使用微机控制,经过改进吨酒精冷却水由50 t下降到25 t,年节约冷却水50万t;吨酒精的蒸汽消耗量由4.6 t下降到3 t,年节约蒸汽3.2万t。酒精质量明显提高,酒精产品的等级由普通级提高到优级。该项工程总投入为330万元,年运行费用104万元。由酒精质量提高增加的收益300多万元,节约蒸汽费用192万元,节约冷却水费用22.5万元,不到一年时间可回收工程建设投资。

4. 合理节约用水,提高利用率,减少废水排放量

投资160万元,建成了两座400 m³废水回收池和8套水循环设施,进行一水多用。如发酵、糖化、液体曲、空压机等工序约有20 t/h以上的冷却水已回收利用,削减了酒精生产冷却水25%。蒸煮工序的一级真空冷却水用于原料粉碎工序水膜除尘,再回用拌料等串联使用,通过循环利用和串联使用年节约水30%,日回收废水8 500 t。该厂自备水井的水每立方米成本为0.45元,循环利用水成本0.20元,年节约水费76.5万元,仅用两年时间就可回收循环利用水160万元的投资。废水COD浓度70 mg/L,年减少214 t。

5. 酒糟利用

投资97万元增设了糟液分离机。每天回收酒糟100 t左右,现已承包给农民,每天交给企业1万元,由农民装运,每年按330天计,企业售酒糟的收益330万元左右,扣除酒糟年运行成本约

51.57万元,年净收益278.43万元,不到一年时间即可回收建设投资。年处理糟液26.4万立方米,回收糟渣3.3万t,废液COD浓度由52 000 mg/L下降到32 000 mg/L,年削减4 620 t。

6. 生产沼气

企业投资1 043万元,采用厌氧发酵工艺生产沼气,年处理废液30万立方米,产生沼气505万立方米,以沼气每立方米1.00元计,年收益505万元,减去年运行成本186.09万元,年净收益318.96万元。废液的COD浓度由32 000 mg/L下降到1 500 mg/L,年削减8 266 t,沼气作为燃料分别供发电及生活用能。

7. 沼气发电

企业投资158万元建成了四台160 kW燃用沼气的发电机组,其中两台运行。发1度电消耗沼气0.7 m^3,年消耗150万立方米的沼气,发电215万度。以一度电0.58元计,年收益124.94万元,减去年运行成本123.11万元,年净收益1.83万元。另外一度电可替代等热值的煤炭1 800 t,避免了煤炭燃烧时产生的二氧化硫36 t和烟尘50 t。

8. 沼气替代生活燃煤

企业投资90万元增设了沼气输送管网,使企业员工用上了清洁的燃气,年消耗沼气390.5万立方米,年收益390.5万元,减去年运行成本366.58万元,年净收益23.93万元。另外减少煤炭消费约1.4万t,少排放SO_2 270 t及燃煤灰600 t。

9. 废水处理

企业投资160万元采用生物氧化工艺处理废水,日处理废水量1 000 m^3,废水的COD浓度由1 500 mg/L下降到250 mg/L,符合国家的排放标准。

▶▶ 四、实施清洁生产效果及经济分析

由表18-3可见,除废水处理项目外,其他项目均有不同程度的经济效益。其中加强管理、改进工艺、改进设备、糟液分离的经济效益最好,投资回收期均不到一年。经济效益最差的是沼气发电,投资回收期限86年,远远超过设备生命期15年,导致发电成本高出外购电成本的原因是四台机组只运转两台,机组容量小,发电燃料消耗高,起动时需投油助燃等因素。

表18-3 经济环境效益分析

方案类型	序号	项目	经济分析/元				回收期/年	削减COD	
			投资	年收益	年成本	净收益		量/t	比例/%
管理	1	严格原料管理	5	93.6	3.38	90.22	0.06		
	小计		5	93.6	3.38	90.22	0.06		
改进工艺及设备	2	改进料水比	175	231.8		231.8	0.75	2 184	12
	3	改进蒸馏系统	330	514.5	104	410.5	0.80		
	小计		505	746.3	104	642.3	0.79		

续表

方案类型	序号	项目	经济分析/元				回收期/年	削减COD	
			投资	年收益	年成本	净收益		量/t	比例/%
内循环	4	水循环利用	160	137.7	61.2	76.5	2.09		
		小计	160	137.7	61.2	76.5	2.09		
非产品利用	5	糟液分离	97	330	51.57	278.43	0.35	4 620	24
	6	厌氧生产沼气	1 043	505	186.09	318.91	3.27	8 266	44
	7	沼气发电	158	124.94	123.11	1.83	86		
	8	沼气供民用	90	390.5	366.58	23.93	3.8		
		小计	1 388	1 350.4	727.35	623.09	2.23	12 886	
末端处理	9	废水处理	160		73	-73		3 750	20
		小计	160		73	-73		3 750	20
合计			221	2 328.0	968.93	1 359.0	1.63	18 820	100

削减污染物 COD 负荷强弱排序是：厌氧生产沼气、糟液分离、末端废水处理、调整料水比。削减 COD 比例分别占总削减量的 44%、24%、20% 和 12%。

环境经济综合效益排序为：糟液分离、调整料水比及厌氧生产沼气。

▶▶ 五、实施清洁生产成功经验

清洁生产备选项目的实施是一项系统工程，涉及观念、资金、技术、知识等诸多因素。为了使之能够顺利进行，企业领导针对不同阶段出现的障碍，采取了以下措施。

1. 更新观念

企业领导从生产实际认识到，传统的末端治理污染，难以适应日益严格的环境法律、法规及标准的要求和激烈的市场竞争；而实施清洁生产可以降低物耗，节约能源，提高产品质量，减少污染，降低成本，增强市场竞争力，是实现企业生产与环境持续发展的必由之路。

2. 筹划和组织

成立了由厂领导及科室、车间负责人参加的清洁生产审计小组，厂长任组长，并且进行了分工，各负其责，具体实施各自承担的任务，使审计组的工作落实到人，保证了清洁生产审计有条不紊地进行，按期完成各阶段的工作计划。

3. 广泛宣传

企业领导认识到实施清洁生产仅有领导重视是不够的，还必须引导、宣传、发动全体员工都来关心清洁生产工作，群众的参与是清洁生产能否取得成果以及巩固成果的基础。为此，企业把宣传发动贯穿于清洁生产始终。统一领导层对清洁生产的认识,结合企业生产实际讨论企业实施清洁生产的必要性;利用板报、广播、刊物等形式,宣传实施清洁生产的重要意义,调动企业员工参加清洁生产的积极性,员工们结合自己的岗位,按照清洁生产要求提出了100多条建设性意见,为备选方案打下了较好的基础;及时了解审计过程中出现的问题,有针对性地召开不同层次座谈会,消除思想障碍;对实施无费低费方案所取得的经济和环境效益及时总结,在全厂进行宣传,教育员工,巩固清洁生产审计成果。

4. 岗位技术培训

在清洁生产实施过程中,由于工艺改进,有些工艺技术规范、操作规程需要调整。企业针对这一情况重新修订了车间工艺操作规程,组织技术人员编写规范性文件,对员工进行岗位培训,与此同时制定工艺考核办法,严格工艺规程,规范了现场操作,增强了职工责任心。

5. 严格操作原理

通过清洁生产审计,认识到设备运行不佳、原材料流失在很大程度上是管理不善造成的。为了落实边审边改的精神,结合审计中提出的问题,采取了一些措施。制定了杜绝跑冒滴漏的考核办法,实施工序区域性责任制,管理人员、操作工和维护工共同管理。根据不同设备特点,分别制定出定期检查、清洗、维护保养制度,并且责任到人,各负其责,提高了设备完好率,确保设备的正常运转,降低运行费用。

6. 严格奖惩制度

为了保证各项管理制度的实施,从厂领导到职工,结合各自岗位职责,采取百分制考核与工资挂钩的办法进行每月考核与不定期抽查相结合,如发现滴漏现象,采取扣分办法,月终以百分制考核计算分配工资;对违反制度者,根据严重程度处以10~15元的一次性罚款。

7. 滚动发展

资金不足是实施清洁生产的主要障碍。该厂为解决实施清洁生产资金短缺,立足在企业,采取先易后难、分步实施的办法,利用无费低费方案所取得的收益,来弥补实施高费方案的资金不足,使清洁生产审计提出的备选方案除利用糟液生产蛋白饲料因技术问题未能实施外,其他备选项目均得到实施。

第四节 我国推行清洁生产技术的情况

我国20世纪70年代提出"预防为主、防治结合"的工作原则,提出工业污染要防患于未然。80年代在工业界对重点污染源进行治理,取得了工业污染防治的决定性进展。90年代以来强化环境执法,在工业界大力进行技术改造,调整不合理工业布局、产业结构和产品结构,对污染严重的企业推行"关、停、禁、改、转"的工作方针。

1992年党中央和国务院批准外交部和国家环保局《关于联合国环境与发展大会的报告》中提出,新建、扩建、改建项目,技术起点要高,尽量采用能耗、物耗少且污染物排放少的清洁生产工艺。

1993年国家环保局和国家经贸委联合召开的第二次全国工业污染防治工作会议明确指出,工业污染防治必须从单纯的末端治理向生产全过程控制转变,实行清洁生产。并作为一项具体政策在全国推行。

1994 年中国制定的《中国 21 世纪议程——中国 21 世纪人口、环境与发展白皮书》关于工业的可持续发展中,单独设立了"开展清洁生产和生产绿色产品"的领域。

1995 年修改并颁布的《中华人民共和国大气污染防治法(修订稿)》中增加了清洁生产方面的内容。修定案条款中规定"企业应当优先采用能源利用率高、污染排放少的清洁生产工艺,减少污染物的产生",并要求淘汰落后的工艺设备。

1996 年颁布并实施的《中华人民共和国污染防治法(修订案)》中,要求"企业应当采用原材料利用率高,污染物排放量少的清洁生产工艺,并加强管理,减少污染物的排放"。同年,国务院颁布的《关于环境保护若干问题的决定》中,要求严格把关、坚决控制新污染,要求所有大、中、小型新建、扩建、改建和技术改造项目,要提高技术起点,采用能源消耗量小、污染物产生量少的清洁生产工艺,严禁采用国家明令禁止的设备和工艺。

1999 年国家经贸委确定了 5 个行业(冶金、石化、化工、轻工、纺织)、10 个城市(北京、上海、天津、重庆、兰州、沈阳、济南、太原、昆明、阜阳)作为清洁生产试点。

2000 年国家经贸委公布关于《国家重点行业清洁生产技术导向目录》(第一批)的通知。

目前中国最大的清洁生产项目,是世界银行对国家环保局的支援项目,1993 年 6 月世界银行对中国环境技术援助贷款中"推行中国清洁生产"子项目(B-4)开始启动,到 1995 年结束。此项目经费预算为 620 万美元,其中软研究费用 65 万元,项目的主要内容是:① 通过翻译和实践国外已有的工业污染审计及削减手册,建立中国企业实施清洁生产的方法学和审计手册。② 培训中国师资和队伍,预计培养 100 名中国企业清洁生产审计专家,实际受训人员约 500 人,其中,中国清洁生产教员 10 名,企业清洁生产审计员 48 名。③ 选择 29 个企业作为清洁生产示范项目,提出了 690 个实施清洁生产方案。④ 结合示范项目的经验开展政策研究,找出在政策和体制方面实施清洁生产所需克服的障碍。⑤ 在现有组织的基础上建立一个清洁生产网,并于 1994 年成立了国家清洁生产中心。

B-4 项目分为准备、示范、推广三个阶段进行。准备阶段(1993.3—1994.3)对北京等 11 个企业进行审计;示范阶段(1994.3—1995.5)在山东、浙江等 18 个企业开展清洁生产示范工程;推广阶段(1995.5—1995.12)主要是总结经验向全国推广。该项目由国家环保局组织实施,UNEP IE/PAC 派专家对项目的设计和执行提供帮助和指导。

在 B-4 项目带动下,北京、上海、陕西、天津、辽宁、甘肃、黑龙江、云南、贵州、广西等省市区不同程度地开展了清洁生产培训、试点和规划研究工作。

据有关资料介绍,截止 1999 年,我国有 19 个清洁生产机构,石化、化工、轻工、冶金 4 个行业成立了清洁生产审计中心;上海、天津、山东、内蒙、新疆、陕西等 10 个省、市、自治区相继成立了清洁生产审计中心;由于国家和地方政府对清洁生产工作的重视,及行业对清洁生产的具体指导和咨询服务,有力地推动了企业清洁生产进展。据不完全统计,目前已开展的清洁生产试点省、市有 20 多个,已开展清洁生产审核和审计试点的企业 400 多家,这些企业实施审核所提出的清洁生产方案后,不同程度地实施了清洁生产替代方案,获得了明显的经济和环境效益。

本 章 提 要

1. 清洁生产的概念由联合国环境署工业与环境规划行动中心(UNEP EC/PAC)于1989年5月首次提出,它是实现可持续发展的先决条件,本章介绍了清洁生产的定义、内容、意义、特点、关键、实施途径和企业实行清洁生产的程序。

2. ISO 14000 是国际标准化组织于1996年推出的一整套环境管理体系标准。本章说明了ISO 14 000 与清洁生产的不同和相依关系。

3. 用发酵工业生产企业的实例解释了实施清洁生产的过程和效果。

4. 简单介绍了我国推行清洁生产的情况。

Chapter Summary

Chapter 18　Cleaner Production Technology

1. The term, cleaner production, was first put out by EC/PAC of UNEP in May, 1989. Cleaner production is the prerequisite for sustainable development. The definition, content, significance, features and key point of cleaner production is introduced in this chapter, as well as the strategy and procedures for manufactures to carry out cleaner production.

2. ISO 14000 is a series of standards on environment management put out by ISO in 1996. The difference and relationship between ISO 14000 and cleaner production are stated in this chapter.

3. An example is provided to show the process and results of cleaner production in a fermentation plant.

4. This chapter provides a brief introduction on the situation of cleaner production in China.

关 键 术 语

清洁生产　　　　　　闭路循环　　　　　　污染预防评价
末端治理　　　　　　ISO 14000

复习思考题

1. 何为清洁生产?什么时候由谁提出的清洁生产的概念?为什么?
2. 请说明清洁生产的内容和意义。
3. 清洁生产技术的特点和关键是什么?
4. 企业实行清洁生产的程序怎样?
5. ISO 14000 及其内容是什么?它与清洁生产的关系怎样?
6. 举例说明我国实行清洁生产的情况。

参考文献

1. 安利国. 细胞工程. 北京:科学出版社,2005
2. 曹军卫,马辉文. 微生物工程. 北京:科学出版社,2002
3. 岑沛霖. 生物工程导论. 北京:化学工业出版社,2004
4. 陈代杰,朱宝泉. 工业微生物菌种选育与发酵控制技术. 上海:上海科学技术文献出版社,1995
5. 陈騊声. 近代工业微生物学(上册). 上海:上海科学技术出版社,1982
6. 陈騊声. 微生物学工程. 北京:化学工业出版社,1994
7. 陈騊生等. 固定化理论及应用. 北京:中国轻工业出版社,1987
8. 储炬,李友荣. 现代工业发酵调控学. 北京:化学工业出版社,2002
9. 第十设计院等. 纯水制备. 北京:国防工业出版社. 1972
10. 董仁威. 淀粉深度加工新技术. 成都:四川科学技术出版社,1988
11. 杜连祥等. 工业微生物学实验技术. 天津:天津科学技术出版社,1992
12. 高孔荣. 发酵设备. 北京:中国轻工业出版社,1991
13. 郭勇. 酶工程. 北京:中国轻工业出版社,1994
14. 郭勇. 酶的生产与应用. 北京:化学工业出版社,2003
15. 韩静淑. 生物细胞的固定化技术及其应用. 北京:科学出版社,1993
16. 何炳林. 离子交换与吸附树脂. 上海:上海科技教育出版社. 1995
17. 贺小贤. 生物工艺原理. 北京:化学工业出版社,2003
18. 华南工学院,无锡轻工业学院,天津轻工业学院,大连轻工业学院. 发酵工程与设备. 北京:轻工业出版社,1981
19. 贾士儒. 生物反应工程原理. 第二版. 北京:科学出版社,2003
20. 焦瑞身等. 生物工程概论. 北京:化学工业出版社,1991
21. 金其荣. 有机酸发酵工艺学. 北京:中国轻工业出版社,1995
22. 李艳. 发酵工业概论. 北京:中国轻工业出版社,1999
23. 李志勇. 细胞工程. 北京:科学出版社,2003
24. 刘国诠等. 生物工程下游技术. 第二版. 北京:化学工业出版社,2003
25. 罗贯民. 酶工程. 北京:化学工业出版社,2002
26. 伦世仪. 生化工程. 北京:中国轻工业出版社,1993
27. 马文漪,杨柳燕. 环境微生物工程. 南京:南京大学出版社,1998
28. 毛忠贵. 生物工业下游技术. 北京:中国轻工业出版社,1999
29. 梅乐和,姚善泾,林东强. 生化生产工艺学. 北京:科学出版社,1999
30. 欧阳平凯,胡永红. 生物分离原理及技术. 北京:化学工业出版社,1999
31. 戚以政,汪叔雄. 生化反应动力学与反应器. 北京:化学工业出版社,1999

32. 钱铭镛.发酵工程最优化控制.南京:江苏科学技术出版社,1998
33. 任建新.膜分离技术及其应用.北京:化学工业出版社.2003
34. 沈同,王镜岩.生物化学(上、下册).第1版.北京:高等教育出版社,1980
35. 沈同,王镜岩.生物化学(上、下册).第2版.北京:高等教育出版社,1991
36. 孙彦.生物分离工程.北京:化学工业出版社,1998
37. 陶文沂.工业微生物生理与遗传育种学.北京:中国轻工业出版社,1997
38. 汪锰.膜材料及其制备.北京:化学工业出版社.2003
39. 王联结.生物工程概论.北京:中国轻工业出版社,2001
40. 王蒂.细胞工程学.北京:中国农业出版社,2003
41. 王捷.动物细胞培养技术与应用.北京:化学工业出版社,2004
42. 王文仲.应用微生物学.北京:中国医药科技出版社,1996
43. 王岁楼,熊卫东.生化工程.北京:中国医药科技出版社,2002
44. 无锡轻工业学院.微生物学.第2版.北京:中国轻工业出版社,1994
45. 武汉大学,复旦大学生物系微生物学教研室.微生物学.第2版.北京:高等教育出版社,1987
46. 谢从华,柳俊.植物细胞工程.北京:高等教育出版社,2004
47. 熊宗贵.发酵工艺原理.北京:中国医药科技出版社,1995
48. 徐永华.动物细胞工程.北京:化学工业出版社,2003
49. 徐浩等.工业微生物学基础及其应用.北京:科学出版社,1991
50. 严希康.生化分离工程.北京:化学工业出版社,2001
51. 姚汝华.微生物工程工艺原理.广州:华南理工大学出版社,1996
52. 叶勤.发酵过程原理.北京:化学工业出版社,2005
53. 尹光琳等.发酵工业全书.北京:中国医药科技出版社,1992
54. 俞俊棠,唐孝宣.生物工艺学(上册).上海:华东化工学院出版社,1991
55. 俞俊棠,唐孝宣.生物工艺学(下册).上海:华东化工学院出版社,1991
56. 俞俊棠等.新编生物工艺学(上册).北京:化学工业出版社,2003
57. 俞俊棠等.新编生物工艺学(下册).北京:化学工业出版社,2003
58. 俞毓馨,吴国庆.环境工程微生物检验手册.北京:中国环境科学出版社,1990
59. 张力田.淀粉糖.北京:轻工业出版社,1981
60. 张克旭.微生物发酵的代谢与控制.北京:轻工业出版社,1982
61. 张克旭.氨基酸发酵工艺学.北京:中国轻工业出版社.1997
62. 张树庸,徐家立,张启先.生命科学与生物工程.南宁:广西教育出版社,1999
63. 张树庸,李健新.生物技术.北京:科学普及出版社,1985
64. 张树政.酶制剂工业.北京:科学出版社,1989
65. 张元兴,许学书.生物反应器工程.上海:华东理工大学出版社,2001
66. 张玉忠等.液体分离膜技术及应用.北京:化学工业出版社,2004
67. 周德庆等.微生物学教程.北京:高等教育出版社,1997
68. 诸葛健.工业微生物资源开发应用与保护.北京:化学工业出版社,2002

69. 朱慎林等.清洁生产导论.北京:化学工业出版社,2001
70. 朱至清.植物细胞工程.北京:化学工业出版社,2003
71. John E. Smith. Biotechnology. Edword Arnold,1981
72. Peter F. Stanbuty et al. Principle of Fermentation Technology. Oxford:Pergamon Press,1984
73. Jian-jiang Zhong. Advances in Applied Biotechhology. Shanghai:East China University of Science and Technology Press,2002
74. B. Atkinson and F. Mavituna. Biochemical Engineering and Biotechnology Handbook. London:Macmilan Publishers Ltd.,1983
75. James E. Bailey and David F. Ollis. Biochemical Engineering Fundamentals, 2nd. London:McGraw-Hill International Editions,1986
76. Murray Moo-Young. Comprehensive Biotechology. Oxford:Pergamon Press,1985
77. Henry C. Vogel. Fermentation and Biochemical Engineering Handbook-Principle, Process desige and equipment. USA:Noyes Puiblications,1983
78. Daniel I. C. Wang et al. Fermentation and Enzyme Technology. USA:John Wiley & Sons,1979

索 引

A

α-淀粉酶 …………………………… 66

B

巴斯德效应 …………………………… 129
半连续发酵 …………………………… 168
半衰期 ………………………………… 425
包藏 …………………………………… 376
胞内产物 ……………………………… 280
胞外产物 ……………………………… 280
饱和度 ………………………………… 304
饱和浓度 ……………………………… 112
饱和曲线 ……………………………… 375
倍增时间 ……………………………… 182
比生长速率 …………………………… 163
比消耗速率 …………………………… 164
闭路循环 ……………………………… 484
变构酶 ………………………………… 129
表观得率系数 ………………………… 185
表面活性剂 …………………………… 229
表面张力 ……………………… 118,122,228
表面自由能 …………………………… 308
宾汉塑性流体 ………………………… 204
丙酮丁醇 ……………………………… 133
补料 …………………………………… 236
补料分批发酵法 ……………………… 168
补料分批培养法 ……………………… 38
不饱和的剩余力 ……………………… 308
不凝气体 ……………………………… 365
不稳区 ………………………………… 376
布朗扩散截留 ………………………… 93

C

$c_{临界}$ ………………………………… 108
CO_2 的释放率 ……………………… 234
产品加工 ……………………………… 257
产品粒度分级排料 …………………… 382
产物得率系数 ………………………… 185
产物的生成速率 ……………………… 164
产物反馈抑制 ………………………… 236
常压蒸发 ………………………… 364,365
超临界流体萃取 ……………………… 329
超滤 ……………………………… 345,350
超声波破碎法 ………………………… 295
朝日罐 ………………………………… 199
沉淀 …………………………………… 302
成核速率 ……………………………… 379
成纤维细胞型 ………………………… 398
赤霉素 ………………………………… 407
初步分离 ……………………………… 261
初级成核 ……………………………… 377
初级代谢 ……………………………… 155
初级非均相成核 ………………… 377,378
初级均相成核 ………………………… 377
除沫器(分离器) ……………………… 374
触变性 ………………………………… 391
穿透率 ………………………………… 96
传递速率 ……………………………… 111
传递阻 ………………………………… 109
传递阻力 ……………………………… 109
传热过程 ……………………………… 362
纯培养技术 …………………………… 6
纯种分离 ……………………………… 20
次级代谢 ……………………………… 155

索 引

促进剂	51,54
醋杆菌	139
萃取	320
错流过滤	277

D

大网格聚合物吸附剂	311
代谢控制发酵	7
代谢异常	243
担子菌	19
单级萃取	324
单流式长管薄膜蒸发器	368
单细胞蛋白	441
单效蒸发器	363
蛋白质	281,285
氮源	50
导电率测定法	299
导向药物	432
得率系数	173
等电点沉淀法	302,303
低聚糖	56
底物抑制	236
电极	115
电去离子	320
电渗析	318
电子传递	107
电子传递磷酸化	127
电子传递系统	126
淀粉	51
淀粉糊化	68
淀粉老化	68
淀粉葡萄糖苷酶	67
淀粉水解糖	56
动力学模型	163
动态法	112,113
动物细胞培养	397
动物细胞悬浮培养反应器	212
动植物细胞反应器	196

动植物细胞培养	397
对称膜	344
对数残留定律	78
对数穿透定律	96
对数生长期	182
多酚氧化酶	107
多级错流萃取	324
多级逆流萃取	324
多效蒸发器	363
多形型细胞型	398

E

| 二次成核 | 377,378 |
| 二次蒸汽 | 363 |

F

发酵	1,135
发酵废物堆肥	457
发酵工程	1,2
发酵罐	196
发酵罐的放大	215
发酵后期	242
发酵机理	125
发酵泡沫	227
发酵培养基	50
发酵前期	242
发酵染菌	241
发酵热	179,222
发酵尾气	251
发酵液的流变特性	204
发酵液预处理	268
发酵中期	242
反复冻结-融化法	298
反胶团或逆胶团	341
反馈抑制和阻遏	143
反渗透	345,349
防治措施	251
放线菌	19

非对称膜	344
非极性吸附剂	308
非牛顿型流体	204
非偶联型	165,166
非稳态操作	366
非循环型(单程型)蒸发器	368
沸点升高	364
沸腾床干燥器又称作流化床干燥器	384
沸腾蒸发	362
费克定律	326
分解代谢	128
分解方式和途径	125
分离速率快	275
分批发酵法	168
分批结晶	381
分批培养法	38
辐射灭菌	92
辐射热	223
辅因子	423
负载因素	296
附属系统	204
复合膜	344

G

干燥	384
干燥法	298
干真密度	315
甘露聚糖	286
高度分离纯化技术	261
高速珠磨机	290
各向异性	375
工业微生物的特点	17
供氧	109
共固定化技术	434
共价结合法	421
菇类	19
固定化酶	417
固定化细胞	424
固定化细胞培养	401
固体剪切法也称珠磨法	290
固液分离	259,261
固液界面	109
刮板式薄膜蒸发器	372
关键酶	128
惯性撞击截留	93
罐内消泡	230
罐外消泡	231
光能微生物	127
光照生物反应器	197
过饱和曲线	375
过滤	272
过滤除菌	76
过滤效率	96
过氧化氢酶	107
过载现象	117,118

H

Henry(亨利)定律	111
好氧生物反应器	197
好氧微生物	127
耗氧	109
耗氧速率	107,234
核苷酸	150
恒化器	190
红外线干燥	390
呼吸链	107
呼吸酶	109
呼吸强度	107,234
呼吸商	164,173,233
化学参数	243
化学渗透法	298
化学消泡法	228
环境消毒	247
缓冲剂	226
换热装置	203

黄素脱氢酶	107
磺化煤	66
回收率	259
混合冷凝	374
混合型	165,166
混凝	270
活度系数	304
活力回收	429
活性炭	65
活性污泥法	459

I

ISO 14000	488

J

饥饿细胞	425
机械搅拌通风发酵罐	200
机械搅拌自吸式发酵罐	210
机械消泡	229
基因工程	11,28
基因工程菌	425
基因重组	5
基质消耗速率	164
激发子	414
极性吸附剂	309
几丁质	286
几何相似放大	215
加压蒸发	364
夹带损失	364
甲烷	135
甲烷发酵	136
假压	248,249
间歇灭菌	82
间歇式循环延时曝气活性污泥法	460
间歇蒸发	366
剪切率	204
剪应力	204,412

减量化 reduce、再利用 reuse 和再循环 recycle	457
减压蒸发	365
碱基的错配	23
降膜式长管蒸发器	370
交换容量	315
交联度	314
交联法	421
焦糖	65
搅拌	117
搅拌功率	117,118,205
搅拌器	201
搅拌热	223
搅拌轴功率	118
酵母菌	18
接触成核	377,378
结构类似物	144
结垢	364
结合生成己酸	134
结合体	377
结晶	375
截断分子量	347
截留率	347
介稳区	376
介质过滤除菌法	92
介质过滤法	90
介质过滤效率	96
浸取	325
经验放大法	215
晶簇	376
晶核	376
晶浆	376
晶坯	377
晶习	376
静电除菌	92
静止细胞	425
境界膜	379
聚合物修饰	431

均匀混合	170	列文蒸发器	367
均匀性	375	烈性噬菌体	250
菌丝	109	临界胶团浓度	341
菌丝丛	109,110	临界压力	329
菌体得率系数	164	临界氧浓度	107,108
菌体生长速率	163	磷壁酸	281
菌种退化	30,32	磷酸化	127
		流态泡沫	227
		流体的流变性	204
		流体性能	269
		滤饼阻力	269
		露天式锥底发酵罐	198

K

气膜传质系数	111		
液膜传质系数	111		
开尔文方程式	378		
凯松流体	205		
抗噬菌体菌株	26		
空气带菌	246,248		
空气过滤器	98		
空气线速度	118		
空穴现象	295		
快速堆肥法	457		
扩大培养	33		

M

		酶电极	433
		酶反应器	196
		酶工程	11
		酶疗法	433
		酶溶法	296
		酶水解法	56
		酶抑制剂	22
		霉菌	18

L

拦截截留	93	米氏常数(K_m)	419
雷诺准数	205	密闭厌氧式发酵罐	198
离心法	275	幂定律方程	204
离心式薄膜蒸发器	373	免疫激活剂	23
离子交换平衡	312	膜生物反应器	197
离子交换速率	312,313	膜式蒸发器	369
离子吸附法	420	膜污染	348
连续发酵	168	膜蒸馏	345
连续结晶	382	末端治理	485
连续灭菌	84	莫诺德方程	184
连续培养法	38	母液	376
连续蒸发	366	目的产物测定法	299
联合罐	199		
两段发酵法	448		
两级冷却	99		
两相厌氧消化	478		

N

		纳米过滤	351
		内循环厌氧反应器	474

能量代谢	126	嵌合培养	410
能量偶联型生长	179	强制循环蒸发器	368
能量转化	128	切向流过滤	277
拟塑性流体	204	清洁生产	483
逆向迁移	354	清母液溢流	382
黏度	118,122	清洗点	191
黏粒	29	取样极谱法	112
柠檬酸发酵	136,138		
凝聚	259,269,270	**R**	
牛顿型流体	204	热醋酸梭菌	139
浓差极化	347	热固性聚合物	311
浓差极化层	347	溶剂萃取	321
偶联率	429	溶剂萃取法	321
偶联型	165,166	溶解氧系数	107
		溶氧测定仪	115
P		溶氧传递系数	112
爬膜	369	溶氧浓度	112
排出气体	234	溶源性菌株	250
排气法	114	肉汤培养检查法	245
泡沫	227	乳化	325
培养基	39	乳状液膜	353
喷雾干燥	386		
嘌呤核苷酸	152	**S**	
破乳化	325	上皮细胞型	398
破碎率	299	设备渗漏	246,249
破碎细胞壁和膜	289	摄氧率 r	113
葡聚糖	286	渗透萃取	346
葡萄糖	56	渗透压	236
		渗透压法	299
Q		渗透蒸发	345
歧化反应	132	渗析	346
气流干燥	384	升-降膜式蒸发器适用	371
气膜传递阻力	109	升流式厌氧污泥层反应器	471
气膜传质系数	111	升膜式蒸发器	369
气升式发酵罐	208	生产过程	2
气液接触界面	111	生产率	186
气液界面	109	生产紊乱	243
前体	51,54	生长素	407

生长因子	51
生化诱导分析法（BIA）	21
生理碱性物质	226
生理酸性物质	226
生物参数	243
生物柴油	454
生物催化剂	9
生物反应动力	163
生物反应过程	10
生物反应器	12,196
生物分离工程	12
生物工程	9
生物技术	9
生物接触氧化法	463
生物流化床	464
生物膜法	462
生物能源	451
生物热	223
生物素的亚适量	143
生物素缺陷型	146
生物素缺陷型的	142
生物氧化	107
生物有机肥	456
生物制氢	454
生物质	451
生物转盘法	463
生蒸汽	363
施加选择性压力	20
湿热灭菌法	74
湿真密度	315
嗜冷菌	221
嗜热菌	221
嗜杀性酵母	165
嗜中温菌	221
疏水区	304
数学模拟法	218
衰亡期	183
双层平板培养法	245
双电层厚度	304
双极膜	318
双酶水解法	56
双膜理论	110
双歧杆菌	133
双水相萃取技术	336
双相培养	410
水化作用	304
瞬间变构	23
瞬时偶极矩	308
酸酶结合水解法	57
酸水解法	56
随机分离	21

T

TCA 循环	136
肽聚糖	281
碳源	50
糖化酶	67
糖化型淀粉酶	67
糖酵解	128
糖醛酸壁酸	283
逃液	249
提前放罐	252
天然发酵	5
贴壁培养	400
贴壁培养反应器	212
贴壁型细胞	398
停滞期	181,182
通气搅拌发酵	6
同化	174
同时糖化发酵法	448
同向迁移	354
同型乳酸发酵	132
透析膜连续发酵法	171
脱色	309

W

外热式蒸发器	367
完成液	364
挽救与处理	251
网格型包埋法	421
微波干燥	390
微孔过滤	351
微孔滤膜	93
微滤	345
微囊型固定化酶	421
微球制剂	432
微载体培养	400
微载体悬浮培养反应器	213
微藻培养光合生物反应器	214
维持常数	185
温和噬菌体	250
稳定期	182
稳定区	376
稳态操作	366
涡流运动	117
污染预防评价	485
无机盐	51
无氧呼吸	127
物理参数	243
物理吸附法	420
物料衡算法	112,113
物质分离	257

X

吸藏	376
吸附	307
吸附剂	307
吸附生物降解工艺	461
细胞壁	280
细胞得率系数	185
细胞分裂素	407
细胞工程	11
细胞膜透性的调节	156
细胞融合	5
细胞色素 c	127
细胞色素氧化酶	107
细胞渗透性	142
细胞团	109
细晶消除	382
细菌	18
细菌细胞壁	281
下游技术	257
相似相容原则	311
消毒与灭菌	73
消灭死角	251
消泡剂	229
消泡装置	203
协同反馈抑制	149
新相析出	302
序批式活性污泥法	460
絮凝	259,269,270
悬浮培养	400,410
悬浮型细胞	398
悬筐式蒸发器	367
选择性渗透	354
循环式薄膜蒸发器	371
循环式活性污泥系统	460
循环系统	170
循环型蒸发器	366

Y

压缩空气	99
芽孢染色或鞭毛染色	244
亚硫酸盐氧化法	112
盐溶	304
盐析	303
盐析法	303
厌氧附着膜膨胀床	476
厌氧流化床	476
厌氧膨胀颗粒污泥床反应器	473

厌氧生物反应器	197	运动单元	377
厌氧生物滤池	477		
厌氧微生物	127	**Z**	
厌氧消化	468	杂交育种	26
氧的传递	109	甾体化合物	7
氧分压	110,111	藻类	19
氧化沟	461	增效作用	229
氧载体	122	涨塑性流体	204
药物控释技术	431	胀溶性	314
叶绿素	127	沼气发酵	453
液膜萃取法	352	真空干燥	389
液膜的传递阻力	109	真空蒸发	363
液膜传质系数	111	蒸发	362
液膜分离法	352	蒸发冻结	388
液体剪切法即高压匀浆法	294	蒸发热	223
异常现象	243	支撑液膜	353
异淀粉酶	72	支持物通过	401
异化	174	脂多糖	281,284
异型乳酸发酵	132	脂质体	432
异养微生物	127	直接测定法	299
抑制剂	51,55	直接发酵法	448
因次分析法	218	植物细胞培养	404
营养类型	44	质粒	29
营养缺陷型	24	种子培养期	242
永久偶极矩	308	重结晶	380
游走细胞型	398	转导	29
有机溶剂沉淀法	306	转化	29
有效电子数	175	自范性	375
诱变剂	23	自然选育	23
诱变选育	23	自然循环蒸发器	368
诱导和阻遏机制	235	自然蒸发	362
诱导酶	156	自溶法	297
诱导偶极矩	308	自养微生物	126,127
玉米浆	52	自养细菌	127
愈伤组织	410	总推动力	111
原生质体融合	27		

郑重声明

高等教育出版社依法对本书享有专有出版权。任何未经许可的复制、销售行为均违反《中华人民共和国著作权法》，其行为人将承担相应的民事责任和行政责任；构成犯罪的，将被依法追究刑事责任。为了维护市场秩序，保护读者的合法权益，避免读者误用盗版书造成不良后果，我社将配合行政执法部门和司法机关对违法犯罪的单位和个人进行严厉打击。社会各界人士如发现上述侵权行为，希望及时举报，我社将奖励举报有功人员。

反盗版举报电话　（010）58581999　58582371
反盗版举报邮箱　dd@hep.com.cn
通信地址　北京市西城区德外大街4号　高等教育出版社法律事务部
邮政编码　100120

读者意见反馈

为收集对教材的意见建议，进一步完善教材编写并做好服务工作，读者可将对本教材的意见建议通过如下渠道反馈至我社。

咨询电话　400-810-0598
反馈邮箱　gjdzfwb@pub.hep.cn
通信地址　北京市朝阳区惠新东街4号富盛大厦1座
　　　　　高等教育出版社总编辑办公室
邮政编码　100029